新 一 代 人 的 思 想

达尔文的危险思想

Darwin's
Dangerous Idea

Daniel
C. Dennett

演化与生命的意义

Evolution and
the Meanings of Life

[美] 丹尼尔·丹尼特 著

张鹏瀚 赵庆源 译

中信出版集团 | 北京

图书在版编目（CIP）数据

达尔文的危险思想：演化与生命的意义 /（美）丹尼尔·丹尼特著；张鹏瀚，赵庆源译 . -- 北京：中信出版社，2023.1

书名原文：Darwin's Dangerous Idea: Evolution and the Meanings of Life

ISBN 978-7-5217-5046-1

I. ①达… II. ①丹… ②张… ③赵… III. ①科学哲学②达尔文学说－研究 IV. ① N02 ② Q111.2

中国版本图书馆 CIP 数据核字（2022）第 226036 号

达尔文的危险思想：演化与生命的意义
著者： 　[美]丹尼尔·丹尼特
译者： 　　张鹏瀚　赵庆源
出版发行：中信出版集团股份有限公司
　　　　（北京市朝阳区东三环北路 27 号嘉铭中心　邮编　100020）
承印者： 　北京联兴盛业印刷股份有限公司

开本：787mm×1092mm　1/16　　　印张：48.25　　　字数：602 千字
版次：2023 年 1 月第 1 版　　　　印次：2023 年 1 月第 1 次印刷
京权图字：01-2022-6678　　　　　书号：ISBN 978-7-5217-5046-1
定价：128.00 元

目　录

第二部分　生物学中的达尔文式思想

第三部分　心灵、意义、数学与道德

前　言

　　达尔文的自然选择演化论一直以来都令我着迷，但多年来，我惊讶地发现，各路思想家都难掩对他这个伟大观念的不适情绪，从喋喋不休的质疑到直截了当的敌意，不一而足。我发现不单是门外汉和宗教思想家，似乎就连世俗哲学家、心理学家、物理学家，甚至生物学家都希望达尔文是错的。这本书所关注的是，为何达尔文的观念如此有力，为何它衷心承诺——而不是扬言威胁——要将我们对生命最重视的想象置于一个崭新的基础之上。

　　说几句有关方法的话吧。这本书大体上是关于科学的，但它本身并非科学著作。做科学，靠的不是先引用权威人士的话，然后再对他们的论证加以评价，就算这些权威人士再怎么雄辩滔滔、地位显赫也是如此。然而科学家们的确在通俗的和不甚通俗的书籍和论文里，持之以恒、长篇大论地推广他们对实验室和实地工作的解释，并试图影响他们的科学家同行。当我引用他们的言论，连同他们说辞在内的全部言论，我都在做着他们正在付诸实践的事：专注于说服他人。强有力的权威论证并不存在，但权威人士却很可能善于说服他人，尽管他们时对时错。我试图将与此相关的问题——梳理清楚，虽然我自己并不通晓与我所讨论的理论相关的全部学科，不过科学家们也是一样（少数博学者也许除外）。交叉学科的研究工作自有其风险。我希望我对各式科学问题的细节探讨足够深入，能让不知情的读者原原本本地明白这些议题是什么，明白我为什么要如此解释这些议题，此外我还提供了大量参考文献。

附有日期的人名对应书后面书目中完整的参考文献信息。我没有开列一份本书中专业术语的列表，而是在首次使用这些术语时对它们简要地进行定义，并通常会在之后的讨论中阐明其意义。脚注是为题外话准备的，可能只有一部分读者会重视或需要它们。

我在本书中所做的事情之一，就是给出针对相关研究领域的统一视野，并指出诸多激烈争论中的要点或非要点，从而让你能够阅读我所引用的科学文献。我大胆地对一些争议下了定论，而对另一些则保持着开放的态度，不过，我会将它们放在一个框架中，以便你可以看清这些议题的实质，看清它们可能的不同结果对你而言是否重要。我希望你能读读这些文献，因为它们充满了精彩的观点。我所引用的部分著作算得上是我读过的最难的书。例如，斯图尔特·考夫曼（Stuart Kauffman）和罗杰·彭罗斯（Roger Penrose）的书就在此列，但它们是极高等文献的教益杰作（tours de force），任何想对这些书所提出的重要问题形成扎实观点的人，都可以并且应当阅读它们。其他一些书的阅读门槛稍低——它们表达清晰、信息量足，值得花点心思；还有一些书不仅易读，还意趣横生，堪称艺术造福科学的典范。鉴于你正在阅读本书，那么你或许已经读过其中几本了，所以我应该只要把它们打包起来推荐就行：格雷厄姆·凯恩斯-史密斯（Graham Cairns-Smith）、比尔·卡尔文（Bill Calvin）、理查德·道金斯（Richard Dawkins）、贾雷德·戴蒙德（Jared Diamond）、曼弗雷德·艾根（Manfred Eigen）、史蒂夫·古尔德*、约翰·梅纳德·史密斯（John Maynard Smith）、史蒂夫·平克†、马克·里德利（Mark Ridley）和马特·里德利（Matt Ridley）所著的书。要论哪个科学领域拥有最能效劳出力的作者，演化论领域可谓无出其右。

本书没有许多哲学家喜好的那种技巧高超的哲学论证。那是因为我有一个需要优先解决的问题：我已经认识到，不管论证多么滴水不漏，它们常常都被置若罔闻。我认为自己的许多论证既严谨又无可辩驳，可是通常也并没有遭到太多驳斥，或者甚至干脆就被无视了。我并非在抱怨不公——我们无疑都会无视论证，而历史将会告诉我们，这些论证本应严肃对待。相较而言，我想在改变"什么被忽视""被谁忽视"这件事上发挥更加直接的作用，我想让其他学科的思想家们严肃地对待演化思维，向他们说明他们一直以来如何低估了它，并且说明他们为何一直都在听信错误的警报。为此，我得使用一些更巧妙的法子。我得讲一个故事。你不想被故事忽悠？好吧，我**知道**你也不会被一套形式论证左右；你甚至都不会去**听**我对我结论的形式论证，因此我就从我不得不开始的地方讲起。

尽管我讲的故事大体上是新的，但它也汇聚了我在过去25年中就各种争论和疑难问题撰写的各式分析的点点滴滴。其中一些片段在经过完善后几乎被全部收入了书中，另一些则只是略微提及。我希望我在此展示的东西能够让读者看到冰山一角，好让刚接触这些观点的人对其有所了解，甚至说服他们，我也希望至少借此公平而干脆地挑战不同意我观点的人。不经思考的摒弃和求全责备的内讧，就是斯库

---

* 史蒂夫·古尔德（Steve Gould）是斯蒂芬·杰·古尔德的昵称。——译者注

† 史蒂夫·平克（Steve Pinker）是斯蒂芬·平克的昵称。——译者注

拉和卡律布狄斯*这两头海怪，我试图在两者之间安全航行。每当我轻快地驶过一个争议点，我都会提醒读者我在这样做，并给出相反观点的参考文献。把参考书目翻倍是件挺容易的事，但我选择书目的原则是，任何认真的读者都只需一两个查找文献的切入点，就可以从那儿出发找到其余的部分。

* * *

我的同事乔迪·阿祖尼（Jody Azzouni）在他绝妙的新书《形而上学的神话，数学的实践：精确科学的本体论和认识论》（*Metaphysical Myths, Mathematical Practices: The Ontology and Epistemology of the Exact Sciences*, Cambridge: Cambridge University Press, 1994）的开篇就感谢"塔夫茨大学哲学系提供了**做**哲学的近乎完美的环境"。我想对这番感谢和评价表示附议。在许多大学中，哲学是拿来学的，而不是拿来做的——人们可能会称其为"哲学鉴赏"——而在其他许多大学里，哲学研究颇为神秘深奥，本科生什么的无从窥其真容，只有最顶尖的研究生们才从事哲学研究。在塔夫茨大学，我们在课堂上、在同事间**做**哲学，我认为其结果表明，阿祖尼所言非虚。塔夫茨为我提供了优秀的学生和同事，还有与他们共事的理想环境。近几年，我在一门给本科生开设的研讨课上教授达尔文和哲学，这本书里的大部分想法都是在那期间锤炼而得的。研讨课上一群特别出色的研究生和本科生对本书的未定稿进行了研讨、

---

* 斯库拉（Scylla），希腊神话中的海妖，现实原型是墨西拿海峡一侧的巨岩；卡律布狄斯（Charybdis），希腊神话中与斯库拉隔海峡相望的旋涡巨怪。英语中"between Scylla and Charybdis"表示"腹背受敌""进退维谷"的意思。——译者注

批评和润色，我在此对他们的帮助表示感谢，他们是：凯伦·贝利（Karen Bailey）、帕斯卡·巴克利（Pascal Buckley）、约翰·卡布拉尔（John Cabral）、布赖恩·卡沃托（Brian Cavoto）、蒂姆·钱伯斯（Tim Chambers）、希拉兹·库巴拉（Shiraz Cupala）、珍妮弗·福克斯（Jennifer Fox）、安吉拉·吉尔斯（Angela Giles）、帕特里克·霍利（Patrick Hawley）、狄安·侯（Dien Ho）、马修·凯斯勒（Matthew Kessler）、克里斯·勒纳（Chris Lerner）、克里斯汀·麦奎尔（Kristin McGuire）、迈克尔·里奇（Michael Ridge）、约翰·罗伯茨（John Roberts）、李·罗森伯格（Lee Rosenberg）、史黛西·施密特（Stacey Schmidt）、雷特·史密斯（Rhett Smith）、劳拉·斯皮利亚塔可（Laura Spiliatakou）和斯科特·塔诺纳（Scott Tanona）。研讨课的一些常客也大大丰富了讨论的内容：马塞尔·金斯伯恩（Marcel Kinsbourne）、玻·达尔布姆（Bo Dahlbom）、大卫·黑格（David Haig）、辛西娅·绍斯伯格（Cynthia Schossberger）、杰夫·麦康奈尔（Jeff McConnell）、大卫·斯蒂普（David Stipp）。我还要感谢我的同事们，特别是雨果·贝道（Hugo Bedau）、乔治·史密斯（George Smith）和斯蒂芬·怀特（Stephen White），他们提出了各种宝贵的建议。我还必须特别感谢认知研究中心的秘书艾丽西亚·史密斯（Alicia Smith），她帮我查找文献，核对事实，搜集许可文件，更新、打印、邮寄手稿，还在总体上协调我的整个计划，我的工作因此进展神速。

还有些学者阅读了大部分或全部未定稿的章节，他们的细致点评也使我受益匪浅：玻·达尔布姆、理查德·道金斯、大卫·黑格、侯世达（Doug Hofstadter）、尼克·汉弗莱（Nick Humphrey）、雷·杰肯道夫（Ray Jackendoff）、菲利普·基切尔（Philip Kitcher）、贾斯丁·雷伯（Justin Leiber）、恩斯特·迈尔（Ernst Mayr）、杰夫·麦康奈尔、史蒂夫·平克、苏·斯塔福德（Sue Stafford）和金·斯特尔尼（Kim Sterelny）。照例，我因为不听他们劝阻而犯下的那些错误，不该由他们负责。（如果在这个一流编辑团队的帮助下，你还无法写出一本关于演化的好书，那就干脆放弃吧！）

此外有很多人都对关键性问题做了解答，与他们的多次交谈让我的想法逐渐明朗，他们是：罗恩·阿蒙森（Ron Amundsen）、罗伯特·阿克塞尔罗德（Robert Axelrod）、乔纳森·贝内特（Jonathan Bennett）、罗伯特·布兰登（Robert Brandon）、玛德琳·卡维尼斯（Madeline Caviness）、蒂姆·克拉顿—布洛克（Tim Clutton-Brock）、莱达·科斯米德斯（Leda Cosmides）、海伦娜·克罗宁（Helena Cronin）、阿瑟·丹托（Arthur Danto）、马克·德·沃托（Mark De Voto）、马克·费尔德曼（Marc Feldman）、默里·盖尔曼（Murray Gell-Mann）、彼得·戈弗雷–史密斯（Peter Godfrey-Smith）、史蒂夫·古尔德、丹尼·希利斯（Danny Hillis）、约翰·霍兰德（John Holland）、阿拉斯泰尔·休斯敦（Alastair Houston）、大卫·霍伊（David Hoy）、布瑞多·约翰森（Bredo Johnsen）、斯图·考夫曼 *、克里斯·兰顿（Chris Langton）、迪克·列万廷（Dick Lewontin）†、约翰·梅纳德·史密斯、吉姆·摩尔（Jim Moore）、罗杰·彭罗斯，乔安·菲利普斯（Joanne Phillips）、罗伯特·理查兹（Robert Richards）、马克和马特（二者都姓里德利）、迪克·沙赫特（Dick Schacht）、杰夫·尚克（Jeff Schank）、埃利奥特·索伯（Elliot Sober）、约翰·图比（John Tooby）、罗伯特·特里弗斯（Robert Trivers）、彼得·范因瓦根（Peter Van Inwagen）、乔治·威廉斯

---

* 斯图·考夫曼是斯图尔特·考夫曼的昵称。——译者注
† 迪克·列万廷是理查德·列万廷（Richard C. Lewontin）的小名。——译者注

（George Williams）、戴维·斯隆·威尔逊（David Sloan Wilson）、爱德华·O. 威尔逊（Edward O. Wilson）和比尔·维姆萨特（Bill Wimsatt）。

我要感谢我的经纪人约翰·布罗克曼（John Brockman），这名舵手让这艘项目之船顺利驶过了布满暗礁的海域，助我找到了完善这本书的航线。我还要感谢特里·扎洛夫（Terry Zaroff），他专业的编辑工作捕捉到了书里的许多差错和前后矛盾之处，并使很多要点在表达上清晰统一。伊拉维尼尔·苏比亚（Ilavenil Subbiah）绘制了本书中除了图 10.3 和图 10.4 之外的所有插图，这两张图是马克·麦康奈尔（Mark McConnell）在惠普阿波罗（Apollo）工作站上使用 I-dea 软件创作的。

最后，重中之重：我要向我的妻子苏珊（Susan）表达感激和爱意，是她给予我忠告、爱与支持。

丹尼尔·丹尼特

1994 年 9 月

第一部分

从中间开始

纽拉特将科学比作一只船，如果要将它重建，我们必须一边待在浮于水面的船上，一边逐块替换船板。哲学家和科学家在同一只船上……

无论想要如何对理论构建活动加以分析，我们都必须从中间开始。我们在概念上的起点都是处于中等距离的中等型号的对象，而且我们对它们以及所有事物的认知，都出自人类的文化演化道路上的中途。在吸收此文化食粮时，我们对报告与发明，主旨与风格，隐射与概念化之间的区别的了解，不比我们对我们摄入的物质中的蛋白质与碳水化合物之间的区别了解更多。我们也许能以回溯性的方式区分理论构建中的零部件，正如我们在靠蛋白质和碳水化合物维系生命的时候把它们区分开来一样。

——威拉德·范奥曼·奎因

(Willard van Orman Quine, 1960, pp. 4–6)

第 1 章

告诉我为什么

1. 毫无神圣可言？

当我还是一个孩童时，我们常常在夏令营的篝火旁，在学校和主日学校里，或者围聚在家中的钢琴旁歌唱。我最喜欢的歌曲之一，是《告诉我为什么》。

> 告诉我星星为什么闪耀，
> 告诉我常春藤为什么缠绕，
> 告诉我天空为什么如此蔚蓝。
> 我就会告诉你我为什么爱你。

> 因为上帝让星星闪耀，
> 因为上帝让常春藤缠绕，
> 因为上帝让天空如此蔚蓝。
> 因为上帝创造了你，这就是我为什么爱你。

这段直抒胸臆、充满柔情的表白仍然使我哽咽欲泣，因为它如此甜蜜，如此天真，好一幅令人心安的生活景象！

然后，达尔文走了过来，毁掉了这轻松惬意的氛围。但果真如此吗？这便是本书的主题。自 1859 年《物种起源》发表之时起，查尔斯·达尔文的基本观念就引起了种种激烈的反响，从猛烈的谴责到热烈的拥护，有时就如宗教般狂热。达尔文的理论遭到了敌友双方的滥用和误传。它已被盗用，来为骇人听闻的政治和社会教条赋予科学的尊荣。它已遭受反对者的扭曲和抨击，其中一些人还在我们孩子的学校里让其与"创造论科学"（creation science）一较高下，后者不过是用装腔作势的伪科学炮制出的可悲的大杂烩。*

几乎没有人能对达尔文无动于衷，也没有人应该如此。达尔文式理论是一种科学理论，也是一种伟大的理论，但它还不止于此。那些如此愤恨地反对它的创造论者在一件事情上是正确的：达尔文的危险思想是如此深切地切入了我们最根本信念的肌理，其深切程度大大超出了它的众多老到精细的辩护者所承认的范围，甚至超出了他们在心里所承认的范围。

不管我们多么乐于回忆起这首歌在字面上描绘的甜蜜、质朴的景象，我们大多数人都已经长大，不再需要它的慰藉。慈爱的上帝，满怀爱心地塑造了我们（所有大大小小的造物），并且为了逗我们开心，还在天空点缀上闪烁的繁星——**这个**上帝就像圣诞老人一样是童年的传说，任何一个理智的、明白真相的成年人都不会打心底里相信。可以肯定，**这个**上帝不是被当作一个不甚具体之物的象征符号，就是被

---

* 我不会在本书中花任何篇幅来开列创造论的深层缺陷，也不会为我对其不容分辩的谴责提供解释。这些工作已经由基切尔（Kitcher, 1982）、弗图摩（Futuyma, 1983）、吉尔基（Gilkey, 1985）和其他人极好地完成了。

整个舍弃掉。

并非所有科学家和哲学家都是无神论者，他们中的许多信徒都宣称，他们关于上帝的观念不仅可以与达尔文式的观念框架和平共存，甚至能从它那里获得支持。尽管他们的上帝不是拟人化的工匠，但在他们眼中上帝仍然值得崇拜，能给他们的生命带来安慰和意义。另一些人则将他们的最高关切植根于完全世俗的哲学中，植根于对生命意义的看法，这些看法无须借助任何关于至高存在——除了宇宙本身之外——的概念，就可以躲避绝望的心绪。对于这些思想家来说，**存在**着某种神圣之物，但他们并不称其为上帝；他们也许会称其为"生命""爱""良善""智慧""美"，或者"人性"。尽管以上两群人最深的信念有所不同，但他们有个共同的确信之处：生活确有意义，良善至关重要。

然而这种满是奇迹色彩和目的性的态度，在达尔文主义面前，还能以**任何**形式得以维持吗？打从一开始，就有一些人认为，他们目睹达尔文吐露了可能是最糟糕的秘密：虚无主义。他们认为，假如达尔文是对的，那就意味着没有什么是神圣的。说白了，就是没有什么是有意义的。这仅仅是一种反应过度吗？达尔文观念的意涵究竟是什么——说一千道一万，它究竟是已经得到了科学证明的学说，还是仍然"只是一种理论"？

你可能会认为，也许我们可以做出有效的划分：达尔文观念的有些部分构造稳固、不容置疑，还有些是对那些在科学上不可否认的部分的推测扩充。假如我们足够幸运，这些坚若磐石的科学事实或许就不会在宗教、人性或生命的意义等问题上，具有什么令人震悚的意涵，而达尔文观念中令人坐立不安的部分就可以被隔离起来，只是作为对科学上不可否认之部分的极富争议的扩充或纯然的阐释。那该多么令人安心。

呜呼，这就是在开倒车。即便演化论内部争论四起、激烈非常，那些自认受到达尔文主义威胁的人也不应该就此掉以轻心。因为大多数——即使不是全部——争议所涉及的议题都"仅仅是科学"议题；所以无论哪一方获胜，都不会消解基本的达尔文式观念。这个观念的可靠性不输科学中的任何观念，而且对于我们如何看待生命的实然和或然意义，它确实具有深远的启示。

1543 年，哥白尼提出，地球并非宇宙的中心，它围绕着太阳公转。这个观点花了一个多世纪的时间才被人们接受，经历了一个循序渐进、其实不太痛苦的转变。[马丁·路德的合作者、宗教改革家菲利普·梅兰希顿（Philipp Melanchthon）当时认为"某位信奉基督的君主"应该镇压这个疯子，但是除了少数这种猛烈抨击外，世界并未被哥白尼本人深深撼动。] 不过哥白尼革命最终也的确打响了自己的"惊世一枪"*：伽利略的《两大世界体系的对话》直到 1632 年才出版，这时该问题已经不会引起科学家们之间的争议了。伽利略的炮弹划出一条抛物线，激起了罗马天主教会那臭名昭著的回应，它掀起一道冲击波，其回响直到今天才慢慢平息。然而，尽管这场史诗般的对抗戏剧性十足，"我们的星球不是创世中心"这一观点却轻而易举地在人们的心中落定。现如今，每个小学生都已经接受了这个事实，既不哭也不怕。

终有一天，达尔文革命将同样在全球每一位受教育者的头脑和心怀中占有同样稳妥且无忧的一席之地；但是今天，在达尔文去世一百多年之后，我们仍然没有心悦诚服地接受其难解的意涵。哥白尼革命直到其大部分科学细节得到梳理后，才引起公众的广泛关注；与此不

---

* "惊世一枪"（"shot heard around the world"）出自爱默生的《康科德颂》，所描述的是"列克星敦枪声"。后来用于表示具有重大国际意义的事件。——译者注

同，达尔文革命从一开始就让外行看客和摇旗呐喊者们急于去挑边站队，它拽着参与者的袖子，教唆他们去哗众取宠。科学家们自己也被同样的希望和恐惧所挑动，因此不足为奇的是，理论家们之间相对细小的冲突不仅常常被其追随者们大肆渲染，还在此过程中被严重扭曲。每个人都隐约看出了这很成问题。

此外，尽管达尔文对自己理论的阐述意义重大，它的影响力也很快得到了他同时代的许多科学家和其他思想家的承认，但是他的理论中确实存在着巨大的缺口，这些缺口直到最近才开始被妥当地填上。回想起来，最大的那个缺口看起来几近滑稽。达尔文在他所有绝妙的沉思中，从未找到过演化论的中心概念——**基因**，没有它演化论就会前途无望。因为达尔文没有指出适当的遗传单位，所以他对自然选择过程的论述就经受了对其是否成立的完全合理的怀疑。达尔文认为，子代总会表现出其亲代特征的某种融合或平均结果。这样的"融合遗传"难道不会总是简单地将所有差异平均化，然后把一切变成统一的灰色调吗？多样性如何在如此严格的平均化过程中得以保存？达尔文认识到了这一挑战的严重性，然而他和他的许多热心支持者，都没能成功描述出一种令人信服且证据充足的遗传学机制，该机制应当能够将亲代特征加以结合，同时保留一种不变的底层同一性。他们需要的这个观念很快就出现了。它由修道士格雷戈尔·孟德尔揭示（要是用"阐述"这个词，那就过头了），并于1865年发表在一本相对默默无闻的奥地利期刊上。然而，科学史上最值得玩味的讽刺情状是，它无声无息地躺在那儿，直到1900年左右才受人赏识（这种赏识一开始还暧昧不明）。它最终在20世纪40年代于"现代综合论"（modern synthesis，实际上是孟德尔和达尔文理论的综合产物）的核心思想上稳固确立了自己的辉煌功业，这多亏了特奥多修斯·杜布赞斯基（Theodosius

Dobzhansky）、朱利安·赫胥黎（Julian Huxley）、恩斯特·迈尔等人的工作。又过了半个世纪，这块新的思想物料上的大部分皱褶才被熨烫平整。

基于DNA（脱氧核糖核酸）复制和演化的理论，是当代达尔文主义的根本核心，它如今在科学家之间已再无争议。它每天都在展示着自己的强大，对各学科的解释做出关键的贡献：从行星级别的地质学和气象学，到中等规模的生态学和农学，直至出现不久的微观基因工程。它将所有生物与我们这个星球的历史统一为一个宏大的故事。就像被绑在利立浦特岛上的格列佛*一样，它之所以不可撼动，不是因为一两根巨大论证链条内部或许存在着薄弱环节（对此别抱太大希望），而是因为它被千丝万缕的证据牢牢锚定在几乎所有其他的人类知识领域中。可以料想，新的发现可能会导致达尔文理论中出现戏剧性乃至"革命性"的**转变**，但要是指望它会被一些石破天惊的发现"驳倒"，那就跟指望我们能回归到地心说并抛弃哥白尼一样，基本没什么道理可言。

尽管如此，该理论仍卷入了格外激烈的争论。争论白热化的原因之一，就在于人们惧怕它给出的"错误"答案会包含不可容忍的道德意涵，而这种惧怕又往往会扭曲人们在科学问题上的争论。这些恐惧程度极深，以至于被小心翼翼地搁置而不曾得到阐明，而且层层堆叠、令人分心的驳论与反驳论也转移了人们的注意力。争论者们永远都在对争论的主题进行细微的改变，好让他们所惧怕的那些对象一直待在阴影中。也许有一天，我们都可以同我们在生物学上的新观点自在共处，就像我们同哥白尼带给我们的天文学观点自在共处一样，但

---

* 格列佛是《格列佛游记》的主人公，在第一卷中他在南太平洋上遭遇海难，漂流到了利立浦特岛（Lilliput）上的小人国，后被小人捆住运进了城。——译者注

这一天被延后了，对此负有主要责任的正是上面这种规避问题的误导之举。

每当达尔文主义成为人们谈论的话题，气氛便会紧张起来，因为涉及的并非只是关乎"地球上生命如何演化"的经验事实，也不只是能够解释这些事实的理论所使用的正确逻辑。事关重大的乃是一种看法，即我们认为提出与回答"为什么？"这一问题意味着什么。达尔文的新观点颠覆了多个传统假设，动摇了我们在考虑这个古老而不可回避的问题时，关于满意答案之应然面貌的标准观念。科学与哲学在此完全交织在一起。科学家有时会欺骗自己，认为哲学观念充其量不过是对科学那坚实且客观的胜利的点缀或依附性评述，而他们自己则免疫于哲学家们尽其一生去解决的那些疑惑。但是，没有与哲学不沾边的科学，只有未经检查而携带着哲学私货登船的科学。

达尔文革命既是一场科学革命，也是一场哲学革命，两者相伴而生。我们将会看到，蒙蔽科学家们双眼，让他们看不到达尔文的理论何以真正奏效的，是他们在哲学上的偏见，而不是他们在科学上的证据不足，但是那些必须被推翻的哲学偏见是如此根深蒂固，以至于无法被纯然的哲学光辉驱散。要想迫使思想家们认真对待达尔文提出的不同寻常的新观点，就需要由来之不易的科学事实组成一支魅力不可抵挡的游行队伍。对于那些还不熟悉这支漂亮队伍的人，可以原谅他们继续忠于前达尔文式观念的做法。毕竟，战斗还没有结束；即便是在科学家中间，也仍有零星的抵抗力量。

我就此摊牌吧。如果要颁发一个"史上最佳思想奖"，我会把它授予达尔文，牛顿、爱因斯坦和其他所有人都得靠后站。自然选择的演化思想一举将生命、意义和目的的领域，与时空、因果、机制和物理定律的领域统一起来。但它不仅是一个美妙的科学思想，更是一个危险的思想。我对达尔文的宏大思想无比钦佩，但也很珍视它**似乎**要挑战的许多思想和理想，并打算保护它们。例如，我想为我的小孙子，为他的朋友们，也为他们未来的孩子们，保护那首在篝火旁吟唱的歌曲，保护其中美丽而真实的东西。似乎还有许多更为宏大的思想同样被达尔文的思想所危及，而它们或许也需要保护。要做到这一点，好办法（从长远来看唯一可能成功的办法）只有一个，那就是穿过重重烟幕，尽可能毫不畏缩、平心静气地审视这个观念。

在这种情况下，我们不会满足于"好啦，好啦，一切都会好起来的"之类的话。我们的这番考察需要一定的勇气。我们的感情可能会受到伤害。以演化为题材的作者，通常会避免涉及科学与宗教之间那显而易见的冲突。亚历山大·蒲柏（Alexander Pope）说过，天使畏惧处，愚人敢闯入。你想随我同去吗？你难道不想知道，在这场对抗中有什么幸存下来了吗？假如这场遭遇战的结果是，那美妙的（或更好的）景象不仅得以保全，还变得更加强大、深邃，那会怎么样？为了将就一个脆弱的、病恹恹的、你误以为断然承受不了惊扰的信念，就放弃机会，不去拥抱一个更强大的、重获新生的信条，这岂不令人羞愧？

神圣的传说是没有未来的。为何没有？因为我们拥有好奇心。因为，正如那首歌所提醒我们的，**我们想知道为什么**。我们可能已经不再需要那首歌曲给出的答案了，但我们永远都需要那个疑问。无论我们珍视的是什么，我们都无法让它免受我们好奇心的追问，那是因为我们作为我们之所是，珍视的东西之一是真理。我们对真理的热爱，无疑是我们在生活中找到的意义的一个核心要素。无论如何，"我们也许能通过自欺来保存意义"，这个念头的悲观和虚无，至少我自己是无法消受的。假如这便是最好的应对之法，那我就要断言，这世上再无要紧之事了。

所以，本书是写给这样一批人的：在他们看来，生命中唯一值得关心的意义，应当经得起我们的全力检验。如果你不是他们的一员，我建议你现在就合上书，踮起脚尖，悄悄走开。

对于那些留下来的人，给你们看看内容安排。本书的第一部分从全局视角来对达尔文革命加以定位，展示它如何改变了解其详情的人们的世界观。第1章陈述了在前达尔文时期主导我们思想的哲学观念的背景。第2章介绍了达尔文的核心观念，为其赋予新的面貌，把演化当作一种**算法过程**，并清除了对它的一些常见误解。第3章展示了这种观念如何颠覆我们在第1章中遇到的传统。第4章和第5章探讨了达尔文式思维方式所开启的一些令人震惊不安的视角。

本书的第二部分检视了针对诞生于生物学内部的达尔文思想的种种挑战——针对新达尔文主义或现代综合论的挑战，这部分内容表明：与一些反对者所宣称的正好相反，达尔文的思想在这些争议中存活了下来，不仅完好无损，还得到了强化。然后，第三部分展示了当我们将相同的思维延伸到我们最关心的物种智人（*Homo sapiens*）身上时会发生什么。达尔文本人完全认识到，这对许多人来说将是分歧所在，所以他尽量以一种温和的方式来宣布他的发现。一个多世纪后，仍有一些人想挖出一条壕沟，好把我们同他们自认为在达尔文主义中看出的大多数（即使不是全部）可怕意涵分隔开来。第三部分表明，这种做法既误判了事实，也选错了策略；不单达尔文的危险思想在许多层面上可以直接适用于我们，而且达尔文式思维在人类问题（例如，与心灵、语言、知识和伦理等相关的问题）上的合理应用，也以种种不见于传统进路的方式阐明了它们，对古老的难题加以重铸，并指明了解决方案。最后，当我们用前达尔文式思维换得达尔文式思维时，我们可以对这笔交易加以评估，分辨达尔文式思维的运用与滥用，从而表明对我们来说，真正重要（且应当重要）的事物在何等意义上熠熠生辉，表明它们在经历达尔文革命的过程中，如何得到了转变与加强。

2. 何物，何处，何时，何故——以及如何？

我们对事物的好奇，分为不同的形式，亚里士多德在人类科学诞生之初就提出了这一点。他对这些形式进行分类的首创之功，至今依然颇具意义。他分辨出四个基本问题，我们在任何事物身上，都会想得到这四个问题的答案，他把这些答案称为四种 aitia。这个希腊词语确实不可译，传统上我们笨拙地将其译为四种"原因"。

（1）我们可能好奇某事物由什么构成，即它的物质或**质料因**。

（2）我们可能好奇那个物质所采取的形式（或结构、形状），即它的**形式因**。

（3）我们可能好奇它的开端，即它是如何开始的，或它的**动力因**。

（4）我们可能好奇它的**意图**（purpose）、**目标**（goal）或目的（end）——就像"只要目的正当就可以不择手段吗？"中的"目的"——亚里士多德将其称为 telos，它有时被笨拙地译作英语 final cause（目的因）。

需要经过一番裁剪缝合的功夫，才能将这亚里士多德式的四种 aitia 连缀成对于这些标准英语问题"何物、何处、何时以及何故"

的答案。这种对应关系时有时无，马马虎虎。然而，以"何故"开头的发问，通常是为了寻求亚里士多德的第四种"原因"，即事物的telos。这是何故？我们问道。这是为了什么？就像法国人所说的，其存在的原因（raison d'etre）是什么？几百年来，哲学家和科学家已然认为这些"为什么"的疑问很成问题，它们如此独特，以至于它们所带出的那个主题理应有自己的名字：目的论。

一个**目的论**的解释，就是通过援引某事物服务的目标或意图，对该事物的存在或发生所进行的解释。制造品是最显而易见的例子；制造品的目标或意图，在于它按照创造者的设计所要发挥的那个功能。关于一把锤子的telos，是不存在什么争议的：钉钉子和起钉子。对于更复杂的制造品，例如便携式摄像机、拖车或CT（计算机层析成像仪）来说，其telos更是显而易见。但即使是在简单的情况下，一个难题仍在背景中隐约显现：

> "你为什么在锯那块木板？"
> "要做扇门。"
> "做这扇门是为了什么？"
> "来保护我的房子。"
> "那你为什么想要一栋安全的房子？"
> "那样我就可以在晚上睡个好觉。"
> "那你为什么要在晚上睡觉？"
> "一边儿凉快去，别再问这些傻问题了。"

这段对话揭示了目的论的麻烦之一：在何处停止追问？借助什么样的**终极**目的因才能给这种原因的等级制封个顶？亚里士多德有一个

答案：神，第一推动者*，终结一切**缘由**（for-which）的**缘由**。基督教、犹太教和伊斯兰教的传统所接受的观念是，**我们**所有的意图到头来都是神的意图。这个想法的确很自然，也很有吸引力。如果我们端详一只怀表并好奇**为什么**它的正面是一块毫无杂质的水晶玻璃，那么答案显然就回到了戴表者们的需求和欲望，他们想要透过透明的保护玻璃来查看表的指针，以便知晓时间，等等。假如不是因为这些同**我们**相关的事实（手表是为了我们而被创造出来的），就不会有关于其水晶玻璃的"为什么"的解释。如果宇宙是由神创造的，是为了神的意图创造的，那么我们在其中找到的所有意图，最终都必定起因于神的意图。可神的意图又是什么呢？这是个难解之谜。

要转移对于这个谜团的不安情绪，方法之一就是稍微转移一下话题。在回答"为什么"问题时，人们常常不用"因为"型的答案（虽然该问题要求的似乎就是这种答案），而是将"为什么"问题替换为"如何"问题，然后尝试通过讲述一个故事来回答它，故事讲的是神创造了我们以及整个宇宙这件事是**如何发生的**，却不怎么详述神为什么会想要那样做。"如何"问题并没有在亚里士多德的清单上被单独列出，但远在亚里士多德进行他的分析工作之前，它就已经是一个很常见的问答形态了。对最大的"如何"问题的回答是**宇宙生成论／天体演化学**（cosmogony），即有关宇宙（cosmos）、全世界及其所有居民如何形成的故事。《创世记》本身就是一种宇宙生

---

* 本书作者丹尼特在他位于塔夫茨大学网站上的个人主页中发布了《〈达尔文的危险思想〉纠误》（"Errors in *Darwin's Dangerous Idea*"）一文（后文简称《纠误》），汇集了读者指出并经由他本人确认的书中错误。在本书中，《纠误》一文的内容会以译者注的方式呈现。《纠误》原文参见 https://ase.tufts.edu/cogstud/dennett/papers/DDI_errata.html。丹尼特在《纠误》中指出："克里斯·海默尔［Chris Hammel］指出，我将亚里士多德的'第一推动者'［Prime Mover］错误地描述为'目的因'。而第一推动者是指所有一切的**动力因**［efficient cause］。"——译者注

成论，许多其他著作也是。宇宙学家们是当今宇宙生成论的开创者，他们探索宇宙大爆炸学说，推算黑洞和超弦理论。并非所有远古的宇宙生成论都遵循"制造品的制造者"的模式。有些提到某个神话中的鸟在"宇宙深处"产下的"世界之卵"，有些提到种子的播撒与看护。面对如此令人费解的问题，人类可以取用的想象力资源寥寥无几。有一个早期的创世神话谈到有一个"自存神"，他"凭着一个想法，创造了大片的水域，并在其中沉入了一粒种子，那粒种子变成了金蛋，他自己从中诞生为梵天——宇宙万物的祖先"（Muir, 1972, vol. IV, p. 26）。

所有这些产卵、播种或创建世界的行为，其要义何在？或者，就此而言，大爆炸的要义何在？今天的宇宙学家，就像他们在历史上的许多前辈一样，尽管讲述了一个迂回的故事，但还是选择规避目的论的"为什么"问题。宇宙是否出于某种理由而存在？在对宇宙的解释中，提出种种理由是否会促进我们的理解？某物存在的理由是否一定是**某人**的理由？还是说理由——亚里士多德的第（4）类原因——仅适合于解释人或其他理性行动者的产物和行为？如果神不是一个人，不是一个理性行动者，不是一个智能的工匠，那么最大的"为什么"问题又能有什么意义呢？而且，如果最大的"为什么"问题没有任何意义可言，那么任何较小的、狭义的"为什么"问题又怎么能有意义呢？

达尔文最根本的贡献之一，就是向我们展示了一种理解"为什么"问题的新方式。不管你喜欢与否，达尔文的思想都提供了一种消解这些古老谜题的方法，该方法清晰明白，有理有据，具有惊人的通用性。人们需要花一点时间来适应它，即使是它最忠心的朋友也时常会误用它。逐步揭示和厘清这种思维方式就是本书的中心任务。我们必须小心谨慎地把达尔文式思维同一些过分简化且哗众取宠的冒牌货划清界限，尽管这样做会将我们带入技术性的细节，但这是值得的。其奖励是，我们头一次有了一个稳定的解释系统，它不会来回兜圈子，也不会在原地不停打转，向着一个个谜团无限倒退。显然，有些人还是更喜欢向一个个谜团无限倒退，但时至今日，这种做法的代价奇高：你必须得让自己受骗。你除了可以欺骗自己，还可以让别人来做这个苦活儿，但现在已经没有什么有理有据的办法，可以重建那道被达尔文打破的、厚实的认知屏障了。

想要透彻地理解达尔文贡献中的这个方面，第一步就是去看看被他反转之前的世界是什么样子。透过他的两位同胞约翰·洛克和大卫·休谟的眼睛，我们可以清晰地获得另一种世界观的视角，尽管这种世界观在很多方面仍然与我们同在，但达尔文已使其成了过时的玩意儿。

3. 洛克对心灵至上的"证明"

约翰·洛克发明了常识，打那以后只有英国人才有常识！

——伯特兰·罗素*

---

* 吉尔伯特·赖尔（Gilbert Ryle）向我讲述了一件典型的罗素式的夸张逸事。赖尔告诉我，虽说他在自己夺目的学术生涯中曾在牛津大学担任韦恩弗利特（Waynflete）哲学教授，他却很少与罗素见面，这在很大程度上是因为在第二次世界大战之后，罗素便不再碰命纯理论哲学了。然而在一次乏味的火车旅程中，赖尔发现自己与罗素同处一个车厢，他拼命地设法与这位举世闻名的旅伴攀谈，赖尔问他，为什么尽管洛克不如贝克莱、休谟或托马斯·里德这类作家匠心独具和出色，但他在讲英语的哲学世界中却比他们更具影响力。据赖尔说，这句话就是罗素的回答，也是他唯——次与罗素的真正对话的开头。

约翰·洛克与"举世无双的牛顿先生"身处同一时代，他是英国经验主义的奠基人之一，并且作为一位当之无愧的经验主义者，他不常以理性主义者的手段进行演绎论证，尽管如此，他也曾一反常态地尝试"证明"，而且其中一次值得被完整引述，因为这次尝试完美地阐明了在达尔文革命之前想象力受到的桎梏。以现代人的眼光看来，这一论证可能既奇特又生硬，但权且忍耐一下——我们可以以此表明自那以后我们取得了多么长足的进步。洛克以为自己只是在提醒人们一些明摆着的事情！在《人类理解论》(*Essay Concerning Human Understanding*, 1690，IV, x, 10）的这一段中，洛克想要**证明**一件他认为所有人无论如何都心知肚明的事：心灵"一开始"就存在。他首先问自己，如果有什么东西是无始以来就有的，那它会是什么：

> 无始以来既然必然有一种东西，那么，我们就可以看看，它究竟是什么样的。说到这一层，则可明白看到，它必然是一个有认识力的东西。因为我们既不能想象虚无自身可以产生出物质来，因此我们亦一样不能想象无认识力的物质可以产生出有认识力的存在物来……*

洛克在他证明的一开始就提到了哲学中最古老并且最常用的格言之一，Ex nihilo nihil fit：没有什么东西可以来自虚无。由于这将是一个演绎论证，因此他必须抬高眼界：对于"无认识力的物质可以产生出有认识力的存在物"这个说法，不仅是不大可能理解、难以

---

* 中译参考自《人类理解论（下册）》，关文运译，商务印书馆，2017年，第667页。——译者注（参考译文据本书作者所引版本及本书内容有所修改，后面相同处理处不再——注明。——编者注）

置信或难以蠡测的，甚至是**无法设想的**。该论证逐步展开：

> 不论假设任何大的或小的永久的物团，我们总会看到，它
> 自身不能产生出什么东西来……因此，物质如只凭其自身的能
> 力，则它连运动亦不会产生出来：它的运动必须亦是无始以来就
> 有的，否则是被比物质更有力的东西加于物质的……不过我们可
> 以进一步假设运动亦是无始以来存在的；但是无认识力的物质和
> 运动，无论在形象和体积方面产生什么变化，它永久不能产生出
> 思想来，因为虚无或虚体既然没有能力来产生物质，所以运动和
> 物质亦没有能力来产生知识。我诉诸每个人自己的思想：一个
> 人既然不易设想虚无可以产生物质，因此，他亦一样不易设想，
> 在原来无思想或无智慧的生物时，纯粹的物质可以产生出思想
> 来……[*]

有趣的是，洛克认定他可以安然地诉诸"每个人自己的思想"，
并以此确保这一"结论"万无一失。他确信他的"常识"（common
sense）就是真正的共识（*common* sense）。尽管物质和运动可以产生
"形象和体积"的变化，但它们**永远不能**产生"思想"，我们难道
看不出这一点有多么明显吗？这一点难道不会排除机器人的可能性
吗？——至少是那些自称拥有真正思想的机器人，而这些思想与其他
物理活动都发生在它们的物质脑袋中。当然，在洛克的时代——也是
笛卡儿的时代——人工智能（Artificial Intelligence, AI）的观念是如此
不可思议，以至于洛克可以满怀信心地期盼这种"诉诸"能够得到

---

[*] 中译参考自《人类理解论（下册）》，关文运译，商务印书馆，2017 年，第 667
页。——译者注

读者的一致认可，而放在今天，该"诉诸"则可能会招致冷嘲热讽。*
我们将会看到，人工智能的领域是达尔文思想堂堂正正的直系后裔。
达尔文本人差不多预料到了人工智能的诞生，而与人工智能的诞生相
伴随的，则是自然选择第一次真正展示出令人赞叹的形式威力（关于
阿尔特·塞缪尔†那堪称传奇的跳棋程序，我们稍后再详谈）。正如我
们将在后面的章节中看到的，演化和人工智能在对它们一知半解的人
中间激起了同样的憎恶情绪。不过我们还是先回到洛克的结论上：

> 因此，如果我们不假设无始以来就有一种原始的或悠久的东
> 西存在，则物质便不能开始存在；我们如果只假设有物质而无运
> 动，则运动永不能开始存在；我们如果只假设物质和运动是原始
> 的或悠久的，则思想便不能开始存在。因为不论物质有无运动，
> 我们都不可能设想它在自身并凭自己原来能有感觉、知觉和知
> 识，因为若是这样，则这些作用都将成为物质及其各分子的永不
> 可分离的一种性质。‡

因此，如果洛克是正确的，那么心灵肯定第一个到来——至少
并列第一。它不可能作为某些更加普通的无心灵现象共同作用的结
果，而晚于这些现象出现。这种观点自诩能以一种完全世俗的、逻辑
的——简直可以说是数学的——方式，来证明犹太-基督教（以及伊

---

* 对于"笛卡儿无法将思想视为运动中的物质"，我在自己的《意识的解释》（1991a）
一书中用很长的篇幅进行了探讨。约翰·海于格兰（John Haugeland）在《人工智
能这个观念》（*Artificial Intelligence: The Very Idea*, 1985）这本名实相符的著作中，
翔实地介绍了使这个观念通俗易懂的哲学途径。

† 阿尔特·塞缪尔（Art Samuel）是阿瑟·塞缪尔的昵称。——译者注

‡ 中译参考自《人类理解论（下册）》，关文运译，商务印书馆，2017年，第668
页。——译者注

斯兰教）宇宙生成论的一个核心方面是正确的：一开始就存在一个具有心灵的东西——如洛克所说，"一个有认知力的存在者"。传统观念认为，神是一个能思考的理性行动者，是世界的设计者和建造者，而该观念在这里得到了科学上最高级别的认可：它就如同一个数学定理，我们理应想不出否定它的方法。

在达尔文之前，许多优秀且多疑的思想家也都认为，事实似乎就是如此。在洛克之后，差不多又过了一百年，另一位伟大的英国经验论者大卫·休谟在《自然宗教对话录》（Hume, 1779）这本西方哲学杰作中再次直面了这个问题。

4. 休谟的亲密接触

在休谟的时代，自然宗教的意思是有自然科学支撑的宗教，而与之相对的"启示"宗教则依赖天启——神秘难解的经历或其他无法查验的信仰之源。如果你的宗教信仰的唯一依据是"神在梦中就是这样告诉我的"，那么你所信奉的宗教就不是自然宗教。直到 17 世纪现代科学诞生之后，当科学为所有信仰创立了一个具有竞争力的全新证据标准时，这种区分才有了意义。该区分提出了以下问题：

你能为你的宗教信仰找到**科学**依据吗？

许多宗教思想家认定，在科学思想的领域获取崇高威望——且不妨碍其他方面——是值得尊奉的志向，他们欣然接受了这一挑战。假如可以找到确凿的证据从科学上确认一个人的信仰，那么拒绝做这样的确认就很让人费解。不论当时还是现在，在诸多意欲论证宗教结论的所谓科学论述中，这样或那样的设计论论证以压倒性优势荣膺"最受欢迎"之名：在这个世界上，在我们可以客观观察到的结果中，许多都不是纯然的意外（出于种种原因，它们不可能是意外）；它们必定是被设计成了现在的样子，而一个设计则必定有其设计者；因此，必定存在（或曾经存在）一个设计者，存在神，作为所有这些绝妙结果的来源。

可以把这种论点看作通向洛克结论的另一条路径，在这条路径上，我们将会看到更具经验性的细节，而不是一股脑儿地指靠被视为无法设想的东西。比如说，可以对观察到的设计的实有特征进行分析，在这个牢固的基础上深入领会设计者的智慧，并确信仅凭机缘巧合是无法造就这些奇迹的。

在休谟的《自然宗教对话录》中，三个虚构人物之间的辩论机智风趣、充满活力。克里安提斯（Cleanthes）持守设计论论证，并以最为雄辩的方式对其加以表述。*以下是他的开场白：

> 看一看周围的世界：审视一下世界的全体与每一个部分：你就会发现世界只是一架巨大机器，分成无数较小的机器，这些较小的机器又可再分，一直分到人类感觉与能力所不能追究与说明的程度。所有这些各式各样的机器，甚至它们的最细微的部分，都彼此精确地配合着，凡是对于这些机器及其各部分审究过的人，都会被这种准确程度引起赞叹。这种通贯于全自然之中的

---

* 威廉·佩利（William Paley）在 1803 年出版的《自然神学》（*Natural Theology*）中，将"设计论证"（Argument from Design）带入了更丰富的生物学细节中，并辅以大量新颖华丽的辞藻。尽管佩利的这番论述影响深远，是达尔文的驳论工作实际上的灵感来源和批评目标，但休谟笔下的克里安提斯才真正把握了设计论所有的逻辑和修辞力量。

手段对于目的奇妙的适应，虽然远超过于人类的机巧、人类的设计、思维、智慧及知识等等的产物，却与它们精确地相似。因此，既然结果彼此相似，根据一切类比的规律，我们就可推出原因也是彼此相似的；而且可以推出造物主与人心多少是相似的，虽然比照着他所执行的工作的伟大性，他比人拥有更为巨大的能力。根据这个后天的论证，也只有根据这个论证，我们立即可以证明神的存在，以及他和人的心灵和理智的相似性。(Hume, 1779, Pt. II)*

对此持怀疑态度的斐罗（Philo）对克里安提斯发起了挑战，他对以上论述详加阐述，并在此基础上对其加以批驳。斐罗抢先讲出了佩利的著名例子，他指出："将几块钢片扔在一起，不加以形状或形式的规范，它们绝不会将自己排列好而构成一只表的。"†他继续说："石块、灰泥、木头，如果没有建筑师，也绝不能建成一所房子。我们知道，只有人心中的概念，以一个不知的、不可解释的法则，将自己排列好而构成一只表或一所房子的设计。因此，经验证明秩序的原始原则是在心中，不是在物中。"(Hume, 1779, Pt. II)‡

请注意，设计论论证有赖于归纳推理：哪里有烟，哪里就有火；哪里有设计，哪里就有心灵。但这是一个可疑的推理，斐罗观察到：

---

* 中译参考自《自然宗教对话录》，陈修斋、曹棉之译，商务印书馆，2002 年，第二篇。——译者注

† 耶尔森指出，早在两千年前，西塞罗就出于相同目的使用了相同的例子："你看到日晷或水钟时，会发现它的报时能力靠的是设计而非偶然。那么，对于包罗万物（这些制造品及制造它们的工匠也在内）的宇宙整体，你怎么会觉得它没有目标和智能呢？"(Gjertsen, 1989, p 199)

‡ 中译参考自《自然宗教对话录》，陈修斋、曹棉之译，商务印书馆，2002 年，第二篇。——译者注

［人类的才智］不过是宇宙的动因和原则之一，与热或冷，吸引或排斥，以及日常所见的千百其他例子之均为宇宙的动因和原则之一，没有两样……但是从部分中得出来的结论能够合适地推而用之于全体吗？……观察了一根头发的生长，我们便能从此学到关于一个人生长的知识吗？……我们称之为思想的，脑内的小小跳动有什么特别的权利，让我们使它成为全宇宙的规范呢？……这真是惊人的结论！石、木、砖、铁、铜，在这个时候，在这个渺小的地球上，没有人的技巧与设计，就没有秩序或配列：因此，宇宙若没有类似于人类技巧的东西，也就不能自行得到它的秩序或排列。（Hume, 1779, Pt. II）*

此外，斐罗还观察到，假如我们把心灵及其"不知的、不可解释的法则"当作第一因的话，那就只不过是在延宕难题，而非解决难题：

我们还必须往上推，替这个你所认为满意的、确定的原因，找寻原因……因此，对于你将那个存在的原因看作造物主，或者，按照你的神人相似论系统，把他看作是从物质的世界追溯出的一个观念的世界，我们怎样能够满意呢？我们不是有同样的理由，从那一个观念世界再追溯到另外一个观念的世界，或新的理智的原则吗？但是如果我们停住了，不再往前推；那么为什么偏偏要到这里才停住呢？为什么不在物质的世界停住呢？除非无穷地往前推，我们怎样能够满足自己呢？而在这个无穷往前推的进

---

* 中译参考自《自然宗教对话录》，陈修斋、曹棉之译，商务印书馆，2002 年，第二篇。——译者注

程中，究竟有什么满足可说呢？（Hume, 1779, Pt. Ⅳ）[*]

　　克里安提斯没有对这些诘问做出令人满意的回应，而更棘手的问题还在后头。克里安提斯坚持认为，神的心灵**就像人类的一样**——当斐罗补充说"越像越好"时，他十分赞同。可斐罗却继续发难：神的心灵是否完美无瑕，是否"在他的作为中可以摆脱每一个错失、谬误或者矛盾"？（Hume, 1779, Pt. V）[†]这就需要排除掉一种对立的假说：

　　　　而当我们发现他原来只是一个愚笨的工匠，只是模仿其他工匠，照抄一种技术，而这种技术在长时期之内，经过许多的试验、错误、纠正、研究和争辩，逐渐才被改进的，我们必然又会何等惊异？在这个世界构成之前，可能有许多的世界在永恒之中经过了缀补和修改；耗费了许多劳力；做过了许多没有结果的试验；而在无限的年代里，世界构成的技术缓慢而不断地在进步。（Hume, 1779, Pt. V）[‡]

　　斐罗提出的这种空想假设，连同它对达尔文之洞见的惊人预见，都不是深思熟虑的结果，他这样说只是为了挫败克里安提斯对一位全能工匠的构想。休谟只是想以此为例，来强调他眼中的我们知识的局

---

[*]　中译参考自《自然宗教对话录》，陈修斋、曹棉之译，商务印书馆，2002 年，第四篇。——译者注

[†]　中译参考自《自然宗教对话录》，陈修斋、曹棉之译，商务印书馆，2002 年，第五篇。——译者注

[‡]　中译参考自《自然宗教对话录》，陈修斋、曹棉之译，商务印书馆，2002 年，第五篇。——译者注

限性："在这种论题上，可以提出的假设太多，而可以想象的假设则更多，谁能在其间决定真理是在哪里；不，谁能在其间揣测可能性是在哪里呢？"（Hume, 1779, Pt. V）*

斐罗利用无拘无束的想象力使克里安提斯身陷困境，他在克里安提斯的假说上演绎出了多个怪异又滑稽的变体，以这种对抗克里安提斯的方式来表明自己的版本为什么更胜一筹。"为什么不可以有几个神联合来设计和构造一个世界呢？……为什么不做一个彻底的神人相似论者呢？为什么不承认神或众神是有肉体的，也有眼、鼻、口、耳等等呢？"（Hume, 1779, Pt. V）† 斐罗有一段话还预见到了盖娅假说：

> ［宇宙］与一只动物或一个有机体极为相似，并且受着一个相似的生命和运动的原则的推动。物质在宇宙中不断循环而不会弄乱秩序……所以我推断世界是一只动物，而神是世界的灵魂，他推动世界，又被世界所推动。（Hume, 1779, Pt. VI）‡

或者，也许比起动物来，那个世界难道不更像是植物吗？

> 正像树将它的种子散播于邻近的田野，又生出其他的树一样；这株巨大的植物，就是这个世界，或者这个太阳系，在它自身中生出种子，种子散播在周遭的混沌太空中，然后生长成为新

---

* 中译参考自《自然宗教对话录》，陈修斋、曹棉之译，商务印书馆，2002 年，第五篇。——译者注

† 中译参考自《自然宗教对话录》，陈修斋、曹棉之译，商务印书馆，2002 年，第五篇。——译者注

‡ 中译参考自《自然宗教对话录》，陈修斋、曹棉之译，商务印书馆，2002 年，第六篇。——译者注

的世界。比方，彗星就是一个世界种子。（Hume, 1779, Pt. Ⅶ）*

另外一种疯狂的可能性就是：

婆罗门教徒认为，世界起源于一个无限大的蜘蛛，他织成从他的肠内出来的这一整个复杂的庞然大块，后来又再将它吞下去，并把它变成为他自己的本质，而消灭它的全部或任何的部分。这也是一种宇宙构成论，在我们看来是可笑的；因为蜘蛛是一种渺小鄙贱的动物，我们绝不会把他的活动视为全宇宙的轨范。但这究竟是一种新的比喻，即使是在我们的地球上。假如有一个行星上面完全居住着蜘蛛（这是非常可能的），那么这个推论之自然而无可争论，就像在我们这行星上将万物起源归于设计和理智（像克里安提斯所解释的）一样。为什么一个秩序井然的系统不能像出于脑中一样地从腹中织出，要他提出一个令人满意的理由是困难的。（Hume, 1779, Pt. Ⅶ）†

虽然面对这些攻击，克里安提斯负隅顽抗，但是斐罗在克里安提斯所能制定出的每一版设计论论证中都找出了致命缺陷，并加以展示。不过出人意料的是，在《自然宗教对话录》的结尾，斐罗与克里安提斯达成了共识：

……合法结论是……假如我们不满意于称呼这第一因或至高

因为上帝或神，而希望变换称谓；除了称他为心灵或思想之外还有什么呢？他是被正确地认为与心灵或思想极其相像的。（Hume，1779, Pt. XII）*

斐罗在《自然宗教对话录》中无疑充当了休谟的喉舌。休谟为什么屈服了？是害怕当权者会打击报复吗？不。休谟知道他已经证明了设计论论证这座架在科学与宗教之间的桥梁有着无法弥补的缺陷，况且他之所以安排《自然宗教对话录》在他 1776 年去世后再发表，就是为了避免遭受迫害。他之所以屈服，是因为**他想象不出**怎么解释自然界中那些显见设计的源头。休谟不能理解那种"通贯于全自然之中的手段对于目的奇妙的适应"怎么会出自偶然——但如果不是出自偶然，又会出自什么呢？

如果不是一个智能的神，那还有什么能解释这种优质的设计呢？在任何哲学辩论中，无论是真实的还是虚构的，斐罗都是最机敏、最足智多谋的辩手之一，他会在茫茫暗处进行绝妙的刺探，猎取替代性的解释。在《自然宗教对话录》的第八篇中，他凭空想出的一些猜测提前将近一个世纪就准确地预言了达尔文的观念（以及一些更为晚近的达尔文式的阐述）。

不像伊壁鸠鲁一样假设物质是无限的，让我们假设物质是有限的。有限数目的物质微粒只容许有限的位置变动；在整个永恒的时间中，每一可能的秩序或位置必然经过了无数次的试验……有没有一个事物的系统、秩序、法则，物质能借以保持永恒的骚

动（这种骚动似乎是物质的本质），而仍能保持物质所造成的形式的常住性？的确有这样的一个法则：因为这就是目前这个世界的实况。所以物质继续不断地运动，在少于无限的位置变动时就必定会造成这个法则或秩序；而那个秩序一旦建立后，根据它的本性，就会维持自己到许多年代，假如不是到永恒的话。但是假若物质经过平衡、安排和配置以至能继续永远地运动而仍保持形式的常住，那么物质的情况就必须与我们现在所见到的技巧及设计的外貌完全一样……这些项目中任何一项有缺陷就要毁坏形式；形式所借以组成的物质也就解体，而投入不规则的运动和骚乱，一直等到它将自己统一成某种另外的有规则的形式为止……

假设……物质被一个盲目的、没有定向的力量随便投入一种状态；那么显然，这个第一次的状态在所有可能的情况中都必然是极紊乱、极无秩序的，与人类设计的作品丝毫没有相似之处，人类设计的作品除了其中各部分的相称，还表现出一种手段对于目的的配合和自我保存的倾向……假定这个推动力，不管它是什么，继续存在于物质之中……这样，宇宙是在一种混沌和无秩序的不断的连续变化之中经历了许多年代。但是难道它不能在最后得到稳定……？我们不是可以在没有定向的物质的永恒变革之中，希望甚至相信物质有这样的一个状态吗？而这个不就可以解释所有呈现于宇宙中的智慧与设计吗？[*]

嗯，这样的说法似乎能说得通……但休谟无法严肃看待斐罗的大胆突袭。他的最终结论是："在总体上悬置判断，是我们唯一的合理

---

[*] 中译参考自《自然宗教对话录》，陈修斋、曹棉之译，商务印书馆，2002年，第八篇。——译者注

办法。"（Hume, 1779, Pt. Ⅷ）早于休谟几年，德尼·狄德罗也写下了一些推测，几近准确地预示了达尔文的观念："我可以向你保证……怪物们相继毁灭了彼此；有缺陷的物质组合全都消失了，而幸存下来的那些，其内部组织不包含任何重大矛盾，可以自给自足并且自我延续。"（Diderot, 1749）关于演化的迷人观念已经辗转飘摇了几千年，但是，像大多数哲学观念一样，尽管它们似乎的确为眼前的难题提供了解决方案，但它们并不一定会继续推进，开启新的调查研究，形成可验证的惊人预言，或者解释不能用以解释的事实。直到查尔斯·达尔文知道如何将一种演化假说编织进一个具有解释力的织体结构中，一个由千万个来之不易且常常令人惊讶的有关自然的事实所组成的织体结构，这场演化革命才能开始。达尔文既不是凭一己之力，用未经裁剪的原布从头开始发明出这个绝妙的思想，也没有完全理解它，尽管它确实是达尔文构想出的。但是他的的确确为阐明这个观念做出了彪炳史册的工作，他将这个思想牢牢绑定，使其不再飘摇不定。如果要论功行赏，功劳最大的非达尔文莫属。下一章将对他的基本成就进行回顾。

第 1 章

在达尔文之前，关于世界的"心灵第一"的看法尚未受到挑战；一个智能的神被视为所有设计的终极来源，是任何一条"为什么？"问题之链的终极答案。甚至连大卫·休谟也不清楚该如何严肃对待这种构想，尽管他已经巧妙地暴露了这一构想中的无解难题，并瞥见了达尔文式的替代方案。

第 2 章

达尔文一开始是打算回答一个相对节制的、有关物种起源的问题，他描述了一种他称作自然选择的过程，一种无心灵、无目的、机械的过程。事实证明，这是一颗种子，它所孕育的答案将回答一个远为宏大的问题：设计是如何出现的？

第 2 章

一个观念的诞生

1. 物种到底特别在哪儿?

查尔斯·达尔文既不打算为约翰·洛克的思想瘫痪调制解药,也不打算证实那个险些从休谟的眼皮底下溜走的、替代性的宏大宇宙观。在想出自己那个伟大思想的时刻,他就预见了其必然产生的革命性结果,不过在一开始,他并没有设法去解释生命的意义,或者生命的起源。他的目标稍稍节制了些:他想要解释的是**物种**的起源。

在他所处的时代,博物学家们积攒了大量有关生物的诱人事实,并且从多个维度出发,对这些事实进行了系统化的整理。这项工作产生了两个重大的惊奇之源(Mayr, 1982)。其一,当时人们已经发现了大量的生物**适应现象**,这些发现使休谟笔下的克里安提斯心驰神往:"所有这些各式各样的机器,甚至它们的最细微的部分,都彼此精确地配合着,凡是对于这些机器及其各部分审究过的人,都会被这种准确程度引起赞叹。"(Hume, 1779, Pt. Ⅱ)其二,生物的**多样性**极为丰富——毫不夸张地说,有上百万种不同的动植物。为何如此之多呢?

在某些方面，生物体所展现的设计多样性与其设计卓越性一样惊人，而更为惊人的是，在多样性中存在着清晰可辨的种种模式。我们可以观察到，生物体之间存在上千种层级和变异，同时，它们之间也有十分巨大的分隔性差异。虽然鸟类和哺乳动物没有鳃，但它们中的一些能像鱼一样游泳。虽然犬类的大小和形态千变万化，却不存在犬猫兽、犬牛兽或身披羽毛的犬。这些模式要求人们开展分类工作。在达尔文的时代，伟大的分类学家们（他们是从一边使用一边纠正亚里士多德的古代分类法干起的）早已创立了等级详细的两界系统（植物界和动物界），界分为不同"门"，门分为不同"纲"，纲分为不同"目"，目分为不同"科"，科又分为不同"属"，继而分为不同"种"。当然，种也可以细分为亚种或变种——可卡犬和巴吉度猎犬就是狗或者说家犬（*Canis familiaris*）这一物种的不同变种。

到底有多少种不同的生物体？既然没有哪两个生物体是完全一样的——甚至连同卵双胞胎也不完全一样——那么有多少个生物体，就有多少种生物体。但有一点似乎很明显：它们的差异可以分为不同等级，并且归类为次要的和主要的，或者**偶然的和本质的**。亚里士多德就是这样教导我们的，这一哲学认识渗透在几乎所有人的思想中，从红衣主教到药剂师再到市井小贩，无一例外。万物——不仅是生物——都具有两种属性：本质属性和偶然属性，一旦缺了本质属性，事物就不再是它们所是的那**种**特定事物了，而偶然属性则可以在种类内部自由变异。一块金子就算随意改变形状，它也还是金子；使它成为金子的是它的本质属性，而不是偶然属性。每一个种类都有其本质。本质是决定性的，因而它是永恒的、不变的、要么全有要么全无的。一个东西不可能是**有点儿银**，或是**准金**，又或是半哺乳动物。

作为对柏拉图理念论的改进，亚里士多德提出了他的本质论，据前者所言，一个理想范例或形式永恒地存在于由神统治的柏拉图式的理念国度中，而每一个现世之物都是某种对它们不完美的复刻或映射。当然，这种柏拉图式的抽象概念天国是不可见的，但是心灵却可以通过演绎思维抵达那里。比如说，几何学家所思考和求证的定理是关于圆形和三角形的形式。既然老鹰和大象也各有形式，那么演绎自然科学也值得一试。一个现世之圆，任凭你再怎么用圆规精心描画，再怎么扔在陶钧上塑形，它都无法真正成为一个欧式几何中的完美之圆，同理，就算每只实有之鹰都力求完美地彰显出鹰性（eaglehood）的本质，也没有哪只可以真正做到这一点。存在过的一切事物都有一个神圣的具体规定，该规定抓住了这些事物的本质。由此可见，达尔文所继承的生物分类学本身就是柏拉图本质论——中间还经过亚里士多德——的直系后裔。实际上，"物种"（species）这个词曾是柏拉图用来表示形式或理念的那个希腊词语 eidos 的标准译法。

我们这些后达尔文派是如此习惯于从历史的角度思考生命形式的发展，以至于我们需要铆足劲回忆，才能想起在达尔文时代，物种被看作不受时间影响的东西，就像欧式几何中完美的三角形和圆形一样。物种的各个成员出现又消失，但物种本身却保持不变且不可改变。这是一笔哲学遗产的组成部分，不过它并非闲置无用或动机不良的教条。自哥白尼和开普勒、笛卡儿和牛顿以来，现代科学大获全胜，这些胜利有个共同特点，那就是将精确的数学方法应用于物质世界，而这显然要求对事物纷繁复杂的偶然属性加以提炼，来寻得它们隐秘的数学本质。当事物遵循牛顿关于引力的平方反比律时，它们的颜色和形状都无关紧要。重要的是其质量。同样，当化学家们认定自己的根本信条是"基本元素（例如碳、氧、氢和铁）**不可变**且数量有限"时，化学便接替了炼金术。尽管随着时间的推移，这些元素会以无限多种形式混合和结合，但这些根本的构成要素仍可通过它们恒定的本质属性加以辨认。

在许多领域，关于本质的学说就好似一位法力无边的组织者，操控着世间万象，但对于人们所能制定的每种分类体系来说也是如此吗？丘陵和山脉之间，雪和雨夹雪之间，豪宅和宫殿之间，小提琴和中提琴之间是否存在**本质的**区别呢？约翰·洛克等人已然发展出了详尽的学说，将**实在的**本质（*real* essence）与纯然的**名义的**本质（*nominal* essence）区分开来；后者只是寄生于我们选用的**名称**或词语之上的玩意儿。你可以随心所欲地建立分类体系。例如，养犬俱乐部（kennel club）可以投票选出一份清单，用以规定成为一条真正的、我们心目中的那种（Ourkind）西班牙猎犬的必要条件，但这仅仅是一个名义的本质，不是实在的本质。要想发现事物的实在本质，就要对其内在本性进行科学考察，只有这样，本质和偶然才可以根据一定的原则加以区分。虽然很难说清那些**被奉为原则的**原则究竟是什么，但是由于化学和物理在这方面都步调一致，因而似乎有理由认为，关于生物的实在本质，肯定也存在具有界定作用的标志。

生物等级体系的图景干脆利落而且很成系统，但以此为视角，就会看到大量难以处理且令人困惑的事实。这些明摆着的例外情况给博物学家们造成了大麻烦，其棘手程度几乎不亚于内角之和不等于180度的三角形给几何学家造成的麻烦。尽管许多分类学的边界既鲜明又不留余地，但仍然存在着各种难以归类的中间过渡生物，它们似乎具有一种以上的本质成分。在更高的层面上，关于生物特征的异同，也有离奇之处：为什么鸟类和鱼类的共有特征是脊柱而不是鳞羽？为什么作为分类依据，**有眼睛的生物**或**食肉生物**不如**温血生物**那样重要？尽管分类学的大体框架和大多数具体的裁断方式都无可争辩（当然，今天仍然如此），但关于个中难题的争论却激烈异常。这些蜥蜴个体都属于同一物种还是若干个不同物种？由哪个分类原则"说了算"？在柏拉图的著名洞穴比喻中，哪个系统才算是"切中自然之肯綮"呢？

在达尔文之前，这些争论在根本上都不合乎规范，也无法给出一个稳妥且起正面作用的答案，因为没有什么背景理论来说明**为什么**一个分类体系可以被算作切中肯綮的，即可以被算作找准了事物的**真实样貌**的。如今，书店面临着同样的不合规范难题：该如何交叉整理以下的图书门类：畅销书、科幻、恐怖、园艺、传记、小说、选集、体育、绘本？如果恐怖属于虚构类图书，那么真实的恐怖故事就难以归类了。所有小说都一定是虚构的吗？如果答案是肯定的，那么当杜鲁门·卡波特将《冷血》（Capote, 1965）描述为一本"非虚构小说"时，书商就不会坐视不管了，可要是把这本书和传记或历史书摆在一起，那也很别扭。你正在阅读的这本书应该摆在书店的哪个片区呢？显然，书籍归类并不存在唯一的正确方法——我们在该领域中只能找到名义的本质。但是，许多博物学家深信不疑的通则是，在他们的生物自然系统所包含的诸多门类中间，是可以找到实在的本质的。正如达尔文所说："他们相信，它揭示了造物主的计划；但是除非能具体说明它在时间和空间上的顺序，或者说明造物主的计划还意味着什么，否则，在我看来，我们的知识并未因此增加。"（Darwin, 1859, p. 413）[*]

有时候，考虑更多的复杂情况，反而会让科学难题变得更容易解决。地质科学的发展，以及对明显已经灭绝了的物种的化石的发现，导致分类学家被更多稀奇古怪的东西搞得更加一头雾水，不过，正是这些如同拼图碎片般的稀奇玩意儿驱使着达尔文与数百名科学家并肩作战，并找到了解决问题的关键：物种不是永恒的、不变的，它们已经随着时间演化了。碳原子可能永远都以它们如今展现出的形式存在，而物种则不同，物种是经过一段时间后产生的，

---

[*] 中译参考自《物种起源》，苗德岁译，译林出版社，2016年，第262页。——译者注

能随着时间发生改变，进而还能产生新的物种。这种观念本身并不新奇；它的许多版本都经历过人们的严肃讨论，最早可以追溯到古希腊时代。但是，针对它，曾有过一种强大的柏拉图式偏见：本质不会改变，事物也无法改变自己的本质，新的本质也无法诞生——当然，除非上帝在特创的某些阶段命令其出现。要是爬行类能**变成鸟类**，那铜也能变成金了。

这一信念在今天不太容易引起共鸣，但展开想象就能助它一臂之力：想一下你对这样一种理论的态度，该理论旨在表明，很久很久以前，当数字 7 还是偶数时，它与数字 10 的祖先（曾经是一个质数）交换了一些属性，并由此渐渐获得了它的奇数性。这当然是一派胡言，无从设想。达尔文明白，有一种如出一辙的态度，已经在他的同时代人脑中根深蒂固了，而他必须下大力气才能将其克服。的确，他多少承认过，他那个时代的前辈权威们，就像他们坚信恒定不变的物种那样不可改变。因此，在书的结论部分，他甚至恳求年轻读者们的支持："那些被引导去相信物种是可变的人，无论何人，只要能恳切表达其信念，都是造福于大众；只有这样，才能解除这一论题遭受的偏见之累。"（Darwin, 1859, p. 482）*

可即便是在今天，达尔文对本质论的颠覆仍未彻底地被接纳吸收。例如，近来哲学界围绕"自然类"（natural kind）展开了许多讨论，这是一个古老的术语，哲学家奎因（Quine, 1969）曾小心翼翼地将其召回，仅限于用来区分科学门类的好坏。不过，在其他哲学家的文字中，"自然类"则通常是那张披在实在的本质这匹狼身上的羊皮。本质论的冲动仍与我们同在，而且有时还不无道理。科学的确有志于

---

* 中译参考自《物种起源》，苗德岁译，译林出版社，2016 年，第 305 页。——译者注

切中自然之肯綮，并且我们似乎常常需要本质或类似本质的东西才能完成这项工作。在这一点上，两大哲思之国——柏拉图之国与亚里士多德之国——达成了共识。不过达尔文提出的变化，起初似乎只是思考生物学中"类"的问题的一种新方式，却可以蔓延至其他现象或学科中去，之后我们就会看到这一点。在"什么使得一个事物成为它所是的那类事物"这个问题上，我们一旦采取了达尔文式的视角，就能轻而易举地将反复出现在生物学内外的难题——消解。然而，由于传统的束缚，对达尔文式观念的抵制也依然存在。

2. 自然选择——拙劣的夸大

> 虽说相信孔雀的尾巴就是这样形成的，是一种拙劣的夸大，但是，我对此深信不疑，我还相信，同样的原理如果稍加改造，便可适用于人。
>
> ——查尔斯·达尔文，信件内容引自德斯蒙德和摩尔
> （Desmond and Moore, 1991, p. 553）

达尔文在《物种起源》中的计划可以分为两部分：证明现今的物种是先前物种改变后的后裔——物种发生了演化——以及展示这种"带有变异的传衍"（descent with modification）过程是**如何**发生的。倘若达尔文未曾想到自然选择的机制，并借此圆满完成这场几近无法设想的历史变革，他大概就不会主动去收集并综合所有那些实际出现过的旁证。如今我们得以轻易想象，达尔文的头号考察对象——带有变异的传衍这个无情的历史事实——无须我们去考虑自然选择或者其他造成这些事实的机制便可证明，对达尔文来说，有

关自然选择机制的观念既是他所需的狩猎执照，也是指引他提出正确问题的坚定向导。*

自然选择的观念本身并非达尔文的非凡创新，而是作为后代承续着先前就存在的观念，这些更早的观念已然经过了好多年乃至好多代人的激烈讨论（有关这段思想史的精彩记述，请参阅 R. Richards, 1987）。在这些"父母"观念中，具有首要意义的洞见是达尔文通过反思托马斯·马尔萨斯发表于 1798 年的《人口论》而取得的。《人口论》提出，鉴于人类的过度生育，除非采取严厉措施，否则人口爆炸和饥荒在所难免。根据马尔萨斯的冷酷构想，可以动用社会和政治力量来遏制人口过剩，也许就是这一点极大丰富了达尔文的思考（也无疑助长了许许多多浅薄的、反达尔文主义的政治抨击），不过，达尔文需要从马尔萨斯那里获得的那个观念是纯逻辑的，它与政治意识形态毫无关系，并且可以被非常抽象和概括性的词语加以表述。

假设有这样一个世界，生活在其中的生物繁衍了很多后代。由于这些后代本身也会有很多后代，所以这个种群将（"呈几何级数地"）不断扩大，直到有一天——这一天迟早要来，实际上还早得出人意料——它会大到现有的资源再也无法满足它（这些资源包括食物、空间以及生物体活到繁殖期所需的任何东西）。无论何时，一旦那一天来临，有些生物体就不会拥有后代了。许多生物体会无后而终。马尔萨斯指出，这种短缺局面背后的数学必然性存在于**任何**由长期繁殖者组成的种群中——人、动物、植物（或者同理，火星上的克隆机，但这类空想的可能性不在马尔萨斯的讨论范围内）。某些种群的繁殖率

---

* 这种情况在科学界时常发生。例如，多年来，随处可见的大量证据都支持大陆发生过漂移的假说——非洲和南美曾经毗邻，后来分开了——但是，在有人设想出板块构造的机制之前，该假说很难得到认真对待。

低于替换率，除非它们扭转这一趋势，否则就会走向灭绝。有些种群的个体数量之所以长期保持稳定，是因为它们会按照一定比率产出过剩的后代，以此抵消种种变故造成的损毁。从家蝇和其他高效繁殖者的情况来看，这也许是个不言自明的事实，但达尔文亲自计算了一番，并将这一点阐述得明明白白："大象被认为是所有已知动物中繁殖最慢的，我花了些力气来估算它可能的最低自然增长率……五百年后，将有一千五百万头大象从最初那对大象传衍下来。"（Darwin, 1859, p. 64）* 由于大象已经存在了数百万年，所以我们可以确定，无论哪一个时期，在所有出生的大象中，只有一小部分拥有自己的后代。

因此，对于任何一类的繁殖者而言，其常态是，任何一代产生的后代数，都要多于下一代中繁殖的个体数。换句话说，所有时期几乎都是短缺时期。† 在这样的短缺时期，哪些准父母会"胜出"呢？这会是一场公平的彩票抽奖吗？每个参与其中的生物体都有同等的机会跻身少数繁殖者的行列吗？在政治语境中，有关权力、特权、不公、背叛和阶级斗争之类招人厌恶的主题就会在此乘虚而入，不过，我们可以抬升自己的观察视角，超出一开始的政治领域，像达尔文那样，在抽象层面考虑自然界会发生——必定发生——的事情。有了从马尔萨斯那里寻得的洞见，达尔文又增添了两个逻辑要点：第一，在短缺

---

* 在《物种起源》的初版中，此处的总数是错误的，被指出后，达尔文为后来的版本修改了计算结果，但其一般原则并未发生改变。

† 这里有一个为人熟知的例子，它体现了马尔萨斯法则的具体应用：酵母菌群在被放入新鲜的面团或葡萄汁中后会迅速扩增。在丰盛的糖类大餐和其他营养物质的助力下，酵母菌群爆炸式的增长会在面团中持续数小时，而在果汁中则会持续数周，不过很快，酵母菌群就会达到马尔萨斯上限，这是因为它们太过贪吃以及积累了大量废料——二氧化碳（就是它形成了使面包发酵的气泡和香槟中的咝咝声）和酒精，而这两者是酵母菌使用者常常看重的产物。

时期，如果竞争者之间存在显著的不同，那么只要任何一位竞争者享有任何一种竞争优势，繁殖的样本都会不可避免地出现偏向。不管相关的优势多么微小，只要它是一种实际存在的优势（因而对于自然来说并非绝对不可见的），天平就会向具备该优势的那些个体倾斜。第二，**如果存在一个"强遗传原理"**——后代往往更像其亲代，而非亲代的同辈——那么优势所造成的偏向不论有多小，都会随着时间逐渐放大，由此造成的趋势会无限定地增长下去。"出生的个体多于可能生存下去的个体。平衡上的毫厘之差，便会决定哪些个体将生存，哪些将死亡——哪些变种或物种的数量会增加，哪些会减少，或是最终灭绝。"（Darwin, 1859, p. 467）*

达尔文看到，如果仅仅假定存在以上这些为数不多、适用于短缺时期的一般条件——并为这些条件提供充足的证据——那么随之产生的过程就**必然**会导致未来后代中的个体拥有更加精良的装备，以应对其亲代曾面临过的、资源受限的难题。因此，这个基本思想——达尔文的危险思想，这个生出了诸多洞见、动荡、困惑和焦虑的思想——实际上颇为简单。达尔文在《物种起源》第 4 章末尾用两个长句总结道：

> 在世代的长河中，在变化着的生活条件下，若生物组织构造的几部分都发生变异的话，我认为这是无可置疑的；由于每一个物种都按很高的几何比率增长，若它们在某个年龄、某个季节或某个年份经历激烈的生存斗争的话，这当然也是无可置疑的；那么，考虑到所有有机生物之间及其和存在条件之间，有着无限复杂的关系，

---

* 中译参考自《物种起源》，苗德岁译，译林出版社，2016 年，第 296 页。——译者注

并引起构造上、体质上和习性上出现对它们有利的无限多样性，而
有益于人类的变异已出现了很多，若说是从未发生过类似的有益于
每个生物自身福祉的变异的话，我觉得那就太离谱了。然而，如果
有益于任何生物的变异确实发生过，那么具有这种性状的个体，在
生存斗争中定会有最好的机会保存自己；根据强遗传原理而言，它
们趋于产生具有类似性状的后代。为简洁起见，我将这一保存的原
理称为"自然选择"。（Darwin, 1859, p. 127）*

这就是达尔文的伟大思想，它不是关于演化的思想，而是关于**由
自然选择实现的演化的思想**，他本人尽管提出了该思想的一个绝佳实
例，却从未足够严密且细致地对它加以阐述。对于上面这段达尔文的
总结性描述，接下来的两节将聚焦于其中奇特且关键的特征。

3. 达尔文解释了物种起源吗？

在对付适应性这个难题时，达尔文的确表现出色并取得了胜
利，不过，他在多样性议题上的工作却收效有限——尽管如此，
他在给自己那本书命名的时候，提到的仍是他那个相对失败的尝
试：物种起源。

——斯蒂芬·杰·古尔德（Gould, 1992a, p. 54）

因此，在类群之下再分类群的自然历史中的这一伟大事实

---

* 中译参考自《物种起源》，苗德岁译，译林出版社，2016年，第81页。——译
者注

（因其司空见惯，而不足以让我们感到惊讶），在我看来，已得到了充分的解释。*

——查尔斯·达尔文（Darwin, 1859, p. 413）

请注意，达尔文在总结中压根没有提及物种形成。这段总结完全是在谈论生物体的适应，谈论它们在设计上的**卓越之处**，而不是多样性。此外，从表面上看，这个总结将物种的多样性当作**一项预设**："所有有机生物之间及其和存在条件之间，有着无限［原文如此］复杂的关系。"造成这种惊人（即便实际上并非无限的）复杂关系的原因是，如此繁多的生命形式，及其如此繁多的需求和策略，在某一时刻同时存在（并争夺同一个生存空间）。达尔文甚至无意为**第一个**物种或生命本身的起源提供解释；他从中间开始，假设大量不同且技能各异的物种已经存在，他还宣称，从这个中间点开始，他所描述的过程必会磨炼现存物种的技能，并造成技能的多样化。那么该过程会进一步创造出新物种吗？那段总结在这个问题上保持沉默，但那本书却没有。其实，达尔文看到他的思想一举解释了两大奇迹之源。他指出，适应性的产生和多样性的产生是单个复杂现象的不同方面，而能将二者统一起来的洞见，就是自然选择原理。

那段总结说得很清楚，自然选择会不可避免地产生**适应**，他主张，如果条件合适，当适应累积到一定程度时，物种形成（speciation）就会发生。达尔文深知，解释变化并不能解释物种形成。动物繁育者们知道如何在单一的物种中繁育出**变种**，达尔文孜孜不倦地向他们讨教秘诀，但显然，他们不仅从未创造出新**物**

---

* 中译参考自《物种起源》，苗德岁译，译林出版社，2016 年，第 262 页。——译者注

种，还对这个观念——他们繁育出的不同品种可能具有一个共同祖先——冷嘲热讽。"如果你像我之前一样，去问一位出名的赫里福德牛饲养者，他的牛可不可能不是长角牛的后代，他就会对你嗤之以鼻。"为什么？因为"他们熟知每个族群都有微小的差异，因为他们就是靠着选择这样的微小差异来赢取奖项的，可他们却看不到所有一般性的论点，拒绝在自己的头脑里叠加一代代逐渐积累下来的微小差异"（Darwin, 1859, p. 29）。*

达尔文主张，一个物种进一步分化为不同物种，是因为如果在（单个物种组成的）一个种群中有多种可遗传的技能或装备，那么这些不同的技能或装备往往会为该种群的不同子群提供不同的回报，这样一来，这些子群往往会分开，每个子群去追求各自偏好的那类卓越性，直至最终走上完全分离的演化道路。达尔文自问，为什么这种分异会导致变化的分离或聚合，而不是展开为扇状，其中只有或多或少连续的微小差异？达尔文以单纯的地理隔绝来部分地回答这个问题；当一个种群或是由于重大的地质或气候事件，或是由于随机迁徙到了孤立的区域（如岛屿）而被分隔开时，这种环境方面的不连续性，理应最终反映在两个种群中可观察到的有益变化方面的不连续性上。一旦不连续性站稳了脚跟，它就会不断自我强化，直至它们分开为截然不同的物种。达尔文的另一种十分不同的观念是，在种内争斗中，往往是"胜者通吃"原则在发挥作用：

> 应该记住，那些在习性、体质和构造上彼此最为相近的类型之间，竞争通常最为激烈。因此，介于较早的和较晚的状态之间（亦即介于同一物种中改进较少与改进较多的状态之间）的所有中间类

---

* 中译参考自《物种起源》，苗德岁译，译林出版社，2016年，第19页。——译者注

型和原始亲种本身，通常都会趋于灭绝。（Darwin, 1859, p. 121）*

关于自然选择的无情铁手如何以及为何创制出物种之间的边界，他还构思出了诸多其他既新颖又合理的推测，但直至今日，它们仍旧是推测。人们花了一个世纪的时间，才用某种程度上可被证实的解释取代达尔文那高明但无定论的、有关物种形成机制的揣摩。关于物种形成机制和原理的争论仍未平息，因此在某种意义上，无论是达尔文，还是后来任何一位达尔文主义者，都没有解释物种起源。正如遗传学家史蒂夫·琼斯（Steve Jones, 1993）的评述所说，倘若达尔文是在今天用这个书名出版他的大作，"那他就会由于违犯《商品说明法》而惹祸上身，因为要说《物种起源》的内容与什么无关，那就是与物种起源无关。达尔文对遗传学一无所知。而我们如今掌握了大量的遗传学知识，尽管物种起源的方式仍然是一个谜，但它是一个已经被人们填充了许多细节的谜"。

不过，正如达尔文所示，物种形成本身是无可辩驳的事实，他凭借足有上百个经过仔细研究和严密论证的实例，才形成了让人无法拒绝的论证。这就是物种起源的方式：不是通过特创，而是通过先前物种"带有变异的传衍"。因此，从另一种意义上说，无可否认，达尔文的确解释了物种的起源。无论是哪些机制在起作用，它们显然都开始于变种在物种中的涌现，在变异积累起来之后，终止于一个崭新的后裔物种的诞生。从"标记鲜明的变种"开始，逐渐抵达了"亚种这一有疑问的阶元；但是我们只需要假设变化过程在步骤上较多或在量上较大，就可以将这些……类型转换为定义明确的物种"（Darwin,

---

* 中译参考自《物种起源》，苗德岁译，译林出版社，2016 年，第 78 页。——译者注

1859, p. 120 ）。[*]

请注意，达尔文小心翼翼地将最终结果描述为创造出"定义明确的"物种。最终，他说道，它们之间的分异变得如此之大，我们没有理由否认，我们得到的是两个不同的物种，而并非仅是两个不同的变种。不过，他拒绝遵循老一套的做法，没有去宣告物种的"本质"差异：

> ……综上所述，我将"物种"一词视为，为了方便而任意地给予一群彼此非常相似的个体的一个称谓，它与"变种"一词在本质上并无区别，变种只是指区别不太明显而波动较大的一些类型而已。（Darwin, 1859, p. 52）[†]

达尔文充分认识到，物种差异的标准标志之一是生殖隔离——不存在杂交繁殖。杂交繁殖使正在分裂的类群重聚，将它们的基因混合，并"阻滞"物种形成的过程。当然，这并不意味着，有什么东西**想要**物种形成发生（Dawkins, 1986a, p. 237），但是，如果要发生标志着物种形成的、无可挽回的"离异"（divorce），就必须先经历一段"分居尝试期"，在此期间，杂交繁殖会因为这样或那样的原因停止，这样一来，那些正在分开的类群就可以进一步地分开了。生殖隔离的判定标准没有明确的边界。当生物体之间**不能**杂交繁殖，或只是**不去**杂交繁殖时，它们就分属于不同物种了吗？虽然人们认为狼、郊狼和犬是不同的物种，但是它们之间确实会发生杂交繁殖，并且——不同于马和驴的杂交后代骡子——它们的后代一般来说并不会

失去生殖能力。虽然腊肠犬和爱尔兰猎狼犬被视为同一个物种，但是除非它们的主人做出明显非自然的安排，否则它们之间生殖隔离的程度就堪比蝙蝠与海豚之间生殖隔离的程度。缅因州的白尾鹿事实上并不会跟马萨诸塞州的白尾鹿杂交繁殖，这是因为它们不会跑到那么远的地方，可假如有人把它们运了过去，二者肯定可以杂交繁殖，所以自然也就可以算是同一个物种。

最后，让我们思考一个貌似是为哲学家们量身定制的鲜活例子——生活在北半球的银鸥，它们的分布范围绕着北极圈形成了一个广阔的圆环。

> 在观察这些银鸥的时候，我们将视线西移，从英国转到北美，在那里也看到了可以被辨认为银鸥的海鸥，尽管它们跟英国的银鸥略有不同。我们一路追踪它们，远至西伯利亚，它们的外观也随之逐渐改变。大约在物种圆环的这个地方，它们更像是那些在英国被称为小黑背鸥的类型。从西伯利亚，跨过俄罗斯，再到欧洲北部，它们渐渐变得越来越像英国小黑背鸥。最终在欧洲，这个环闭合了。这两个地理上的极端类型在此汇聚，形成了两个明显不同的物种：银鸥和小黑背鸥可以通过外观加以区分，并且二者不会在自然条件下杂交繁殖。（Mark Ridley, 1985, p. 5）

"定义明确的"物种当然存在——这就是达尔文在书中解释物种起源的目的——但是他劝阻我们不要设法去寻找物种概念的"原则性"定义。达尔文一直坚持认为，变种只是"雏形种"（incipient species），通常使两个变种成为两个物种的，不是**存在某种东西**（例如，两个类群各自的新本质），而是**不存在某种东西**：曾经存在过的中间过渡类群——你也许会把它们称为必要的垫脚石——但它们最终都灭绝了，只留下了**事实上存在生殖隔离且具有不同特征**的两个类群。

《物种起源》给出了一个具有压倒性说服力的实例，来支持达尔文的第一个论点——演化的历史事实是物种起源的原因；它还给出了一个吸引人的实例，来支持他的第二个论点——造成"带有变异的传衍"的根本机制是自然选择。*尽管这本书的有些读者十分清醒，他们不再像达尔文所说的那样，怀疑物种是否真的已经演化了亿万年，但是关于达尔文提出的自然选择机制的威力，依然存在着严谨细致的怀疑立场，这是更难克服的。自那之后的岁月中，这两个论点的可信度都得到了提升，但两者之间的差异并没有被抹去（Ellegård，1958 对这段历史的描述颇具价值）。演化的证据如潮水般涌来，不仅来自地质学、古生物学、生物地理学和解剖学（这些是达尔文的主要证据来源），当然还来自分子生物学和生命科学的其他各个分支。坦率但公正地说，时至今日，世界上四分之三的人口都学过读写，要是还有谁不相信这个星球上多种多样的生命是由演化过程产生的，那他简直就是无知——不可宽恕的无知。达尔文用自然选择的观念解释这一演化过程，可对于该观念的力量，质疑的声音依然存在，还受到一些人在思想上的尊崇，尽管支持这种怀疑立场所要承担的举证责任已经变得极为艰巨，这一点我们在后面会看到。

因此，尽管达尔文提出了有关自然选择机制的观念，并依靠该观念的启发与指引，开展演化的研究工作，但最终结果却颠倒了自然选择与演化的依靠关系：他如此令人信服地表明，物种**必定**经历了演化，以至于他可以反过来用这一事实去支持自己更为激进的观念——

---

* 就像常有人指出的那样，达尔文并没有坚持认为自然选择可以解释一切：它是"变异的主要的途径，但不是唯一的途径"（Darwin, 1859, p. 6）。

自然选择。根据他的论述，他已经描述了一种**可以**产生所有这些结果的机制或过程。一项挑战摆在了怀疑者面前：他们能否表明他的论述是错的？他们能否表明自然选择不能产生这些结果？[*] 或者说，他们是不是甚至还能描述另一种可以实现这些结果的过程呢？如果不是他所描述的那种机制，那么**还有什么可以解释演化呢**？

该挑战有效地揭示了休谟所面对的困境。休谟之所以屈服，是因为他想象不到，除了一个智能的工匠之外，还有什么可以制造出这些任谁都能观察到的适应结果。或者，更准确地说，休谟笔下的斐罗想象出了好几种不同的替代方案，**但是休谟没有办法严肃地对待这些想象之论**。达尔文描述了一个非智能的工匠如何可以经过巨量的时间，制造出那些适应结果，他还证明了，他提出的过程所需的许多中间阶段的确发生过。现在，对想象之论的挑战发生了翻转：既然有了达尔文所揭示的历史过程的所有征兆——你可以称其为艺术家的所有笔触——又有谁能抛开自然选择，**另外**想象出任何一种可以产生所有这些结果的过程呢？举证责任已翻转得如此彻底，科学家们常常发现自

---

[*] 不时就有人会指出，就其整个系统而言，达尔文的理论是不可驳斥的（因而不具备科学意义），可达尔文曾直截了当地指出过，什么样的发现可以来驳倒他的理论。"尽管大自然给予自然选择以大量的时间去工作，但它给予的时间并不是无限的"（Darwin, 1859, p. 102），因此，如果越来越多的地质证据表明，逝去的时间并不充足，那么他的整个理论就会被驳倒。这还留下了一个暂时性的漏洞，因为该理论不是用足够严密的细节提出的，无法说清所需的最短时间具体是几百万年，但这个暂时性的漏洞还是有理可循的，因为关于其规模的一些提法，至少可以经受独立的估算。［基切尔（Kitcher, 1985a, pp. 162–165）很好地讨论了是哪些具体的论述细节使得达尔文的理论无法直接被证实或证伪。］另一个著名的例证是："倘若可以证明存在着任何复杂器官，它不可能形成于众多的、连续的和细微的变异，那么我的理论绝对会分崩离析。"（Darwin, 1859, p. 189）许多人已经接受了这一挑战，但正如我们将在第 11 章中看到的那样，有充分的理由可以说明，他们为什么没有成功地证明这一点。

己的处境就如同休谟困境的镜像。当他们直面针对自然选择的色厉内荏的异议时（到时候我们会考察其中最强有力的论述），他们会不由得做出如下推论：我（还）不知道如何驳倒这个异议，如何克服这个困难，但是由于我想象不出，除了自然选择之外，还有什么别的东西能够产生这些结果，所以我就不得不认为该异议是站不住脚的；**出于某种原因，自然选择肯定足以解释那些结果**。

如果有人要对此严词责备，宣告我已经承认了达尔文主义和自然宗教都是无从证实的信仰，那么在此之前，他应该牢记在心，两者有一个根本区别：在宣布效忠于自然选择之后，这些科学家就肩负起了重任，他们要说明如何能够克服他们的观点所面对的种种困难，而且已经一次又一次地成功应对了挑战。在此过程中，达尔文的根本观念——自然选择——的许多方面都得到了详述、扩展、澄清、量化和深化，每化解一次挑战，就强大一分。每一次的成功，都让科学家们更加坚信自己必定是走在正确的道路上。有理由相信，在这般源源不断的攻势下，一个终归是错误的观念肯定早就已经被击垮了。当然，这并不是一个决定性的证据，只是一个很有说服力的思考角度而已。本书的目标之一，就是解释为什么自然选择的观念会展现出必胜之姿，即便关于它能否应对某些现象，还存在一些尚未解决的争议。

4. 作为一个算法过程的自然选择

一种力量在长时期内发生作用并严格地仔细检查每一生物的整个体制结构、构造与习性，并垂青好的而排除坏的，对于这种力量，能够加以何种限制呢？对于缓慢地并美妙地使每一类型适应于最为复杂的生活关系的这种力量，我难以看到会有什么限制。*

——查尔斯·达尔文（Darwin, 1859, p. 469）

在达尔文的总结中，需要注意的第二点是，他把自己的原理呈现为一种可以凭借形式论证加以推导的样态——**如果满足相关条件，则可以确保产生一定的结果。**[†]下面再次引述了这段总结，其中的某些关键词以粗体表示。

在世代的长河中，在变化着的生活条件下，若生物组织构造的几部分都发生变异的话，我认为这是无可置疑的；由于每一个物种都按很高的几何比率增长，**若**它们在某个年龄、某个季节或某个年份经历激烈的生存斗争的话，这当然也是无可置疑的；**那么**，考虑到所有有机生物之间及其和存在条件之间，有着无限复杂的关系，并引起构造上、体质上和习性上出现对它们有利的无限多样性，而有益于人类的变异已出现了很多，**若说是从未发生过类似的有益于每个生物自身福祉的变异的话，我觉得那就太离**

---

* 中译参考自《物种起源》，苗德岁译，译林出版社，2016年，第297页。——译者注

[†] 直到最近，在科学哲学中，通过模仿牛顿或伽利略物理学而打造的演绎［或"法则演绎"（nomologico-deductive）］科学，仍是理想化的标准，因此毫不奇怪的是，人们花费大量的精力，给达尔文理论设计出各式各样的公理化形态，又对这些形态进行批评——因为人们料定，通过这样的形式化过程，就能实现科学上的辩护。本节要引入的见解是，我们在看待达尔文的时候，更应该认为他把演化假定为一个算法过程；这一见解能够使我们公正地对待达尔文思想中确凿无疑的先验韵味，而不必强迫它躺上法则演绎模型的普洛克路斯忒斯之床（这还是张废旧过时的床）。（参见 Sober, 1984a 和 Kitcher, 1985a。）

谱了。然而，**如果**有益于任何生物的变异确实发生过，那么具有这种性状的个体，在生存斗争中**定会**有最好的机会保存自己；根据强遗传原理而言，它们趋于产生具有类似性状的后代。为简洁起见，我将这一保存的原理称为"自然选择"。[Darwin, 1859, p. 127（第 1 版的摘要）] *

虽然这个基本的演绎论证简洁明了，但达尔文自己却将《物种起源》描述为"一场漫长的论证"。那是因为它包含的是两种证明方法：一种是逻辑证明，即一定**类型**的过程必定造成一定类型的结果；另一种是经验证明，即那一类过程的必要条件实际上已经在自然中得到了满足。他利用思想实验——"想象的例子"（Darwin, 1859, p. 95）——表明这些条件的满足**如何可能**真正说明他要解释的那些结果，从而支持自己的逻辑证明，不过，他的整个论述被扩展到了一本书的长度，因为他提供了丰富且来之不易的经验性细节，只为一次次地说服读者相信这些条件已经得到了满足。

透过斯蒂芬·杰·古尔德（Gould, 1985）讲述的一件逸事，我们可以一睹达尔文论证中的这一特征的重要性。逸事中的主人公是苏格兰博物学家帕特里克·马修（Patrick Matthew）。这件历史奇事是，马修早于达尔文很多年就抢先发表了有关自然选择的论说——在他 1831 年出版的《海军用木与树艺学》（*Naval Timber and Arboriculture*）的附录中。随着达尔文声名鹊起，马修发表了一封公开信（还是在《园艺师年鉴》上！†），声称是自己先提出的这个理论，而达尔文则大方地承认自己没有留意到马修的发文场所，并为自己的

---

* 中译参考自《物种起源》，苗德岁译，译林出版社，2016 年，第 81 页。——译者注
† *Gardeners' Chronicle*, April 7, 1860。关于更多的细节，请参见 Hardin, 1964。

无知道歉。针对达尔文的公开道歉信，马修回应道：

> 我仅凭直觉，几乎没经过费力思索，就想到了这项自然法则的概念，它就像一个不言自明的事实。对于这项发现，达尔文先生似乎比我功劳更大——但对我而言，它并不显得是一个发现。达尔文似乎是通过归纳推理解开了它，他缓慢而谨慎地从一个事实到另一个事实，统筹兼顾地向前推进；而至于我本人，则是凭借对自然体系的笼统一瞥，估计出物种的选择性产生是一个可以经由演绎推出的事实——这是一个公理，一经指出，具有充分理解能力的、无偏见的心灵都会予以承认。（引自 Gould, 1985, pp. 345–346）

然而，出于彻底的保守主义，无偏见的心灵很可能会抵制一个新观念。演绎论证很不可信，简直恶名远扬；貌似"合乎理性"的东西可能会因为一处被忽略的细节就功亏一篑。达尔文明白，对于他所假设的历史过程，只有对其证据进行细致入微的不懈调查，才能——或者说应该能——说服科学家们舍弃自己的传统信念，并接纳他的革命性见解，即便这个见解事实上"可以从第一原理［first principle］推导出来"。

＊ ＊ ＊

达尔文以新颖的方式结合了翔实的自然主义和对过程的抽象推理，但打从一开始，有些人就将这种结合视为不一定好且无法存活的混合体。它具有气势如虹的可信性，不过许多迅速暴富的体系也是如此，它们最终都不过是些花架子。拿它比照一条股票市场的原则：低买高卖。这么做能包你财运亨通。**如果**你听从了这个建议，那么发财致富就指日可待了。它为什么行不通呢？它确实行得通——对于任何足够幸运，可以依照它行事的人来说，就行得通；但是，唉，等你有办法确认这些条件已经满足的时候，就来不及去付诸行动了。达尔文提供了一个不信这一套的世界，我们可以称之为"**缓慢渐富**"的体系，一个无须借助心灵就能从混沌中创造出设计的体系。

达尔文的抽象体系之所以具有理论力量，全在于达尔文十分肯定地辨别出的几个特征，而且他对这些特征的领会也超过了他的许多支持者，不过他却没有用术语来明确地对其加以描述。今天，我们只用一个词就能捕捉到这些特征。达尔文当初发现的，乃是**算法**的力量。算法是一定类型的形式过程，每当它"运行"或实例化时，就可以用来——合乎逻辑地——产生一定类型的结果。无论当下还是达尔文的时代，算法都不是什么新鲜事物。许多为人熟知的算数规程，例如长除法或者结算支票簿，都是算法，而用于进行完美的井字棋对局，以及用于按字母顺序排列单词的决策规程也都是算法。数学家和逻辑学家们对一般算法的性质和力量的理论反思出现得相对较晚，让我们能够凭借宝贵的后见之明来看待达尔文的发现，而这项在 20 世纪取得的进步为计算机的诞生铺平了道路，当然，计算机的出现反过来也让我们对一般算法的力量有了更深入和更生动的理解。

"**算法**"一词源自波斯数学家花拉子米（Mûusâ al-Khowârizm）的名字，后经由拉丁语（algorismus）被纳入早期英语（algorisme，进而误作 algorithm）。公元 835 年，花拉子米完成了关于算术规程的书，这本书在 12 世纪由巴斯的阿德拉德（Adelard of Bath）或切斯特的罗伯特（Robert of Chester）翻译为拉丁语。算法是一种万无一失甚至略显"机械的"规程——这个看法虽说已经存在了数个世纪，但是我们目前对这个词的理解却差不多是由艾伦·图灵（Alan Turing）、库尔特·哥德尔（Kurt Gödel）和阿朗佐·丘奇（Alonzo Church）在 20 世纪

30 年代所做的开拓性工作敲定的。对我们来说，算法的三个关键特征都很重要，并且每个特征都有些难以定义。此外，每个特征所引起过的困惑（和焦虑）还在继续妨碍我们思考达尔文的革命性发现，所以我们将不得不反复讨论和思考下面的介绍性描述，直到吃透它们：

(1) **基底中性**（substrate neutrality）：不管你用的是哪种符号体系，也不管你用的是铅笔还是钢笔，普通纸张还是羊皮纸，霓虹灯还是空中文字，长除法的运算规程都同样奏效。运算规程的力量源于其**逻辑**结构，而不是在实例化过程中用到的物质材料的因果力量，只要那些因果力量能让运算按部就班地进行下去。

(2) **底层的无心灵性**（underlying mindlessness）：尽管规程的总体设计可以很精妙，或者可以产生精妙的结果，但它的每个步骤，以及步骤间的过渡却简单十足。有多简单？简单到连一个尽责的白痴也能驾驭——简单到连一根筋的机械设备也能执行。标准教科书中有这样一个比喻：各种算法就好比一份份**食谱**，是为**新手厨师**设计的。在写给优秀主厨的食谱书中，可能会有这样的语句："加入适量的葡萄酒，将鱼煨至几乎全熟。"但对于同样的过程，算法可能会以这样的指令开始："选择一瓶标签上写有'干'的白葡萄酒，用螺旋开瓶器打开酒瓶，向平底锅内倒入约 2.5 厘米深的葡萄酒，将平底锅下的炉灶调至高火，……"——这个过程被分解得冗长细碎，每一步都简单得不得了，食谱的读者不需要做出明智的决定，也不需要精妙的判断或直觉。

(3) **结果有保障**：如果执行得毫无失误，无论算法做什么，它都会一直照此做下去。算法就像是一份食谱，照着做就不会失手。

不难理解这些特征是如何使计算机成为可能的。**每个计算机程序都是一个算法**，归根结底都由简单的步骤组成，这些步骤可以通过这样或那样的简单机制来执行，并且可靠性高得惊人。虽然计算机通常会采用电子线路，但是计算机的能力（速度除外）并不取决于在硅片上飞驰的电子的因果特性。同一个算法可以通过玻璃纤维中的分流光子设备（以甚至更快的速度）来运行，也可以由使用纸笔的人类团队（以慢得多得多的速度）来运行。就像我们将会看到的那样，计算机具有以极高的速度和可靠性来运行算法的能力，而这种能力现在使理论家们以先前不可能的方式探索达尔文的危险思想，并取得了让人着迷的成果。

达尔文发现的其实并不是**一个**算法，而是一大类相关的算法，而他自己也无法对它们加以明确的区分。现在，我们可以将他的根本观念重新表述为：

> 在过去数十亿年中，地球上的生命在单一的一棵树——生命之树——上通过这样或那样的算法过程开枝散叶。

人们试着用各种各样的方式来表达这一主张，而随着我们对这些表达加以分类，该主张的含义就会逐渐变得清晰起来。在某些版本的表达中，它完全是言之无物的。而在其他版本中，它又显然是错误的。介于两者之间的版本，确实解释了物种的起源，并承诺去解释除此之外的许多其他内容。一路走来，这些版本变得越发清晰，这既要归功于那些对"演化是算法"这一观念憎恨得坦坦荡荡的人提出的坚定批评，也要归功于那些热爱这一观念的人对前者的反驳，双方贡献相当。

5. 作为算法的过程

当理论家们想起算法时，他们通常想到的种种算法在属性上与我们将要关注的算法不同。例如，当数学家们思考算法时，他们通常所想的是那些已被证明可以用于计算他们感兴趣的特定数学函数的算法。（长除法就是个普通的例子。这个可以将一个巨大的数分解为它的质因子的规程，引起了密码学这个外部领域的关注。）但是，我们将要关注的那些算法，跟数字系统或其他数学对象并无特殊关系；它们是用于分选、筛除和构建事物的算法。*

大多数从数学角度对算法进行的讨论，都聚焦于它们有保障的能力，或在数学上可被证明的能力，因此人们有时会犯一个低级错误，认为用到偶然性或随机性的过程不是算法。然而，即使是长除法也充分利用了随机性！

$$47\overline{)326574}^{\,7?}$$

除数是否要对被除数进行六次、七次或八次运算？谁知道呢？谁又在乎呢？你不一定要知道；你不需要任何聪颖或洞察，就能做长除运算。该算法只是指挥你选择一个数字——如果你愿意，可以随机地

---

* 有时候，计算机科学家仅将"**算法**"这个词用于那些据证明可以**终止**的程序——例如，那些不含无限循环的程序。虽然算法的这种特殊含义对于数学来说极具应用价值，但是对于我们来说却用处不大。实际上，按照这个狭义的界定，在全世界范围内，在日常使用的计算机程序中，只有极少数才有资格被算作算法；大多数程序都被设计成了无限循环，耐心地等待指令（包括终止指令，少了它，程序将一直跑下去）。然而，它们的子程序却属于这种狭义上的算法——除非其中悄然潜伏着可以造成程序"挂死"的"漏洞"。

选——然后查看一下运算结果。如果发现选择的数字过小，则加一后重新开始；如果过大，则减一。长除法的优点是，它最后总能奏效，哪怕你第一次的选择蠢不可及，也不过是多花一点时间罢了。计算机之所以会显得如此神奇，就是在于它能以愚蠢透顶之姿，胜利完成种种困难的任务——像机器这样的无心灵之物，怎么会做出如此聪明的事呢? 有趣的算法都毫不意外地具有一个普遍特征，就是有办法巧妙地应对自身的无知，具体做法是随机生成一个候选答案，然后机械地验证它。这样做不仅不会妨碍它们作为算法而拥有的可被证明的能力，反而通常是其发挥能力的关键。[迈克尔·拉宾（Michael Rabin）的随机算法展现出特别有趣的能力，相关内容请参阅 Dennett, 1984, pp. 149–152。]

如果我们打算集中讨论演化算法的门类，可以先思考一下与它们拥有同一批重要属性的日常算法。既然达尔文将我们的注意力引向了一次次涌来的竞争和选择之浪，我们不妨就思考一下用来组织淘汰制锦标赛的标准算法吧，以网球锦标赛为例，它会一路进行到四分之一决赛、半决赛直至最终的总决赛，并决出唯一的胜者。

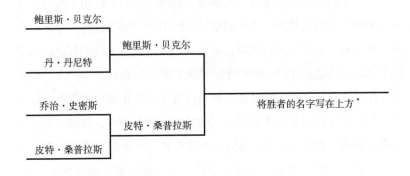

---

* 鲍里斯·贝克尔和皮特·桑普拉斯，职业男子网球运动员，都曾排名世界第一，现已退役；丹·丹尼特为作者本人；乔治·史密斯，美国生物学家，2018 年诺贝尔化学奖获得者之一。——译者注

请注意，此规程符合算法的三个条件。这个算法是不会改变的，无论它是用粉笔涂写在黑板上，或是在计算机文件中更新，再或是——一种怪诞的可能性——并不写在什么地方，而是通过以下方式落实：把三个彼此隔开的网球场排成一个巨大的扇形，每个球场都有两个入口和一个出口，出口会把胜者引向下一场比赛的场地。（落败者会被射杀并就地掩埋。）不需要什么天才，也能督促参赛者们按规程比赛，并在每场比赛结束时在空白处填上胜者的名字（或者确认并射杀败者）。该规程总是会奏效。

然而，这种算法究竟是**做**什么的？它会将一组参赛者当作输入信息，并保证在确认一位胜者后终止。但胜者是什么？这完全取决于比赛本身。假设这里所讨论的比赛不是网球而是掷硬币。一位选手掷硬币，另一位选手猜正反；胜者进入下一轮。这项锦标赛的胜者将是那位在掷硬币中连续 n 次获胜而不失一轮的选手，而 n 取决于比完这项锦标赛需要的轮数。

这项锦标赛有个奇怪又不言自明的地方，可那是什么呢？胜者确实具有一个引人注目的属性。比如说，连续十次在掷硬币中获胜且没有失手的人，你见过多少次？恐怕从来没有吧。对于这样一个人的出现，赔率看上去似乎是巨大的，并且在正常情况下也确实如此。如果某个赌徒向你提出十比一的赔率，赌他或她可以培养出一个人，那人能在你的注视下，用一枚公正的硬币连续十次在掷硬币中获胜，你可能会倾向于觉得这是一个值得一试的赌局。倘若如此，你最好希望这名赌徒没有 1 024 个同伙（他们用不着作弊——他们只需光明正大地对局就行）。因为要组织一场有十轮比赛的锦标赛，所需的就是 2^{10} 个参赛者。当锦标赛开始时，赌徒根本不知道最终谁会成为那个确保他赢得赌注的头号证据，但锦标赛的算法肯定会迅速产生这么一号人物——这是个专骗傻瓜的赌局，赌徒只要下注就稳赚不赔。（要是你把这个实践哲学的趣闻付诸实施，妄图发家致富，对于你遭受的任何损失，本人概不负责。）

任何淘汰制锦标赛都会产生一位胜者，而这位胜者"自动地"拥有了挺过这么多轮次所需的一切属性，但是，正如掷硬币锦标赛所表明的，相关属性**可能**是"纯然历史的"——一个关于参赛者过往历史的琐屑事实，对其前景毫无影响。举例来说，假设联合国决定，未来所有国际冲突都将由每个国家的代表通过掷硬币来解决（如果牵涉到不止一个国家，则必须进行某种锦标赛——很可能是一项"循环赛"，它属于另一种算法）。我们应当指定谁来代表我们的国家？很显然，应该由全国最会猜硬币的人来代表。假设我们组织了一场大型淘汰制锦标赛，美国国内的全部男女老少都参与其中。肯定会有某个人胜出，并且这人连赢了 28 轮掷硬币，一轮不失！这会是关于那个人的无可辩驳的历史事实，但是由于猜硬币只关乎运气，因此绝对没有理由相信，此类锦标赛的胜者会在国际比赛中比其他较早出局的选手表现更好。概率没有记忆。当然，手握中奖彩票的人已然是幸运的，并且，有了她刚刚赢得的数百万元，她可能再也不需要运气了——那也无妨，因为我们没有理由认为，她比其他任何人更有可能再次中奖，或者更有可能猜对下一次掷硬币的结果。（如果认识不到"概率没有记忆"这个事实，我们就会犯下所谓的"赌徒谬误"；它盛行得出奇，以至于我大概应当强调，它是一种谬误，毋庸置疑，无可争议。）

与纯粹靠运气的锦标赛（比如掷硬币锦标赛）相反，有些锦标赛需要的是技能，比如网球锦标赛。**有**理由相信，如果让打到后程的选手与早早出局的选手较量一下，他们的表现**依然**会更出色。有理由相信——但不能保证——此类锦标赛的胜者是所有选手中最好的，不仅今天最好，而且明天仍是最好。但是，尽管任何顺利进行的锦标赛都保证会产生一名胜者，任何一项需要技能的锦标赛都不能保证，最后确定的胜者就会是那名最佳（从任何有分量的角度而言的最佳）选手。这就是为什么我们有时会在开幕式上说"愿强者取胜！"——因为比赛规程无法保证这一点。最佳选手——"工程学"标准下的最佳选手（具有最可靠的反手、最快的发球、最强的耐力等等）——也可能会有状态不佳的一天，可能会扭伤脚踝，可能会被闪电击中。接着，出于微不足道的原因，他可能在比赛中被一名其实不如他出色的选手击败。不过，**从长远来看**，在一项需要技能的锦标赛中，如果连最佳选手都无法夺冠，那么就没人会费心组织或报名参加此类比赛了。公平的技能性锦标赛从定义上讲就是要确保**这一点**；假如更优秀的选手在每一轮比赛中获胜的概率都不大于50%，那么比拼的就不是技能，而是运气了。

在任何真实的比赛中，技能成分和运气成分都会自然且必然地混杂在一起，但是它们所占的比重可能会千差万别。当在一个高低不平的球场上举办网球锦标赛时，运气的比重就会提升；以下的创新规则也是一样：在第一盘比赛之后，选手们必须先用一把上了膛的左轮手枪玩俄罗斯轮盘赌，然后才能继续比赛。但是，即使在这样一个满是运气成分的比赛中，从统计学上来看，还是**容易**有更多更为出色的选手进入后程的比赛。尽管从长远来看，飞来横祸可能会削弱锦标赛"区分"技能高低的能力，但这种能力通常不会降为零。演化算法在性质上与体育界的淘汰制锦标赛相同，而这一事实有时会被演化论的评论者们所忽视。

与运气相反，技能是**可预计的**（projectable）；在相同或相似的境况下，可以指望它重复同样的表现。这种与境况的相关性向我们展示了锦标赛另一个可能的奇怪之处。如果比赛的条件不断变化会怎么样（例如《爱丽丝梦游仙境》中的槌球赛）？如果你在第一轮打网球，第二轮下棋，第三轮打高尔夫球，第四轮打台球，那么就没有理由认为，比起在整个赛事中的表现，最终的胜者在**任何**一个单项中也会是特别出色的——所有优秀的高尔夫球手都难免在比拼国际象棋的轮次落败，从而永远没有机会展现自己的非凡技艺，而即便第四轮的台球决赛中不掺杂丝毫运气的成分，其胜者也可能是整个赛事中台球水平排名倒数第二的选手。因此，对于比赛的条件，必须要有某种统一的尺度，否则一场锦标赛就不会产生任何**吸引人的**结果了。

不过，一场锦标赛——或任何算法——是否必须吸引人呢？并不是。那些我们乐于谈论的算法几乎总会做吸引人的事——这就是为什么它们会引起我们的注意。但是，某个规程不会仅仅因为人们想不出它对任何人会有什么用处或价值，就没有做算法的资格。考虑一下淘汰制锦标赛算法的一个变体：半决赛的**败者**会进入决赛。虽然这项规则很愚蠢，破坏了整个锦标赛的**用意**，但是这场锦标赛仍然是一个算法。算法并不一定具有用意或目的。除了所有可以将单词按首字母顺序排列的有用算法之外，还有无数算法可以可靠地将单词**不按**字母顺序排列，而且次次都能完美奏效（就好像有人会在乎似的）。这就像是，有一种算法（实际上有很多）可以找到任何数字的平方根，还有一些算法可以找到除了 18 或 703 之外任何数字的平方根。有些算法的执行方式毫无章法又漫无目的，以至于乏味到让人无法简洁地表述它们是**为了**什么而存在的。它们就是我行我素，而且次次如此。

我们现在可以揭露一个或许对达尔文主义最常见的误解：达尔文所展示的由自然选择推动的演化，是一个**用以**产生我们的规程。自达尔文提出他的理论以来，人们常常在误导下，试图对其做出以下阐释：它表明了我们是所有遴选和比赛的终点、目标和用意，并且只通过举办这场锦标赛，就保证了我们的登场。演化的敌友双方都助长了这种糊涂认识，它很像是掷硬币锦标赛中那名胜者的糊涂认识，他沐浴在胜利的荣光中，误以为既然这场锦标赛必定会产生一名胜者，而且他就是这名胜者，所以这场锦标赛就必定会产生他这名胜者。演化可以是一个算法，并且演化可以通过一个算法过程产生我们，但演化不必是一个专门用来产生我们的算法。在《奇妙的生命：布尔吉斯页岩中的生命故事》（Gould, 1989a）中，斯蒂芬·杰·古尔德得出的主要结论是，假如我们"将生命倒带"，并一遍又一遍地播放它，那么无论再把演化之磨推动多少轮，产生出我们的可能性都会无穷小。这毫无疑问是真的（如果"我们"是指智人的一个特定变种：无毛且直立，两只手各有五个手指，会说各种语言，还会打网球和下棋）。演化不是为了产生我们而设计出的过程，但这并不表明演化不是一个已经在现实中产生出了我们的算法过程。（第 10 章将更详细地探讨该议题。）

演化算法显然十分吸引人——至少对我们来说如此——这不是因为算法保证会做的事对我们来说有吸引力，而是因为它们保证**趋于**去做的事对我们来说有吸引力。在这方面，它们就像需要技能的锦标赛。一个算法产生出吸引人或有价值的结果的能力，并不局限于那些可以在数学上证明的、该算法能万无一失地产生的结果，而演化算法尤其如此。正如我们将看到的，关于达尔文主义的大部分争论，说到底，可以归结为对以下问题的异议：某些假定的演化过程到底有多强大——它们真的能在可用的时间内完成这样那样的所有事情吗？这些争论通常会探究演化算法**也许**产生、**可以**产生或**有可能**产生的结果，而且只是间接地探究了这种算法**不可避免地**产生的结果。达尔文本人在那段总结的用词上做了铺垫：他的思想所主张的，是关于自然选择的过程"定会""趋于"产生什么样结果。

所有算法都保证能做自己会做的事情，但这事情却不必是吸引人的；有些算法还进一步保证趋于（以概率 p）做某些事情——这些事可能吸引人，也可能不吸引人。但是，如果某种算法所保证做的事无论如何都不一定"吸引人"，那么我们如何区分算法与其他过程呢？难道**任何**过程都是算法吗？拍打沙滩的海浪是一个算法过程吗？炙烤干涸河床上黏土的太阳，是一个算法过程吗？对此的回答是，如果我们把它们当作算法来考虑，那么这些过程的某些特征可能就会**得到**最为透彻的领会！例如，考虑一下为什么沙滩上沙粒的尺寸如此均匀。你可能会说，这是由于自然的分拣过程，是通过海浪反复扬起沙砾而实现的——是宏大尺度上的字母顺序。至于在太阳的炙烤下，黏土出现的开裂纹路，最好的解释也许可以通过查看事件链来找到，这些事件链与锦标赛中的连续轮次不无相似之处。

或者考虑一下，一块金属在回火时所经历的退火过程。还有什么过程比这个更加物质性，更少"计算性"（computational）吗？铁匠反复加热又冷却金属，在该过程中，金属以某种方式变得更加坚固。以什么方式？我们能给予这种神奇的转变何种类型的解释？高温会创造出覆盖在金属表面的特殊坚韧原子吗？还是说，它会从空气中吸出可以将所有铁原子黏合起来的亚原子胶？不，没有这档子事。正确的解释存在于算法层面：当金属从熔融状态冷却时，凝固是在许多不同的位置同时开始的，生成的晶体渐渐成簇，直至整块金属成为固体。但是，当这种情况第一次发生时，众多的单个晶体结构是以次优方式排列的——它们松散地聚在一起，并带有许多应力与应变。再次加热它们——但不要一直加热至熔化——会部分地破坏这些结构，因此，当下一次冷却它们时，破碎分开的部分会以另一种排列方式附着在仍是固体的部分之上。从数学上可以证明，只要给加热和冷却的操作机制赋予正确的参数，这些重新排列后的结果就将趋于越来越好，渐渐接近最优或最强的总体结构。该优化规程如此强大，甚至启发了计算机科学中一项完全通用的问题解决技巧——"模拟退火算法"*，该技巧与金属或高温无关，它作为一种方法，仅仅是驱使计算机程序一遍遍地构建、拆解和重建某一数据结构（比如另一种程序），从而盲目地摸索更好的——实际上是最优的——版本（Kirkpatrick, Gelatt and Vecchi, 1983）。它与其他重要洞见一道促成了"玻尔兹曼机"（Boltzmann machine）和"霍普菲尔德网络"（Hopfield net），以及另外一些满足约束条件的配置，而这些配置正是人工智能中的联结主义或"神经网络"构造的基础。（相关概述请参阅 Smolensky, 1983; Rumelhart, 1989; Churchland and Sejnowski, 1992。在哲学上对此的讨论，请参阅 Dennett, 1987a 和 Paul Churchland, 1989。）

如果你想深入了解冶金学中退火的作用方式，你当然就必须学习原子水平上所有作用力的物理学知识，不过请注意，关于退火的作用方式（特别是它**为什么起作用**），其基本思想可以脱离这些细节——毕竟，我只是给出了简单通俗的解释（而且我并不了解相关的物理学知识！）。对于退火的解释，可以用**基底中性**的术语加以表达：如果某种"材料"的各个部件是通过一定类别的构建过程结合起来的，并且通过改变单个全局参数之类的条件，这些部件可以以一种有序的方式拆分开来，那么我们就可以指望这样的"材料"内部能够发生一定类别的优化。无论是炙热发亮的钢筋，还是嗡嗡作响的超级计算机，它们正在经历的过程都符合以上表述。

达尔文关于自然选择之力的种种观念，也可以脱离它们在生物学中的大本营。的确，我们已经指出，对于遗传学的微观过程是如何完

---

* 丹尼特在《纠误》中指出："'模拟退火算法'这个词也许是一个误用，因为我所描述的过程——以及铁匠所运用的过程——与标准的退火操作大不相同。来源：约翰·费尔赫芬 [John Verhoeven]。"——译者注

成的，达尔文本人知之甚少（后来证明，他所知道的都是错的）。尽管对其物理基底的细节一无所知，但他可以觉察出，如果以某种方式满足一定条件，就会造成一定的结果。这种基底中性，让达尔文的基本洞见如同一只软木塞，漂浮在后续研究与争议的一波波浪潮之上，因为自达尔文之后所发生的事情，都包含着奇特的翻转。在上一章中我们提到，达尔文从未想出那不可或缺的、关于基因的观念，但随后出现的孟德尔的概念提供了正确的构架，从数学上对遗传过程进行了解释（还解决了达尔文那里关于融合遗传的糟糕难题）。此后，当 DNA 被认定为基因的实有物理载体，起初看来（现在许多讨论者仍旧这么看）孟德尔的基因仿佛可以被简单地**确认为**特定的 DNA 块（DNA hunk）。不过随后，错综复杂的情况就开始浮现；科学家们越是了解有关 DNA 的实际分子生物学知识，以及 DNA 在生殖中的作用，他们就越清楚地认识到，孟德尔的故事充其量不过是一种极大的过度简化。有人甚至会说，我们最近才知道，实际上**不存在**什么孟德尔式的基因！在爬上孟德尔的梯子后，我们现在必须将其抛弃。不过当然，没有人愿意抛弃这样宝贵的工具，它每天依然在数百种科学和医学背景中证明自己。解决这个问题的方案，是将孟德尔抬高一个层面，并宣告他像达尔文一样，抓住了关于遗传的**抽象**真理。如果我们愿意，也可以谈谈**虚拟基因**（virtual gene），我们可以认为，它们已经将自己的实在性分散在具体有形的 DNA 物质中了。（关于支持该选择的理由，可以谈的东西很多，我将在第 5 章和第 12 章中进一步展开讨论。）

不过接下来，让我们回到上面提出的问题：对于什么可以被视为算法过程，有没有什么限制条件呢？我猜答案是"没有"；只要你乐意，你可以将抽象层面的任何过程当作算法过程。这有何妨？当你真的将某些过程当作算法来对待时，其中只有一部分会产生吸引人的结果，可我们对于"算法"的定义又不是必须只包含那些**吸引人的**过程（一个严苛的哲学要求！）。这道难题会自行解决，因为没人会浪费时间审视那些出于这样或那样的原因而并不吸引人的算法。问题全在于需要解释的是什么。如果让你感到费解的是沙砾的均匀性或刀刃的强度，那么一个从算法上做出的解释就会满足你的好奇心——它就会是真相。无论是这同一个现象的其他有趣特征，还是创造出它们的过程，可能都无法被当作算法来妥当解释。

那么，这就是达尔文的危险思想：算法层面**是**这样一种层面，它能对羚羊的速度、老鹰的翅膀、兰花的形状、物种的多样性以及自然界中的所有其他奇妙之处做出最好的解释。很难相信，像算法这样无心灵的、机械的东西会产生如此奇妙的事物。不论算法的产物多么令人印象深刻，构成其底层过程的始终都只是一组前后相继的、并无心灵的步骤，而且无须借助任何智能的督导；根据定义，它们符合"自动"的定义：属于自动机的运作方式。它们要么站在其他步骤的肩膀上，要么就依靠盲目的偶然——如果你乐意，可以说它们是抛硬币——仅此而已。我们所熟知的大多数算法的产物都相当朴素：这些算法会进行长除运算，或者把列表按照字母顺序排列，或者算出一般纳税人（Average Taxpayer）的收入。更花哨的算法可以产生令人眼花缭乱的计算机动画图形，就是我们每天在电视上看到的那种，它们可以给人换脸，创造一群幻想出来的滑冰北极熊，模拟出整个虚拟世界，其中满是我们从未见过或想象过的实体。不过要论花哨程度，实有的生物圈还是要高上许多个数量级。难道它真的可以只由一连串依靠偶然性的算法过程产生吗？如果真是这样，那么是谁设计了那一连串过程呢？没有谁设计。它本身就是一个盲目的算法过程的产物。正如《物种起源》出版之后不久，达尔文本人在给地质学家查尔斯·莱伊尔（Charles Lyell）的信中所写的："假如在传衍的任何一个阶段，自然选择理论需要奇迹的增补才能自圆其说，那么我绝不会为它投入半点精力……假如我确信自己需要对自然选择理论进行这样的增补，那么我就会弃之如敝屣……"（F. Darwin, 1911, vol. 2, pp. 6–7）

那么，据达尔文所言，演化就是一个算法过程。这种说法仍然颇受争议。在演化生物学中，正在进行一场拉锯战，其中一方无休无止地朝着算法处理方式不断地推进、推进、推进，另一方则出于各种尚不明朗的原因而抵抗这一潮流。这种情况就仿佛是有一群冶金学家对退火的算法解释感到大失所望。"你的意思是，一切不过就是这么回事儿，对吗？不存在由加热和冷却过程特别地创造出的亚微观超级胶吗？"在达尔文的说服下，所有科学家都已经相信，演化就像退火一样**起作用**。关于演化是**如何**以及**为何**起作用的，他的构想十分激进，并且依然深陷战事，这主要是因为那些抵抗者可以隐约看到，他们所遭遇的小冲突属于一场更大规模的战役。如果演化生物学中的这场角逐失败了，那么战局会受到何等深远的影响呢？

第2章

达尔文令人信服地证实，与旧时的传统认识相反，物种并非永恒不变；它们会演化。达尔文表明，新物种的起源是"带有变异的传衍"的结果。虽然未能给出决定性的结论，但达尔文引入了一个关于这种演化过程如何发生的思想：通过一个无心灵的、机械的——算法的——过程，他称之为"自然选择"。达尔文的危险思想就是，演化的所有成果都可以被解释为算法过程的产物。

第3章

包括达尔文在内的许多人，都可以隐约看到达尔文的自然选择思想具有革命潜质，但是它有望推翻的是什么呢？达尔文的思想可以用来拆解一个西方思想的传统结构，再对其进行重建，我将这个结构称为宇宙金字塔。它为宇宙中所有设计的起源提供了新的解释，即它们产生于逐步的积累。自达尔文以来，持怀疑态度的观点一直都在针对他那个含蓄不明的主张：尽管自然选择的各式过程根本上都不具有心灵，不过它们十分强大，足以完成世界上所有显见的设计工作。

万能酸

1. 早期反响

> 人的起源如今得证。——形而上学必定繁荣。——了解狒狒
> 的人，对形而上学的贡献会胜过洛克。
>
> ——查尔斯·达尔文，写于一本无意于发表的笔记
> （P. H. Barrett et al., 1987, D26, M84）

> 他的主题是"物种起源"而非"组织起源"；有关后者的
> 揣测似乎是一场没有必要的损害。
>
> ——哈丽雅特·马蒂诺（Harriet Martineau），
> 达尔文的一位朋友，写于 1860 年 3 月 13 日致
> 范妮·韦奇伍德（Fannie Wedgwood）的一封信，
> 引自德斯蒙德和摩尔（Desmond and Moore, 1991, p. 486）

达尔文是从演化的中间部分，或者甚至可以说是从"末端"开始进行解释的：从我们现在看到的各种生命形式开始，并显示了今天

生物圈里的种种模式如何能被解释为由昨天生物圈中的模式经过自然选择过程而产生，依此类推，直到回到十分遥远的过去。他一开始就用众所周知的事实说话：所有今天的生物都是它们父母的后代，父母又是祖父母辈的后代，以此类推，因此如今的一切活物都是一个谱系家族中的一个分支，而这个家族本身则是一个更大宗族的分支。他接着论述道，如果你回溯得够远，就会发现所有这些家族的支系最终都源于共同祖先的枝干；所以，全部的主枝、侧枝和枝杈经由带有变异的传衍结合起来，就有了一棵单一的生命之树。演化具有树状分支组织这一事实，对于解释相关过程至关重要，因为这样一棵树**能够**由一套自动的、递归式的过程创造出来：首先建立一个 x，然后修改 x 的后代，然后修改这些修改，然后再修改这些修改的修改——如果生命是一棵树，那么它的一切都可能来自一个不可阻挡的自动重建过程，过程中的各种设计会随时间不断积累起来。

反向操作——从一个进程的"结束点"或其附近开始，先解答倒数第二步是什么的问题，再问**它**可能是怎样产生的——是计算机程序员所使用的行之有效的方法，特别是在用递归方法来编程的时候。这通常是一种实实在在的解决之道：如果你不想贪多嚼不烂，那么从最后那口开始咬就是个不错的选择，只要你能找到位置。达尔文就找到了位置，然后非常谨慎地反向探索，绕过了他研究过程中激起的许多重大议题，在私人笔记本里对它们苦思冥想，却无限期地推迟发表这些笔记。（例如，他有意避免在《物种起源》里谈论人类的演化；参见 R. J. Richards, 1987, pp. 160ff. 的讨论。）尽管达尔文近乎闭口不谈这些会惹祸上身的推断，他仍可以看到所有这一切正在导向何处，他的许多读者也是一样。有些人十分喜爱他们认为自己看到的东西，另一些人则对之心怀憎恶。

卡尔·马克思对此大喜过望："[达尔文的著作]不仅第一次给

了自然科学中的'目的论'以致命的打击，而且也根据经验阐明了它的合理的意义。"（引自 Rachels, 1991, p. 110）*弗里德里希·尼采透过他对一切英国事物的蔑视之雾，在达尔文的思想中窥见了一条更具宇宙论色彩的讯息：上帝已死。如果尼采是存在主义之父，那么也许达尔文就配得上存在主义的祖父这一头衔。对于"达尔文完全颠覆了神圣传统"这种想法，其他人则不太感冒。1860 年 6 月，牛津主教塞缪尔·威尔伯福斯（Samuel Wilberforce）与托马斯·赫胥黎（Thomas Huxley）的辩论，是达尔文主义与宗教建制派之间最著名的冲突之一（见第 12 章）。威尔伯福斯在一篇匿名评论中这样说道：

> 人类作为地球上天赋的万物灵长，人类流畅表达的语言能力，人类的理性天赋，人类的自由意志和责任……所有这一切都与那种贬损降格的观念，同样地且极度地不可调和，该观念认为以上帝形象创造出的人类，有着同野兽一样的起源。
> （Wilberforce, 1860）

当有人开始思索他观点中的这些弦外之音时，达尔文明智地选择了撤回到自己大本营的安全区中，撤回到那个准备充足、防守牢固的论点，该论点从中间说起，这时生命已经粉墨登场，达尔文"仅仅"展示了，一旦设计的积累过程运行起来，生命如何能够在无须任何心灵的任何（进一步的？）干预的情况下进行下去。但是，正如达尔文的许多读者所察觉到的，无论这个谦逊的免责声明多么让人安心，它也算不上是一个真正的安乐窝。

---

* 中译参考自《马克思恩格斯全集》（第三十卷），人民出版社，1974 年，第 575 页。——译者注

你听说过万能酸吗？这个幻想之物曾经让我和我学校里的一些男生朋友乐在其中——我不清楚它是我们的原创，还是从别处获得的灵感，它连同斑蝥和硝石一起*，都是地下青少年文化的一部分。万能酸是一种腐蚀性极强，可以蚀穿**任何**物质的液体！问题是：用什么来保存它呢？它能像溶解纸袋一样轻易溶解玻璃瓶和不锈钢罐。如果你以某种方式偶然发现或制造了一些万能酸，那会发生什么事呢？整个星球会最终被毁掉吗？它所过之处，又会留下什么？在一切物质与万能酸接触并被改变后，世界将会变成什么样？我当时丝毫没有意识到，几年之后我将遇到一种思想——达尔文的思想——它与万能酸有着明白无误的相似性：它能蚀穿几乎所有传统观念，并留下一种革新后的世界观，其中大部分的旧时地标尚可辨认，但已发生了根本性的转变。

　　达尔文的思想是作为对生物学问题的一个回答而诞生的，但它有渗透出去的风险，为宇宙学（一个走向）和心理学（另一个走向）的种种问题提供答案，不管你欢不欢迎。如果**再设计**（redesign）可以是一个无心灵的、算法式的演化过程，那为什么这整个过程本身不能是演化的产物，如此下去，**一路到底呢**？并且，如果无心灵的演化可以解释生物圈中令人叹为观止的精妙造物，那么我们自己"真正"心灵的产物又如何免于一种基于演化的解释呢？因此，达尔文的思想也有**一路向上**扩散开来的危险，溶解我们对自己的创作之源，对自身创造力和理解力的神圣火花的幻觉。

　　历来围绕达尔文观念的诸多争议和焦虑都可以理解为一系列失败的战役，这些战役力争要将达尔文的观念围堵在某种"安全性"达标的、纯然局部性的革命中。实在不行，就把现代生物学的部分或全

---

* 谣传斑蝥（Spanish fly）具有催情作用，硝石（saltpeper）则具有抑制性欲的作用，两种说法皆无科学依据。——译者注

部领地割让给达尔文，但这就是必须坚守的底线了！别让达尔文思想进入宇宙学，进入心理学，进入人类文化，进入伦理、政治和宗教！在这些战役中，围堵部队赢得了许多场战斗：那些有瑕疵的对达尔文观念的应用被揭露出来，名誉扫地，并被前达尔文传统的拥护者们击退。但是，达尔文思想的新浪潮不断涌来。它们似乎是改进后的版本，击败了其先驱的那些驳斥很难伤到它们，可它们是本身无疑十分有力的达尔文核心思想的有力延伸吗？还是说，它们可能同样是对达尔文核心思想的歪曲，甚至比那些已经遭到驳斥的、对达尔文的滥用更加恶毒危险？

以阻止扩散为己任的反对派们，在战术上大相径庭。防护堤究竟该建在哪儿？我们是否应当利用这种或那种后达尔文时期的反革命力量，争取将这一观念围堵在生物学自身的领地内？斯蒂芬·杰·古尔德就是这种战术的赞许者之一，他发动了若干场以围堵为目的的革命。或者，我们应该把屏障设置得再远一些？要确定我们在这一系列战役中的方位，我们应该从一张关于前达尔文时期疆域的粗略地图着手。我们会看到，随着各种小规模战斗的失败，这张地图将不得不反复修正。

2. 达尔文突袭宇宙金字塔

前达尔文世界观的一个显著特征，表现为一张从上到下总括万物的全图。这通常被描述为一个阶梯；上帝位于顶端，人类在其下一两级远的地方（这取决于该图式里是否有天使）。阶梯的底部是虚无，也可能是混沌，抑或是洛克口中惰性、静止的物质。根据另一种说法，全景是一座塔，或者用思想史家阿瑟·洛夫乔伊那令人印象深刻的话（Lovejoy, 1936）来说，是一条由众多环节组成的"存在巨链"。约翰·洛克的论述已经将我们的注意力引向该等级结构的一个格外抽象的版本，我将称其为宇宙金字塔（Cosmic Pyramid）：

（警告：该金字塔中的每个词都必须按照老式的、前达尔文的含义来理解！）

一切事物都在宇宙金字塔的某个层级上有其位置，就连空空如也的虚无亦不例外，它就位于最下层的地基。万物并非都是有序的，有些就处于混沌状态；只有部分有序之物同时还具有设计；只有部分有设计之物同时还拥有心灵，而且当然只有一个心灵是上帝。上帝，第一心灵，是其下万物的来源，也是对它们的解释。（既然万物都这般**取决于**上帝，也许我们就应该说，万物是一盏悬挂在上帝脚下的枝形吊灯，而不是一座支撑他的金字塔。）

秩序和设计的区别是什么？先试着这么解释看看：我们可以说秩序是纯然的规律、纯然的模式；设计是亚里士多德口中的目的因，是对秩序有目的的开发利用，就像我们在设计巧妙的制造品上所看到的那样。太阳系展现出惊人的秩序，但是它并不（明显地）具有什么目的——它并非**为了**什么而存在。相比之下，眼睛是**为了**看而存在。在达尔文之前，这种区分并不总是泾渭分明。事实上，它曾是极为模糊的：

> 13 世纪，阿奎那提出了这样一种观点，自然物体［比如行
> 星、雨滴、火山］的运行仿佛是受到了引导，被导向一个明确
> 的目标或目的，"以此来获得最好的结果"。阿奎那论证称，这
> 种为了适应目的而调整手段的方式意味着一种意图。然而，由于
> 自然物体缺乏意识，它们本身无法提供那种意图。"因此，有某
> 个拥有智能的存在，一切自然之物在其指引下抵达它们的目的；
> 我们称此存在为上帝。"（Davies, 1992, p. 200）

休谟笔下的克里安提斯遵循这一传统，把生命世界中的适应性奇
迹，跟天国的规律性混为一谈——对他而言这一**切**就像是一台绝妙的
钟表装置。但达尔文提出了一个区分：他说，给我秩序和时间，我就
能给你设计。让我们从规律性谈起——物理学中那纯粹无目的、无心
灵、无意义的规律性——我将向你展示一个过程，其最终产品不仅展
现出规律性，而且还展现出有目的的设计。（这就是当卡尔·马克思
宣称达尔文对目的论施以了致命一击时，他认为自己所看到的：达尔
文已然把目的论**还原**为非目的论，把设计还原为秩序。）

在达尔文之前，秩序和设计的差异并不引人注目，因为无论如何
二者都降自上帝。整个宇宙是他的制造品，是他的智能、他的心灵的
一件产品。一旦达尔文跳到了中间，对"设计如何能够脱胎于纯粹
的秩序"这一问题给出他的回答，宇宙金字塔的其余部分也就岌岌
可危了。假设我们承认达尔文已经解释了动植物形体的设计（包括我
们自己的形体——我们必须承认达尔文已经牢牢地把我们置于动物界
了）。向上看，如果我们已经把我们的身体让给了达尔文，我们还能
阻止他把我们的心灵也一并带走吗？（我们将在第三部分从多个方面

处理这个问题。)向下看，达尔文要求我们把秩序给他作为前提，可还有什么能够阻止他走向下一层面，让他给自己一套算法式的解释，说秩序起源于纯粹的混沌呢？（我们将在第 6 章处理这一问题。）

这一番前景使得许多人头晕目眩、强烈反感。一篇攻击达尔文的早期文章完美体现了这一点，该文章匿名发表于 1868 年：

> 在我们所要应对的这套理论中，绝对无知［Absolute Ignorance］才是那位制造者；所以我们可以明确指出，这整个体系的根本原则是，**要想制造一台尽善尽美的机器，我们无须知道如何制造它**。如果你仔细考察，就会发现这个命题凝练地表达了该理论本质上的意图，会发现它以寥寥数语表达了达尔文先生的所有意思；这位先生凭借着一种古怪的倒置思路，似乎认为绝对无知完全有资格取代绝对智慧，实现由创造性技能所达到的全部成就。（Mackenzie, 1868）

千真万确！达尔文"古怪的倒置思路"事实上是一种新颖而又绝妙的思维方式，完全颠覆了由洛克所"证实"、在大卫·休谟看来别无他选的"心灵第一"的思路。若干年后，约翰·杜威在其富有洞见的《达尔文对哲学的影响》一书中漂亮地描述了这种倒置："兴趣转移了……从一种一劳永逸地塑造万物的智能，转向了各种特殊的智能，这些智能甚至现在仍在经受万物的塑造。"（Dewey, 1910, p. 15）但是，把心灵当作结果而非第一因，这样的观念对有些人来说实在过于具有革命性——他们自己的心灵无法舒舒服服地适应这一"拙劣的夸大"*。

---

* "拙劣的夸大"（an awful stretcher）一语出自前文引用过的达尔文信件。stretcher 一词还有"担架"之意，所以作者可能还有意讽刺那些一时难以接受达尔文观念的人，说他们的心灵伤残严重，不仅无法适应用于救助他们的担架，还要反过来埋怨担架"拙劣"。——译者注

这样的情况如今依然存在，就跟在 1860 年一样，而且既存在于演化论的一些挚友身上，也存在于其敌人身上。例如，物理学家保罗·戴维斯在他最近出版的《神的心灵》一书中声明，人类心灵的反思能力"不是微不足道的细枝末节，不是无心灵、无目的力量的次要副产品"（Davies, 1992, p. 232）。这句话以最为直白的方式表达了一种为人熟知的否认态度，因为它暴露了一种欠缺省察的偏见。我们可以向戴维斯发问，为什么作为无心灵、无目的力量的副产品就会微不足道？为什么一切事物中的最重要者就不能脱胎于不重要的事物？为什么**任何事物**的重要性或卓越性都必须要从高处、从更重要的某物那里如雨水般降在它身上，就像来自上帝的赠礼一样？达尔文的倒置表明，我们抛开了这种预设，并且寻找那些从"无心灵、无目的力量"中升腾而出的种种卓越性、种种价值和目的。

当达尔文还在不断拖延、迟迟不发表《物种起源》的时候，阿尔弗雷德·拉塞尔·华莱士（Alfred Russel Wallace）版本的自然选择演化论已经摆在达尔文的书桌上了，达尔文也把他视为该原则的共同发现者，但华莱士却从未准确把握个中要义。*虽然一开始华莱士对人类心灵的演化这一主题的接近程度，要远大于达尔文愿意接近这一主题的程度，并且华莱士最初就坚称，生物的所有特征都是演化的产物，就这条规律而言，人类的心灵也不例外；但他没能把"古怪的倒置思路"看作这个伟大思想的伟大之处的关键。华莱士呼应约

---

* 这个迷人甚至磨人的故事已经被讲透讲烂了，但争议仍然丛生。达尔文起初为什么要推迟出版《物种起源》？他对待华莱士的态度是宽宏大量还是蛮横不公？达尔文与华莱士之间的紧张关系，不仅在于面对华莱士无意中抢占优先权的通信，达尔文为自己的应对处理感到良知不安；如我们此刻所见，二人对于双方都发现的这个规律的见解和态度也有很大分歧。关于这一点的精彩解释，参见 Desmond and Moore, 1991; Richards, 1987, pp. 159–161。

翰·洛克的观点，宣称"表面上控制着物质的各种力量，就算没有实际构成这些物质，也具有非凡的复杂性，它们是且一定是心灵的产物"（Gould, 1985, p.397）。当晚年的华莱士转向了唯灵论，把人类意识整个从演化论的铁律中分离出来，达尔文看到裂隙扩大了，写信给华莱士："我希望你还没有彻底扼杀你我的孩子。"（Desmond and Moore, 1991, p. 569）

可达尔文的思想真的会在所难免地导致这样的革命与颠覆吗？"显然，批评家们不愿去理解，而某种程度上达尔文本人也助长了他们这种一厢情愿的想法。"（Ellegård, 1956）华莱士想要弄清自然选择的**目的**可能是什么，尽管事后看来，这似乎是在挥霍他和达尔文之前发现的财富，但达尔文本人也时常对这种想法表达出赞同。除了把目的论一股脑地还原为无目的的秩序，我们为什么不能把所有尘世的目的论还原为一个单一的目的：上帝的目的？这不显然是一种填塞堤坝的诱人方法吗？达尔文自己心里清楚，自然选择过程所依赖的变异**必须**是无计划、无设计的；但这个过程本身可能有一个目的，不是吗？在 1860 年致美国博物学家阿萨·格雷（Asa Gray）的信中，达尔文写道："我倾向于把一切事物看作**被设计的**［强调为引者所加］法则的结果，其细节的好坏，则留给我们或可称为机遇的东西去解决。"（F. Darwin, 1911, vol.2, p. 105）

自动过程本身往往是极为卓越的创造。这在今天不难想见，我们可以看到自动变速器和自动开门器的发明者们绝非傻瓜，他们的天才之处在于，他们认识到了如何创造某些可以不假思索地做"聪明"事情的东西。如果我们放开手脚，以一种时代错乱的方式来观察，就可以这么说，对于达尔文那个年代的某些观察者而言，达尔文留下了一种可能：上帝通过设计一个自动设计者而留下其杰作。对于某些人而言，这种观念并非只是穷途末路时的权宜之举，而是对传统的正面改进。《创世记》第 1 章描述了接连几轮的创世活动，每次都以"神看着是好的"收尾。达尔文发现了一种方法，可以消除对智能质量控制（Intelligent Quality Control）的这种零售式应用；自然选择会接手相关事务，无须上帝的进一步干预。（17 世纪哲学家戈特弗里德·威廉·莱布尼茨也曾为一种类似的看法辩护，把上帝视为不插手的创造者。）正如亨利·沃德·比彻（Henry Ward Beecher）所说，"批发式的设计要比零售式的设计更宏伟"（Rachels, 1991, p.99）。阿萨·格雷着迷于达尔文的新观念，但也尽量令其与他自己的传统宗教信条相调和，进而想出了一门方便的婚事：上帝**有意促成**"变异之流"，并准确**预见**了他所颁布的自然法则在无尽的岁月中将会如何修整这股潮流。后来约翰·杜威的评价可谓中肯，也用了一个商业比喻，"格雷所坚持的观点，可以称作分期付款式的设计"。（Dewey, 1910, p.12）

在对演化的各种解释中，这种洋溢着资本主义气息的比喻并不罕见。有些批评家和阐释者常常欣喜地讲述有关案例，认为这样的语言揭示了——或者应该说暴露了——达尔文产生其思想的社会政治环境，从而（以某种方式）诋毁达尔文思想的科学客观性。作为一个普普通通的凡人，达尔文当然继承了与他的门第（维多利亚时期的英国人或许会这么说）相伴的概念、表达方式、态度、偏见和愿景，但是人们在思考演化问题时自然而然就想到的这些经济比喻，其效力则来自达尔文发现的最深层特征之一。

3. 设计积累原理

要理解达尔文的贡献，关键在于**先承认**"设计论论证"的前提。

如果有人发现荒原的沙地上躺着一只手表，那此人应该得出什么结论呢？正如佩利（在他之前，还有休谟笔下的克里安提斯）所坚称的，一只手表展现出了巨大的**既有工作量**。手表以及其他有设计的物品不是凭空出现的；它们必定是现代工业所说的"研发"——研究与开发——的产物，而研发则要耗费大量的时间和精力。在达尔文之前，我们只拥有一种可以胜任这种研发工作的过程模型，那就是智能的造物主。达尔文则发现，同样的工作原则上可以由另一种不同的过程来完成，该过程把这项工作**分散**在大量的时间中，节俭地保存每个阶段所完成的设计工作，从而不需要重复做工。换句话说，达尔文想到了我们可以称之为"设计积累原理"的原理。世间万物（比如手表、生物体以及其他随便什么东西）都可以被看作体现着一定设计量的产品，而设计则必须以这样那样的方式被研发出来。彻底非设计的——旧时意义上的纯粹混沌——是空值（null）或起点。

关于设计和秩序的差别，以及二者的紧密关联，一个更为晚近的观念将会有助于我们厘清局面。那就是由物理学家埃尔温·薛定谔（Schrödinger, 1967）率先普及的主张：生命可以依照热力学第二定律加以定义。在物理学中，秩序或组织可以依照不同时空区域之间的**热差**来加以度量；**熵**是纯然的无序，是秩序的对立面，而根据热力学第二定律，任何孤立系统的熵都会随时间增加。换言之，事物会衰败下去，无可避免。根据热力学第二定律，宇宙正从一个更为有序的状态不断耗散，直至最终的无序状态，即我们所知的宇宙的热寂。*

那么，生物又是什么呢？生物是公然反抗这个零落成尘过程的事

---

* 那么最初的秩序从何而来？这是个好问题，我见过的最为精彩的讨论是"Cosmology and the Arrow of Time," Penrose, 1989, ch.7。

物，至少会反抗一时，通过不被孤立——从它们的环境中获取必要的资源，来将生命和肢体结合起来。心理学家理查德·格列高利简明扼要地总结了这一观念：

> 由熵——组织的丧失，或温度差异的丧失——射出的时间之箭是统计学意义上的，它在局部上易于出现小规模的逆转。最令人震惊的是：生命是一种对熵的系统性逆转，而且智能创造出了结构和能量的差异，抗拒着物理宇宙经由熵而本该实现的逐渐"死寂"。（Gregory, 1981, p. 136）

格列高利进而把支撑以上表述的基本观念归功于达尔文："正是凭借自然选择这个概念所提供的尺度，生物学时间内生物体复杂性和秩序的增加才能被理解。"因此，不仅是单个生物体，就连创造这些生物体的整个演化过程，都可以看作与宇宙时间的更大潮流反向而行的基本物质现象。威廉·卡尔文捕捉到了这一特征，他那本考察演化同宇宙学之关系的经典之作，其题目的含义之一就体现了该特征：《水往高处流：从大爆炸到大脑的旅程》（*The River That Flows Uphill: A Journey from the Big Bang to the Big Brain*, 1986）。

那么，**有设计**的事物要么是生物或生物的一部分，要么是生物的制造品，无论如何都是被组织起来支援这场对抗无序的战斗的。对抗热力学第二定律的趋势并非不可能，但代价高昂。想想铁吧。铁是一种非常有用的元素，对于我们的身体健康不可或缺，还贵为钢这种绝妙建筑材料的主要成分。我们的行星曾经拥有储量巨大的铁矿石，但它们正被逐渐消耗。这是否意味着地球上的铁要用尽了呢？很难这么说。除了有区区几吨铁以航天探测器部件的形式被发射到了地球的有效引力场外头，如今这颗行星上的铁储量还是一如既往。麻烦的是，越来越多的铁以铁锈（铁的氧化物分子）和其他低品质、低含量的物质形式散落各处。这些铁原则上全都可以被复原，但这会消耗巨额的能量，这些能量会被绞尽脑汁地集中用于提取和再提纯铁的专门项目。

正是对如此这般的精密过程的组织，构成了生命的标志性特征。格列高利以一个令人难忘的例子戏剧性地展示了这一点。标准教科书是这样描述热力学第二定律所施加的定向性的：你不可能把一颗鸡蛋逆炒回原样。好吧，也不是说你绝对做不到，而是说这将会是一项代价极高的精密任务，让水顶着热力学第二定律向高处流去。现在考虑一下：有一台设备，输入炒蛋后就输出没炒过的原样鸡蛋，要制作这样的设备会有多贵呢？有一个方便的解决方案：放一只母鸡在箱子里！喂它炒蛋，它就能给你造出鸡蛋——只消稍等片刻。通常我们不会把母鸡当作近乎奇迹的精密实体而感到惊奇，但母鸡能做到的这一件事——这多亏了组织出母鸡的那种设计——至今仍大大超出了人类工程师所创造之设备的能力范围。

一个事物展现出的设计越多，生产它所需的研发工作就越多。同任何优秀的革命者一样，达尔文尽可能地开发利用旧的体系：宇宙金字塔的纵向维度得到保留，变成了衡量某一层级中事物包含多少设计的尺度。在达尔文的体系中，就像在传统的金字塔中一样，心灵确实接近顶端的位置，位于最富设计的存在物之列［部分原因在于它们是会自我再设计（self-redesigning）的事物，我们在第13章会看到这一点］。但这意味着它们也属于创造过程（迄今）最高级的**结果**，而非像旧版体系那样，是创造过程的起因或来源。进而，心灵的产物——我们原初模型中的人类制造物——仍必须被看作更富设计的。这乍一看似乎有违直觉。济慈的一首颂诗在研发方面可能看起来比一只夜莺更加体大思精——至少在一个不懂生物学的诗人看来似乎是如此——但要是拿一只回形针来比较呢？无论与怎样初级的生物相比，回形针当然都是微不足道的设计产物。从某个显见的方面来看，确实如此，但请你稍加反思。请你代入佩利的角色，但这回是在外星球的一片明显荒芜的沙滩上漫步。以下哪个东西最让你激动：一只蚌还是一柄挖蚌耙？一个星球在能够制作挖蚌耙之前，必须先制作出挖蚌耙的制作者，后者的设计程度远高于一只蚌。

　　一种理论只有具备了达尔文理论所具有的逻辑形态，才能**解释**有设计的事物何以会存在，因为任何其他类型的解释都将会陷入循环论证或无限倒退（Dennett, 1975）。洛克那心灵第一的老路支持了如下原则：只有大写的智能才能制造小写的智能。这种观念在我们的祖先——制造品的制作者——看来一定总是自明的，这可以追溯到**能人**（*Homo habilis*），即"手巧"的人，其后代正是**智人**（*Homo sapiens*），即"认知"的人。没人见过一把长矛能用原材料做出一名猎人。童谣说"大家彼此彼此"（It takes one to know one），可更具说服力的口号似乎是"只有高级者才能制造低级者"（It takes a greater one to make a lesser one）。然而，任何直接受到这句口号启发的观点，都面对着一个令人尴尬的问题。正如休谟所指出的：如果上帝创造并设计了所有这些非凡的事物，那么是谁创造了上帝？是超级上帝吗？那又是谁创造了超级上帝？难道是超级无敌上帝？还是说上帝创造了他自身？这项工作难吗？要花时间吗？打住别问！那么好吧，我们可以换个问法：相较于完全否定小写的智能（或设计）必定诞生于大写的智能这一原则，这种对神秘性的温和拥抱的做法是否有所进步。达尔文提供的解释路径实际上致敬了佩利的洞见：手表的设计中倾注了真正的工作，而工作可不是免费的。

一个事物展现出了多少设计？至今没有人给出一个能满足我们所有需求的设计量化系统。背负这一有趣问题的理论工作正在若干学科中进行*，我们将在第6章考量一种自然的度量标准，该度量标准为特殊情况提供了干净利落的解决方案——但与此同时，我们对于设计量是多是少也有很强烈的直觉。汽车比自行车包含更多的设计，鲨鱼比变形虫包含更多的设计，哪怕是短诗也比"勿踏草坪"的标志包含更多的设计。（我现在能听到心生疑窦的读者在说："嚯！且慢且慢！这是无可争议的吗？"绝对不是。我会在适当的时候试着证明这些主张，但眼下我想请大家关注并依靠一些熟悉却又公认不可靠的直觉。）

专利法，包括版权法，是让我们有效地理解这个问题的宝库。要具有多少新意才足以被认定为专利？在不付报酬、不加致谢的情况下，一个人可以从他人的智识产品中借用多少内容？我们已经不得已在这些平滑的斜坡上建造出一些位置相当随意的阶地，为一些问题编纂法律法规，以求避免永无休止的争论。在这些争论中，举证责任是由我们的直觉感受确定的：何等程度的设计才算是超出了纯粹巧合的范畴？我们在这方面的直觉非常之强，并且——我保证会向你展示这一点——十分有力。假设一名作者被指控抄袭，比如说，证据是他有一个单独的段落与推定来源中的一个段落几乎完全一致。这可不可能只是巧合？关键取决于该段落的平凡程度和公式化程度，但大多数成段落的文本片段都足够"特殊"（我们随后就会考察在哪些方面特殊），可以确保独立创作具有高度的不相似性。没有哪个通情达理的陪审团会要求起诉人在一起抄袭案中去精确说明抄袭行为赖以发生的因果路径。被告方则显然有责任说明他的作品明显是一部独立之作，

---

* 关于部分相关观念的、好读易懂的概述，参见 Pagels, 1988; Stewart and Golubitsky, 1992; Langton et al., 1992。

而非对一部现有作品的抄袭。

　　行业间谍案中的被告方也有与此相似的举证责任：被告新推出的小工具系列在内部构造上与原告的小工具系列有着令人生疑的相似性——这是一起由趋同演化引起的无辜案件吗？要在这样的案件中证明你的清白，唯一的办法真的只有拿出确凿的证据，证明你确实做过必要的研发工作（旧蓝图、草案、先期模型和实物模型、记载了所遇难题的备忘录等等）。在缺少这类证据，但也缺少任何物证来证明你确有间谍活动的情况下，你还是会被判有罪——而且你罪有应得！这般规模的超级巧合根本不会发生。

　　同样的举证责任如今也支配着生物学，这多亏了达尔文。我所说的设计积累原理在逻辑上并不**要求**（本星球上）所有的设计都从单一的树干（要么是根或种子）发展出的什么枝条衍生而来。但这条原理指出，鉴于每一个出现了的、有设计的新事物，必定从某处取得了对于其肇因（etiology）的大量设计投入，那么最为经济的假说就总是会认为，该设计在很大程度上是从先前的一些设计复制而来的，而这些先前的设计则是从更早的设计复制而来的，以此类推，这样实际上的研发创新就被最小化了。我们当然知道一个事实，那就是许多设计都曾被多次独立地重新发明出来——比如眼睛就被重新发明了几十次——但是，所有这类趋同演化情况的证明，都必须在一个大背景下进行，那就是大多数设计是复制而来的。从逻辑上讲存在这种可能性，南美洲所有生命形式的创造都独立于世界上其他地方的生命形式，但这是个极其夸张的假说，需要一点一滴地来证实。假设我们在某个遥远的岛屿上发现了一个新的鸟类物种。即使我们**尚未**得到确凿的证据，来说明这种鸟与世界上所有其他鸟有关，但在达尔文之后，这样的看法也是我们极为可靠的默认假

设，因为鸟类是非常特殊的设计。*

所以，生物体——外加电脑、书籍以及其他制造品——是许多非常特殊的因果链条的结果，这一事实在达尔文之后就并非只是一个可靠的归纳了，而是用于构建理论的深刻事实。休谟认识到了这一点——"将几块钢片扔在一起，不加以形状或形式的规范，它们绝不会将自己排列好而构成一只表的"——但他和其他更早的思想家认为，他们必须把这个深刻的事实建基于心灵之上。达尔文则发现了如何把它分布在非心灵的广阔空间之中，这多亏了他关于设计创新如何被保存、繁殖并因此得以积累的观念。

设计是某种花费功夫创造出来的东西，因而也具有价值，至少就它可能被保存下来（进而可能被窃取或出售）而言是如此——这一观念在经济学术语中得到了强有力的表达。倘若达尔文未曾出生在一个已经创造出了亚当·斯密和托马斯·马尔萨斯的商业世界并得益于此，他就不会有机会找到可资利用的现成部件，并将其装配成有附加值的新产品。（你看看，这个观念运用于它自身时非常妥帖。）汇入达尔文宏大观念的那个设计有着多种多样的来源，这些来源为我们提供了对这一观念本身的重要洞见，但这无损于其价值，也无碍于其客观性，就像甲烷的卑微来源无损于它被用作燃料时所释放的热量。

---

* 顺便一提，请留意：如果我们发现这种鸟的 DNA 序列与其他鸟的几乎一致，那么并不能**从逻辑**上推出这种鸟与那种鸟有关！"只是巧合，并非抄袭"会是一种逻辑上的可能——但没人会认真对待这种可能。

4. 研发工具：天钩还是起重机？

研发工作不同于铲煤；它在某种意义上是一种"智识"工作，该事实为其他比喻奠定了基础，而对于那些遭逢达尔文"古怪的倒置思路"的思想家来说，这些比喻起到了既引诱又烦扰、既启发又困惑的作用：达尔文显然把智能归因于自然选择的过程，而又坚称后者不是智能的。

事实上，达尔文决定把他的原理称作"自然**选择**"，这个提法带有拟人化的内涵，这岂不令人遗憾？正如阿萨·格雷对他的建议所言，用一场关于生命竞赛中不同取胜方式的讨论，来代替这个关于"自然的指引之手"的意象（Desmond and Moore, 1991, p. 458），会不会更好一些？有许多人就是搞不清其中的意思，而达尔文则倾向于自责。"我一定是个非常糟糕的解释者，"他说道，并且坦言，"我想'自然选择'是个糟糕的术语。"（Desmond and Moore, 1991, p. 492）果不其然，这个有着两副面孔的术语激起了长达一个多世纪的激烈争论。一位达尔文的新近反对者总结道：

> 地球上的生命，本来在人们看来是证明存在一个造物主的重要证例，可到头来却由于达尔文的观念，而被仅仅想象成一个过程的结果，用杜布赞斯基的话来说，这个过程是"盲目、机械、自动、非人"的，用德比尔［de Beer］的话来说，则是"浪费、盲目、粗笨"的。可一旦这些批评们［原文如此］*被用来针对自然选择，那就是在拿这个"盲目的过程"本身比作诗人、作

---

* "批评们"的原文为 criticisms，不符合英语的规范。"原文如此"为本书作者的说明，除了指明语法错误外，可能也有揶揄原作者的意思。——译者注

曲家、雕塑家、莎士比亚——正是自然选择观念一开始就取代了的关于创造性的观念。我认为，这样的观念显然存在非常非常错误的地方。（Bethell, 1976）

或者说存在非常非常正确的地方。对于像贝瑟尔这样的怀疑者来说，把演化过程称作"盲眼钟表匠"（Dawkins, 1986a）似乎有意制造悖论，因为这是先用右手给予了洞察力、目的和预见力，然后又用左手（"盲目"）把这些都拿走了。但在其他人看来，要展示达尔文理论帮助揭示的海量细致发现，这种言说方式恰是正确的，而且我们还会发现，这种言说方式在当代生物学中不但无处不在，而且无可替代。无可否认，在自然界中的确能够找到卓越惊人的设计。一次又一次，科学家们困惑于自然中似乎是无用或蠢笨的糟糕设计，最后却又发觉是他们低估了在大自然母亲的一件创造物中所能发现的独出机杼、卓越光彩和深刻洞见。弗朗西斯·克里克（Francis Crick）调皮地以他同事莱斯利·奥格尔（Leslie Orgel）的名义为这一趋向命名，称之为"奥格尔第二法则：演化比你聪明"。（另一种说法是：演化比莱斯利·奥格尔聪明！）

达尔文向我们表明了如何从"绝对无知"（按照他出离愤怒的批评者的说法）攀升至创造性的天才，而又无须回避任何问题，但我们随后会认识到，我们还须加倍小心、如履薄冰。在我们周遭的争论中，即使不是全部也有一大部分包含着对达尔文一项主张的不同挑战，这一主张认为：他可以在给定的时间内，把我们一路从**彼处**（混沌或彻底没有设计性的世界）带到**此处**（我们所栖居的美妙世界），并且除了他所提出的无心灵、机械的算法过程，无须诉诸其他任何东西。鉴于我们还保留了传统宇宙金字塔的纵向维度作为衡量（直觉上的）设计程度的尺度，我们可以借助另一个取自民间传说的幻想之物，来戏剧性地呈现对达尔文的挑战。

> 天钩：源自航空员用语，一种用于把东西挂在天上的想象中器具；一种可以把东西悬在天上的想象中手段。(《牛津英语词典》)

《牛津英语词典》收录的第一个用例来自 1915 年："一名飞行员收到命令，要在原地（空中）再停留一个小时，他回复说'这部机器可没有配备天钩'"。天钩的概念也许上承古希腊戏剧技法中的天外救星（deux ex machina）：当二流剧作家发现他们的情节把英雄们引入了无法脱身的困境，他们往往不禁要摇动手柄，放一位神灵到舞台上，就像超人一样，以超自然的方式救场。或者，天钩还可能是一个民间传说趋同演化的全然独立的创造物。天钩可谓是人们梦寐以求的美妙事物，可以轻而易举地把笨重的物体抬出困难的境地，还能加速所有类型的建筑项目。不幸的是，天钩不可能存在。*

然而起重机是存在的。起重机可以做我们虚构出来的天钩所做的起吊工作，而且做得扎实可靠、不需要乞题†。可是起重机很贵。它们必须要用手头现成的寻常部件设计和搭建，并且必须被置于实有地面

---

* 好吧，是不太可能存在。地球同步卫星的公转周期与地球的自转周期一致，是一种真实而非奇迹的天钩。它们之所以极有价值——成为在经济上有利可图的投资对象——是因为我们确实往往非常想把某些东西（诸如天线、相机或望眼镜）高高挂在天上。卫星实际上并不能用于**起吊**，呜呼，因为它们必须要被置于空中极高的地方。用卫星吊东西的主意已经被认真探讨过了。结论是，用当前最强韧的人造纤维造一条绳子，它的顶部直径必须超过一百米——它可以在向下的过程中逐渐收窄为一根几乎看不见的渔线——才能刚刚吊起它自身的重量，这就别提什么有效载荷了。就算你能纺出这样一根缆绳，你也不会想让它脱离轨道，砸到下面的城市。

† "乞题"（beg the question）指在论证过程中把未经证明的命题预设为真。——译者注

的稳固基座之上。天钩是起吊神器，无所倚仗又虚无缥缈。起重机作为起吊工具毫不逊色，其决定性优势在于它们是真实存在的。任何一个像我这样终生都在旁观建筑工地的人，都会颇为惬意地注意到有时候要用一台小型起重机去架设一台大型起重机。而且许多其他的旁观者一定曾想过，原则上这台大型起重机可以用来完成或加速一台还要更加壮观的起重机的搭建工作。在现实世界的建筑项目里，复叠起重机的策略就算真的有人用过，也是非常罕见的，但原则上并没有什么限制因素妨碍人们逐级组装出数目可观的起重机，来实现某些宏伟目标。

现在想象一下，在设计空间（Design Space）中创造我们在世界上遇到的种种钟灵毓秀的生物体和（其他）制造品所需要的一切"起吊"工作。自生命的黎明时分起，从最早、最简易的自我复制体向外扩散（多样性）和向上扩散（卓越性），其间必定穿越了极为辽远的距离。达尔文已经为我们提供了一番解释，描述了最粗糙、最基本、最蠢笨的起吊过程——自然选择的缘起作用。靠着迈出微小——极尽微小——的步子，这一过程能够逐渐在漫长的岁月中穿越这些遥远的距离。至少他是这么说的。没有哪个节点需要什么来自高处的奇迹。每一步都是靠着粗蛮、机械、算法式的攀升来完成的，又都是从先前攀升工作已经建立的基础出发的。

这看上去确实难以置信。真的能发生这样的事情吗？或者，这个过程是否不时（也许只是在开始的时候）需要某种天钩之类的东西"搭把手"？一个多世纪以来，怀疑者们一直在寻找证据，试图说明达尔文的观念就是行不通，或者至少不是**始终**行得通。他们一直希求着、寻觅着、祈盼着天钩，他们认为达尔文算法的浩荡潮流带来了暗淡景象，而天钩是与之不同的例外。于是一次又一次，他们发起了确实值得关注的挑战——诸多飞跃、断裂和其他奇迹乍一看似乎确实需要一些天钩。但随之而来的是众多起重机，而且在众多案例中发现它们的，恰恰是希望找到天钩的怀疑者们自己。

是时候进行一些更细致的界定了。我们要认识到，**天钩**是一种"心灵第一"的力量、能力或过程，对于这样的原则——所有设计，以及像设计的东西，终归都是无心灵、无动机的机械过程的结果——而言，它是个例外。与之相对，**起重机**则是一个设计过程的子过程或特殊特征，已被证实能够对自然选择那缓慢的基础过程进行局部提速，**而且**其自身也被证明是这个基础过程的可预见（或可回溯性解释）的产物。有些起重机是显而易见、无可争议的；其他起重机则仍是争论不断，讨论结果也很丰富。为了让我们对该概念的广度和应用有个一般印象，就让我举三个不同的例子吧。

演化理论家们现在普遍同意，**性**是一种起重机。这就是说，有性繁殖的物种可以用比无性繁殖生物体更快的速度在设计空间中穿行。此外，它们可以用一种对无性繁殖生物体来说完全"不可见"的方式来"察知"设计上的进步（Holland, 1975）。不过这不可能是性存在的理由。演化没有什么远见，所以它建设的任何东西都一定有直接的回报，以平衡成本。正如近来理论家们所坚称的，"选择"有性繁殖伴随着巨额的**直接**成本：在任何一次交易中，生物体只能送出它们基因的百分之五十（且不说一开始在保障交易安全方面的投入和风险）。所以，有性繁殖虽能提高再设计过程的效率、敏锐度和速度——这些特征使性成为绝佳的起重机——但这种**长期**回报对于目光短浅的局部竞争而言什么也算不上，而局部竞争必然决定了哪些生物体在具体的下一代中更有优势。一些其他短期利益必定曾经维持了一定的正选择压力（positive selection pressure），使得很少有物种可以拒绝有性繁殖开出的价码。约翰·梅纳德·史密斯第一个有力地提出了这个谜题，如今有各种各样令人信服且相互竞争的假说可以给出解答。对于这场竞赛如今赛况的清晰介绍，可以参见这部著作（Matt Ridley, 1993）。（我们之后还会进一步讨论相关问题。）

我们从性的例子里学到的是，可能存在一台力量巨大的起重机，它被创造出来不是**为了利用**这份力量，而是为了其他的原因，尽管它作为起重机的巨大力量可能有助于解释为什么它在之后被保留了下来。一种显然被作为起重机来创造的起重机是**基因工程**。基因工程师——从事 DNA 重组工作的人——如今毫无疑问可以在设计空间中大步跃进，创造出以"寻常"手段可能永远也演化不出的生物体。这不是什么奇迹——**倘若基因工程师（以及他们在业务中使用的制造品）自身就全都是早先更缓慢演化过程的产物的话**。假如创造论者是正确的，人类是一个自成一类的神圣物种，无法由粗蛮的达尔文式路径达到，那么基因工程就是在一个主天钩的帮助下创造出来的，终究算不得起重机。我无法想象有哪个基因工程师会这样看待自己，但这确实在逻辑上说得通，尽管不可靠。以下观念显然蠢得轻一些：如果基因工程师的身体是演化的产物，而他们的**心灵**又能够做一些创造性的事情——这些事情具有不可还原的非算法属性，或者所有算法路径都做不到——那么基因工程的跃进行为就可能有天钩的参与。对这一景况的考察是第 15 章的中心话题。

有一台起重机的历史特别有趣，那就是鲍德温效应，它得名于它的发现者之一詹姆斯·马克·鲍德温（James Mark Baldwin, 1896），但也几乎同时被其他两名早期的达尔文主义者康维·劳埃德·摩尔根［以其节省律闻名（相关讨论参见 Dennett, 1983）］和 H.F. 奥斯本（H.F. Osborn）所发现。鲍德温是一名热情的达尔文主义者，却由于以下前景而备感压抑：达尔文理论在生物的（再）设计方面没有为心灵保留足够重要、足够开创性的地位。所以他开始论证，动物**借助它们在世界上的聪慧活动**，可以加速或引导它们物种的进一步演化。他问自己：动物个体通过解决它们自己生活中的难题，能够改变它们自己后代的竞争条件，从而使得那些难题在未来更容易被解决——这如何可能？他认识到，这在一定的条件下其实是可能的，我们可以用一个简单的例子对此加以说明（引自 Dennett, 1991a，有所修改）。

设想某一物种的种群，它们大脑线路的连接方式生来就有相当大的变异。我们假设，众多线路类型中只有一种为其拥有者赋予了一项妙技（Good Trick）——这项行为天赋能保护该个体，或者极大地增加它的机会。要表示一个种群内部个体成员在适应度方面的这种差异，标准方法就是使用所谓的"适应性地形"或"适应度地形"（S. Wright, 1931）。这类图表中的海拔代表适应度（越高越好），而经度和纬度则代表个体设计中的某些因素——在这个例子中就是大脑线路的特征。每一种可能的大脑接线方式都被表示为构成地形的众多柱体之一——每个柱体都是一个不同的基因型。在特征组合中，只有一种是优秀的——就是说比一般的要好——这在图中表现为孤峰高耸的状况。

图 3.1

图 3.1 清楚地显示，只有一种大脑线路具有优势。其他的线路不论多么"接近"优势线路的样子，在适应度上都是大致相等的。所以这样的一座孤峰其实如同海中一针：对于自然选择而言，它实际上

将会是不可见的。种群中那些有幸拥有妙技基因型的个体，一般难以将其传给它们的后代，因为大多数情况下它们只有极小的概率会找到同样具有妙技基因型的伴侣，而且一旦失之毫厘就会谬以千里。

现在我们只引入一个"微小"的变化：假设虽然个体生物体**起初**有不同的线路（具体是哪种线路，由它们特殊的基因型或遗传配方来设定）——如它们在适应度地形上的分布所示——但它们具有某种能力，可以根据它们在生活中的遭遇来调整或修改它们的线路。（用演化论的语言来说，它们的**表型**具有某种"可塑性"。表型是由基因型和环境的互动所创造出来的最终身体设计。在不同环境中抚养长大的同卵双胞胎享有同一种基因型，但在表型上却可能差异巨大。）那么假设，这些生物体在经过一番探索之后，其最后的设计可能与它们出生时的设计不同。我们可以假设它们的探索活动是随机的，但它们又具有一种天生禀赋，可以在偶然发现妙技时认识到（并保持）它。那么那些生来在基因型方面就更接近妙技基因型的个体——二者之间差不了几个再设计步骤——比起那些生来在设计上就远离妙技基因型的个体，更有可能碰到并坚持妙技。

在自我再设计的竞赛中，这种起跑优势能让它们在"马尔萨斯式的危急关头"中占到上风——如果妙技的确很妙，以至于没学过它或学得"太晚"的个体会处于极度劣势。在具有这类表型可塑性的种群中，毫厘之失就**好过**千里之谬。对这样一个种群而言，高耸的孤峰就变成了地势相对平缓的山峰的顶点，如图 3.2 所示；对于那些接近顶点的个体，尽管它们起初的设计并没有使它们优于其他个体，但它们会更容易在短期内发现位于顶点的设计。

长远来看，自然选择——基因型层面的再设计——会倾向于**跟从**并**确认**个体生物体的成功探索——个体或表型层面的再设计——所指出的方向。

图 3.2

我刚才描述鲍德温效应的方式就算没有完全排除心灵，肯定也把它保持在了最低限度；它所需的全部东西只是某种粗蛮、机械的能力，它能够在妙技迎面走来的时候停下随意的漫步，这一最小限度的能力能够"认出"一丁点儿的进步，能从盲目的试错中"学到"点什么。事实上，我是用**行为主义的**术语来描述鲍德温效应的。鲍德温发现，有"强化学习"能力的生物并非仅在个体层面比完全"线路固定"的生物做得更好；由于它们更有能力发现身边的设计进步，这样的物种也会**演化得更快**。*这并不是鲍德温在描述自己所提出的效应时所采取的方式。他的脾性与行为主义毫不搭边。如理查兹所言：

> 这种机制符合极端达尔文主义者的假设，但仍容许意识和智能在演化过程中起到一种指导作用。就其在哲学上的倾向和信念来说，鲍德温是位持唯灵论的形而上学者。他感觉到了意识在宇

---

* 这一见解是舒尔（Schull, 1990）提出的，让我们得以看到：物种对设计进步有着不同的"观察"能力，而不同的"观察"能力则是它们不同的表型探索能力所致（相关评论参见 Dennett, 1990a）。

宙中的节律，它在所有级别的有机生命中跳动。可他懂得演化的机械论解释所具有的力量。（R. J. Richards, 1987, p. 480）*

多年以来，鲍德温效应以多个不同的名称经受了各种各样的描述、辩护和驳斥，而且近来又被多次独立地重新发现（例如 Hinton and Nowland, 1987）。虽然鲍德温效应时常在生物学课本中得到描述和承认，但过分谨慎的思想家一般还是会避开它，因为他们认为它有些像拉马克式的异端邪说（假定了后天性状是有可能遗传的——详细讨论参见第 11 章）。这样的拒斥特别有讽刺意味，因为正如理查兹所说，鲍德温本来的打算是把它作为——而且它也真的就是——拉马克式机械论的一种可接受的**替代品**。

这个原理看起来确实是在解决拉马克主义，它在给演化论提供一种就连劳埃德·摩尔根这样坚定的达尔文主义者都会渴求的积极因素。而对于那些有着形而上学嗜好的人来说，它揭示了在达尔文式自然那咣当作响的机械外壳之下，可以发现心灵。（R. J. Richards, 1987, p. 487）

且慢，那不是心灵（Mind）——如果这里指的是羽翼丰满的、

---

* 罗伯特·理查兹对鲍德温效应的历史考察（Richards, 1987，尤其是 pp. 480–503 以及该书后面部分的讨论）对我在本书中的思考起到了主要的激发和引导作用。我觉得特别有价值的一个点是（我的评论见 Dennett, 1989a），理查兹虽不像鲍德温以及许多其他的达尔文主义者一样，暗自渴求着天钩——或者至少是对于坚持起重机的各种理论抱有发自内心的不满——可他在智识上的真诚与勇气，让他敢于袒露并查验他自己对他不得不称作"极端达尔文主义"的主张的不满。理查兹在心里显然是赞同鲍德温的，但他的理智却不允许他随心所欲，也不允许他在发现别人建立的对抗万能酸的堤坝上有裂缝的时候，去做任何的掩饰。

固有的、原初的、天钩型的心灵——而只是精巧机械论的、行为主义的、起重机型的心灵（mind）。这可并非毫无建树；鲍德温发现了一种效应，该效应真真切切地——在局部上——加强了自然选择这一底层过程的力量，不论自然选择具体在何处运行。该效应表明，自然选择基本现象的"盲目"过程何以能够被个体生物体活动中那为数有限的"前瞻性"所支持，个体生物体的活动则产生了自然选择可以作用于其上的适应度差别。这是一个可喜的复杂化处理，是演化论中的一条妙计，这条妙计移除了一个有理有据、令人信服的怀疑之源，并增进了我们对达尔文思想之力量的认识，特别是当它在多重嵌套的应用中进行复叠的时候。我们接下来要探讨其他研究和争论，它们的典型结果是：推动研究活动的动机和热情来自人们对于发现天钩的期盼；而胜利的成果，则在于发现同样的工作如何能用起重机来完成。

5. 谁在害怕还原论？

> 还原论是个肮脏的字眼，而一种"比你更全面"的自命不凡已经成为时尚。
>
> ——理查德·道金斯（Dawkins, 1982, p. 113）

在这些冲突中，"还原论"是人们最常脱口而出的术语，而且一般都被滥用了。那些渴望天钩的人，把那些急于接受起重机的人叫作"还原论者"，而且他们往往就算没能让还原论看上去彻头彻尾地邪恶，也能让其显得平庸粗俗、麻木不仁。但就像绝大多数被滥用的术语一样，"还原论"没有固定的意义。它的中心意象是，某人声称一门科学"还原"为另一门：比如化学还原为物理学，生物学还原为化学，社会科学还原为生物学。难题在于，对于这样的主张，既有温和的解读，也有荒谬的解读。按照温和的解读，**统一**化学与物理学、生物学与化学，乃至——没错——社会科学与生物学是可能（且值得期盼）的。毕竟，社会由人类组成，而人类作为哺乳动物必定受制于覆盖所有哺乳动物的生物学原则。哺乳动物又由分子组成，分子遵守化学定律，化学又必须符合潜在的物理学规律。没有哪位理智健全的科学家会对这种温和的解读有异议；齐聚一堂的最高法院大法官们就像任何雪崩一样遵守万有引力的法则，因为他们说到底也是一组物质体的集合。按照荒谬的解读，还原论者想要废除较高层面科学的原理、理论、语汇和法则，而青睐较低层面的术语。在这样荒谬的解读中，一个还原论式的梦想可能是写出《分子视角下的济慈与雪莱比较研究》《氧原子在供给经济学中的作用》或《伦奎斯特 * 法院决议的熵波动解释》。大概没有人是这种荒谬意义上的还原论者，而每个人都应该是温和意义上的还原论者，所以以还原论为名的“控诉”太过含混，不值得回应。如果有人对你说：“可那也太还原论了吧！”你就可以漂亮地回应道：“何等老套的抱怨，简直古色古香！你脑子里到底在想什么？”

　　我很高兴指出，近些年来有一些我最敬佩的思想家已经站出来捍卫这样那样经过仔细限定的还原论。认知科学家侯世达在《哥德尔、艾舍尔、巴赫》中写了一篇《前奏曲……蚂蚁赋格》（Hofstadter, 1979, pp. 275–336），这是一首恰如其分地称颂还原论优点的分析性赞歌。乔治·C. 威廉斯，现今顶尖的演化论者之一，发表了一篇《捍卫演化生物学中的还原论》（G. Williams, 1985）。动物学家理查

德·道金斯把他所谓的层级式还原论或渐进式还原论同断崖式还原论区分开来；他只拒绝断崖式还原论（Dawkins, 1986b, p. 74）。[*]近些时候，物理学家史蒂文·温伯格在《终极理论之梦》（Weinberg, 1992）一书中写下了题为"献给还原论的两次欢呼"的一章，其中区分了不妥协的还原论（一个坏东西）和有妥协的还原论（他明确支持）。下面是我自己的版本。我们必须把还原论这个一般而言的好东西同**贪婪的还原论**区分开来，后者可不是什么好东西。在达尔文理论的语境中，二者之间的差别很简单：贪婪的还原论者认为，一切事物不需要起重机就可以解释；好的还原论者认为，一切事物不需要天钩就可以解释。

关于我所说的好的还原论，我们没有任何理由妥协让步。对于非乞题的科学来说，不靠投入任何神秘事物或奇迹的怀抱来哄骗，不过是一开始就做出的承诺（看待这一问题的另一视角，参见 Dennett, 1991a, pp. 33–39）。为这种还原论欢呼三**次**——我确定温伯格是会同意的。但是，科学家和哲学家们热切地希望达成共识，由于满怀热忱而解释得太多太快，常常低估了问题的复杂性，急于给一切都迅速利落地固定在地基上，试图跳过全部的理论层次或层面。这就是贪婪的还原论所犯的罪过。不过也请注意，只有当过度的热忱导致了对现实的歪曲时，我们才应该对其进行谴责。就其本身而言，对还原，对统一，对用一个包罗万象的大理论解释一切的那种欲望，比起与之相反的、驱使鲍德温完成其发现的那份动力，并不应该受到更多道德上的谴责。渴求简单的理论没有错，渴求永远不能被任何简单（或复杂！）

---

[*] 还可参见他在《自私的基因》第二版（1989a）第 331 页中对列万廷、罗斯和卡明另类版本的还原论（Lewontin, Rose, and Kamin, 1984）的讨论——道金斯恰当地称其为他们的"专有的怪物"。

的理论所解释的现象也没有错；错的是一片热忱下的错误表述，在这两个方向上都是如此。

达尔文的危险思想是还原论的道成肉身*，允诺要以一个宏大的视野统一并解释几乎一切事物。它是一个关于**算法式**过程的思想，这使得它更加有力，因为它由此具备的中性基底让我们可以考虑将它应用于几乎任何事物。它不囿于物质的界限之内。正如我们已经开始看到的，它甚至适用于它自身。达尔文思想遭遇的最常见的忧虑，是害怕它不只解释我们所看重的心灵、目的和意义，还会把它们**解释没了**。人们害怕，一旦这种万能酸流过我们所珍视的一座座名胜古迹，它们就会不复存在，溶解在一片让人认不清、爱不上的科学主义解构的残迹之中。这不能算是一种合理的惧怕；对于这些现象的**适当的**还原论解释，会让这些古迹依然矗立，此外只不过会将其置于更加稳固的基础之上，并且去神秘化和统一化。我们或许了解到这些瑰宝的一些惊人乃至骇人之处，但是，除非我们对这些令人惊骇之处的评价始终都基于混淆或误认之上，否则增进对它们的理解又怎能减损它们在我们眼中的价值呢？†

一种更加合理也更加务实的惧怕，是害怕对达尔文式思路的贪婪滥用可能会导致我们否认真正的层面、真正的复杂性以及真正的现象的存在。我们确实可能由于误入歧途而抛弃或破坏某些有价值的东西。我们必须努力让这两种惧怕保持分离，而我们的切入点可以是承认有些压力倾向于歪曲对相关议题的描述。比如，在许多对演化论感

---

* 没错，道成肉身。试想：我们会想要说它是还原论的**灵体**吗？

† 每个人都知道如何用另一个反问句来回答这个反问句："难道你是如此不计代价地热爱真理和真相，以至于假使你的爱人对你不忠，你也想要知道？"我们回到了起点。我且对此做一回答：我是如此热爱世界，以至于我很确定自己想要知道世界的真相。

到不适的人中间，存在着夸大科学家们之间分歧的强烈倾向（"这只是个理论，很多杰出的科学家都不接受"），而我必须在讲述"科学已经表明"的东西时，不去过分强调那些具有抵消作用的相反事例。在此期间，我们将会遇到大量真正在争论的科学歧见，以及悬而未决的事实问题。我没有任何理由对这些窘境遮遮掩掩或是轻描淡写，因为不论它们的结果如何，一定量的侵蚀性工作已由达尔文的危险思想所完成，并且永远不能被撤销。

我们应该已经能就一项结果达成共识。哪怕达尔文那关于物种起源的相对温和的观念有朝一日被科学**否决**——没错，在某个极其更有威力（现在还无法想象）的见解面前名声扫地、惨遭取代——它仍会无可挽回地侵蚀那些想要为洛克所述之传统张目的深思熟虑的捍卫者的信念。它已经做到了这一点，靠的是敞开想象的新可能性，从而彻底摧毁了任何人本可能有的一类幻觉，让他们再也无法相信某种论证——就像洛克以先验的方式来证明"无须心灵的设计"（Design without Mind）的**不可思议**——是可靠的。在达尔文之前，这样的观念是一种贬义上的不可思议，没人知道如何严肃地对待这种假说。要证明它又是另一回事，但相关证据的确在不断增加，而我们当然可以严肃地对待它，也必须严肃地对待它。所以不论你对洛克的论证还有何想法，现在它都像写就它的羽毛笔一样被淘汰了，成了一件迷人的博物馆展品，一件在当今知识界完不成任何实际工作的古董。

第 3 章

达尔文的危险思想，是指设计可以通过一个算法式过程从纯粹的秩序中产生，而无须用到先于其而存在的心灵。质疑者们曾希望表明，至少在这一过程中的某些地方，必定有着一只援助之手（更准确地说，是一个援助的心灵）在起作用——有一个天钩来做部分的起吊工作。在试图证明天钩作用的时候，他们发现的却往往是起重机：这些起重机是先前算法式过程的产物，可以放大基础达尔文式算法的力量，以一种非奇迹的方式让这个过程在局部范围内更加快捷有效。好的还原论者假设所有设计都可以不靠天钩来解释，贪婪的还原论者假设所有设计都可以不靠起重机来解释。

第 4 章

演化的历史过程实际上是如何制造生命之树的？关于自然选择对所有设计之起源的解释力，为了理解与之相关的争论，我们必须首先学会如何构想生命之树的形象，厘清它容易招致误解的一些形状特征，以及它历史中的一些关键时刻。

第 4 章

生命之树

1. 我们应该如何构想生命之树的形象?

> 灭绝仅仅分隔了类群:它绝不意味着造出了它们;因为如果曾经存在于地球上的每一种类型都突然重新出现的话,尽管极不可能去界定每个类群,以使其与其他类群区分开来,盖因通过介于差异最为细微的现生变种之间那样的微细步骤,所有的都会混合在一起,那么无论是一种自然分类,还是至少一种自然排列,都是可能的。[*]
>
> ——查尔斯·达尔文(Darwin, 1859, p. 432)

在上一章中,我介绍了研发工作的观念,并且把研发工作形容成在我所说的设计空间中四处移动。由于十分匆忙,我对其中的细节和术语定义缺少关注。为了勾勒出大局,我自作主张地做出了一些颇具

---

[*] 中译参考自《物种起源》,苗德岁译,译林出版社,2016 年,第 274 页。——译者注

争议的声明，并承诺随后会捍卫它们。由于设计空间的观念将会被反复用到，因此我现在必须确保它的安全；我将在达尔文的带领下，再次从中间开始，先在已经得到较充分探索的空间中，考察一些**实有模式**。在下一章中，这些模式将充当向导，将我们引向关于**可能模式**的更为普遍的视角，以及一定类型的过程可能变为现实的方式。

考虑一下生命之树的图像，它绘制了曾在这个星球上生活过的所有东西的时间线轨迹——换句话说，它绘制了**后代**的扇状展开的全景。绘制这张图所依照的规则十分简单。一个生物体的时间线从它出生时开始，到它死亡时停止，它要么会发散后代的时间线，要么不会。当你近距离观察一个生物体的后代们的时间线时——如果有的话——你会发现这些时间线的外观取决于以下几个事实：这个生物体的繁殖方式是分裂还是出芽，是卵生还是胎生，以及亲代能否存活下来，并与它的后代共存一段时间。但是这一次我们总的来说不会关注这种扇状展开的微小细节。所有曾经在这个星球上存在过的、多种多样的生命，都来源于这唯一的扇状展开过程，在这件事上不存在什么需要严肃看待的争议；有争议的地方在于，如何发现并**用一般性的术语**描述各种不同的作用力、原理、限制等，从而对这些多样性的模式进行科学解释。

地球大约有 45 亿岁，而首批生命形式出现得很"快"；至少在 35 亿年前，就已经出现了最简单的单细胞生物体——**原核生物**，此后大概 20 亿年内，这就是所有生命的形态了：细菌、蓝藻以及结构同样简单的它们的亲属。后来，在大约 14 亿年前，发生了一场重大的革命：当一些像是细菌的原核生物侵入其他原核生物的细胞膜时，这些最简单的生命形式中的一些结成了字面意义上的联军，由此创造出了**真核生物**——具有细胞核以及其他特化的胞内小体的细胞（Margulis, 1981）。这些叫作**细胞器**或质体的胞内小体，作为关键的设计创新，开拓了设计空间如今占据的各个区域。植物中的**叶绿体**负责光合作用，而**线粒体**在每一种植物、动物和真菌——每种拥有有核细胞的生物——的每个细胞中都能找到，它们是处理氧气的基础能量工厂，让我们都可以利用周围的原料和能量来抵御热力学第二定律。前缀"eu-"在希腊语中的意思是"好"（good），并且在我们看来，真核生物（eukaryote）当然是一种改进的产物，得益于其内部的复杂性，它们可以出现特化，而这最终使得多细胞生物（比如我们自己）的诞生成为可能。

第二场革命——第一批多细胞生物的出现——还要再等大约 7 亿年。一旦多细胞生物登台亮相，演化的步伐就加快了。紧接着，从蕨类和开花植物到昆虫、爬行动物、鸟类和哺乳动物，动植物的扇状展开，造就了如今遍布于世界各处的数百万不同的物种。在此过程中，数百万的其他物种出现又消逝。当然，已经灭绝的物种远比现存的物种要多——前者或许是后者的一百倍。

这棵巨大无比的生命之树在过去 35 亿年中不断抽枝生芽，它的整体形状是什么样的呢？如果我们能从上帝之眼的视角纵览全局，让所有的时间都在空间维度上铺陈在我们面前，那生命之树看起来会是什么样呢？科学制图的通常做法，是在水平轴上标出时间，左边**较早**，右边**较晚**，但是演化的图示一直是个例外：它的时间通常标在垂直维度上。更奇怪的是，我们已经习惯于使用两个相反的惯例来标注垂直维度，而伴随这些惯例而来的是与它们相关的隐喻。我们可以把**较早的时间**置于顶部，**较晚的**置于底部，这样一来，我们的示意图便显示了祖先及其**后代**。在谈到物种形成是带有变异的**传衍**时，达尔文用到了这个惯例，当然，他也在论述人类演化的著作《人类的**由来**及性选择**》**（Darwin, 1871）的书名中也用到了它。* 按照另一种惯例，

---

* 本句字体加粗的"传衍"和"由来"对应的英文为 descent，上一句加粗的"后代"对应的英文为其派生词 descendant。——编者注

我们可以按照树的正常生长方向来画，这样它看起来就像一棵树了，树上稍晚出现的"后代"组成了主枝和侧枝，它们是随着时间推移从主根和主干**向上长出**的。达尔文同样利用过这个惯例——《物种起源》中唯一的图表就是个例子——但他与其他所有人一样，都用它来表示**较高处的**与**较晚出现的**是一回事。在当今生物学的语言和图表中，这两组隐喻并行不悖。[并非只有生物学容忍这种上下颠倒的图像。通常情况下，"家谱"(family tree)会把祖先画在顶端，而包括生成语言学家在内的很多人，则会将派生之树颠倒过来，把"根"画在页面上部。]

　　由于已经指出，把设计空间中的垂直维度标注为设计量的尺度，就会使得**较高处的**＝**有较多设计的**(more designed)，所以我们必须小心地指出，在（如我所提议的，树冠朝上画的）生命之树上，**较高处的**＝**较晚出现的**（仅此而已）。

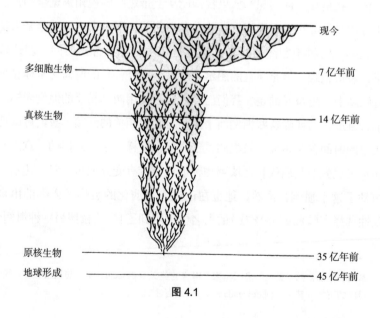

图 4.1

这并不一定意味着有更多的设计。时间与设计之间是什么关系，或者可以是什么关系？有更多设计的事物能否先出现，然后逐渐失去设计呢？是否可能存在这样一个世界，生活在其中的细菌是哺乳动物的后裔，而非相反？如果我们先对我们这个星球上已经实际发生的事进行更细致一些的考察，那么这些关于可能性的问题就会更容易回答。因此，目前我们先明确一下，图 4.2 中的垂直维度代表时间，而且仅代表时间，**早期的**在底部，**晚期的**在顶部。按照标准的做法，左右方向上的维度代表了某种从单一平面上对多样性的总体展示。每个生物个体必定都具有自己的时间线，区别于所有其他时间线，因此，即使两个生物个体是彼此的复制品，每一个原子都完全相同，它们的时间线充其量也只能是并行的。尽管如此，我们在对它们全部进行排列的时候，在排列方法上可以根据关于个体形态差异的某一尺度或某一系列尺度——用专业术语来说，就是**形态学**。

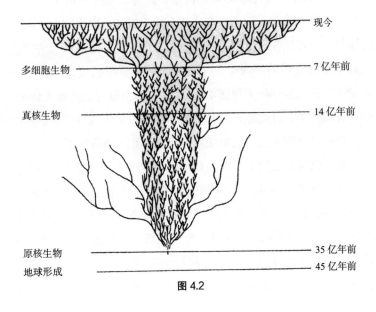

现今

多细胞生物 ——————— 7 亿年前

真核生物 ——————— 14 亿年前

原核生物 ——————— 35 亿年前
地球形成 ——————— 45 亿年前

图 4.2

那么，回到我们的问题上，如果我们瞥一眼就能对整个生命之树的轮廓了然于胸，那么它看起来会是什么样呢？它难道不会如图4.1所示，看上去像一棵棕榈树吗？

我们将会讨论许多棵树，或者说许多个**树图**，而这只是其中的第一个。当然，书页上油墨的分辨率十分有限，致使亿万条分离的线条糊成了一团。我刻意让树"根"停留在模糊难认的状态，先不去理它。我们仍旧在中间进行探索，把终极开端的问题留给之后的章节讨论。如果我们放大这棵树的树干，再观察它的任一横截面——它的某一"瞬间"——我们会看到亿万个单细胞生物个体，其中的一小部分会找到路径，通往树干上更高一点的地方，通往它们的子孙后代。（在早期，生殖是通过出芽或分裂实现的；没过多久，一种属于单细胞生物的性别就演化了出来，不过，传粉、产卵以及属于我们这类有性生殖模式的其他现象，必须要等到生命之树上的叶状部分发生多细胞革命才会出现。）随着时间的流逝，就会出现一定的多样性，也会出现对设计的修改，因此，或许整个树干应该呈现出向左或向右倾斜的样貌，或者比我所呈现的样子更加分散。我们之所以无法在这个代表着单细胞变体的"树干"上分辨出诸多显眼的枝条，仅仅是因为无知吗？我们也许应该像图4.2那样，在树上呈现出各种大到可见的、有尽头的枝丫，以此标记出各种各样历时数亿年的另类单细胞设计实验，只不过这些实验中的单细胞设计全都止步于灭绝了。

必定已经有过数十亿次失败了的设计实验，可也许其中没有一次实验大大违背一种关于单细胞生物的规范状态。在树干上的任何部位，如果我们极力将其放大，都会看到密密麻麻而又短命的另类设计方案，如图4.3所示，与保守的复制路线所遵循的规范相比，这些另类方案就是不可见的。我们如何能确定这一点呢？因为正如我们将看到的，任何突变体作为一个变奏（variation），要比相应的主旋律

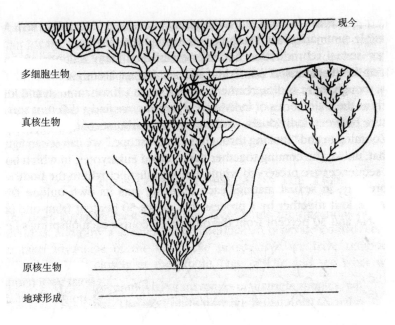

图 4.3

（theme）更有存活能力，这是概率极小的事情。

在有性生殖被发明出来之后，我们所观察的几乎全部枝条，在任何缩放比例上，都会出现分叉。然而，也有不容忽视的例外。在真核细胞革命时期，如果我们选对了查看的位置，就会看到一个细菌进入一些其他原核生物的初级胞体内，由此创造出第一个真核生物。它的子孙都拥有两份遗传物质——它们含有两条完全独立的 DNA 序列，一条来自宿主细胞，另一条则来自"寄生体"。寄生体与宿主命运与共，并将它的所有后裔（它们此时正在成为线粒体良民）的命运与它们将会栖身其中的细胞（最初被侵入的细胞的后代）的命运联结起来。这正是生命之树的微观几何结构的一个惊人特征：线粒体——它们自身就构成微小的生物——的全部支系连同自己的 DNA，终其一生都待在组成其他支系的较大生物体的细胞中。原则上讲，真核细胞革命只需发生一次，但是我们可以假设发生过许多次有关此类全新的共生体的实验（Margulis, 1981；Margulis and Sagan, 1986, 1987 对此做了易于理解的总结）。

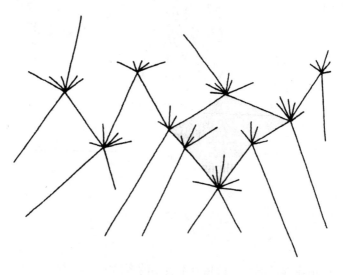

图 4.4

数百万年之后，当有性生殖在生命之树上的叶状部分确立下来时（尽管存在异议，可性别显然已经演化多次了），如果放大生物个体的轨迹并仔细查看，我们就会在它们之间发现另一类交接点——交配——其后代则随之呈放射状出现。当放大并"透过显微镜查看"时，如图 4.4 所示，我们可以看到，不同于创造出真核细胞的结合过程（在创造出真核细胞的结合过程中，双方的 DNA 序列都被完整地保存下来，并在后代体内仍然相互区别），在有性生殖中，每个子代从一个亲代的 DNA 中获取 50% 的遗传物质，再从另一个亲代的 DNA 中获取 50%，然后将它们编织在一起，由此便获得了自己独特的 DNA 序列。当然，子代的每个细胞也都含有线粒体，而这些线粒体永远都只来自一个亲代——雌性亲代。*（如果你是雄性，那么你的细胞中的所有线粒体都进入了演化的死胡同；它们不会传给你的任何子代，你的子代将从母亲那里获得所有线粒体。）现在，让我们后退一步，不再近距离观察"产生子代的交配"的特写，并且留意（图 4.4 中），**大部分**子代的轨迹在终止时从未完成交配，或者至少没有自己的子代。这正是"马尔萨斯式的危急关头"。目力所及之处，主枝和侧枝上都覆盖着短短的、作为末端的细毛，代表着再无下文的生灭过程。

这棵生命之树已经生长了超过 35 亿年，我们不可能一眼看尽它所有的分支点和交叉点，但是如果我们远离细枝末节，转而寻找一些宏观尺度的形状，就可以辨认出一些熟悉的地标。在大约 7 亿年前，多细胞生物开始呈扇状展开，我们可以从中看到创造了两大分支——植物界与动物界——的岔路，以及另一条分支，即离开了单细胞生物体树干的真菌界。如果我们仔细查看，就会发现，一旦它们分开一定距离，就不会再有交配事件使它们各自的个体成员的轨迹相交。至此，这些类群已经发生了生殖隔离，并且它们的间隔会越来越大。†进一步的分叉创造了多细胞生物的门、纲、目、科、属和种。

---

* 有少量例证表明，雄性线粒体偶尔也可遗传。如 2018 年有研究者发现，在特殊情况下，线粒体有时也能来自父亲，见 Luo, Shiyu et al., 2018, "Biparental Inheritance of Mitochondrial DNA in Humans," *PNAS*, 115:51, pp. 13039–13044。——编者注

† 但是，在分属于不同界的生物之间，发生过一些奇异的共生重聚事件。旋涡虫（*Convoluta roscoffensis*）没有嘴，也从不需要进食，因为它的体内充满了可以通过光合作用为其提供营养的藻类（Margulis and Sagan, 1986）！

2. 给树上的物种标记颜色

一个**物种**在这棵树上看起来是什么样？鉴于物种是什么、物种如何发端的问题还在持续引发争议，我们可以利用暂时获得的上帝之眼的视角，来仔细查看这整棵生命之树，并看看如果我们设法为树上的单个物种标记上颜色，那会发生些什么。有一件事是可以肯定的：无论我们给哪个区域上色，它都会是一块连成一体的区域。不论外观或形态如何相似，彼此分离、斑斑点点的生物体团块（blobs of organisms）都不能算作由单一物种的成员组成的，而单一物种则必须是由传衍统一起来的。下一个要点是，在有性生殖出现之前，生殖隔离的特征根本无关紧要。在无性别的世界中，生殖隔离这一方便好用的划界条件是无从界定的。对于生命之树上那些进行无性繁殖的或古老或年轻的支系，我们可能会出于各种合理的原因对这样那样的类群划分方式产生兴趣——例如，按照共同的形态、行为或遗传相似性来划分类群——我们可以把由此产生的类群称为一个物种，但可以界定这样一个物种的、具有理论重要性的明确边界，很可能并不存在。因此，让我们把注意力放在有性生殖的物种上，这些物种全都能在生命之树上对应多细胞生物的叶状区域中找到。我们该如何将一个这样的物种的所有生命之线都涂上红色呢？一开始，我们可以随机查看该物种的个体，直到找到一个拥有大量后裔的个体。就叫她露露（Lulu）吧，然后将她涂上红色。（图 4.5 用粗线表示红色。）现在，沿着树逐步向上移动，同时将露露的所有后裔都涂上红色；所经之处的全部成员都将属于同一个物种，**除非**我们发现红色墨水岔入两个不同的、更高一些的分支，而且两个分支上的成员不会跨过空白而相交。如果有这种情况发生，我们就知道出现了物种形成现象。我们必须稍微后退并做几个决定。首先，我们必须做出选择，是将分支之一保留为红色

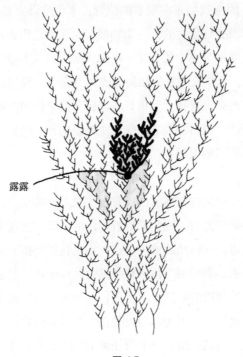

露露

图 4.5

（"亲代"种仍为红色，而另一个分支则会被当作新的子代种），还
是一旦有分支出现，就干脆让红色墨水止步于此（"亲代"种已经灭
绝，它分裂为两个子代种）。

　　如果位于左侧分支中的生物体在外观、装备和习性上全都与露露
的同辈生物相差无几，而右侧分支中的生物体几乎都大方地展示着全
新的角、蹼或条纹，那么显然，我们应该将左侧分支标记为延续下来
的亲代种，并将右侧分支标记为新的旁支。如果两个分支很快都展现
出重大的改变，那么我们的颜色标记决策就不那么容易制定了。没有
任何神秘的事实可以告诉我们哪种选择是正确的，哪种选择可以切中

自然之肯綮，因为我们正在观察的位置，本应是肯綮必然出现之处，但现在这里却没有任何肯綮。一个物种，无非就是代表着相互交配繁殖的生物体的众多分支中的一支，而身为某个其他生物体的**同种**（无论是否同代），无非就是身为相同分支的一部分。我们将基于实用或审美方面的考虑做出选择：为该分支保留与其亲代相同的标签，这种做法是否**很笨拙**？说右侧而非左侧分支是新物种，这是否会出于这样或那样的原因而**造成误解**？*

当我们为生命之树上露露的所有祖先涂上红墨水，设法完成整个物种的颜色标记任务时，我们面临着同样的困境。在这条下行的小路上，我们不会遇到任何间隔或接合点，如果我们坚持下去，它将一路带着我们走下去，直到遇见位于树基部的原核生物。但是，如果我们在向下走时，**给侧边的路径**也填上色，也就是说给露露的同代和亲代堂表亲，还有她的诸多祖先都填上颜色，然后再沿着这些发散的侧边路径向上涂色，直到如果再向下为任何更低的（较早的）节点（例如，图 4.6 中的 A）填色，红墨水就会"漏"到那些明显属于其他物种的相邻分支中去的时候，我们就最终填满了露露所在的整个分支。

如果就此收手，我们就可以确保**只有**露露这个物种的成员被涂上红色。还可以商榷的是，我们是否遗漏掉了一些应当上色的物种，但也仅仅是"可以商榷"而已，这同样因为没有什么隐匿的事实，没有什么本质可以终结这个议题。正如达尔文指出的那样，假如不是时间和居中的垫脚石物种的灭绝造成了分离，那么即使我们可以把生命

---

* 支序系统学家（对于他们的观点，我将在稍后进行简要的讨论）是分类学家的一个学派，出于种种原因，他们否认"亲代"种这个概念。用他们的话来说，每一个物种形成事件都会产生一对子代种，并造成其共同亲代的灭绝，无论幸存下来的其中一个分支——与另一个分支相比——跟亲代多么相似。

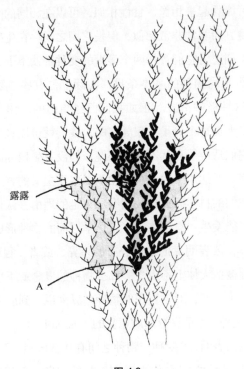

露露

A

图 4.6

形式归入一个（关于传衍的）"自然排列"，也无法把它们归入一个
"自然分类"——我们需要凭借**现存种类**之间较大的间隔，来划定这
些门类的"边界"。

在达尔文的理论诞生之前，关于物种的理论概念有两个根本性观
念：一个是不同物种的成员具有不同的本质，另一个是"因此"它
们不会／无法杂交繁殖。随后我们弄清楚了，原则上可以存在两个次
级种群（subpopulation），二者的区别**仅**在于，它们的交配不具有生
殖作用，而这是由微小的遗传不相容性造成的。那么二者会是不同的

物种吗？它们可能看起来相像，食性相似，可以在相同的生态位中共存，并且在遗传方面非常非常相似，但是它们之间存在生殖隔离。它们之间的差异小到连将它们算作两个显著的**变种**都谈不上，可它们却满足了成为两个不同**物种**的基本条件。实际上，有些"隐存的姊妹种"就近似于这种极端情况。正如我们已经指出的，作为另一种极端情况，我们有犬类这个例子，仅凭肉眼，我们就可以轻易将犬类分为各种形态，它们适应了截然不同的环境，但没有生殖隔离。我们应该把界限划在何处？达尔文表示，即便不以本质主义的方式划界，我们也可以继续我们的科学研究。我们有最充足的理由去认识到，这些极端情况不大可能发生：总的来说，遗传学层面的物种形成都会伴随明显的形态差异，或者明显的地理分布的差异，或者（很可能）两者皆有。假如这种概括大体上不成立，那么物种的概念就不重要了。不过，我们也不必去追问，对于**真正的**物种差异来说，到底多大的差异（除了生殖隔离之外）才是**具有本质意义的**（essential）*。

　　达尔文向我们表明，"变种与物种之间有什么区别？"这类问题，很像是"半岛和岛屿之间有什么区别？"的问题。假设在涨潮时，你看到距海岸五六百米远的地方有一座岛屿。如果你可以在退潮后步行到那儿，还不会弄湿脚，那它还算是一座岛屿吗？如果你修建一座通向它的桥梁，它就不再是一座岛屿了吗？如果你修建的是一条坚固的堤道呢？如果你开凿一条横贯半岛的运河（例如科德角运河），这半岛就成为一座岛屿了吗？如果完成开掘工作的是一场飓风，又怎么说呢？哲学家对这类疑问并不陌生。这就是苏格拉底式的活动，追问定义或搜寻本质：寻找成为 X 的"必要条件和充分条件"。有时候，

---

* 杂交现象使问题变得更加复杂。通过杂交，两个不同物种的成员**确实**产生了可育的后代.这种现象提出了有趣的议题，但这些议题都偏离了我们探索的航道。

几乎每个人都能认识到这种探求毫无意义——岛屿显然没有实在的本质，最多只有名义的本质。但是在其他时候，似乎仍然存在一个严肃的科学问题，需要得到解答。

达尔文之后的一个多世纪，生物学家们仍然就如何定义**物种**争辩得不可开交（生物哲学家们更是如此）。科学家们难道不应该对他们的术语进行定义吗？当然应该，但只在某种程度上是如此。实际情况是，存在着不同的物种概念，它们在生物学中各有各的用途——比如说，对古生物学家来说有用的概念，对生态学家来说却用处不大——并且没有一个干净利落的方式能将它们统一起来，或者按照重要性对它们进行排序，从而将其中一种（最重要的那种）"加冕"为**唯一正统的**（the）物种概念。因此，我更倾向于将这些旷日持久的争论，理解为亚里士多德式条理性的残留现象，而不是一个有用的学科性状。（这一点颇具争议，但 Kitcher, 1984 和 G. Williams, 1992 进一步为此提供了支持和赞同的论述；Ereshefsky, 1992 是有关该话题的新近文集，而 Sterelny, 1994 则对该文集进行了深刻的评论。）

3. 回溯性加冕：线粒体夏娃和不可见的开端

当我们设法弄清露露的后裔是否分为不止一个物种时，我们必须向前看，看看是否出现过什么大的分支，然后，如果我们认为分支上的某处肯定发生过物种形成事件，那就**后退一些**。我们从未处理过一个大概很重要的问题，即**究竟**什么时候可以说发生了物种形成。物种形成现在可被视为自然界中一种具有奇特属性的现象：在它发生的时候，你无从知晓它是否正在发生！只有过了很久之后，你才能确定它发生过；只有当你发现其后续事件具有某个属性时，才能回溯性地为该事件加冕。这里要强调的不是我们认识的局限性——仿佛只要拥有更好的显微镜，或者坐上时光机回到过去某个合适的时刻看看，我们就**会**知道何时发生过物种形成一样。重点在于物种形成事件所具有的客观属性。它不是那种一个事件仅凭自己在时空上的局部属性就能获得的属性。

其他概念也展现了相似的奇特之处。我曾读过一本糟糕的历史小说，它太滑稽了。在小说中，1802 年的一个晚上，一位法国医生回到家中吃晚饭，他对妻子说："猜猜**我**今天干了什么！我亲手接生了维克多·雨果！"这个故事哪里不对劲呢？或者，思考一下身为寡妇而具有的属性。身在纽约市的一个女人可能会突然获得这个属性，就因为在遥远的道奇市，一颗子弹刚刚对某个男人的大脑发挥了作用。（在狂野的西部时代，有一种左轮手枪被戏称为"寡妇制造者"。不过，一把特定的左轮手枪，在一个特定的场合，是否与其绰号相称，很可能无法通过在局部时空中对其作用结果进行考察来确定。）这个事例从婚姻关系约定俗成的性质中获得了一种穿越时空的奇特能力，在这种关系中，发生在过去的一次历史事件，即一场婚礼，创造了一种长期的（**形式上的**）利益关系，即使此后出现了不忠行为和具体的倒霉事（例如，戒指的意外丢失或结婚证书的损毁），也无改于是。

遗传生殖的系统性不是约定俗成的，而是自然的，但正是这种系统性使我们可以**从形式上**对绵延了千百万年的因果链进行思考，若没有它，我们就几乎不可能对这条因果链进行指认、参照或追踪。它使我们可以对另外一些关系产生兴趣，对它们进行严格的理性思考，这些关系甚至比婚姻的形式关系更为疏远，在局部层面也更不可见。跟婚姻一样，物种形成也是一个概念，也被锚定在一个严密的、在形式上被定义了的思想系统中，但与婚姻不同的是，它不具有约定俗成的特色——婚礼、戒指、证书——我们无法借由这类特色来观察它们。

要更好地了解物种形成的这一特征，我们可以先看看回溯性加冕的另一个例子——线粒体夏娃（Mitochondrial Eve）的头衔是如何授予的。

线粒体夏娃是一位女性，在女性谱系中，她是现今每个在世的人最近的直系女性祖先。因为人们很难想象出这个女性个体，所以让我们审视一下推理过程。把现今所有在世的人当作集合 A。每个人有且只有一个母亲，然后，把现今所有在世的母亲当作集合 B。B 必然要比 A 小，因为没有人会拥有多于一个母亲，而有些母亲的孩子却不止一个。继续创建集合 C，它包括 B 集合中所有这些母亲的母亲。它还要更小。继续创建集合 D 和 E，并以此类推。每当我们回溯一代，这些集合就必然会缩小。请注意，随着一年又一年地回溯过去，我们排除了许多与我们这些集合中的女人同处一个时代的女人。在这些被排除在外的女人中，有些终其一生都没有子嗣，或者她们的女性后代没有子嗣。最终，这个集合肯定会缩小至一个女人，这个女人就是当今地球上每个人最近的直系女性祖先。她就是线粒体夏娃。之所以这样命名（由 Cann et al., 1987 提出），是由于我们细胞中的线粒体只通过母系传递，所以今天所有在世的人的所有细胞中的所有线粒体都是她细胞中线粒体的直系后裔！ *

同样的逻辑论证也证明，存在着——肯定存在着——一个亚当，他是现今每个在世的人的最近直系男性祖先。我们可以称他为 Y 染色体亚当，因为我们所有的 Y 染色体沿着父系传递的方式和线粒体

---

* 丹尼特在《纠误》中指出：伊恩·吉利斯（Ian Gillies）、比尔·马戈利斯（Bill Margolis）、克里斯·卫格尔（Chris Viger）和吉尔伯特·斯科特·马克尔（Gilbert Scott Markle）指出，我关于如何识别线粒体夏娃的论述存在缺陷。[也可以参考杰克·科恩（Jack Cohen）和伊恩·斯图尔特（Ian Stewart）的新书《现实的虚构》（*Figments of Reality*）。] 据我所知，存在两种复杂情况，我分别称它们为"多个局部线粒体夏娃"（multiple local MEs）和"外祖母堆栈"（grandmother stacks）。

多个局部线粒体夏娃：原则上可能存在漫长的"停滞"，在此期间，那些由母亲的

沿着母系传递的方式一模一样。[*]Y 染色体亚当是线粒体夏娃的丈夫还是情人？几乎可以肯定都不是。他们俩生活在同一时代的可能性

母亲……所构成的集合会连续千百年都不缩小规模。没有哪个集合能比它的后继集合更大，但它也不一定就比后者要小。在这样的情况下，我们沿时间之流倒退，"余下的"每条支系都会汇集到一个"局部线粒体夏娃"（她有两个女儿）以及她的母亲、外祖母、外曾外祖母等等，这样一个代代单传的支系会向着过去延伸。每当有两条这样的局部线粒体夏娃之线相聚，它们就会遇到一个局部程度更低的"新"线粒体夏娃，从而剔除这两条线自己的两个局部程度较高的、拥有两个女儿的夏娃。原则上，多条这样的局部线粒体夏娃之线会回溯至多个（真核生物的）线粒体生命各自的独立起源——但我们有充足的理由认为，即使全局的线粒体夏娃（真正的线粒体夏娃）不具有明确的智人身份，她也会是某种人科动物。我之前错误地认为这样的双生支系（用最简单的例子来说）不可能"永远延续下去"（我说这些子集"必然会缩小"）；从原则上讲，它可以永远延续，但其概率小到可以忽略不计——但没有小到微乎其微。

外祖母堆栈：指由具有母系血缘关系的女人组成的一个子集，这个子集属于由母亲的母亲……构成的集合 A、B、C 中的任何一个。因此在集合 B（现存人类的母亲们）中存在着如下一个外祖母堆栈：安德烈娅（我的外孙子的母亲），苏珊（我的妻子），露丝（我的岳母）以及她的母亲——已故的西尔维娅。集合 C 会去掉安德烈娅，但会加入西尔维娅的母亲，以此类推。接下来的集合都会有一个由四名成员组成的外祖母堆栈，而这个堆栈是由我家里现有的这几代人生成的。在当今这个世界上的某个地方，大概还存在一些层次为 7 或 8 的外祖母堆栈，而我会倾向于认为层次在生物学上的极限是 9（当一个堆栈同时包括一位 13 岁的母亲和一位依然在世的 104 岁老祖宗时，它的层次为 10）。在局部线粒体夏娃以上述的合并方式消逝后，牵涉到的外祖母堆栈所对应的集合大小不会缩减。不过，**不同外祖母堆栈的数量会降低**。当我们回溯至线粒体夏娃时，我们会与她擦肩而过，因为当她初次现身时，她的身份是包括至少 4 个（也可能是 7 个、8 个或 9 个）女人（布兰登的母系祖辈）的集合的成员之一。但情况很快就会明朗起来，因为这个集合的所有成员很快就都会成为一个单一的外祖母堆栈，并且我们就可以在前一个集合中认出，那个唯一拥有两个女儿的人就是线粒体夏娃。——译者注

[*] 请注意，线粒体夏娃和 Y 染色体亚当留给后人的遗传物质之间有一个重要区别：我们所有人，不论男女，细胞中都有线粒体，而它们都来自我们的母亲；如果你是男性，那么你有一个 Y 染色体，它是从你父亲那里获得的，但大多数（几乎全部，但不是全部）女性根本没有 Y 染色体。

很小。（父系遗传耗费的时间和精力大大低于母系遗传，**在逻辑**上可能的情况是，Y 染色体亚当在非常近的时期才出现，并且行房的频率非常非常之高——连埃罗尔·弗林[*]都，呃，望尘莫及。从原则上讲，他有可能是我们所有人的曾祖父，不过可能性与 Y 染色体亚当和线粒体夏娃是一对的可能性差不多一样低。）

线粒体夏娃最近上了新闻，因为给她施洗命名的科学家们认为，他们可以通过分析现今在世的不同人的线粒体 DNA 模式，推断出线粒体夏娃生活在多久之前，甚至推断出她生活在哪里。根据他们初步的计算结果，线粒体夏娃生活在非洲大陆上，距今非常非常近——不到 30 万年，也许连 15 万年都不到。不过，这些分析方法存在争议，因而非洲夏娃的假说可能存在致命缺陷。推断出线粒体夏娃的**地点**和**年代**，比推断出她的**存在**要棘手得多，这一点无可否认。让我们搁置近来的争议，好好考虑一下我们已经掌握的有关线粒体夏娃的几点情况。我们知道她至少有两个女儿拥有存活下来的孩子。（如果她只有一个女儿，那么头顶线粒体夏娃之王冠的就会是她女儿了。）为了将她的头衔与她的本名分开，我们不妨称她为艾米（Amy）。艾米顶着线粒体夏娃的头衔；也就是说，她只是恰巧成了现今人类谱系的母系奠基者。[†]我们有必要提醒自己，**在所有其他方面**，线粒体夏娃大概并没有什么非凡或特别之处；她当然不是第一个女人，也不是智人这个物种的奠基者。许多更早出现的女人都毫无疑问也属于人类这个物

---

* 埃罗尔·弗林（Errol Flynn），活跃于 20 世纪三四十年代的好莱坞男演员。他英俊潇洒，但风流成性，据说曾与一万多名女性有染——译者注

† 哲学家们在讨论各种奇怪个例的时候，往往只凭借限定摹状词来让我们了解这些个例，可他们的关注点通常只局限于"最矮的间谍"这类无聊的——即便是真实的——个体。（最矮的间谍肯定存在，不是吗？）我认为线粒体夏娃的例子就有趣得多，这尤其是因为它在演化生物学中能引发真正的理论兴趣。

种，但她们碰巧没有导向现今人类的、直系的女性后裔谱系。线粒体夏娃大概并不比她那个时代的其他女人更强壮、更敏捷、更美丽或者更有生殖力。

要想知道线粒体夏娃——艾米——大概有多么平平无奇，就可以假设一下，明天，也就是艾米诞生的数千个世代之后，一种致命的新型病毒将在地球上传播开来，几年之内就消灭了 99% 的人。幸存者们很幸运，他们先天就拥有某种抵抗病毒的能力，而且大概全都有着相当近的血缘关系。**他们最近的共同直系女性祖先——就叫她贝蒂（Betty）吧——会是一位比艾米晚几百或几千个世代的女人，而线粒体夏娃的王冠就将回溯性地传给她**。她也许是某个突变的来源，这个突变虽然在几个世纪后成了人类物种的救星，但当时却没有为**她**带来任何好处，因为它战胜的病毒在那时还没有出现。这里要说的重点是，线粒体夏娃只能被**回溯性地**加冕。决定谁来扮演这个关键历史角色的，不仅仅是发生在艾米所处时代的意外事件，还有后来发生的意外事件。比如说后果严重的偶发事故！假如在艾米三岁时，她的叔叔没有救起溺水的她，那么**我们**当中的任何人（以及最终要归功于艾米的，我们体内的线粒体 DNA）都永远不会存在！假如艾米的外孙女们在婴儿时期就都饿死了——就跟当时许许多多的婴儿一样——那么我们也会跟着消失。

线粒体夏娃的王冠在她本人的一生中是不可见的，这种不可见性虽引人好奇，却比另一种近似不可见性（near-invisibility）更容易让人理解和接受，后者属于每个物种都必定拥有的东西：开端。如果物种不是永恒的，那么全部的时间就可以按照某种方式被划分为有物种x 存在之前的时间，以及所有此后的时间。在两段时间的接合处必定发生了什么，但那是什么呢？如果我们想想一个令许多人困惑不已的相似谜题，可能会有所帮助。当你听到一个新笑话时，可曾想过它是打哪儿来的吗？如果你跟几乎所有我认识或听说过的人一样，那么你就肯定从来没编过笑话；你只是传递——或许还会加以"改进"——从张三那儿听来的笑话，张三又是从李四那儿听到这个笑话的，而李四……现在，我们知道这个过程不可能无休止地进行下去。例如，有关总统克林顿的笑话顶多也就一岁左右。* 那么编笑话的人是谁呢？笑话的作者（相对于笑话的供应者而言）是不可见的。† 似乎没有人见过他们行使作者职权。甚至还有相关的民间传说——一则"都市传奇"，大意是说：这些笑话全都由监狱里的犯人创作，那帮危险又怪异的家伙，跟我们可不一样，他们除了在秘密的地下笑话作坊里编笑话，就没有更好的打发时间的方式了。一派胡言。虽然难以置信，但事实肯定是这样的：我们听到并传递下去的笑话，是从早期的故事演化而来的，在传播的过程中，它们不断地得到修改和更新。通常情况下，一个笑话的作者不止一个；它的作者归属分散在数十、数百或数千个讲笑话的人身上，它在固定为某个特别有话题性和时下娱乐性的版本后，不久就会进入休眠状态，就像它的诸多母本一样。出于相同的原因，物种形成也同样难以亲眼见证。

物种形成是何时发生的？在许多情况下（或许大多数情况下，又或许几乎所有情况下——生物学家们对于例外状况的重要性意见不一），物种形成取决于地理分布上的割裂，一小群——可能只是一对配偶——离群索居，开启了一个逐渐形成生殖隔离的支系。这就是**异域**成种，而与之相对的**同域**成种则不牵涉任何地理屏障。假定我们在

---

* 本书的初版发行于 1995 年，而比尔·克林顿于 1993 年正式就任美国总统。——译者注

† 当然，也有一些作家是靠着给电视喜剧演员撰写搞笑台词为生的，还有一些喜剧演员自己也会创作不少段子，但是除了少到可以忽略不计的例外，这些人中谁都没有创作出广为流传的笑话（"你听过关于那个家伙……的笑话吗？"）。

观察创始类群的离开和再定居。时光荏苒，好几代出现又消逝。物种形成发生了吗？当然还没有。要一直等到很多代以后，我们才会知道这些个体是否应当被加冕为物种开创者（species-initiator）。

个体（哪怕是那些适应了所在环境的个体）身上不存在**也不可能存在**什么内在的或固有的东西，好让我们据以推断这些个体是一个新物种的创始者（尽管后来事实表明它们就是）。如果我们愿意，可以想象一个极端的（并且不大可能发生的）情况——单个突变就能保证在单个世代中形成生殖隔离，不过当然了，具有该突变的那一个体应该算作一个物种创始者，还是仅仅算作一个自然的畸胎，这不取决于它作为个体的构造或生活史，而取决于其子孙后代（如果有的话）的际遇。

在《物种起源》中，达尔文连一个自然选择导致物种形成的例子都无法提供。在那本书中，他的策略是详细地阐述一项证据——犬类和鸽子的繁育者凭借人工选择的手段，可以经由一系列的渐变来建立起不同品种间的巨大差异。他随后指出，该过程并不一定需要动物饲养者的**刻意**筛选；一窝幼崽中较为弱小的个体往往得不到重视，因而在繁殖机会方面，往往就比不上它们那些更受重视的兄弟姐妹，所以在缺少有意为之的繁育方针的情况下，人类中的动物饲养者们无意中承担起了长期的修改设计的工作。他提供了一个关于查理王猎犬（King Charles spaniel）的不错例子，"自那位君主的时代以来，它已经在无意中被大大地改变了"（Darwin, 1859, p. 35）——仔细查看一下各种查理王画像中犬的外观，这个说法就会得到证实。他把此类情况称作人类驯养者的"无意识选择"，并以此来说服他的读者，使他们相信这一假说：客观环境会做出甚至更加无意识的选择。但是他不得不承认，面对别人的质疑，他给不出动物繁育者制造出新物种的实例。这样的繁育过程无疑产生了不同的**变种**，却没有产生任何一个新物种。尽管腊肠犬和圣伯纳德犬在外观上大相径庭，但它们并非不同的物种。达尔文同样承认了这一点，但他或许已经相当正确地指出了进一步的要点：现在还为时过早，还不能判断他是否已经给出了人工选择导致物种形成的例子。在未来的某个日子里，人们可能会发现，有位女士的膝头爱犬**已经是**一个物种的创始成员，并且这个新物种已经从家犬中分离了出来。

当然，同样的道理也适用于新的属、科乃至界的创立。面对那次重大的分叉，我们会回溯性地将其加冕为植物与动物之间的分离，而这次分叉本身则开始于两个基因库之间的隔绝。该过程难以捉摸、难以察觉，跟单个种群内不同成员之间的暂时性疏远没有丝毫不同。

4. 模式、过度简化和解释

比起如何划定物种边界的问题，所有关于分支形状的问题都要有趣得多，关于分支之间空白区域的形状的问题甚至更加有趣。是哪些趋势、作用力、原理——或者历史事件——对这些形状产生过影响，或者使它成为可能？数十个支系中都独立演化出了眼睛，而羽毛很可能只演化出一次。正如约翰·梅纳德·史密斯观察到的那样，哺乳动物长出了角，而鸟类则没有。"为什么变化的模式要受到这样的限制？简短的答复是，我们不知道。"（Maynard Smith, 1986, p. 41）

我们**无法**倒回生命的磁带并重播它，以便看看接下来会发生什么，唉，所以一旦问题涉及的模式如此宏大且难以加以实验，作答的唯一方法就是，手握"刻意过度简化"的风险策略，大胆地跃入空白之中。这个策略在科学领域拥有漫长且成功的历史，但它往往会挑起争议，因为对于在难以处理的细节上糊弄过关的做法，科学家们有着不同的容忍度，当超过限度时，他们就会坐立难安。尽管牛顿物理学被爱因斯坦推翻了，但它仍不失为一个优秀的近似理论，几乎可以满足所有用途。当 NASA（美国国家航空航天局）使用牛顿物理学计算升力和航天飞机的轨道时，没有任何物理学家会表示反对，但是严格地说，这种做法就是刻意使用错误的理论来使计算工作变得可行。本着同样的精神，生理学家在研究例如改变新陈代谢速率的机制之类的问题时，通常会尽量规避亚原子水平上量子力学的奇特复杂状况，并希望量子效应都会相互抵消，或以其他方式低于他们的模型的阈值。总的来说，这种策略的回报是可观的，但是人们永远也无法说准，一位科学家的笨拙的复杂化操作，何时会升华为另一位科学家解开谜团的钥匙。反过来说也成立：那把钥匙，常常就是在你爬出战壕、纵览全景的时候发现的。

我曾经与弗朗西斯·克里克就联结主义的优缺点进行过辩论。联结主义是认知科学中的一场运动，它把心理学现象建构成了模型，具体做法是先在计算机上模拟出**非常**不实际的、过度简化的"神经网络"，再根据网络的诸多节点之间的不同联结强度，搭建起种种模式。克里克断言（我只能尽量回忆他的话）："这些人可能是优秀的工程师，但是他们正在搞的东西是糟糕的科学！这些人故意无视我们**已经**知晓了的、关于神经元如何相互作用的知识，因而他们的模型完全无法用作大脑功能的模型。"这种批评有些出乎我的意料，因为克里克之所以出名，正是由于他在发现 DNA 结构的过程中所表现出的高妙的机会主义倾向；当其他人还在严格依照证据铺设出来的、笔直而狭窄的道路上挣扎前行时，他和沃森则大胆且乐观地避开了一些难题，并取得了可喜的结果。但是无论如何，我都很好奇，他上面这番谴责的波及面会有多广。他会对种群遗传学家做出同样的评价吗？有人将后者的一些模型贬称为"豆袋遗传学"，因为他们声称，对应着这个或那个性状的基因，就像许多穿在一条线上、带有颜色标记的珠子一样。他们所谓的基因（或**基因座**上的**等位基因**），与 DNA 分子上的密码子序列那繁复的机制体系只有极少的相似之处。不过正是由于这些刻意为之的简化操作，他们的模型才易于计算，从而使他们发现并确认了基因流中许多的大尺度模式，不然这些模式将会是完全不可见的。加入更多的复杂情况则会趋于使他们的研究寸步难行。但是他们的研究是好科学吗？克里克对此的回复是，他本人思考过这种比较，而且不得不承认，种群遗传学也不是科学！

我在科学方面的认识是比较宽容的，你可能觉得这对一名哲学家来说很正常，但是我确实有我的理由：我认为有件事是难以否认的状况，那就是"过度"简化的模型实际上往往可以**解释**需要解释的内容，而更复杂的模型却无法胜任这个工作。当引发我们好奇心的是现象中的**大尺度模式**时，我们就需要在恰当的层面上对其进行解释。在许多情况下，这都是显而易见的。如果你想要知道，为什么交通堵塞容易发生在每天的某个特定时段，为此你开始研究最终酿成交通堵塞的数千位司机五花八门的行车轨迹，那么在你苦心重构了他们的转向、刹车和加速过程之后，你仍然会感到困惑不解。

或者想象一下，当一台手动计算器将两个数字相乘并得到正确答案时，你去追踪通过计算器的所有电子。即便你百分之百确定，自己理解了这个过程中具有因果关系的数百万个微步骤中的每一个，可对于它**为何**乃至**如何**总能**正确**回答你向它提出的问题，你还是可能会感到困惑不解。如果这么说还不够明显，就想象一下有人整了一出造价高昂的恶作剧，他制造出了一个常常得出错误答案的手动计算器！它会遵循与正常计算器完全相同的物理法则，并且会在同一类的微过程中循环往复。即使你从电子层面上**完美地**解释了这两种计算器是如何工作的，你还是可能完全无法解释一个极度有趣的事实：其中一台计算器的答案正确，而另一台的答案则是错误的。正是这种情况表明了还原论的荒谬形式有何愚蠢之处；当然，你无法在物理学层面上（或化学，或任何一个低级别的层面上）解释所有我们感兴趣的模式。不可否认，诸如交通堵塞和袖珍计算器之类平凡而简单的现象就是如此；我们应该认为生物学现象也是如此。（有关该话题的更多讨论，请参阅 Dennett, 1991b。）

现在，考虑一下生物学中的一个类似问题，一个标准的教科书问题：为什么长颈鹿的脖子很长？原则上，如果我们看看整棵生命之树，就可以"读出"一个答案（假如确有这样一棵树可供我们这么做的话）：每头长颈鹿的脖子之所以是现有的长度，是因为它的父母的脖子也分别那么长，并可以以此类推至好几个世代之前。如果你逐个检查它们，你就会发现每头现存的长颈鹿的长脖子都可以顺着它们长着长脖子的祖先一路回溯至……甚至没有脖子的祖先。这就是为什么长颈鹿的脖子很长。解释完毕。（如果你不满意这个答案，那么请注意，要是答案把支系中每头长颈鹿的个体发育和营养史的所有细节都一股脑地抛给你的话，你会更不满意的。）

对于我们在生命之树上观察到的模式，任何可接受的解释都必须是对比性的：为什么我们看到的是这种实有模式而不是那种——或者根本看不到任何模式？需要考虑哪些还未成为实有的替代性模式？它们是如何组织起来的？为了回答此类的问题，我们有必要谈谈，除了实有的之外，还有什么是可能的。

第 4 章

生命之树的细微程度难以想象，其种种模式凸显出一些至关重要的事件，这些事件随后使生命之树的繁盛成了可能。真核细胞革命和多细胞革命是最重要的，物种形成事件次之。虽然物种形成在发生时是不可见的，但后来便可看到，它甚至可以标志像动植物的分开这类重大事件。如果科学要解释所有这些复杂局面中可以辨别的模式，那么它必须超越微观视角，来到其他层面，并在必要时进行理想化操作，如此一来我们便可以见树木而知森林。

第 5 章

实有的与可能的之间的差异，是生物学中所有解释的基础。我们似乎需要区分可能性的不同等级，而达尔文提出了一个框架，用以建立一套处理生物学上可能性的方法，这里所谓的"生物学上的可能性"指的是"孟德尔图书馆"——一个包含了所有基因组的空间——中的可企及性。为了构建这种有用的理想化操作，我们必须承认基因组和生命有机体的关系中存在一定的复杂状况，然后将其搁置一旁。

第 5 章

可能的与实有的

1. 可能性的等级？

可以肯定的是，无论活着的方式有多少种，死的方式，或者不活着的方式都要多得多。

——理查德·道金斯（Dawkins, 1986a, p. 9）

对于任何一种不存在的生命形式来说，它缺席的原因可能是以下两者之一。一个是负选择。另一个是必要的突变从未出现过。

——马克·里德利（Mark Ridley, 1985, p. 56）

例如，可能出现在那个门口的肥胖男人；再例如，可能出现在那个门口的秃头男人。他们是同一个可能出现的人，还是两个可能出现的人？我们如何判断呢？可能出现在门口的有多少个人？在可能出现的人中，瘦人比胖人多吗？他们中有多少人是相似的？或者说，他们的相似性会使他们成为一个人吗？不会有**两个**可能出现的东西是相似的吗？这是否等于说，两个东西不可能是相似的？最后，或者说，同一性的概念是否根本不适用于尚未实现的可能性？

——威拉德·范奥曼·奎因（Quine, 1953, p. 4）

可能性似乎至少有四种不同的种类或等级：逻辑的、物理的、生物的和历史的，并依次嵌套。其中最宽泛的，是纯然的逻辑可能性，根据哲学传统，它就是可以被毫无矛盾地加以描述的事物。飞得比光速还快的超人**在逻辑**上是可能的，而**原地不动**就飞得比光速还快的无敌超人在逻辑上就不可能。然而，超人**在物理**上是不可能的，因为物理法则宣告了没有东西能比光速移动得更快。这种貌似简单直接的区分方式，在运用中不乏困难之处。我们如何区分基本的物理法则和逻辑法则呢？比如说，穿越到过去是物理上不可能，还是在逻辑上不可能？我们如何判断一段**看起来**合乎逻辑的描述——比如电影《回到未来》中的故事——到底是在隐微之处自相矛盾，还是干脆就否认了一个非常基本的（但不是逻辑上必要的）物理学假设呢？世上不乏处理这些困难之处的哲学论述，因此我们暂且承认这些困难的存在，接着谈论下一个等级吧。

超人只需跃入半空中，摆出一个英勇的姿势，然后就能飞行，这种本领在物理上当然是不可能的。飞马在物理上是可能的吗？如果是神话中的那号标准飞马，那它永远也离不开地面——这是个物理学（空气动力学）事实，而不是生物学事实，不过，一匹拥有合适翼展的马约莫可以悬停在空中。它可能必须是一匹小型马，航空工程师通过考虑重量强度比、空气密度等因素，也许能计算出这一点。不过这样一来，我们就逐渐降落到可能性的第三个等级，即**生物可能性**，因为一旦我们开始考虑骨骼强度，以及连续振翅所需的有效载荷，我们就会关注发育和生长、新陈代谢以及其他明显属于生物学范畴的现象。不过，判定结果可能会是：飞马在生物学上当然是可能的，因为蝙蝠就是实际存在的动物。或许，连原尺寸的飞马都是可能的，因为翼龙和其他差不多大小的会飞生物也曾存在过。没有什么比实有性，不管是当前的还是过去的，更能确保可能性的存在了。凡是实际存在或曾经存在过的东西，显然都是可能的。真是这样吗？

实有性带给我们的教益是很难领会的。上文提到的飞马真的能成活吗？它们或许要通过食肉来储存足够的能量才能升空？或许——尽管存在食果的蝙蝠——只有食肉的马才能飞起来。食肉马是可能的吗？如果**真能演化出食肉马**的话，也许它在生物上就是可能的，但这样的食性转变是否只有发生在马的演化起点才能实现？此外，如果不经过一番建设性的大手术，马的后裔能同时拥有两条前腿和翅膀吗？毕竟，蝙蝠的翅膀可是由前肢演化来的。是否可能存在一段脱胎换骨的演化史，并由此产生一种六肢哺乳动物呢？

这就将我们带到可能性的第四个等级：**历史的可能性**。在非常遥远的过去，可能有过这样一个时期，地球上出现六肢哺乳动物的可能性尚未被排除，不过实际情况也可能是：一旦我们的四鳍鱼类祖先被选中向陆地进发，基本的四肢构造就会深深地锚定在我们的发展路径上，此时，任何改动都**不再可能了**。然而，连这两种可能性之间的界限都未必是泾渭分明的。这种基础性的施工计划真的完全不可能改动吗？还是说，改动的可能性只是很小很小而已，必须要由选择力量打出一连串可能性十分渺茫的组合拳才能够实现？这样看来，生物的不可能性也许就有两个种类或两个等级：一种违反了生物学**自然法则**（如果有这样的法则的话），另一种则"单纯"是被发配到了生物史中的遗忘之境。

说穿了，历史的不可能性就是那些错过的机会。我们很多人都曾担心巴里·戈德华特（Barry Goldwater）可能会就任总统，但这并没有发生，并且令人们安心的是，1964 年之后，这件事发生的概率日益降低。正在发售的彩票为你创造了一个机会：你可以选择买一张，但前提是你必须在确定的日期之前行动。如果你买了一张，这就为你创造了更进一步的机会——中奖的机会，但很快它就成为过去时，你再也不可能赢得**那**几百万美元了。我们每天对机会——真正的机会——的构想是不是一种错觉呢？你在什么意义上**本来能够**赢得奖金呢？如果中奖号码是在你买过彩票**之后**才选定下来的，结果会有所不同吗？或者，如果中奖号码在彩票发售之前就被封存在保险库里，你还有机会（真正的机会）中奖吗（Dennett, 1984）？机会真的存在**过**吗？除了实际发生的事情，还能够发生别的事情吗？有一种观念认为"**只有**实有的才是可能的"，这个可怕的假说被称为**现实论**（Ayers, 1968）。人们有充分的理由在一般情况下无视现实论，不过这些理由本身却鲜少得到讨论。（Dennett, 1984 和 Lewis, 1986, pp. 36–38 提出了驳斥现实论的充分理由。）

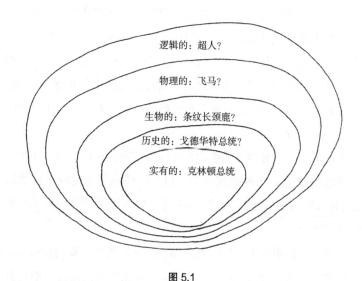

图 5.1

这些关于可能性的人们耳熟能详的观念乍看可靠，虽然可以用一张示意图来对它们加以总结概括，但是这张图中的每一处边界都存在争议。正如奎因之问所表明的那样，对仅仅是可能的对象随意地分门别类是一种可疑的做法，可如果不做这样的区分，科学甚至都无法表述——更别提证实——我们渴求的种种解释，因而我们不太可能简单地放弃这类论说方式。当生物学家们想知道一只长角的鸟（乃至一只身上不长斑点却长条纹的长颈鹿）是否可能存在时，他们所探寻和追问的东西，如同缩影般展现出我们想要生物学为我们发现的东西。理查德·道金斯十分生动地主张道，死的方式要比活的方式多得多，奎因则提醒称，我们可能会被其中可疑的形而上学含义所打动，不过道金斯显然触及了某个重要的问题。我们应当努力在一个更加适度、更少争议的形而上学框架中，找到一种改写此类主张的方式——而达尔文从中间开始的做法，正好提供了我们所需的立足点。首先，我们可以去处理历史的可能性和生物的可能性之间的关系，而这也许会反过来有助于我们理解那些范围更大的可能性种类。*

2. 孟德尔图书馆

人们通常不会把阿根廷诗人豪尔赫·路易斯·博尔赫斯归入哲

---

* 早在 1982 年，诺贝尔奖获得者，生物学家弗朗索瓦·雅各布就出版了一本名为《可能的与实有的》（Jacob, 1982）的书，我以为它探讨的是"生物学家该如何思考那些关于可能性的难题"，所以就赶紧读了一遍，希望能大彻大悟。但令我失望的是，该书几乎没有涉及这个话题。它是一本还不错的书，书名也起得好，但依我愚见，它其实文不对题。我渴望读到的书显然还没被写出来，所以我只能试着自己在这一章里写出它的部分内容。

学家的行列，但他在自己的短篇小说中，为哲学贡献了一些极具价值的思想实验，其中大部分都收录在了他那惊艳世人的文集《迷宫》（Borges, 1962）中。其中最好的那篇是描述"巴别图书馆"（The Library of Babel）的幻想之作——实际上，它更像是哲思，而不是叙事。对我们来说，对于巴别图书馆的构想并非徒劳无功，它有助于我们回答那些关于生物可能性之范围的困难问题，所以我们将稍为停顿，对其详加探讨。博尔赫斯讲述了一些人孤寂无望的探索和猜测，他们发现自己生活在一个巨大的书库中，书库的结构犹如蜂巢，它由数千个（甚至数百万或数十亿个）六边形的通风井组成，井的周围还环绕着露台，露台上摆着一排排书架。凭栏而望，不论向上还是向下，都看不到尽头。就人们所见而言，每个通风井都被另外六个相邻的通风井所包围。这些人心生疑问：这座书库是无边无际的吗？最后，他们断定它不是，但也可能是，因为似乎它的那些书架上陈列着（而且是无规则地陈列，唉）**所有可能的书**。

　　假设每本书有 500 页，每页有 40 行，每行可以写下 50 个字符，那么每页就有 2 000 个字符位。每个字符位要么空着，要么印有一个字符，这些字符都选自一个由 100 个字符组成的集合（包括英语和其他欧洲语言的大、小写字母，外加空格和标点符号）。[*]在巴别图书馆中的某处，会有一本完全由空白页组成的书，还会有一本书上满是问号，但绝大多数的书上都排印着乱码；一本书哪怕毫无拼写规则或

---

*　博尔赫斯选择的数字略有不同：书长 410 页，每页 40 行，每行 80 个字符。每本书的总字数（1 312 000）与我的假设（1 000 000）十分接近，几乎没有区别。我为了便于操作而选择了整数。博尔赫斯选择了一个只有 25 个字符的集合，这对于大写的西班牙语来说已经足够了（标点符号仅有空格、逗号和句号），但这对于英语来说还不够。我选择了一个更为余裕的集合，包含 100 个字符，以便确切无疑地囊括所有使用罗马字母的语言中的大小写字母和标点符号。

语法规则，甚至满篇胡言乱语，也不妨碍它被收入图书馆。每本书有 500 页，乘以每页 2 000 个字符，就会有 100 万个字符位，那么，巴别图书馆里就有 $100^{1\,000\,000}$ 本书。据估计 *，我们能够观察到的宇宙区域内只有 100^{40} 个（可能略多些或略少些）粒子（质子、中子和电子），因此巴别图书馆远不是一个在物理上可能的对象，不过，多亏博尔赫斯用想象构建它时设定了严格的规则，我们可以对它进行清晰的思考。

这当真是**所有**可能的书的集合吗？显然不是，因为它们在印刷上是受限的——"只能"印出 100 种不同的字符，我们不妨假定，被排除在外的有希腊文、俄文、中文、日文和阿拉伯文的字符，因此遗漏掉的是许多最重要的**实有书籍**。当然了，图书馆里的确藏有所有这些书的英文、法文、德文、意大利文等语言的极优秀的译本，以及不知道多少万亿的拙劣译本。那些超过 500 页的书也陈列其中，它们从一卷绵延至另一卷或另外好几卷，中间没有缺漏。

一想到某些书必定就藏在巴别图书馆的某个角落里，就让人觉得好玩。其中一本是关于你的最佳传记，它用 500 页的篇幅准确记录了从你出生到死亡的全部历程。然而，要找到它是完全不可能的（又是这个难以把握的词），因为图书馆还藏有其他几千亿本关于你的传记，它们超级准确地记录着你到第十个、第二十个、第三十个、第四十个……生日为止发生的事情，而对于你生命中后来发生的一切，则没有一句真话——假得千奇百怪，令人解颐。即便如此，要想在这个巨大的仓库里找到一本可读的书，其可能性也是极小的。

---

* 斯蒂芬·霍金（Hawking, 1988, p. 129）坚持以下说法："在我们可以观察到的宇宙区域中，有大约 10^{80} 个（1 后面跟着 80 个 0）粒子。"迈克尔·丹顿（Denton, 1985）则估计在可观测到的宇宙中，原子总数为 10^{70} 个。曼弗雷德·艾根（Eigen, 1992, p. 10）计算出宇宙的体积为 10^{84} 立方厘米。

我们需要一些词语来表示相关的数量。巴别图书馆并不是无边无际的，因此在里面找到任何有趣东西的概率也并不是真的无穷小。*我们太熟悉这些夸饰的语词了——达尔文的概要中就有，他毫不客气地使用了一个失当的词，即"无限"——不过我们还是应该避免用到它们。不幸的是，所有那些常用的比喻——"天文体量""大海捞针""沧海一粟"——都还不够用，简直弱得可笑。在这些巨大但有限的数字的映衬下，任何**实有的**天文数字（如宇宙中基本粒子的数量，或自大爆炸以来以纳秒计的时间）都会小到几乎看不见。假如图书馆中可读的书就像大海中的某一滴水一样容易找到，那么我们就能大干一番！假如你被随机丢进巴别图书馆中，那么你遇到一本含有如此之多符合语法规则句子的书的机会将微乎其微，以至于我们应该将这个词大写——"微乎其微"地（Vanishingly）——还要再给它找个伴儿——"漫无际涯"地（Vastly）†，作为"极致天文数，大莫过于斯（Very-much-more-than-astronomically）"这个说法的简称。‡

---

* 巴别图书馆是有限的，但说来也怪，它包含了所有符合英语语法规则的句子。可那是一个无限的集合，而图书馆是有限的！不过，任何一个英语句子，无论长短，都可以被拆解成 500 页一个的组块，安放在图书馆的某处！这怎么可能呢？有些书可能会被用到不止一次。最夸张的情况也最易于理解：因为某些书仅仅包含单个字符，而某些书干脆就是空白的，重复使用这 100 本书就会创造出任何长度的任何文本。正如奎因在他包罗万有又趣味十足的文章《万有图书馆》（"Universal Library"，收录于 Quine, 1987）中指出的那样，如果你采用这种重复使用书卷的策略，并把所有内容都翻译成可供文字处理器使用的 ASCII（美国信息交换标准码），你就可以把整个巴别图书馆储存进两本极薄的书里，其中一本印着一个 0，而另一本则印着一个 1！［奎因还指出，早在博尔赫斯之前，心理学家西奥多·费希纳（Theodor Fechner）就提出了万有图书馆这一奇思妙想。］

† 在《自由的进化》（2022）中，丹尼特的这两个术语分别译为"微渺"和"浩瀚"。——编者注

‡ 奎因（Quine, 1987）出于同样的目的创造了"超天文量级的"（hyperastronomic）一词。

巴别图书馆当然有《白鲸》这本书，还有它的 100 000 000 个变种冒牌货，它们与正版的《白鲸》只有一个排印错误的区别。这还不是一个漫无际涯的数字，可当我们算上相差 2 个、10 个或 1 000 个字符的各种变异版本时，其总数就会迅速上升。即使是一本拥有 1 000 个错排字符的书——平均每页有 2 个——也会被明确无误地认出是《白鲸》，而且这些书卷的数量是漫无际涯的。只要你能找到其中一本就好，具体是哪一本无关紧要。它们的精彩程度不相上下，所讲述的故事相差无几——只有一些可以忽略不计、几乎察觉不到的差异。然而，并非其中的所有作品都是如此。有时候，关键位置上的一个错排就可能是致命的。彼得·德弗里斯（Peter De Vries）——另一位颇具哲学兴味的小说家，曾经出版过一本小说[*]，开篇便是：

> "打电话给我，以实玛利。"［Call me, Ishmael］

啊，瞧瞧一个逗号的作用有多大！再想想许多变种文本的开头："搞我，以实玛利……"（Ball me Ishmael）

在博尔赫斯的故事中，这些书被无序地摆在书架上，可即使它们

---

[*] 《欢笑谷》（De Vries, 1953）。（文中接着写道："千万别见外，不管白天还是晚上，任何时候都可以给我打电话——"）德弗里斯可能还发明了一个游戏——看看你能通过改变一个字符，对文意造成多大的影响（不论这影响有害与否）。请看一则最佳改动："我知道谁是这林子的主人；尽管他的屋子在格林威治［the Village］……"其他人也在玩这个游戏：变种霍布斯告诉我们，在自然状态下，人们发现"男人的妻子［wife］孤独、贫困、卑污、残忍而短寿"。你还可以琢磨一下这个问题："我岂是看守我妓院［brothel］的吗？"）〔这里被改动的三句话，其原句分别为"尽管他的屋子在村［the village］中"（罗伯特·弗罗斯特《雪夜林边逗留》），"人的生活［life］孤独、贫困、卑污、残忍而短寿"（霍布斯《利维坦》），"我岂是看守我兄弟［brother］的吗？"（《新约·创世记》）。——译者注〕

是严格按字母顺序排列的，我们也无法找到**那本**我们要找的书（例如，"原汁原味"的《白鲸》）。想象一下，在巴别图书馆里，我们乘坐飞船穿梭在由各种《白鲸》文本组成的星系中。这个星系本身就比整个物理宇宙大得多，因此，就算你以光速沿任意一个方向连续行驶好几个世纪，你所看到的也只是与《白鲸》几乎无法区分的副本——你永远也见不到任何其他面貌的书。在这个空间中，人们根本想象不到《大卫·科波菲尔》离现在的位置有多远，尽管我们知道，通过逐个改变排印字符就能形成千万条从一本伟大的书通向另一本伟大的书的路径，其中还有一条是最短的路径。（假如你发现自己身在这条路上，就算你手里就有这两本目标书的文本内容，你也会发现，单靠考察自己所在之处的情况，几乎不可能判断出通往《大卫·科波菲尔》的正确方向是什么。）

换句话说，这个**逻辑**空间是漫无际涯的，大到许多我们平时关于定位、搜索和查找的想法，以及其他诸如此类平凡而实用的做法，都无法直接付诸实践。博尔赫斯把书以随机顺序放在书架上，这是个点睛之举，他还从中引出了一些可圈可点的思考；不过我们还是先瞧瞧，要是他想按字母顺序排列图书馆里的书，会给自己制造怎样的难题吧。由于（在我们的版本中）只有 100 个不同的字母字符，我们可以将它们某一特定的序列视为字母顺序，例如，a, A, b, B, c, C……z, Z, ?, ;, „, !,),（, %, ……à, â, è, ê, é……然后，我们就可以把所有以相同字符开头的书放在同一个**楼层**。现在，我们的图书馆就只有 100 层高，比世贸中心还低。我们可以把每层划分成 100 条**走廊**，按字母表给它们排序，每个字符代表一个走廊，每条走廊上的书的第二个字符都相同。我们可以在每条走廊上放置 100 个**书架**，每个书架上的书的第三个字符都相同。这样一来，所有以"土豚爱莫扎特"（aardvarks love Mozart）开头的书——可真不少啊！——都被搁置在一楼第一条走廊的同一个书架（"r"架）上。但那是一个极长的书架，也许我们最好把书堆放在与书架成直角的文件抽屉里，每个抽屉存放第四位字母相同的书。这样一来，每个书架就只需比方说30米长了。不过，现在这些文件抽屉都太深了，它们会从背面碰到相邻走廊的抽屉，所以……可我们已经用尽所有的维度来排列这些书了。我们需要一个百万维度的空间来整齐地存放所有的书，而我们只有三个维度：上下、左右、前后。因此，我们只得假装自己可以想象出一个多维空间，每个维度都在与所有其他维度"成直角"的方向上延伸。这些超空间都是多维的，我们可以设想它们，却无法将它们具象化。一直以来，科学家们都在利用它们条理分明地表述自己的理论。这类空间的几何样态（不管它们是否只是想象）很是好用，数学家们也对其进行了全方位的探索。我们可以自信地谈论这些逻辑空间中的定位、路径、轨迹、体积（超体积）、距离和方向。

现在，我们已经准备好迎接博尔赫斯主题的一个变体了，我称之为**孟德尔图书馆**。这个图书馆包含"所有可能的基因组"——DNA序列。理查德·道金斯在《盲眼钟表匠》（Dawkins, 1986a）中描述了一个类似的空间，他称之为"生物形态王国"（Biomorph Land）。他的讨论是我的灵感来源，我们俩的解释完全兼容，不过我想强调一些他有意轻描淡写的观点。

如果我们认为孟德尔图书馆是由对基因组的描述组成的，那么它就是巴别图书馆名副其实的一部分了。描述 DNA 的标准密码只有四个字符，A、C、G、T（分别代表腺嘌呤、胞嘧啶、鸟嘌呤、胸腺嘧啶，这四种核苷酸组成了 DNA 的字母表）。所有由这四个字母排列组合成的长达 500 页的书都已经存放在巴别图书馆中了。然而，典型的基因组比普通书籍要长得多。目前人类基因组中大约有 $3×10^9$ 个核苷酸，如果以这个值计算，那么要详尽描述单个人类的基因组（比如你自己的基因组），就要用到巴别图书馆中大约 3 000 本藏书（每本 500 页，字体大小还得保持一致）。*一匹马（无论是否会飞）、一株卷心菜或一只章鱼的基因组都同样由 A、C、G 和 T 这四个字母描写而成，并且也不会长到哪里去，因此我们不妨假定，孟德尔图书馆是由 DNA 串构成的，所有的 DNA 串都分别在不同的 3 000 册套装书中得到了描述，而这些书完全由四个字符写成。这将容纳足够多"可能的"基因组，可以为任何严肃的理论需求提供支持。

当然，我说孟德尔图书馆容纳了"所有可能的"基因组，这是言过其实的。正如巴别图书馆忽略了俄文和中文一样，孟德尔图书馆也忽略了其他基因字符存在的（明显）可能性，例如，基于不同化学

---

* 拿人类基因组跟《白鲸》星系中的书做个比较，可以很方便地解释人类基因组计划（Human Genome Project）中令人偶感困惑的地方。如果每个人的基因组都与众不同，而且不只是在一个位置，而是在成百上千个位置（用遗传学的话说，就是基因座）上都有所差异，那么科学家们怎么能说是测出了（复制下来）人类**这个物种**的基因组序列呢？就像我们熟悉的雪花或指纹，没有哪两个人类基因组是完全相同的，即使是同卵双胞胎的基因组也存在差别（甚至在单个个体的细胞中，遗传密码悄然变化的可能性也总是存在）。人类的 DNA 很容易跟其他物种的 DNA 区分，就算对于与人类的 DNA 基因座相似度九成以上的黑猩猩来说也是如此。每个实际存在的人类基因组都包含在一个可能的人类基因组星系中，它与其他物种的基因组星系之间有着极大的距离，然而，这个星系中有足够大的空间，足以让任意两个人类基因组都不相同。你的每个基因都有两个版本，一个来自你的母亲，一个来自你的父亲。他们传给你的正好是他们自己一半的基因，这些基因是他们从他们的父母，也就是你的祖父母和外祖父母那里得到的基因中随机选择出来的，但由于你的祖辈都是智人中的成员，而他们的基因组几乎在所有基因座上都一致，所以在大多数时候，不管哪位祖辈为你提供了哪一个版本的基因都没有区别。不过，他们的基因组还是在成千上万个位点上存在差异，而在这些基因座上，你得到哪个基因完全出于偶然——你父母向你提供 DNA 的机制中内置了一个掷硬币的程序。此外，在哺乳动物中，突变以每代每个基因组约 100 个的速率进行积累。"也就是说，由于你的酶造成的随机复制错误，或者由于宇宙射线引起的卵巢或睾丸的突变，你的孩子将与你和你的配偶在基因序列上有一百个不同的地方。"（Matt Ridley, 1993, p. 45）

成分的碱基。我们**仍然**会从中间开始，以确保我们在举一反三之前，先弄清楚目前局部的现实状况。我们要先弄清楚，对于**这座**孟德尔图书馆来说，什么是可能的，而当我们要把由此得出的结论应用到更宽泛的可能性概念上时，也许就需要对这些结论重新思考。这实际上是我们策略的长处，而非弱点，因为我们可以集中精力，只关注我们所谈论的那种程度适中、有所限定的可能性。

DNA 的一个重要特征是，腺嘌呤、胞嘧啶、鸟嘌呤和胸腺嘧啶的所有排列组合都具有同样的化学稳定性。原则上，它们都可以在基因剪接实验室中构建出来，并且一旦构建好，它们的保质期就会像图书馆里的书一样是永久的。不过，并非孟德尔图书馆中每个这样的序列都对应着一个能成活的生命体。大多数的 DNA 序列——数量漫无际涯的大多数——都是乱码，根本不是什么能制造生命的良方。道金斯说死的方式（或者不活着的方式）比活的方式要多得多，自然说的就是这个意思。这一事实意味着什么？其原因又是什么呢？

3. 基因组和生物体之间的复杂关系

如果我们打算通过大刀阔斧的过度简化来取得进展，那就至少应该对那些我们暂时搁置的复杂情况有所警惕。在我看来，有三种主要的复杂性，是我们在推进工作时应该加以承认并时刻留意的，哪怕我们这次还要暂缓对它们的全面讨论。

第一种复杂性关乎对"配方"的"解读"。巴别图书馆将读者预设为居住在图书馆里的人。如果没有他们，这套关于藏书的想法就无法成立；藏书的书页也可能会被人涂满果酱，甚至更糟。要想让关于孟德尔图书馆的想法也能够成立，我们也必须预设某种类似于读者的东西，因为没有读者，DNA 序列就不会**具体规定**（specify）出任何的东西——蓝眼睛、翅膀等等。解构主义者会告诉你，两个不同的读者对同一篇文章的解读必然不同，对于一个基因组，以及它在其中产生信息效果的胚胎环境（胚胎环境是指化学微环境以及周遭的支撑条件）来说，二者之间的关系无疑也符合此类说法。在创造一个新生物体的过程中，"解读"DNA 所造成的即时结果，就是利用氨基酸制造出许多不同种类的蛋白质（当然，这些蛋白质必须唾手可得，随时可以被连接起来）。虽然可能的蛋白质数量是漫无际涯的，但哪些会成为实有的，则取决于 DNA 文本。这些蛋白质按照严格的顺序被制造出来，其数量也决定于"解读"它们时使用的"语词"——核苷酸三联体。因此，为了让 DNA 序列具体规定出它应该规定的内容，就必须要有一个经过精心设计的、兼顾解读和制造的设备，其中储备好了构成氨基酸的元件。*但这只是整个过程中的一小部分。蛋白质一旦被制造出来，就必须在彼此之间形成恰当的联系。这个过程开始于单个受精细胞，这个细胞随后分裂为两个子细胞，子细胞再继续分裂下去（当然，每个子细胞都有可供解读的所有 DNA 副本）。这些新形成的细胞分属许多不同的变种（这取决于哪些蛋白质以何种顺序被安排在了什么地方），它们必须依次迁移到胚胎的恰当位置，胚胎就是靠着一次又一次的分裂、构建、重建、修改、延伸、重复等方式长大的。

　　这个过程只有一部分是受 DNA 控制的，DNA 其实是**预设**了读者和解读过程，因而不是单凭自己就**具体规定**了这一切。我们可以将基因组比作乐谱。贝多芬的《第五交响曲》的书面乐谱能**具体规定**这首乐曲吗？对火星人来说，不能，因为它预设了小提琴、中提琴、

---

* 这是一种过度简化，省略了信使 RNA（核糖核酸）的作用和其他复杂情况。

单簧管和小号的存在。假设我们把乐谱，连同一叠制作（和演奏）所有乐器的说明书和图纸打包发送到火星，那么原则上，我们就近乎得到了一个可以在火星上再创造贝多芬音乐的包裹。不过，火星人还必须能够破译该配方、制作乐器并按照乐谱演奏它们。

正因为如此，迈克尔·克莱顿的小说《侏罗纪公园》（Crichton, 1990）——以及史蒂文·斯皮尔伯格根据它拍成的电影——只能止步于空想：就算恐龙的 DNA 完好无损，要是没有恐龙 DNA 解读器的帮助，我们也无力再造出一头恐龙，而那些解读器和恐龙一样，都已经灭绝了（毕竟它们就是恐龙的卵巢）。如果你有一个（鲜活的）恐龙卵巢，那么它再加上恐龙的 DNA 就可以具体规定出又一头恐龙、又一个恐龙卵巢，如此往复，以至无穷；但是恐龙 DNA 本身，即便是完整的，也不过是方程式的一半（或许连一半都不到，这要看你怎么算了）。我们可以说，这个星球上曾经存在过的每一个物种，都有自己用于解读 DNA 的独特方言。不过，这些方言之间仍有很多共同点。毕竟在所有物种中，解读 DNA 的那些原则显然是统一的。正是这一点，使得基因工程成为可能；在实践中，DNA 中的某个特定排列组合所对应的生物体效果往往是可以预测的。因此，无论可能性有多小，这个通过自举法*重新获得恐龙 DNA 解读器的想法也合乎逻辑。借由"诗的破格"，电影制作者们可以假装人们能够找到解读器的合格替代品（把恐龙的 DNA 文本导入青蛙的 DNA 解读器中，并

---

* 自举法（bootstrapping），统计学方法，也称为自展法，可被用于系统发育关系的重建过程，具体操作是，对数据集多次重复取样，构建多个演化树，以此给定各个分支和节点的置信度。这里是作者设想的一种遵循自举法原则、再造恐龙卵巢的生物工程学手段。——译者注

对此寄予厚望）。*

　　我们会谨慎地允许自己也稍稍借助一下"诗的破格"。假设我们就这么继续推进，**仿佛**孟德尔图书馆配备了单一或标准的 DNA 解读器，后者可以根据它在基因组中找到的配方制造出萝卜或老虎。这是一种粗暴的过度简化，不过稍后我们可以重新讨论关于发育或胚胎学复杂情况的问题。†无论我们选择了什么样的标准 DNA 解读器，对于这个设备来说，孟德尔图书馆中漫无际涯的大多数 DNA 序列都是彻头彻尾的乱码。任何试图通过"执行"这样的配方来创造出鲜活生命的努力，都会很快沦为荒谬之举。即使在我们的另一种想象中，存在着数百万种有着自己独特方言的 DNA 解读器，就如同巴别图书馆中实际用到的不同语言一样，情况也不会有所改观。在巴别图书馆里，英文书对于波兰读者来说可能是胡言乱语，反之亦然，而绝大多数的书对于所有读者来说都是胡言乱语。随便拿起一本书，我们无疑可以想象它是用"巴别语"写成的，书中讲述了一个精彩无比的故事。（如果我们无须深究细节，那么想象就会是一件容易的事情。）不过，如果我们提醒自己，真正的语言必须紧凑而**实用**，其句子短小易读，依靠系统性的规则来传递信息，那么我们就可以确信，跟图书馆

---

* 电影制作者从未真正解决 DNA **解读器**的问题，他们只是用青蛙 DNA 修补恐龙 DNA 的缺失部分。大卫·黑格曾向我指出，电影制作者们选择青蛙的做法，体现了一个有趣的错误——他认为，这是"存在巨链"谬误的一个事例。"当然，人类与恐龙的关系，比二者各自与青蛙的关系都要密切。人类的 DNA 比青蛙的 DNA 更合适。鸟类的 DNA 还会更合适。"

† 演化论者们最近探讨的一个主题是：那个多多少少被奉为标准的"基因中心论"最近越来越离谱了。他们指责正统的观念极大地高估了 DNA 在何种程度上可以被看作具体规定着一个表型或一个生物体的基因配方。提出这种主张的，是生物学界的解构派，他们贬低基因文本，好让解读设备上位掌权。对于过度简化的基因中心主义来说，该主题就是一剂有效的解毒良药，但如果剂量过大，它就会变得和文学研究中的解构主义一样愚笨不堪。我将在第 11 章中继续讨论这一问题。

中种类数漫无际涯的文本相比，可能的语言少得微乎其微。因此我们不妨暂且假装只存在一种语言，只存在一种读者。

我们要承认并暂时搁置的第二种复杂性关乎成活能力（viability）。**目前**，在我们这个星球上的特定现有环境中，老虎是可以成活的，但在此前的大多数时间内，它们都曾是无法成活的，而且可能在未来也无法成活（事实上，这也许是地球上所有生命的情况）。生物体的成活能力是相对于它们必须生活在其中的环境而言的。如果没有可供呼吸的空气与可食用的猎物——这些最显而易见的条件——那些如今能让老虎成活的生物学特征就无法发挥作用。并且这些环境条件在很大程度上是由现存的**其他**生物组成和造成的，因此成活能力是一个不断变化的属性，是一个移动的目标，而非一个固定不变的条件。如果我们和达尔文一样，从中间开始，以现存的环境谨慎地推断出先前和往后的种种可能性，那么就能最大限度地缩小这个难题。对于那些可能（或肯定）已经发生的，启动了生物及其生存环境之间协同演化关系的初始自举过程，我们可以留到以后再考虑。

第三种复杂性关乎一组关系，关系的一方是对可成活生物体具有决定作用的基因组文本，另一方则是这些生物体所展现出的特征。正如我们好几次捎带提到的那样，我们不可能**简单地**用核苷酸的"语词"来描绘孟德尔式的基因——关于（for）这个或那个特征之"规格"（工程师会用的说法）的推定载体。压根没有哪条核苷酸序列可以用某种描述性的语言拼写出"蓝眼睛"、"蹼足"或"同性恋"。你也不能用番茄的 DNA 语言拼写出"紧实"或"风味十足"，尽管你**可以**修改以语言写就的核苷酸序列，好让番茄结出更紧实、更有风味的果实。

当我们承认了这种复杂性，往往就会有人指出，基因组并不像是对成品的描述，或者成品的蓝图，而更像是用于打造成品的配方。这并不意味着像一些评论家认为的那样：别谈什么**对应**（for）这种或那种特征的基因，一提就错。配方中一条指令的有无，就可以引发典型而重大的差异，而这个差异无论是什么，都可以被得当地描述为该指令——这个基因——所"对应"的东西。这个观点屡屡受到评论家们的忽视，而这种忽视则颇具影响力，所以我们应当稍为停顿，对该观点的错误之处加以生动的揭示。理查德·道金斯所举的一个例子精彩地完成了这项揭示工作，值得我们全文引用（这个例子还凸显、强调了我们所说的第二种复杂性，即成活能力之于环境的相对性）：

> 阅读是一种习得的技能，它具有惊人的复杂性，但这本身并不构成合理的理由，来质疑阅读基因存在的可能性。要想确定阅读基因的存在，我们只需要找到一个不阅读基因，比如说这个基因会诱导出脑损伤，从而造成特定类型的阅读障碍。这样一位阅读障碍者可能除了不会阅读之外，在其他方面都是正常而聪慧的。就算这一类型的阅读障碍能够以某种孟德尔式的操作方法孕育成真，遗传学家们也不会感到特别惊讶。显然，在这件事上，相应的基因只有在提供正规教育的环境中才能展现出其效果。而在史前环境中，它可能就发挥不出任何能为人所察觉的效果，或者只能发挥出某种别的效果，并被研究穴居人的遗传学家们认为是，比如说，对应着动物足迹阅读障碍的基因。在我们这个有良好教育条件的社会中，由于这个基因引起的最明显后果是阅读障碍，因此它理所当然地被叫作"对应"阅读障碍的基因。同样，一个引起全盲的基因也会阻碍阅读，但把它当作不阅读基因是没什么用的。这单纯是因为阻碍阅读不是它最明显或最有害的表型效应。（Dawkins, 1982, p. 23. 另见 Dawkins, 1989a, pp. 281–282 以及 Sterelny and Kitcher, 1988）

尽管一组组密码子（DNA核苷酸三联体）以间接的方式指导着构建的过程，但这并不妨碍我们使用遗传学家那种为人所熟知的简略表达，说一个基因对应着 x 性状或 y 性状，并且时刻意识到自己在这么做。不过，这确实意味着，基因组的空间和"可能"生物体的空间之间或许存在根本性的差异。虽然**我们**可以自洽地描述一件"成品"，比如说一头身上没有棕色斑点却有绿色条纹的长颈鹿，但这并不能保证制造它的 DNA 配方确实存在。由于生物发育发展的特殊要求，也许 DNA 中根本就没有任何起点能通向这样一头长颈鹿所代表的终点。

这种说法听起来不太可信。一头身披绿色条纹的长颈鹿哪里就不可能了？斑马有条纹，公鸭头上有绿色羽毛——孤立地看，这些特征在生物学上没有任何不可能之处，它们肯定可以同时出现在一头长颈鹿身上！你应该会这么想吧。但千万不要信以为真。你大概也会认为，一头身披条纹、尾巴有斑点的动物是可能的，然而事实可能远非如此。詹姆斯·默里（Murray, 1989）建立的一个数学模型表明，动物身上颜色分布的发育过程可以轻而易举地就使一只身披斑点的动物拥有带条纹的尾巴，但反过来却行不通。这颇具启发性，但还不构成对于不可能性的严格证明（有些人过于草率地得出了这个结论）。在瓶子里造一艘小船十分困难，任何掌握这项技艺的人都会觉得，把整个新鲜的梨子装进细颈瓶里是件完全不可能的事，但这并非不可能；瞧瞧那些盛着威廉梨子白兰地（Poire William）的瓶子吧。这是怎么做到的？难道熔化的玻璃能以某种方式围绕梨子吹制而不烧焦梨子吗？非也，这些瓶子是在春天被挂上树的，这样一来梨子就可以在瓶子里面长大了。生物学不会以**直截了当的**方法来实现某项技艺，证明这一点从来都不等于证明这是不可能实现的。请牢记奥格尔第二法则！

道金斯在对生物形态王国加以说明时强调，基因型（配方）中一个微小的——实际上可以是最小的——变化就可以使表型（即最终呈现的生物个体）产生大到惊人的改变，然而，他有些轻视这件事的一个重要意涵：如果基因型中的一小步能够引发表型中的一大步，那么鉴于其间的诸多映射规则，通往这种表型的中间步骤也许压根就不能存在。举个刻意夸大的虚构例子，你也许会认为，如果一头野兽可以长出 20 厘米长的獠牙和 40 厘米长的獠牙，那么按理说，它也可以长出 30 厘米长的獠牙，但在配方系统中，制作獠牙的规则可能不允许出现这种情况。所讨论的这个物种或许不得不在"短了"10 厘米的牙和"长了"10 厘米的牙之间做出"选择"。这意味着，如果你的论证是从关于最优或最佳设计的工程学假设出发的，那就必须极其谨慎，不要轻易做出以下假设：鉴于这种生物解读其配方的方式，那些直觉上似乎可以企及或可能的东西，也就是这种生物体的设计空间中实际上可以企及的东西。（这将是第 8、9、10 章的主要话题）

4. 可能性的自然化

在孟德尔图书馆的帮助下，我们现在可以解决一些磨人的难题了，至少也可以把它们统一在单一的视角之下；这些难题关乎"生物学法则"，关乎世界上可能的、不可能的和必然的东西。回想一下，我们需要弄清楚这些议题，因为如果我们要解释事物**现在的**存在样态，就必须参照事物**本可能的**存在样态、**必然的**存在样态或**不可能的**存在样态。我们现在可以定义一个关于生物可能性的限制性概念了：

> 当且仅当 x 是一个可以企及的基因组的现实个例，或者其表型产物的一个特征时，x 才是生物学上可能的。

从哪里企及？以什么样的过程企及？啊，阻碍就在这儿。我们必须在孟德尔图书馆中具体规定一个起点，同时具体规定"游览"的方式。假设我们要从今天所处的地方开始。那么，我们首先将谈论**现在**什么是可能的，也就是说，在不久的将来，采用我们目前可用的随便哪种方式进行游览。我们把以下这些算作可能的：当下所有**实际存在的**物种以及它们所有的特征——包括它们由于自身与其他物种以及这些物种的特征有所关联而拥有的特征——再加上在那广阔的前沿地区游览时能够得到的所有东西，不论这游览是"沿着自然的路线"——没有人类的操纵——还是借助了人工起重机，比如传统的动物繁育技术（这也牵扯到了外科手术），再或者是搭乘基因工程中时髦的新载具。说到底，我们人类和我们所有的技艺都不过是当下生物圈的又一种产物。因此，当且仅当至少有一个具有实例的火鸡基因组在晚餐开始前及时产生了不可或缺的表型效应，你才享有了在2001 年圣诞节那天吃到鲜美的火鸡大餐的生物可能性。当且仅当《侏罗纪公园》里的技术能让**那**一类基因组及时得到表达，你才在生物学的意义上有可能在离世前骑上一头翼龙。

无论我们如何设定这些"游览"的参数，由此产生的生物可能性概念都会具有一个重要的属性：有些事物将会比其他事物"更有可能"，也就是说，前者在多维搜索空间中距离更近、更可企及、"更容易"抵达。几年前还被看作在生物学意义上不可能的事物——例如靠着萤火虫基因在黑暗中发光的植物——如今不仅是可能的，而且是实际存在的。"21 世纪的恐龙"是可能的吗？这么说吧，那些可以由此处**抵达彼处**的载具，其发展程度至少足以让我们讲一个令人叫绝的故事了——这个故事竟然都不怎么需要"诗的破格"。（"彼处"是孟德尔图书馆的一部分，生命之树在大约 6 000 万年前便不再从那里开枝散叶。）

哪些规则支配着穿越这个空间的游览之旅？哪些规则或法则制约着基因组及其表型产物之间的关系？到目前为止，我们所承认的一部分是逻辑或数学上的必然性，另一部分则是物理法则。也就是说，我们之前开展论述的时候，就仿佛我们知道什么是逻辑可能性和（纯然的）物理可能性一样。这都是些棘手而又颇具争议的议题，不过我们可以把它们看作**锁定的**：对于这些可能性和必然性的不同变种，我们简单地假设出它们的某个固定版本，然后据此构建我们的生物可能性的限制性概念。例如，大数定律和万有引力定律都被认为是在此空间中无条件永恒成立的。锁定了物理法则，我们就可以毫无顾虑地说，比如，所有不同的基因组在物理上都是可能的，因为就算是化学跟这些基因组碰了面，也会说它们都是稳定的。

把逻辑、物理和化学保持在锁定状态，我们就可以选择一个不同的起点。我们可以选择 5 亿年前地球上的某个时刻，并且思考那时什么是生物学可能的。可能的东西不多，因为在老虎能够（在地球上）成为可能之前，真核生物，然后是制造出大量氧气的植物，以及许多其他东西肯定都已经存在了。事后看来，我们可以说，老虎其实一直都是可能的，即便这种可能性十分渺茫。这种思考可能性的方式，其优点之一就在于它与概率结成了盟军，从而使我们在谈论可能性的时候，能够舍弃一种非此即彼、非全则无的模式，转而谈论相对的大小，而这对于大多数的目的来说至关重要。［要对生物可能性做出"非全则无"的裁断几乎是不可能的（嘿，又是这个词），所以舍弃它绝不算是损失。］正如我们在探索巴别图书馆时看到的那样，对于在那个漫无际涯的空间中找到某本书是否"在原则上是可能的"，无论我们做出怎样的裁定，结果都不会有多大区别。真正重要的是，什么在实践上（practically）是可能的；当然"实践"的含义不止一种，你就自己选吧。

这当然不是一个关于可能性的标准定义，甚至不是一个关于可能性的标准定义**类型**。有些东西可能比其他东西"更有可能"（或者说它们从"此处"出发比从"彼处"出发"更有可能"），而这异于对可能性一词的标准理解，有些哲学领域的批评者可能会说，无论如何，这压根就不是一个关于**可能性**的定义。另一些哲学家也曾捍卫过关于比较可能性（comparative possibility）的种种观点（尤可参见Lewis, 1986, pp. 10ff.），但我不想为此争辩。如果这不是对可能性的论述，那就不是吧。既然如此，它提出的就是关于可能性的定义的替代品。也许我们到头来根本就不需要关于生物可能性的概念（以及它"非全则无"的运用效果）来实现严肃的探究目标。也许在孟德尔图书馆的空间中，我们只需有可企及性的程度就足够了，事实上它优于任何一版"非全则无"的可能性概念。比如说，要是能有办法对水狗、飞马、飞树、5千克重的番茄这些东西的生物可能性进行**排序**，那就真是一件美事了。

　　许多哲学家都不会对此感到满意，他们还会提出严厉的反对意见。对这些反对意见稍加思考，至少有助于进一步明确我主张什么、不主张什么。首先，用**可企及性**的说法来定义可能性，是不是有些循环论证的意思？（前者不是在自己的词缀里头重新使用了后者吗？这不还是等于没有定义吗？）那可未必。不过它确实也留有一些未尽之事，我在继续推进之前要先干脆地承认这一点。我们已经假定，我们目前秉持某种暂时锁定的、关于**物理**可能性的概念；我们的关于可企及性的观念，预设了这种物理可能性（不论它具体什么样）会给我们留有一**些**行动余地（elbow room），为该空间中的路径留有一些开放性（而不只是一条单一的路径）。换句话说，我们所接受的是这样一种假设，即对于物理学为我们开放的那些路径，**没有什么东西会阻止**

我们去走其中的任何一条。*

（本章开头）奎因的提问引发了我们的担忧，使我们无法知道非实有的可能对象能否数清。上文提出的这种处理生物可能性的办法，其优点之一就在于，由于其"武断的"形式化系统——这个系统天然就武断地强加于我们，至少在我们这一亩三分地上是如此——我们可以数清不同非实有的可能基因组的个数；它们的数量是漫无际涯的，但也是有限的，没有哪两个完全一样。（根据定义，如果两个基因组在几十亿个基因座上存在一个核苷酸的差异，那么它们就是不同的。）非实有的基因组在何种意义上**真正**是可能的呢？只有在以下意义上才真正是可能的：**假如**它们形成了，它们就会是稳定的。不过，它们可否在某些事件的推动下形成，则是另一个问题，要依据某个位点的可企及性来尝试解答。我们可以肯定，在这个由稳定的可能性组

---

* 这种关于行动余地的观念是我们在任何情况下都需要预设的，因为它是对现实论最低程度的否定，而现实论这种学说认为只有实有的才是可能的。大卫·休谟在《人性论》（1739）中谈到，我们希望我们的世界存在"一定的宽松性［looseness］"。它可以防止可能性紧紧收缩在实有性周围。**但凡用到"能"（can）这个词——我们可能没有这个词——就会预设存在这种宽松性。有人认为，如果决定论是对的，那么现实论就是对的——或者，反过来说，如果现实论是**错的**，那么非决定论就肯定就是对的——该说法极为可疑。下面这个驳斥决定论的延伸论证简单得让人尴尬：这个氧原子的化合价为 2 ；因此，它可以与两个氢原子结合形成一个水分子（无论它去不去这么做，它都**能**立即做到）；因此，有些事物是可能的，但不是实有的，所以决定论是错误的。有些令人印象深刻的物理学论证确实可以证明决定论是错误的——个过上述论证并非其中之一。我准备假设现实论是错误的（并且假设决定论/非决定论的问题不会影响到这个假设），即便我无法声称自己证明了这一点，因为不这么做的话就等于是放弃，然后跑去打高尔夫球什么的。不过，对于现实论问题的更充分讨论，请参见我的《行动余地》（Dennett, 1984）一书，特别是第 6 章"本可以不这样做"（Could Have Done Otherwise），本条注释就取材于这一章。另参见大卫·刘易斯（David Lewis, 1986 , ch. 17）的协同意见（concurring opinion），他讨论了一个与此相关的议题，即非决定论的问题跟我们所感到的未来"开放性"是不相干的两码事。

成的集合中，大多数基因组**永远都**不会形成，因为根本等不到相应的构建过程在这个空间中留下可观的印痕，宇宙的热寂就会将其摧毁。

关于生物可能性的这种见解，还引发了另外两种喧嚷的反对声。第一，这岂不是一种蛮横的"基因中心"论调吗？这可是把关于生物可能性的**所有**思考都锚定在了孟德尔图书馆中某个基因组的可企及性上了啊。我们所提出的这种处理生物可能性的方式，全然忽略了一种情况（因而也就暗中将这种情况裁定为不可能），那就是虽然是生命之树一路把我们带到了我们今天所在之处，可有些"造物"却并不是这棵生命之树的某个分支上的端点。可这种忽略正**是**达尔文所揭示出的生物的伟大统一！除非你仍幻想着特创或者——它在哲学家那里的世俗版本——"宇宙级巧合"可以自发地创造出新的生命形式，否则你就会同意生物圈的每一个特征都是生命之树结出的一个果实（就算这果实不属于**我们的**生命之树，也属于别的某棵生命之树，后者也有自己的可企及性关系）。没有人是一座孤岛，约翰·多恩如是说；查尔斯·达尔文补充道，任何一只蛤蜊，任何一朵郁金香，也都非孤岛——每一个**可能的**活物都经由传衍的地峡与其他所有活物联结在一起。请注意，不论未来的技术能产生出怎样的奇迹，这些奇迹都会**受到**这一学说的支配，这是因为——正如我们已经指出的那样——技术专家本身，以及他们的工具和方法，都牢牢坐落于生命之树上。再进一小步，这个学说还支配外太空的生命形式，因为它们同样是一棵生命之树的产物，而它们的这棵生命之树，就像我们的一样，也扎根于某片非奇迹的物理土地中。（第7章将探讨该话题。）

第二，为什么我们要把生物可能性与物理可能性如此明显地区别对待呢？如果我们假定"物理学法则"确定了物理可能性的限度，那么我们难道不应该试着用"生物学法则"来界定生物可能性吗？（我们将在第7章中考察物理学法则和物理必然性，同时也注意到二者之间显然有很大差别。）许多生物学家和科学哲学家都坚持认为，生物学法则确实存在。可我们前面提出的定义难道没有排除掉生物学法则吗？还是说，该定义只是宣布了这些法则是多余的？该定义并没有排除生物学法则。它容许有人论证某条生物学法则支配着孟德尔图书馆的空间，不过它也确实把一项艰巨的举证责任压在了任何一个认为生物学法则**凌驾于**数学和物理学法则的人身上。想想看，"多洛法则"（Dollo's Law）的命运就是一个例子。

> "多洛法则"指出，演化是不可逆的……[但是]演化的大体趋势没有理由不可以逆转。在演化过程中，如果鹿角在一段时间之内出现了变大的趋势，那么接着就很容易出现鹿角变小的趋势。多洛法则其实不过是说了这样一件事：从统计学上看，同一条演化轨迹（其实是任何一条**具体的**轨迹）不大可能被两次走过，不论是正着走还是倒着走。单一的突变步骤很容易被逆转。但对于大量的突变步骤来说……所有可能的轨迹一起构成的数学空间极大，大到两条轨迹都到达同一点的概率会变得微乎其微……多洛法则既不玄奥也不神秘，更无法在自然界中加以"检验"。它只是由概率的基本法则得出的。（Dawkins, 1986a, p. 94）

"不可还原的生物学法则"这个位子从来都不缺候选者。例如，许多人认为存在着约束基因型与表型关系的"发育法则"或"形式法则"。我们会找个合适的时间思考一下它们约束力的强弱，不过至少我们已经可以认定，生物可能性所承受的某些最为突出的约束因素，并非"生物学法则"，而只是设计空间中一些难以避免的几何特征，比如多洛法则[或者关于基因频率的哈迪-温伯格法则（Hardy-Weinberg Law），它是另一种对概率论纯粹且简单的应用]。

让我们看看长角的鸟这个例子。梅纳德·史密斯指出，这类鸟并不存在，我们也不知道为何如此。难道是因为它们被生物学**法则**排除掉了吗？长角的鸟是完全不可能的吗？它们是在任何可能的环境中都无法成活，还是由于基因组解读过程的限制，而根本无法"由此处抵达彼处"呢？正如我们已经指出的那样，我们在这一过程中所碰到的种种严格限制会让我们印象深刻，但我们不应该被这种印象带偏。这些限制可能并不是什么**普遍**特征，而是局部时空中的特征，类似于在计算机和键盘文化中西摩尔·佩珀特（Seymour Papert）所谓的 QWERTY 现象。[*]

标准打字机最上面的一排字母键是 QWERTY。对我而言，这象征着技术何以在很多时候并不充当一种推动进步的力量，而是充当让事物停滞不前的阻力。QWERTY 这种排列方式没有合理的解释，只有历史的原因。它的诞生只为应对早期打字机的一个难题：按键总会卡住。把会常常相继用到的按键隔开，是为了尽量减少它们的碰撞……一经采用，QWERTY 便出现了数以百万计的打字机上……而变革的社会成本……越堆越高，因为越来越多的手指适应了 QWERTY 键盘，创造出相应的既得利益。尽管存在其他更"合理"的系统，但是 QWERTY 仍被保留了下

来。(Papert, 1980, p. 33) *

　　我们在孟德尔图书馆内碰到了专横的约束条件，从我们目光短浅的角度来看，它们似乎是普遍的自然法则，但从另一个角度来看，它们也许只能算是局部状况，且需要历史性的解释。† 如果真是这样，那么一种关于生物可能性的限制性概念就正是我们想要的；关于生物可能性的普遍概念，本身就是一个误入歧途的理想。但我也留有余地，指出这个概念并不会排除掉生物法则；它只是为那些想要提出任何生物法则的人设置了举证责任。与此同时，它给我们提供了一个框架，用来描述我们在**我们的**生物圈内的众多形态模式中所发现的、巨大且重要的规律性类型。

---

*　其他学者也借由 QWERTY 现象提出了类似的观点：David, 1985; Gould, 1991a。

†　乔治·威廉斯（G. Williams, 1985, p. 20）的说法是："我曾经坚持认为'……物理科学的法则再加上自然选择，可以为任何生物现象提供完整的解释'［G. Williams, 1966, pp. 6–7］。如今我希望我当时秉持的是一种不那么极端的观点，仅仅把自然选择认定为生物学家（除了物理学家的那些理论外）所需要的唯一理论。要想解释任何现实世界的现象，生物学家和物理学家都需要处理历史的遗存。"

第5章

　　把握生物可能性的最好方式，是在孟德尔图书馆——所有基因组构成的逻辑空间——中，（从某个事先确定的位置出发）看看相应的可企及性是什么样的。这种关于可能性的概念把生命之树的连通性当作生物学的一个基本特征，同时也为制约可企及性的生物学法则留有存在的余地。

第6章

　　在漫无际涯的可能性空间中，自然选择在创造实有轨迹的过程中所完成的研发工作，可以在一定程度上加以度量。在这个搜索空间的众多重要特征中，有一些是解决难题的方案，这些方案具有持久的吸引力，因而也就可以被预测，很像是国际象棋中的逼着。这解释了一些我们对于原创性、发现和发明的直觉看法，也阐明了达尔文在针对往昔状况进行推理时所采用的逻辑。存在一个单一且统一的设计空间，其中生物创造过程和人类创造过程都留下了它们各自的轨迹，而且它们用的方法也相似。

第 6 章

设计空间中的实有之线

1. 设计空间中的漂变与吊升

地球上生存过的实有动物，较之理论上曾经**可能**存在的动物，不过是其一个小小的子集。这些实有动物只是基因空间中少数演化路径的产物。动物空间中大多数理论路径所产生的都是不可能生存的怪胎。实有动物四下散布在理论假设的怪胎之间，每个都在基因超空间中有自己独特的位置。每个实有动物身边都围绕着一小群邻居，其中大部分从未存在过，只有少数几个是它的祖先、后代和堂亲表亲。

——理查德·道金斯（Dawkins, 1986a, p. 73）

曾经存在过的实有基因组，是所有可能基因组总和的一个微乎其微的小子集，正如这个世界上图书馆里实有的书，是想象中的巴别图书馆所藏书籍的一个微乎其微的小子集。在考察巴别图书馆的时候，我们可能不禁感慨，要详细开列某一**门类**（category）的全部书籍是何其困难，哪怕符合条件的书籍数量并不算漫无际涯，更何况相对全部藏书而言，这数量已经小到微乎其微了。在巴别图书馆中，完全由合乎语法的英语句子写成的书，构成了一个漫无际涯却又微乎其微的子集，而其中可读且意思通顺的书，又构成该子集的漫无际涯却又微乎其微的子集。这个子集中还微乎其微地藏着与名叫查尔斯的人有关的书的漫无际涯的集合，而这后一个集合中，则包括一个声称要讲述关于查尔斯·达尔文真相的书的漫无际涯的集合（尽管找到它的可能性微乎其微），而这些书中还有一个完全以五行打油诗为内容的书所构成的漫无际涯却又微乎其微的集合。就这么一直细分下去。关于查尔斯·达尔文的**实有**书籍为数众多，但数量还算不上漫无际涯，不过我们不会像上面这样，单靠堆叠限制性定语来处理这个集合（这个集合或许截至今日，或许是截至公元 3000 年）。要处理实有的书，我们就必须去面对创造它们的历史过程，走进它沾满泥污的全部特殊性之中。要处理实有的生物体，或它们的实有基因组，也是同理。

要"阻止"大多数的物质可能性成为实有的东西，并不需要动用生物学法则；单单是机会的缺失，就足以解释大多数的情况。你**全部**非实有的叔伯姑姨舅之所以从未存在过，唯一的"原因"就在于你的（外）祖父母没有时间或精力（更不必说意愿了）再多创造几个相近的基因组。在众多非实有可能性中，有些可能性比——这里应该用虚拟语气——其他可能性"更有可能"：就是说，它们看起来比其他的可能性**概率**更大，只因它们是实有基因组的**邻居**；在父母各自提供的草稿随机链接、形成新 DNA 合集的随机过程中，它们只相差了几个选项，或者在宏大的复制过程中，它们只相差了一个或几个位点。为什么近乎发生的事情没有发生？不为什么，它们就是碰巧没有发生而已。而后，随着**确实**碰巧发生了的实有基因组开始摆脱自己在设计空间中"近乎发生"的地位，前者发生的概率就变得更小了。它们本来离成为实有只有咫尺之遥，却又错失良机！它们还有机会吗？考虑到它们所在空间的极大规模，机会虽可能有，但没有的概率漫无际涯。

可假如有某些力量让实有之路一步步偏离了它们所在的位置，这些力量又是什么呢？在毫无力量影响的情况下，所发生的移动叫作随机基因漂变（random genetic drift）。你可能认为，既然漂变是随机的，那它就总会倾向于自相抵消，要是没有选择性力量的影响，就会一次次把路径带回同样的基因组。但事实是，这个巨大的空间（请记住，它有 100 万个维度！）中只存在着非常有限的样本，而这势必造成实有基因组之间"距离"的不断积累（"多洛法则"的结果）。

达尔文的核心主张在于，当这个随机的漂泊过程被施以自然选择的力量，在漂变之外就有了吊升。设计空间中的任何移动都可以度量，但随机漂变的移动从直观上看就仅仅是岔路而已；它不会让我们抵达任何重要的地方。如果把它视为研发工作，那它就是懒散的，仅仅积累了**排印上的变化**，却没有积累**设计**上的变化。事实上，它还要更糟，因为大多数变异——排字错误——都是中性的，而大多数非中性的排字错误都是有害的。在没有自然选择的情况下，设计空间里的漂变注定走的都是**下坡路**。因此，孟德尔图书馆中的情况与巴别图书馆中的情况如出一辙。《白鲸》中大多数的排印变化，其实际效果都可以说是中性的——大多数读者看不出什么差别；而在少数产生影响的变化中，大多数都会**损害**这个文本，让它变成一个更差、更不连贯、更不好理解的故事。我们可以把彼得·德弗里斯的游戏看作对这一情况的实操，游戏的目标是通过一处排字变化来**改进**一个文本。这样的改进不是不可能，但也绝非易事！

这些关于抵达重要地点，关于设计的**改进**，关于在设计空间中上升的种种直觉，是如此强大而又熟悉，但它们可靠吗？或许它们只是前达尔文时代惑乱人心的遗产，认为设计来自一位高高在上的工匠上帝？设计和进步在观念上是何关系？演化理论家们没有对此达成共识。有些生物学家非常严苛，在自己的作品中花费大量篇幅，只为避免有关设计或功能的暗示，而另外一些生物学家，终其一生都在对这样那样的对象（一个器官、各种觅食模式、各式繁殖"策略"等等）进行功能分析。有些生物学家认为，你可以既谈论设计或功能，又不必让自己委身于任何可疑的、有关进步的学说。另外一些科学家则没这么肯定。达尔文是否像马克思高呼的那样，给了"'目的论'以致命的打击"呢？或者，他是否展示了如何根据经验阐明自然科学的"合理的意义"（就像马克思应声而呼时所说的一样），并由此为科学中关于功能性或目的论的探讨构筑了一栋安全之家呢？

设计是否可以度量，哪怕仅仅是间接的、不完善的度量？说来也怪，针对这方面前景的怀疑观点，实际上反倒削弱了针对达尔文主义最有力的怀疑观点来源。正如我在第 3 章中所指出的，对达尔文主义最有力的挑战，总是采取以下形式：达尔文式机械论是否足够强大有效，能在给定的时间内**完成全部的那些工作**呢？全部的哪些工作？如果该问题仅仅关乎可能基因组的排印空间中那些漂变的岔路，那么答案显而易见、无可争议：是的，已有的时间是**远**超所需的。随机漂变积累纯然的排印距离的速度应该能计算出来，由此就可以得出一个速度上限，而不论理论推导还是经验观察，都认为演化的实际速度远小于这个上限。*那些让怀疑者印象深刻的"产品"，并不是各式各样的 DNA 链本身，而是以这些 DNA 链为基因组的、精密复杂之至而

---

* 比如，可参见 Dawkins, 1986a, pp. 124–25 的讨论，其结论是："反过来说，强大的自然选择压力也许会导致快速的演化。这样想其实颇合理。可是我们发现自然选择施展的却是踩刹车的力量。要是没有了自然选择，演化的基础速率，就是最大的可能速率。而所谓演化的基础速率，与突变率是同义词。"（中译参考自《盲眼钟表匠》，王道还译，中信出版社，2014 年，第 134 页。——译者注）

又**设计**得当的生物体。

只孤立地分析基因组，而不关注它们创造出来的生物体，就无法呈现我们所寻找的维度。这就像是用字母字符的相对频率，来界定优秀小说和伟大小说之间的差异。我们必须着眼于整个生物体，并结合它的环境，才能讲到点子上。正如威廉·佩利所见，构成生物的物质安排中汇集了多少足可惊叹的匠心，其运转又是多么顺畅无碍，这才是真正令人印象深刻之处。而当我们着手研究生物体的时候，我们再一次发现，单单一张罗列出生物体各项构件的表格，无法提供我们想要的东西。

复杂性含量和设计含量之间又会是什么关系呢？"少就是多"，建筑师路德维希·密斯·凡·德·罗（Ludwig Mies van der Rohe）如是说。想一想著名的英国海鸥牌（British Seagull）外舷发动机，它堪称简易的典范，在设计上推崇以下原则：不存在，就不会坏。我们想要的，是能够认可——如果可能的话，甚至还能够度量——那种正确的简易性所彰显出的设计卓越性。可哪种简易性才是正确的呢？或者说，什么才是简易性登场的正确**场合**？并非所有场合都正确。有些时候，**多就是多**，英国海鸥牌发动机之所以如此优秀，正是因为它是复杂与简易的巧妙结合；换作一支单桨，就得不到也不该得到如此盛赞。

要想对此有清晰的看法，我们可以先思考一下趋同演化以及它发生的场合。而且就像往常一样，选取极端的——以及想象的——事例是聚焦关键因素的好办法。在这个问题上，人们喜欢思考的一个极端案例是地外生命，而且如果正在进行的地外智慧生命搜寻工作（Search for Extra-Terrestrial Intelligence，SETI）有所发现，那么有朝一日该事例就会从幻想变成现实。如果地球上的生命大都出自偶然——如果地球生命的任何一种出现形式都不过是幸福的意外——那么关于宇宙中其他星球上的生命，我们即便有话可谈，又能谈些什么呢？我们可以列出一些我们有信心确定的条件。这些条件乍一看似乎分为了两个对立的阵营：一边是必要条件，另一边我们可以称之为"明显的"最优解。

让我们先考虑一则必要条件。任何地方的生命，都由可自主新陈代谢的众多实体组成。有些人会说，这是一个"合乎定义"（true by definition）的条件。通过这样定义生命，他们就可以把病毒排除在生命形式之外，而又把细菌保留在这个小圈子里。他们可能有各种充分理由来颁布这一定义，但我认为，如果我们把自主新陈代谢看作形成某种复杂性的一个深层条件（哪怕不完全是必要条件），而这种复杂性正是抵御热力学第二定律那鲸吞蚕食般的效果所需要的，那么我们就能更为清楚地理解其重要性。所有的复杂大分子结构，都有随时间流逝而解体的倾向，所以除非一个系统是**开放**系统，能够吸收新鲜材料来补给自己，否则它的生涯就难以长久。"它靠什么活着"这一问题，虽然在不同的星球上可能会有大相径庭的答案，不过它并没有显露出某种"地球中心"——更不用说"人类中心"——的假设。

该如何看待视觉呢？我们知道，虽然眼睛有多次独立的演化，但视觉在地球上确实并非必要的，因为植物没有视觉也活得很好。不过，我们可以有力地论证以下内容：**如果**一个生物体要通过移动来扩展它的新陈代谢计划，且**如果**移动行为要发生在透明或半透明的、伴有充足环境光的介质中，那么**由于**在远方物体信息的指引下，移动行为可以**效果大增**（促进自保、新陈代谢和繁殖），且**由于**这类信息可以凭借视觉以高保真、低成本的方式获取，所以视觉就很可能出现。所以，如果发现其他（有透明大气的）星球上的移动生物体有眼睛，我们并不会感到惊讶。对于移动的新陈代谢者（metabolizer）来说，眼睛显然是解决其常见的一般性难题的好方案。当然，出于

QWERTY 式的理由，眼睛可能并不总是"可以企及"，但眼睛显然是解决这一高度抽象的设计难题的合理方案。

2. 设计游戏中的逼着

既然我们已经遇到这种在一套普遍的环境状况中显然合理的要求，那我们就可以回过头来，再看看我们讨论必要条件时所涉及的事例。看得出来，自主新陈代谢这一必要条件，可以被简单地重铸为针对**最一般的**生命设计难题的**唯一**可接受的解决方案。你要是想活着，就得吃东西。在国际象棋中，当只有一种走法可以延缓灾难性的后果时，该走法就叫**逼着**。逼出这一走法的不是国际象棋规则，当然也不是物理法则（你随时可以一脚踢翻桌子，然后逃之夭夭），而是休谟所谓的"理性的命令"（dictate of reason）。此时有且只有一个解决方案，这再明显不过，但凡有一丁点儿智力的人都能看得明明白白。任何替代方案都无异于自杀。

除了拥有自主的新陈代谢，任何生物体都还必须有一条或多或少明确的边界，把自己与所有其他事物区分开来。这个条件同样包含一条明显的强制性原理："一旦某个东西有了自保的事情要做，边界就变得重要起来，因为如果你要着手保护自己，你就不想浪费力气企图保全整个世界：你划出了界限。"（Dennett, 1991a, p. 174）[*] 我们会料想，外星移动生物体也具备有效划定的边界，就像地球上的移动生物

---

* 中译参考自《意识的解释》，苏德超、李涤非、陈虎平译，中信出版社，2022 年，第 215 页。——译者注

体一样。这是为什么？（为什么在地球上会这样？*）假如可以不计较成本，那么面对穿行于相对稠密液体（比如水）的生物体身上的流线型设计，人们可能就不会深表赞赏了。但成本总是要计较的——热力学第二定律确保了这一点。

所以，至少有些"生物学上的必要条件"可以被重铸为解决最一般难题的明显方案，即设计空间中的逼着。在这些情况下，由于这样或那样的原因，完成任务的方式只有一种。不过原因可以有深浅之别。深层原因是物理法则（比如热力学第二定律）、数学定律和逻辑法则的约束。† 浅层原因则只是历史性的。曾有两种或两种以上的方法可以解决这一难题，但现在，某个古老的历史意外已经让我们走上了一条特定的道路，只有一种方法稍可企及；它已经成为一个"实质上的必要条件"，一个所有实践目的都需要的必要条件，这是我们手头的牌所规定的。其他选项已不再是真正的选项。

这种偶然与必然的结合，是生物学规律的一个显著标志。人们常常想问："情况之所以会这样，是大体上仅仅出于偶然，还是说我们可以认为其中包含某种深层的必然？"答案几乎永远都是：二者皆然。但还须注意，与随机、盲目的生成概率十分相合的那种必然，乃是理性的必然。它是一种目的论意义上不可避免的必然，是一种命令，亚里士多德称之为实践推理，康德称之为假言命令：

---

* 原文 Why on Earth？还有"到底为什么？"的意思。——译者注

† 纯粹逻辑法则的约束是深层的还是浅层的？我猜两种情况都有，视乎约束的明显程度。诺曼·埃勒斯塔德在其《少年为什么比他们的父母体格小？》（Ellestrand, 1983）一文中对适应论的思路进行了一番有滋有味的戏仿，一本正经地考察了 JSS（少年小号服饰）之所以会存在的各种"策略性"原因。文章在结尾部分颇具胆识地对未来的研究进行了展望："尤其需要注意的是，还有一个少年特质甚至比 JSS 更加广泛，而且理应得到理论上的关注，这一值得深思的特质就是，少年似乎总是比他们的父母年轻。"

考虑到目前的情况，如果你**想要实现目标 G**，这就是你**必须做的事情。**

越是普遍的环境状况，与之相应的必要条件也就越普遍。因此，发现其他星球上的移动生物有眼睛的时候，我们并不会感到惊讶，可假如我们发现有些物体为了各种各样的计划而四处奔波，却又没有任何的新陈代谢过程，那就不会只是感到惊讶了，我们会彻底目瞪口呆。现在让我们思考一下，会让我们惊讶的相似点和不会让我们惊讶的相似点有何差别。假设地外智慧生命搜寻工作撞了大运，跟另一个星球上的智慧生物建立了联系。当发现它们所用的算术和我们的相同时，我们并不会感到惊讶。为什么不会惊讶呢？因为算术是**正确的**。

难道就不可能存在多种同样优秀的算术体系吗？马文·明斯基（Marvin Minsky）是人工智能的创立者之一，他曾考察过这个有趣的问题。在一番才华横溢的推论后，他的答案是"不可能"。在《为什么有智慧的外星人是可理解的？》一文中，他提出了若干依据，来说明为什么要相信他所谓的

稀少原则［Sparseness Principle］：只要两个相对简单的进程有相似的产品，这些产品就可能完全相同！［Minsky, 1985a, p. 119. 感叹号为原作者所加］

请设想一个由**所有可能进程**组成的集合，明斯基仿照巴别图书馆，把该集合阐释为所有可能计算机的所有排列情况。（可以把每一台计算机都抽象地识别为某台"图灵机"，然后给每台计算机分配一个识别编号，并将它们按照编号顺序排列，就像巴别图书馆中的书籍按照字母顺序排列一样。）除却微乎其微的少数，这些进程中漫无际

涯的多数"几乎什么都不做"。所以，如果你发现有"两台"做了某件相似（且值得关注）的事情，那么在某个分析层面上，它们就几乎一定是同一个进程。明斯基把这一原则运用到了算术上：

> 综上所述，我的结论是：只要在各种最为简单的进程中搜查一番，很快就会发现有些片段并非仅仅像是算术，它们**就是**算术。这不是什么创造性或想象力的问题，而只是一个关于计算宇宙［universe of computation］的地理事实，计算宇宙的世界所受到的约束要远远多于现实事物所受到的约束。（Minsky, 1985a, p. 122）

这个道理显然不仅适用于算法，还适用于所有"必然的真理"（necessary truth）——柏拉图以来的哲学家们称之为先验知识。正如明斯基（Minsky, 1985a, p. 119）所说："每当有一个计算系统在可能进程的宇宙中凭借选择而得到演化，我们就几乎总是可以期待出现一定的'先验'结构。"柏拉图关于转世和记忆的理论令人好奇，它为我们先验知识的来源提供了一种解释，常常有人指出该理论与达尔文的理论存在显著的相似性。要是按照我们目前的观点来看，这种相似性就会分外显著。达尔文本人的一本笔记中有一段著名评论提到了这种相似性。有人称柏拉图认为我们的"必然观念"出自灵魂的预先存在，达尔文对此评论道："到猴子身上去找预先存在吧。"（Desmond and Moore, 1991, p. 263）

那么，当我们发现地外生命像我们一样毫不动摇地坚持"2+2=4"之类的算术时，我们不会感到惊讶，可假如我们发现它们使用十进制来表达它们算术真理的内容，我们就不免会感到惊讶了，对吧？我们倾向于相信，自己对十进制的喜好是某种历史意外，是由于我们用两只有五根指头的手来计数。那就假设这地外生命也有一双手，每只手也有五个子单位。"有啥用啥"是一个明摆着的计数"方案",哪怕它不全然是一步"逼着"。*如果我们发现外星人有一**双**适于抓握的附肢,也没什么特别好惊讶的——想想那些要求生物身体对称的有力理由,再想想那些需要两个身体部位协同处理的难题的出现频率。不过,每个附肢有五个子单位这件事,看起来则像是一种有亿万年根底的 QWERTY 现象——一个纯属偶然的历史事件约束了**我们的**选择,却不能认为它约束了外星生命的选择。可我们也许低估了拥有五个子单位的正确性与合理性。也许出于某些我们尚未了解的原因,拥有五个子单位总的来说是个好主意,而不仅仅是某种我们无法摆脱的东西。所以,当我们发现跟我们接洽的外太空生物与我们所见略同,也有同样的好主意,并且用十、百、千来计数的时候,也没什么好大惊小怪的。

然而,要是我们发现它们和我们使用一模一样的符号,即所谓的阿拉伯数字:"1""2""3"……那我们就得惊掉下巴了。我们知道,光是在地球上就有完美的替代品,比如阿拉伯文的数字"١""٢""٣""٤"……还有某些不太好用的替代品,比如罗马数字"ⅰ""ⅱ""ⅲ""ⅳ"……假如我们发现其他星球上的居民使用我们的阿拉伯数字,我们就很有把握认定这并非巧合——其中**必定**有历

---

* 西摩尔·佩珀特(Papert, 1993, p. 90)描述了他对一名"学习障碍"男童的观察,当时这孩子所在的课堂禁止用手指计数:"他当时坐在资源教室里,我能看出他非常想摆弄手指。但他懂的可不止这些。我随后看到他环顾四周,想找些其他什么东西来计数,可身边没有能用的东西。然后我看到他的失望情绪越来越重。我能做些什么呢?……灵感来了!我漫不经心地走到他跟前,大声说:'你考虑过自己的牙齿吗?'我马上从他的表情看出他听懂了我的意思,而助手的表情则表明她没听懂。'确实有学习障碍!'我心想。男孩一脸窃喜地开始算数,显然对这个颠覆性的想法感到高兴。"(在把"有啥用啥"当作一种可能的逼着时,请别忘了并不是所有地球人都使用十进制;比如玛雅人就使用一种以二十为基础的计数系统。)

史联系。为什么这么说？因为，那些没有任何**理由**可以分出高下的所有可能数字形态凑在一起，所组成的空间是漫无际涯的；而两次独立的"探索"抵达同一终点的可能性则微乎其微。

学生们往往要颇费周折才能分清数与数字。数是抽象的、"柏拉图式的"对象，而数字则是其名称。阿拉伯数字"4"和罗马数字"iv"不过是相同事物的不同**名称**，都指的是 4 这个**数**。（不使用这样那样的命名方式，我就无法谈论数字，就像我不用字词来指称就无法谈论克林顿，但克林顿是人，不是字词，而数也不是符号——数字才是。）以下情况生动表明了区分数和数字的重要性；我们刚刚看到，发现地外生命和我们使用一样的**数**是**不足**为奇的，但如果它们使用同样的**数字**就简直不可思议。

在一个漫无际涯的可能性空间中，**除非有某种理由**，否则两个独立选出的元素之间相似的概率是微乎其微的。数有这种理由（算术是**正确的**，而算术的各类变种则不是），数字则没有这种理由（作为 4 之后那个数的名称，符号"§"与符号"5"在功能上别无二致）。

假设我们发现地外生命和我们一样，用十进制来处理最不正式的事务，但在用机械义肢装置（计算机）来辅助计算的时候则会转换到二进制算术。我们不会惊讶于地外生命在自己的计算机上（假设这些地外生命已经发明了计算机！）使用 0 和 1，因为使用二进制的工程**理由**非常充分，尽管这些理由并非一望可知，但大概仍是平均水平的思考者力所能及的。"你不必成为一名火箭专家"也能领会二进制的优点。

总的来说，我们会料想，在各种**得当**处置事物的方法中，有许多已经被这些地外生命发现。不论在什么地方，只要有多种不同的方法可以达成目的，且这些方法不相上下，那么当我们发现地外生命的方法与**我们的**相同时，我们的惊讶程度就与我们认为存在的不同方法的数量成正比。请注意，即使是在我们思考数量漫无际涯的**等效方法**的时候，也有一个隐含的价值判断。备选项要想得到认定，要想被归入这些漫无际涯的集合中的一个，它们就必须是被看作同等优秀的方法，看作**施展功能** x 的方法。在这类考察中，功能主义思维简直不可或缺；不预设一个功能概念，你就连列举这些可能的选项都做不到。（现在我们可以看到，即便我们在论述孟德尔图书馆时，有意进行了清洁消毒的形式化处理，我们也还是援用了功能性的预设；不把基因组看作可能在生殖系统中发挥具体功能的事物，我们就不能把某物识别为一个**可能的基因组**。）

所以就会有实践推理的种种一般原则（包括其更为现代的面貌，**成本效益分析**），这些原则能够被可靠地运用于任何地方的一切生命形式。我们可能会在具体情况上有所争论，但这些原则总的适用性却是无可争议的。诸如移动者身体的两侧对称，或者位于前端的嘴部这样的设计特征，应该主要解释为一种历史偶发性，还是一种实践智慧？唯一有待讨论或探究的议题，就是这二者各自的贡献，以及不同贡献在历史上的先后顺序。（别忘了，对实际上的 QWERTY 现象来说，人们起初也是由于无可指摘的工程**理由**才选择了这一设计——不过支撑这一理由的现实状况早就不复存在了。）

现在，可以说设计工作——吊升——的特性就在于探索好的办法来解决"出现的难题"。有些难题一开始就存在，面向所有环境、所有条件和所有物种。面对这些最先出现的难题，不同物种都进行了"尝试解决难题"的最初努力，继而造成了进一步的难题。次生难题有些是其他物种的生物体造成的（它们也必须谋生），有些则产生于某物种用来解决自身难题的方案。比如，由于某一个体——也许是以抛硬币的方式——决定在**这个**区域内寻找解决方案，因而该个体所面临的就不再是难题 A，而是难题 B，相应的子难题就从 x、y、z 变为了 p、q、r，诸如此类。我们是否应该以这样的方式把一个物种人格化为一个行动者或实践推理者（practical reasoner）？（Schull, 1990; Dennett, 1990a）抑或反之，我们可以选择把物种看作全然没有心灵的非行动者，并把这条原理放入自然选择的过程本身（或许我们可以打趣地将其人格化为大自然母亲）。回想一下弗朗西斯·克里克关于演化的嘲弄之语吧，他说演化比你聪明。或者，我们可以选择从这些生动的表达方式中完全抽身出来，不过无论如何，我们所做的分析都会有相同的逻辑。

这正是"设计工作在某种意义上是智识工作"这一直觉背后的东西。只有当我们开始为其加上**种种理由**的时候，设计工作才是可识别的（否则它不过是不断漂变的基因组无法解释的排印）。[在先前的著作中，我把这描述为"自由浮动的理由"（free-floating rationale），该术语明显在许多本该感觉良好的读者身上引起了恐惧或恶心。且稍为忍耐，我很快就会用更顺耳的方式来论述这些观点。]

所以佩利是对的，他不光指出设计是一种有待解释的绝妙事物，还指出设计要用到智能。他唯一缺失的东西，也是达尔文提供的东西，是以下观念：这个智能可以被拆分成零碎儿，这些零碎儿过于微小、愚蠢，以至于完全不能算作智能，而它们身处算法过程那巨大的连通网络里，散布在空间和时间之中。工作必须完成，但完成的是哪项工作则很大程度上是个偶然的问题，因为偶然帮助决定了是哪些难题（以及子难题和子子难题）会得到这个机制的"处理"。每当我们发现一个难题得到解决，我们就可以问：是谁，或者什么东西，做了这项工作？何时何地？解决方案是在本地开发的，还是在很久以前就开发了，或是以某种方式从树上的其他枝条借来（或偷来）的？如果该解决方案展现出的种种独特性只能来自之前解决某些子难题的过程，并且这些子难题位于设计空间中那棵树上某个显然很遥远的枝条上，那么排除不可信的宇宙级奇迹或巧合，这里就必定发生过某种复制事件，把那份已完成的设计工作挪到了它的新位置上。

设计空间中没有单一的顶点，也没有由标准化步骤组成的单一阶梯或梯级，所以我们不能指望找到某种尺度，跨越相距甚远的不同演进分支，来进行设计工作量的比较。多亏了变化多端、另辟蹊径的不同"已采纳方法"，在某种意义上算是同一个难题的情况既有困难解法，也有简单解法。数学家、物理学家（以及计算机的共同发明者）约翰·冯·诺伊曼，有着堪称传奇的心算能力，能以闪电般的速度进行海量计算。他有一个著名的故事。（就像所有家喻户晓的故事一样，本故事有许多版本，我选了最有助于我立论的版本。）有一天，一名同事拿着一道题来问他。这道题有两种解法，一种解法复杂烦琐、费时费力，另一种解法简洁优雅、让人恍然大悟。这名同事有个理论：在解这道题的时候，数学家会使用费时费力的解法，而（更懒惰，但也更聪明的）物理学家则会先停一停，然后发现快捷简易的解法。冯·诺伊曼发现的是哪种解法呢？你肯定熟悉这类题目：两列在同一条铁轨上相向而行的火车相距100英里[*]，其中一列火车的速度是每小时30英里，另一列的速度是每小时20英里。一只鸟以每小时120英里的速度从 A 火车出发（此时两列火车相距 100 英里），飞到 B 火车，然后又转身飞回驶来的 A 火车，如此往复，直到两列火车相撞。请问，两列火车相撞时，这只鸟一共飞了多远？"240 英里。"冯·诺伊曼几乎立刻做出了回答。"可恶，"他的这名同事答道，"我还以为你会用困难的方法解题。""唉！"冯·诺伊曼尴尬地喊出了声，使劲拍着自己的脑门，"还有个简单解法！"（小提示：两列火车相撞要用时多久？）

---

[*]　1 英里 ≈1.6 千米。——编者注

眼睛是"一个难题，多次解决"的标准事例，不过看上去或许一模一样的眼睛（它们看到的也一模一样）却可能是由工作量不同的研发计划完成的，这是由于在演化之路上遇到的困难有其历史独特性。至于那些没有眼睛的生物，在任何有关设计的绝对尺度上，既不更好，也不更坏；它们的支系刚好从来没遇到过这个难题，所以也就谈不上解决了。正是各种支系在**运气**方面的不同，让我们无法界定一个单一的阿基米德支点，并凭借它来度量全局的过程。这个过程就好比你的车坏了，而且这次的问题很复杂，你无法像过去对付自己那辆破旧老爷车那样，光靠自己就把它修好，所以就必须雇一位开价高昂的机械师，你也就得再打一份工来支付维修费用，对吧？这谁说得准呢？有些支系被困在（或者说有幸漫步于——你自己选个说法吧）设计空间中的某条路径上，其中复杂性招致了更多的复杂性，无异于一场军备竞赛，看哪个设计更有竞争力。其他一些支系则十分走运（或者说十分不走运——你自己选个说法吧），碰巧在一开始就发现了解决生命难题的相对简单的方法，而且自从在十亿年前搞定了难题，它们在设计工作之路上就没太多事情可做了。我们人类作为复杂的生物，倾向于欣赏复杂性，但这可能不过是一种审美偏好，与我们自己的支系类型相伴而生；其他的支系则可能就像蛤蜊一样，对自己的那份简洁感到满足。

3. 设计空间的统一性

> 不同语言和各色物种的形成，以及表明二者的发展都经历过一个渐进过程的种种证据，都同样使人好奇。
>
> ——查尔斯·达尔文（Darwin, 1859, p. 59）

大家一定已经察觉到了，我在本章选用的例子在两个领域之间徘徊，一方面是生物体或生物设计的领域，另一方面是制造品的领域——书籍、得到解决的难题、在竞争中获胜的工程。这样做当然是出于设计，而非偶然。所有这些都是为了给一次"火力齐射"做好铺垫、备足弹药：**设计空间只有一个，其中每个实有事物都与其他所有事物统而为一。**不消说，教给我们这个道理的正是达尔文，不论他有没有明确认识到这一点。

现在我想回到已经被我们火力覆盖的区域，点明这一主张的证据，进一步提取它所具有的几个意涵，说明它可信性的依据。在我看来，种种相似性和连续性极为重要，但在之后的章节中，我也会指出某些重要的不相似性，这些不相似性位于两方之间，一方是设计世界中由人类制造的部分，另一方的创造则没有受惠于我们人类制造者用于解决难题的那种局部聚焦的、有预见性的智能。

我们一开始就注意到，孟德尔图书馆（其形式是以字母 A、C、G、T 组成的印本）包含在巴别图书馆中，但我们也应该注意到，巴别图书馆的至少很大一部分（哪个部分？参见第 15 章）反倒也"包含"在孟德尔图书馆中，因为**我们**处在孟德尔图书馆中（里面有我们的基因组，也有我们生命赖以存续的所有生命形式的基因组）。巴别图书馆描述了我们"扩展的表型"（extended phenotype）中的一个方面（Dawkins, 1982）。那就是，就像蜘蛛织网、河狸筑坝一样，我们制造书籍（先不提各种其他东西）。你在评估蜘蛛基因组的可行性时，不能不考虑作为其常规装备组成部分的网；你在评估我们基因组的可行性时（收手吧，你评估不了），不能不认识到我们是具有文化的物种，认识到我们文化中一个代表性的组成部分以书籍形式存在。我们不只被设计，我们还是设计者，并且我们作为设计者的所有才能，还有我们的产品，都必定以一种并非奇迹的方式，产生于**这样那样的达**

尔文式机制下的种种盲目而又机械的过程。从原核支系的早期设计探索，到牛津教员们的数学探究，要用到多少层层堆叠的起重机？这是达尔文式思维提出的问题。而提出反对意见的人们总是认为，就在原核生物和我们最珍贵的图书馆馆藏之间的某处，必定存在着某些不连续性——天钩，某些特创时刻，或是别的什么奇迹。

这些东西确实可能存在——我们会在后文以多种不同的方式考察这一问题。可我们确实看到了各种深层的平行现象；在相关实例中，完全相同的原则，完全相同的分析或推论策略，同时适用于两个领域。这些原则和策略的出处还有很多。

比如，想想达尔文率先使用的特定类型的历史推论方式吧。正如斯蒂芬·杰·古尔德强调的那样（例如 Gould, 1977a, 1980a），正是种种不完善，正是看似莫名其妙地缺少了完备的设计，才最能证明存在着一个"带有变异的传衍"的历史过程；这些现象最能证实，相关的设计是出自复制，而非再发明。我们现在可以更好地理解这些证据为何如此有力。两个独立过程在设计空间中不抵达同一区域的概率是大到漫无际涯的，除非该区域中的设计元素具有显而易见的正确性，是设计空间中的一步逼着。完美的设计会一次又一次被独立实现，尤其是当它显而易见的时候。近乎完美而又各具特点的**诸版**设计，则是复制现象的确凿明证。在演化论中，这样的特征被称为**同源性**：不同的特征是因为复制才相似，而不是由于功能性的理由才非此不可。根据生物学家马克·里德利的观察，"许多往往分别提出的演化论证，被还原为了同源性论证的一般形式"，随后他提炼出了这种论述的本质：

哺乳动物的听小骨是同源性的一个例子。听小骨与某些爬行动物的颌骨同源。形成哺乳动物听小骨的，不一定非得是形成了爬行动物颌部的那些骨头；但事实就是如此……不同物种共有某些同源性，这一事实支持了对于演化的论证，因为如果它们是被分别创造出来的，那么就**没有理由能说明为什么**［强调为引者所加］它们会表现出同源相似性。（Mark Ridley, 1985, p. 9）

生物圈内就是如此，文化圈内的抄袭、产业间谍活动以及老实本分的**文本修订**亦是如此。

有一个令人好奇的历史巧合：正当达尔文奋力工作，以求透彻理解这种典型的达尔文式推论模式之时，在英国，还有尤其在德国，一些与他同处维多利亚时代的人，已经在**古文书学**或**语文学**的领域内，让同一种大胆而又具有独创性的历史推论策略臻于完善。我在本书中已经几次提到柏拉图的作品，但柏拉图的作品竟有可供我们阅读的版本存世，这本身就是"一个奇迹"。他的《对话录》的所有文本，实质上已经失传一千多年了。当这些文本在文艺复兴时期的黎明，以各种破损、存疑、残缺的形式，作为副本的副本的副本，从天晓得什么地方再次浮现的时候，长达五百年抽丝剥茧的学术研究也就随之开启，旨在"净化文本"并建立起直通最初源头的确切信息链环。这里的最初源头当然就出自柏拉图之手，或出自记录他口述内容的抄写员之手。这些原稿按理说很久以前就化为尘土了。（如今人们发现了一些写有柏拉图文本的纸莎草纸残页，其中的文本片段大致可能和柏拉图本人处在同一时代，但由于这些片段才刚发现不久，它们还未在学术研究中起到重要作用。）

学者们面临的任务令人望而生畏。各种还未绝迹的副本［所谓的"见证本"（witness）］中显然有许多"讹误"，这些讹误和其他错误必须被修正。但还有许多真实性存疑的片段，它们令人困惑也好，使人兴奋也罢，孰真孰假已经不能再去问作者了。如何妥善区分这些文本呢？这些讹误多少可以按照明显程度来分级：（1）排印错误*；（2）语法错误；（3）愚蠢或莫名其妙的表达；（4）仅仅在风格或学说层面跟其他柏拉图作品不相似的言语片段。到了达尔文的时代，那些终其一生致力于为见证本重塑谱系的语文学家，不仅建立起了种种精细且——对他们那个时代而言——严谨的比较方法，而且成功推断出了副本的副本的整个支系，推导出许多关于这些副本的诞生、复制和最终消亡的有趣史实。通过对诸多现存文献（牛津大学博德利图书馆、巴黎、维也纳的国家图书馆、梵蒂冈等地悉心保存的羊皮纸珍藏）中的共同错误和非共同错误进行模式分析，他们得以推出种种假说，推测曾经有过多少不同的副本，测算其中一些副本必定出现的大致时间地点，判别哪些见证本拥有相对晚近的共同祖先，哪些见证本则没有。

语文学家的作品在推论方面的勇气有时完全不逊于达尔文的任何论述：一组特定的书写错误，未经纠正就被再次复制进了一个特定支系中的所有后代，这几乎一定是由于记录口述内容的抄写员的希腊语发音方式与朗读者的不同，结果多次听错了一个特定的音位！这样的线索，加上希腊语言史中其他方面的证据，甚至可以让学者们知晓是哪座希腊岛屿或山峰上的哪座修道院，在哪个世纪，充当了这组异文的创造现场——即便彼时彼地产生的那卷实有的羊皮纸文献早已屈服于热力学第二定律，化为尘土了。†

---

* 尽管这里涉及写本，作者仍坚持使用"排印的"（typographical）一词来指代字符层面的问题。——译者注

† 学术研究还在稳步推进。在计算机的协助下，更晚近的研究者们证明："研究柏拉图写本构成与传抄的 19 世纪模型太过简化，必须视为错误的。该模型的原初形式假设所有现存的写本都直接或间接地复制了现存最古老的三个写本中的一个或多个，而且都是逐字逐句的复制；因此，更晚近写本中的异文要么被解释为抄写讹误，要么被解释为武断的修正，这些异文随着每个新副本的出现而逐渐积累……"（Brumbaugh and Wells, 1968, p. 2；这篇导论提供了一幅研究现状的生动画面。）

达尔文从语文学家那里学到过什么东西吗？有语文学家发现达尔文重新发明了他们所用的一种轮子*吗？尼采本人是这些博学多识的古代文本研究者中的一员，也是被达尔文热潮所席卷的众多德国思想家之一，但据我所知，他从没有注意到达尔文的方法和他同事们的方法之间的亲缘关系。达尔文自己在晚年深切地感受到，自己的论述与那些研究语言谱系（专门研究柏拉图的学者与此不同，他们研究的是特定文本的谱系）的语文学家的论述十分相似。在《人类的由来及性选择》（Darwin, 1871, p. 59）中，他明确指出，二者都区分了同源性和可能由趋同演化导致的类似性："我们在各种不同的语言之中，既可以发现由于共同的来源而产生的显著同源性，也可以发现由于相似的形成过程而产生的类似性。"

许多不同的标志都可以直观地突出一段共有历史的存在，不完备或错误不过是其中的两类特例而已。偶然所具有的作用可以在一段设计工作中让选定的路径发生偏转，从而实现同样的效果，却又不产生任何错误。有一个切题的例子：1988年，有人给伟大的天文史学家奥托·诺伊格鲍尔（Otto Neugebauer）寄去了一张希腊纸莎草纸的照片，纸上带有一栏数字。寄来照片的古典学家想弄清楚纸莎草纸上这块内容的意义，却又找不到头绪，所以想看看诺伊格鲍尔对此有何见解。这位89岁的学者验算了每行数字之间的差异，并找出了它们的最大值和最小值，然后断定这张纸莎草纸上的内容是对"栏G"的节译，而"栏G"来自一块巴比伦的楔形文字泥版，上面记载了巴比伦的太阴历"系统B"。（星历，就像**航海历**一样，是一种表格系统，用以计算某个天体在特定周期内每一时刻的位置。）诺伊格鲍尔如何**能**

---

* "重新发明轮子"是软件开发和其他工程领域常用的一种说法，指重新创造出一种已有的或者已经被优化得相当成熟的基本方法。——译者注

够做出这番夏洛克·福尔摩斯式的推理？基本思路：他认出这些用希腊语写成的内容（一连串的六十进制——而非十进制——数字）是一个节选——栏 G！该节选来自一套对月亮位置的高精度计算，而这套计算是巴比伦人之前完成过的。计算星历的方式有很多，诺伊格鲍尔知道，任何人只要是独立算出过他们自己的星历，使用他们自己的系统，那就不会得出和别人恰好一样的数字，尽管这些数字可能很接近。巴比伦的系统 B 非常优秀，因而十分庆幸的是，该设计在翻译中被保留了下来，其各项特点依然纤毫毕现（Neugebauer, 1989）。[*]

诺伊格鲍尔固然是一位伟大的学者，但你或许也能有样学样，一展身手，来一场类似的推理。假设有人寄给你以下文本的复印件，并问了相同的问题：它说的是什么意思？它可能从哪儿来？

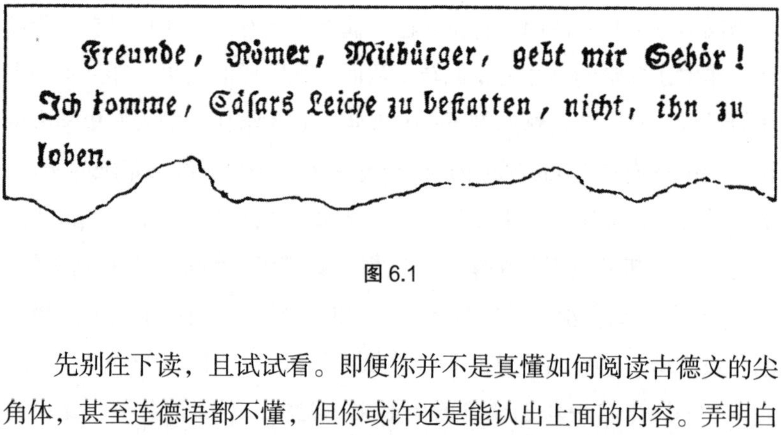

Freunde, Römer, Mitbürger, gebt mir Gehör! Ich komme, Cäsars Leiche zu bestatten, nicht, ihn zu loben.

图 6.1

先别往下读，且试试看。即便你并不是真懂如何阅读古德文的尖角体，甚至连德语都不懂，但你或许还是能认出上面的内容。弄明白了吧？真是绝活儿，令人钦佩！诺伊格鲍尔虽有他的巴比伦栏 G，可

---

* 我很感激诺尔·斯沃德洛（Noel Swerdlow）。在 1993 年 10 月 1 日举行的塔夫茨哲学研讨会上，他做了题为"托勒密行星学说的起源"（"The Origin of Ptolemy's Planetary Theory"）的报告，并在随后的讨论中讲了这个故事。后来他又向我提供了诺伊格鲍尔的论文，还解释了这篇文章的可取之处。

你无疑也决断迅速，认出这片残页必定是一部伊丽莎白时代悲剧中某些内容的德语译文的一部分（准确地说是《裘力斯·恺撒》第三幕第二场的第 79–80 行）。一旦你这么想了，你就会发现它几乎不可能是别的什么东西！这一连串的德文字母在其他情况下不被串联在一起的概率是大到漫无际涯的。为什么？这一串符号承载着怎样的特殊性？

尼古拉斯·汉弗莱（Nicholas Humphrey, 1987）以一种更为激烈的方式生动呈现了该问题：如果你被迫要把以下杰作中的一个"彻底销毁"，你会选哪个：牛顿的《自然哲学的数学原理》、乔叟的《坎特伯雷故事集》、莫扎特的《唐璜》还是埃菲尔铁塔？"如果被迫要做出选择"，汉弗莱答道：

> 至于该选哪一个，我几乎没什么疑虑：非《自然哲学的数学原理》莫属。为何选它？因为在所有这些作品中，只有牛顿的作品是**可替代的**：如果牛顿没有写出这本书，那么就会有另一个人写出来——可能就在几年之内……《自然哲学的数学原理》是人类智慧的不朽丰碑，而埃菲尔铁塔只是一个相对次要的大型浪漫工程；但事实是，埃菲尔以**他的**方式完成作品，牛顿却只是以上帝的方式完成作品。

牛顿和莱布尼茨关于谁先发现微积分的争吵广为人知，而且你还不难想象牛顿与另一个同代人争吵，争论应该是谁先发现了万有引力定律。但举个例子，要是从来没有过莎士比亚这个人，那就没有其他什么人能写出他的戏剧和诗歌了。"C.P. 斯诺在《两种文化》中称赞伟大的科学发现是'科学中的莎士比亚'。但在某种意义上，他根本就是错的。莎士比亚的戏剧就是莎士比亚的戏剧，不属于别的什么人。科学发现则相反，它们最终不属于任何一个特定的人。"
（Humphrey, 1987）凭直觉来看，其中的差别就是发现与创造之别，不过我们现在有更好的理解方式。对一方来说，设计工作指向一步妙着或逼着，可以看出，这一步走在了设计空间中一个得天独厚的位置上，而且从多个起点出发、经由多种路径都可以走到这个位置；对另一方来说，设计工作的杰出在很大程度上更有赖于对诸多历史偶然的利用（和放大），正是这些偶然塑造了设计工作的行进轨迹，对于这样的轨迹，公交公司的标语都不免显得轻描淡写：旅程之乐，胜于到站。

我们在第 2 章中看到，即便长除法的算法也可以引入随机性或任意的个性化内容——随机选择一个数字（或者选你喜欢的数字），然后检验一下，看它是不是"正确的"数字。但你实际做出的个性化选择会在过程中被抵消，在最终的正确答案中不留一点痕迹。另外一些算法可以把随机选择纳入它们最终产物的结构之中。设想一个诗歌写作算法——如果你非要坚持说它是打油诗写作算法，那也可以——开始运行："从词典中任选一个名词……"这样的设计过程所产生的东西可以既全然受制于质量控制——选择压力，但同时也如假包换地带有可以表明它特定创造史的标记。

汉弗莱所做的对比非常鲜明，但他描绘问题的生动方式却可能造成误导。科学不同于艺术，科学的旅程——有时是竞赛——有着明确的目的地：设计空间中特定问题的解决方案。但科学家确实会像艺术家一样关心所选的路线，并且会对"弃牛顿之实际工作，取牛顿之最后结果（无论如何，最终总会有人带领我们实现这一结果）"的想法感到胆寒。他们关心实有的轨迹，因为用在轨迹上的方法往往可以再次使用，服务于其他旅程；好的方法是一台台起重机，可以借来在设计空间内的其他地方执行吊升任务，但不能忘了声明其来源并致以感谢。在极端情况下，一位科学家开发的起重机可能远比它所完成的特定吊升工作有价值。比如，一段证明可能只论证了一个无关紧要的结论，却开辟了一种价值巨大的新数学方法。数学家们认为，针对已证问题的一种更简洁、更精妙的证明具有很高的价值——这是一台更高效的起重机。

在这个语境下，可以认为哲学游荡在科学和艺术之间。路德维希·维特根斯坦的主张广为人知，他强调哲学研究中的过程（论证与分析）比产品（推出结论、捍卫理论）更重要。虽然这一主张备受争议（我认为理应如此），许多参与争论的哲学家渴望解决真正的问题，而不只是沉溺于无休无止的意义疗法*，但即使是他们也会承认，我们永远不会想把有些过程销毁殆尽，哪怕没人会接受其结论，例如笛卡儿"我思故我在"的著名思想实验；这个直觉泵实在是太过精致漂亮了，哪怕它抽出的全是谬误（Dennett, 1984, p. 18）。

你成功算出了两个数相乘的结果，这为什么不能申请专利呢？因为谁都能乘对。这是一步逼着。任何一次不需要天才参与的探索发现活动也都属于这类情况。创造出各种表格，以及海量的其他日常事务性（却又极费劳力）的打印资料的人们，如何让自己免遭复制者们肆无忌惮的袭用？他们有时候会设下陷阱。比如，我得知，为了防止竞争对手们直接剽窃自己所有来之不易的事实信息，用来出版他们自己的传记百科全书，英国《名人录》（Who's who）的出版方悄悄添加了几个纯属伪造的条目。一旦某个伪造条目出现在竞争对手的书里，你就能确定对方剽窃：如有雷同，绝非巧合！

---

* 意义疗法（logotherapy）由心理学家维克多·弗兰克（Viktor. Frankl）创立，是一种着重引导就诊者寻找生命意义的心理学疗法。作者在这里用意义疗法喻指一种倾向，即片面关注研究对象的意义和重要性等话题，而不切入"真正的问题"。——译者注

从整个设计空间的更大视角来看，可以把抄袭罪定义为**盗窃起重机**。某人或某物做了某些设计工作，由此创造的某些东西有助于进一步的设计工作，因而也对任何正在从事设计工作的人或事物有价值。在我们的文化世界中，行动者之间的设计传递经由许许多多的传播媒介实现，获取其他"店家"开发的设计是司空见惯之事，几乎是文化演化的典型标志（第 12 章将以此为话题）。生物学家们曾普遍假定，这样的传递活动在遗传世界中是不可能的（直到基因工程的黎明到来）。你可能会说，其实这已经是"官方教条"了。最近的研究则表明并非如此——不过还是要等时间来证明一切；教条一向不会引颈受戮。玛丽莲·霍克（Marilyn Houck et al., 1991）发现的证据表明，大约 40 年前，在佛罗里达或中美洲，一只以果蝇为食的小小螨虫碰巧刺破了一粒威氏果蝇（*Drosophila willistoni*）的卵，并在此过程中摘取了该物种的某些特色 DNA，之后又无意间将其传递给了一粒（野生）黑腹果蝇（*Drosophila melanogaster*）的卵！这就可以解释为什么一种威氏果蝇普遍拥有，而在黑腹果蝇种群中却前所未闻的特定 DNA 成分，会在野外激增。她可以加上一句：这还能有何解释？这看起来的确是一场物种抄袭。

其他研究人员正在自然（与人工相对的）遗传世界中考察可能让设计快速旅行的载体。如果他们真的找到了，这些载体就会是迷人却又无疑稀少的例外，它们不同于正统模式，即遗传设计只通过直系后代的链条传递。*上文指出，我们往往倾向于让正统模式的特征，与我们在无拘无束的文化演化世界中所发现的东西形成鲜明的对照，可

---

* 转移到这些果蝇身上的遗传成分是"基因组内寄生物"（intragenomic parasite），并可能对其宿主生物体的适应性有负面作用，所以我们不应该对此抱有不切实际的希望。参见 Engels, 1992。

即便是在遗传世界中，我们也能探测到对运气和复制这对组合的强大依赖。

想想巴别图书馆中所有那些永远不会写成的好书妙书吧，纵使那些能够创造它们的过程并没有违背或省略自然法则，可还是无济于事。想想巴别图书馆中某一本你自己可能很想去写，并且只有你能写的书，比如一部关于你童年生活的自传体故事，它诗意盎然，给所有读者带去泪水与欢笑。我们知道，巴别图书馆中恰好具备这些特征的书籍数量漫无际涯，每一本只需敲击按键 100 万次即可写成。就算你磨磨蹭蹭，一天只敲 500 下，整个计划用时也不到 6 年，其中还包括充裕的假期时间。那么，是什么让你止步不前了呢？你的手指很管用，你文字处理机上的所有按键也都清清爽爽、互不干扰。

没有什么东西让你止步不前。也就是说，**并不必然**有什么可辨识的力量，物理、生物、心理方面的法则，或是让你明显失去写作能力的情况（比如有一把斧子嵌在你脑子里，或是有一位动真格的威胁者正拿枪指着你）。有数量漫无际涯的书是你永远不会"无缘无故"写成的。由于你生命中迄今无数特定的曲曲折折，你就是没能碰巧产生合适的倾向，从而不能组合出那些敲键的顺序。

如果我们想要取得某种视角——当然，这视角是有限的——以便审视有哪些样板（pattern）参与创造了你的写作倾向与脾性，我们就得考虑你读过的书籍向你传递的设计。在这个世界上的图书馆中实际存在的书籍，不仅高度依赖于其作者的生物学遗传状况，还高度依赖于先于它们出现的书籍。这种依赖在每个转折点上都会受到巧合或意外的影响。只消看看我的参考文献，探究一下这本书所属谱系中的主线，你就能明白我的意思。我从本科时就开始围绕演化问题进行阅读和写作，但假如 1980 年我没有在侯世达的鼓励下去阅读道金斯的《自私的基因》，我可能就不会把自己的某些兴趣和阅读习惯结合在一起，那么塑造本书的主要因素也就没有了。而假如侯世达没有应《纽约书评》的请求来评论我的《头脑风暴》（Dennett, 1978），他可能永远不会灵光乍现，提议我们合作完成一本书，即《心我论》（Hofstadter and Dennett, 1981），那我们也不会有机会互相荐书，从而把我引向道金斯，等等。即便我循着其他路径，以不同的顺序读了同样的书，我也不会以完全相同的方式受到相关阅读活动的影响，因而就不大可能写出（并且审校、再审校）你目前正在阅读的**这**一串符号。

我们可以度量文化中的这种设计传递吗？文化传递有没有与生物演化中的基因相类似的单位呢？道金斯（Dawkins, 1976）认为是有的，并且为其起了一个名字：**模因**（meme）。像基因一样，模因也被认为是复制体，虽然所处的介质不同，但它与基因服从大致相同的演化原则。有一种观点认为，可以有一门名为模因学（memetics）的科学理论，它与遗传学（genetics）高度平行。许多思考者觉得这个想法荒诞不经，但他们的怀疑之论中至少有一大部分是以误解为基础的。我在第 12 章会仔细考察这个颇具争议的观点，但此时我们暂且搁置争议，只是用这个术语来方便地指称醒目（好记）的文化项，这些文化项包含充足的设计，因而值得保存——或者值得剽窃和复制。

* * *

孟德尔图书馆（或者它的孪生兄弟巴别图书馆——毕竟它们是彼此包含的）作为总体设计空间（Universal Design Space）的一个近似模型，足以满足我们的思考需求。在过去的约 40 亿年里，生命之树一直在这个漫无际涯的多维空间中曲折延伸，以难以想象的繁殖力抽枝开花，但也只不过是以实有设计填充了可能空间里微乎其微的一小部分而已。*根据达尔文的危险思想，所有对设计空间的**可能**探索都彼此相连。不仅是你的孩子和你孩子的孩子，就连你的智慧结晶和你的智慧结晶的智慧结晶也都必定是从同一个包含着设计元素、基因和模因的仓库储备中生长出来的，种种无可阻挡的吊升算法至今一直在积累和保存这一储备，它们是自然选择及其产物的坡道、起重机和起重机上的起重机。

若真是如此，那么人类文化的所有成就——语言、艺术、宗教、伦理还有科学自身——本身都是同一个基础过程的制造品（的制造品的制造品），这一基础过程还开发出了细菌、哺乳动物和智人。不存在语言的特创，艺术和宗教中也没有名副其实的神启灵感（divine inspiration）。如果制造一只云雀不需要什么天钩，那么制造一首赞美夜莺的颂诗也同样不需要。没有哪个模因是一座孤岛。

生命及其所有荣耀由此统一于单一的视角，但是有些人觉得这幅景象可恨、贫瘠、恶劣。他们想要高唱反调，而首先，他们想成为这幅景象中雄伟庄严的例外。他们是由神按照神的形象制造的，哪怕其他人并不是；如果他们不信宗教，他们就想让自己成为天钩。他们想设法成为智能或设计的**内在来源**，而不是一个"纯然的"制造品，像生物圈中的其余部分一样产生于无心灵的过程。

所以，事关重大。我们会在第三部分详细考察万能酸在人类文化中向上的扩散能带来哪些启发，但在此之前，我们需要确保大本营的安全，思考生物学内部针对达尔文式思维的各种深刻挑战。在这个过程中，我们会对种种底层观念的复杂性和力量有更深入的理解。

---

* "我承认，我认为表型空间中的空白区域里净是些无关宏旨的东西……根据'完全不存在什么约束'这一零假设，这个过程在空间中分出的一条条岔路构成了高维空间内一场随机分叉的漫步。这样一场高维空间漫步的标准属性，就在于该空间的大部分都是空的。"（Kauffman, 1993, p. 19）

第6章

有一个设计空间，其中的生命之树抽出了一根枝条，这根枝条最近开始将自己的一根根探索之线向这个空间中延伸，其形式就是人类制造品。逼着和其他的好主意就像是设计空间中的众多指向标，它们在由自然选择和人类探究所构成的、以算法为根本形式的搜索过程中，被一次次地发现。按照达尔文的见解，如果我们发现有些共有的设计特征倘若没有传衍方面的关联，其不可能共存的概率是漫无际涯的，那么我们就能以回溯的方式探明关于传衍的历史事实。因此，对演化的历史推理仰赖于接受佩利提出的前提：这个世界充满了好设计，而好设计需要花费功夫去创造。

这样对达尔文危险思想的介绍就完成了。在进入第三部分，审视它如何有力地转变了我们对人类世界的理解之前，我们必须在第二部分确保它在生物学领域里大本营的安全。

第7章

生命之树如何起始？怀疑者们曾认为，必须有一次特创——一台天钩——才能启动演化过程。然而，针对这一挑战，有一种达尔文式的回答，展现了达尔文万能酸一路直抵宇宙金字塔底层的威力，甚至表明了物理法则如何可能从混沌或虚无中出现，而又无须乞灵于一位特创者，甚至连一位法则制定者也不需要。这幅令人目眩的远景是达尔文的危险思想中最让人害怕的方面之一，不过这种害怕乃是出于误解。

第二部分

生物学中的
达尔文式思想

演化是一种变化，它开始于一个不可名状的"全部相像状态"，并会经历连续的"捏成一团化"和"别的什么东西化"。

——威廉·詹姆斯

（William James, 1880）

唯有演化之光才能照亮生物学。

——特奥多修斯·杜布赞斯基（Dobzhansky, 1973）

第 7 章

备好达尔文泵

1. 回到并越过达尔文的前线

> 神说，地要发生青草，和结种子的菜蔬，并结果子的树木，
> 各从其类，果子都包着核。事就这样成了。
> 于是地发生了青草，和结种子的菜蔬，各从其类，并结果子
> 的树木，各从其类，果子都包着核。神看着是好的。
>
> ——《创世记》1:11–12

　　生命之树起始于什么类型的种子呢？地球上的所有生命都产生于
这种不断分支的生成过程，这一点在今天已经理据齐备，排除了一切
合理怀疑。就跟地球是圆的一样，它作为科学事实的典型例子是确凿
无疑的，而这在很大程度上要归功于达尔文。可这整个过程最初是如
何开始的呢？正如我们在第 3 章中看到的那样，达尔文不仅仅是从中
间开始；他谨慎克制，发表出来的思想内容并未一路回推至开端——
生命的终极起源及其先决条件。当有人私下在信件中追问时，他也没

有吐露更多的见解。而在那封赫赫有名的书信中，他总结道，生命很可能开始于"一个温暖的小池塘"，不过对于这远古的前生物体汤（preorganic soup），他没有提供任何有关其大致配方的细节。正如我们看到的（见第3章第2节），在对阿萨·格雷的回复中，他对一种可能性不置可否，即支配这一惊天举动的**各式法则**本身是被设计出来的——想来是出自上帝之手。

从很多方面来看，他对此保持缄默的做法都颇为明智。首先，没有人比他更清楚，将一个革命性理论锚定在经验事实基础上的重要性，并且他知道，他能做的只有推测，因为在他的时代，得到任何实质性反馈的希望都十分渺茫。毕竟，我们已经知道，他甚至连孟德尔式基因的概念都不具备，更谈不上了解这个概念底层的任何分子机制了。虽然达尔文是一个无畏的推理者，但是他也知道何时应该因为前提条件不足而止步。此外，他还要顾及自己的爱妻艾玛的感受，艾玛极力要坚持自己的宗教信仰，而且她已经隐隐感到丈夫的工作会对宗教构成威胁。达尔文不愿向这一危险领域再推进一步——至少在公众面前是如此——这种不情愿不单单是出于对艾玛心情的顾虑。有更大的道德考量可能被危及，对此达尔文当然心知肚明。

一种已被大书特书的境况是，当科学家发现一个具有潜在危险的事实，从而使得他们对真理的热爱与他们对他人福祉的关心背道而驰时，他们便面临着道德困境。他们在什么情况下有义务掩盖真理呢（如果存在这类情况的话）？这些情况可算得上是真正的两难困境，两种抉择各有各的考虑，都有力且深刻。不过，科学家（或哲学家）应该对他们的推测承担怎样的道德义务，却是毫无争议的。科学的进步，靠的往往不是有条不紊地堆砌可以确证的事实；科学的"前沿"（cutting edge）几乎总是由若干个彼此敌对的前沿组成，它们针锋相对，各自包含大胆的推测。但无论这些推测一开始多么令人信服，其中很多很快就会被证明是错误的，它们作为科学探究过程的必然副产品，应当被视为与其他实验室废物一样具有潜在的危害。人们必须考虑它们对环境的影响。如果公众对它们的误解很容易酿成苦难——误导人们采取危险的行动，或者削弱人们对某些有益于社会的原则或信条的拥护——那么科学家就应该对自己的行为方式慎之又慎，小心细致地给此类推测注明标识，只在目标合适的时候才动用劝说之词。

不过，不同于有毒烟雾或化学残留物，观念几乎无法被隔离，特别是当它们牵涉那些人类长久好奇的主题时，因此，尽管人们对于科学家要负起责任这一原则并无争议，但在如何尊奉该原则的问题上，无论当时还是现在，都几乎没有统一的意见。达尔文已经尽力了：他对自己的推测三缄其口。

我们可以做得更好。我们在物理和化学层面对生命的了解，已经细致到了令人咂舌的程度，因而可以对生命的必要条件和充分条件（后者不太确定）形成远为丰富的推论。在很大程度上，对这些大问题的回答仍然会涉及推测，但我们可以如实标记这些推测，并注明它们可以被如何证实或驳斥。这样一来，就没有理由去奉行达尔文的缄默方针了；如今人们已经透露了太多十分有趣的秘密。我们或许还不知道究竟该**如何**严肃对待这些秘密，但多亏达尔文在生物学中构筑起了牢固的滩头阵地，我们知道严肃对待它们是我们力所能及的，而且势在必行。

达尔文居然未曾想出一个适当的遗传机制，这可谓一件小小的奇事。你猜他会对以下推测抱持何种态度：在他身体的每一个细胞核内，都有一套指令的一个副本，写在巨大的大分子上，它们以双螺旋的形式紧紧地缠绕成团，从而形成一套46条的染色体。如果把你身体里的DNA解开后再首尾相连，它就可以延伸至太阳又折返回来，并如此往返十次百次。当然，达尔文本人煞费苦心地揭示了藤壶、兰花和蚯蚓的生命形式和身体结构中许许多多让人惊掉下巴的复杂之处，而且明显乐在其中。要是他早在 1859 年就在一个预言梦中见识到了 DNA 的神奇之处，那他无疑会对此大为着迷，不过我很怀疑，他能否一本正经地重述这件事。即便是我们当中那些习惯于利用计算机时代的"工程学奇迹"的人，也很难将这些相关事实全部消化吸收。从分子大小的复制机器，到可以纠错的校对酶，全都以令人目眩的速度运转着，其规模连现在的超级计算机都望尘莫及。"生物大分子的储存能力，超过了现今最好的信息储存器好几个数量级。例如，大肠杆菌基因组中的信息密度约为 10^{27} 比特 / 立方米。"（Küppers, 1990, p. 180）

在第 5 章中，我们利用有关孟德尔图书馆的可企及性的一套说法，得出了关于生物学可能性的达尔文式定义，但正如我们所指出的，该图书馆落成的前提条件，是存在着复杂性和效率都十分惊人的遗传机制。对于那些使生命成为可能的、原子层面上的纷繁复杂之处，威廉·佩利一定也会感到万分钦佩和惊奇。**如果它们是达尔文演化论的前提条件，那么它们自身又是怎么演化出来的呢？**

对演化论持怀疑态度的人认为，这就是达尔文主义的致命缺陷。正如我们已经看到的，达尔文式观念的威力在于，它将这项艰巨的设计任务分布在大量的时间和空间中，并在进行过程中保留下部分产物。在《演化：危机中的理论》（*Evolution: A Theory in Crisis*）[*]一书中，迈克尔·丹顿这样说道：达尔文派假设，"功能岛很普遍，也容易被一下子找到，而且通过功能性的中间环节很容易就可以从一座岛去往另一座岛"（Denton, 1985, p. 317）。这基本正确，但又不尽然。

---

[*] 该书于 2007 年由中国戏剧出版社引进并出版，书名译作《150 年后重看进化论》。——译者注

没错，达尔文主义的核心主张是，生命之树散出诸多分支，把"功能岛"和居于中间的地峡连接起来，但没有人说过这种通道"容易"建成，也没有人说过安全的停靠点"很普遍"。只有在一种很勉强的意义上理解"容易"，才能说达尔文主义坚定地认为这些地峡通道来得"容易"：由于每一个生物都是某一个生物的后代，所以它有巨大的助力；在所有的配方中，只有属于它的这极小一部分才可以确保产生经过时间考验的存活能力。谱系线其实就是生命线；根据达尔文主义，进入这个满是垃圾的宇宙迷宫后，活下来的唯一希望就是留在地峡上。

生命的起源

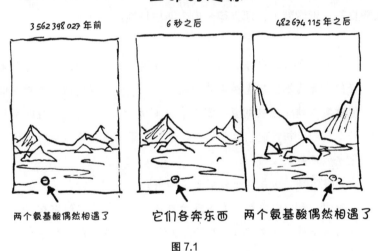

图 7.1

可这个过程是如何开始的呢？丹顿（Denton, 1985, p. 323）费了一番力气来计算这个启动过程不会发生的概率，并且理所当然地得出了一个令人兴味索然的数字。

要想碰巧得到一个细胞，至少需要 100 种功能蛋白同时出现在一个地方。也就是有 100 个同时发生的事件，每一个独立事件的概率都几乎不会超过 10^{-20}，这样合算起来的最大概率就是 10^{-2000}。

这个概率的确微乎其微——几近不可能。乍看之下就像是，对于这样一个挑战的标准达尔文式回应**在逻辑**上无法助我们一臂之力，因为它成功的前提条件——一个带有变异的复制系统——恰恰只有它的成功才能加以解释。演化论貌似已经作茧自缚了。唯一能拯救它的，肯定是一个天钩！那是阿萨·格雷的美好愿望。我们对 DNA 复制过程的纷繁复杂之处了解得越多，这个想法就越能诱惑那些正在借助宗教来为科学寻求脱困安置点的人。也许有人会说，这在许多人看来是天赐良机。别做梦了，理查德·道金斯如是说：

> 有人认为，也许造物主并不会控制日复一日的演化事件，也许他未曾构思出老虎和羔羊的设计，也许他未曾创造一棵树，但他**确实**创建了原初的复制机制和复制体的能力，创建了 DNA 和蛋白质的原初机制，这些机制让选择积累下来，从而使所有的演化成为可能。
>
> 很明显，这是一个软弱无力的论点。事实上，它显然是不攻自破的。我们很难解释有条理的复杂性。一旦我们**假定存在**有条理的复杂性，只要 DNA 或蛋白质的复制引擎具备有条理的复杂性，就可以相对容易地援用它来产生更多有条理的复杂性……不过当然了，任何可以靠智能设计出像 DNA 或蛋白质复制器这种复杂事物的上帝，必定至少也会像那台机器本身一样复杂和有条理。（Dawkins, 1986a, p. 141）

道金斯接着说（Dawkins, 1986a, p. 316），"使演化论如此简洁的一点是，它解释了有条理的复杂性如何能从原始的简单性中产生"。这是达尔文思想的关键长处之一，也是其他思想的关键弱点。事实上，我曾经指出，任何其他理论都不可能有这个长处：

> 　　对于一个目的因和目的论法则的世界，达尔文用来解释它的原则诚然是机械论的，但也——在更为根本的意义上——是完全独立于"意义"或"目的"的。它假定了一个**荒诞的**世界，按照存在主义者对这个词的用法：虽不荒唐，但也无意义。这一假定是以非乞题的方式解释**目的**的必要条件。我怀疑我们能否想象出一个**非**机械论的，同时非乞题的原则来解释生物世界中的设计；我们很容易把这种对非乞题解释的持守，等同于对机械唯物主义的持守，不过这些持守具有十分清晰的优先级顺序……有人认为：尽管达尔文的唯物主义理论可能不是有关这些问题的唯一非乞题理论，但它是这种理论之一，也是我们发现过的唯一一个这种理论，而这就构成了支持唯物主义的一个相当充分的理由。（Dennett, 1975, pp. 171–172）

　　这种对跟达尔文理论相竞争的诸多宗教论述的批评，算得上是公正乃至恰当吗？本章草稿的一位读者在这一点上颇有微词：道金斯和我把上帝假说当作了又一种科学假说，认为在衡量它时要用到特定的科学标准和普遍的理性思维，我们由此忽视了在上帝的信徒中，有很多很多人认为自己的信仰大大超越了理性，不能用这种世俗的方法检验。他主张，我这种简单的假定——在这一信仰领域应当继续全力使用科学的方法——不仅毫无同情心，而且毫无根据。

　　很好，让我们考虑一下这个反对意见。一旦我们仔细探讨它，我就会怀疑，宗教捍卫者是否会觉得它有吸引力。哲学家罗纳德·德·索萨（Ronald de Sousa）曾令人印象深刻地将哲学神学描述为"不用球网的智力网球"，而我也乐意承认，到目前为止，我确实是在未加注明、未加质疑的情况下，假定理性判断的球网是立在那里的。如果你当真愿意，我们也可以把球网降低一些。现在该你发球了。假设一下，不管你发了什么球，我都粗暴地这样回球："你所说的话是在暗示上帝是一个裹着锡纸的火腿三明治。这号上帝可不兴崇拜啊！"如果你截击回球，要求知道我何以能够从逻辑上证明你的发球具有的意涵荒唐至极，我会回答："哦，你是想要在我回球时升起球网，在你发球时又不升，是不是？要升就一直升，要降就一直降。如果降下球网，就没有规则可言，任何人都可以畅所欲言，比赛就算成立也会徒劳无益。我可是一直在让着你呢，毕竟我假设在降下球网的情况下，这场球也不会浪费你我的时间。"

现在，如果你想对信念（faith）进行**理性思考**，把它当作一个值得专门思量的、额外的信仰（belief）范畴，并为其提供经过理性思考（以及理性回应）的辩护的话，我就迫不及待要打一局了。我当然承认信念这种现象的存在；我想看到的是一个经过理性考量的依据，能说明为何要认真严肃地把信念当作一个**抵达真理的途径**，而不只是（比如说）一种人们用以自我安慰和相互安慰的方式（我看待这种可贵功能的态度是很严肃的）。但是，如果在任何一个环节上，你所诉诸的正是你应当设法去证明的那种特许的豁免权，那么你就绝不要指望我会附和你把信念当作通向真理之路而加以辩护的做法。当理性把你逼到墙角，请你在诉诸信仰之前先想一想，当理性站在你这边时，你是否真的会抛弃它。假如你和爱人在异国他乡观光时，爱人在你眼前被残忍地杀害了。在审判时你发现，原来在这个国家，被告的朋友们可以作为目击者为被告辩护，证明他们相信他的清白。在你的注视下，他那些双眼含泪的朋友显然十分真诚，他们骄傲地宣称，他们笃信你所看到的那个犯下可怕罪行的人是清白的。法官专注而恭敬地听着，显然，这种倾诉比控方提出的所有证据都更能打动他。这难道不是一场噩梦吗？你愿意在这样的国家中生活吗？或者说，有一个外科医生告诉你，每当他身体里的一个小小声音指使他无视自己受过的医疗训练时，他都会照做不误，你会愿意让他给你做手术吗？我知道，礼貌客套的做法是允许别人两全其美，在大多数情况下，我都会全心配合这种无害的安排。但此时我们正在认真严肃地设法寻找真理，如果你认为，人们普遍心照不宣的这种对于信念的理解，比起能在社会交际中有效避免彼此尴尬和丢脸的装糊涂行为，不过是半斤八两，那么你对这个议题的见解比任何一位哲学家都更加深刻（因为从来没有哲学家想出过为它辩护的好办法），要么你就是在自欺欺人。（现在球在你的场地内了。*）

对于那位吁请上帝来启动演化过程的理论家，道金斯做出的反驳简直无法批驳，这一反驳在今天具有摧枯拉朽的力量，就像两个世纪前斐罗在休谟的《自然宗教对话录》中用它来击败克里安提斯时一样。天钩充其量只是延宕了对于难题的解决，但休谟没能想到任何的起重机，所以他屈服了。达尔文想出了一些宏伟的起重机来完成**中间**层面的吊升，但是，可否将一度行之有效的原理再次应用于所需的吊升工作，让达尔文的起重机的臂架一开始就离开地面呢？可以。就在达尔文式思想看似要山穷水尽时，它会巧妙地**向下**跳一个层面，然后继续发挥作用。这并非只是一个思想，而是许多个思想，就像魔法师

---

* 原文为 "The ball is now in your court"，也可译作"现在该由你来回应了"。——译者注

学徒的扫帚一样不断复制。*

乍看之下，这个招数真是不可思议。如果你想了解它，就必须弄懂一些难解的观念和繁缛的细节，不仅涉及数学，还涉及分子领域。本书不会告诉你这些事，我也写不出这样的书，你应该去求证那些细节，别的都无法确保你理解那招数，因此在浏览以下内容时，也要保持警惕：尽管我会设法带你**了解**这些观念，但除非你研究了原始文献，否则你不会真正懂得它们。（我自己对它们的理解实属外行。）针对这些可能性进行的充满想象力的理论探索和实验探索是如此之多，以至于在生物学和物理学的交界处几乎成立了一个分支学科。既然我无望向你们证实这些观念的有效性——就算我声称要这么做，你们也不应该信任我——那我为什么还要将它们一一呈现呢？因为我的目的是哲学上的：我希望打破一种偏见，即确信某种理论不**可能**成功的偏见。我们已经看到了休谟的哲学轨迹是如何偏离正轨的——他无法认真严肃地对待自己隐约看到的那个高墙上的开口。他**以为自己知道**，在这个方向再往前走是毫无意义的，而就像苏格拉底不厌其烦指出的那样，本不知却自以为知，是导致哲学瘫痪的主因。如果我能够证明，达尔文式的思想能够做到"一路到底"，这就能预先阻止一大批我们太过熟知的轻率的反驳，并向其他可能性敞开我们的心灵。

---

* 歌德的《魔法师学徒》一诗创作于 1797 年。它讲述了魔法师的学徒厌倦了打扫工作，便给扫帚施了咒语，让它代劳。但是他学艺不精，错误的咒语导致扫帚分裂为了好多个。直到魔法师回来才将这个咒语破解。——译者注

2. 分子演化

> 在活细胞中，具有催化活性的最小的蛋白质分子至少是由 100 个氨基酸组成的。即使是如此短小的分子，20 种基本氨基酸单体也存在 $20^{100}\sim10^{130}$ 种不同的排布方式。这就说明，就算是复杂程度最低的生物大分子，也可能拥有几乎无限种不同的结构。
>
> ——贝恩德-奥拉夫·库珀斯
> （Bernd-Olaf Küppers, 1990, p. 11）

> 我们的任务是找到一种算法，一个能引向信息起源的自然法则。
>
> ——曼弗雷德·艾根（Eigen, 1992, p. 12）

在上一节中，我在描述达尔文主义核心主张的威力时，自作主张地使用了略微（！）夸张的措辞：每一个生物都是某一个生物的后代。实际情况不可能如此，因为这意味着生物没有穷尽，是一个缺少首位成员的集合。既然我们知道，虽然（到目前为止，在地球上）生物的总数很大，但它是有限的，那么从逻辑上讲，我们似乎必须确认那个首位成员的身份——如果你愿意，可以叫它原菌（Protobacterium）亚当。可它是如何出现的呢？一个完整的细菌实在是太复杂了，它的诞生不可能仅靠一次宇宙级的偶然。像大肠杆菌这样的细菌，其 DNA 大约包含 400 万个核苷酸，几乎所有这些核苷酸都排列得精准有序。此外，很明确的是，要是核苷酸的数量明显少于这个数，那就不可能维持细菌的生存。因此，这里出现了一个进退两难的局面：既然存在生物的时间是有限的，所以肯定有一个首位成员，但又由于所有生物都很复杂，所以就不可能有一个首位成员！

解决方法只可能有一个，并且我们熟知它的大致轮廓：在能自主进行新陈代谢的细菌出现之前，存在着简单得多的准生物（quasi-living thing），比如病毒，但与病毒不同的是，它们（还）不需要靠寄生在其他生物中存活。从化学家的角度来看，病毒"仅仅"是巨大且复杂的晶体，但是由于它们无比复杂，它们并非只是安静地待在那儿；它们会"做事"。具体来说，它们会繁殖或是自我复制，并且还会变异。病毒是轻装上路，不携带任何用于新陈代谢的设备，因此，它要么碰巧找到自我复制或自我修复所需的能量和材料，要么最终屈服于热力学第二定律而分崩离析。如今，活细胞为病毒提供了集中仓库，而病毒也已经通过演化，掌握了利用它们的手段，但在早期，它们不得不依靠低效的方式来制造更多的副本。如今的病毒并不全都使用双链 DNA；有些病毒使用的是一种祖辈的语言——由单链RNA 组成的语言（当然，作为"表达"过程中的一种中介"信使"系统，单链 RNA 仍然在我们自己的复制系统中发挥着作用）。如果我们按照标准的做法，把**病毒**这个词留给寄生性大分子，那么我们就需要为这些最早的祖先另起一个名字。计算机程序员把那些为执行某一特定任务而拼凑起来的编码指令片段称为"宏"，因此我提议把这些先驱者也称为**宏**，以此强调它们虽然"仅仅"是巨型大分子，但同时也是**程序**或**算法**的位（bit），即最基本、最微小的可以自我复制的机械装置——与最近出现的、迷人又磨人的计算机病毒惊人地相似（Ray, 1992; Dawkins, 1993）。[*] 既然这些先驱之宏会自我复制，它们

---

[*] 警告：生物学家已经使用了**宏观演化**这个术语，它与微观演化相对，指的是大尺度的演化现象——物种形成与灭绝的模式，比如在一个物种中与其翅膀的完善或毒素抗性的变化相对的那类演化。我所说的宏的演化，与那个既定意义上的宏观演化没有太大关系。然而，**宏**这个词是如此符合我的目的，所以我决定要坚持使用它，并用这段话作为"补丁"来尽量弥补它的不足——这也是大自然母亲常用的手段。

就满足了演化的达尔文式必要条件，而现在我们也已经明白了，在生物出现之前，它们就已经在地球上演化了数亿年之久了。

然而，即使是最简单的复制宏也绝不简单，组成它的部件多达数千个甚至数百万个——取决于我们如何计量制造它的原材料。Adenine（腺嘌呤）、Cytosine（胞嘧啶）、Guanine（鸟嘌呤）、Thymine（胸腺嘧啶）和 Uracil（尿嘧啶）等字母代表着不同的碱基，它们不太复杂，在生命起源之前的各类事件中就已经出现了。（早于 DNA 出现的 RNA 中含有尿嘧啶，而 DNA 则含有胸腺嘧啶。）然而，对于这些组件能否通过一系列巧合将自己合成为一台繁复的自我复制器，专家们看法不一。化学家格雷厄姆·凯恩斯-史密斯（Cairns-Smith, 1982, 1985）提出了佩利论点的升级版，处理的是分子层面的问题：即使对于现代有机化学家的先进方法来说，DNA 片段的合成过程也是高度复杂的；这就表明，偶然创造出它们的可能性，就像在一阵风暴中创造出佩利的表一样低。"核苷酸太过昂贵了。"（Cairns-Smith, 1985, pp. 45–49）凯恩斯-史密斯认为，DNA 展现出了太多的设计工作，不可能是纯粹偶然的产物，不过他随后又进行了一番推导，绝妙地解释了 DNA 是如何设计出来的（尽管这解释仍是推测，还存在争议）。不管凯恩斯-史密斯的理论最终能不能被证实，单凭它如此完美地以实例展现了基础性的达尔文式策略，它就值得被更多人知道。*

当再次面对在设计空间中"大海捞针"的难题时，任何一名合

---

* 正因为如此，理查德·道金斯在《盲眼钟表匠》（Dawkins, 1986a, pp. 148–158）中也对凯恩斯-史密斯的种种观念进行了讨论和阐述。鉴于凯恩斯-史密斯在 1985 年的解释和道金斯的阐述对于非专家来说也值得一读，因此我将向你介绍他们书中各种可口的细节，并在这里提供足量的概述来吊起你的胃口。我既要警告你，凯恩斯-史密斯的假说有些难以应付的问题；同时也要让你放宽心，即使他的假说最终都被证伪了——还无定论——接下来还有其他不那么容易理解的备选假设要认真加以对待。

格的达尔文主义者都会去寻觅一种形式**更为简单**的复制器——它可以以某种方式充当一个临时的脚手架，将蛋白质片段或核苷酸碱基固定在合适的位置上，直到整个蛋白质或宏被组装完毕。奇妙的是，有一个候选者正好具备合适的属性，更奇妙的是，《圣经》也点到了它的名字：黏土（clay）！凯恩斯-史密斯表示，除了 DNA 和 RNA 这些能够自我复制的碳基晶体外，还有简单得多的（他称它们为"低科技"）能够自我复制的硅基晶体，这些被人们叫作硅酸盐的东西，本身就可能是某个演化过程的产物。它们形成了超细的黏土颗粒，就是淤积在小溪的湍流和旋涡四周的那种，并且单个晶体在分子结构层面上存在着微妙的差异，它们通过"播种"完成自我复制的结晶过程，将这种差异传递下去。

凯恩斯-史密斯建立起细致的论述，来说明蛋白质和 RNA 的片段如何像许多跳蚤一样自然地被吸引到这些晶体表面，并最终被它们当作推进自我复制过程的"工具"。根据这个假说（就像所有真正富有成果的观念一样，它有许多近似的变体，其中任何一个都可能被证明是最终的胜者），生命的构件是以类似准寄生物的形式出现的，它们依附在能够复制的黏土颗粒上，并在满足黏土颗粒"需求"的过程中变得越来越复杂，直至可以自力更生。没有什么天钩——有的只是一架梯子，就像维特根斯坦曾在别的语境中所说的那样，这架梯子一旦爬过用完，就可以弃之不用。

不过，就算这一切都是真的，它也远远不是故事的全貌。假设这项低科技创造出了能够自我复制的短 RNA 串。凯恩斯-史密斯称这些只顾自己的复制者为"裸基因"，因为它们的存在只是**为了完成自我复制，而且不需要外界的帮助。我们还有一个重大难题没有解决：这些裸基因是如何穿上"衣服"的？这些唯我至上的自我复制者如何**具体规定**特定的蛋白质？（这些微小的酶机器打造了巨大的躯体，这些躯体承载着现今的基因一代又一代地传递下去。）但这个难题的棘手程度还不止于此，因为这些蛋白质不仅仅是打造出躯体；一旦 RNA 或 DNA 串变长，它们就需要酶来协助完成自我复制的过程。虽然短的 RNA 串可以在没有酶辅助的情况下自我复制，但较长的 RNA 串则需要一大群酶帮手，而具体规定**它们**需要一个非常长的序列——长到无法以足够高的保真度加以复制，除非这些酶帮手是本来就有的。我们似乎又一次陷入了悖论，掉进了约翰·梅纳德·史密斯以简练的语言所描述的那种恶性循环中："如果没有长达，比方说，2 000 个碱基对的 RNA，复制就不可能精确地进行，而如果复制不够精确，就不可能产生那么长的 RNA。"（Maynard Smith, 1979, p. 445）

曼弗雷德·艾根是研究这段演化史的领军人物之一。他那本优美的小书《通向生命的步骤》（Eigen, 1992）——一个你可以继续探究这些观点的好地方——展示了宏如何逐步打造他所谓的"分子工具包"，活细胞正是用这个工具包来再造自己的，还用它在自己周围建造各式结构，等时候到了，这些结构就会成为第一批原核细胞的保护膜。尽管这段漫长的前细胞演化没有留下任何化石痕迹，但它留下了大量的历史线索，承载着这些线索的"文本"通过其后裔传递给了我们，这些后裔当然就包括如今蜂拥在我们身边的病毒。通过研究这些现存的"文本"，即高等生物 DNA 中由 A、C、G、T 组成的特定序列，RNA 生物中 A、C、G、U 组成的特定序列，研究人员可以很大程度上推断出最早一批可以自我复制的"文本"的真正身份，而他们所用的方法，正是语文学家用来重建柏拉图本人真正所写之字句的那些技巧的改良版。在我们自己的 DNA 中，有一些序列的确十分古老，甚至可以（通过翻译回早期的 RNA 语言）追溯到宏演化的最早期！

让我们回到核苷酸碱基（A、C、G、T 和 U）偶尔以不同的数量出现在各处的时期，那时它们可能就聚集在凯恩斯-史密斯所说的黏土晶体的周围。作为所有蛋白质的构件，那20种不同的氨基酸在许多非生物条件下也会以一定的频率出现，因此是可以任意取用的。此外，西德尼·福克斯（Fox and Dose, 1972）已经证明，氨基酸个体可以凝结成"类蛋白质"（proteinoid），一种具有非常温和的催化能力的、类似蛋白质的物质（Eigen, 1992, p. 32）。这是一个很小却很重要的进步，因为催化能力——促进化学反应的能力——是任何一种蛋白质都具备的根本功能。

现在，假设有些碱基形成了配对，C与G，A与U，还构成了小小的RNA互补序列——长度不到100个碱基对——并且这些序列还能在没有酶帮手的情况下进行粗糙的复制。从巴别图书馆的角度来看，我们现在就会拥有印刷机和装订厂了，但这些书的篇幅太短了，除了制造更多带着印刷错误的自我副本之外，简直一无是处。而且它们也不会是关于什么内容的书。我们似乎又回到了原点——甚至更糟糕。当我们在分子构件这个层面上触底时，我们所面临的设计难题，就更像是用工匠小玩具*来进行搭建，而不是用制模黏土进行逐步的塑造。根据严格的物理学规则，原子要么一起跃迁至稳定模式，要么就全都不跃迁。

我们很走运——事实上，所有的生物都很走运——在漫无际涯的可能蛋白质空间中，恰巧就散落着一旦被找出，就会让生命继续前进的蛋白质。它们是怎么被找出来的呢？我们如何才能把这些蛋白质和蛋白质猎手——能自我复制的核苷酸串片段，**最终**会在它们组成的宏中对这些蛋白质进行"具体规定"——一并找出来呢？艾根展示了，

---

* 工匠小玩具（Tinker Toy），通常指一套可以自由组装搭建的玩具构件，可以激发儿童的创造和动手能力。——译者注

如果恶性循环被扩展成具有两个以上要素的"超循环"，它是如何可以变成良性循环的（Eigen and Schuster, 1977）。这是一个很难理解的专业概念，但其内含的思想却足够清晰：想象一下这种情况，A 型片段可以增加 B 型片块出现的可能性，B 型片块有助于 C 型小片的健康，而 C 型小片又让更多的 A 型片段被复制出来，这样就完成了一个循环，该循环在一个互相巩固的要素共同体中不断发生，直到这整个过程步入正轨，创造出的各式环境可以常态化地用以复制越来越长的遗传物质串。（Maynard Smith, 1979 为我们理解超循环的概念提供了很大的帮助，另见 Eigen, 1983。）

不过，即使这在原则上是可能的，该过程又是如何可能开始的呢？如果所有可能的蛋白质和核苷酸的"文本"都是真正等概率的，那么就很难看出该过程何以能够启动。这些毫无特性、混杂不清的原料碎屑必须被赋予某种结构，把几个"可能获得成功"的候选结构加以提炼，从而使它们**更加**可能成功。还记得第 2 章中的抛硬币锦标赛吗？总会有人在比赛中获胜，但胜者所凭借的仅仅是历史偶然性，而不是任何长处。胜者虽然不比其他参赛者块头更大、更强壮或更优秀，但他们仍然赢得了比赛。现在看来，类似的事情也发生在生命起源前的分子演化中，而且还有一个达尔文式新花样：胜者可以为下一轮比赛制作更多自己的副本，因此，在没有任何"因故"（for cause）（他们在打发候补陪审员时，用的就是这个说法）而进行选择的情况下，"纯粹的复制技艺"的王朝建立了起来。如果我们在开始阶段从由众多可以自我复制的片段构成的片段库中，完全随机地抽取一批"参赛者"，即使它们的复制技艺一开始并不突出，那些**碰巧**在较早轮次中获胜的片段将在随后轮次中占据更多的位置，从而使空间中充满高度相似的（短）"文本"的痕迹，不过空间中余下的超大容积仍然是空无一物、不可企及的。最初的原始生命之线可以出现在技能有所变化之前，从而成为一种实有性，又由于技能锦标赛的存在，随后生命之树就可以从这种实有性中生长出来。正如艾根的同事贝恩德-奥拉夫·库珀斯（Küppers, 1990, p. 150）所说："该理论预测的是**有**生物结构存在，而不是**什么**生物结构存在。"*这足以从一开始就在概率空间中植入大量的偏差。

因此，有些可能的宏，势必要比其他宏有更高的存在概率——更有可能在漫无际涯的可能性空间中被发现。是哪些宏呢？是"适应度更高"的吗？如果要说它们"适应度更高"，那就不能在任何重要的意义上这么说，而只能在同义反复式意义上这么说，即它们与先前的"胜者"完全（或几乎）相同，而这些胜者又往往与更早的"胜者"几乎完全相同。［在拥有百万维度的孟德尔图书馆中，只在单个基因座上有差异的不同序列在某个维度中被一条"挨着"一条地摆在书架上；任何一本书与另一本之间的距离，在专业上被称作汉明距离（Hamming distance）†。这个过程从图书馆中的任一起始点出发，朝

---

* 库珀斯（Küppers, 1990, pp. 137–146）借用了艾根（Eigen, 1976）的一个例子来说明这背后的观念：一个"非达尔文式选择"游戏，你在棋盘上用不同颜色的弹珠就可以玩。先将弹珠随机放置在所有的方格上，制造出初始阶段分布着各色碎屑的效果。现在掷两颗（八面体的！）骰子来决定哪一个方格（比如第 5 列，第 7 行）上的弹珠可以行动。将该方格上的弹珠移走。再掷一次骰子；查看骰子所表示的方格中的弹珠的颜色，然后将一个该颜色的弹珠放在刚刚空出的方格中（它是那个弹珠的"翻版"）。一遍遍地重复这个过程。最后的效果是，一开始随机的颜色分布已经不再随机，有一种颜色就"胜出"了，却并非因为任何理由而胜出——只凭历史的运气。他称此为"非达尔文式选择"，因为它是在没有偏置因（Biasing cause）的情况下进行的选择；更为人熟知的术语则是**无适应的选择**。说它是非达尔文式的，只是说达尔文没有认识到将它考虑在内的重要性，而不是说达尔文（或达尔文主义）无法容纳这一点。达尔文主义显然可以容纳这一点。

† 在信息论中，汉明距离表示两个等长字符串在对应位置上不同字符的数目。——译者注

着随便什么方向，把"胜者"渐渐地扩散开来，每次都只跨越出一小段汉明距离。] 这是一个关于"富者愈富"的最基础案例，对于该遗传物质串的成功，解释起来不外乎关涉这个串本身以及它作为串跟它的亲代串之间的相似性，所以这是一个关于适应度（fitness）的纯**句法**定义，而不是**语义**定义（Küppers, 1990, p. 141）。也就是说，你不是非得考虑这个串**意味着什么**，才能确定它的适应度。我们在第6章中看到，单纯排印上的改变永远也无法解释需要解释的设计，就像你无法通过比较两本书中字母的相对频率来解释它们之间的品质差异一样。不过，在我们拥有能让所需的解释成为可能的、有意义的自我复制密码之前，我们必须先拥有并无额外意义的密码；它们唯一的"功能"就是进行自我复制。正如艾根（1992, p. 15）所说："分子的结构稳定性与它所携带的语义信息没有任何关系，在转译得出的产物出现之前，这些信息不会被表达出来。"

这就是终极 QWERTY 现象的诞生，但就像赋予它名字的文化事例一样，它甚至在一开始就并非**完全**没有意义。如我们刚才所见，概率完美均等的情况可能会经由一个纯粹的随机过程转变为一家独大的局面，可不管在什么时候，概率完美均等的情况都很难在自然界中出现，而且文本生成过程一开始就有偏差。在四种碱基（A、C、G、T）中，G 和 C 的结构最稳定："通过对必需的结合能进行计算，以及对结合和合成过程进行实验，研究人员发现，在没有酶帮助的情况下，富含 G 和 C 的序列最善于根据模板指令进行自我复制。"（Eigen, 1992, p. 34）你可能会说，这是一种自然的或客观的**拼写**偏差。在英语中，"e"和"t"比"u"或"j"出现的频率更高，但这并不是因为"e"和"t"更难擦掉，也不是因为它们更容易影印或书写。（当然，正确的解释其实正好相反；我们倾向于使用最易于读写的符号来表示最常用的字母；例如，在莫尔斯电码中，"e"用单个"点"表示，而"t"则是单个"划"。)在 RNA 和 DNA 中，这种解释反了过来：G 和 C 之所以受到青睐，是因为它们在复制中最稳定，而不是因为它们在遗传"语词"中出现的频率最高。虽然这种拼写偏差一开始只是"句法上的"，但它后来又结合了**语义偏差**：

> ［通过"语文学方法"］对遗传密码的考察……显示它的第一批密码子富含 G 和 C。序列 GGC 和 GCC 分别编码甘氨酸和丙氨酸这两种氨基酸，由于它们的化学结构十分简单，所以它们的数量更多……［在生命出现之前的世界里］。第一批密码词汇**被分派给了**［强调为引者所加］最常见的氨基酸——这个论断绝对可信，并且它还强调了一个事实，即密码体系的逻辑来源于物理法则和化学法则，以及它们在自然界中的具体实现。（Eigen, 1992, p. 34）

这里说的"具体实现"，就是**算法排序的过程**，它们利用基本物理法则造成的概率或偏差，打造了原本极其不可能的结构。正如艾根所说，由此产生的体系具有一个逻辑；它并非只是两个东西凑在了一起，而是一种"分派"，一个有理可循的系统，它有理可循是因为——而且仅仅是因为——**它是奏效的**。

当然，这些最初的"语义"联系完全是简单而局部的，以至于它们很难算得上是语义，不过我们还是可以在它们身上窥见**关涉物**的微弱迹象：一小片核苷酸串与一个直接或间接地帮助**它**复制的蛋白质片段偶然地结合在了一起。循环由此形成；而一旦这个"语义"分派系统就位，一切都会加速。现在，一个密码串的片段作为**表示**某个东西——蛋白质——的密码。这就创造了一个新的评估维度，因为有些蛋白质的催化能力，特别是协助复制过程的能力，要比其他蛋白质更出色。

这就抬高了赌注。尽管在一开始，宏串只可能在自足的自我复制能力上有所差异，而现在，它们可以通过创造其他更大的结构，并将自己的命运与其联结起来，来放大它们之间的差异。一旦这个反馈循环被创造出来，一场军备竞赛就会随之而来：许多越来越长的宏就会争夺可用的构件，来建造越来越大、越来越快、越来越有效——但也越来越昂贵——的自我复制系统。我们那场没有要点、全靠运气的掷硬币锦标赛，已经将自身转换为了技能锦标赛。它有了要点，因为现在有某个东西可以让一届又一届的胜者在抛硬币比赛中表现更佳，而不仅仅以微不足道而无关宏旨的方式取得胜利。

新的锦标赛可太奏效了！不同蛋白质在"技能"方面千差万别，所以在类蛋白质那微不足道的催化本领之上，还有很多改进的空间。"在很多情况下，酶的催化会将一个反应加快 100 万倍至 1 000 万倍。无论在何处对这种机制进行定量分析，结果都一样：酶是最佳催化剂。"（Eigen, 1992, p. 22）催化工作完成后，就有新的工作要做，所以反馈循环就延展开来，为更精细复杂的改进提供了机遇。"无论一个细胞适应于怎样的任务，它都会最高效地完成它。作为演化的早期产物，蓝藻以近乎完美的效率将光能转化为化学能。"（Eigen, 1992, p. 16）这样的最佳性不可能是偶然的，它一定产生于一个逐步校准的改进过程。这样一来，从构件的初始概率和效能中的一组微小的偏差出发，就开启了一个滚雪球式的自我改进过程。

3. 生命游戏的法则

太阳、行星以及彗星组成了这个最美丽的系统，只能肇始于一个具备智能且强大的存在者的抉择和支配。

——艾萨克·牛顿，1726 年

（节译来自 Ellegård, 1956, p. 176）

我越是考察宇宙，越是研究它在结构上的细节，就发现有越来越多的证据表明，宇宙在某种意义上肯定早已知晓我们的到来。

——弗里曼·戴森（Freeman Dyson, 1979, p. 250）

想象出这样一个世界并不困难：它虽井然有序，却不具备出现显著深度所需的那种力或条件。

——保罗·戴维斯（Paul Davies, 1992）

我们很幸运，承蒙物理法则的垂青，由可能蛋白质构成的极大空间中，存在着具有精湛催化技能的大分子，它们可以充当复杂生命的活性构件。而同样幸运的是，同样的物理法则为这个世界提供了正好足够的非平衡状况，使得算法过程可以自行快速启动，从而最终发现这些大分子，并且将它们变成工具，用于另一轮探索发现。感谢上帝颁布这些法则！

怎么？我们难道不应该这么做吗？我们刚刚已经看到，假如法则稍有不同，生命之树就可能永远不会萌发。我们也许已经想出了一种方法，可以使上帝免于参与复制-机械系统的设计任务（这个系统可以自动设计它自己，如果上一节所讨论过的任何一种理论是正确的，或者在方向上正确的话），可即便我们承认实际情况就是如此，我们仍然需要面对一个惊人的事实，即各种法则**确实**允许这种神奇的演变发生，而这就足以在许多人心中激起以下猜测：造物主的智能是法则制定者的智慧，而不是工程师的独创力。

　　无论过去还是当下，都有许多杰出人士怀有与达尔文相同的想法：上帝设计出了自然法则。牛顿坚持认为，宇宙最初的安排无法用"纯自然原因"加以解释，它只可能归因于"一个自主行动者的抉择和发明"。爱因斯坦把自然法则称为"那位老家伙的秘密"，并通过一句著名的宣言："Gott würfelt nicht"——上帝不掷骰子，表达自己对偶然性在量子力学中的作用的怀疑。最近，天文学家弗雷德·霍伊尔（Fred Hoyle）这样说道："我相信任何一位查验了证据的科学家都会得出以下推论：考虑到核物理法则在恒星内部造成的结果，它们肯定是被有意设计成这样的。"（引自 Barrow and Tipler, 1988, p. 22）物理学家兼宇宙学家弗里曼·戴森的观点则要谨慎得多："我并不主张宇宙的构造证明了上帝的存在。我只是主张宇宙的构造符合以下假说：心灵在宇宙的运转中发挥着必不可少的作用。"（Dyson, 1979, p. 251）虽然在这一点上达尔文已准备体面地提出休战，但是达尔文式思维，携着它早先在其他情境中成功应用于同一议题而形成的势头，还将继续战斗下去。

　　随着对大爆炸以来宇宙的发展，对星系与恒星的形成条件以及组成行星的重元素有越来越深入的了解，物理学家和宇宙学家也越来越震惊于自然法则那精确的灵敏度。光速约为每秒 18.6 万英里。假如它只有每秒 18.5 万英里，或者每秒 18.7 万英里会怎么样呢？会造成很大的改变吗？假如引力比现在多 1% 或少 1% 呢？物理学的基本常数——光速、引力常数、亚原子间的弱作用力和强作用力、普朗克常数——各有其值，正如我们已经知晓的那样，这些值容许宇宙发展成我们已知的实际状况。但结果发现，如果在想象中改变这些数值中的任何一个，哪怕是最微小的改变，我们都会在此基础上假设出另一个宇宙，在那儿，这一切都不可能发生，而且显然也不可能出现任何类似生命的东西：没有行星，没有大气层，根本没有固体，除了氢和氦之外，没有任何元素，甚至可能连氢和氦都没有——只有某种由炙热且未分化的玩意儿组成的无趣的等离子体，或者是同样无趣的虚无。因此，那些法则**正好**能使我们的存在成为可能，这难道不奇妙吗？的确奇妙，有人还可能想再补上一句，我们差点就没戏了！

这个奇妙的事实是不是需要一个解释，如果是的话，它会得到怎样的解释呢？根据人择原理（Anthropic Principle），我们有资格从一个无可争议的事实——我们［我们人（anthropoi），我们人类］在此进行着推断和观察——推断出关于宇宙及其法则的事实。人择原理的风格可不止一种。（最近出版的 Barrow and Tipler, 1988 和 Breuer, 1991 有助于你理解这一点。另见 Pagels, 1985 和 Gardner, 1986。）

"弱"人择原理扎实且无害，有时是对基本逻辑的有效应用：如果 x 是 y 存在的必要条件且 y 存在，那么 x 就存在。如果意识有赖于复杂的物理结构，而复杂的结构有赖于由重于氢和氦的元素组成的大分子，那么，因为我们是有意识的，所以世界就肯定含有此类元素。

但请注意，在上一句话里有一个惹是生非的词：那游荡不定的"肯定"（must）。我遵照普通英语中的常见做法，用一种严格来讲并不正确的方式来表述一个关于必然性的陈述。逻辑课上的任何一位学生都会很快明白，我真正应该写的是：

> **情况肯定如下：** 如果意识有赖于……那么，因为我们是有意识的，所以世界就**含有**此类元素。

由此可以合理得出的结论只是"世界**确实**含有此类元素"，而不是"世界**必须**含有此类元素"。我们尽可以承认，世界**必须**包含此类元素**才能让我们存在**，但是它本来也可以不含有此类元素，假如真是那样，也就轮不到我们在这儿忧心忡忡了。就这么简单。

有些人试图界定和捍卫一种"强"人择原理，他们力图证明，"肯定"被放在句子里靠后的位置，并非出于表达上的随意，而是指向一个关于宇宙必然面貌的结论。我承认，我很难相信这么多的混淆和争议居然产生于一个简单的逻辑错误，不过，有充足的证据表明，这种情况经常发生，不光是在讨论人择原理的时候。关于类似的情况，可以思考一下围绕着一般的达尔文式推论的种种混淆。达尔文会推论说，人类**肯定**是从与黑猩猩的共有祖先那儿演化来的，又或者推论说，所有生命都**肯定**是源自单一的起点，而有些人莫名其妙地把这些推论看成是在主张人类在某种意义上是演化的必然产物，又或者是在主张生命是我们这个星球的必然特征，但从对达尔文推论的正确解释出发，是不可能得出这号结论的。可以肯定的事情，并不是我们会存在于此，而是**因为**我们存在于此，所以我们是从灵长类祖先演化而来的。假设约翰是个单身汉。那么他**肯定**是单身，对吗？（这是一条逻辑真理。）可怜的约翰——他永远结不了婚！这个例子中的谬误显而易见，我们应当把它记在心底，作为模板来跟其他论证进行比照。

强人择原理的任何一个版本的信徒，都认为自己可以从"我们这些有意识的观察者存在于此"这个事实中推导出一些奇妙且惊人的东西——例如，认为在某种意义上，宇宙**为了**我们而存在；或者认为，我们存在，**以便让**宇宙可以作为一个整体存在；甚至于认为，上帝以他所用的这种方式创造了宇宙，以便让我们成为可能。当以这种方式进行解读时，这些提法就是在企图恢复佩利的设计论论证，并再次用它来看待宇宙中最普遍的物理法则的设计，而不是用它来看待由于这些法则而成为可能的特殊构造。对于这一点，达尔文式的应对之策仍然有效。

这些议题的水很深，并且大部分相关讨论都在技术细节上纠缠不休，不过，通过一个简单得多的实例，就能生动地展现蕴藏在达尔文式回应中的逻辑之力。首先，我必须向你介绍"生命游戏"，它是一个精巧的模因，它的主要创作者是数学家约翰·霍顿·康威（John Horton Conway）。（随着我们论述的推进，我将把这个宝贵的思想工具用在更多的地方。这个游戏能够出色地完成交给它的工作，当它拿到一个复杂的议题时，它返回的仅仅是该议题极度简单的本质或框架，易于理解和领会。）

生命游戏是在一个像是棋盘的二维网格上进行的，还要用到简单的棋子，比如鹅卵石或硬币——或者可以使用高科技，在电脑屏幕上进行游戏。这不是一个需要玩家获胜的游戏；如果说它还算得上是游戏，那它就是单人跳棋（solitaire）。*网格将空间划分为小方格（cell），在每一个时刻，每个小格的状态要么是"开"，要么是"关"。（如果是"开"，则在方格中放一个硬币；如果是"关"，则让这个方格空着）。注意图 7.2 中每个小格的周围都环绕着八个小格：北、南、东、西四个毗连的小格，以及东北、东南、西南、西北四个对角线上的小格。

生命游戏中的时间是一刻一刻的，并不连续；时间在嘀声中流逝，每两次嘀声之间，世界的状态就会按照以下规则发生变化：

生命游戏物理学：对于网格中的每个小格，数一数在当前时刻它的 8 个相邻小格中有多少个的状态是"开"。如果刚好是两

---

* 对于生命游戏的这段描述改编自我早先的阐述（Dennett, 1991b）。马丁·加德纳（Martin Gardner）先后在 1970 年 10 月和 1971 年 2 月的《科学美国人》上的"数学游戏"专栏中两次向广大读者介绍了生命游戏。Poundstone, 1985 对该游戏及其哲学意涵进行了精彩的考察。（丹尼特在《自由的进化》第 2 章中对康威的生命游戏也有论述。——编者注）

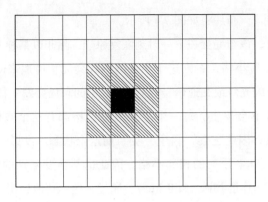

图 7.2

个，则该小格会在下一个时刻保持当前状态（"开"或"关"）。如果刚好是三个，则无论其当前状态如何，它在下一个时刻都将是"开"。在所有其他状况下，该小格都为"关"。

介绍完毕——这就是该游戏的唯一规则。你现在知道进行生命游戏所需的所有信息了。整个生命游戏的物理学机制都可以用这条单独的、没有例外的法则进行解释。尽管它是生命世界中根本的"物理学"法则，但先用生物学术语来构想一下这一奇特的物理学特性也会有所助益：把变为"开"的小格看作出生，变为"关"的小格看作死亡，把前后相继的时刻都看作世代。无论是过度拥挤（超过三个相邻小格是"开"）还是孤立（少于两个相邻小格是"关"）都会导致死亡。下面我们考虑几种简单的情况。

在图 7.3 的布局中，只有小格 D 和 F 刚好有三个状态为"开"的相邻小格，所以它们将是下一代中仅有的代表出生的小格。小格 B 和 H 各自都只有一个状态为"开"的邻格，因此它们会在下一代死去。由于小格 E 有两个"开"的邻格，所以它保持不变。那么在下一个"时刻"，布局将如图 7.4 所示。

很明显，该布局会在下一时刻恢复原样，除非以某种方式引入一些新的"开"小格，否则这个小小的图式会无止境地来回翻转。我们把它称作**闪光灯**或交通信号灯。图 7.5 中的布局会发生什么变化？

什么都不会发生。每一个"开"的小格都有三个同样是"开"的相邻小格，因此它会"再生"为目前这个状态。没哪个"关"的小格拥有三个"开"的相邻小格，因此也不会发生别的出生事件。这样的布局叫作**静物画**（still life）。通过一丝不苟地运用我们这唯一的法则，就可以完全准确地预测出下一刻"开"的小格和"关"的小格的布局，以及再下一刻的布局，等等。换言之，生命世界是一个玩具世界，它作为实例完美地说明了由于拉普拉斯而扬名的那种决定论观点：给定这个世界在某一时刻的状态，我们这些观察者就可以运用这唯一的物理学法则来完美地预测未来时刻的状态。或者，用我之前著作（Dennett, 1971, 1978, 1987b）中的话来说就是，当我们**采取物理立场**看待生命世界中的某一布局时，我们的预测力就是完美的：没有杂音，没有不确定性，没有小于 1 的概率。而且，由生命世界的二维性可知，没有什么是藏在视野之外的。不存在后台；不存在隐藏的变量；生命世界中物理学对象的展露过程是一眼可见、一览无遗的。

如果你觉得遵循这个简单的规则是一项枯燥乏味的工作，也可以用计算机模拟生命世界，在屏幕上对布局进行设置，然后让计算机替你执行算法，根据这单一的规则一遍遍地改变布局。在最佳的模拟效果中，你可以改变时间和空间的尺度，让视野在特写和鸟瞰之间来回切换。在一些彩色的版本中，"开"的小格（通常就称为**像素**）也按照各自的年龄获得其颜色编码，这可谓是点睛之笔；比方说，它们出生时是蓝色的，但之后每一代的颜色都会改变，从绿色到黄色到橙色到红色到棕色再到黑色，再往后的每一代都将是黑色，直到灭亡。这

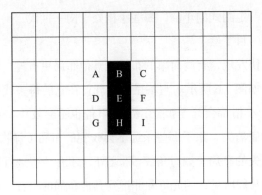

图 7.3

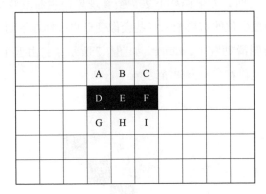

图 7.4

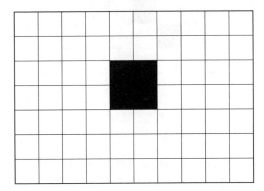

图 7.5

就让我们对一定图式的年龄，哪些小格处于同一世代，出生事件发生的位置等都一目了然。*

人们很快发现，有些简单的布局比其他布局更有趣。设想这样一条对角线，如图 7.6 所示。它**不是**闪光灯；在它的每一代中，位于两端的"开"小格都会死于孤立，出生事件也不会发生。这整条线段很快就会彻底消失。除了那些永远不会改变的布局（静物画）以及那些会完全消失的布局（如对角线段）之外，还有一些进行周期性变化的布局。如我们所见，闪光灯除非遭到其他布局的蚕食，否则就会以两代为一个周期，无限循环下去。蚕食现象使生命游戏变得妙趣横生：在周期性变化的布局中，有些会像变形虫一样在平面上游动。最简单的那种叫滑动者（glider），如图 7.7 所示，它由五个像素组成，正一股脑儿地朝着东南方向游动。

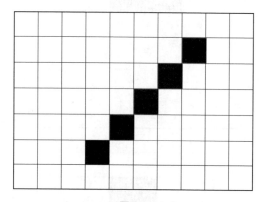

图 7.6

---

* Poundstone, 1985 使用 BASIC（初学者通用符号指令码）和 IBM-PC 汇编语言进行了简单的模拟，你可以将其复制到自己的家用电脑上，这本书还描述了一些有趣的生命游戏变体。

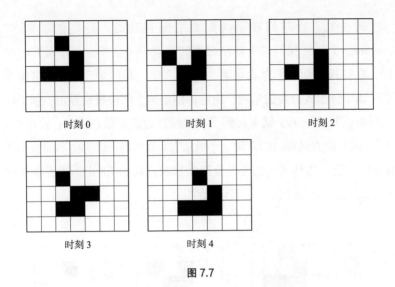

时刻 0　　　　　　　时刻 1　　　　　　　时刻 2

时刻 3　　　　　　　时刻 4

图 7.7

在一个崭新的层面上（类似于我在先前著作中所说的**设计层面**），还涌现出了大量可识别的对象，这些生命世界的居民都拥有与之相配的名字：吞食者（eater）、蒸汽火车（puffer train）、空间耙（space rake）等等。这个层面有自己的语言，它对于物理层面上的乏味描述进行了简明扼要的缩略。例如：

> 一个吞食者只需要四个世代的时间，就可以吃掉一个滑动者。不管吞噬的是什么，其基本过程都一样。吞食者和它的猎物之间形成了一个纽带。下一世代，这个纽带区域会因为数量过剩而死掉，对吞食者和猎物都造成一些损伤。不久之后，吞食者就能重整旗鼓。而在通常情况下，猎物却做不到这一点。如果猎物的残躯像滑动者一样灭绝的话，那么猎物就被吞噬掉了。（Poundstone, 1985, p. 38）

请注意，当我们在不同层面之间移动时，我们的"本体"（ontology）——我们关于存在之物的目录——会发生一些奇异的变化。在物理层面上不存在运动，只有"开"和"关"，而小格作为唯一以个体形式存在的东西，由它们固定的空间位置来界定。到了设计层面，我们一下子就观察到了有持续存在的对象在运动；在图 7.6 中[*]，向东南方向移动的是同一个滑动者（虽然每一代都由不同的小格组成），它一边移动一边改变自己的形状；在图 7.8 中，当吞食者吃掉它之后，世界上就少了一个滑动者。

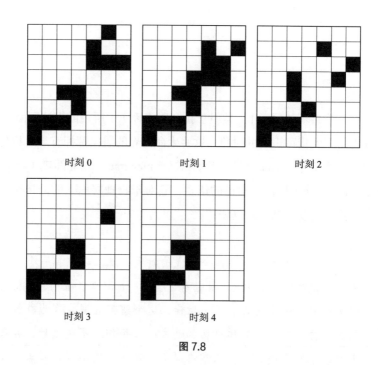

时刻 0   时刻 1   时刻 2

时刻 3   时刻 4

图 7.8

---

[*] 丹尼特在《纠误》中指出："应为图 7.7。来源：W. 鲁夫。"——译者注

还请注意，鉴于在物理层面上一切都遵循那条一般法则（the general law），绝无例外，所以我们在这个层面上进行的概括就必须加以限制：它们需要加上"通常"或"如若没有东西在进行蚕食"这样的条件。早期事件遗落下的碎片可以"打破"或者"杀死"该层面上本体的一个对象。尽管它们**身为实物的显著性**相当高，但这并不能确保它们就是实物。说它们的显著性相当高，是说人们可以冒一点儿风险，上升到设计层面，采用设计层面的本体，来进一步粗略且冒险地预测更大的布局或布局系统的行为，而不用费心进行物理层面的计算。例如，我们可以给自己设定一个任务，用设计层面提供的"部件"设计一些有趣的超级系统。

这正是康威和他的学生们着手在做的事，而且他们已经取得了巨大的成功。他们设计并证明了以下设计的可行性：一个完全由生命小格组成的、可以自我复制的实体，（除此之外）还是一台通用图灵机——它是一台原则上可以计算任何可计算函数的二维计算机！康威和他的学生们到底受何启发，才创造出了这个世界，以及这个世界中令人惊叹的居民？他们试图在一个非常抽象的层面上，回答我们在本章中一直考虑的核心问题之一：一个可以自我复制的东西所需要的最小复杂度是多少？他们是在继续推进约翰·冯·诺伊曼之前做出的杰出推测，后者在 1957 年去世前一直在研究这个问题。弗朗西斯·克里克和詹姆斯·沃森在 1953 年发现了 DNA，但 DNA 的运作方式多年来一直是个谜。冯·诺伊曼曾细致入微地设想过一种漂浮机器人，它可以拾取漂流的碎料，用来拼装出一个自己的复制品，而且这个复制品还能够重复这个过程。他描述了［Von Neumann, 1966（去世后出版）］一台自动机如何读取自身的设计图纸，然后将其复制到新创造出的自己中去，这番描述以令人印象深刻的细节，预见了后来关于 DNA 的表达和复制机制的许多发现，但为了保证自己对能够自我复制的自动机的可能性证明在数学上是严谨且便于处理的，冯·诺伊曼改用了简单的二维的抽象形象，也就是现在所知的**元胞自动机**（cellular automata）。康威的生命世界小格就是一个特别讨人喜欢的元胞自动机。

康威和他的学生们想要细致地对冯·诺伊曼的证明加以证实，他们实际建构出一个具有简单物理法则的二维世界，上文那种可以自我复制的构造在其中将会是稳定且**奏效的**结构。就像冯·诺伊曼一样，他们想让自己的答案尽可能地普遍，因而尽可能地不依赖于实际上的（地球上的？局部的？）物理学和化学。他们想要的是某种极度简单的东西，易于形象化也易于计算，所以他们不仅把问题从三维降到了二维，他们还将空间和时间都"数字化"了——正如我们所见，所有的时间和距离都是以整数计的"时刻"和"小格"。冯·诺伊曼根据艾伦·图灵关于机械计算机（现在人称"图灵机"）的抽象构思，具体设计出了通用的、可以存储程序的串行处理计算机（现在称为"冯·诺伊曼机"）；他对此类计算机所需的空间和结构进行了精彩的探索，其间他认识到并证明了，原则上可以在二维世界中"打造"通用图灵机（可以进行任何函数运算的图灵机）。* 康威和他的学生们也打算利用他们自己的二维工程设计实践来证实这一点。†

尽管这远非易事，但他们还是展示了如何用更简单的生命形式"打造"一台奏效的计算机。比如说，一串串连续的滑动者可以作为输入和输出的"纸带"，而读取纸带的可以是一大群吞食者、滑动者

---

* 想进一步了解这种在时空方面的权衡有何理论意涵，可以参见 Dennett, 1987b, ch.9。

† 关于二维物理学和工程学，还有一种完全不同的观点，请参见 A.K. 杜德尼的《平面宇宙》（Dewdney, 1984），相较于艾博特的《平面国》（Abbott, 1884），它的观点有了很大的提升。

以及其他零碎的组件。这个机器看起来是什么样的呢？庞德斯通计算得出，这整个构造所需的小格或像素大约为 10^{13} 个。

> 显示一个拥有 10^{13} 个像素的图式，至少需要一个横向像素约为 300 万的显示器。假设每个像素是 1 毫米见方（以家用电脑的标准来看，这是非常高的分辨率）。那么这个屏幕必须有 3 千米那么宽。它的面积将是摩纳哥的六倍左右。
>
> 远观会将一个可以自我复制的图式的像素缩小于无形。当你离屏幕足够远，直到整个图式正好出现在视野中时，那些像素（甚至是滑动者、吞食者和枪）就会小到无法辨认。一个可以自我复制的图式会变成一束朦胧的微光，如同一个遥远的星系。（Poundstone, 1985, pp. 227–228）

换句话说，当你把足够多的碎片攒成某个可以（在二维世界中）自我复制的东西时，这个东西与组成它的最小碎块的尺寸差大约就相当于一个生物体与组成它的原子的尺寸差。虽然还没有得到严格证明，但是你很可能无法用任何更简单的东西来制造它了。我们在本章开始时的预感得到了戏剧性的验证：只有**大量的**设计工作（康威和他的学生所做的工作）才能把可用的碎块和碎片变成一个可以自我复制的东西；自我复制者不是靠某种宇宙级巧合而拼凑在一起的；它们太大，代价太高昂了。

生命游戏不仅阐明了许多重要的原理，还可以用来构建许多不同的论述或思想实验，不过，我只谈与我们现阶段的论述密切相关的两点就满足了，然后再转向我的主要观点。（关于生命游戏及其意涵的进一步思考，参见 Dennett, 1991b。）

首先，请注意秩序和设计之间的区别是如何在这里——就像休谟遇到的那样——变得模糊不清的。康威**设计**了整个生命世界，也就是说，他打算阐述清楚一个以一定方式**发挥功能**的秩序。但是，比如说，滑动者应该算作设计出来的东西，还是只是自然物——像原子或分子一样？当然，康威和他的学生们用滑动者之类东西的拼凑出来的纸带读取器是一个设计出来的对象，但最简单的滑动者似乎是"自动地"产生于生命世界中的基本物理法则的——不需要有人来专门设计或发明它；人们只是**发现**生命世界的物理法则暗示着它的存在。可实际上生命世界的一**切**都是如此。在生命世界中，没有什么东西不是被物理法则和小格的初始布局所严格暗示的——可以通过直接的定理证明方式在逻辑上推导出来。只不过，生命世界中的有些东西就是比别的东西更神奇、更难（凭借我们微不足道的智慧，被我们）预料。从某种意义上说，康威那个可以自我复制的像素星系"只是"另一种生命大分子，具有十分漫长且复杂的运行周期。

如果我们让这一大群自我复制体运转起来，还让它们争夺资源，会怎么样呢？假设它们随后演化了，也就是说，它们的后裔并不是它们的原样复制品。这些后裔是否更有资格被视为设计出来的呢？也许吧，但在仅仅是有秩序的东西和有设计的东西之间并没有界限可言。工程师在开始时使用的是一些"现成品"（found object），其属性可以被用在更大的构造中，但设计和制造出来的钉子、一块被锯过的木板，以及自然形成的岩板，它们之间的差异并不是"原则性的"。海鸥的翅膀是强有力的升空装备，血红蛋白大分子是性能卓越的运输机器，葡萄糖分子是好用的能量包，而碳原子则是出色的通用黏合剂。

第二点是，生命游戏极好地体现了计算机模拟解决科学问题的能力——以及一个与之相伴而生的弱点。过去只有一个方法可以说服自己相信非常抽象的一般性论述，那就是从某个理论（不论是数学、物理学、化学还是经济学）的根本原理或公理出发，进行严密的证明。在 20 世纪的早些时候，人们开始清楚地认识到，在这些科学领域中，人们想要完成的许多理论计算明显超出了人类的能力范围——所谓"无法驾驭"。后来，计算机的出现为解决这类问题提供了一种新方法：大规模模拟。其中有一个我们大家耳熟能详的例子，那就是电视节目中气象学家所做的天气模拟。计算机模拟还革新了许多其他科学领域的研究方式，这大概是自精准计时设备发明以来，人们在科学方法上取得的最重要的**认识论**进步。在演化论领域，人工生命（Artificial Life）这一新学科方兴未艾，为投身这名副其实的科研淘金热中的各路研究人员——他们的研究对象遍及从亚分子到生态学的各个层面——提供了名位与庇护。然而，即使是那些没有高举人工生命大旗的研究者也普遍承认，如果没有计算机模拟来检验（证实**或**证伪）理论家的直觉，那么他们关于演化的大部分理论研究——例如本书所讨论的大部分近期研究——都会是不可想象的。事实上，正如我们所见，直到我们有可能检验的是巨大且复杂的算法模型，而非只是早期理论家提出的过于简单的模型，关于演化作为一种算法过程的观念才能得到正确的阐述和评估。

如今，有些科学难题是无法通过模拟来解决的，另一些难题则大概只能通过模拟来解决，但在这两者之间，有些难题在原则上可以通过两种不同的方式来解决，这让人想起出给冯·诺伊曼的那个火车难题有两种不同的解题方式——一种是通过理论达成的"深层"方式，另一种是通过蛮力进行模拟和检验达成的"浅层"方式。模拟出的世界具有难以抗拒的吸引力，如果这种吸引力使我们沉浸其中，不再渴望以理论的深层方式理解这些现象，那就太可惜了。我曾经和康威谈起过生命游戏的创作过程，他慨叹道，如今对生命世界的探索完全只凭借"经验的"方法——在电脑上设置好所有有趣的变体，然后袖手旁观，任其发展。他指出，这样做常常会让一个人不再去构想如何严格证明自己的发现，甚至连这样的机会都会失去，而且使用计算机模拟的人通常没有足够的耐心；他们尝试各种组合，观察 15 分钟或 20 分钟，如果没有发生任何有意思的事，他们就会放弃这些组合，并把它们标记为"探索完毕，一无所获"的路径。这种短视的探索方式有可能会过早地封死重要的研究路径。这是所有计算机模拟者所面临的职业危害，也是哲学家式弱点在他们身上的高科技版本：错把想象力的失败当成了对于必然性的洞见。经过假体强化的想象力仍然容易失败，当它没有被严格使用时尤其如此。

现在轮到我解释自己的主要观点了。当康威和他的学生们着手创造一个会发生有趣事情的二维世界时，他们发现似乎没有什么是奏效的。这群勤奋且聪慧的、有智能的探索者，花了一年多的时间，才在可能存在的简单规则漫无际涯的空间中找到了生命物理学的那条简单规则。然而，结果表明，所有容易想到的变体都毫无希望。要想明白我在说什么，可以试着改变出生和死亡的"常数"——比如把出生的规则从三改成四——然后看看会发生什么。这些变体所管辖的世界要么很快凝结成块，要么马上蒸发为虚无。康威和他的学生们希望有这样一个世界，生长可以在其中发生，但不是爆炸式的疯长；在这个世界里，"东西"——由小格组成的更高阶图式——可以移动和变化，还可以持续保有自己的同一性。当然，这也必须是种种结构可以在其中依照兴趣"做事"（比如吃、追踪或抵御东西）的世界。据康威所知，在所有可想象的二维世界中，只有一个符合这些**必备条件**：生命世界。在后来的若干年中，不论是哪一次，经受检验的种种变体在趣味性、简洁性、繁殖力、巧妙性上都不及康威所创造的。生命世界可能确实是所有可能的（二维）世界中最好的那个。

现在假设一下，生命世界中的一些能够自我复制的通用图灵机要进行一场对话，谈论它们所发现的世界及其惊人简单的物理法则——简单到用一句话就可以表达清楚，并且涵盖所有可能的情况。*如果它们认为，因为它们存在，所以这个生命世界，连同其特殊的物理法则就**必定会**存在，那么它们就犯了一个逻辑上的愚蠢错误——毕竟，康威本可成为一名水管工，或者去打打桥牌，而不是忙着寻找这个世界。但如果它们推断出，因为它们这个过于美好的世界拥有可以支撑生命的巧妙物理法则，所以如果没有智能造物主，这个世界就不会存在——这会怎么样呢？如果它们直接跳到一个结论，即它们的存在要归功于一位明智的法则制定者，那么它们可就说对了！上帝与我们同在，他的名字叫作康威。

不过，它们是**跳到**这个结论的。宇宙遵循一套如同生命法则（或我们自己的物理法则）那样巧妙的法则时，这件事在逻辑上并不需要一个有智能的法则制定者。首先请注意，生命游戏的实有历史是如何将脑力劳动一分为二的：一方面，是在最初的探索工作的指引下，由法则制定者颁布的物理法则；另一方面，是法则利用者们——工匠们——所完成的工程学工作。二者**可能**是按照时间顺序发生的—— 一开始，康威灵光一闪，颁布了生命世界的物理法则，随后他和他的学生们根据这项制定好的法则，设计并创造了那个世

---

* 多年来，约翰·麦卡锡一直在探索一个理论问题，想知道在生命世界中，有能力了解其自身世界之物理法则的最小布局是什么，他还试着邀请自己的朋友和同事一同探索。我一直觉得实现这一证明的前景令人垂涎，不过通向它的途径却完全超出了我的能力范围。据我所知，关于这个最有趣的认识论问题，还未曾有人发表过有实质意义的研究，但我想鼓励其他人去处理该问题。Stewart and Golubitsky, 1992, pp. 261–262 中也独立地提出了同样的思想实验。

界中奇妙的居民们。但实际上，这两项任务相互穿插；为了制造出有趣的事物，康威多次试错，而这些尝试为他在制定法则方面的探索提供了指导。其次，请注意，这种假定的分工体现了上一章中一个基本的达尔文式主题。为了推动这个世界的运转，圣明的上帝需要完成的任务是去发现，而不是去创造，这是属于牛顿的工作，而不是属于莎士比亚的工作。牛顿所发现的——以及康威所发现的——是永恒的、柏拉图式的、得到确证的观点，它们原则上可以被其他任何人发现，它们无论如何都不是别具一格的创造，不在任何方面依赖于其创造者心灵的独特性。假如康威从未承担设计元胞自动机世界的任务——假如康威从未存在过——那么别的某位数学家很可能会**分毫不差地**想出这个本该归功于康威的生命世界。因此，当我们跟随达尔文派沿着这条路走下去时，工匠上帝先是变成了**法则制定者**上帝，现在看来又与**法则发现者**上帝结合了起来。这样一来，我们假设中的上帝的贡献，就变得不那么人格化了——因而也更容易被一些固执且无心灵的东西执行了！

休谟已经向我们展示过这种论证是如何进行的，我们也了解达尔文式思维在更为熟悉的领域中是如何起作用的，现在，在这一经验的加持下，我们可以外推出一个建设性的达尔文式替代方案，替代"我们的法则是上帝的馈赠"这个假说。那么达尔文式的替代性假说必定会是什么样呢？有多个世界（这里世界的意思是指整个宇宙）在演化，而我们发现自己身在其中的那个世界，只是无数个自无始以来便存在的世界中的一个。关于法则的演化，则存在两种大不相同的思考方式，其中一种比另一种更强、更"达尔文式"，因为它涉及类似自然选择的观念。

会不会存在过某种关于宇宙的**差异性生殖**（differential reproduction），并且有些变种的"后代"比其他的更多？正如我们在第 1 章中看到的那样，休谟笔下的斐罗摆弄过这一观念：

> 而当我们发现他原来是一个愚笨的工匠，只是模仿其他工匠，照抄一种技术，而这种技术在长时期之内，经过许多的试验、错误、纠正、研究和争辩，逐渐才被改进的，我们必然又会何等惊异？在这个世界构成之前，可能有许多的世界在永恒之中经过了缀补和修改；耗费了许多劳力；做过了许多没有结果的试验；而在无限的年代里，世界构成的技术缓慢而不断地在进步。（Hume, 1779, Pt. V）*

休谟把"不断地在进步"归因于一个"愚笨的工匠"的最小选择性偏差，但我们可以用一种更愚笨的东西来顶替愚笨的工匠，并且又不削弱吊升力：一个纯粹算法范畴的、"摸索世界"（world-trying）的达尔文式过程。尽管休谟显然认为这只是一个可笑的哲学幻想，可就在不久之前，物理学家李·斯莫林（Lee Smolin, 1992）对该观点进行了详细的拓展。该基本观念是，那些被称为黑洞的奇点实际上是子代宇宙的诞生地，它们的基本物理常数较之其亲代宇宙中的物理常数，会随机出现轻微的差别。所以，根据斯莫林的假说，我们既有差异性生殖，也有突变，这是任何一种达尔文式选择算法都具备的两个本质特征。如果某个宇宙的物理常数恰好可以促进黑洞的发生发展，那么它就会因此拥有更多的后代，而这些后代还会有更多的后代，以此类推——这就是选择的步骤。请注意，在这个场景中，不存在会收割宇宙生命的死神；它们的生与"死"都

---

* 中译参考自《自然宗教对话录》，陈修斋、曹棉之译，商务印书馆，2002年，第五篇。——译者注

自有其时，不过有些宇宙会拥有更多后代。那么根据这一观念，我们会生活在一个拥有黑洞的宇宙中，就并不纯粹是有趣的巧合，也不是绝对的逻辑必然。它更像是有条件的近似必然（conditional near-necessity），就是你在任何一种演化描述中都能找到的那种。斯莫林宣称，这两件事之间的联系就在于碳，它既在气体云的坍缩（换言之，恒星的诞生，黑洞诞生的先兆）中发挥作用，也在我们身上的分子工程学中发挥作用。

该理论是可检验的吗？斯莫林提出了一些预测，如果这些预测被证伪的话，他的观念就会遭到无情淘汰：情况应该会是，相较于我们自身所在的宇宙，在由我们的物理常数值的"近似"变体产生的所有宇宙中，黑洞存在的概率更低，或者更少见。简而言之，他认为在制造黑洞的比赛中，我们的宇宙应该会表现得最为优秀，即使不是全面最优，也至少会是局部最优。就我所见，麻烦之处在于，对于什么应该算作"近似"变体以及为何如此，相关的约束条件太少了，不过也许当该理论得到进一步阐述时，这个问题就会得到澄清。毋庸赘言，我们目前还很难弄清应该如何看待这个观念，但无论科学家们会做出怎样的最终裁决，这个观念都已经为保全一个哲学观点出了力。弗里曼·戴森、弗雷德·霍伊尔以及其他许多人都认为，他们在物理法则中窥见了一种奇妙的模式；如果他们或其他人反问"除了上帝，还有什么**有可能**解释它？"，那么对于这个战术性错误，斯莫林的回答定会令他们锐气大减。（我会建议我那些哲学专业的学生，应该对哲学中的反问保持超高的敏感度。因为这些反问可以遮掩掉论述中的任何漏洞。）

不过，为了论证起见，不妨假设斯莫林的诸多推测都各有缺陷，假设宇宙的**选择**终究不会奏效。有一种更弱一些的、半达尔文式的推测，也能轻松回答这个反问。正如我们已经指出的，休谟在他的《自然宗教对话录》的第八篇中也摆弄过这个较弱的观念：

> 不像伊壁鸠鲁一样假设物质是无限的，让我们假设物质是有限的。有限数目的物质微粒只容许有限的位置变动；在整个永恒的时间中，每一可能的秩序或位置必然经过了无数次的试验……
>
> 假设……物质被一个盲目的、没有定向的力量随便投入一种状态；那么显然，这个第一次的状态在所有可能的情况中都必然是极紊乱、极无秩序的，与人类设计的作品丝毫没有相似之处，人类设计的作品除了其中各部分的相称，还表现出一种手段对于目的的配合和自我保存的倾向……假定这个推动力，不管它是什么，继续存在于物质之中……这样，宇宙是在一种混沌和无秩序的不断的连续变化之中经历了许多年代。但是难道它不能在最后得到稳定……？我们不是可以在没有定向的物质的永恒变革之中，希望甚至相信物质有这样的一个状态吗？而这个不就可以解释所有呈现于宇宙中的智慧与设计吗？[*]

这个观念压根儿没有用到任何一个版本的选择，它只是使我们注意到这样一个事实：我们有无限的时间可供支配。在这个例子中，就像地球上生命的演化一样，不存在什么 50 亿年的截止日期。正如我们在思考巴别图书馆和孟德尔图书馆时看到的那样，要在非漫无际涯的时间内穿越漫无际涯的空间，我们需要复制和选择，但当时间不再是一个限制条件时，选择也就不再是一个必要条件了。在无尽的时间长河中，你可以去到巴别图书馆或孟德尔图书馆——或者爱因斯坦图

---

[*] 中译参考自《自然宗教对话录》，陈修斋、曹棉之译，商务印书馆，2002 年，第八篇。——译者注

书馆（所有物理常数的所有可能值）——中的**每一处地方**，只要你不停下脚步。（在休谟的设想中，存在着一种让你一直四处穿梭的"推动力"，这让我们想起了洛克关于不运动物质的论述，尽管该论述并没有假设推动力具有任何的智能。）事实上，如果你在所有的可能性中走来走去，直至永恒，你将经过这些漫无际涯（但有限）的空间中的每一个可能的地方，不是一次，而是无限次！

近年来，物理学家和宇宙学家已经认真思考过这一推测的好几个版本。比如说约翰·阿奇博尔德·惠勒（Wheeler, 1974），他提出宇宙处于永恒的来回摇摆之中：大爆炸之后是膨胀，之后是收缩，直至大坍缩，而在此之后，是又一次大爆炸，一直这样循环往复下去，而在每一次摇摆中，常数和其他关键参数都会发生随机的变化。每一项可能的设置都会被尝试无限次，因此关于每一个主题的每一种变化，无论是"合理"的，还是荒谬的，都会尽可能延长持续的时间，不是一次，而是无限次。

尽管很难相信这个观念在任何有意义的方面具有经验上的可检验性，我们也不应该就此对其妄加评断。主题上的变化或细化可能会具有一些可被证实或证伪的意涵。与此同时，值得注意的是，这一系列的假说确实可以拓展解释原则（principle of explanation），而这些解释在可检验的领域内自始至终都十分奏效。一致性和简单性也是其优势。这当然也足以削弱传统替代说法的吸引力。*

---

* 对于这些议题的更详细分析，以及对于一种"新柏拉图主义"折中观点的辩护，参见 J. Leslie, 1989。（像大多数折中观点一样，虽然它不大可能吸引虔信者或怀疑者，但至少是一种对妥协方案的巧妙尝试。）范因瓦根（Van Inwagen, 1993a, chh. 7 and 8）从少见的中性立场出发，对这些论点——莱斯利的论点，也包括我在此提出的论点——进行了清晰且不留情面的分析。任何对我的论述不甚满意的人都应该先去阅读他的作品。

任何赢得掷硬币锦标赛的人都会不禁认为自己天赋异禀，尤其当他对其他选手一无所知的时候。假设你将举办一场共计十轮的抛硬币锦标赛，并且不让1 024名"参赛者"中的任何一名意识到自己参赛。你在招募每一个人时都对他说："恭喜你，我的朋友。我是靡非斯特*，我将赐予你强大的力量。当我伴你左右时，你就会在掷硬币比赛中连赢十次，一局不失！"然后，你让这些上当者捉对比拼，直到产生一个最后的胜者。（你从不让参赛者讨论你和他们的关系，而且你还会随着比赛的进行淘汰1 023个失败者，并故意压低声音嘲讽他们，使他们乖乖相信你就是靡非斯特！）那位胜者——肯定有一个胜者——当然会看到自己身为天选之人的证据，如果他上当了，这就是一种我们称为回溯性短视（retrospective myopia）的错觉。胜者看不到的是，这一切都是布置好的，必定会有一个人成为幸运儿，而他只是碰巧被选中而已。

假如宇宙以这样一种方式布置，即在时机成熟的时候，对无限种不同的"物理法则"加以考验，要是我们得出任何结论认为自然法则是专门为我们所准备的，那就等于说我们向同样的诱惑屈服了。这并不是在论证说宇宙包含或者肯定包含这样的布置，而只是在论证一个较为朴素的结论：可观察到的"自然法则"的任何特征都不能用这种替代性的、垂头丧气的方式加以解释。

一旦这些更具推测性、更加弱化的达尔文式假说成形，它们就会以典型的达尔文式方法把我们所面对的解释性任务一步步地缩减。此刻，还有待解释的，就是我们在观察到的物理法则中，所感觉到的那份简洁或奇妙。如果你怀疑，有关无穷个宇宙变体的假说能否真的解

---

* 靡非斯特（Mephistopheles），《浮士德》中的魔鬼，他将浮士德引入了歧途。——译者注

释这份简洁，那么你应该回想一下，它至少和传统上的替代性说法一样，都自诩为一种非乞题的解释；等到上帝被非人格化为关于美或善的某种抽象的、非时间的原则，我们就几乎看不出上帝的存在何以能够解释任何东西。一番"解释"，若不包含在说明它要解释的奇妙现象的描述中，那它又能给出怎样的论断呢？

达尔文对宇宙金字塔的袭击开始于中间部分：给我秩序和时间，我就能解释设计。我们现在已经看到了万能酸是如何向下流动的：如果我们将混沌（取其旧式含义，即纯粹无意义的随机性）和永恒交给他的继承者们，他们就能解释秩序——解释设计所需要的那种秩序。反过来讲，彻底的混沌需要一个解释吗？还剩下什么需要解释呢？有些人认为还剩下一个"为什么"问题。**为什么有东西存在，而非虚无？**对于这个问题有无任何明确的指向，人们意见不一。*如果它有，那么"因为上帝存在"大概就是最好的答案（之一），不过也可以看看它的竞争对手："为什么不呢？"（Why not?）

4. 永恒轮回——没有根基的生命？

在摧毁形而上学的答案方面，科学的表现堪称绝妙，但它却无法提供替代答案。科学带走了根基，却没有留下替代品。不管我们愿不愿意，科学已经将我们置于这样的境地：我们不得不在

---

* 罗伯特·诺齐克的《哲学解释》（Nozick, 1981）第 2 章对这个问题做出的探究非常引人入胜。诺齐克提供了几种不同的备选答案，诚然这些答案都很怪异，但他开诚布公地指出："然而，这个问题是如此深入，以至于任何一个有可能得出答案的方法都显得极其诡异。如果一个人给出的答案毫不奇怪，那他就没有弄懂这个问题。"（Nozick, 1981, p. 116）

没有根基的情况下活着。尼采的这番话在当年听来惊世骇俗，但到了今天，它已经是老生常谈了；在我们所处的历史位置上——放眼望去，看不到它的尽头——我们不得不在没有"根基"的情况下探讨哲学。

——希拉里·普特南（Putnam, 1987, p. 29）

那些将达尔文当作人类的恩人一般欢迎的人，似乎没有认识到一层意思——宇宙的意义早已化为乌有了。尼采认为，虽然演化展示了一幅世界的正确图景，但这是一幅灾难性的图景。他的哲学尝试产出一幅新的世界图景，该图景将达尔文主义考虑在内，却没有被它废掉。

——R. J. 霍林代尔（Hollingdale, 1965, p. 90）

在达尔文出版《物种起源》之后不久，弗里德里希·尼采就重新发现了休谟曾经摆弄过的观念：盲目、无意义变化的永恒轮回——物质和法则被混乱且无谓地打散和重组——将不可避免地喷涌出大量的世界，随着时间的流逝，这些世界会演化出关于我们生命的、**显然有意义**的故事。这种关于永恒轮回的观念成了他的虚无主义的基石，也因此成为存在主义的前身的部分根基。

现在正在发生的事情过去全都发生过，这种观念必定和**既视感**（déjà-vu）现象一样久远，而这个观念也常常从这些现象中汲取灵感，从而生出许多迷信的版本。在人类的一系列文化中，循环往复的宇宙演化并不罕见。但当尼采偶然读到休谟的构想——以及约翰·阿奇博尔德·惠勒的构想——的某个版本时，他认为那不仅仅是一个有趣的思想实验或对古代迷信的阐述。至少有好一阵子，他都认为自己偶然发现的是一项最重要的科学证明。*我怀疑，尼采之所以有动力比休谟更认真严肃地对待这个观念，是由于他没能清楚地认识到达尔文式思维的巨大威力。

在提到达尔文时，尼采的态度几乎总是不甚友好，但也有好几次，他的看法本身就在支持沃尔特·考夫曼的论点（Kaufmann, 1950，序言）：尼采"不是一个达尔文主义者，他只是被达尔文从独断论的迷梦中唤醒了，就像一个世纪前，休谟唤醒康德一样"。尼采对达尔文的看法也表明，他对达尔文诸多观念的认识受困于各式常见的歪曲和误解，所以他"了解"达尔文的主要途径也许是知识普及人士的热情挪用，这样的普及人士在德国乃至全欧洲都有很多。从他对达尔文的几点具体批评来看，他对达尔文的理解完全是错的，例如，他曾指责说达尔文忽视了"无意识选择"的可能性，可那正是达尔文在《物种起源》中最重要的、起桥接作用的观念之一。他提到"英国人、达尔文和华莱士愚蠢透顶"，还指责说，"最后，混淆到了如此地步，连达尔文主义也被当作哲学：现如今，学者和科学家们主导了一切"（Nietzsche, 1901, p. 422）。尽管如此，其他人却常常把**他**视为一名达尔文主义者——"其他博学的、长角的畜生因此

---

* 尼采曾一度把这些构想描述为"最科学的假说"，他在推论它们时表现出一反常态的谨慎，Danto, 1965, pp. 201–209 清晰地重现了该推论。关于尼采的永恒轮回这个臭名昭著的观念，相关的讨论、考察以及其他阐释路径，可参见 Nehamas, 1980，这篇文章认为尼采所说的"科学的"是特指"非目的论的"。关于对尼采的永恒轮回的解释，存在着一个轮回的——但到目前为止，还不是永恒轮回的——难题，那就是尼采不同于惠勒的地方，他似乎认为，**这一生命之所以会再次出现，不是因为它和它的所有可能的变体**会反复出现，而是因为只有一种可能的变体——就是这一种——而且它会反复出现。简而言之，尼采似乎相信现实论。我认为，这并不妨碍我们欣赏尼采自以为可以或者应该从这个观念推出的道德意涵，或许也不妨碍我们欣赏尼采的学术研究（可我又懂什么呢？）。

怀疑我是达尔文主义者"(Nietzsche, 1889, Ⅲ, ⅰ)——虽然对这个标签嗤之以鼻,但他并没有停笔,他的《论道德的谱系》(Nietzsche, 1887)是针对伦理的演化问题进行的最早也是迄今最精微的达尔文式探究之一,我们将在第 16 章中回到这个话题。

尼采认为,自己关于永恒轮回的论述证明了生命的荒诞或无意义,证明了宇宙没有被上帝自上而下地赋予意义。而这无疑是很多人在初遇达尔文时感到恐惧的根由,那么就让我们用尼采的版本来加以查验(在我们可以方便找到的版本中,它的极端程度名列前茅)。永恒轮回究竟为什么会让生命没有意义?这难道不是显而易见的吗?

> 假如某天或某夜,一个恶魔悄悄潜入你最深的孤寂中,它说:"你正在经历的和已经经历的人生,你必须再经历它,之后还有无数次。人生中的一切照旧,每一次痛苦、每一次快乐、每一种思想、每一声叹息——你生命中一切难以言说的大事小事——都肯定会再次降临于你,并以同样的顺序和排列……"你会怎么办?你难道不会瘫倒在地并恶言诅咒那个口出狂言的恶魔吗?或者,你曾经历过这样重大的时刻,那时你的回答是:"你是神明,我从未听过比这更最神圣的话!"[Nietzsche, 1882, p. 341(英译引自 Danto, 1965, p. 210)]

以上信息让你感到释然还是恐惧?尼采自己似乎无法拿定主意,也许是因为他常常给他的"最科学的假说"的意涵披上这些颇为神秘的外衣。我们不妨看看一个迷人的戏仿版本,为我们的讨论注入一点新鲜的空气,出自小说家汤姆·罗宾斯创作的《蓝调女牛仔》:

> 那年的圣诞节,朱利安送给茜茜一个提洛尔村的微缩模型。

模型的做工十分出色。

村里有一座小小的教堂，教堂的彩色玻璃窗将透过的阳光染成水果沙拉一样斑斓。村里还有一座广场和一座啤酒花园。每到周六晚上，啤酒花园都热闹非凡。面包店总是散发出热面包和馅饼的香气。市政厅和警察局的部分剖面模型将官僚习气和腐败勾当展现得淋漓尽致。小小的提洛尔村民们穿着精心缝制的皮裤，皮裤里头是制作同样精细的生殖器。村里有滑雪器材商店以及其他有趣的场所，包括一所孤儿院。孤儿院被设计成每逢平安夜就会起火烧毁。孤儿们会冲进雪地里，身上的睡袍都烧着了。真是可怕。大约在一月的第二个星期，一位消防检查员会来到孤儿院的废墟，他一边翻找一边喃喃自语："要是他们早听我的话，那些孩子今天还会活着的。"（Robbins, 1976, pp. 191–192）

这段描述可谓匠心独运。孤儿院的剧情年复一年地上演，似乎从这个小小世界中掳走了一切真正的意义。但为什么如此呢？消防检查员的反复哀叹究竟为什么会听起来如此徒然？如果我们仔细研究一下这段话的意蕴，也许就会发现是什么手法让这一段落"奏效"。是小小的提洛尔村民们自己重建了孤儿院，还是这个微型村庄有一个"重启"按钮？二者有何区别？那新的孤儿又是从哪儿来的？那些"死去"的孤儿会复活吗（Dennett, 1984, pp. 9–10）？请注意，罗宾斯说，孤儿院**被设计成**每逢平安夜就会起火烧毁。这个微型世界的制造者显然是在捉弄我们，嘲笑我们在生命难题面前一本正经的样子。其中的道理似乎不言而喻：**如果**这段剧情的意义必然来自上天，来自一位造物主，那么它就是一个低级笑话，是对那个世界里努力生活着的个体的蔑视。可如果意义是这些个体以某种方式自己创造的，每次他们重获肉身时都会重新产生出来，而不是什么上天的恩赐呢？这也许就为一种不受重复威胁的意义敞开了可能性。

各种存在主义的变体都有一个标志性的主题：唯一可能存在的意义，就是你（以某种方式）为自己创造的意义。而**这**一点如何实现，对存在主义者来说一直是个谜，但我们很快就会看到，达尔文主义在解释创造意义的过程时，也完成了某种去神秘化。其关键仍在于抛弃约翰·洛克关于心灵第一的见解，并以另一种见解取而代之，那就是**重要性本身**跟我们珍视的所有其他东西一样，是从虚无中渐渐演化出来的。

在转向其中的某些细节之前，我们不妨先停一停，想想我们的迂回之旅至今把我们带到了何处。我们开始于一个稍显稚嫩的见解——一个拟人化的工匠上帝——然后认识到，这个观念已经名副其实地大步走在通往灭亡的道路上了。当我们透过达尔文的双眼看待设计的实有过程时——迄今为止我们和所有自然界的奇观都是该设计的产物——我们发现，佩利把这些都看作大量设计工作的结果是正确的，但我们找到了一种不用奇迹来解释这一切的方式：一个无心灵的、算法式的设计摸索过程，该过程是大规模并行的，因此浪费惊人，不过在这个过程中，诸多极小的设计增量在过去的几十亿年间被节约地使用、复制和再利用。创造中奇妙的**特殊性**或**个别性**，不应归因于莎士比亚式的创新天才，而应归因于偶然性不断做出的贡献，那是一条不断延伸的序列，由克里克（Crick, 1968）所谓的"凝定的偶然"（frozen accident）组成。

这种关于创造过程的见解，显然还为上帝留有一个法则制定者的角色，而这个角色随后让位于牛顿式的法则发现者，但正如我们方才所见，法则发现者也消失了，没有留下一点智能能动性（Intelligent Agency）的痕迹。留下的东西，是该过程在永恒中穿梭，以无心灵的方式发现（当它有所发现时）的东西：一个不受时间影响的柏拉图式秩序的可能性。用数学家们永远在惊呼的那句话来讲就是，这真是美的化身，但它本身并不是有智能的东西，而是奇观中的奇观，是凭智力能理解的东西。它是抽象的、外在于时间的，它没有什么需要解释的**起始**或**起源**。*需要解释其起源的，是具体有形的宇宙本身，休谟笔下的斐罗早就问过：为什么不止步于物质世界？我们已经看到，**它**确实展现出了一套终极的自举技法；它从虚无中创造了自己，或者至少是从某种几乎跟虚无不分伯仲的东西中创造了自己。与上帝那神秘到令人费解的、不受时间影响的自我创造不同，这种自我创造是一套非奇迹的、留下大量痕迹的惊人表演。而且，它不仅是具体有形的，还是一段极其特定的历史过程的产物，所以是一个完全独特的创造——涵盖了所有艺术家的所有小说、绘画和交响乐，同时又使它们相形见绌——在由诸多可能性构成的超空间中占据着一个与众不同的位置。

　　斯宾诺莎在 17 世纪指出上帝与自然是**同一的**，主张科学研究才是神学的正途。因为这一异端邪说，他受到了迫害。斯宾诺莎的异端见解——Deus sive Natura（上帝，或自然）——具有一种令人忧虑不安的（对某些人来说是诱人的）两面性：在他提出自己诉诸科学的简化观点时，他是在把自然人格化，还是在把上帝去人格？达尔文那个更具能产性的见解提供了一个体系，在这个体系中，我们可以把大自然母亲的智能（或者那只是表面上看着像智能？）看作这个可以自我创造的过程的一个非奇迹、非神秘（也因而更美妙）的特征。

---

* 笛卡儿曾提出一个问题：上帝是否创造了那些数学真理？他的追随者尼古拉斯·马勒伯朗士（Nicolas Malebranche, 1638—1715）则坚定地表达了这样的看法：作为最永恒的存在，它们不需要开端。

第 7 章

第一生物肯定存在过，但又不可能存在过——就连最简单的生物都太复杂、经过太多设计，其出现不大可能纯属偶然。解决这个困境的不是天钩，而是一系列漫长的达尔文式过程：可以自我复制的宏（或许晚于可以自我复制的黏土晶体的出现，或者与之同时现身），在十亿年的时间里，从比拼运气的锦标赛逐步迈向了比拼技能的锦标赛。而这些起重机所依赖的物理规律，本身也可能是盲目且无心地在混沌中穿梭的结果。这样一来，我们所熟知和热爱的世界便从虚无旁边创造出了自身。

第 8 章

自然选择的工作是研究和开发，所以生物学在底子上与工程学有亲缘关系，但这个结论深受抵制，只因为它的潜在意涵引起了不必要的恐慌。实际上，它解开了我们最深层的一些困惑。一旦我们采取工程学的视角，**功能**这一生物学的核心概念和**意义**这一哲学的核心概念就可以得到解释和统一。由于我们回应意义、创造意义的能力——我们的智能——建立在我们作为达尔文式过程高级产物的地位之上，真智能和人工智能之间的区分就崩塌了。然而，由于创造出二者的过程不尽相同，人类工程学的产物和演化的产物之间存在重要的差别。我们才刚刚开始聚焦于演化的宏大过程，使用我们自身技术的产物——计算机——来回答悬而未决的问题。

第 8 章

生物学即工程学

1. 制造品科学

第二次世界大战以来，大多数改变了世界的发现，都完成于不太显眼的工程学和实验物理学的实验室，而非理论物理学的崇高殿堂。理论科学和应用科学的角色发生了逆转；它们已不再是物理学黄金时代的自己了，也不是爱因斯坦、薛定谔、费米和狄拉克时代的自己了……如今，真正的科学进步发生在应用物理学、工程学和计算机科学中，而对于它们中的伟大发现，科学史家们认为应该忽略其历史。计算机科学尤其突出地改变了世界的面貌，并将继续改变下去，其程度比理论物理学中任何一项伟大的发现都要彻底和剧烈。

——尼古拉斯·梅特罗波利斯（Metropolis, 1992）

在这一章中，我想要考察达尔文革命的一个核心特征——我斗胆称之为**唯一的核心特征**——并追溯其为人忽视和低估的意涵：这个特征就是生物学和工程学在达尔文之后的联姻。我在本章中的目的，是从肯定性的方面讲述"生物学即工程学"的故事，而后面的章节则会处理各种攻击和挑战。但在它们抢走风头之前，我想要说明一件事：以工程学视角看待生物学，这种做法并非只是偶尔有效，也并非只是一个有价值的选项，而是全部达尔文式思维必不可少的组织原则，也是其威力的主要来源。我估计这一主张将会引发大量的抵触情绪。说实话：本章标题难道不会激你做出否定性的回应吗？难道你不会说："哦，不！这个主张太令人沮丧、太庸俗、太还原主义了！生物学可**远远**不只是工程学！"

亚里士多德对生物体进行了开创性的探究，并且分析了目的论（关于他的"四因"中的第四因），而自那以后就存在着一个观念：对生命形式的研究至少和工程学有亲缘关系。不过直到达尔文出现，这个观念才成了关注的焦点。当然，设计论论证就明确体现了这一观念，它要让旁观者惊叹于各部件之间巧妙的配合，惊叹于那位工匠别致的筹划和精湛的做工。但在思想界，工程学一直都屈居二流。从达·芬奇到查尔斯·巴贝奇，再到托马斯·爱迪生，虽然工程学的天才总能收获赞誉，然而这份赞誉一定程度上也伴随着自以为是的文理学科精英们那屈尊俯就的姿态。亚里士多德区分了什么是合乎自然的（secundum naturam）和什么是违背自然的（contra naturam）、制造出来的，这一区分虽被中世纪的人们所采纳，但也无裨于事。机械体——而非生物体——是违背自然的。还有些东西是自然之外的（praeter naturam）或非自然的（怪胎和突变体），以及超自然的（super naturam）——奇迹（Gabbey, 1993）。研究**违背**自然的东西，又能为我们认识自然的辉煌壮丽——甚至自然中的怪胎和奇迹——提供多少启示呢？

这种否定态度的化石遗迹在我们的文化中随处可见。例如，在我的老本行哲学学科中，被称为科学哲学的分支学科有着悠久且受人尊崇的历史；当今许多最杰出、最有影响力的哲学家都是科学哲学家。他们当中有杰出的物理哲学家、生物哲学家、数学哲学家，甚至社会科学哲学家。但我从未听说过这个领域中有人被称为"工程哲学家"（philosopher of engineering）——仿佛工程学领域没有足够的观念材料可供哲学家进行专门研究。但这种情况正在改变，因为越来越多的哲学家开始认识到，工程学蕴藏着一些有史以来最深刻、最美妙、最重要的思想。[本节的标题就取自赫伯特·西蒙专论这些话题的影响深远之作（Simon, 1969）。]

达尔文深刻地洞察到，生物圈中的所有设计都可能是一个过程的产物，这个过程既耐心又无心，是设计空间中一个"自动的"、渐进式的吊升工具。回顾过去，我们就会看到，连达尔文自己都几乎想象不出（更别提用证据来支持）自己思想完善的和扩展的形态——该思想使后来的达尔文派能够跳脱达尔文对于生命起源问题谨慎抱持的不可知论，甚至跳脱他的思想所预设的那个物理秩序的"设计"。他在描述这个秩序的特征时，并没有比他在描述遗传机制的局限和能力时处于更有利的位置；他只知道必定存在这样一种机制，以及该机制必定要利用这个秩序，他不知该秩序究竟如何，只知道它不仅使"带有变异的传衍"成为可能，而且成果丰硕。

在接下来的一个多世纪中，达尔文伟大思想的聚焦和拓展过程不时被争论打断，顺带一提，这充分体现了他的思想向着自身的自反性拓展：有关演化的达尔文式模因，其演化过程不仅伴随着观念之间的竞争，还由于这种竞争而加速。正如他关于生物体的假说所示："彼此最为相近的类型之间，竞争通常最为激烈。"（Darwin, 1859, p. 121）当然，针对工程学的否定态度由来已久，而生物学家也无法独善其身。说到底，我们对于天钩的热衷究竟是什么呢？不就是一厢情愿地希望奇迹会以某种方式降临，把我们吊升至起重机之上吗？对于达尔文基本思想的这一特征，人们潜意识中的抵触从未消失过，而这又加剧了争议，妨碍了理解，扭曲了表达，同时也推动了达尔文主义所面对的一些最重要的挑战。

在应对这些挑战的过程中，达尔文的思想变得越发强大。今天，我们可以看到，达尔文的思想扩张了自己的领土，不仅威胁到亚里士多德的诸多划分，也威胁着许多其他备受珍视的科学分区方式。德国人把学问分为"Naturwissenschaften"（自然科学）和"*Geisteswissen-schaften*"（心灵、意义和文化的科学），可这种截然的划分——它跟C.P. 斯诺的《两种文化》（C. P. Snow, 1963）如出一辙——受到了来自以下前景的威胁：一种工程学视角将从生物学蔓延而上，穿过人文科学和艺术。毕竟，如果只存在一个设计空间，我们身体和心灵的后代在里面宽裕的研发过程中得以统一，那么这些传统的壁垒可能就会倒塌。

在继续下去之前，我想先应对一种质疑。既然我刚才已经承认，对于许多只有得到解决，才能使自然选择演化论安身立命的议题，达尔文本人不以为意，那么我关于达尔文的思想经受住了所有这些挑战的说法，是不是意义不大或者多余呢？怪不得它可以一直蔓延传播，因为一直都在改变以应对新的挑战！如果我是要把达尔文加冕为创始者和英雄，那么这种质疑就还是有的放矢，但我当然不是在进行这样的思想史操作。对于我的主要论题来说，达尔文本人是否存在甚至都不大重要！就我关心的问题而言，他完全可以像一般纳税人一样，是一种传说中的虚拟作者（Virtual Author）。（有些权威人士把荷马归入这一范畴。）但那位实际存在的历史人物确实让我着迷，他的好奇心、正直和毅力激励着我，他个人的惧怕和瑕疵使他讨人喜欢。不过从某种意义上说，他并不是问题的关键。他只是有幸接生了一个有着自己生命的思想，之所以这么说，正是因为那个思想**确实**会成长和改变。

而大多数思想都做不到这一点。

事实上，关于达尔文本人——你可以称他为圣查尔斯（St. Charles）——是不是一位渐变论者、适应论者、灾变论者、资本家、女权主义者，争论的双方已经花费了大量的口舌。这些问题的答案本身就具有相当重要的历史价值，而且如果可以把这些问题跟关于终极正当理由的诸多问题仔细区分清楚，那么它们就可以帮助我们看清科学议题的真面目。各路思想家**以为**自己正在做的事——将世界从这个或那个主义中拯救出来，或在科学中为上帝寻找容身之地，或与迷信作战——往往与他们在这一过程中实际做成的事情不甚相关。我们看到过许多这样的例子，而且还会有更多的例子出现。演化论受到许多隐藏议程的驱使，其数量之多大概是其他任何科研领域都比不上的，而这个过程一定有助于揭示这些议程，不过如果有人在不顾一切地——不论他们是否觉察到自己不顾一切——保护或摧毁邪恶之物，那是无法直接揭示任何东西的。即便驱使他们行动的是最见不得人的欲念，人们有时也会得出正确的结果。达尔文是他所是，想他所想，毫不掩饰。如今他已身故。但另一方面，达尔文主义的命可不止九条。它很可能会永生不朽。

2. 达尔文已死——达尔文万岁！

本节标题取自曼弗雷德·艾根出版于 1992 年的书，他在书末"概要"中用到了这一标题。毫无疑问，艾根的思维具备工程学的禀赋。他所做的研究就是提出并解决一连串生物构造的难题：材料如何在修建场地聚积起来，设计如何确定下来，各部分以什么顺序组装可以使整个结构不会在完成之前就散架。他声称自己提出的观念具有革命性，但在革命之后，达尔文主义不光活得好好的，还得到了加强。我想就该主题更详细地探讨一番，因为那些我们将看到的其他版本远不及艾根的那么清晰明了。

该如何理解艾根工作的革命之处呢？在第 3 章中，我们通过观察一片只有单峰的适应度地形时，明白了鲍德温效应如何能够把平原上一根几乎不可见的电话线杆变成富士山，周围有着缓缓升高的斜坡，这样一来，无论从空间中的哪个位置开始攀爬，最终都会到达峰顶，只要你遵循局部规则（the Local Rule）：

　　　　永远不要往下走，尽可能往上走。

适应度地形的想法由休厄尔·赖特（S. Wright, 1932）引入，这个想象力的义肢已经成了演化论者们的标配。毫不夸张地说，它已经在上千次的应用中证明了自己的价值，包括多次在演化论之外的应用。在人工智能、经济学和其他以解决问题为目标的领域中，以递增式**爬坡**（或"梯度上升"）为解决问题方式的模型已经受到了应有的欢迎。它受欢迎的程度甚至足以促动理论家们去计算它的局限，这些局限十分严重。对于一定类别的难题——或者换言之，在一定类型的地形上——简单的爬坡是相当乏力的，个中原因直观且明显：攀爬者们被困在局部的次高峰上，找不到通往全局最高峰（完美的珠穆朗玛峰）的道路。（同样的局限也困扰着模拟退火算法。）局部规则是达尔文主义的基本规则；它等于是要求设计过程中不能有任何智能的（或"有远见的"）的先见之明，而只能以最蠢笨的机会主义方式利用碰巧发生在你路上的吊升。

艾根已经说明，这种最简单的达尔文式模型——沿着单个适应度斜坡缓缓提升至最佳的完美顶峰——并不能有效描述分子或病毒演化过程中发生的事情。由测量可知，病毒（还有细菌和其他病原体）的适应速率快于"经典"模型的预测——快到好像"登山者们"使用了不正当的"预知"。那么，这是否意味着必须抛弃达尔文主义呢？当然不是，因为什么算是局部取决于你所用的尺度（这没什么好稀奇的）。

艾根让我们注意到一个事实：当病毒演化时，不是单列病毒在行进，而是由几乎相同的变种组成的巨大病毒群在移动，就像飘浮在孟德尔图书馆中的一朵轮廓模糊的云，艾根称之为"准物种"（quasi-species）。我们已经在巴别图书馆中看到了由《白鲸》的变种组成的、巨大到超乎想象的云，任何一个实有的图书馆都有可能在书架上摆着同一本书的不止一两个变种版本，而像《白鲸》这样真正受欢迎的书，则可能摆着同一个版本的多个副本。那么，就像实有的《白鲸》藏书一样，实有的病毒云也包含了多个相同的副本，以及多个出现微小排印变化的副本，而根据艾根的说法，这一事实所造成的影响被"古典"达尔文派忽视了。而分子演化速度的关键，就在于变种云的**形状**。

在遗传学家看来，**野生型**是用来指代一个物种的范本（类似于《白鲸》的范本）的经典术语。生物学家常常假定，在一个具有不同基因型的种群中，纯野生型将占主导地位。这就类似于说，在任何图书馆收藏的《白鲸》副本中，大多数都属于标准版本或者范本——如果有的话！但是，不论是图书馆中的书籍，还是生物体，都不一定符合这种情况。事实上，野生型只是一种抽象概念，就像一般纳税人一样，一个种群中可能根本就没有哪个个体正好拥有"那唯一的"野生型基因组。（当然，书籍亦是如此——学者们可能会为了一个具体文本中的一个具体字词是否纯正而争论很多年，在这样的争论见出分晓之前，没人能够确切地说出该作品的范本或野生型文本是什么样的，但该作品的同一性却几乎不会面临危险。詹姆斯·乔伊斯的《尤利西斯》就是个不错的例子。）

艾根指出，"本质"在各种近乎相同的载体上的这种散布，其结果是大大增强了这个本质的移动力和适应力，在山峰多而缓坡少的"崎岖"适应度地形中尤其如此。这就使得该本质可以派出高效的侦察队进入邻近的山丘和山脊，而不必白费功夫探索山谷，从而极大地（不是"漫无际涯地"，但也足以产生巨大的差异）提高它寻找更高的山峰、更好的最优解的能力，这些山峰和最优解离它的中心有一段距离，正是（虚拟）野生型的所在之处。*

艾根将其起效的原因总结如下：

> 功能过关的突变体，其选择值接近于野生型（尽管仍低于野生型）的选择值，而它们的种群数量远远高于那些功能失效的突变体。一个不对称的突变体光谱就此建立起来，其中与野生型相距甚远的突变体是经由中间类型过渡产生的。处于该突变体链中的种群，受到选择值地形的结构的决定性影响。而选择值地形由彼此相连的平原、丘陵和山脉组成。在山脉中，突变体光谱的散布范围很广，沿着山脊甚至连野生型的远亲也以有限的［也就是说并非无穷小的］频率出现了。正是在山区中，我们可以期待有更具选择优势的突变体存在。一旦其中一个突变体出现在突

---

* 我在《意识的解释》（Dennett, 1991a）中详尽阐述的主题是，我们需要将笛卡儿剧场（Cartesian Theater）连同其核心意义赋予者一并打破，并将它的智能工作分配给各种外围的行动者们，该主题与此处涉及的主题之间的相似性当然不是偶然的。不过，据我判断，这主要是趋同演化的结果。我在写自己那本书的时候，还没有读过艾根的任何作品，不过假如当时我读过的话，定会大受启发。Schull, 1990 关于物种智能的论述，以及我的评论 Dennett, 1990a，能在艾根关于分子的论述和我关于意识的论述之间充当一座有用的桥梁。

变体光谱的外围，已经建立的整体就会分崩离析。一个新的整体会围绕优势突变体建立，这个突变体也就接过了野生型个体的位置……这种因果链造成了一种"规模行动"［mass action］，**优势突变体受到检验的概率要远高于**劣势突变体，即使后者在突变体光谱上距离野生型同样远。（Eigen, 1992, p. 25）

因此，适应度地形的形状和占据它的种群之间存在密切的相互作用，形成一系列的反馈环，而这（通常）把一个暂时稳定的难题场景导向另一个。一旦你攀上一座山峰，整个地形立刻就会晃动翻腾，变成一条新的山脉，而你就又要开始攀爬了。事实上，你脚下的地形每时每刻都在变化着（如果你是病毒的一个准物种的话）。

如今看来，这其实并没有艾根宣称的那么革命。休厄尔·赖特在他的"动态平衡理论"（shifting balance theory）中，试图解释为何众多的山峰和动态地形不能被"野生型"的个体范例穿越，而可以被由变种组成的、大小各异的种群穿越。恩斯特·迈尔多年来一直都在强调，"种群思维"才是达尔文主义的核心，忽视了这一点，遗传学家们就要自担风险。因此，艾根其实并没有对达尔文主义发起革命，而是做出了一些理论上的创新（这可不是什么小贡献），对早已存在多年却一直不受重视、没有得到完善表述的观念进行了澄清和强化。艾根说："它为演化带来的（量的）加速是如此之大，以至于在生物学家看来，它成了一种出人意料的新**质**，一种明显可以'前瞻'的选择能力，它会被经典达尔文主义者视为最纯粹的异端！"（Eigen, 1992, p. 125）这种说法沉溺于一种大家常见的、过度戏剧化的表述，从而忽视一件事：有许多生物学家起码已经预见了他的"革命"，也许甚至还曾为此煽风点火。

毕竟，当传统的达尔文理论家们假定了适应度地形的存在，然后随机地将不同的基因型撒落在上面，以便对理论所预测的事情进行计算，这时他们知道，在自然界中，基因型并不是随机地被丢到世界上预先存在的各个地方的。每一个耗时过程的模型，都必须开始于某个任意的"时刻"；大幕拉开后，模型就会构思出随后发生的情节。如果我们观察这样一个模型，并看到它"一开始"就展示出一堆位于谷底的候选者，我们便可以非常确定，这些理论家明白它们并非"一直"待在谷底——不管这会意味着什么！在适应度地形上，不论什么地方，只要一度有过候选者存在，那里就曾有过山峰，否则这些候选者就不会出现在那里，所以这些候选者所占据的山谷一定是比较新的，是演化摆在它们面前的一个新困境。只有在这种假设下，在山谷中定位候选者才是合理的。艾根的贡献增强了我们的一个认识，那就是只有给模型加入这些复杂的情况，才能指望它们实际上去完成达尔文派一直以为他们那些更简单的模型可以完成的工作。

我们认识到自己需要这些复杂得多的模型，与此同时（肯定是在同一年，而且几乎是在同一月），我们也具备了在现有计算机上建立和探索这些模型的能力，这当然不是一个巧合。一旦更强大的计算机可以为我们所用，我们就会在它们的帮助下发现，更复杂的演化模型不仅是可能的，而且如果我们真的要去解释达尔文主义一直宣称自己可以解释的东西，它们也是必需的。达尔文的思想认为，演化是一个算法过程，这个思想现在正扩充为一个越来越丰富的假说家族，由于可供它生存的新环境的开放，它自己的种群也在经历着爆炸式的增长。

在人工智能中，有一条宝贵的策略，那就是对于你感兴趣的那些现象，要钻研一下它们被有意简化后的版本。这些简化版本被冠以一个很有意思的名号——"玩具问题"*。在分子生物学的装配玩具世界里，我们可以看到运作着的基本达尔文式现象的最简单版本，但这些玩具问题是**真的**！这种最低层面的达尔文式理论，具有**相对**简单和纯粹的特性，我们可以对其加以利用，来介绍和说明一些主题，而在后面的章节中，我们会在更高层面的演化中追踪这些主题。

演化论者总是自顾自地提出关于适应度、最优性以及复杂性的增长之类的主张，并且主张者和批评者都认为，这些主张最多只是些在态度上认真严肃的过度简化。在分子演化的世界里，就不需要这样勉强的替代品。当艾根谈到最优性时，他对自己的意思有一个干脆利落的定义，还有实验测量来支持自己观点，以确保自己所言不虚。他的适应度地形和度量成功的尺度既非主观臆想，也非临时起意。分子的复杂性可以用几种相互佐证的客观方式来度量，艾根在使用"算法"这个词时，完全没有借助"诗的破格"。例如，让我们设想，有一个校对酶沿着一对 DNA 链缓慢前行，在某一点上进行检查、修补、复制，然后前进一步，再重复这个过程。这时我们几乎不会怀疑我们所观察的是一台运行中的微观自动机，况且最佳的模拟结果与我们观察到的事实是如此相符，以至于我们大可以确信，在这些角落里没有潜伏着会施以援手的魔法小精灵，没有天钩。在分子的世界里，应用达尔文式思维的方式特别纯粹，毫不杂糅。的确，当我们采用这一有利视角时，似乎就可以看到非凡之事：达尔文的理论不仅完美地作用于分子层面，也适用于鸟类、兰花和哺乳动物这些由细胞聚集成的粗笨之物——细胞星系。（既然我们都不指望元素周期表能告诉我们如何

---

* "玩具问题"（toy problem），指复杂问题的简化版本，通常不具有直接的科学意义，但可以用来说明相关复杂问题的特征，或者解释某个解决问题的通用技巧。——译者注

管理公司或治理国家，我们又怎么能指望达尔文的演化论去解释生态系统或哺乳动物的支系这类复杂的问题呢？！）

在**宏**观生物学中，即研究常规尺寸的生物体（如蚂蚁、大象和巨杉）的生物学中，一切都杂乱无章。由于存在数量大得令人惊愕的具体复杂条件，突变和选择过程常常只能被间接且不完整地加以推断。在分子世界里，突变和选择事件可以直接进行测量和控制，而病毒的世代周期是如此短暂，可以用于研究大型的达尔文式效应。例如，正是在与现代医学的殊死搏斗中，有害病毒才展现出了可怕的变异能力，从而刺激了此类研究的发展，并使它们获得大量的资助。（人类免疫缺陷病毒在过去十年中经历了大量的变异，在此期间它所展现出的遗传多样性——以密码子的改动为度量标准——远远超过了我们能在灵长类动物的整部演化史中发现的遗传多样性！）

对我们所有人来说，艾根以及其他数百人的研究具有明确的实际应用价值。我们可以名正言顺地说，这项重要的工作是达尔文主义的一次大获全胜，是还原论的一次大获全胜，是机械论的一次大获全胜，是唯物主义的一次大获全胜。然而同时，它与**贪婪的**还原论毫不沾边。它那令人叹为观止的多重嵌套结构层层堆叠，其中的每一层都会出现新的解释原则、新的现象，它又不厌其烦地向我们表明，想要在某个低层面上解释"一切"的美好盼望是误入歧途。以下是艾根对自己考察的总结；你会注意到，这段文字的措辞应该会非常合乎最热切的还原论批评者的心意：

> 选择过程更像是一个特别狡猾的魔鬼，它有一套独创的把戏，在通往生命的不同步骤上都施展过，而今它又在生命的不同层面上故技重施。最重要的是，它极其活跃，在一种内部反馈机制的驱动下，它以极为有效的分辨方式寻找通往最优性能的最佳

路线，这并不是因为它拥有朝向任何预定目标前进的内在动力，而仅仅是因为它具有内在的非线性机制，所以看上去似乎是以目标为导向。（Eigan, 1992, p. 123）

3. 功能和具体规定

在大分子的世界里，形状即命运。虽然氨基酸（或编码它们的核苷酸密码子）的一维序列决定了蛋白质的身份，但该序列只是部分地限定了这条一维蛋白质串的折叠方式。它通常会卷曲成许多可能形状中的一种，即它的序列类型几乎总会偏好的那种形状独特的线团。这个三维形状让它有了力量，即催化能力——如打造结构、打击抗原或调节发育的能力。它是一台机器，而它所做的事情，正是它的各部分形状所严格实现的功能。对于功能而言，它整体的三维形状要比构成它的一维序列重要得多。以溶菌酶为例，这种重要的蛋白质就是一台具有特定形状的分子机器，它有许多不同的版本——人们已经在自然界中发现了一百多种不同的氨基酸序列，它们都可以折叠成相同的功能性形状——当然，这些氨基酸序列之间的差异可以充当"语文学的"线索，用以再现一部关于生产和使用溶菌酶的演化史。

这里有一个谜题，由瓦尔特·埃尔泽塞尔（Elsasser, 1958, 1966）最早提出，由雅克·莫诺（Monod, 1971）最终解决。从非常抽象的角度考虑，一维密码可以"用于"三维结构，这就表明有增加的信息。的确如此，增加的是**价值**。单个氨基酸会拥有价值（即参与形成蛋白质的功能性本领）靠的不仅是它们在组成了串的那个一维序列中的位置，还有串折叠成型后，它们在三维空间中的位置。

如此一来，两边似乎存在矛盾，一边是基因组"完全界定了"蛋白质功能的说法，另一边是一个事实，即该功能与三维结构相关联，而三维结构的数据内容比基因组对该结构做出的直接贡献要**丰富得多**。(Monod, 1971, p. 94)

正如库珀斯 (Küppers, 1990, p. 120) 所指出的，莫诺的解决方案非常直截了当："在蛋白质所处的环境中具有一些特定的条件，其中包含着似乎无法缩减的，或者说，过剩的信息，而只有结合这些条件，遗传信息才能明确地决定蛋白质分子的结构，从而决定蛋白质分子的功能。"莫诺 (Monod, 1971, p. 94) 的说法是：

> ……在所有可能的结构中，实际上只有一种结构变成了现实。因此，初始条件便进入并属于被最终包裹在……结构内的各项信息。这些条件并不会具体规定蛋白质，它们只是排除了所有替代性结构，从而参与促成了一个独一无二的形状，并以这种方式对一条本可能模棱两可的信息做出了——或者说得更准确些，强加了——明确的阐释。*

这意味着什么？这意味着 DNA 的语言和该语言的"解读器"必定是一同演化的（这不足为怪），两者都不能独自发挥作用。当解构主义者说读者给文本带去了一些东西的时候，他们所说的情形无疑也

---

* 我相信哲学家们会认识到，至少在分子演化的"玩具问题"这个语境中，莫诺提出并解决了普特南 (Putnam, 1975) 的孪生地球 (Twin Earth) 难题。意义"不在头脑里"，这是普特南的名言，而且它也不（全）在 DNA 里。关于孪生地球，也就是所谓的广义与狭义内容的问题，我将在第 14 章中短暂地掘开它的坟墓，为其举办一场正统的达尔文式葬礼。

适用于 DNA，就像适用于诗歌一样；我们可以用最一般和最抽象的方式把解读器带去的东西描述为信息，而且单是密码中的信息和可以解读密码的环境相结合，就足以创造出一个生物体。*正如我们在第 5 章中所指出的，一些批评者揪住这件事不放，仿佛它以某种方式构成了对"基因中心论"的反驳（该学说认为 DNA 是遗传特征的唯一信息仓库），可基因中心论的观念始终都不过是一种方便的过度简化而已。尽管图书馆通常被用作储藏信息的仓库，但真正保存和存储信息的，当然只能是"**图书馆加解读器**"。总之，到目前为止，图书馆的馆藏图书中还没有包含创造更多解读器所需的信息，因此图书馆（高效）存储信息的能力一直依赖于**另一个信息存储系统**——人类的遗传系统，其主要介质是DNA。当我们把同样的推论思路应用于DNA时，我们发现它也需要源源不断的"解读器"供给，而它本身并不会完全具体规定解读器的样式。那么具体规定这些解读器的其余信息来自哪里呢？简短的答案是：来自环境的各种连续性——环境中必要原材料（和半成品材料）的持续存在，以及利用这些材料所需的条件。每当你确保洗碗布在使用过后被妥当地拧干，你就打破了环境的连续性之链（比如，大量的水分），它是洗碗布里细菌的 DNA 所预设的部分信息背景，而你的目的就是消灭这些细菌。

我们在这里看到的特殊事例，呈现了一个非常普遍的原则：任何

---

* 大卫·黑格（在私下交流中）让我注意到，这个正在展开的关于蛋白质折叠的故事中，有一道引人瞩目的新皱褶：分子伴侣（molecular chaperone）。"伴侣蛋白是性能卓越的分子起重机。它们是一种蛋白质，氨基酸链在折叠时会与之进行关联，从而获得一种少了它便无法获得的构造。在折叠完成后，蛋白质就会抛弃伴侣蛋白。伴侣蛋白是高度保守的……分子伴侣就像是名媛舞会上的行为监督人[chaperone]，它也是因此得名的：它们的作用就是鼓励或阻止某一类相互作用。"有关分子伴侣的更多细节，参见最近出版的 Martin et al., 1993 和 Ellis and van der Vies, 1991。

发挥功能的结构都携带着一些**隐性**信息，这些信息关系到该结构的功能得以"奏效"的环境。海鸥的翅膀极好地体现了空气动力学设计的原则，从而也意味着，如果某种介质与距离地面一千米左右的大气层拥有同样的密度和黏度，长着这些翅膀的生物就能在其中自如飞翔。回想一下第 5 章，有个例子是把贝多芬《第五交响曲》的乐谱发送给"火星人"。假设我们小心翼翼地保存一具海鸥的尸体，并将它发送到太空中（不附带任何解释），好让这些火星人发现它。如果它们做出了一个基本假设——翅膀是有功能的，这功能就是飞行（这一点对它们来说，并不像对我们这些看过鸟类飞翔的人来说那么明显），那么它们就可以利用这个假设"读出"翅膀中关于环境的隐性信息——这些翅膀就是为了这个环境而设计的。假设它们又问自己，所有这些空气动力学的理论是如何隐含在这个结构中的，或者换句话说，所有这些信息是如何进入这些翅膀的，答案**肯定**是：通过环境和海鸥祖先之间的相互作用（Dawkins, 1983a 详尽地探讨了这些议题）。

同样的原则也适用于最基本的层面，在那个层面上，功能就是具体规定本身，**是所有其他功能所依赖的功能**。我们和莫诺一同产生疑问：既然基因组中的信息肯定不足以具体规定蛋白质，那么蛋白质的三维形状是如何固定下来的呢？我们会看到，这只能解释为，非功能的（或功能较弱的）蛋白质会被修剪掉。因此，一个分子之所以会获得一个**特定的**形状，一方面是历史的偶然性在影响，另一方面则是对重要真理的"发现"，二者混合作用。

从一开始，分子"机器"的设计过程就体现了人类工程学的以上两个特点。艾根（Eigen, 1992, p. 34）在思考 DNA 编码的结构时提供了一个很好的例子。"很可能有人会问，当大自然母亲只用两个符号就可以解决问题时，它为什么用了四个。"到底为什么呢？请注意，这时提出"为什么"问题是多么顺理成章且难以避免，还请注意，它需要的是一个"工程学"答案。答案要么是没有原因——历史的偶然，就是这么简单纯粹——要么是有一个原因：在给定的诸多条件下，存在过或者存在着一个条件，使得这种方式成了设计编码系统的**正确的**或**最佳的**方式。*

分子设计的所有最深度特征，都可以从工程学视角来考虑。一方面，大分子有两种基本的形状类别：对称的和**手性的**（分为左手型和右手型）。有一个原因可以说明为什么这么多的分子应该是对称的：

> 一个对称的复合体，其选择优势为所有亚基所共享，而在不对称的复合体中，其优势只在发生突变的亚基中生效。正是由于这个原因，我们才会在生物学中发现如此多的对称结构，"因为它们能够最有效地利用自己的优势，从而——后验地——在选择竞赛中获胜；而不是因为对称性——先验地——是一个为了达成一种功能性目的而不可或缺的条件"。（Küppers, 1990, p. 119；原文中的引文来自 Eigen and Winkler-Oswatitsch, 1975）

那不对称形状和手性形状呢？有没有一个原因可以解释为什么它们的形状会是其中一种——比方说，左手型——而不是另一种？大概没有，但是："即使对于这一决定没有先验的物理解释，即使它只是一次短暂的波动，赋予了某一等价的可能性一种稍纵即逝的片刻优势，选择所具有的自我强化特性也会让这个随机的决定变成对于对称性的重大而长久的背离。该起因会是纯粹'历史性的'。"（Eigen,

---

* 艾根指出，是四个字母而非两个字母的原因只有一个，但我不打算把他的话转述给大家。也许你可以自己先想想可能的原因，再听听艾根是怎么说的。你已经掌握了工程学的相关原理，不妨大胆一试。

1992, p. 35）[*]

因此，（在我们这部分宇宙中）有机分子共享的手性大概是另一种纯粹的 QWERTY 现象，或者是克里克（Crick, 1968）所说的"凝定的偶然"。但是，即使是在具有一个这样 QWERTY 现象的情况下，如果条件完备，并且偶然和由此产生的压力也足够大的话，局面仍有可能扭转，新的标准就会建立。当 DNA 语言取代 RNA 语言成为复杂生物体的通用编码语言时，显然就发生了上述的过程。至于为什么前者更受偏好，原因显而易见：双链的 DNA 语言允许存在纠错系统或校对酶，后两者可以通过参考一条链上的信息来修复互补链上的复制错误。这就使得创造更长、更复杂的基因组成为可能（Eigen, 1992, p. 36）。

请注意，这样的推理并不能得出双链 DNA **肯定**会出现的结论，因为大自然母亲事先并没有创造多细胞生命的意图。它只是揭示了，**如果**双链 DNA 恰好出现并开始演化，那么它会开创依赖于它的机遇。因此，在由所有能够利用 DNA 的可能生命形式构成的空间里，它就成了其中模范生物的必需品，如果这些生命形式胜过了那些无法利用它的生命形式，那么这种 DNA 语言存在的理由就获得了追溯性的背书。演化总会发现其理由，靠的就是这一手——回溯性的背书。

---

* 丹尼·希利斯（Danny Hillis），连接机（Connection Machine）的创造者，曾经向我讲述了一群计算机科学家如何设计出一个军用的电子元件（我想那应该是飞机导航系统的一部分）的故事。他们的原型产品有两块电路板，上面的那块一直往下坠，于是，他们四处寻找快速补救的方法，并最终在实验室里发现了一个厚度刚好合适的铜把手。他们把它从门上拆下来，然后卡在模型的两块电路板之间。过了一段时间，这些工程师中的一位被请去解决军方在使用实际造出的系统时遇到的一个难题，然后他惊奇地发现，在每个单元的电路板之间都有一个按照原来那个门把手精准打造的黄铜复制品。在工程界和演化生物学家中，这个原版故事还有许多著名的变体。例如，普里莫·莱维在《元素周期表》（Levi, 1984）中对清漆添加剂之谜进行了妙趣横生的描述。

4. 原罪与意义的诞生

通往智慧之路？

好吧，用简朴的话来说就是：

错了再错，错了再错

但错少了又少，少了又少。

——皮特·海因（Piet Hein）

解决生命难题的方法，只有在这个难题消亡的过程中才可得见。

——路德维希·维特根斯坦

（Wittgenstein, 1922, prop. 6.521）

很久以前，那时没有心灵，没有意义，没有错误，没有功能，没有理由，也没有生命。而如今所有这些奇妙的东西都存在于世。讲述关于它们如何出现的故事，必然是可能的，而这个故事肯定会从明显缺乏非凡属性的元素讲起，通过细微的增量，讲到那些明显具备这些属性的元素。故事中也一定会出现可疑的、有争议的或只是普通到无法归类的中间物，如同地峡。所有这些奇妙的属性一定是逐步形成的，这些步骤几乎不可辨识，**甚至回溯地看**也是如此。

回想一下上一章的内容：要么一定存在一个第一生物，要么一定存在生物的无限倒退，这一点似乎是显而易见的，甚至可能像是一条逻辑真理。在这个两难困境中，两种情况当然都不可取，而我们将一次次看到，标准的达尔文式解决方式是：此处我们描述了一个**有限倒退**，在此过程中，我们寻求的非凡属性（这里说的是生命）需要通过微小的，甚至可能是难以察觉的修正或增量来取得。

以下是达尔文式解释最一般的图式形式。任务从早期没有任何 x 的时候，进展到后来有很多 x 的时候，是靠一系列数量有限的步骤完成的。在此过程中，经由一系列"有争议"的步骤，"这里仍然没有任何 x，真的没有"这件事就变得越发不明朗，直到我们最终发现，在自己所处的步骤上，"当然有 x，有很多 x"这件事真的相当明显。我们从不划什么界限。

请注意，如果我们试图在生命起源这个特殊实例中划定界限，会发生什么事。存在着大量的事实真相——毫无疑问，我们在很大程度上无法知晓其中的细节——如果我们愿意，"在原则上"就可以把其中任何一个认定为用以确认原细菌亚当身份的事实真相。我们可以随心所欲地抬高成为第一生物的条件，但当我们随后坐上时光机，回到过去见证那一刻时，我们会发现，无论我们之前如何定义原细菌亚当，它大概都和线粒体夏娃一样难以分辨。我们知道，从逻辑上讲，至少存在过这么一个开端，而我们正是它的延续，不过没准还存在过许多错误的开端，它们与那个开启一系列胜利事件的开端**没有任何引人注目的**差别。再说一遍，亚当这个头衔是一项回溯性的荣誉，如果我们要问，**它凭借什么本质性差异**成了生命的开端？那么我们就犯了一个基本的推理错误。亚当和巴当（Badam）之间根本不需要有什么差别，巴当可以是比照着亚当逐个原子复制出来的，只是碰巧没有取得任何值得一提的成就罢了。这并不构成达尔文式理论的**难题**，这是它的一个力量之源。正如库珀斯所说："我们显然无法为'生命'现象给出一个全面的定义，可这无损于对生命现象做出完全物理上的解释的可能性，事实上还有利于这种可能性。"（Küppers, 1990, p. 133）

无论谁对定义生命这样复杂的东西感到绝望，并决定去定义看上去更简单的概念——**功能**或**目的论**，都会面临同样的无端困境。功能究竟是在什么节点上出现的？最早的核苷酸有功能吗？还是说它们只有因果性的力量？凯恩斯－史密斯的黏土晶体展现出的是**真正的**目的论属性吗？还是说那些仅仅是"似是而非"的目的论属性？生命游戏中的滑动者具有运动的**功能**吗？还是说它们只是会移动而已？不论你如何确立答案，都不会改变什么；功能机制的有趣世界必然开始于"横跨界限"的机制，而且无论你把界限向后推多远，都会存在这样一些先驱，它们与那些受膏者只在非本质的方面有差别。*

　　足够复杂而真正有趣的东西一概无法拥有本质。†这一反本质主义的主题，在达尔文看来，是他的科学在认识论或形而上学方面的革命性伴生物；人们难以接受该主题，对此我们不应该感到惊讶。自从苏格拉底教柏拉图（以及我们所有人）如何去玩寻找充要条件的游戏，我们就把"定义你的术语"这项任务看作所有严肃探究都应该具备的前奏，而这就打发我们去从事一轮轮永无休止的制造本质的勾当。‡

---

* 贝道（Bedau, 1991）在考察这一点时得出的结论有所不同，而安格尔（Unger, 1990）的论点则与之针锋相对。安格尔坚持认为，我们有这样约定俗成的看法：在这种情况下，（在逻辑上）必定会存在"横跨对"（straddle pair），这类对子中的一个是缺少 x 的系列中最后一个项，另一个则是具有 x 的系列中第一个项。但范因瓦根（van Inwagen, 1993b）得出了一个更吸引人的结论：这些看法甚至更加糟糕。

† 对于一些哲学家来说，这都是些引战的话。福布斯（Forbes, 1983, 1984）明显试图在关于本质的问题上挽救形式逻辑，而且专门处理由制造品和生物体之间复杂关系所引发的难题。我从福布斯的著作中得出的结论是，为了战胜奎因在本质问题上坚定的怀疑论，它付出了惨痛的代价，但在这个过程中，它印证了奎因没有挑明的警告：或许和你想的不一样，本质主义思维没有什么自然之处；戴着本质主义的眼镜看世界，丝毫不会让你的生活更轻松。

‡ 德国哲学家马丁·海德格尔的重要主题之一，就是苏格拉底要为哲学中的许多过错负责，因为他教导我们凡事都要追求充要条件。这种达尔文和海德格尔相互佐证的情况并不常见，因此这个例子值得我们注意。休伯特·德雷福斯长期以来都认为（如 Dreyfus, 1972, 1979），正因为海德格尔对苏格拉底的批判没有被理解透彻，人工智能才得以创立。尽管对人工智能的某些脉络来说，这说法可能是正确的，但对于人工智能领域的总体来说却并不正确，该领域坚定地站在达尔文一边。我将在本章稍后的部分为以上主张辩护，并在第 13 章至 15 章中进行详细的阐释。

我们**想要**划定界限；我们时常**需要**划定界限——这样我们就能及时终止或预防徒劳的探索。甚至在基因层面，我们的感知系统都被设计得会把模棱两可的候选感知对象强行归入这个或那个类型（Jackendoff, 1993），这是个妙技，却不是逼着。达尔文向我们表明，演化并不需要我们所需要的东西；真实的世界安然无恙，任凭实有的分异随着时间的流逝涌现，在实有性的团簇之间留下大量空白。

对于这个典型的达尔文式解释图式，我们刚刚匆匆瞥见的是一个特别重要的例子，并且我们应该暂停一下，先确认一下其效果如何。通过分子生物学的显微镜，我们得以在第一批复杂到足以"做事"的大分子中见证**能动性**的诞生。这并非复杂的能动性——**真正的**（echt）意向行动，表现出理由、审慎、反思和有意识的决定——可它是意向行动的种子能够在其中生长的唯一可能土壤。我们在这个层面上发现的准能动性，它的有些地方会让人感到陌生和隐约的不适——尽管可以听到目的性的熙攘喧闹，**但家里却没有人在**。这些分子机器施展出令人惊叹的特技，这些特技明显是经过精巧设计的，但同样明显的是，分子机器还不明白自己在做什么。请看这段对 RNA 噬菌体（一种可以复制的病毒）行为的描述：

> 首先，这种病毒需要一种材料来包裹和保护自己的遗传信息。其次，它需要一种将信息引入宿主细胞的手段。再次，它需要一种机制，利用宿主细胞中大为过剩的 RNA，明确地复制自己的信息。最后，它必须为自己信息的激增做好安排，激增过程通常会导致宿主细胞的毁灭……这种病毒甚至会迫使细胞执行自己的复制过程；它唯一的贡献是一种蛋白质因子，该因子专门为病毒 RNA 服务。这种酶只有在病毒 RNA 亮出"口令"后才会被激活。一旦看到口令，它就会以极高的效率复制病毒的 RNA，

同时无视在数量上要多得多的宿主细胞本身的 RNA 分子。结果，细胞很快就会挤满了病毒的 RNA。然后，这些 RNA 会被装入同样被大量合成的病毒衣壳蛋白中，最后细胞破裂，释放出大量的子代病毒粒子。所有这一切都是一个自动运行的程序，就连最微小的细节都是排练好的。(Eigen, 1992, p. 40)

不管你爱它还是恨它，这样的现象都展现了达尔文思想的力量核心。一块非人的、无反思的、机械呆板的、无心灵的分子机器碎片，是宇宙中所有能动性的终极基础，因而是意义的基础，因而还是意识的基础。

打从一开始，**做事**的代价就是要承担做**错**、犯错的风险。我们的口号可以是：不犯错就没有收获。有史以来的第一个差错是一个排印差错，是一个复制差错，它后来成了创造一个新的任务环境（或适应度地形）的机会，这个新环境有新的标准来衡量对错、比较好坏。复制差错之所以在这里"算作"差错，只是因为它出的错是有代价的：最坏的情况是繁殖线的终止，或者自我复制能力的削弱。这些都是客观的状况，无论我们看不看、关不关心它们，事情都起了变化，但它们的纷至沓来提供了一种新的视角。在那一刻之前，出差错的机会并不存在。无论事情如何进展，都既不对也不错。在那一刻之前，没有一种稳定的、预测性的方式来选择采用那个可以辨识出差错的视角，而此后任何人或任何东西所犯的每一个错误，都取决于最初那个制造差错的过程。事实上，存在着一股强大的选择压力，要使基因的复制过程尽可能地高度保真，从而最大限度地降低发生差错的可能性。幸运的是，它不可能做到完美，因为假如它做到了，演化就会陷入停顿。这就是原罪，但是穿着一身可敬的科学装束。不同于《圣经》中的原罪，它提供了一个言之成理的解释；它没有把自己鼓吹为一个神秘难解的事实，让人们必须无条件地相信它，而且它具有的可检验的意涵。

请注意，这个能辨识出差错的视角，其最初成果之一就是澄清了物种的概念。当我们考虑到，所有实有的基因组文本都是由连续不断的复制过程——带有偶发性的突变——创造出来的时候，就没有什么东西**就其固有性质而**言可以算作范本了。也就是说，虽然我们可以简单地通过比较"之前"和"之后"的序列，识别出突变位点，但并不存在一种固有的方法，可以让我们分辨出哪些未纠正的排印**差错**能被视为产生更多好结果的编校**改进**。*用工程师们的话来说，大多数突变都是"不用费心的事"（don't-care），这些变异对生存能力没有造成可辨识的影响，但随着选择逐步制造伤亡，其中更好的版本便开始形成团簇。只有通过与一个"野生型"（其实就是这样一个团簇的重心）相比较，我们才能识别出一个特定的错误版本，而且甚至存在着这样的可能性——在实践中邈远难及，但在原则上却无处不在——与一个野生型相比，某个突变看似是一个错误，但与另一个正在形成的野生型相比时，它却是一个绝妙的改进。而当新的野生型出现在适应度地形的中心点或顶峰时，在设计空间的任何一个特定的邻域内，稳定的**纠错**压力就可能会掉转方向。一旦一个由相似文本组成的特定家族不用再比对着一个正在衰退或已然败落的规范而受到"纠

---

* 请注意，这点类似于我在《意识的解释》（Dennett, 1991a）所讨论的奥威尔式和斯大林式两种意识模型的错误二分法。在那个例子中，同样不存在什么典范之物的固有标志。

正"时，它就可以自由游走在新规范的吸引盆中了。*因此，生殖隔离既是表型空间团块的形成原因，也是它的结果。凡是存在相互竞争的纠错制度，就有一个制度会最终胜出，如此一来，这些竞争者之间的地峡就会趋于消失，在设计空间内的被占据区域之间留下空荡荡的空间。因此，正如发音和语词的使用规范促进了言语社群（speech community）中的凝聚（Quine, 1960 在讨论语言中的差错以及规范的出现时，提出了"言语社群"这个重要的理论观点），基因表达的规范就是物种形成的终极基础。

透过同样的分子层面的显微镜，我们在以核苷酸序列获取"语义"的过程中，看到了**意义**的诞生，而这些核苷酸序列在一开始仅仅是句法对象。在推翻约翰·洛克的"心灵第一"宇宙观的战役中，这是至关重要的一步。出于充分的理由，哲学家们普遍认为，意义和心灵永远不可分割，没有心灵的地方永远不可能有意义，没有意义的地方也不可能有心灵。**意向性**是哲学家描述这种意义时使用的专业术语；它是能够关联起一方与另一方的"关涉性"——一个名字与冠以此名者，一次警报与触发它的危险，一个词与它的指涉物，一个想法与它的对象。†宇宙中只有一部分事物会表现出意向性。一本书或

---

* 我们再次看到，在形象化的描述中，把上下颠倒过来也同样可行。有些理论家会谈到吸引盆（basin of attraction），这个说法依据的是一个隐喻：球总是盲目地滚下坡，滚向局部的**最低值**，而不是盲目地爬上坡，爬到的局部**最高值**。只要把一个适应度地形颠倒过来，山峰就变成了盆地，山脊就变成了峡谷，而"重力"提供了类似选择压力的作用。不管你选择"上"还是"下"作为偏好的方向，只要一以贯之，那就不会有什么差别。我在正文里滑向了倒转的视角，就是为了说明以上这点。

† 近年来，隶属于众多不同传统的哲学家针对意向性这个话题完成了大量著述。对于相关问题的综述和关于意向性的一般定义，可参见我的文章《意向性》（"Intentionality"，与约翰·海于格兰合著），收录于 Gregory, 1987。至于更详细的分析，参见我先前的著作（Dennett, 1969, 1978, 1987b）。

一幅画可以是关于一座山的，但一座山本身则不是关于任何东西的。一张地图、一个标志、一场梦或一首歌可以是关于巴黎的，但巴黎则不是关于任何事物的。哲学家们普遍把意向性当作精神的**唯一**标志。意向性从何而来？当然是来自心灵啊。

尽管如此，当这个从其自己的角度来说无可指摘的观念被用作一项形而上学的原则，而不是晚近自然史的一个事实时，它便成了神秘和惑乱的源头。亚里士多德把神称为不动的推动者（Unmoved Mover），是宇宙中一切运动的源头；如我们所见，洛克版的亚里士多德式学说则是将这个神认定为心灵，从而将不动的推动者变成了无意的意义赋予者，即一切意向性的源头。洛克认为自己是在用演绎的方式证明那些被传统当作显而易见的事情：原初意向性源于神的心灵；我们是神的造物，并从他那里获得了自身的意向性。

达尔文颠倒了该学说：意向性并不源于上位；它是从下层渗透上来的，来自最初无心灵的、无意义的算法过程，后者在发展过程中逐渐获得了意义和智能。而且，当完全遵照达尔文式思维模式时，我们就会看到，最初的意义还羽翼未丰；它当然不能体现**真正**意义的所有"本质"属性（不管你认为这些属性是什么）。它仅仅是准意义，或半语义。这就是被约翰·塞尔（Searle, 1980, 1985, 1992）贬斥为区区**"似是而非的意向性"**的东西，与他所说的"原初意向性"相对照。但是，你总得有个起步的地方，而且我们应该料到，朝着正确方向迈出的第一步，几乎无法被察觉出是通向意义的一步。

通往意向性的路径有两条。达尔文的路径是历时性的，或者说是历史性的，它涉及在数十亿年的时间内，逐渐累积起来的各种设计——关于功能性的和目的性的设计——它们可以支持一种关于生物体各种行为（"行动者"的"所作所为"）的意向性阐释。在意向性完全**羽翼丰满**之前，它必须经历一段笨拙、丑陋、没有羽毛的伪意向性时期。共时性的路径属于人工智能：在一个具有真正意向性的生物体中——比如你自己——此时此刻就存在着许多部件，其中的一些部件展现出一种半意向性，或者是区区**似是而非的**意向性，或者是伪意向性——随你怎么叫它都行——而你自己真正的、羽翼丰满的意向性，实际上是所有那些半心灵和无心灵碎片的行为造就的产物（不含另外的奇迹成分），而你就是由这些碎片构成的（这就是 Dennett, 1987b, 1991a 所辩护的中心论点）。这便是心灵之所**是**——不是一台奇迹机器，而是一台巨大的、设计了一半的、能自我再设计的、由较小机器组成的综合体，其中的每台小机器都有各自的设计史，每台都在"灵魂的经济体"中扮演着自己的角色。（当柏拉图认识到国家和人之间具有深刻的相似性时，他像通常一样是正确的——不过当然，对于这种相似性可能具有的含义，柏拉图的见解还是太过简单了。）

通往意向性的共时之路和历时之路关系匪浅。要想以夸张的方式描述二者的渊源，可以戏仿一句古老的反达尔文式俏皮话：猴子的叔叔*。你想让自己的女儿嫁给一个机器人吗？如果达尔文是对的，那么你的曾曾……曾祖母就**是**一个机器人！事实上，她是一个宏。上一章中的这个结论是躲不掉的。你不仅是宏的后裔，你也是由宏组成的。你的血红蛋白分子、你的抗体、你的神经元、你的前庭-眼反射系统——在每一个可供分析的层面上，我们都能找到一个系统，它默默无言地做着一份绝妙且被精心设计过的工作。我们已经不再（也许吧）因为一个科学见解而颤抖不安了：病毒和细菌正忙碌且无心灵地执行着它们的破坏方案——可怕的小自动机正干着邪恶的勾当。**它们**是外来的入侵者，不同于那些组成**我们**的相契度更高的组织——我们

---

* 见第 12 章第 1 节标题的注释。——译者注

不应该用这样的想法麻痹自己。我们正是由这种侵入我们体内的小机器人组成的——你的抗体并没有什么生命冲动的神圣光环，好让它们可以和它们所抵抗的抗原区分开来；它们为你而战，只是因为它们是你的一部分。

如果你把这些沉默的"小人"*聚到一起，只要数量够多，就能组成一个有意识的真人吗？达尔文派说，制造人的方式只此一种。现在看来，你是机器人的后裔并不说明你也是机器人。毕竟，你也是某种鱼的直系后裔，而你并不是一条鱼；你是某种细菌的直系后裔，而你并不是一个细菌。但除非二元论或活力论是正确的（在此情况下，你的身体里有一些额外的秘密成分），否则你就是由机器人**构成**的——或者是一个差不多的东西，即数万亿个大分子机器的集合。所有这些归根到底都是最初那些宏的后裔。所以，由机器人构成的东西**可以**展现出真正的意识，或者说真正的意向性，因为你就是个例子。

这么说来，难怪达尔文式思维和人工智能会如此遭人怨恨。面对哥白尼革命，人们已经撤进了最后一处避难所——心灵作为隐秘的圣所，是科学无法到达的——而达尔文式思维和人工智能则联手对这处避难所发动了一场根本性的打击。（参见 Mazlish, 1993。）从分子到心灵，需要经过一条漫长而曲折的道路，沿途还有许多令人分心的壮阔美景——我们将在以后的章节中谈到其中最有趣的美景——但现在，是时候比往常更仔细地审视人工智能的达尔文式开端了。

---

* "小人"（homunculus），又译为"何蒙库鲁兹"，也作"荷蒙克鲁斯"或"霍尔蒙克斯"，是一种用炼金术创造的人形生命，往往体型较小，存活在烧瓶中。——译者注

5. 学会下跳棋的计算机

艾伦·图灵和约翰·冯·诺伊曼都属于 20 世纪最伟大的科学家。如果有计算机发明人的称号，那就非他们莫属，他们的智慧结晶已是公认的工程学胜利，也是公认的用来探索纯科学中最抽象之领域的智力载具。这两位思想家既是令人敬畏的理论家，同时也是深入实际的实践者，他们代表了自二战以来在科学领域中地位越来越重要的智识风格。除了创造出计算机之外，图灵和冯·诺伊曼还对理论生物学做出了基础性的贡献。正如我们已经提到的，冯·诺伊曼将他的聪明才智用在了解决关于自我复制的抽象难题上，而图灵（Turing, 1952）则开创性地推进了胚胎学或形态发生学的最基本理论难题：一个生物体的复杂拓扑结构——它的形状——如何可能产生于单个受精细胞的简单拓扑结构？每个高中生都知道，这个过程开始于一次相当对称的分裂事件。（正如弗朗索瓦·雅各布所言，每个细胞的梦想都是变成两个细胞。）2 个细胞变成 4 个，4 个变成 8 个，8 个变成 16 个；心脏、肝脏、腿和大脑是如何按照这样的规则形成的呢？[*]图灵觉察到，这种分子层面上的难题与诗人创作十四行诗时遇到的难题有相通之处，而自计算机的最早年月以来，那些与图灵所见略同的人就雄心勃勃地

---

* 关于图灵在形态发生方面的工作，有两部极其易懂的论著，一部由霍奇斯所写（Hodges, 1983, ch. 7），另一本的作者是斯图尔特和高卢比斯基（Stewart and Golubitsky, 1992），后者还讨论了他们与近期对该领域进行的理论探索的关系。图灵的观念美则美矣，但在真实的生物系统中，它们的适用性大概非常有限。约翰·梅纳德·史密斯（私人通信）回忆道，他的导师 J.B.S. 霍尔丹（J. B. S. Haldane）给他看了图灵发表于 1952 年的论文，这让他痴迷其中，并多年来一直坚信"我的手指肯定是图灵波［Turing wave］，我的脊柱肯定是图灵波"——但他最终不情愿地认识到，事实不会那么简单和美好。

要将他那绝妙的机器用于探索思想之谜了。*

图灵于 1950 年在哲学期刊《心灵》上发表了一篇富于预见性的文章《计算机器与智能》（Turing, 1950），这想必是这本期刊有史以来引用率最高的文章之一。在他撰写这篇文章的时候，人工智能程序还不存在——当时全世界其实只有两台可以运行的计算机——但没过几年，就出现了足够多的计算机，它们可以每天 24 小时不间断地运行，因此 IBM（国际商业机器公司）的研究员阿瑟·塞缪尔便可以利用深夜时间的空当，在一台早期的巨型计算机上运行一个程序了，而该程序是"AI 亚当"这个回溯性头衔的有力竞争者之一。塞缪尔的程序会下跳棋，它常常与自己对弈直到深夜凌晨，它丢弃在夜间锦标

---

* 事实上，要论计算机和演化之间的桥梁，可以追溯到更久之前的查尔斯·巴贝奇，他在 1834 年提出的"差分机"（Difference Engine）的概念被公认为是开创了计算机的前史。巴贝奇在他著名的《布里奇沃特第九论》（Babbage, 1838）中，利用他关于计算机器的理论模型给出了一个数学证明：上帝其实对自然进行过编程，好让自然生成物种！"在巴贝奇的智能机器中，不管一组数字运行了多久，任何数字序列都可以通过编程插入它。与此类似，在创世时，上帝就已经做好安排，新的动物和植物会准时地出现在历史中——他创造了可以产生它们的法则，而不是直接创造它们。"（Desmond and Moore, 1991, p. 213）达尔文早就知道巴贝奇和他的《布里奇沃特第九论》，甚至还参加过他在伦敦举办的聚会。德斯蒙德和摩尔（Desmond and Moore, 1991, pp. 212–218）引人入胜的描述让我们得以瞥见可能已经跨过了这座桥的观念交流。
一个多世纪后，另一个位于伦敦的、由志趣相投的思想家们组成的社团——比率俱乐部（Ratio Club）成了更多晚近观念的温床。乔纳森·米勒（Jonathan Miller）将我的注意力引向了比率俱乐部，并在我写这本书的过程中敦促我去研究它的历史，但至今我还没有取得什么进展。不过，一张拍摄于 1951 年的俱乐部成员的照片却令我神往，这张照片出现在 A.M. 厄特利的《神经系统中的信息传递》（Uttley, 1979）的前页部分：艾伦·图灵坐在草坪上，他的身边是神经生物学家霍勒斯·巴洛（Horace Barlow）（顺便说一下，他是达尔文的直系后裔）；站在后排的是罗斯·阿什比（Ross Ashby）、唐纳德·麦凯（Donald MacKay），以及认知科学前身领域的其他早期重要人物。世界可真小。

赛中表现不佳的较早版本，再尝试以无心灵的方式生成的新突变，以此来重新设计自己，而在这个过程中，它也变得越来越出色。最终，它成了一名远胜塞缪尔的跳棋手。作为最早的明确例证之一，这件事反驳了一个极其可笑的迷思：计算机只能按照程序员的指令做事。从我们的视角出发，我们可以看到，这个熟悉但错误的观念只不过是在表达洛克的臆测——只有心灵才能设计——是对"无中不能生有"的开发利用，而达尔文明确否定了这个说法。此外，塞缪尔的程序能超越其创造者，靠的就是一个极经典的达尔文式演化过程。

因此，塞缪尔的传奇程序不仅是智慧物种——人工智能——的前身，还是其最近的分支——人工生命（Artificial Life, AL）的前身。尽管它被奉为传奇，但是当今没有几个人熟知它所蕴含的非凡细节，而这些细节理应被更多的人知道。*塞缪尔的第一个跳棋程序是在 1952 年为 IBM 701[†] 编写的，但直到 1955 年，会学习的版本才得以完成，并被放在 IBM 704 上运行；在它之后的一个版本是在 IBM 7090 上运行的。塞缪尔发现了一些简洁的方法，可以将一次跳棋对弈中的任何局面编码为 4 个 36 位的"单词"，把任何一步棋编码为这些单词上发生的算术运算。（当今的计算机程序耗费甚巨，其运行需要上兆

---

* 塞缪尔发表于 1959 年的论文被收录在第一本关于人工智能的文集中，即费根鲍姆和费尔德曼的经典之作：《计算机与思维》（Feigenbaum and Feldman, 1964）。虽然在这本书刚出版时，我就读到了那篇论文，但和大多数读者一样，我忽略了其中大部分的细节，只对最后的点题之句念念不忘：1962 年，在"成年的"程序和跳棋冠军罗伯特·尼尔利（Robert Nealey）之间进行了一场比赛。尼尔利对自己的失利并不介意："在残局阶段，自从我上一次在 1954 年输棋以来，就再也没有任何人类对我造成过这样的挑战了。"我和同事乔治·史密斯在塔夫茨大学共同开设了一门计算机科学的入门课程，他在课上做过一次精彩的演讲，使我对塞缪尔文章的细节重新产生了兴趣，我每次重读它都能从中发现一些有价值的新东西。

[†] IBM 701 是 IBM 公司于 1952 年发布的第一台电子计算机。——译者注

字节的存储容量，与此相比，塞缪尔的初级程序的体量简直微不足道——确实是一个"低科技"基因组，只有不到 6 000 行密码——但是，他必须使用机器代码来编写它；这一切都发生在计算机编程语言的时代之前。)他一旦解决了如何呈现合乎规则的基本跳棋对局过程这一难题，就该面对这难题中真正困难的部分了：如何让计算机程序**评估**每一步棋，以便尽可能**选择**最好的走法（或至少是较好的走法）。

一个表现优异的评估函数会是什么样的呢？一些简单的小游戏，如井字棋，都有可行的算法解决方案。算法方案可以确保一方获胜或平局，而且这一最佳策略能在现实可行的时间内计算出来。跳棋不属于这类游戏。塞缪尔（Samuel, 1964, p. 72）指出，在由可能的跳棋对局构成的空间内，存在着大约 10^{40} 个选择点，"如果每毫微秒计算 3 个选择，仍需 10^{21} 个世纪来考量所有选择"。尽管今天的计算机比塞缪尔时代笨重的巨型机器快了几百万倍，但它们仍然无法用穷尽搜索的方式强行解决这个难题。搜索空间极大，因此搜索方法必须是"启发式的"——所有代表可能棋步的分支树都必须遭到半智能的、短视的恶魔的无情修剪，从而使算法可以冒险对整个空间的一小部分区域进行探索。

启发式搜索是人工智能的根本思想之一。我们甚至可以将人工智能领域的任务界定为对启发式算法的创造和探究。但在计算机科学和数学中，传统上有时会把启发式方法和算法方法**对立起来**：启发式方法的风险很高，不能保证给出结果，而算法却保证能给出结果。我们如何解决这个"矛盾"呢？其实根本就没有什么矛盾。启发式算法和所有的算法一样，都是机械程序，都能保证完成它们该做的事，只不过它们该做的事就是从事有风险的搜索！它们无法保证**找到**任何东西——或者至少不能保证在规定的时间内找到应该找到的那个东西。然而，就像顺利举办的技能锦标赛一样，好的启发式算法**倾向于**在合理的时间内产生十分有趣且可靠的结果。它们有风险，但好的算法确实值得你冒这个险。你甚至可以赌上你的性命（Dennett, 1989b）。由于没有认识到算法可以是启发式程序，有不少人工智能的批评者都陷入了误区。特别是罗杰·彭罗斯，我们将在第15章中谈谈他的观点。

塞缪尔认识到，只有凭借一个会冒险修剪搜索树的过程，对跳棋漫无际涯的空间进行探索才是**切实可行的**，但是该如何着手构建这一修剪活动，如何选择执行这项任务的恶魔呢？哪些"搜索到此停止"（stop-looking-now）的规则或评价函数，不仅容易程序化，而且具有"不单凭运气"的力量，可以让搜索树朝着明智的方向生长？塞缪尔那时在寻找一种好的搜索算法。他全凭经验来推进，一开始先想出一些方法将他能想到的所有经验法则进行机械化处理。当然，有必要三思而后行，并且从错误中汲取教训，因此在该系统中，应该配备一个存储中心，用来储存过往的经验。原型算法通过"死记硬背"取得了长足的进步，靠的就是把它遇到并目睹过其结果的千万个位点直接储存下来。但是，死记硬背只能帮你到这儿了；当塞缪尔的程序所储存的对于过往经验的描述已有百万词之多，而且快要被索引和检索的难题压垮时，它面对着返回值快速递减的问题。当更好或更泛用的性能成为必需时，一种不同的设计策略就势在必行了：**归纳**（generalization）。

塞缪尔自己并没有去寻找搜索规程，而是尝试让计算机去完成这个任务。他想让计算机设计自己的评估函数，即一个数学公式—— 一个多项式——它将为它所考虑的每一步棋生成一个数字，可以是正数也可以是负数，总的来说，数字越大，这一步棋就越好。这个多项式由大量棋子（piece）搭配而成，每个棋子的贡献或正或负，它们要乘以某个系数，还会根据其他种种情况进行调整，但是塞缪尔并不知道怎样搭配会有好的效果。他做了大约38种不同的组块——

"项"——然后把它们扔进了一个"库"里。有些项凭直觉赋值，比如给提升后的机动性或潜在的提子加分，不过另一些项则或多或少有些离谱——比如"DYKE：每有一串被动棋子占据对角线方向上的三个相邻方格时，该参数的赋值就为1"。在任何一个时刻，都有16个项会被一起丢进这个激发态多项式（active polynomial）的工作基因组中，而其余的项都处于空闲的状态。通过大量富有创造力的猜测以及更加富有创造力的调试和修补，塞缪尔设计出了锦标赛中的淘汰规则，并找到了使其持续运转的方法，这样一来，试错过程就有可能找到项和系数的优异组合，并将它们一一识别出来。这个程序分为阿尔法（Alpha）和贝塔（Beta），阿尔法是能够迅速突变的先驱者，而贝塔则是它保守的对手，会施展最近一次赢得对局的那版战术。"阿尔法每走一步，都会归纳自己的经验，做法是调整它的评估多项式中的系数，并从储备列表中抽取新的参数来替代那些显得不重要的项。"（Samuel, 1964, p. 83）

> 一开始，随意选出一个包括16个项的备选项，并且其中所有的项都被赋予了同等的权重……［最开始的几轮］中总共有29个不同的项被丢弃和替换，其中大部分的项是在两个不同的场合被丢弃和替换的……比赛的质量极度糟糕。在接下来的七场比赛中，前五名的名单至少发生了八次改变……比赛的质量稳步提高，但机器仍然玩得相当差……一些优秀的业余棋手在与这个时期［又经历了七场比赛之后］的机器交手后都认为它"狡猾但可以被击败"。（Samuel, 1964, p. 89）

塞缪尔指出（Samuel, 1964, p. 89），虽然在早期阶段，这个程序的学习速度快得惊人，但它"相当不可靠，一点儿也不稳定"。他发现，程序正在探索的这个难题空间是一片崎岖不平的适应度地形，如果在这片地形上使用简单的爬坡技法，程序往往就会落入陷阱，变得不稳定，并且沉迷于循环，没有设计者施以援手就无法脱身。他得以发现造成这些不稳定状况的系统"缺陷"，并对它们进行了修补。最终的系统——击败尼尔利的系统——是一个由死记硬背、凑合补丁（kludge）*和自我设计的产物组成的小题大做式综合体，对此，连塞缪尔自己都觉得不可思议。

不出所料，塞缪尔的程序引起了巨大的轰动，大大地鼓舞了早期就看出人工智能前途无量的人们，但他们对这种学习算法的热情很快就消退了。人们越是尝试将塞缪尔的方法用在更复杂的难题上——比如说国际象棋，更别提现实世界中的非玩具问题了——这台塞缪尔的达尔文式学习机的成功似乎就越应当归功于跳棋的相对简单性，而不是其本身学习能力的强大。那么，这就是达尔文式人工智能的结局吗？当然不是。它只是不得不蛰伏一段时间，等待计算机和计算机科学家的复杂度再提高几个层面罢了。

如今，塞缪尔程序的后代正在飞快增殖，快到在过去的一两年中，至少有三种新的期刊成功创立，来作为交流平台:《演化计算》（*Evolutionary Computation*），《人工生命》（*Artificial Life*），和《适

---

* 发音押了"捧哏／走狗"（stooge）的韵，一个 kludge 是一个临时或应急的补丁或软件修复工具。讲求语言纯洁性的家伙们将这个俚语拼写为"kluge"，以此提醒人们它的词源（很可能）来自对德语单词 klug(e) 的有意误读，而 klug(e) 的意思是"聪明的"；但根据《新黑客词典》（Raymond, 1993），这个词可能有一个更早的祖先——"Kluge"牌送纸器，这是一种"机械印刷机的辅助设备"，早在 1935 年就投入了使用。在 kluge 的较早用法中，它指称"功能低微却复杂难懂的制造品"。黑客们对 kluge 展现出既推崇又蔑视的复杂情绪（"这么蠢笨的东西怎么会这么聪明！"），无独有偶，生物学家们在惊叹于大自然母亲时常能找到异常复杂的解决方案时，也抱有同样的态度。

应行为》(*Adaptive Behavior*)。第一份期刊侧重于传统的工程学问题：以模拟演化为方法，扩展程序员或软件工程师的实际设计能力。约翰·霍兰德（他曾在 IBM 与阿尔特·塞缪尔合作开发跳棋程序）所设计的"遗传算法"(genetic algorithm)已经在正经的软件开发界展示了自己的威力，而且已经变异出了整整一个门类的算法变体。另外两份期刊则关注偏向生物学的研究，其中对于演化过程的模拟让我们第一次真正可以通过**操纵**生物设计过程本身——或者说，通过操纵大规模的模拟生物设计过程来**研究**它。正如霍兰德所说，人工生命程序**确实**让我们可以"给生命磁带倒带"，而且一次又一次地重放它的诸多不同变种。

6. 制造品解释学，或逆向工程

以阐释制造品的方式来阐释生物体，这一策略与被工程师们称为**逆向工程**的策略有很多共同之处（Dennett, 1990b）。当雷神公司（Raytheon）想要制造一种电子部件，来跟通用电气公司展开竞争时，他们会购买几个通用电气公司的部件并着手分析它们：这就是逆向工程。他们运行它们，对它们进行基准测试，对它们进行 X 光检查，把它们拆开，最后对每一个零部件进行阐释分析：为什么通用电气公司要把这些电线做得这么重？这些额外的 ROM（只读存储器）寄存器是干什么用的？这是双层绝缘的吗？如果是，他们为什么要这么大费周章？请注意，那个处于支配地位的假设是，所有这些"为什么"问题都有解答。任何事情都有其存在的理由，通用电气公司不会白费功夫。

当然，如果逆向工程师的智慧也包括自知之明，他们就会认识到这种默认的最优性假设是过头了：有时工程师会在自己的设计中加入一些愚笨的、毫无意义的东西，有时他们会忘记剔除那些不再具有有功能的东西，而有时他们会忽略那些事后看来十分明显的捷径。即便如此，最优性必须是默认的假设；如果逆向工程师无法假设他们观察到的特征有合理的依据，那么他们甚至都无法着手分析。*

达尔文的革命不是抛弃关于逆向工程的观念，而是让它得以被重新表述。我们不是要试图弄清神的意图，而是要试图弄清"大自然母亲"——自然选择推动的演化过程本身——"察觉"或"辨别"出了什么样的理由（倘若存在这样的理由），才会选择以这种而非那种方式来行事。有些生物学家和哲学家，只要见到有人讨论大自然母亲的理由，就会感到不适。他们认为那是一种退步，是对前达尔文式思维习惯的无故让步，往好了说也是一种象征性的背弃。因此他们倾

---

* 这个事实已经被逆向工程师的对手们利用了。我在《头脑风暴》（Dennett, 1978, p. 279）中讨论了这样一个例子：

有一本关于如何鉴别假古董的书（不可避免地，该书也成了一本关于如何**制造**假古董的书），它为那些想要愚弄"懂行的"买家的人提供了这样一条狡猾的建议：一旦你做好了你的桌子或其他什么物件，（在用上所有做旧和仿损的惯用手段后）用一个现代电钻在某个显眼但令人费解的位置钻一个洞。感兴趣的买家就会想：没有人会无缘无故地钻出这样一个有碍观瞻的洞（这个洞怎么看都不会是"原配的"），所以它一定是为了服务于什么目的才弄出来的，也就是说这张桌子一定被谁家用过；既然它被人在家里用过，那它就不是这个古董店专门制作出来卖钱的……所以它是真品。即使这个"结论"还留有疑点，买家仍然会一门心思地幻想着那个洞的用途，直到几个月后才会发觉不对劲。

据说（我不知道其可信度如何）鲍比·费舍尔（Bobby Fischer）曾经通过同样的策略在国际象棋比赛中击败了对手，尤其是在时间所剩无几的情况下：你可以故意走一步"离谱"的棋，然后看着你的对手为了弄懂你在打什么算盘而浪费掉宝贵的时间。

向于认同近来一位达尔文主义的批评者汤姆·贝瑟尔的观点，他认为这种双重标准有些可疑之处（见第3章）。而我认为，它不仅有缘有故，而且卓有成效，实际上还是不可避免的。正如我们已经看到的那样，哪怕是在分子层面，不进行逆向工程也不能开展生物学研究，而不追问你研究某一对象的理由，就不能进行逆向工程。你必须提出"为什么"问题。达尔文不是在说我们不需要提出这些问题，而是在告诉我们如何回答这些问题（Kitcher, 1985a）。

下一章将着力为这一主张辩护，说明自然选择推动的演化过程在哪些方面**像**一名聪明的工程师，因此，我们有必要先确认它在哪两个重要方面**不像**聪明的工程师。

当我们人类设计一台新的机器时，我们通常会从现有的那台挺好用的机器入手，它要么是一个较早的型号，要么是一个我们已经造出的"样品"或比例模型。我们仔细检查它，并尝试各种改动："如果我们把钳口像这样往上扳一点，把这个拉链齿像这样略微移过来一点，就会更好了。"但这不是演化的方式。这一点在分子层面表现得尤为明显。一个特定的分子就是它的形状，并且承受不了太多的弯折或重塑。演化在改进分子的设计的时候，就必须要制造**另一个分子**—— 一个和那个不怎么好用的分子差不多的分子——然后把旧的分子丢掉。

我们时常听到这样的忠告：切忌中流换马，但演化**总是**更换马匹。除了通过选择和丢弃，它不**搞定**任何事。因此，在每一个演化过程中——也由此在每一个真正的演化解释中——总是存在微弱却又令人不安的不确定性。我把这种现象称为**诱售**（bait-and-switch），它是一种不敞亮的做法：用低廉的价格对某件商品进行宣传，并以此吸引顾客，把顾客引诱到店里后，再试图卖给他们别的东西。与这种做法不同的是，演化中的诱售并不是真的缺德；它只是看起来如此，因为它没有解释你一开始以为自己想解释的东西。它巧妙地改变了话题。

在第 2 章那个奇怪的赌局——我可以培养出一个连赢十局掷硬币游戏的人——中，我们事先见过纯而又纯的诱售的不祥之兆。我事先并不知道那个人将会是谁；我只知道，只要我执行算法，这项使命就会落在**什么人**身上——出于算法的必然性，它一定会落在**什么人**身上。假如你忽视了这种可能性，并且接受我这个专骗傻瓜的赌局，那是因为你太习惯于常人的做法——追踪个体，并围绕你认定的那些个体和它们的未来前景制订计划。而如果锦标赛的胜者认为**他**的胜利必定有一个解释，那么他就错了：**他的**获胜压根没有理由；只有为何**有人**获胜这件事才可以用好的理由加以解释。但是，作为人类，获胜者无疑会认为**应该**有一个理由解释他为什么获胜："如果你的'演化理由'不能解释这一点，那你一定漏掉了什么重要的信息！"对此，演化论者必须冷静地回答："先生，我知道你来这里就是为了这个，但且让我试着引起你对另一件东西的兴趣，它代价更低些，没那么自以为是，而且更容易辩护。"

你有没有想过，你活着是件多么幸运的事？在曾经出现过的所有生物中，超过 99% 都无后而终，但你的祖先们个个都跟它们不一样！你继承的可是诞生了无数胜者的高贵血统啊！（当然，每一个藤壶、每一片草叶、每一只家蝇也都是如此。）但事实比这更加奇诡。我们不是已经知道，演化的原理就是淘汰不适应的生物吗？由于自身的设计缺陷，这些失败者"往往在延续自身类群之前就会死去，这真是既可悲又可敬"（Quine, 1969, p. 126）。这正是达尔文式演化的引擎。然而，如果我们用狭隘的眼光回看你的家谱，就会发现许多不同的生物体，它们有着各种各样的优势和弱点，但说来也怪，**它们的**弱点从来没有造成它们当中的任何一个早夭！因此，从这个角度看，演化似乎连你从祖先那儿继承的**一个特征**都解释不了！假设我们要回顾你祖先们的扇状展开过程。首先请注意，你的家族树最终会停止扇形展开，并渐渐合拢起来；你和今天活着的所有人共有**多个祖先**，并且你和自己的许多祖先之间存在多重关联。当我们扫视着这整棵树时，我们发现，那些晚些或近期出现的祖先携带着一些改进，而那些早期的祖先却不具备这些改进，但是所有的关键事件——所有的选择事件——都发生在幕后：你的那些祖先，包括最早的细菌，没有一个是在繁殖前就被吃掉的，或是在配偶争夺战中落败的。

当然，演化**确实**会解释你从祖先那儿继承的所有特征，但这靠的不是解释**你**为什么如此幸运地拥有这些特征。它会解释为什么当今的胜者们拥有这些特征，但不解释为什么**是这些个体**拥有这些特征。*考虑一下这种情况：你订购了一辆新车，并明确提出这车得是绿色的。你在约定的日子去找经销商，看到车就停在眼前，一辆绿色的新车。接下来该问哪一个问题："这辆车为什么是绿色的？"还是"为什么这辆（绿色的）车停在这儿？"（在后面的章节中，我们将进一步探讨诱售的意涵。）

自然选择的过程与人类工程学的过程——因而还有它们各自的产品——之间的第二个重要差别，涉及自然选择的一个特点，而且该特点让许多人都觉得矛盾至极：它毫无预见性。当人类工程师设计某个东西（正向工程）时，他们必须防范一个臭名昭著的难题：预料之外的副作用。当两个或更多系统（单独来看，它们都设计得很好）被放入一个超系统中时，往往会产生一些超出设计意图的、十分有害的相互作用；一个系统的运转会在无意中严重妨碍另一个系统的运转。要防范

---

* "但这并不是要解释，例如，为什么某些原生动物体内会出现收缩泡；而是要解释为什么会出现那种长有收缩泡的原生动物。"（Cummins, 1975，载于 Sober, 1984b，pp. 394–395）

预料之外的副作用，唯一切实可行的方法就是为所有的子系统分别设计出相对不可逾越的边界，这些边界贴合其创造者们的认知边界，因为就其性质而言，这些副作用的无法预见性是针对那些眼光势必局限在单一子系统中的人而言的。人类工程师通常会试图将子系统相互隔开，并坚持在整体的设计中，为每个子系统赋予单一的、明确的功能。

当然，由具有这一基本抽象性架构的超系统构成的集合是极大且有趣的，但它并不包括许许多多由自然选择所设计的系统！众所周知，演化的过程所缺乏的就是预见性。既然它完全没有预见性，那么未曾预见或无法预见的副作用对它来说就不算什么了；与人类工程师不同，它推进工作的方式，就是挥霍无度地创造出为数极大的相对非独立的设计，其中的大多数都由于这些自作自受的副作用而具有无可救药的缺陷，只有少数设计有幸免于不光彩的命运。此外，这种效率明显低下的设计理念会带来一个巨大的意外之喜，相比之下，人类工程师效率更高、自上而下的设计过程则很难碰上这样的好事：正因为它会对未经检验的副作用全盘接受，所以它可以利用那些在极少数情况下**偶然获得的**有益副作用。也就是说，有时设计中各系统的相互作用会产生出乎意料的收益。在这样的系统中，人们尤其（但并不绝对）会得到具有多种功能的元素。

多功能元素对于人类工程学来说当然并不陌生，但如若我们遇见了一种全新的此类元素，也难免会感到高兴，其相对稀有性由此可见一斑。（我最喜欢的一个多功能元素是在 Diconix 便携式打印机中找到的。虽然这种打印机拥有最理想的小巧尺寸，但支撑它运转的充电电池却有点儿大，并且需要一个容身之处；它们被分毫不差地装进了打印机的压印盘里。）仔细回想一番，我们便能看到，在各种不同的情境中，这类令人心旷神怡的多功能元素都是工程师可以凭借其认知来获取的，但我们也可以看到，在严密分隔功能性元素的背景下，大体上讲，针对设计难题的此类解决方案肯定只是例外。在生物学中，我们会碰到不同功能在解剖学层面分隔得十分干脆的情况（肾脏与心脏截然不同，身体里蜿蜒的神经和血管是相互分离的管道，等等），如果没有这种容易辨认的分隔，生物学中的逆向工程无疑是人力所不及的。但我们也看到，一些功能的叠合明显是"一路到底"的。很难想象会有这样一类实体，其中的元素在叠合起来的子系统中具有多个重叠的功能，此外，这些元素通过相互作用产生的一些最显而易见的效应可能根本不是功能，而仅仅是正在发挥作用的多种功能产生的副产品。*

直到最近，想要成为逆向工程师的生物学家才不得不集中精力搞清楚"成品"——生物体——的设计特征是什么。他们可以收集成百上千种生物体，研究它们的变化，将它们拆开，任意地操控。而比这要难得多的事情，则是认识掌握一种基因型得以在一个成熟的表型中得到"表达"的**发育**和**成长**过程。发育过程形塑了"成品"，而**设计**过程则形塑发育过程，但那些让优秀科学（或优秀的逆向工程）得以蓬勃发展的侵入式观察和操控，在很大程度上是无法触及这些设计过程的。你可以看一看粗略的历史记录，以快进的方式播放它（就像关于植物生长、天气变化等现象的"延时"摄影一样——一直都是凸显模式的好法子），但你不能"倒带"、在初始条件下运行那些变种。现在，多亏了计算机模拟技术，对于达尔文式视角一直以来的那些设计过程，我们才得以**研究**相关的假说。不出所料，不论是它们的复杂程度，还是它们设计过程的繁复程度，都超出我们之前的设想。

一旦研发和构建的过程开始变得明朗，我们便可以看到，一种常常将人类制造品的阐释者引入歧途的短视之苦，在生物学中也有若干对应物。当我们投入制造品解释学，设法解读考古发掘品的设计，或

---

* 前面的三段内容来自 Dennett, 1994a，有所修改。

者设法对伴我们成长的古代遗迹进行合理的阐释时，我们会倾向于忽略一种可能性——在成品中，一些令我们感到困惑的特征根本就没有功能，但在创造产品的过程中，它们却发挥了至关重要的功能性作用。

例如，大教堂具有许多奇特的建筑学特征，这些特征在艺术史家中激起了对其功能的想象以及激烈的争论。其中一些特征的功能相当明显。"台钳"（vise）或环形楼梯在墙墩和墙壁内部回旋而上，以便管理员前往建筑物的偏远部位：比如说，屋顶，以及拱顶和屋顶之间的地方，那里藏着的机械装置可以将吊灯降到地面，方便更换蜡烛。但是，即使建造者没有预先设想出供后人使用的通路，也会有不少台钳出现在那里；对建造者来说，它们是建筑队和材料得以到达施工位置的最好方式，也许是唯一方式。其他一些位于墙内、不通往任何区域的通道，大概是为了让新鲜空气进入墙内而修建的（Fitchen，1961）。中世纪的砂浆需要很长的时间——在某些情况下，需要数年——才能固化，而且砂浆会随着固化而收缩，因此需要留心将墙体厚度控制在最小，才能在建筑物固化时将形变的程度降到最低。（因此，那些通道类似于汽车引擎外壳上的散热"翅片"，只是它们的功能在建筑物落成后就终止了。）

此外，如果你只把一座大教堂视为一件成品，那么对于很多看似不起眼的东西，当你开始想弄明白为何要修建它们时，你就会深感疑惑。"先有鸡还是先有蛋"式的难题大量涌现。如果你在建造中央拱顶之前就建好飞扶壁，它们就会把墙体往内推；如果你先建造拱顶，那么在安装飞扶壁之前，拱顶就会将墙体向外推；如果你试图同时建造拱顶和飞扶壁，那么修建其中一个时用到的施工平台很可能会妨碍修建另一个所用的施工平台。这肯定是一个有解决方案的难题——大概有许多不同的解决方案——但想出这些方案，然后寻找证据来证明或驳倒这些方案则是一项具有挑战性的活动。其中一个反复用到的策略已经在凯恩斯-史密斯的黏土晶体假说中发挥过作用：必然存在一些已经消失的脚手架，它们只在建造过程中才发挥作用。此类结构往往会留下它们曾经存在的线索。最明显的例子是被堵住的"墙上脚手架孔"（putlog hole）。被称为"跳板横木"的沉重木材被临时固定在墙壁中，用以支撑上面的脚手架。

哥特式建筑中的许多装饰性元素，比如拱顶中复杂的肋状部分，其实是功能性的结构——但只在施工阶段发挥作用。它们必须先搭起来，拱顶的"喷网层"（web course）才能被填入它们中间。它们加固了相对脆弱的木质"定心"脚手架，否则半成品拱顶的重量会暂时性地分布不均，容易让这些脚手架弯曲变形。使用中世纪的材料和方法在高空搭建并安全固定的脚手架，其强度受到严苛的限制。正是这些限制决定了教堂竣工后的许多"装饰性"细节。还可以换种方式来表达同样的意思：考虑到修建过程所受的约束，许多容易**设想出来的**成品根本就不可能建成，而现存的建筑上有许多明显的非功能性特征，它们实际上都是具有赋能作用的设计特征，没有这些特征，成品就不会存在。起重机（真正的起重机）及其同类机械设备的发明，开辟了曾经无法企及的建筑学可能性的空间。*

这一点虽简单，但影响深远：当你要问关于**任何事物**——生物体或制造品——的功能性问题时，你必须记住，这个事物要达到它目前的形态或最终形态，必定会经历一个过程，而该过程本身也是有要求的，这些要求与最终状态的任何特征一样，都可以拿来进行功能性分析。标志施工完毕、功能启动的钟声并不存在。（参见 Fodor, 1987, p.

---

* 探索这些议题的四部经典之作分别是：约翰·菲琴的《建造哥特式大教堂》（Fitchen, 1961），这本书读起来就像一个侦探故事；菲琴的《机械化之前的建筑建造》（Fitchen, 1986），柏生士的《文艺复兴时期的工程师与工程学》（Parsons, 1939/1967），和贝特朗·吉勒的《文艺复兴时期的工程师》（Gille, 1966）。

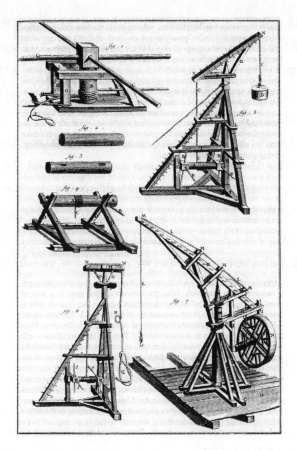

图 8.1. 早期的旋转式起重机和其他用于提升或移动重物的装置［摘自狄德罗和达朗贝尔的《百科全书》(1751—1772 年)，Fitchen，1986 对其进行了重制］

103）。生物体应该在其生命的各个阶段都是一家营利企业*，这一要求为其后来的特征套上了难以摆脱的枷锁。

---

* 营利企业（going concern），是指企业的生产经营活动将按照既定的目标持续下去，在可以预见的将来，不会面临清算。——译者注

达西·汤普森（Thompson, 1917）有句名言：万物之所以如此，是因为它们长成了那样。对于发育的历史过程，他有自己的思考，并以此为指导颁布了"形式法则"（law of form），这些法则常常被引以为例，用来说明有些生物法则无法还原为物理法则。不可否认，对发育过程的这般重构以及对其意涵的探究，是非常重要的，但是这个议题有时会被错误地置于将发育上这种限制因素与功能性分析对立起来的讨论中。任何的功能性分析，在确认（尽可能地确认相关的点）有一条已经具体规定完毕的构造路径之前，都是无法被扎实完成的。如果某些生物学家习惯性地忽视了这一要求，那么他们就犯下了和有些艺术史家一样的错误——忽视他们所研究的历史文物的构造过程。他们哪里是过分痴迷于工程学的思维方式，他们是对工程学的问题不够重视。

7. 身为元工程师的斯图尔特·考夫曼

> 自达尔文以来，我们就开始认为生物体是拼贴起来的奇特装置，而选择则是秩序的唯一来源。然而要达尔文去怀疑自组织的威力，那是不可能的。我们必须在复杂系统中重新寻找我们的适应原则。
>
> ——斯图尔特·考夫曼（转引自 Ruthen, 1993, p. 138）

历史往往会重演。今天我们都认识到了，对孟德尔定律的重新发现，以及随之而来的有关基因作为遗传单位的概念，都是对达尔文式思维的救赎，但当时的情况可并非如此。正如梅纳德·史密斯所指出的那样："孟德尔主义对演化生物学的第一次冲击显然是反常的。早期的孟德尔派自认为是达尔文派的反对者。"（Maynard Smith, 1982, p. 3）许多自诩反达尔文的革命，都已被证明是亲达尔文的改革，而这次也不例外。这些改革把达尔文的危险思想从这张或那张病榻上拖起，并令其重返岗位。今天，另一场改革正在我们眼前展开，它是演化思维中的一个新方向，带头人是斯图尔特·考夫曼和他在圣塔菲研究所（Santa Fe Institute）的同事们。跟所有强劲的热潮一样，它也有一句口号："在混沌边缘的演化。"考夫曼在他的新书《秩序的起源：演化中的自组织与选择》（Kauffman, 1993）中，总结和扩充了他几十年来所从事的研究工作，并让我们第一次看到，他如何在该领域的历史中定位自己的观念。

许多人公开宣称他是"达尔文杀手"，认为他终于将那个作威作福的家伙赶出场外了，而且使用的是锋芒毕露的崭新科学：混沌理论（chaos theory）和复杂性理论（complexity theory），奇怪吸引子（strange attractor）和分形（fractal）。他本人也曾在过去受到这种看法的诱惑（Lewin, 1992, pp. 40–43），但他的书竖起了警告的尖刺，拒绝了反达尔文者们的投怀送抱。他在书的序言中一开始（Kauffman, 1993, p. vii）就将他的书描述为"一次将达尔文主义纳入一个更宽泛语境的尝试"：

> 然而，我们的任务不仅仅是探索可能为演化所用的秩序之源。我们还必须把这类知识与达尔文提供的基本洞见整合为一体。无论我们对细枝末节产生何种疑虑，自然选择都肯定是演化中一股超群的力量。因此，为了把自组织**和**选择的主题结合起来，我们必须扩充演化论的内容，这样它才能立足于一个更广阔的基础之上，并建立起一座新的理论大厦。（Kauffman, 1993, p. xiv）

我之所以在这一点上花费大量篇幅引用考夫曼的原话，是因为我也感到，在我著作的读者和评论者中，刮起了一阵反达尔文情绪的疾风，而且我知道他们将会强烈地怀疑我只是在改造考夫曼的观念，好让它符合我自己的一家之言！不，考夫曼本人现在认为（可他本人的看法又算得了什么呢？）他的工作是深化达尔文主义，而不是推翻它。但是，如果他没有断然否定选择是秩序的终极来源，那么他关于"自发的自组织"是"秩序"之源的看法又该如何理解呢？

现在，我们可以在计算机上建立真正复杂的演化情景，再通过一遍又一遍地倒带，观察那些从先前的达尔文式理论家眼皮底下溜走的种种模式。我们所看到的，按照考夫曼的说法，是**纵然**有选择，秩序仍会"脱颖而出"，而不是**因为**有选择，所以秩序才会"脱颖而出"。我们所目睹的，不是在累积起来的选择所造成的持续压力下，组织的逐步累加，而是选择压力（它可以在模拟中被仔细操纵和监测）**无力**克服相关种群自我分化为若干有序模式的内在倾向。因此，乍看之下，这似乎有力地证实了自然选择无论如何都不会是组织和秩序的源头——这一点确实会拖垮达尔文式观念。

但如我们所见，还存在另一种看待它的方式。自然选择推动的演化要在什么条件下才会发生呢？要我说，达尔文的回答会很简单：给我秩序，还有时间，我就会给你设计。但我们后来了解到，并不是每一种秩序都足以生成演化力。就像我们在康威的生命游戏中看到的，你必须恰好拥有对的那种秩序，拥有自由和约束、成长和衰败、刚性和流动性的恰当混合物，好事才会降临。正如圣塔菲的口号所宣称的那样，你只有在"混沌边缘"才能找到演化，可能法则的这些区域形成了僵直死板的秩序和毁灭性的混沌之间的混杂地带。幸运的是，我们所在的这部分宇宙稳稳地落在一个这样的地带中，而演化力所需的条件在这里也调试得刚刚好。这些舒适宜人条件从何而来呢？"原则上", 它们可能来自像康威这样的设计者的智慧和远见, **也**可能来自一个**先前的**演化过程, 该过程可能有选择参与其中, 也可能没有。实际上——我认为这就是考夫曼的核心见解——演化力本身不仅必须要演化 (我们才会因此出现), 而且**很可能会**演化, 几乎一定会演化, 因为它是设计游戏中的一个逼着。[*]你要么能找到通往演化力的道路, 要么就只能留在原地, 但找到通往演化力的道路也不是什么大不了的事; 它"显而易见"。无论我们重播多少次磁带, 使生物演化成为可能的设计原则都会一次又一次地被找到。"我想, 可能与我们所有的预想都相反, 答案会告诉我们: 这出奇地**容易**。"(Kauffman, 1993, p. xvi)

当我们在第 6 章中考察设计空间中的逼着时, 我们所思考的是最终产物的特征, 这些特征"正确"得如此明显, 以至于就算我们发现它们独立出现也不会感到惊讶——外星智慧生物中出现算术, 存在透明介质中的运动现象的地方出现眼睛。但创造这些产物的过程的特征呢? 如果关于事物必须如何设计、关于设计创新要遵守的秩序、关于注定成功或失败的设计策略, 存在着一些根本规则, 那么这些规则肯定和成品的特征一样, 都会是演化所要达成的目标。我承认, 考夫曼所发现的与其说是**形式法则**, 不如说是**设计规则**: 元工程学的律令。此类元工程学的原则支配着实践中新设计的创造过程, 而对于这些原则, 考夫曼给出了许多具有说服力的观察。实际上, 我们可以把它们看作我们这部分宇宙内的整个演化现象中**已经**被发现、**已经**固定了下来的诸多特征。(就算在宇宙中其他存在设计物的地方发现它们, 我们也不会感到奇怪, 因为这就是设计东西的唯一方式。)

---

[*] 演化力的演化是达尔文派宣扬的一种 (从回溯的角度来看!) 明显递归式的过程——你可能会说, 这很可能是起重机的源头——并且许多思想家也都讨论过这个想法。关于早期的讨论, 参见 Wimsatt, 1981。对该议题的另一种见解, 参见 Dawkins, 1989b。

适应性演化是一个搜索过程，它在突变、重组和选择的驱动下，发生在固定不变或不断形变的适应度地形上。在这些力的作用下，进行适应的种群流布在地形上。这类地形的结构，无论是平坦还是崎岖，都支配着种群的演化力，以及种群成员的持续适应度。适应度地形的结构势必对适应性搜索有所限制。（Kauffman, 1993, p. 118）

请注意，这是完全纯粹的达尔文主义——每一点都可以接受，不具有革命性，但侧重点却有重大变化，转移到了适应度地形的拓扑结构的作用上，后者在考夫曼看来深刻地影响着设计创新能以何种**速率**被发现，以及设计机会能在何种**秩序**中积累下来。如果你曾尝试写过十四行诗，那么你就肯定遇到过考夫曼的模型所检验的那种基本设计问题："上位效应"，或者说基因之间的相互作用。初出茅庐的诗人很快就会发现，写一首十四行诗并不容易！在十四行诗格律的严格约束下，要做到言之有物——更别提行文优美了——就已经是一个令人备感挫败的活计。你刚刚试探性地确定一行诗，就不得不修改其他好几行的内容，并且还要被迫放弃一些来之不易的佳句，如此循环往复，只为寻找良好的整体搭配——或者，我们可以说，寻找良好的整体适应度。数学家斯坦尼斯拉夫·乌拉姆（Stanislaw Ulam）看到，诗歌的种种约束可以成为创造力的源泉，而不是阻碍。也许这个想法也适用于演化的创造力，理由相同：

当我还是个孩童的时候，我觉得诗歌中韵脚是为了迫使人们去寻找那些不显而易见的东西，因为找到一个押韵的词十分必要。这就逼迫人们产生新奇的联想，并几乎必然会产生偏离常规思维链或思路的想法。它以一种悖论性的方式成了一种可以自动

产生原创性的机制。(Ulam, 1976, p. 180)

在考夫曼之前，生物学家往往会忽略一种可能，即演化可能会面对同一种普遍存在的相互作用，因为他们没有明确的方法来研究它。他的研究表明，制造一个能存活的基因组更像是写一首好诗，而不是匆匆写下一张购物清单。**由于适应度地形的结构比我们过去（凭借更为简单的富士山爬坡模型）所想的更重要，所以存在着对设计改进的方法的种种约束，把工程项目持续不断地汇聚到狭窄程度超出我们之前想象的成功之路上。**

> 当地形结构、突变率和种群规模发生调整，种群由此开始从空间的局部区域"解冻"时，演化力，即对空间的合理片区进行搜索的能力，才可能会得到优化。(Kauffman, 1993, p. 95)

考夫曼专心研究生物演化中一个无所不在的特征，即"局部规则会生成全局秩序"的原则。这不是一个支配人类工程学的原则。当然，金字塔总是自下而上建成的，但从法老时代开始，建造过程的组织形式就一直是自上而下的，并由一位独裁者把控，该独裁者具有清晰的、居高临下的大局观，但他大概不甚清楚要如何实现局部的细节。来自上层的"全局"指挥使一系列"局部"规划得以逐层推进。这个特征在人类的大型规划中是如此普遍，以至于我们很难想出别的方案（Papert, 1993; Dennett, 1993a）。由于我们没有认出，考夫曼察觉的这个原则属于人类工程学的一条常见原则，所以我们就很难把它当作一条工程学原则来看待，但我要指出它就是这样的原则。稍稍改变一下表述，我们就有了下面的说法。直到你设法演化出有交流能力并且可以形成大型工程组织的生物体，你才会受到以下初步设计原则的约束：整个全局秩序必须由局部规则生成。因此，所有早期的设计产物，直到蕴含着智人的某些组织才能的创造物，都必须遵守来自一条"管理决策"的约束条件，该"决策"的内容是：一切秩序都必须由局部规则来实现。违反这一戒律而又想要创造生命形式的任何"尝试"，都将即刻以失败告终——更准确地讲，它甚至从一开始就算不上是尝试。

如我所说，如果标志着研发过程结束、"成品"生命开始的钟声并不存在，那么我们至少有时候会难以分辨一条设计原则是工程学原则还是元工程学原则。一个切题的例子，就是考夫曼（Kauffman, 1993, pp. 75ff.）对胚胎学的"冯·贝尔法则"的重新推导，其结果就是一个恰当的例证。动物胚胎最惊人的模式之一，就是它们在发育的开始阶段是如此相似。

> 因此，鱼、蛙、鸡和人的胚胎在早期阶段都格外相似……对这些法则的常见解释是，影响早期个体发育的突变体［我想他指的是"突变"］比影响晚期个体发育的突变体更具扰乱性。因此，更改了早期发育进程的突变体不太可能累积起来，因而与晚期胚胎相比，不同目类生物的早期胚胎之间保留了更多的相似性。这种看似可信的论证真的如此可信吗？（Kauffman, 1993, p. 75）

根据考夫曼的解读，传统的达尔文派会将冯·贝尔法则归因于一个"特殊机制"，而该机制就内置于生物体体内。我们为什么看不到在早期胚胎阶段千差万别的成品呢？这好说，因为对于成品而言，作用于过程前期的变化指令，往往比作用于过程后期的变化指令更具有毁灭性，所以大自然母亲已经设计出了一个特殊的发育机制，来防止这种实验的进行。（这就类似于，IBM禁止旗下的计算机科学家为自家的中央处理器芯片研发替代性的架构——这是一个**设计出来的变化制止机制**。)

那么考夫曼的解释与此有何不同呢？该解释的出发点不变，但解释方向大不相同：

> ……对早期发育的锁定，进而是冯·贝尔法则，并不代表一种有关发育引流［developmental canalization］的特殊机制，该机制通常意味着存在一个用以抵御遗传改变的表型的缓冲区……相反，对早期发育的锁定直接反映了一个事实：相较于通过更改晚期发育来改进生物的方式，通过改变早期个体发育来改进生物的方式在数量上减少得更快。（Kauffman, 1993, p. 77；另见 Wimsatt, 1986）

从人类工程学的角度思考一下这个议题。为什么不同教堂的地基比它们的上层建筑更具有相似性？传统的达尔文派会说，因为打好地基是首要任务，而任何一个明智的建筑工程承包商都会告诉你，如果**一定要**拼凑那些设计元素，那么就先对尖塔的装饰物下手，或者窗户也行。比起试着想出一种打地基的新方法，这样比较不容易翻车。因此，也就无怪乎教堂一开始看起来都大同小异，而大的差别在后来的精雕细琢中才会显现出来。考夫曼说，其实，打地基的难题只是不像后期的建造难题拥有那么多不同的**可能**解决方案罢了。至于那些糊涂的承包商，即便他们和这个事实较劲儿到天荒地老，也想不出花样繁多的地基设计方案。侧重点的差异看上去可能微小，却具有一些重要的意涵。考夫曼说，我们不需要寻找一种引流**机制**来解释这个事实；它自己会解决的。不过，考夫曼和他想要取而代之的传统还有一个底层共识：在给定的起始约束条件下，好的建造方法只有这么多，而且演化会一次又一次地找到它们。

考夫曼想要强调的正是这些"选择"的**非可选性**（non-optionality），因此他和他的同事布赖恩·古德温（如 Goodwin, 1986）特别急于打破大自然母亲那种强大的形象——如同一名"修补匠"，从事着法国人称为"拼装"*的修补工作——而最早普及该形象的，是伟大的法国生物学家雅克·莫诺和弗朗索瓦·雅各布。拼装这个词最早由人类学家克洛德·列维-斯特劳斯（Levi-Strauss, 1966）明确提出。修补匠或**拼装匠**（bricoleur）是奉行机会主义的小工具制造者，是"知足常乐的人"（satisficer），他时刻准备向平庸妥协，如果这么做无须付出很大代价的话（Simon, 1957）。修补匠不是深邃的思想者。莫诺和雅各布专注于两个经典的达尔文主义要素，一个是偶然，另一个则是钟表匠的特点——毫无方向性和短视（或者盲目）。不过，考夫曼说："演化不只是'从飞逝中被捕捉到的偶然'〔chance caught on the wing〕。它不只是针对某个临时之物、拼装之物或奇异装置的修修补补。它是初露峥嵘的秩序，由选择磨砺而成，由选择赋予荣光。"（Kauffman, 1993, p. 644）

他是要说钟表匠并**不盲**吗？当然不是。那么他想说什么呢？他要说的是，在设计过程中，有一些秩序原则支配着设计过程，逼迫着修补匠的手。挺好。即使一位是盲眼修补匠也会找到逼着；套用一句俗话，这活儿犯不着搞火箭的出马。找不到逼着的修补匠就不配干修补匠那档子事儿，也设计不出任何东西。考夫曼和他的同事们确实完成了一系列有趣的发现，但我认为，他们对修补匠这一形象的攻击很大程度上是没弄明白对象。列维-斯特劳斯说，修补匠乐意依据材料的性质做事，而工程师则希望材料具有完美的可塑性——就像包豪斯建

---

* "拼装"（bricolage）指利用手头已有的材料来完成修补和改进工作。——译者注

筑师所钟爱的混凝土一样。所以修补匠说到底还是一个深邃的思想者，他顺应约束，而不是对抗约束。真正明智的工程师不会违背自然，只会合乎自然。

考夫曼的抨击有其积极方面，其中之一就是使人们注意到了一种不受重视的可能性，我们可以借助一个人类工程学的虚构例子，生动地将这个可能性展示出来。假设巅峰制锤公司发现，它的竞争对手斗牛犬制锤公司新推出了一款锤子，并且在锤子的塑料手柄上，有着跟自家刚刚问世的巅峰 Zeta 型锤子完全一样的复杂彩色螺纹图案。"剽窃！"他们的法人代表尖叫道，"你们复制了我们的设计！"可能真是这样，但也可能不是。也许只存在一种加固塑料手柄的方法，那就是在塑料定型时以某种方式搅动它。其结果就是一定会形成一种独特的螺纹图案。想要制造出一个**没有**这些螺纹，而且还能正常使用的塑料锤柄，几乎是不可能的，而几乎所有试图制造塑料锤柄的人最终都会认清这一点。在不假设"传衍"或复制的情况下，有些相似性就会显得很可疑，而以上思路可以对其加以解释。话说回来，也许斗牛犬公司的人确实抄袭了巅峰公司的设计，**但不论抄不抄，他们本来就会发现这种设计，只是时间早晚问题**。考夫曼指出，生物学家在推测传衍的过程时，往往会忽略这种可能性，他提醒大家注意，生物界中有许多令人信服的实例，其中模式的相似性与传衍毫无关系。（他所讨论的那些最引人注目的实例，全都受惠于图灵在 1952 年对形态发生中的空间模式创建过程进行的数学分析工作。）

在一个找不到设计原则的世界里，所有的相似性都是可疑的——很可能来自复制（抄袭或传衍）。

我们已经认识到，选择本质上是生物世界中秩序的唯一来源。如果说"唯一"是言过其实，那么更准确的说法就肯定是，选择被视为生物世界中秩序的"压倒性"来源。由此可见，在我们目前的观点中，生物体在很大程度上是选择为设计难题临时拼凑出的解决方案。由此可见，在生物体中广泛存在的大多数属性之所以广泛存在，是因为它们从一个拼贴而成的祖先那里获得了共有的传衍，并且选择性地留下了有用的补丁。由此可见，我们可以把生物体看作由设计唆使的、具有压倒式偶然性的历史事件。(Kauffman, 1993, p. 26)

考夫曼想要强调，生物世界更多是一个属于牛顿式发现（比如图灵的发现）的世界，而不是一个属于莎士比亚式创作的世界，他当然也找到了一些有力的证据来支持他的观点。但我担忧，他对于修补匠这个比喻的抨击，会助长那些并不欣赏达尔文的危险思想的人的野心；它给了他们虚假的希望，让他们以为自己在自然的运转中看到的不是修补匠的受迫之手，而是神圣的上帝之手。

考夫曼本人把他自己在做的事情叫作探求"关于生物学的物理学"(Lewin, 1992, p. 43)，这个说法与我称呼它的方式——元工程学——其实并不冲突。它探索的是可以促成设计物的创造与繁衍的那些过程所受的最普遍约束。但当他宣称这是在探求"法则"时，他也在助长反工程学的偏见（或者你可以称之为"物理学的妒忌"），这种偏见歪曲了太多关于生物学的哲学思考。

会有人认为存在着营养摄取**法则**吗？那移动法则呢？由于物理学的根本法则，存在各种高度稳固的边界条件限制着营养摄取和移动，并且所有营养摄取机制或移动机制都会遇上大量的规律、经验法则、权衡取舍之类的东西。但这些都不是法则。它们像是汽车工程学中高度稳定的规律。比如以下这条规律：在其他条件均保持不变的情况下，只有使用钥匙或在使用钥匙之后才能点火。这当然事出有因，关乎汽车的价值感、易盗性、基于现有车锁技术的划算（但不是万无一失的）选项等等。汽车制造背后的设计决策经历了无数次成本效益的权衡取舍，而当人们了解到这一点时，就会看重这种规律。它不是任何一种法则，它往往是一种从一组复杂的、相互冲突的**急需品**（也就是规范）中总结出的规律性。这些高度可靠、寻求规范的归纳结果不是汽车工程学的法则，它们在生物学中的对应物也不是移动或营养摄取的法则。一个会移动生物体，它的嘴位于头部而不是尾部（前提是其他条件保持不变——例外也是有的！），这是一个深刻的规律，但为什么要把它叫作法则呢？我们理解**为什么**应该如此，因为我们明白嘴——或者锁和钥匙——是为了什么而存在的，也明白为什么某些方式是达成这些目的的最佳方式。

第8章

　　生物学并不只是像工程学——它**就是**工程学。它研究的是各种功能机制，以及它们的设计、构造和运行。从这个有利角度出发，我们便可以解释功能的逐步诞生，以及与之相伴的意义或意向性的诞生。那些成就最初看来是货真价实的奇迹（例如，前所未有地创造出配方解读器），或者至少在本质上依赖于心灵（学会下赢跳棋），它们可以被分解成由越来越小、越来越笨的机制取得的越来越不起眼的成就。我们现在已经开始密切关注设计过程本身，而不仅仅是它的产物，这个新的研究方向是在深化达尔文的危险思想，而不是推翻它。

第9章

　　逆向工程在生物学中的任务是去搞清楚"大自然母亲在想什么"。这种被称为适应论的策略已经成为一种具有惊人力量的方法，产生了许多已得到证实的伟大推理飞跃——当然还有一些未被证实的。斯蒂芬·杰·古尔德和理查德·列万廷曾对适应论进行过一次著名的批判，聚焦于人们对适应论抱有的疑虑，但他们在很大程度上是受了误导。虽然博弈论在适应论中的应用颇具成效，但警惕之心不能松懈：隐藏的约束条件可能比理论家们通常假定的更多。

第 9 章

搜寻质量

1. 适应论思维的力量

> "遵奉自然，赤身裸体"，这是早期天然主义运动的一句口号，颇具说服力。但是大自然的初衷却是，所有灵长动物的皮肤都不应该是裸露的。
>
> ——伊莲·摩根（Elaine Morgan, 1990, p. 66）

> 评判一首诗就像评判一块布丁或一台机器。人们要求它能发挥作用。我们只有从一个制造品所起的作用中才能推断其制造者的意图。
>
> ——维姆萨特和比尔兹利（Wimsatt and Beardsley, 1954, p. 4）

如果你对一件制造品的设计略知一二，那么即使不懂它各个部件的底层物理学，你也可以预测出它的性能。甚至连小孩子都可以轻易学会如何操作录像机这样复杂的物件，就算完全不知道它们是如何运转的也不碍事；他们知道当按下一连串的按钮时会发生什么，因为他们知道什么是设计好会发生的。他们进行操作的出发点就是我所说的**设计立场**（design stance）。虽然录像机维修人员对录像机设计的了解远超于此，还大体上知道所有内部零件是如何在协作中让机器正常运转和发生故障的，但是他们可能也对这些过程的底层物理学一无所知。只有录像机的设计者们才必须了解其物理学原理；他们只有下落到我所说的**物理立场**（physical stance）中，才能弄清楚什么样的设计修改可能会提高画质，减少磁带的磨损，或减少产品的耗电量。不过，当他们从事逆向工程时——例如，对其他制造商的录像机下手——他们运用的不仅仅是物理立场，还有我所说的**意向立场**（intentional stance）——他们试图弄清楚的是**设计者们的想法**。他们把正在检查的制造品看作一个**经过理性思考的**设计开发过程的产物，是在多个替代选项中做出的一系列**选择**，并且所达成的**决策**是设计者们**认为最好的**。思考这些部件的假定功能，就是对它们存在的**理由**做出假设，这往往可以使人在推理中取得大飞跃，从而巧妙地弥补对该物体的底层物理学或更低层次的设计元素的无知。

考古学家和历史学家有时会遇到一些其意义——功能或目的——特别隐晦的制造品。我们可以简单地浏览几个关于这类**制造品解释学**的例子，看看该如何对此类实例进行推论。*

安提基特拉装置（Antikythera mechanism）于 1900 年在一艘沉船中被发现，它是一组复杂得惊人的青铜齿轮，制作年代可以追溯到古希腊。它是用来做什么的？它是一个时钟吗？它是某种用来带动自动雕像的机械装置吗，就像 18 世纪沃康松的奇迹那样？† 几乎可以肯

---

* 对于对这些问题的扩展分析，请参见 Dennett, 1990b。

† 法国人沃康松（Jacques de Vaucanson）在 18 世纪 30 年代曾发明制作了一批机械装置，其中最为精巧奇特的是一只机器鸭，它不仅可以挥动翅膀和发出叫声，还可以进食和排泄。——译者注

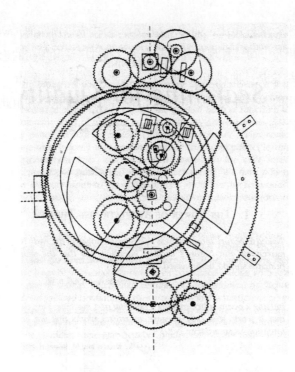

图9.1 安提基特拉装置的齿轮系统示意图，由耶鲁大学的德瑞克·德索拉·普莱斯
（Derek de-Solla Price）绘制

定，它是一台太阳系仪或天象仪，而且有证据表明它会是一台**优秀的**
太阳系仪。也就是说，通过计算其齿轮的转动周期，可以做出一种阐
释：它准确地（以托勒密的方式）描述了当时已知的行星运行规律。

伟大的建筑史学家维奥莱-勒-杜克（Viollet-le-Duc）描述过一种
被称为**曲线板**（cerce）的东西，它被用于建造大教堂的拱顶。

在他的假设中，它是一个可移动的支架，可以为尚未完工的喷网
层提供暂时性的支撑，但后来约翰·菲琴（Fitchen, 1961）的阐释则
认为，这不可能是它当时的功能。一来，伸展开的曲线板会变得不够

结实；二来，这种用法，如图 9.2 所示，会造成拱顶网面（webbing）的不规则排布，而这种现象并没有出现。通过广泛又翔实的论证，菲琴得出的结论是，曲线板只是一个可调整的样板。菲琴以一个更简洁、更泛用的方案解决了如何暂时支撑喷网层的难题，并由此支持了自己的结论。

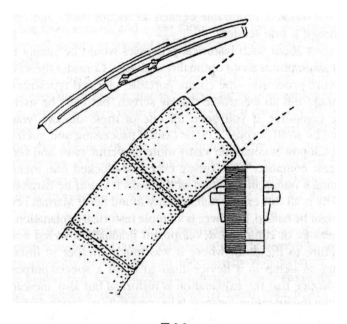

图 9.2

维奥莱-勒-杜克所描述的曲线板装置可以在搭建穹顶时为每个喷网层提供支撑。这张表示曲线板的缩小图是根据维奥莱-勒-杜克的描绘和描述所画的。它伸展后的状态清楚地表示了一块槽板是如何与另一块相接的。它以悬垂的状态支撑着喷网层的石料，（在细节部分）可以看到，任何一条轨线上的石料都不可能从头至尾排列整齐：那些抵在板子远端（轮廓线）的石料比近端的（阴影部分）具有大得多的倾角。由于在石料的网状排列中并没有出现这样的不连续之处，因此很明显，尽管维奥莱-勒-杜克坚持这样的解释，但该装置的使用方式并非如此。（Fitchen, 1961, p. 101）

这些论点的重要特征是依赖最优性思路；例如，如果可以证明某个东西是一个差劲的樱桃去核器，那这就不利于它是一个樱桃去核器的假说。在某些情况下，一件制造品会丢掉它原本的功能，并获得一个新的功能。人们买入老式熨斗不是为了熨烫他们的衣服，而是将它用作书立或门挡；一个精美的果酱罐可以变成笔筒，而回收后的龙虾笼可以用作户外花盆。事实上，与它们当下的竞争对手相比，熨斗熨烫衣服的效果远不如它作为书立时的效果好。并且一台十进制大型主机也可以成为实用的重型锚，用于大型船只的系泊。任何制造品都不能免于此类挪用，无论它**原本的**用途被它当前的形式展现得多么淋漓尽致，它的新用途与原本用途之间的关联都可能仅仅是出于历史的偶然——有个家伙有一台已经淘汰的大型主机，同时他又急需一个锚，于是机缘巧合之下，他将主机凑合着当锚使用。

如果没有关于设计最优性的假设，就无法解读关于这种历史过程的线索。考虑一下所谓的专用文字处理器——一台廉价、便携、满载赞誉的打字机，虽然它使用磁盘存储器和电子显示屏幕，但不能用作一台多用途计算机。当你拆开一台这样的设备时，就会发现它是由一个多用途的 CPU（中央处理器）控制的，比如 8088 芯片——一台比艾伦·图灵所见过的最大计算机更强、更快、功能更多的全功率计算机——它受限于琐碎的任务，只执行了自身**可以**受命执行的任务中极小的一部分。为什么在这里会发现多余的功能性呢？火星上的逆向工程师可能会为此感到困惑，不过当然也有简单的历史解释：在计算机发展的进程中，芯片的制造成本逐步降低，低到在设备中装入集计算机之力于一身的整块芯片，要比制造一个具有特殊用途的控制电路便宜得多。请注意，该解释是从历史的角度出发的，但也不可避免地是从意向立场出发的。当对于成本效益的分析表明这是**最佳、最经济的解决问题**之道时，以这种方式来设计专用文字处理器就变得十分**明智**了。

意向立场在逆向工程中强大得令人震惊，而且不只是在人工制品的逆向工程中是如此，在生物体的逆向工程中同样如此。在第6章中，我们看到了实践推理——尤其是成本效益分析——在区分逼着和我们所说的即兴棋时发挥的作用，我们还预料到，大自然母亲会一次又一次地"发现"逼着。我们可以将此类"自由浮动的理由"归因于自然选择的无心灵过程——这个想法尽管令人头昏眼花，但不能否认该策略的累累成果。在第7章和第8章中，我们看到工程学视角是如何影响从分子层面往上的各个层面上的科学研究的，以及这种视角何以**总是**涉及优劣的比较和区分，以及大自然母亲为这种区分方式所找到的理由。因此，对于所有重构生物学往事的尝试而言，意向立场都是至关重要的杠杆。早已灭绝的始祖鸟被某些人称为长着翅膀的恐龙，这种似鸟生物曾经飞离过地面吗？没有什么会比在空中飞行更转瞬即逝、更不可能留下化石痕迹的了，但如果你对它的爪子进行工程学分析，你就会发现它们很好地适应了**在树枝上栖落**，而不是**奔跑**。通过对始祖鸟爪子的弯曲度的分析，辅以对其翅膀结构的空气动力学分析，就可以很清楚地知道，这种生物是为了飞行而**经过了出彩的设计**（Feduccia, 1993）。因此，它几乎一定会飞——或者拥有会飞的祖先（我们一定不能忘记一种可能，那就是多余的功能性留存了下来，就像文字处理器中的计算机一样）。虽然目前对于始祖鸟会飞这一假说的证明，还没有让所有专家都满意，但该假说进一步提出了许多针对化石记录的问题，而当这些问题得到探究时，支持该假说的证据要么会增加，要么不会。该假说是可检验的。

逆向工程的杠杆不仅可以用来撬出历史的秘密；当被用于预测当下未曾想象过的秘密时，它的表现更加令人叹为观止。为什么会有颜色？虽然色彩编码通常被视为一项近期才出现的工程学创新，但事实并非如此。大自然母亲发现它的时间要早得多（详见 Dennett, 1991a, pp. 375–383，这一节讨论了为什么存在颜色）。多亏卡尔·冯·弗里希开辟出的研究路线，我们才知道了这一点，正如理查德·道金斯所指出的，冯·弗里希大胆地动用逆向工程去迈出第一步。

> 尽管冯·赫斯的正统学说广受尊崇，但冯·弗里希（Von Frisch, 1967）通过对照实验，为鱼类和蜜蜂拥有色觉提供了确凿的证据。他之所以进行这些实验，是因为他拒绝相信下面这样的说法，例如，花的颜色是无缘无故存在的，或者只是为了取悦人类的眼睛而存在的。（Dawkins, 1982, p. 31）

内啡肽的发现就经历了一个类似的推理过程。内啡肽是一种类似吗啡的物质，例如，当我们经受的压力或疼痛到达某个程度时，我们体内就会产生内啡肽——造成"跑步亢奋感"。这个思路与冯·弗里希所用的正好相反。科学家们在大脑中发现了具有高度特异性的吗啡受体，而吗啡具有强大的止痛功能。逆向工程所秉持的理念是，只要有一把高度特殊的锁，就一定会配有一把高度特殊的钥匙。**这些受体为什么会出现在这里**？（大自然母亲不可能预见到吗啡的开发！）身体内部肯定在某些条件下产生了某类分子，而这些分子就是原初的钥匙，可以打开这些为此设计出的锁。那我们就要寻找一种分子，它不仅与这种受体相配，而且会在注射一针吗啡可能会对身体有益的环境中产生。找到了！内源性的吗啡——内啡肽——就这样被发现了。

甚至还上演过更加迂回的、夏洛克·福尔摩斯式的推演之跃。例如以下这个普遍存在的谜团："为什么有些基因的表达模式取决于它们是母系遗传还是父系遗传？"（Haig and Graham, 1991, p. 1045）这种现象——读取基因组的机制实际上**更关注**父系文本或母系文本——被称为**基因组印记**（相关问题的综述，请参见 Haig, 1992）；据证实，它会在特殊情况下发生。这些特殊情况有什么共同点？黑格和韦斯特比（Haig and Westoby, 1989）建立了一个旨在解开这一谜团的模型，**预测**基因组印记只会出现在具有以下特征的生物体中："雌性在一个生命周期中会与不止一个雄性繁育后代，而且根据其亲代抚育系统，后代会从一个亲代（通常是母亲）那里获得大部分受精后的营养，从而和其他雄性的后代展开竞争。"他们推断，在这种情况下，母源基因和父源基因之间就会存在冲突——父源基因会倾向于尽可能地利用母亲的身体，但母源基因则会将此"视为"一种近乎自杀的行为——结果就是，相关的基因会在一场类似于拔河比赛的对抗中挑选阵营，从而产生了基因组印记（Haig and Graham, 1991, p. 1046）。

看看该模型是如何发挥作用的。有一种叫作"胰岛素样生长因子 II"（IGF-II）的蛋白质，顾名思义，它是一种生长促进剂。不足为奇的是，许多物种的遗传配方在胚胎发育过程中都会下令生成大量的 IGF-II。但是，就像所有正常运转的机器一样，IGF-II 需要从环境中得到适当的支持才能发挥作用，具体而言，它需要一类被称为"1 型受体"的分子帮手。到目前为止，这个故事和内啡肽的故事如出一辙：我们有一种类型的钥匙（IGF-II），以及一种与它匹配、能让它明显发挥重要作用的锁（1 型受体）。但以小鼠为例，其体内还存在另一种锁（2 型受体），而它也与那把钥匙匹配。那么这些副锁是干什么用的呢？从表面上看，没有什么用；它们来自其他物种（比如蟾蜍），是在其他物种细胞的"垃圾处理"系统中发挥作用的分子的后代，但在小鼠体内，它们在与IGF-II结合时并不发挥同样的作用。那它们为什么会出现在那里呢？当然是因为，它们是由制造小鼠的遗传配方"下令"生成的，但这里另有隐情：虽然由母亲和父亲贡献出的染色体都含有制造它们的配方指令，但这些指令会从母源染色体上**优先表达**。为什么呢？为了抵消配方中那些会造成生长促进剂过量生产的指令。2型受体的存在只是为了吸收——"捕获并降解"——父源染色体一旦得逞就会输入胚胎的那些过量的生长促进剂。由于雌性小鼠往往会和多个雄性交配，因此雄性实际只是在争着盘剥每只雌性身上的资源，而雌性则必须在这种争夺中保护自己（和自己的遗传贡献）。

黑格和韦斯特比的模型预测，小鼠身上会演化出保护雌性免遭此类盘剥的基因，这种印记已经得到了证实。此外，他们的模型预测，在那些不会产生这种遗传冲突的物种中，2型受体不会以这种方式发挥作用。它们在鸡身上就不会发挥这种作用，因为后代无法控制它们的鸡蛋中有多少蛋黄，所以拔河比赛也就永远不会进行。果不其然，鸡体内的2型受体不会与IGF-II结合。伯特兰·罗素曾俏皮地描述一类不当的论证形式，说它具有偷窃较之诚实苦干的全部优势。人们大可以同情那些辛勤工作而又对黑格之流抱有些许嫉妒的分子生物学家，因为在他们埋头苦干的时候，黑格这样的家伙就从天而降，嚷嚷着好像在说："去看看那块石头下面有什么吧——我打赌，你会发现一个形状如下的宝贝！"

但这就是黑格的能力所在：他预测出了大自然母亲在历经了亿万年的、以哺乳动物为对象的设计比赛中会如何走棋。在所有可用的可能走法中，他看到了走这一步的充分理由，因此这步棋才会被发现。拿此类推断所实现的飞跃，跟我们可以在生命游戏中实现的类似飞跃加以比较，我们就可以对前者的巨大跨度有所认识。回想一下，在生命游戏中，可能有一个由数万亿个像素组成的通用图灵机。因为通用图灵机能够计算任何可计算的函数，所以它可以下国际象棋——它只需模仿任何一个会下棋的计算机程序即可，喜欢哪个，随便你挑。然后，假设这样的一个实体占据着生命游戏的平面，跟自己下国际象棋，用的办法和塞缪尔的计算机跟自己下跳棋时一样。具有此等能力的布局是可以存在的，一个人如若对此一无所知，那么几乎可以肯定，即使目睹了该布局实现这一非凡之举的全部过程，这个人也不会受到任何启发。但是，如果某人**已经在假定**这个巨大的黑点阵列是一台能下棋的计算机，那么从这个人的角度来看，能够极有效地预测该布局之未来的方法就是可以找到的。

考虑一下你能因此节省下什么。起初，你所面对的是一块屏幕，上面有数万亿个像素在开关闪烁。既然你已经对生命游戏物理学的唯一规则有所了解，那么如果你愿意花些力气，便可以算出屏幕上每个像素点的活动规律，但这个工作会耗费无穷无尽的时间。作为压缩时间成本的第一步，你可以将关注的对象从单个像素转向滑动者、吞食者和静物画等等。每当你看到一个滑动者靠近一个吞食者时，你不必费力进行像素层面的计算，也可以直接预测"在四个世代后会发生吞噬"。第二步，你可以进而把滑动者当成符号，它们被记录在一台巨型图灵机的"纸带"上，然后采用这一更高的设计立场看待这个布局，预测它**作为**图灵机的未来。在这个层面上，你需要"手动模拟"会下国际象棋的计算机程序所使用的"机器语言"，这仍是一种冗长乏味的预测方式，但在效率上已经比捣鼓物理学高出好几个数量级。第三步，也是更有效的一步，你可以忽略关于下棋程序本身的细节，只需假定不论这些细节是什么，它们都是**好的**！也就是说，你可以假定，在由滑动者和吞食者构成的图灵机上，正在运行的下棋程序不仅按规则下棋，而且还下得一手好棋——它经过了出彩的设计（也许它是自己设计了自己，跟塞缪尔的跳棋程序用的是一个法子），为的是找到好棋。这样一来，你便可以转而思考棋盘上的位置、可能的走法，以及评估它们的依据——再转而对理由进行推断。

一旦对布局采取了意向立场，你就可以将它当作采取意向行动——通过走棋试图将死对手——的棋手来预测它的未来。首先，你必须想出一套解释方案，让自己能够说出什么像素布局对应什么符号：哪种由滑动者组成的图案代表"QxBch"（后吃掉象；将军），其他哪些符号代表着哪些棋步。然后，你就可以用这个解释方案来预测，例如，下一个从万千黑点组成的星系中浮现的布局将是一串如此这般的滑动者流——比方说，代表"RxQ"（车吃掉后）的符号。此处有风险存在，因为正在图灵机上运行的国际象棋程序可能远非完全合理，而且，在另一个层面上，碎屑可能会乱入场地内，在对局完成之前就"破坏"图灵机的布局。但是如果情况正常，一切进展顺利，而且你在解释的时候没有犯错，那么想让你的朋友们大吃一惊就不是难事，只需要说出类似这样的话就行——"我预测，在这个生命游戏星系的 L 位置出现的下一串滑动者流会呈现以下模式：先是单独一个，然后是连成一组的三个，接着又是单独一个……"你到底何以能够预测会有这种特定的"分子"模式出现呢？ *

换句话说，在生命游戏世界的这样一个布局中，真实但（有可能）嘈杂的模式比比皆是，只要你足够幸运或足够聪明，恰好找到了正确的视角，就能将它们一一挑出来。你也许会说，它们不是**能凭眼睛看到的模式**，而是**要凭智识把握的模式**。再怎么眯起眼睛或扭着脖

---

* 假如你想知道的话，我就解释一下，我想象中的"RxQ"是用莫尔斯电码拼写的，而莫尔斯电码中的"R"是"点、划、点"——连成一组的三个滑动者算作一个划。

子观察计算机屏幕也无济于事，而提出一个别出心裁的解释（或奎因所说的"分析假设"）却可能使你发现整座金矿。这样一个生命游戏世界的观察者所面对的机遇，类似于密码破译人员在盯着一段新的密文时所面对的机遇，或者类似于火星人在透过望远镜端详超级碗比赛时所面对的机遇。如果火星人恰好找准了意向立场——或称为常识心理学*——作为找寻模式的正确层面，那么在人粒子和团队分子之间嘈杂的冲撞中，各种形状随时都会出现。

对二维的下棋计算机星系采用意向立场时，压缩的规模会大得惊人：其中的差别，就相当于在你的脑海中想出白棋最可能（最好）的那步棋，与计算得出几万亿个像素在几十万个世代的过程中是什么状态之间的差别。但在生命游戏世界中节省的规模，其实并不比在我们自己的世界中大。当你向一个人扔砖头时，从意向立场或常识心理学的立场出发，很容易就能预测出这个人会躲开；但当你打算追踪光子如何从砖头抵达眼球，神经递质如何从视神经传到运动神经之类的话，那么不论现在还是将来，这都永远会是个棘手的难题。

对于这种极大的计算杠杆，你可能已经准备好要为其产生的差错付出高昂的代价了，但事实上只要使用得当，意向立场所提供的描述系统不仅可以极其可靠地预测出人类的智能行为，而且可以预测出在生物设计过程中发生的"智能行为"。这一切都会让威廉·佩利觉得暖心。我们可以用一个简单的论点来质询怀疑者们，让他们承担起举

---

* 我在 1978 年提出了"常识心理学"一词（Dennett, 1981, 1987b），并用它来命名人类一种天然的甚至可能部分与生俱来的天赋，这种天赋使人得以采用意向立场。对于最新进展的精彩分析，参见 Baron-Cohen, 1995。哲学界和心理学界对这种天赋的存在共识较多，但对我的相关分析则共识较少。例如，最近出版的两本文集就是关于这个话题的——Greenwood, 1991，以及 Christensen and Turner, 1993。关于我的论述，请参见 Dennett, 1987b, 1990b, 1991b。

证责任：假如生物圈中没有设计，那么意向立场怎么会**奏效**呢？我们甚至可以得出生物圈中设计的大致计量标准，方法是对比一下从两种不同的立场出发，做出预测所需要的成本，一边是最底层的物理立场（该立场假定没有设计存在——好吧，是几乎没有，这取决于我们如何看待宇宙的演化），另一边是更高层次的立场：设计立场和意向立场。预测的附加杠杆，不确定性的降低，巨大的搜索空间缩小至几个最优或近乎最优的路径，都属于这个世界中可观察到的设计的计量标准。

生物学家将这种推理的风格命名为**适应论**。它最为出众的批评者之一是这样定义它的："一种在演化生物学中日渐强盛的趋势，它重现或预测演化事件的方法是，**假定**演化中所有的特征都是通过对最适应的状态直接进行自然选择而确立的，这里最适应的状态指的是针对来自环境之'难题'的最优'解决方案'。"（Lewontin, 1983）这些批评者声称，尽管适应论在生物学中发挥着**某种**重要作用，但它的作用其实并没有那么核心、那么无处不在——实际上，我们应该设法用其他思维方式来平衡它。尽管如此，我一直以来的看法是，从第一个可以自我复制的大分子被创造出来算起，不论要分析什么尺度上的什么生物学事件，适应论都是至关重要的。比方说，假如我们放弃适应论的推论思路，我们就不得不放弃关于演化发生的最佳教科书式论据（我在第 6 章第 3 节引用了马克·里德利的版本）：同源性的广泛存在，那些可疑的、在功能上**不**必要的设计相似性。

适应论推论并非可有可无，它就是演化生物学的心脏和灵魂。尽管它的内容可能需要增补，它的缺陷可能需要弥补，但是想把它从生物学的核心位置上**赶走**，就不光是想让达尔文主义垮台，还想让现代生物化学以及生命科学的所有分支和医学崩塌。但令人略感惊讶的是，许多读者恰恰以这种方式去阐释斯蒂芬·杰·古尔德和理查德·列万廷合著的《圣马可教堂的拱肩和邦格罗斯范式：对适应论纲领的批判》（Gould and Lewontin, 1979），而作为对适应论最负盛名、最具影响力的批判之作，这部名著不仅常常被引述、被重印，同时也遭到了大量误读。

2. 莱布尼茨范式

> 在所有可能的世界中，如果没有一个世界脱颖而出，那么上帝才不会将它创造出来。
>
> ——戈特弗里德·威廉·莱布尼茨（Leibniz, 1710）

> 对适应的研究并不是选择性地专注于自然史的迷人碎片，它是生物学研究的内核所在。
>
> ——科林·皮腾卓伊（Pittendrigh, 1958, p. 395）

众所周知，莱布尼茨曾说过，这个世界是所有可能的世界中最好的，乍听之下，这个耸人听闻的主张似乎很荒谬，但其实正如我们已经看到的那样，它以有趣的方式点明了深刻的问题：什么才算是一个可能的世界，以及我们能从实有世界的实有性出发，推断出有关实有世界的哪些信息。在《老实人》中，伏尔泰依照莱布尼茨的形象创作出了一个著名的漫画式人物——邦格罗斯博士（Dr. Pangloss），这个学识渊博的傻瓜可以把任何灾祸或恶疾邪行合理化——从里斯本地震到性病无一例外——他还会告诉我们为什么一切无疑都是最好的安排。**从原则上说**，没有什么可以证明这个世界不是所有可能世界中最好的。

古尔德和列万廷曾为适应论中的**过激**之处取了个令人难忘的绰

号："邦格罗斯范式"（Panglossian Paradigm），并力求用哄笑声将其赶下严肃科学的舞台。他们并不是最早用"邦格罗斯式"一词来批评演化论的人。演化生物学家 J.B.S. 霍尔丹曾开出一张著名的清单，上面列有三个糟糕的科学"定理"：贝尔曼定理（Bellman's Theorem——"我告诉你三次的东西都假不了"；出自刘易斯·卡罗尔的《猎鲨记》），姨妈乔布斯卡定理〔Aunt Jobisca's Theorem——"这事儿全世界人民都知道"；出自爱德华·李尔（Edward Lear）的《没有脚趾的泡伯》（"The Pobble Who Had No Toes"）〕和邦格罗斯定理（"在这个所有可能世界里最好的世界，一切都是最好的安排"；出自《老实人》）。约翰·梅纳德·史密斯特意用最后这条定理来命名"古老的邦格罗斯谬误，即自然选择所偏好的是对物种整体有利的适应，而不是作用于个体层面的适应"。正如他后来的评论所言，"具有讽刺意味的是，'邦格罗斯定理'这个词最早被用于关于演化的争论（在出版物中最先用这个词的，我觉得就是我自己，不过我是从霍尔丹的表述里借来这个词的），它要批评的不是适应性解释，而是专门批评'群体自然选择论者'，即有关平均适应度最大化的论点"（Maynard Smith, 1988, p. 88）。但梅纳德·史密斯显然是错的。最近，古尔德让我们注意到，生物学家威廉·贝特森（Bateson, 1909）在更早的时候就使用过这个词，但古尔德自己当初在选用这个词时并没有意识到这一点。正如古尔德（Gould, 1993a, p. 312）所说："这种趋同不足为奇，因为邦格罗斯博士正是对这种讥讽方式的一种标准的提喻。"正如我们在第 6 章中所看到的，某个奇思妙想越是恰如其分或贴切，它就越有可能被多个脑袋独立地想出来（或借用）。

作为对莱布尼茨的戏仿，伏尔泰创作出了邦格罗斯，但这个形象经过了夸张的处理，因而对莱布尼茨来说有失公允——但所有精彩的戏仿不都是如此嘛。古尔德和列万廷以相似的方式，在他们抨击适应论的文章中把适应论漫画化了，因而由此类推可知，如果我们想要挽回这种漫画手法造成的伤害，并以一种准确的、建设性的方式描述适应论，我们就会得到一个现成的标题：公平起见，我们可以把适应论称为"莱布尼茨范式"。

古尔德和列万廷的文章对学术界产生了一种奇怪的影响。那些听说过它，甚至读过它的哲学家和其他人文学者，有很多都把它当作了**某种对适应论的驳斥**。事实上，我是从哲学家／心理学家杰里·福多尔（Jerry Fodor）那儿第一次了解到这个情况的，福多尔毕生都对我表述的意向立场抱持批评的态度，他指出，我所讲的东西是纯粹的适应论（他说得没错），并接着向我转达了**专家们**的共识：古尔德和列万廷的文章表明，适应论"已经彻底地破产了"。（对于福德已经发表的观点，可参考 Fodor, 1990, p. 70。）但在进行深入研究之后，我发现情况并非如此。1983 年，我在《行为与脑科学》上发表了一篇论文《认知行为学中的意向系统》（Dennett, 1983），由于这篇文章的推论思路是不折不扣的适应论，因而我以"为'邦格罗斯范式'辩护完毕"（The 'Panglossian Paradigm' Defended）作为文章的尾声，批评了古尔德和列万廷的论文，更批评了长在它周围的怪异迷思。

事情的结果可太妙了。每一篇发表在《行为与脑科学》上的文章都会接受几十位来自相关领域的专家的点评，而我的文章也引来了演化生物学家、心理学家、行为学家和哲学家的火力，虽然其中大部分都很友善，但也有一些充满了敌意。不过，有一点毋庸置疑：不只有某些哲学家和心理学家会对适应论推论感到不适。有些演化理论家热情踊跃地加入了我这边（Dawkins, 1983b; Maynard Smith, 1983），还有一些则对他们加以回击（Lewontin, 1983）。除了他们之外，还有一些人尽管同意我的观点，认为古尔德和列万廷并没有驳倒适应论，但这些人却急于淡化对于最优性假设的标准用法，而我的主张是，最优性假设是所有演化论思想中的一个本质要素。

奈尔斯·埃尔德雷奇曾经讨论过功能形态学家们所从事的逆向工程："你会发现对于支点、力矢量之类要素的冷静分析：将身体的解剖结构理解为一台有生命的机器。这个东西有些方面非常好。有些则糟透了。"（Eldredge, 1983, p. 361）他接着提到丹·费希尔的作品（Dan Fisher, 1975），来作为逆向工程的优秀案例。费希尔比较了现代鲨与它们的侏罗纪祖先：

> 费希尔向我们表明，假设侏罗纪鲨也会仰泳的话，那么它们在游泳时肯定会有 0 度至 10 度的仰角（背部朝下），而且游得更快，速度大概为每秒 15 厘米至 20 厘米。因此，现代鲨和它们 1.5 亿年前的亲戚之间在解剖结构上的微小差异所具有的"重大的适应意义"，可以帮助我们理解它们游泳能力的微小差异。（老实说，我也必须说明，费希尔在他的论证中确实用到了最优性：他将这两个物种之间的差异看作一种权衡，侏罗纪鲨因为这个解剖结构而稍稍提高了游泳的效率，但似乎也因为同样的结构，它们在挖洞的效率上比它们的现代亲戚稍逊一等。）无论如何，费希尔的研究成果都是一个关于功能形态学分析的绝佳例子。适应只是个华而不实的概念——它可能会对研究起到一定的推动作用，但对研究本身来说并非不可或缺。（Eldredge, 1983, p. 362）

但事实上，最优性假设在费希尔的研究工作中的作用——超出了埃尔德雷奇所承认的那种明确作用——是如此"不可或缺"甚至无处不在，以至于埃尔德雷奇完全忽视了它。例如，当费希尔推断侏罗纪鲨以每秒 15 厘米至 20 厘米的速度游泳时，他有一个默认的前提条件，即那些鲨的**游速对于它们的设计来说是一个最优值**。（他怎么知道它们会游泳呢？也许它们只会一动不动地趴在那里，对自己体形额外的功能性一无所知。）如果没有这个默认的（当然也是明显得要命的）前提，那么就根本无法算出这个侏罗纪物种的**实有**游速。

迈克尔·盖斯林则更为直截了当地否认了这种不明显的显性依存关系：

> 邦格罗斯主义之所以糟糕，是因为它提出了一个错误的问题，即"什么是好的？"……我们也可以完全否定这种目的论。不去追问"什么是好的？"，而是追问"发生了什么？"。这个新问题可以完成我们期望老问题完成的所有工作，而且还远远不止于此。（Ghiselin, 1983, p. 363）

他在自欺欺人。"（在生物圈中）发生了什么？"这个问题倘若不大大仰赖关于"什么是好的"的假设，那它就很难有单一的答案。*正如我们刚刚注意到的，不采取适应论，不采取意向立场，你甚至都

---

* 有些支序系统学家打算对共有和非共有的"特征"进行统计分析，从而推断出历史，我的论断难道不是跟他们的主张背道而驰吗？（关于哲学上的考察和讨论，请参见 Sober, 1988。）是的，我想的确如此，我仔细查阅了他们的论证（大多是通过索伯的分析）后认识到，他们给自己制造的重重困难，其原因就算不完全是也在很大程度上是他们在拼命寻找非适应论方法，来得出一些有力的推论，但这些推论对适应论者们来说却明显得要命。例如，有些绝口不谈适应的支序系统学家，就连一个显而易见的事实都无法得出：带蹼的脚是一个很好的"特征"，而（在受到检验时）很脏的脚则不是。那些假装能够对"行为"做出解释和预测的行为主义者，他们用身体部位所经历的地理发展轨迹来作为界定"行为"的语言，而不是用搜索、进食、躲藏、追逐等富于功能主义的语言。跟他们一样，节俭的支序系统学家们搭建起了一栋复杂理论的宏伟大厦，这真令人惊叹，因为他们是把自己的一只手绑在背后完成这项壮举的，但这也真奇怪，因为倘若他们不是非要坚持把一只手绑在背后，那他们就根本不需要去建这个大厦。（另见 Dawkins, 1986a, ch. 10; Mark Ridley, 1985, ch. 6。）

无法动用同源性的概念。

那么现在的难题是什么呢？就是如何分辨好的——无可取代的——适应论和坏的适应论，如何分辨莱布尼茨和邦格罗斯。[*]古尔德和列万廷的论文（在非演化论者中间）产生了非凡的影响，无疑存在一个原因，那就是它用大量华丽修辞，表达了埃尔德雷奇所说的生物学家当中对适应论概念的"强烈抵制"。他们反对的是什么呢？主要来说，他们反对的是某种惰性：虽然适应论者想到了一个方法，可以巧妙地解释为什么一种特殊的情况应该会普遍存在，但他们从不费心去检验它——想必是因为它太像一个精彩的故事了，不可能是真的。古尔德和列万廷还为这种解释贴上了另一个文学标签——"说定的故事"（Just So Stories），这个词出自鲁德亚德·吉卜林（Rudyard Kipling, 1912）。[†]这勾起了人们对历史的好奇心，吉卜林在撰写《说定的故事》的时候，对达尔文式解释的反对声早已回荡好了几十年了；[‡]最早的一批达尔文的批评者也提出过许多类似的故事（Kitcher, 1985a, p. 156）。吉卜林是否受到了这场争论的启发？不管怎么说，把适应论者天马行空的想象称为"说定的故事"的做

---

[*] 认为古尔德和列万廷写这篇论文的目的是要摧毁适应论，而不是纠正它的过激之处，这样的迷思是由论文的措辞促成的，但在某些方面，它让古尔德和列万廷事与愿违，因为适应论者们本身往往更关注这篇文章的措辞而非其论证："古尔德和列万廷的批判对实践者们影响甚微，也许是因为在实践者们看来，他们敌视的是整个适应论，而不仅仅是相关实践中的粗心大意。"（Maynard Smith, 1988, p. 89）

[†] "说定的故事"（中译本一般译作"原来如此的故事"）是吉卜林为自己的女儿讲述的睡前故事，后来出版在一本儿童杂志上。吉卜林曾解释道，这些故事可以帮助艾菲（他的女儿）入睡，并且故事中的一字一句都不能改动。它们只能以说定的方式讲述；否则艾菲就会醒来，把漏讲的字句补回去。古尔德显然在这里将"just so stories"理解为"如此解释，便可说得通的故事"，认为这些故事有强说生造之嫌。——译者注

[‡] 吉卜林于1897年开始出版单篇故事。

法，很难算是对他们的赞赏；对于大象如何长出长鼻子，豹子如何获得满身斑点，吉卜林的幻想之论令我十分愉悦，但与适应论者所编造的惊人假说相比，他的故事就显得分外简单和平淡了。

卡尔文与霍布斯   比尔·沃特森（Bill Watterson）

图 9.3　1993 Watterson. 经 UNIVERSAL PRESS SYNDICATE 授权转载。版权所有。

　　让我们想一想黑喉响蜜䴕（*Indicator indicator*），这种非洲的鸟能带领人类找到藏匿在森林深处的野生蜂巢，并因为这项天赋而得名。肯尼亚的博兰人在出发寻找蜂蜜时，会吹响用蜗牛壳雕刻成的哨子来召唤它。这种鸟随后便循声赶来，它一边绕着博兰人飞，一边唱起一首特别的歌——它的"跟我走"的叫声。博兰人会跟着带路的响蜜䴕，而它则在前面疾飞一阵，再停下等等跟在后面的博兰人，以此确保他们始终都能看到自己的飞行方向。当到达蜂巢时，它就会改变调子，发出"我们到了"的叫声。在找到树上的蜂巢之后，博兰人就会破开蜂巢并取走蜂蜜，将蜜蜡和蜜蜂幼虫留给响蜜䴕。看到这里，你难道不希望这种奇妙的合作关系确实存在，并具有上述精妙的功能属性吗？你难道不愿相信，这种奇事会在一系列想象中的选择压力和机遇下演化出来吗？我当然愿意。而且令人高兴的是，后续的研究正在证实这个例子中的故事，甚至还会为其锦上添花。例如，最近的对照实验表明，在没有这些鸟帮助的情况下，博兰的蜂蜜猎人们花了更多的时间来寻找蜂巢，而在所研究的 186 个蜂巢中，96% 都包裹在树干中，如果没有人类的帮助，响蜜䴕无法接触到它们（Isack and Reyer, 1989）。

另一个引人入胜的故事更加切题，这是一个假说：我们智人这个物种是由早期灵长类动物演化来的，并且经历了一个水栖的中间物种（Hardy, 1960; Morgan, 1982, 1990）！据称，这些水猿曾生活在一座岛屿的海岸边，这个岛屿存在于大约 700 万年前的中新世晚期，是今天的埃塞俄比亚地区被淹没后形成的。洪水切断了它们与非洲大陆的表亲的联系，气候和食物来源相对突然的变化也让它们面临着生存挑战，因此它们形成了食用贝类的喜好，并在之后 100 万年左右的时间里，开启了一段向海洋回归的演化过程，就像我们所知的鲸、海豚、海豹和水獭的先前经历一样。这个过程进行得十分顺利，许多只见于水生哺乳动物的奇特特征——例如那些其他灵长动物都不具备的特征——由此产生并保留了下来，而当环境再次发生变化时，这些半海生的猿又回归了陆地生活（但通常是在海边、湖边或河边）。随后它们发现，那些为了潜水打捞贝类而演化出的适应特征不仅毫无益处，反而很碍事。不过，它们很快就将这些短板转化为了优势，或者至少弥补了这些短板：它们用双足直立行走，它们有皮下脂肪层，它们皮肤无毛，会出汗和流泪，它们无法以哺乳动物的标准方式应对盐分缺乏，当然还有潜水反射——这使得刚出生的人类婴儿在很长一段时间内，都能在突然落水后安然无恙地存活下来。这些细节——还有很多很多——是如此精妙，并且整个水猿理论是如此彻底地颠覆了权威的认知，以至于连我都**希望**它被证实。当然，这并不代表它就是真的。

这个理论近来最重要的拥护者不但是一名女性——伊莲·摩

根——还是一名业余爱好者，一名做过大量调查研究却没有正经专业资质的科普作家，这个事实使得该理论的证明前景更能勾动人们的好奇心。*学界权威凶残地应对她的挑战，大多数人对其不屑一顾，但偶尔也会有人毫不留情地予以反驳。†这种反应并不一定是非理智的。形形色色的科学"革命"的无资质拥护者，确实大都是不值得留意的怪人。对我们发起围攻的人确实很多，不过人生苦短，没有时间来裁断每一条不请自来的假说。但对于这个假说，我想要知道它的真相；许多驳论看上去薄弱透顶，而且像是临时想出的。在过去的几年中，每当我遇到杰出的生物学家、演化理论家、古人类学家和其他专家时，我都会请求他们告诉我，伊莲·摩根的水猿理论到底为什么一定是错的。除了那些满眼好奇，并承认自己对同样的问题苦思冥想的人之外，我得到的答复都没能使我满意。这个想法似乎没有什么**内在的**不可能性——毕竟也有别的哺乳动物下过海。为什么我们的祖先就不能先回到海洋中，再带着吐露了这段历史的伤疤撤回到陆地呢？

摩根之所以受到"谴责"，可能是因为她讲了一个绝妙的故

---

* 然而，最初提出这一理论的是来自牛津大学李纳克尔学院的动物学教授阿利斯特·哈迪（Alister Hardy）爵士，要论科学权威，很难有人比他的身份更硬了。

† 例如，最近出版的两本有关人类演化的休闲读物（coffee-table book）根本没有提到水猿理论，甚至连否定它都谈不上。菲利普·惠特菲尔德在《源自一个如此简单的开端：演化之书》（Whitfield, 1993）的一些段落中谈论了关于人类双足行走的标准热带草原起源理论。彼得·安德鲁斯（Peter Andrews）和克里斯托弗·斯特林格（Christopher Stringer）的《灵长类的进步》（"The Primates' Progress"）是一篇篇幅更长的关于类人猿演化的文章，收录在了《生命之书》（Gould ed., 1993b）中，不过，它也无视了水猿理论（缩写为 AAT）。而比无视更具冒犯性的是，唐纳德·西蒙斯（Symons, 1983）也对它进行了恶搞式的戏仿，探讨了一个激进的假说，即我们的祖先曾经会飞——"空中飞行理论［The *flying on air theory*］——FLOAT［漂浮］是对它的缩写（在极端保守的人类演化"学界权威"口中，则是对它的挖苦）"。对些保守回应的概述，参见 G. Richards, 1991。

事——这故事确实是妙——而不是因为她拒绝去检验这个故事。恰恰相反，她以这个故事为撬动巨石的杠杆，诱使许多不同的领域纷纷做出了出人意料的预测，并且当预测结果要求她对自己的理论做出调整时，她也欣然从命。倘非如此，她的固执己见和派系狂热就会为她的观点招致抨击。此类冲突中屡见不鲜的情况是，双方互不妥协又壁垒高筑，各自的损失逐步扩大，并且造成一种奇观，让那些只想了解真相的人大为泄气，再也无心去进一步探究该话题。然而，摩根在关于该话题的最近一本书（Morgan, 1990）中，对此前出现的各种反对意见做出了令人钦佩的清晰回应，并且有效地比较了水猿理论和权威演化史所关涉的理论的优缺点。此外，更晚近的一本书（Roede et al., 1991）收录了各路专家撰写的文章，既有支持水猿理论的，也有反对水猿理论的。书中的文章都来自 1987 年召开的一次会议，而会议组织者们得出的暂定结论是："虽然有一些论证支持水猿理论，但它们还不足以令人信服地抵消那些反对水猿理论的论证。"审慎的语调，温和的贬抑，有助于确保争论继续下去，甚至还可能减少敌意；等到一切真相大白，那场面想必非常有趣。

我提到水猿理论并不是为了反对权威的观点，也不是为了捍卫水猿理论，而是想借用它来说明一个更深层次的担忧。许多生物学家都会说："你们两家，尽遭天花！"*学界权威讲述了智人如何——以及**为什么**——在热带草原上，而非海边，演化出了直立行走的双足以及流汗和无毛皮肤的故事，而摩根（Morgan, 1990）则巧妙地揭露出，这个故事的思路既不严谨又一厢情愿。尽管他们的故事不像摩根的故

---

* 此处原文为"A pox on both your houses!"，是对莎士比亚的《罗密欧与朱丽叶》中茂丘西奥的一句台词的误引，这句话原本写作"a plague on both your houses"，意为"你们这两家倒霉的人家"。后用于指责和控诉对垒或交战两方对无辜的局外人造成的影响。——译者注

事那样真的鱼腥味十足*，但其中一些却非常牵强；这些故事同样是推测出来的，而且（我敢说）也没有更确凿的证据。就我所见，它们的主要优势是，在哈迪和摩根设法推翻它们之前，它们已经占领了教科书中的高地。双方人马都沉湎于适应论的"说定的故事"中，并且由于必然有**某个故事**是真的，所以我们也不能因为想出了一个貌似符合事实的故事，就断定自己找到了**那唯一的**故事。考虑到适应论者们为进一步证实（或严厉地驳斥）自己的故事所付出的精力十分有限，这当然是一种应当受到批评的过分行为。[†]

但在结束该话题之前，我想指出，有许多适应论故事即便从未经过"恰当的检验"，**每个人**也都乐意接受它们，只因为它们的真实性过于显而易见，用不着进一步检验了。真的会有人一本正经地怀疑眼睑不是为了保护眼睛而演化出来的吗？但也正是这种"显而易见"，可能会妨碍我们发现好的科研问题。乔治·威廉斯指出，在这样明显的事实背后，可能隐藏着其他很值得进一步探究的事实：

---

* 此处原文为"fishy"，作者虽然直接指出应该取该词的字面意思"有鱼腥味的"，但显然也意在突出该词的引申义，即"可疑的"。——译者注

† 遗传学家史蒂夫·琼斯（Jones, 1993, p. 20）为我们提供了另一个切题的例子。维多利亚湖里生活着超过 300 种各不相同的丽鱼。它们之间的差别太大了，它们是如何演化至此的呢？"传统的观点认为，肯定是因为维多利亚湖曾经干涸成了许多小湖，从而促进了每一个物种的演化。但除了那些鱼本身之外，并没有其他证据表明该事件曾经发生过。"不过，适应论故事**的确**会被证伪和抛弃。在如今已被否定的故事中，我最喜欢的一个例子解释了为什么某些海龟的迁徙路线会横跨大西洋——在非洲产卵，在南美洲觅食。据这个完全合理的故事所说，海龟的这个习性在非洲和南美洲大陆分开之初就已经形成了；当时，海龟只是穿越海湾去产卵；在漫长的岁月中，这个距离以难以觉察的速度越变越远，直到它们的后代在本能的驱使下，依旧为了到达产卵的场所而任劳任怨地穿过一整片海洋。我认为冈瓦纳古陆的分裂时间与海龟的演化时间并不一致，这虽然十分遗憾，但它难道不是一个挺不错的想法吗？

人眼每眨一次所需的时间大约为 50 毫秒。这意味着，当我们在正常用眼的时候，大约有 5% 的时间是失明的。在 50 毫秒内可以发生许多重要的事件，因此我们可能会因为眨眼而完全错过它们。一个强大的敌人所投掷出的石头或长矛可以在 50 毫秒内移动一米以上，因此尽可能准确地感知到此类运动就十分重要。我们为什么要同时眨两只眼睛？两只眼睛为什么不交替眨动，用 100% 的视觉专注度来代替 95% 的视觉专注度呢？我能想到一个基于权衡取舍的答案。双眼同时眨动的机制可能比有规律地交替眨眼的机制更简单、成本更低。（G. Williams, 1992, pp. 152–153）

威廉斯本人并没有试着去证实或驳斥从这个典型的适应论问题背景衍生出来的任何假说，而是以提问的方式呼吁相关的研究跟进。这是我所能想象到的对逆向工程的最纯粹运用。

当你深入思考自然选择为什么会产生同时眨眼的行为时，就有机会发现一些在其他情况下难以发现的洞见。需要发生什么样的机制变化，才能开始迈向我所设想的适应性交替眨眼，或者简单且互不干扰的眨眼节奏？这种变化如何在发育过程中达成？导致一只眼睛的眨动略微滞后的突变，还能带来什么变化？选择会如何作用于这样一种突变？（G. Williams, 1992, p. 153）

古尔德本人也曾认可过某些最大胆、最美妙的适应论"说定的故事"，例如劳埃德和戴巴斯（Lloyd and Dybas, 1966）的论证，他们解释了为什么蝉（比如"十七年蝉"）的繁殖周期是以年为单位的质数——比如说，十三年或者十七年，而从不是十五年或十六年。"作为演化论者，"古尔德说，"我们苦苦寻求这个问题的答案，想知道

'为什么'，尤其是为什么会演化出如此惊人的时间对应性，为什么有性繁殖的间隔时间是如此之长？"（Gould, 1977a, p. 99）*答案回想起来很有道理：当这些蝉以一个长的质数周期现身，就可以最大限度地降低被捕食者发现、追踪、预料并作为美味佳肴的可能性，而这些捕食者本身每两年、三年或五年才会出现一次。如果这些蝉的繁殖周期是十六年，那么对于会每年出现的捕食者来说，它们将是一种罕见的美食；但对于两年或四年出现一次的捕食者来说，它们就是一种更为可靠的食物来源；而对于八年出现一次、跟它们在周期上合拍的捕食者来说，这就是一场输赢概率均等的赌局。不过，如果它们的周期不是一个较小数字的倍数，那么它们就是一种罕见的美味——不值得"费力"去追踪——除非捕食者足够幸运，有着与它们完全一样的繁殖周期（或者是其倍数——虚构的三十四年噬蝉者将会衣食无忧）。虽然我不知道劳埃德和戴巴斯的"说定的故事"是否已经得到了证实，但我并不认为，单是因为古尔德在这个故事被证伪之前一直将其看作成立，他就犯下了邦格罗斯式的大错。如果他真的想提出并回答"为什么"问题，那么他就只能选择做一名适应论者。

　　他和列万廷都察觉到了一个难题：没有什么标准可据以判断一段具体的适应论推论在何时会过犹不及。就算这个难题在原则上没有"解决办法"，它又会严重到哪去呢？达尔文教导我们不要寻找本质，不要寻找界限来划分**真正功能**或**真正意向性与还在成形路上**

---

* 古尔德最近（Gould, 1993a, p. 318）将自己的反适应论立场描述为"皈依者的狂热"，他在别处（Gould, 1991b, p. 13）坦言道："我有时希望每一本《自达尔文以来》都能自动销毁掉。"也许他今天会收回这些话，这不免令人遗憾，因为这些书雄辩地表述了适应论的原理。不过，古尔德对适应论的态度并不容易弄清。《生命之书》（Gould, 1993b）里就满是适应论式的推论，它们顺利通过了古尔德的审查，因而想必也得到了他的认可。

的功能或意向性。如果我们认为，我们需要一个许可证才能尽情地使用适应论思维，并且唯一的许可证是拥有关于真正适应的严格定义或标准，那么我们就犯了一个根本性的错误。多年前，乔治·威廉斯（G. Williams, 1966）就为想要从事逆向工程的人明确地提供了一些有用的经验法则。（1）如果可以使用其他较低层面的解释（如物理学），就不要援引适应。我们不必追问枫叶的凋落倾向会给枫树带来什么好处，就像雷神公司的逆向工程师们不必追问为什么通用电气公司把部件造得容易在高炉中熔化一样。（2）如果一个特征是为了满足某种一般性的发育需求而产生的话，不要援引适应。我们无须用一个增强适应度的特殊理由来解释头为什么长在身体上，或者四肢为什么是成对的，就像雷神公司的人不需要解释为什么通用电气公司零件的许多棱棱角角都是直角一样。（3）如果一个特征是另一种适应的副产物时，不要援引适应。我们无须用适应论来解释鸟喙梳理羽毛的能力（因为鸟喙特征的存在有着更迫切的原因），就像我们无须特别解释一下，为什么通用电气公司零件的外壳可以保护内部元件免受紫外线伤害。

但你应该已经注意到了，在上面的每个事例中，只要以更大的雄心探究下去，这些经验法则都可以被推翻。假设正有人惊叹于新英格兰地区的灿烂秋叶，并询问枫叶的颜色**为什么**在10月如此生动多彩。这岂不是失控发狂的适应论吗？它笼罩着邦格罗斯博士的阴影！叶子之所以具有这样的颜色，只是因为当收获能量的夏季告一段落时，叶子中的叶绿素便会消失，而残留分子所具有的反射属性恰好决定了它们鲜艳的颜色——这是化学或物理学层面的解释，无关生物学上的目的。不过，先别急。虽然这可能是到目前为止唯一正确的解释，但如今的一个真实情况是，人类是如此珍视秋叶（它每年给新英格兰北部带来数百万美元的旅游收入），以至于他们会保护那些秋天里最鲜艳的树。不用怀疑，如果你是一棵新英格兰地区的树，并且为了活下去要与别的树展开较量，那么现在，拥有色彩亮丽的秋叶就成了一个选择性优势。这个优势可能微不足道，并且从长远来看，它可能永远不会大量累积起来（从长远来看，新英格兰地区可能会由于某种原因而压根没有树），但所有适应毕竟都是这样开始的，是恰巧被环境中的选择力选中的偶然结果。当然，对于为什么直角在工业制品中随处可见，为什么对称性成了生物构建四肢的准则，也存在适应论的解释。这些现象可能会成为完全固定的传统，几乎不可能被推翻重建，而它们成为传统的原因并不难找到，也不存在争议。

适应论研究总是为下一轮的研究留下尚未解答的问题。比如棱皮龟和其龟卵：

> 临近产卵结束时，棱皮龟便会产下数量不定的小型卵，有时是畸形卵，这些卵既不含胚胎也不含卵黄（只含蛋白）。虽然我们目前还不甚清楚它们的用途，但它们在孵化过程中会变得十分干燥，因此可能是用来调节孵化室的湿度或空气含量的。（它们也有可能没有任何功能，或者只是一些旧时机制在今天不甚分明的遗迹。）（Eckert, 1992, p. 30）

但是，这何时是个头呢？显然，适应论式求知欲自带的这种开放性让许多理论家都感到不安，他们希望这部分科学可以遵循更严格的行为准则。许多人希望为清除适应论面临的争议和抵制出一份力，但在花费了大把精力起草和批评各种"立法制度"之后，他们已为无法找到此类准则感到绝望。他们只是在思维上还不够达尔文化罢了。更好的适应论思维很快就会通过正常渠道赶走它的对手，就像二流的逆向工程迟早都会原形毕露一样。

因纽特人的脸曾经被形容为"冷加工的"的产物（Coon et al., 1950），它体现为对产生和承担巨大咀嚼力的一种适应（Shea, 1977）。我们不会抨击这些新近出现的解释，它们可能都是对的。不过，我们确实想知道，当某种适应性解释宣告失败时，它是否只会鼓励人们去寻找另一种同样通用的解释，而不是换个考虑方式，想想是否每个部分真的是"为了"某个特定的目的而存在的。（Gould and Lewontin 1979, p. 152）

针对不同事物的种种适应性解释前赴后继、兴衰无常，这是科学不断改进自身见解的标志，还是像强迫性说谎者不断更改故事内容的做法那样，是一种病态呢？如果古尔德和列万廷可以提供一个能够替代适应论的严肃理论，那么他们支持后一种裁断的论述就会更有说服力。尽管他们这帮人不知疲倦地四处搜寻，并且大胆地推广他们的替代方案，但还没有一个理论能立得住。

作为一种范式，适应论将生物体视为复杂的适应性机器，各个部分的适应性功能附属于整体的适应度提升功能。适应论之于今天的生物学，就像原子理论之于化学那样基础，并且同样充满争议。明确的适应论方法之所以在生态学、行为学和演化生物学等学科中占据主流，是因为事实证明它们对探索发现至关重要；如果你怀疑这种说法，那么请看看这方面的期刊。古尔德和列万廷呼吁大家寻找一个替代它的范式，却没能说动工作在一线的生物学家们，这既是因为适应论是成功且有理有据的，也是因为它的批评者们无法提供可以替代它的研究方案。每年都有诸如《功能生物学》[*Functional Biology*]和《行为生态学》[*Behavioral Ecology*]之类的新期刊创立。而《辩证生物学》[*Dialectical*

Biology〕第一期的稿件还没有着落呢。(Daly, 1991, p. 219)

正如关于因纽特人脸的那段话所表明的，尤其让古尔德和列万廷感到恼火的，是适应论者在开展他们的逆向工程时流露出的那种无所顾虑的自信，他们总是确信自己迟早会找到事物是其所是的**原因**，即便到目前为止还一无所获。理查德·道金斯关于比目鱼（比如鲽和鳎）的讨论就是一例，这类奇特的物种在出生时身体纵向延伸，就像鲱鱼或翻车鱼一样，但它们的头骨随后经历了一个奇怪的扭转变形，眼睛也随之移到了同一侧，而这一侧就变成了这些底栖鱼类的身体顶部。为什么它们没有像其他底栖鱼类（鳐鱼）那样演化成腹部朝下，而是"像被蒸汽压路机碾过的鲨鱼"（Dawkins, 1986a, p. 91）那样身体一侧朝下呢？道金斯**想象**了这样一个情景：

> ……尽管以鳐鱼的方式成为扁平鱼类**最终**也可能会是对于硬骨鱼来说最出色的设计，但一个物种如果刚刚开始沿着这条演化道路前行，还没有达到中间过渡物种的形态，那么它在短期内显然稍逊于其身体一侧朝下的对手。在短期内，这些身体一侧朝下的对手物种会更加善于将身体贴在海底。在遗传学的超空间中，存在着一条平滑的轨线，连接着可以自由游动的硬骨鱼祖先和头骨扭曲、身体一侧朝下的比目鱼，却不存在一条平滑的轨线是连接着这些硬骨鱼祖先和腹部朝下的比目鱼的。这样的轨线在理论上是存在的，但它途经的中间过渡物种倘若真的出现，那就会是失败的物种——尽管这只是短期现象，但短期就是一切。
> (Dawkins, 1986a, pp. 92–93)

道金斯真的**知道**这一点吗？他知道那些假定的中间过渡物种的适

应度更低吗？他会这么说，不是因为他已经查看过化石记录提供的数据。这是纯粹由理论驱动的解释，是演绎出来的，出发点是以下假设：自然选择会告诉我们生物圈中每一个奇怪特征背后的真实故事——这个或那个真实的故事。这么做会招致异议吗？它确实"乞题"了，但它乞求作为前提的这个尚无定论的问题非同小可！它假定达尔文主义基本上走对了路子。（气象学家们乞求以反对超自然力量为前提，说即便他们至今还无法说明许多细节，但飓风的产生必定有纯粹物理学的解释。这会招致异议吗？）请注意，在这个事例中，道金斯的解释几乎可以肯定是正确的——他的具体推测并没有什么特别冒险的地方。何况，这正是一个优秀的逆向工程师应该采取的思维方式。"虽然这个通用电气公司零件的外壳似乎明摆着应该由两部分，而不是三部分组成的，但它就是由三个部分组成的，这么做既浪费原料又会产生更多缝隙，因此我们可以肯定，在某人眼中，三部分就是比两部分更好，尽管这在别人看来可能是短视的。那就走着瞧吧！"生物哲学家金·斯特尔尼在他为《盲眼钟表匠》撰写的一篇评论中表达了这样的观点：

诚然，道金斯所提供的只是一些情境：这些情境表明，可以**设想**，在自然选择的作用下，（例如）翅膀会渐渐演化出来。即便如此，还是可以挑挑刺儿。自然选择真的细致到了如此程度，以至于对原始竹节虫来说，5% 的树枝相似度优于 4% 的树枝相似度吗？［Dawkins, 1986a, pp. 82–83］这样的担忧尤其不容忽视，因为道金斯设想的适应情境中没有提到所谓适应性变化的代价。拟态行为在欺骗潜在捕食者的同时，也可能会骗过潜在交配对象……不过，我认为这个反对意见是在挑刺儿，因为从根本上说，我同意只有自然选择才能解释复杂的适应现象。因此，这类

道金斯式的故事肯定是对的。（Sterelny, 1988, p. 424）[*]

3. 顶着限制条件下棋

抱怨人们既自私又不可靠是件挺愚蠢的事，就像抱怨只有当电场的旋度不为零时磁场的强度才会增大一样愚蠢。

——约翰·冯·诺伊曼（引自 Poundstone, 1992, p. 235）

如今有这样一条普遍规律，生物学家在看到一个动物的行为对另一个动物有利时，就会认为要么前者受到了后者的操纵，要么那就是一种难以察觉的利己行为。

——乔治·威廉斯（G. Williams, 1988, p. 391）

不过，适应论思维中存在着无拘无束的纯想象，人们有理由对这种想象的规模感到不安。要是说有一种蝴蝶携带着用于自保的微型机枪，你意下如何？当适应论者试图描述大自然母亲已在考虑周全的情况下从蝴蝶所有可能的适应特征中选择了最好的那些，上面这种异想天开的情

---

[*] 斯特尔尼将自己的反对意见当作"挑刺儿"打发了，对此道金斯并不乐意接受，因为他（在私下的交流中）指出，这些反对意见吐露了一个屡遭误解的要点："出于人类的常识而怀疑这个命题——5% 的树枝相似度明显优于 4% 的树枝相似度——这不是斯特尔尼这样的人类个体能胜任的事情。这样用反问句来提出质疑，是再简单不过了：'拜托，你难道真的要告诉我，5% 的树枝相似度真的就跟 4% 的树枝相似度有什么关键差别吗？'这种反问往往会说服外行人，但（如霍尔丹所给出的）种群遗传学的计算结果以一种引人入胜且富有启发性的方式揭露出常识的错误之处：因为自然选择作用于基因上，而这些基因绵延数百万年，遍布大量个体，所以人类对此的精算式直观见解是堪称无效的。"

况就会被他们引以为例，代表那类无须仔细分析便可排除的选项。在设计空间中，这个可能性太过邈远，不值得严肃对待。不过，理查德·列万廷（Lewontin, 1987, p. 156）的提醒倒很恰当："我猜想，要不是人们发现了会种植真菌的蚂蚁，那么任谁提出这是蚂蚁演化的一种合理可能性，都会被人视为谬论。"适应论者是运用回溯性原理的高手，就像有些棋手只有在落子后才注意到这步棋会在两步内强行将死对手。"太妙了——我差不多就是这么想的！"但在我们将此判定为适应论在特质上或方法论上的缺陷之前，我们应该提醒自己，对绝妙之举的回溯性背书正是大自然母亲自己的一贯作风啊。对于大自然母亲先是不知不觉地推进，后来才突然察觉的绝妙之举，我们不太应该指摘适应论者无法对其进行预测。

博弈视角在适应论中无处不在，自约翰·梅纳德·史密斯（Maynard Smith, 1972, 1974）将数学**博弈论**引入演化论以来 *，它的重要性就日益增长。博弈论是冯·诺伊曼对 20 世纪思想界的又一重大贡献。† 冯·诺伊曼与经济学家奥斯卡·摩根斯特恩（Oskar

---

* 在 R.A. 费希尔（R.A. Fisher, 1930）已经奠定的基础之上，梅纳德·史密斯自己也将博弈论应用在了演化论中。梅纳德·史密斯较晚近的贡献之一，是向斯图尔特·考夫曼亮明了自己的身份——他终究是一个达尔文主义者，而不是一个反达尔文主义者（见 Lewin, 1992, pp. 42–43）。

† 我有时会想，在 20 世纪下半叶，是否有什么重要的思想进步**不是**由冯·诺伊曼开启的。计算机、自我复制的模型、博弈论——除此之外，冯·诺伊曼还对量子物理学做出了重大贡献。不过，我疑心他对于量子力学中测量难题的表述是个坏主意，不论其得失几何，因为它以隐蔽的灵巧手法认可了一种根本上是笛卡儿式的意识观察模型，而自那以后，该模型就一直搅扰着量子力学。我的学生图尔汉·坎利（Turhan Canli）在他（本科生阶段！）的期末论文中，让我第一次接触到相关问题，这篇论文讨论了"薛定谔的猫"这一难题，初步勾勒了量子物理学的另一种表述形式，其中时间是量子化的。要是我以后能精通物理学（前景渺茫，想想就难过），就会去验证他的这个直觉，这可能会以一种雄心勃勃的方式扩展我的意识理论（Dennett, 1991a）；然而，更有可能的前景是，无论量子力学会向何处发展，我都只是一个对其一知半解但满怀热情的旁观者。

Morgenstern）合力创制了博弈论，他们认识到，**行动者**会从根本上改变世界的复杂性，而这就是博弈论的认识基础。[*]虽然一个孤独如"鲁滨孙·克鲁索"的行动者可以将所有难题看作对稳定最大值的寻求——可以说是在富士山上爬坡——可一旦环境中还存在其他（寻求最大值的）行动者，那就需要采用截然不同的分析方法：

> 制定一种指导原则，不能通过要求两个（或更多）功能同时最大化来实现……有人会错误地认为，这可以单纯地依靠概率论的手段来解决……每位参与者都可以决定那些描述其自身行为，而不是他人行为的变量。然而，从他的角度来看，这些"外来"变量不能用统计假设来描述。这是因为其他人和他本人一样，都是受理性原则——不论这些原则具体是指什么——引导的，而任何**行为模式**，若不试图去理解这些原则以及所有参与者之间的利益冲突，都不可能是正确的。（Von Neumann and Morgenstern, 1944, p. 11）

把博弈论和演化论统一起来的根本洞见，就在于竞争中"引导"行动者的"理性原则——不论这些原则具体是指什么"可以对病毒、树木和昆虫这样无意识的、无思考能力的半行动者施加影响，因为竞争中赌注和回报的可能性决定了哪些行动路线一经采纳就会不可遏制地取胜或落败，无论它们是以何等无关心灵的方式被采纳的。

博弈论中最著名的例子是"囚徒困境"，在我们世界上的许多不同情境中，都可以看到这种简单的双人"博弈"的影子，有的明显，有的则出人意料。我在这里只对它做简单的描述（Poundstone, 1992

---

[*] 关于博弈论的历史及其与核裁军的关系，请参见威廉·庞德斯通的《囚徒的困境：冯·诺伊曼、博弈论和原子弹之谜》（Poundstone, 1992）一书。

和 Dawkins, 1989a 对其进行了细致的讨论，都非常出色）。你和另一个人（比方说，因为一个莫须有的罪名）被关进了监狱，并等待着审判，检察官分别向你们两人提出了同样的条件：如果你们都硬撑到底，既不认罪也不揭发对方，你们都会被判处短期徒刑（公诉方的证据并不那么有力）；如果你认罪并揭发对方，而他拒不认罪，你就可以逍遥法外，而他会被判处终身监禁；如果你们都认罪并揭发对方，你们就都会被判处中等长度的刑期。当然，如果你拒不认罪，而对方认罪，那么他就会安然脱罪，而你就被判处终身监禁。你会怎么做？

如果你们都硬撑，联手反抗检察官，那么比起你们都认罪的后果来说，这样做会使你们两人获益更多，所以你们相互许诺一起硬撑下去不就好了吗？（用囚徒困境的标准行话来说，"硬撑"这个选项叫作**合作**。）你可以许诺，但也会感受到**背叛**的诱人之处，不管你是不是真会这么做，因为这样你就能逍遥法外，留下那个**倒霉蛋**自己身陷囹圄，令人唏嘘。由于博弈是对等的，对方当然也会受到诱惑来背叛你，让你当那个倒霉蛋。你岂能冒着终身监禁的风险，相信对方会遵守承诺？大概背叛才是更安全的选择，不是吗？这样一来，你绝对可以避免最糟糕的后果，甚至可能获得自由。当然，这个主意要是真有这么棒，那另一个家伙也会想到这一点，所以他大概也会背叛你，而在这种情况下，你**必须**通过背叛来避免灾祸——除非你是个圣人，不惜在监狱里度过一生也要拯救一个违背诺言的人！这样你们最终都会被判处中等长度的刑期。要是你们俩能克服以上思路、合作到底，那该有多好啊！

博弈的逻辑结构才是重点，而这个特定的场景只是用来激发想象，让问题更生动。我们也可以用正面的结果（一个赢得不同数量的现金或者子孙的机会）来代替牢狱之苦，只要回报是对称的，并且符合以下次序：单方面背叛对方大于相互合作，大于双方都背叛，大于单方面遭到对方的背叛。（而在正式的场景中，我们又设置了一个条件：单方面遭到背叛和相互背叛的平均回报不得大于相互合作的回报。）这世上每一个该结构的实例，都是一种囚徒困境。

从哲学和心理学到经济学和生物学，已经有许多领域进行过博弈论的探索。博弈论思维曾被多次应用于演化论，其中最具影响力的是梅纳德·史密斯提出的**演化稳定策略**（evolutionarily stable strategy, ESS）。从任何一种奥林匹斯山式（或富士山式！）的立场来看，该策略可能都不是"最佳的"，但在相应的情况下，它无法被改进，也无法被颠覆。梅纳德·史密斯（Maynard Smith, 1988，特别是第 21 章和第 22 章）对演化中的博弈论进行了精彩的介绍。理查德·道金斯《自私的基因》（Dawkins, 1989a）的修订版对过去十多年间生物学中 ESS 思想的发展进行了特别精彩的描述，在这期间，对各种博弈论模型的大规模计算机模拟揭示出了许多复杂情况，其中不少情况正是先前不那么真实的模型所忽视的。

> 现在，我想用以下更为简洁的方式来解释 ESS 的本质观念。作为一种策略，ESS 明显胜过自己的副本。其基本原理如下。一个成功的策略是指能够支配种群的策略。因此，它往往会遇到自己的副本。因此，除非它能很好地应对这些副本，否则它就不会保持成功。这个定义不像梅纳德·史密斯的定义那样在数学上十分精确，它也不能取代后者的定义，因为实际上它并不完整。但它有一个优点，就是直观地概括了 ESS 的基本观念。（Dawkins, 1989a, p. 282）

毫无疑问，博弈论分析在演化论中是奏效的。例如，森林中的树木为什么如此高大？原因与全国各地的商业街为了吸引我们的注意而在沿途摆上大量华丽炫目的招牌的原因是一样的！每一棵树都在为自身着想，并设法获得尽可能多的阳光。

> 只要这些巨杉可以聚在一起，在某些合理的区划限制上达成一致意见，不再为了阳光而彼此竞争，它们就可以省去建造那些荒唐且代价高昂的树干的麻烦，继续保持低矮且省事的灌木形态，并获得和以前一样多的阳光！（Dennett, 1990b, p. 132）

但是它们无法聚在一起；在这些情况下，任何时候对任何合作性"协议"的违背都必定是有利可图的，因此，如果没有取之不尽的阳光供给，这些树木就会遭遇"公地悲剧"（Hardin, 1968）。当存在一种有限的"公共"资源或共享资源，并且诸多个体会在私欲的诱惑下取走比其应得的份额更多的资源时——比如海洋中的可食用鱼类——公地悲剧就会上演。除非能达成非常具体且可以强制执行的协议，否则结果往往就会是资源的毁灭。许多物种，在许多方面，都面临着各式各样的囚徒困境。而我们人类也自觉或不自觉地面临着这些困境——在有些情况下，若没有适应论思维的帮助，我们或许就不可能想象到自己在面临囚徒困境。

智人也免不了卷入大卫·黑格用以解释基因组印记的那种遗传冲突（genetic conflict）中；他在一篇新发表的重要文章中（Haig, 1993）分析了孕妇的基因和胚胎的基因之间存在的种种冲突。毋庸置疑，身怀六甲的母亲保持强壮和健康的体魄，是符合胎儿利益的，因为胚胎的生存不仅取决于母亲能否完成妊娠期，还取决于母亲对新生儿的照料。然而，如果在艰难的情况下——例如饥荒，在人类经历的大多数世代中，这肯定是普遍情况——母亲为了保持健康而削减为胚胎提供的营养，那么在有些时候，这对胚胎生存构成的威胁比对虚弱的母亲所构成的威胁更大。

假如胚胎可以"做出选择",要么在怀孕早期自然流产,或死胎,或出生时体重偏低,要么在出生时体重正常,但母亲却极度虚弱乃至濒临死亡,那么(自私的)理由将如何规定?它将下令采取一切可能的措施,来确保母亲不会及时止损(在饥荒结束后,她随时都可以试着再生一个孩子),而这就是胚胎会做的事情。胚胎和母体可能都对这场冲突一无所知——就像森林里竞相高耸的树那样一无所知。这场冲突是在基因及其对激素的控制中上演的,而不是在母亲和胚胎的大脑中完成的;这和我们在小鼠身上观察到的母源基因和父源基因之间的冲突是同一回事。其间,大量的激素汹涌澎湃;胚胎产生的一种激素将以牺牲母亲的营养需求为代价来促进自身的生长,母体则会产生一种拮抗性的激素作为回应,并试图以此抵消胚胎激素的作用;在这种你来我往、对抗升级的过程中,激素水平会比正常情况下高出许多倍。这场拉锯战通常以一个双方只能部分满意的僵局告终,但它产生了一大堆副产品,假如这些副产品不是此类冲突的可预见结果的话,那么它们就是令人费解且毫无意义的。在结论部分,黑格运用了博弈论的根本性洞见:"假如在完成一定量的资源转移时,所产生的……激素更少,母体的抵抗也更少,那么母体和胚胎的基因都会因此获益,但这种协议在演化上是无法强制达成的。"(Haig, 1993, p. 518)

从多个方面来说,这都不是一个令人愉快的消息。冯·诺伊曼曾漫不经心地评论道,人类的自私是无法避免的,而这番言论正是达尔文式思维模式的缩影,许多人都对其深恶痛绝,个中原因不言而喻。他们害怕达尔文式的"适者生存"会表明人们既龌龊又自私。冯·诺伊曼说的不就是这个意思吗?不,不完全是。他所说的是,达尔文主义的确会表明,如合作之类的美德一般"无法通过演化强制达成",因而很难获得。合作和别的无私美德要想存在,那**它们就必须被设计**

出来——不是从天而降的免费午餐。在特殊情况下，它们**可以被设计**出来。（例如，参见 Eshel, 1984, 1985; Haig and Grafen, 1991。）毕竟，只有当某些原核细胞和侵入它们体内的细菌达成了某种强制性的停战协议时，造就了多细胞生物的真核生物革命才拉开了序幕。它们设法联手合作，搁置一己私利。

一般来说，合作等美德是既罕见又特别的属性，只有在非常特定的复杂研发条件下才会出现。那么，我们可以对比一下邦格罗斯范式与波利安娜范式（Pollyannian Paradigm），而后者顾名思义，是指像波利安娜*一样，愉快地认为大自然母亲是友善的。† 总的来说，它可并不友善——不过那也不代表世界就要毁灭了。即便在当前的情况下，我们也可以看到，还有其他可供我们采用的视角。例如，对于我们来说，树木不可救药的自私难道不是一件幸事吗？假如树木不自私，那么美丽的森林就不可能存在，更不用说美丽的木帆船和我们用来写诗的洁白纸张了。

如我所说，博弈论分析在演化论中毫无疑问是奏效的，但它们**总能奏效吗**？在什么条件下它们才适用，我们该如何判断自己何时越了界呢？博弈论的计算总是会假设，存在一定范围内的"可能"做法，而名副其实的自私参赛者们则会从中进行选择。但**一般而言**，这在多大程度上符合现实呢？仅仅因为特定情况下的某个做法是**由理由规定的**，大自然就总会采取那个做法吗？这难道不就是邦格罗斯式的乐观主义吗？（正如我们刚刚所看到的，这有时看起来更像是邦格罗斯式的悲观主义。"该死——生物体'太聪明'了，它们是不会合作

---

* 波利安娜是美国儿童文学作家埃莉诺·波特笔下的人物，有极度乐观的心态，后引申为"盲目乐观"的代名词。——编者注

† 针对波利安娜范式的强力解毒剂，参见 G. Williams, 1988。

的！"*）

博弈论的标准假设是，总会出现具有"合适"表型效应的突变来应对事态，但如果"大自然母亲没有想到"合适的做法会怎么样呢？这种情况出现过吗？会经常出现吗？我们当然知道在有些情况下，大自然母亲**确实会**采取合适的做法——比如说，造出森林。是否在同样多（或更多）的情况下，某种隐匿的约束条件会阻止大自然母亲这样做？很有可能，但每当这种情况发生时，适应论者都会想要不屈不挠地追问下去：在这种情况下，**是有某个理由**让大自然母亲不采取行动吗？还是说，这只是大自然母亲的理性博弈策略所承受的一种粗暴的、无关思考的约束条件？

古尔德曾提出，适应论推论的一个根本缺陷，是它假设在每一个适应度地形中，通向各个顶峰的道路总是明摆着的，但很可能存在着隐藏的约束条件，酷似贯穿地形的铁轨。"遗传下来的形式和发育途径都受着约束，这些约束条件可能会把任何变化都限制在特定通道上，即使选择诱导着变化沿可行的路径运动，仍是那通道本身代表着演化方向的首要决定因素。"（Gould, 1982a, p. 383）这样一来，种群就不能随意地散布在地形上，而是被迫留在轨道上，正如图9.4所示。

假设这是真的。现在，我们该如何找到隐藏的约束条件呢？值得肯定的是，古尔德和列万廷指出了存在隐藏约束条件的可能性——每一个适应论者都已经承认这是一种无处不在的可能性——但是我们需要想想，什么样的方法论最有利于发现这些约束条件。让我们思考一下国际象棋中一个标准操作的稀奇变体。

---

* 邦格罗斯式的悲观主义者说："所有可能世界中最好的那个居然就这样，太令人遗憾了！"想象一下这样一段啤酒广告：太阳缓缓落山，一群魁梧帅气的男子闲坐在篝火旁，其中一个说道："没什么比眼下的情况更好了！"——这时，他那美丽的伴侣突然哭了起来："不会吧！真的是这样吗？"这样的广告可卖不了多少啤酒。

当一个实力较强的棋手在友谊赛中与一个较弱的对手对阵时，较强的棋手通常会自愿让子，让比赛更加势均力敌，也更刺激。标准的让子方式是弃掉一两个棋子——只用一个象或一个车，或者，在非常极端的情况下，连后都弃掉。还存在另一种让子系统，它可能会产生有趣的结果。在比赛开始前，实力较强的棋手在一张纸上写下一个（或多个）隐藏的约束条件，作为自己下棋时的限制，然后把那张纸藏在棋盘底下。约束条件和逼着之间有什么区别？逼着是由理由规定的——永远是如此，一次又一次——而约束条件则是由某些已经凝固的历史碎片所规定的，不论它诞生时有无理由可依，也不论现在有无支持或反对它的理由。以下是一些可能的约束条件：

> 除非规则迫使我这么做（因为我正在被将军，不得不使用规则允许的着数来脱险），否则：
> （1）我不能连续两次走同一颗棋子。
> （2）我不可以王车易位。
> （3）在整局中，我只能吃三次兵。
> （4）我的后只能走直线，绝不能走斜线。

现在，请想象一下那位较弱的棋手所处的认识论困境，这个人**知道**自己的对手在下棋时受到了隐藏条件的约束，却不知道这些条件具体是什么。此人应该怎么办呢？答案很明显：应该照常下棋，**仿佛**对手可以动用所有**显然**可能的走法——所有规则允许的走法，只有当越来越多的证据表明对手由于条件的限制而无法实际走出明显最好的那步棋时，自己才会相应调整对策。

这样的证据可不好收集。如果你觉得对手的后不能走斜线，那么你可以兵行险着，在斜线方向上故意给后喂子，来检验这个假设。如果后

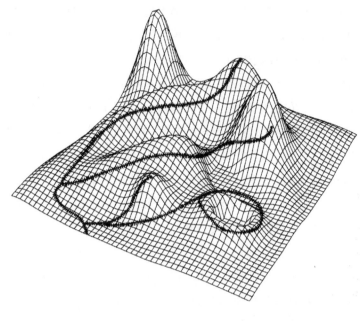

图 9.4

不吃，这就有利你的假设——**除非**对手拒绝吃子的策略有着（你还没有想到的）更深层次的理由。（记住奥格尔第二法则：演化比你聪明。）

当然，了解棋局隐藏约束条件的另一个办法就是偷看那张纸。有人可能会认为，古尔德和列万廷是在劝适应论者干脆放弃他们的博弈把戏，改为通过查验分子证据这种更直接的方式来揭示真相。不幸的是，这个类比并不恰当。你当然有权在这场科学的对弈中使用任何一种技巧去收集数据，但当你偷偷查看分子时，你只会发现更多的机制，发现更多需要逆向工程的设计（或显见的设计）。没有任何一条大自然母亲**写下的**隐藏约束条件，是你不借助制造品解释学的阐释规则就能读懂的（Dennett, 1990b）。比如说，下潜至更深的 DNA 层面确实是一种颇具价值的方法，可以极大地提高探究工作的敏锐度——

尽管这样做通常会面临无法承受的代价，即被过多的数据所淹没——但无论如何，它都不是适应论的替代方案；它是对适应论的延伸。

借助在隐藏约束条件下对弈的例子，我们看到了大自然母亲和人类棋手之间的深刻差异，而我认为，这种差异恰恰暗示了适应论思维中一个普遍存在的弱点。假如你受到隐藏条件的约束，你就会相应地调整下棋的策略。你心里清楚，你已经暗自承诺不会沿斜线方向移动自己的后，所以但凡一种战术会让后因为这种不寻常的限制而面临被吃掉的危险，你大概就会弃之不用——即便如此，你也大可以赌一把，希望你那位不怎么厉害的对手不会注意到这种可能性。不过，你知道隐藏的约束条件是什么，还具有预见力。而大自然母亲却正好相反。它没有理由避开高风险的开局让子战术；它会尝试所有战术，而当大多数战术都以失败告终时，它也满不在乎。

下面便是这一观念在演化思维中的应用方式。假设我们注意到，某种蝴蝶翅膀上的保护色酷似它们所居住的森林地面的色彩样式。我们拿粉笔记下：这是一种精巧的适应特征，而且无疑是一种伪装。这种蝴蝶比它的表亲们更成功，因为它的色彩完美地再现了森林地面的色彩。不过我们往往会经不起诱惑，忍不住（或直白或隐晦地）加上一句："此外，假如森林地面的色彩是另一种样式，那么这种蝴蝶就会看起来像**那种**样式！"这是多此一举。它很可能不符合事实。在极限情况下，该蝴蝶支系能够成功模仿的甚至**只有**这种森林地面；假如地面与此大不相同，那么该蝴蝶支系压根就不会存在于此——永远不要忘记诱售在演化中的重要性。如果森林地面发生了变化，会发生什么事呢？这种蝴蝶会自动适应吗？我们只能说，它要么会通过改变伪装来适应，要么不会！如果不改变，那它要么会在它掌握的有限招数中找到其他适应特征，要么就会很快消失。

以上的受限情况（从来就只有一条可供探索的出路），正是我们的老对头现实论的一个实例：只有实有的才是可能的。我这里要说的是，并不排除存在这样束手束脚地探索（显见的）可能性空间的情况，但它们肯定是例外，而不是规则。假如它们是规则，那么达尔文主义就会失效，就完全无法解释生物圈中的任何一种（显见的）设计。这就好比你写了一个计算机程序，它只会靠死记硬背玩一种游戏［比如说，在1914年那场著名的弗兰贝格（Flamberg）对阵阿廖欣（Alekhine）的比赛中，阿廖欣的下法］，而且，说来奇怪，它在所有比赛中总能获胜！这会是一种关于奇迹比例的"预定的和谐"，还会构成对达尔文式主张的嘲弄，因为后者说自己可以解释"制胜"着数的寻得方式。

但是，即便真正可能性的空间比实际情况要拥挤得多，我们对现实论的否定也不应该诱使我们在另一个方向上出错。这种诱惑在于，当我们思考表型变化时，会采取一种刻板的策略，产生这样一个假设：关于我们在实有性中找到的主题，我们所能想象到的所有细小变化都是真正可行的。推到极端，这种策略就总是会极大地——漫无际涯地——高估实有可能之物。如果**实有的**生命之树所占据的是贯穿孟德尔图书馆的、细到微乎其微的线，那么**实有可能的**生命之树本身就更加茂密，但它远不足以浓密到部分地填满显见**可能性**的空间。我们已经看到，由所有可想象到的表型构成的漫无际涯的空间——我们可以称之为刻板空间——无疑包括了一些巨大的区域，而在孟德尔图书馆中并不存在建造这些区域的配方。可即使是在生命之树经过的路线上，我们也不能确保刻板空间的邻近区域全都是实际上可到达的。*

---

* 古尔德很喜欢指出这样一个错误，那就是当回顾过去时，我们看到的不应该是"支系"，而应该是"灌木丛"——包括所有没有留下后代的失败者。我在这里要指出的是一种相反的错误：去想象由未实现的可能性构成的、浓密的（甚至是连续的）灌木丛；但事实上，在相同的区域，可能有的只是相当稀疏的小树枝，在显见可能性构成的巨大空间中，这些小树枝创造出的路径只能通往相对孤立的边缘部分。

如果隐藏的约束条件确保了会有一组大致不可见的迷宫墙——或者通道，又或者铁轨——存在于由显见可能性构成的空间中，那么"你无法由此处抵达彼处"的情况就会比我们可以想象的更频繁。即便如此，我们在探索这种可能性的时候，所能做的最大努力也还是在每个当口、每个层面上把我们的逆向工程策略进行到底。我们不要高估实有的可能性，这十分重要，但更重要的是，也不要低估实有的可能性，这个毛病同样常见，尽管它不是适应论者通常会犯的毛病。许多适应论者的论点都是"如果是可能的，就会发生"这种论点的变体：欺诈者将会现身袭扰圣徒；或者军备竞赛将会接踵而至，直到达成某种最基本的适应性稳定；等等。这些论点的预设是，"宜居的"可能性空间是充足的，足以确保相关过程近似于这里用到的博弈论模型。但这些假设是否总是合适呢？这些细菌会不会变异为一种可以抵抗我们新疫苗的形态呢？如果我们幸运的话，它们就不会，但我们最好是做最坏的打算——就是说，这些细菌在自己可以实际到达的空间中，已经开展了反制行动，来回敬我们的医学新发现所开启的军备竞赛（Williams and Nesse, 1991）。

第9章

　　适应论在生物学中无处不在，威力极大。和其他观念一样，它也会被误用，但它并不是一个错误的观念；它事实上是达尔文式思维无可替代的核心。传闻中的古尔德和列万廷对适应论的驳斥不过是某些人的错觉，不过他们的确让大家都更明确地意识到了思维不严谨的风险。好的适应论思维总是在留心寻找隐藏的约束条件，而且事实上它就是揭示这些约束条件的最佳方法。

第10章

　　到目前为止，本书所呈现的对于达尔文式思维的看法，已经多次受到了斯蒂芬·杰·古尔德的挑战。他那些颇具影响力的著作，已经对演化生物学在非专业人士、哲学家以及其他领域的科学家心目当中的形象造成了严重扭曲。古尔德曾宣布自己对于正统达尔文主义形成了若干不同的"革命性"制约，但结果都是虚惊一场。这些运动都遵循一种清晰可辨的模式：古尔德，跟先前那些杰出的演化思想家一样，一直都在寻找天钩，为的是限制达尔文危险思想的威力。

第 10 章

雷龙真牛

1. 喊"狼来了"的男孩?

> 科学家们凭借学科授予的威望而获得权力。我们因而可能会禁
> 不住诱惑，将该权力错用于推行个人偏见或社会目标——为什么不
> 再加把劲儿，把科学的作用延伸到个人的伦理或政治偏好上? 我们
> 不能这样做，因为我们害怕会因此失去当初诱惑我们的威望。
>
> ——斯蒂芬·杰·古尔德 (Gould, 1991b, pp. 429–430)

多年前，我观看了一档英国的电视节目. 节目中，一群年幼的孩
童被当面提问了一些关于伊丽莎白二世女王的问题。他们作答时信心
十足的样子可爱极了: 女王似乎每天都要花大把时间用吸尘器打扫白
金汉宫——当然还顶着她的王冠。当她不忙于国事时，她会把王座挪
到电视机前，而她洗东西时则会在貂皮长袍上罩上围裙。我意识到在
某些方面，这群小孩子所想象的伊丽莎白二世女王 [哲学家们称她
为他们的**意向客体**(intentional object)] 比现实中的女王更强大、更
有趣。意向客体是信念的产物，号称跟对应的真实客体别无二致，但

跟真实的客体相比，意向客体会更直接地引导（或误导）人们的行为。例如，人们心中的诺克斯堡*黄金就比这些黄金本身有分量得多；阿尔伯特·爱因斯坦的处境就像圣诞老人，人们更熟悉的是他在传说中的形象，而非那个相对鲜为人知的历史原型。

本章要讲的是另一个传说人物——斯蒂芬·杰·古尔德，正统达尔文主义的驳斥者。多年来，古尔德针对当代新达尔文主义的多个方面组织了一系列攻击，尽管这些攻击顶多只算是对正统观念的轻微矫正，但它们的措辞却对外界造成了极大的影响和误导。这给我提出了一个无法忽视的难题，必须尽快解决。多年来，我常常在自己的工作中诉诸演化的考量方式，也会几乎同样频繁地遭遇一股奇怪的阻力乱流：许多哲学家、心理学家、语言学家、人类学家都认为我所诉诸的达尔文式推论是一种不可信的、过时的科学，直截了当地将其拒之门外。他们轻描淡写地告诉我，我对生物学的理解全都错了——我没有做功课，因为史蒂夫·古尔德已经表明，达尔文主义的状况其实并不乐观。事实上，它已濒临灭绝了。

这虽然只是个传说，但影响力非凡，甚至在科学殿堂里也是如此。我在本书中设法准确描述演化思维，扭转读者常见的误解，并保护该理论免遭毫无根据的反对意见的中伤。我得到了很多专业的帮助和建议，并因此确信自己已经成功了。但是，我所呈现的有关达尔文式思维的看法，跟许多人从古尔德那里了解到的熟悉看法并不契合。那我的看法想必就是错误的吧？毕竟，还有谁比古尔德更懂达尔文和达尔文主义呢？

美国人对演化论的孤陋寡闻早已恶名在外。最近的一项盖洛普民意调查（1993年6月）发现，47%的美国成年人认为智人是上帝创造

---

* 诺克斯堡是美国政府的黄金贮存地。——编者注

的物种，存在的时间还不到一万年。不过他们对这一主题还是有所了解，这大概要给古尔德记头功。关于学校是否应当教授"创造论科学"，曾有过一场争论，而在那些旷日持久地困扰着美国教育界的诉讼案中，古尔德一直是为演化论做证的关键证人。二十年来，他在为《自然史》（*Natural History*）执笔的月度专栏"生命如是之观"（This View of Life）中，不断为专业的和业余的生物学家提供吸引人的见解，讲述令人着迷的事实，对他们的想法做出急需的纠正。除了他的这些文集，如《自达尔文以来》（1977a）、《熊猫的拇指》（1980a）、《母鸡的牙齿和马的脚趾》（1983b）、《火烈鸟的微笑》（1985）、《雷龙真牛》（1991b）和《八只小猪》（1993d），以及关于蜗牛和古生物学的专业书籍之外，他还撰写过一本重要的理论著作，《个体发生学和植物发生学》（1977b）；一本抨击智商测试的书，《人类的误测》（1981）；一本重新阐释布尔吉斯页岩动物群的书，《奇妙的生命》（1989a）；以及其他大量的文章，主题从巴赫到棒球，从时间的性质到《侏罗纪公园》中的妥协之处，都有所涉及。其中大部分内容都非常精彩：他博学多识，令人惊叹，堪称典范，这样的科学家会认识到，正如我的高中物理老师曾说过的那样，科学只要做得到位，就是人文学科。

古尔德月度专栏的标题来自达尔文《物种起源》的结尾句。

> 生命及其数种力量，最初由造物主注入寥寥几个或单个形式之中；当这一行星按照固定的引力法则持续运行之时，无数最美丽与最奇异的类型，即是从如此简单的开端演化而来、并依然在演化之中；生命如是之观，何等壮丽恢宏！ *

---

* 中译参考自《物种起源》，苗德岁译，译林出版社，2016 年，第 310 页。——译者注

像古尔德这样高产又精力充沛的人，不仅会用达尔文式生命观教育、取悦他的人类同胞，而且肯定另有打算。事实上，他的打算可不止一个。他竭力反对偏见，尤其反对那些给自己的政治意识形态披上强大且可敬的科学外衣的人对科学研究（和科学威望）的滥用。我们有必要认识到，达尔文主义有一种不幸的力量，会吸引最不受欢迎的狂热分子——煽动者、精神变态和厌世者，以及其他达尔文危险思想的滥用者，而认识到这一点十分重要。古尔德用许多逸闻将这件可悲之事和盘托出，这些逸闻有的是关于社会达尔文主义者，有的是关于恶贯满盈的种族主义者，而最令人痛心的，是关于那些被形形色色的达尔文式塞壬所蛊惑——可以说是"始诱终弃"——的本性纯良之人。人们在一知半解的情况下，对达尔文式思维的理解难免荒腔走板，而古尔德毕生事业的主要内容之一，就保护他的英雄免遭这种滥用。

讽刺的是，他为保护达尔文主义付出的辛勤努力有时适得其反。古尔德一直是他自己所秉持的达尔文主义的捍卫者，但也是他口中的"极端达尔文主义"（ultra-Darwinism）或"超达尔文主义"（hyper-Darwinism）的激烈反对者。这两者的区别是什么？按照古尔德的观点，我所呈现的这种不屈不挠"禁止天钩"的达尔文主义，就是超达尔文主义，是需要推翻的极端主义观点。但事实上，如我所说，这是相当正统的新达尔文主义，古尔德的历次运动不得不采取呼吁革命的方式。古尔德站在自己的天字第一号讲坛上，一次又一次地向入了迷的围观群众宣布，新达尔文主义已死，取而代之的是一种革命性的新见解——依旧是达尔文式的，但会推翻既有的权威观点。目前这事儿还没成。西蒙·康威·莫里斯是古尔德《奇妙的生命》的主角之一，他曾说："他的看法搅乱了既有的正统观点，尽管如此，等到尘埃落定，演化论的大厦看起来仍然完好无损。"（Conway Morris, 1991, p. 6）

古尔德没把持住自己夸大其词的冲动，这样的演化论者不止他一个。曼弗雷德·艾根和斯图尔特·考夫曼——还有我们没分析过的另外一些人——一开始也自诩为激进的异端。谁不希望自己的贡献具有真正的革命性呢？但是，我们已经看到，艾根和考夫曼适时地缓和了自己的措辞，而古尔德却从未停下革命的脚步。到目前为止，他的那些革命宣告都成了虚假警报，但他从未放弃，毫不理会"狼来了"这则伊索寓言中的寓意。这不仅使他（在科学家中）面临着诚信问题，还使他承受着来自一些同事的敌意，因为在古尔德发起的一连串影响深远的运动中，他的同事们也受到了公众的谴责，而他们认为自己是无辜的。正如罗伯特·赖特（R. Wright, 1990, p. 30）所说，古尔德"摘得了全美演化论者的桂冠。如果他一直都在'演化是什么'以及'演化意味着什么'这两个问题上系统性地误导美国人，那么就相当于造成了大量的思想损伤"。

他干了这样的事儿？请思考以下几点。如果你相信：

（1）适应论已被驳倒，或者在演化生物学中被降低到了次要的位置，或者

（2）适应论是"社会生物学中的主要思想缺陷"（Gould, 1993a, p. 319），因此社会生物学作为一门学科已被彻底否定了，或者

（3）古尔德和埃尔德雷奇提出的间断平衡假说推翻了正统的新达尔文主义，或者

（4）古尔德已经表明，大灭绝的事实驳倒了"外推论"（extrapolationism），而后者正是正统新达尔文主义的阿喀琉斯之踵。

那么你所相信的就是不实之词。 如果你相信这些命题中的任何一

个，那么你并不会感到孤单——你有很多同道中人，而且他们都智力超群。奎因在提到一位误读了他的作品的批评者时说，"他读书浮皮潦草"。我们都有这么做的倾向，特别是当我们设法用简单的词语来解释我们自己专业领域之外的关键信息时。我们往往浮皮潦草地去解读我们想要找的东西。这四个命题中的每一个都表达了一种裁断，它们比古尔德的原意更决绝、更激进，但它们合在一起却组成了一条确实存在且屡见不鲜的信息。对此我不敢苟同，因而拆解这个迷思的任务落在了我的肩上。这活儿可不轻松，因为我必须劳心劳力地区分言辞与现实，同时通过解释澄清来挡开一个完全合理的假设——像古尔德这样有名望的演化论者不可能在做出判断时犯下**那么离谱**的错误，不是吗？是，也不是。现实中的古尔德对演化论思想做出了重大贡献，他纠正了一系列普遍存在且十分严重的误解，但传说中的古尔德则是由许多畏惧达尔文者的内心渴望创造出的，他们以古尔德的激昂言辞为食，而这反过来又鼓动了古尔德自己扳倒"极端达尔文主义"的远大志向，从而导致他提出一些不周详的见解。

如果说古尔德一直在喊"狼来了"，他为什么要这样做呢？我要辩护的假说是，古尔德是在追随一个由许多杰出思想家形成的漫长传统，这些思想家一直在寻找天钩，但发现的却是起重机。由于演化论近年来取得了不起的进展，为天钩腾出容身之所的任务变得越发困难，思想家们找到某种圣赐豁免权的门槛也相应升高。我在追踪古尔德作品中重复出现的主题及其变体时，发现了一个共同的模式：每次失败的尝试都会显露出一鳞半爪的线索，最终清晰地勾勒出驱动着古尔德前进的那份不安的源头。古尔德的终极目标是达尔文的危险思想本身；他要反对的正是这种思想，即演化说到底只是一个算法过程。

追问为什么古尔德会如此坚定不移地反对这个观念，会是一件有趣的事，但这项工作还是留在另一个场合，或者留给另一位作家来完成吧。古尔德自己早已展示过如何开展这项工作。他研究过前辈科学家们深藏的假设、恐惧和希望，比如他所研究的最著名的三个案例，达尔文本人、智商测试的发明者阿尔弗雷德·比内（Alfred Binet）以及（错误地）为布尔吉斯页岩动物群分类的查尔斯·沃尔科特（Charles Walcott）。古尔德背后的动机——道德的、政治的、宗教的——是什么？尽管这个问题很吸引人，但我要忍着不答，不过在适当的时候，我会简要地考虑一下那些已经提到的对立假说，因为这么做是有必要的。古尔德失败了的历次革命有一个共同模式，暴露了这位美国首屈一指的演化论者其实一直以来都对达尔文主义的根本内核耿耿于怀。诚然，我的这个说法十分出人意料，而单是要捍卫它就够我忙的了。

我的许多学术同行都对达尔文主义怀有含混不清的敌意，多年以来这着实令我大惑不解。虽然他们将古尔德奉为权威，但我想他们只是在一厢情愿地误读古尔德。在大众传媒的小小助力下，他们总是急于抹杀细节，在每一次小小的争论中都煽风点火。我实在没有想过，古尔德常常是在为另一边而战。他自己也往往是这种敌意的受害者。梅纳德·史密斯提到过一个例子：

> 如果某人终其一生都在研究演化论，那么他不可能意识不到，大多数不在这个领域工作的人，以及一些身处这个领域的人，都强烈希望达尔文理论是错误的。我是最近才明白了这一点。当时，我那位和我一样属于坚信不疑的达尔文主义者的朋友斯蒂芬·古尔德，设法在《卫报》上发表了一篇社论，宣告达尔文主义已死。单是因为指出了达尔文理论仍需解决的一些难题，他就收到了大量讨论相关话题的回信。（Maynard Smith, 1981, p. 221，转载于 Maynard Smith, 1988）

为什么像古尔德这样一位"坚信不疑的达尔文主义者"会为"达尔文主义已死"这个公众误解添油加醋，并因此让自己麻烦缠身呢？没有比约翰·梅纳德·史密斯更笃定、更出色的适应论者了，但我想我们看到了这位大师的疏忽之处：他没有问自己上面这个"为什么"问题。自从我开始注意到，许多对演化论最为重要的贡献，都出自那些在根本层面上对达尔文的出色洞察力感到不安的思想家，我就开始认真看待一个假说——古尔德是他们当中的一员。论证这个假说需要耐心和努力，但我别无选择。关于古尔德已经说明的东西和未曾说明的东西，相关的神话传说已如大雾弥天，如果我不尽我所能地先将其驱散，那它就会模糊我们面前的所有其他议题。

2. 拱肩的拇指 *

我想我可以看到，演化论中有什么东西正在土崩瓦解——现代综合论的严密构架，以及它对普遍适应的笃信，还有渐变论和从本地种群的变化原因平滑过渡到生命史中主要趋势和转变的外推法。

——斯蒂芬·杰·古尔德（Gould, 1980b）

我们争论的议题并不是那个一般性的观念，即自然选择可以充当一种创造性力量；这个基本论点在原则上是立得住的。质疑的主要对象是它的附属主张——渐变论和适应论。

——斯蒂芬·杰·古尔德（Gould, 1982a）

---

* 本节标题戏仿了古尔德《熊猫的拇指》一书的书名。——译者注

古尔德笔耕不辍地向公众传达达尔文主义的一个中心思想——所谓的完美设计不过是从权的折中方案，采用了一些本来未必会成真的身体架构。不过，其中有一些文章暗示，达尔文式的解释仅仅是部分正确的。但这算是严重的抨击吗？仔细一读便知不是。

——西蒙·康威·莫里斯（Conway Morris, 1991）

古尔德（Gould, 1980b，1982a）着眼于现代综合论中两个主要难题："普遍适应"和"渐变论"。而且在他看来二者相互关联。如何相互关联？他多年来给出的答案并不一致。我们可以从"普遍适应"（pervasive adaptation）说起。要弄明白这个议题讲的是什么，我们就必须回到古尔德和列万廷发表于1979年的论文。就从文章标题开始说起吧：《圣马可教堂的拱肩和邦格罗斯范式：对适应论纲领的批判》。除了重新定义"邦格罗斯式"这个词之外，他们还引入了另一个词，"拱肩"，它在某种意义上已被证明是一个非常成功的新造之词：它传播甚广，遍及演化生物学的圈内圈外。在最近的一篇回顾性文章中，古尔德这样说：

> 十年之后，我的朋友戴夫·劳普……对我说，"我们都已经拱肩化［spandrelized］了"。当你举的例子既包含类属特点，又带有一个特别的言语成分时，你就成功了。那些圣马可的拱肩就相当于"舒洁"、"吉露"［Jell-O］或者一个最直白的词"邦迪"［Band-Aid］。（Gould, 1993a, p. 325）

自古尔德和列万廷以来，演化论者（以及许多其他的人）都谈到过拱肩，而且他们自以为知道自己在说什么。拱肩是什么呢？这是个好问题。古尔德想让我们相信适应不是"普遍的",因此他需要一个词来形容(想必为数众多的)非适应的生物学特征。它们被称为"拱肩"。无论拱肩是什么,它们,呃,都不是适应。古尔德和列万廷不是已经向我们展示了,拱肩在生物圈中随处可见吗?并非如此。一旦我们弄清楚这个词的可能含义,我们就会发现,它们要么并非随处可见,要么就是适应的**常规基础**,因此根本不构成对"普遍适应"的制约。

古尔德和列万廷的文章首先拿两座著名的建筑物举例,并且由于文章一开始就走错了关键一步,所以我们必须仔细审读一下文本。(经典文本会产生诸多影响,其中之一就是,当人们匆匆读过一遍之后,关于它们的记忆常常会出错。即使你对这个屡经重印的开头了如指掌,我也劝你再读一遍,慢慢地读,看看它是怎么行差踏错的。)

在威尼斯圣马可教堂的大穹顶上,精细的马赛克图案展现了基督教信仰的主要内容。基督像居于穹顶的中心,周围呈放射状环绕着三圈群像:第九级天使、门徒和力天使。每一圈都被四等分,尽管穹顶本身是辐射对称的。穹顶下的拱梁有四个拱肩,每个拱肩都跟穹顶上的一个四等分部分相接。拱肩——两个圆拱以直角相交后形成的锥形三角区域(图 [10.]1)——是将穹顶架在圆拱上后必然形成的建筑副产品。每一个拱肩上都有一个图案,该图案与锥形区域的契合程度令人赞叹……这个设计是如此精巧协调、目的明确,我们不禁要从它开始分析,把它看作周围建筑结构存在的原因。不过这样做就颠倒了分析的路径。该结构源于一个建筑学上的约束条件:四个逐渐收窄的三角形拱肩必不可少。它们为马赛克图案设计师提供了作业空间;它们奠定了上方穹顶的四分对称结构……

图 10.1　圣马可教堂的一个拱肩

　　拱顶的每个扇状区都必然会沿拱顶的中线留下一系列开放的区域，而它们的边缘就在那里和柱子相交（图 [10.]2）。由于这些区域必然会存在，所以它们常常被巧妙地装点起来。例如，在剑桥的国王学院礼拜堂中，该区域就容纳有交替点缀着都铎玫瑰和闸门图案的拱顶凸饰。在某种意义上，这种设计代表了一种"适应"，不过建筑学上的约束条件明显是更首要的原因。该区域是扇形拱顶构造的必然副产品，它们的相应用途则是次生结果。不论是谁，只要试图去证明该结构存在的原因在于玫瑰和闸门的交替排布对都铎时代的教堂具有重大意义，就都会遭到嘲笑，而且是伏尔泰一股脑儿堆在邦格罗斯博士身上的那种嘲笑……然而，演化生物学家们倾向于将自己的关注点局限于对局部条件的直接适应，往往会忽略建筑学上的约束条件，从而给出这样本末倒置的解释。（Gould, 1993a, pp. 147–149）

首先，我们应该注意到，古尔德和列万廷从一开始就邀我们拿适应论来**比照**对于建筑学上"必要条件"或"约束条件"的关注——仿佛对此类约束条件的发掘并不是（好的）适应论推论的不可或缺的组成部分，而这跟我在前两章所论证的内容相反。现在，也许我们应该停下来思考一种可能性，那就是古尔德和列万廷由于在开篇段落中措辞失当，所以招致了严重的误解，尽管他们在上文引用的最后一句话中已经对自己的措辞有所纠正。也许古尔德和列万廷 1979 年的文章是要表明，我们都必须成为**更优秀的**适应论者；我们应当**扩展**我们的逆向工程的视角，回看研发的过程，以及胚胎发育的过程，让自己的关注点不"局限于对**局部**条件的**直接**适应"。说到底，这就是前两章所传达的主要信息之一。演化论者开始注意到这个问题，有古尔德和列万廷的一份功劳。但古尔德和列万廷所说的所有其他言论几乎都不利于我们做出的这种阐释；他们的本意是要抵制适应论，而不是拓展它。他们所呼吁的是演化生物学中的"多元论"，而适应论只是其中的一个元素，它的影响力就算没有被其他元素完全压倒，至少也受到了削弱。

我们得知，圣马可的拱肩"是将穹顶架在圆拱上后必然形成的建筑副产品"。它在什么意义上是必然的呢？为此我请教过许多生物学家，他们大都会假设它是某种**几何学上的**必然，跟适应论式成本效

图 10.2　国王学院礼拜堂的天花板

益的算计毫无关系，因为根本没有选择的余地！正如古尔德和列万廷（Gould and Lewontin, 1979, p. 161）所说的那样，"一旦蓝图规定穹顶应当架在圆拱上，拱肩就必须存在"。但真是这样吗？乍看之下，仿佛不存在什么方案可以替代穹顶和四个圆拱之间平滑的、逐渐收窄的三角弧面，但实际上，将这些空间用砖石填充起来的方法并无一定之规，所有这些方法在结构的稳固性和建造的简易性上都相差无几。下面展示的是圣马可教堂的设计方案（左边）和它的两种变体。如果用一个字形容两种变化后的方案，那就是丑（我故意把它们弄成这样），但这并不意味着它们**不可能**。

这里有一个术语上的模糊之处，它严重妨碍了我们的讨论。图10.3所展示的是三种不同类型的拱肩吗？还是一个拱肩（左边）和两个丑陋的拱肩替代品？像其他专家一样，艺术史家也往往会沉耽于既从狭义也从广义的角度使用自己领域的术语。严格地说，图10.1中那渐渐收窄的、近似球面的，也就是图10.3中左边的那种表面，叫作"帆拱"（pendentive），而不是"拱肩"。严格地说，拱肩是在墙上打出一个弧形后余下的墙面部分，如图10.4所示。（但这个定义也可能存在模糊之处。图10.4左边画的是拱肩，右边画的是另外某种建筑结构吗？或者，"打过孔的拱肩"严格来说也算拱肩吗？我不知道。）

说得更宽泛一点，拱肩是个有待商榷的位置，就这种更为宽泛的含义而言，图10.3中的三种样式都可以算作拱肩的不同变体。就此而言，图10.5所示的**内角拱**（squinch）也是一种拱肩的变体。

但有时，艺术史学家们在谈到拱肩时，他们其实是在特指帆拱，就是图10.3左边的那种变体。就这一含义而言，内角拱不属于拱肩，而是与拱肩平起平坐的结构。

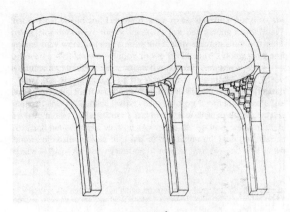

图 10.3[*]

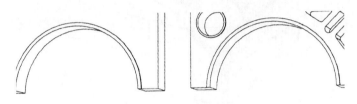

图 10.4

---

[*] 丹尼特在《纠误》中指出：罗伯特·马克（Robert Mark）曾在 1996 年《科学美国人》的 7—8 月刊上发表过一篇精彩的文章《建筑与演化》（"Architecture and Evolution"），文章指出，我低估了拱梁上的巨大穹顶所需要的结构性支撑力，因此我书中托架的示意图（图 10.3 的中图）并不准确，它缺少必要的额外支撑力。他还声称，内角拱也不足以撑起如此巨大而沉重的穹顶。他的最终结论是，我"将关键的结构元素看作一种可以随意更改的表面装饰物的做法十分不妥——'你必须得往那儿放点什么来支撑穹顶——它的形状由你来定'——因为我忽视了将这些元素融入历史建筑所需要的多年乃至多个世纪的建造经验。换句话说，马克的意思是，圣马可的帆拱是适应性的建筑结构，千真万确，而不是古尔德式的"拱肩"。阿拉斯戴尔 I. 休斯顿（Alasdair I. Houston）在《圣马可的拱肩真的是邦格罗斯式的帆拱吗？》（"Are the spandrels of San Marco really panglossian pendentives?"）一文中对这一观点进行了进一步的阐述，文章载于 *Trends in Ecology and Evolution*, March 1997, 12。——译者注

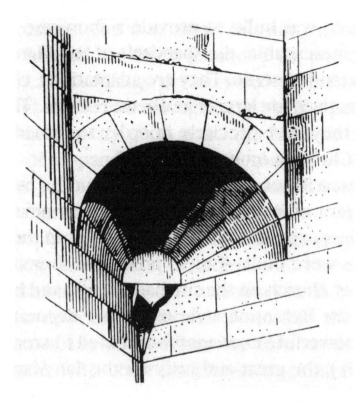

图 10.5 **内角拱**，托臂（corbelling）的一种，通常是夹在直角墙角上的一个小拱或半圆锥体空间，位于方形房间的墙角，形成一个八边形，以便承载一个八边形的回廊拱顶或穹顶。（Krautheimer，1981）

　　这一切为什么很重要呢？因为当古尔德和列万廷说拱肩是"必然形成的建筑副产品"时，如果他们使用的是狭义上的"拱肩"（与"帆拱"同义），那么他们所说的就是错的，只有当我们以宽松的、无所不包的含义理解这个词时，他们说的才是对的。但就该术语的这一含义而言，拱肩是设计**难题**，而非可能会被设计出、也可能不会被设计出的（适应）**特征**。在一种情况下，宽松意义上的拱肩的确是

"几何学上的必然"：当你给四个拱放上一个穹顶时，你就拥有了一个所谓的**强制性的设计机遇**（obligatory design opportunity）：你必须得往那儿放点什么来支撑穹顶——它的形状由你来定。但是，如果我们把拱肩阐释为这种或那种适应所强制需求的位置，那么它们就很难构成对适应论的挑战了。

但话说回来，是否在一些其他方面，狭义的拱肩——帆拱——真就是圣马可教堂的必选特征呢？这似乎就是古尔德和列万廷所坚持的主张，但如果是这样，他们就错了。帆拱不仅是众多**可想象的**选项之一，还是众多**可供选用的**选项之一。大约自7世纪以来，在拜占庭建筑中，内角拱就是解决拱上穹顶问题的著名方案。*

圣马可拱肩——帆拱——的实有设计，主要有两个优势。首先，它（近乎）是"能耗最小"的表面（用金属丝制作一个墙角模型，在上头挂上肥皂膜，你就能得到这样的表面），因此它的表面积接近最小值。（因此，如果要最大限度地减少昂贵的马赛克瓷砖的用量，那它就是最优解！）其次，这个光滑的表面是镶嵌马赛克图像的**理想之选**——建造圣马可教堂的原因，就是给马赛克画像提供一个展示平台。我们难免会得出这个结论：即使就古尔德那个扩展了的意义而言，圣马可教堂的拱肩也不是拱肩。它们是适应，而它们之所以在一系列可能的备选方案中被选中，主要是出于审美方面的考量。它们的表面被**设计**成这样的形状，正是为了方便展示圣像。

毕竟，圣马可教堂不是一个粮仓；它是一座教堂（但不是主教座堂）。它的穹顶和拱顶的主要功能绝不是挡雨——早在11世纪这些

---

* "然而，不论内角拱上的穹顶起源于什么，在我看来，这个问题的重要性都被过分夸大了。内角拱是一种可以融入几乎任何一种建筑的结构元件。"（Krautheimer, 1981, p. 359）

穹顶被建造出来的时候,许多更省钱的挡雨方法就已经存在了——而是展示宗教信仰的符号。在圣马可教堂之前,那里曾坐落着另一座教堂,它后来被烧毁了,并于 976 年经历了重建,随后拜占庭风格的马赛克装饰受到了有权有势的威尼斯人的追捧,他们想要在本地打造一个范例。奥托·德穆斯是研究圣马可教堂的马赛克的权威专家,他曾在自己四卷本的鸿篇巨制(Demus, 1984)中表示,马赛克是圣马可教堂存在的原因,因此也是其中许多建筑细节存在的原因。换句话说,假如"如何用拜占庭马赛克画像展示基督教图像"这个"环境难题"从未被提出,也从未曾有过解决方案的话,那么这样的帆拱就不会在威尼斯出现。如果你仔细观察这些帆拱(在图 10.1 中就可以看出,而如果你看的是真正的帆拱,更绝不会看错,我在最近一次游览威尼斯时就看到了),你就会发现,帆拱本身和它所连接的拱之间的过渡区域已经被打磨得十分平整了,这样做是为铺设马赛克提供一个连续的表面。

事实证明,古尔德和列万廷所选的另一个建筑学例子也不大恰当,因为我们根本不知道,在国王学院礼拜堂中,交替点缀着玫瑰和闸门图案的拱顶凸饰是扇形拱顶存在的原因,还是正好相反。我们只知道,扇形拱顶**不是**该礼拜堂最初设计的一部分,而是后来的修改,是源自开工多年之后才下达的一道原因未知的变更令(Fitchen, 1961, p. 248)。我在第 8 章中指出,对于早期哥特风格拱顶的建造者来说,压在拱肋交会处的非常沉重的(而且带着繁杂雕饰的)拱顶石是一步逼着,因为他们需要这种拱顶石的额外重量来抑制尖拱上翘的趋势,特别是在建造阶段,因为在这个阶段,部分完成的结构有可能发生形变,这是个必须解决的难题。但在国王学院礼拜堂这样的晚期扇形拱顶上,拱顶凸饰存在的目的很可能完全是提供装饰性的焦点。拱顶凸饰无论如何都必须存在吗?不,从工程学的角度来看,如果不考虑屋顶，相应的那些位置上本可以是利落的圆孔，就像"灯笼"一般，使日光可以从上面照进来。也许扇形拱顶是建造者的选择，这样天花板就可以装饰着都铎王朝的符号了！ *

因此，传说中的圣马可教堂的拱肩说到底并不是"拱肩"，而是适应。† 你可能会认为，这样说虽然新奇，但不具有重要的理论意义，因为正如古尔德本人时常提醒我们的那样，达尔文所传达的根本信息之一是，制造品会被循环利用，并被赋予新的功能——用古尔德和弗尔巴（Gould and Vrba, 1982）的新造之词来说就是"扩展适应"（exapted）。熊猫的拇指并非真正的拇指，但它很好地发挥了自己的功能。至于古尔德和列万廷的拱肩概念，即便它的诞生是一个——扩展适应另一个著名的用语——历史凝定的偶然，难道它不也是一个属于演化思维的宝贵工具吗？那么，"拱肩"一词在演化思维中的功能是什么？据我所知，古尔德从来没有正式地给这个词（在生物学中的

---

* 丹尼特在《纠误》中指出：罗伯特·马克也批评了我关于国王学院拱顶凸饰的说法，他不认为拱顶凸饰可以替换为"利落的圆孔"，不过也可以看看斯蒂芬·格罗弗（Stephen Grover）的来信和罗伯特·马克的回复，载于 *American Scientist*, Nov/Dec 1996, p. 518。格罗弗指出，沃尔特·C. 利迪（Walter C. Leedy）于 1980 年出版的《扇形拱顶》（*Fan Vaulting*）支持了我的观点，而国王学院的院长帕特里克·贝特森（Patrick Bateson）也曾来信支持我的解释。——译者注

† 我最近才发现，我并非第一个注意到古尔德这些艺术史小错误的人。好几年前，两位演化生物学家就先于我对其进行了披露：阿拉斯代尔·休斯敦（Houston, 1990）曾提醒人们注意关于拱肩、帆拱和内角拱的问题，而蒂姆·克拉顿-布洛克则在哈佛大学的一次演讲中质疑了古尔德对国王学院礼拜堂扇形穹顶的解释。

有趣的是，最近出版的一本文集（Selzer, 1993）从头至尾都在分析古尔德和列万廷文章中的修辞，可其中所有的解构主义者和修辞学家都忽视了以上这些点。你可能会以为，在这 16 位人文学者中，总会有人留意到那篇文章中基本用语的事实准确性问题，但请务必记住，这些老油条的兴趣在于"解构知识"——这意味着他们已经跨越了横亘在事实与虚构之间的呆板老套的二分法的藩篱，因此，对于自己读到的内容是真是假，他们不会有任何专业上的好奇！

用法）下过定义，而且由于他用来展现自己原意的那些例子少说也是具有误导性的，所以我们只能自寻出路了：我们应该试着找到对他文本最棒、最通情达理的解释。我们接手这一任务时，有一个要点清清楚楚地从文本中浮现出来：无论拱肩是什么，它都应该是一种非适应。

关于拱肩（取古尔德的含义），在建筑学上的**恰切**例子会是什么样呢？如果各种适应现象是关于（好的、巧妙的）设计的例子，那么拱肩也许就是一个"不费脑子的玩意儿"——一个不展示出任何巧妙设计的特征。一栋建筑的门口——差不多就是入口处——似乎可以看作一个例子，因为对于一位在自己的房子中加入这一特征的建造者，我们不会赞叹于他的聪明才智。但至于住宅为什么应该有门口，到底还是有着一个非常充分的理由。如果对于某些设计难题，拱肩恰巧就是明摆着的优秀解决方案，因而往往会成为一种相对不用动脑筋的建造传统的组成部分，那么拱肩就会大量存在。然而，在这种情况下，它们就不是什么可以代替适应的东西，而是适应的卓越典范——要么是逼着，要么就是只要不犯傻都会想到的走法。一类更恰切的例子可能是工程师们时常挂在嘴边的"不用费心的事"：有的东西一定会以这样或那样的方式存在，但这些方式的效果都半斤八两。当我们在门口装一扇门时，需要为这扇门安上铰链，那么铰链应该安在门的左边还是右边呢？也许不用费心，抛个硬币，铰链就装在左侧。如果其他建造者不假思索地效仿了这个结果，从而创立了一种局部的传统（锁匠只为铰链在左侧的门制作门闩，从而巩固了这种传统），那么这就是一个伪装成适应的拱肩。"为什么这个村子里门上的铰链都在左侧？"就会是一个经典的适应论问题，对此的答案是："没有原因。只是历史的偶然罢了。"那么，这是不是一个建筑学上有关拱肩的**恰切**例子呢？也许是吧，不过，正如上一章中有关秋叶的例子所表明的，**提出**属于适应论者的"为什么"问题，从来都不是错误之举，即使真正的答案是"没有原因"。生物圈中是否有许多没有存在原因的特征？这完全取决于什么算作特征。无关宏旨的是，有不计其数的属性（例如，大象的腿比眼睛多，雏菊可以浮在水面上）本身都不是适应，但是没有哪个适应论者会否认这一点。想必，古尔德和列万廷要敦促我们抛弃的是一个更值得关注的学说。

古尔德料定可以通过承认拱肩的广泛存在而推翻一个关于"普遍适应"的学说，那个学说究竟是什么呢？让我们考虑一下邦格罗斯式适应论观点的最极端形式——**每一个设计之物都经过了最优**的设计。瞥一眼人类的工程学就会发现，即使是这种观点，也会允许并且需要大量非设计之物的存在。如果可以的话，请想象一下人类工程学中的一些杰作——一间设计得完美无瑕的零件工厂，它高效节能，具有最高的生产力，最低的运营成本，并以最人性化的方式对待工人，在任何维度上都不需要改进。例如废纸收集系统，它按废纸种类进行回收利用，以最低的能耗为员工提供最大的便利和善意，等等。这似乎就是一个邦格罗斯式的胜利。不过且慢——这些**废纸**是用来干什么的？它们没有任何用处。废纸是其他过程的副产品，而废纸收集系统是用来处理它们的。若不预设废纸本身只是……废品（！），你就无法以适应论解释为什么这个清除／回收系统是最优解。当然，你可以继续追问，是否可以通过更有效地利用计算机来实现"无纸化"办公，但如果出于某种原因，该建议恰好没有落地，那么需要处理的废纸以及其他废品和副产品就仍会存在，因此即使在一个设计得最为周全的系统中，也会存在大量毫无设计痕迹的特征。没有哪个适应论者能"普遍"到否认这一点。据我所知，对于以下这个论题——生命世界中一切事物的每一个特征的每一个属性都是一种适应——还没有人会严肃地看待它，即使是从有人严肃看待的任何论题中，也延伸不出这个论题。如果我说得不对，世上真有这样煞有介事的疯子存在，那古尔德也没有指出过任何一个。

尽管如此，他有时似乎的确将这个观点当作了攻击目标。他把适应论描述为"纯适应论"（pure adaptationism）和"泛适应论"（panadaptationism）——后者显然认为每种生物体的每一个特征都应当解释为一种受到选择的适应。生物哲学家海伦娜·克罗宁在她最近出版的《蚂蚁与孔雀》中，对这种观点进行了一针见血的剖析（Cronin, 1991, pp. 66–110）。她发现古尔德正在滑入曲解的泥淖之中：

> ……十分重要的是，当斯蒂芬·古尔德谈论"演化论中可能最根本的问题"时，他谈的不是一个问题，而是两个问题："自然选择在多大程度上可以说是演变的**唯一**动因？一定要把生物体的**所有**特征都看作适应的结果吗？"（Gould, 1980[a], p. 49；重点为引者所加）然而，自然选择不必产生所有的特征，也可以是适应的唯一真正促成者；某人不必认为所有特征都是适应性的，也可以认为所有适应性特征都是自然选择的结果。（Cronin, 1991, p. 86）

即使生物体的许多特征都不是适应的结果，自然选择也仍可以是演变的"唯一动因"。适应论者**总是**在给那些引起他们注意的特征寻找适应性的解释，而且他们也应该如此，但这一策略还不足以让人投身于被古尔德谑称作"泛适应论"的理论。

如果我们看看古尔德推荐了什么东西来取代适应论，也许他反对的东西就会变得清晰一些。作为他们所推荐的多元论的组成部分，古尔德和列万廷提出了哪些适应论的替代品呢？其中最主要的是形体构型（Bauplan），它是一个来自德国的建筑术语，使用它的是某些欧陆生物学家。这个术语在英文中通常被译为"基础平面图"（ground plan）或"底层平面图"（floor plan）——从上往下看时，结构的基本轮廓。一场反适应论的运动，却要强调一个建筑学术语，着实是奇事一件，而只要你看看最早的形体构型理论家们是如何发展这一术语的，就会明白这种做法的可笑逻辑。他们说，适应可以解释为了让生物体适应环境而进行的**表面修改**，但不能解释生物的根本特征："演化中的重要步骤——形体构型本身的构建和众多形体构型之间的过渡——必定涉及了其他某种未知的、也许'内在'的机制。"（Gould and Lewontin, 1979, p. 159）难道形体构型不是由演化设计的，而只是以某种方式被赋予的吗？听起来有些可疑，不是吗？古尔德和列万廷相信这个来自欧陆的激进观念吗？从来都不信。他们很快就承认英国生物学家是对的，后者"拒斥这种过强的观念形式，认为它简直是在诉诸神秘主义"（Gould and Lewontin, 1979, p. 159）。

一旦排除了形体构型的这一神秘化版本，剩下的是什么呢？是我们熟悉的老主张：好的逆向工程会考虑到建造的过程。正如古尔德和列万廷所说的那样（Gould and Lewontin, 1979, p. 160），他们的看法"并没有否认，发生了的变化可能是通过自然选择实现的，但又认为，约束条件如此强烈地限制了变化的可能路径和模式，以至于它们成了演化中最有意思的部分"。正如我们所见，无论它们是不是**最**有意思的部分，它们都必定是重要的部分。也许适应论者（像艺术史家一样）需要被反复提醒这一点。假如适应论者有个大统领（arch-adaptationist）的话，那就非道金斯莫属，当他提到"有一些外形，似乎是一定种类的胚胎无法长成的"（Dawkins, 1989b, p. 216），他所表达的就是关于形体构型约束条件的某类看法，他还说，这对于他而言就像是个启示。让道金斯深刻认识到这一点的，是他自己在计算机上进行的模拟演化，而不是古尔德和列万廷的文章，但我们可以容许他们插一句嘴:"是我们告诉你的!"

古尔德和列万廷还讨论了适应的其他替代品,也都是些我们在正统达尔文主义中已经遇到过的主题:基因的随机固定(历史偶然的作用,以及这种作用的扩大化),基因的表达方式所造成的发育限制,以及关于如何在耸立着"多个适应性高峰"的适应度地形中四处游走的一些难题。这些都是真实的现象;和往常一样,演化论者所争论的不是这些现象是否存在,而是它们有多重要。的确,在新达尔文式综合论日趋复杂、日臻完善的过程中,涵盖这些现象的理论学说发挥了重大作用,但它们只是改革或复杂化,而非革命。

因此,一些演化论者心平气和地接纳了古尔德和列万廷的多元论,认为它是在呼吁改良适应论,而非呼吁抛弃适应论。正如梅纳德·史密斯(Maynard Smith, 1991, p. 6)所言:"古尔德与列万廷的论文影响相当深远,并且总的来说颇受欢迎。我怀疑许多人是否已经不再试着讲述适应性的故事。当然,我自己还没有这么干。"尽管古尔德和列万廷的论文已被欣然接纳,但它的一项副产品却不大受欢迎。文中煽动性的措辞在暗示,那些多少受到忽视的主题构成了适应论的主要替代品,这就为畏惧达尔文者一厢情愿的想法找到了出路,这帮人更愿意看到适应论**无法**解释这样或那样的宝贵现象。他们想象中朦朦胧胧的替代品会是什么呢?要么是古尔德和列万廷眼中由于乞灵于神秘主义而理应摒弃的"内在必然性",要么是彻头彻尾的宇宙级巧合——一件同样神秘难解、实现无望的事。不管是古尔德,还是列万廷,都没有明确地认可这两种不着边际的替代品,但有些人对此视若无睹,情愿倾倒于这两位质疑达尔文的杰出学者的权威性。

此外,尽管古尔德在合著的论文中呼吁多元论,但他仍坚持将其描述为对适应论的毁弃(例如 Gould, 1993a),并坚持以"非达尔文式"方式阐释它的中心概念——拱肩。你可能已经察觉到了,我忽略了对拱肩的一种明显阐释：也许拱肩只是一个 QWERTY 现象。你还记得，QWERTY 现象是约束条件，但也是伴有适应性历史的约束条件，因而伴有一种适应论式的解释。*古尔德自己也曾短暂地考虑过这种替代方案："如果［限制当前选项的］通道是由过去的适应设立的，选择就仍有超群的地位，因为所有主要的结构，要么是对直接选择的表达，要么是在先前选择所遗留的系统发生影响的引导下实现的。"（Gould, 1982a, p. 383）说得不错，但他立即否定了这个说法，称它是达尔文式的（它当然如此），然后推荐了一个替代性的"非达尔文式版本"，并将其描述为"虽未被广为认可，但可能极为重要的"方案。他随后指出（Gould, 1982a, p. 383），拱肩并不是由早期适应凝定而成的约束条件；它们是**扩展适应**。他的这个对照是想说明什么呢？

　　我想他察觉到了，利用先前设计过的东西和利用原本未经设计的东西，是两种不同的做法，他还声称这一点非常重要。也许吧。以下是一些关于这种解读的间接文本证据。《波士顿环球报》（*Boston Globe*）最近刊登了一篇文章，其中引用了麻省理工学院的语言学家

---

* 古尔德在讨论最初的 QWERTY 现象时，提出了一个有用的观点（Gould, 1991a, p. 71），但据我所知，他并没有进一步发展它：由于导致标准 QWERTY 打字机键盘被广泛采用的一连串奇特的历史事件，所以"一大批本可以检验 QWERTY 的比赛从来都没能举办过"。也就是说，QWERTY 的设计是否比替代方案 X、Y 和 Z 更好根本**无关紧要**，因为不论在市场中还是设计工作室里，这些替代方案从来都不曾与 QWERTY 有过竞争。它们似乎只是生不逢时，没能产生重要的影响而已。适应论者应该警惕这样一个事实：即使我们在自然界中看到的一切都已经在"跟所有参与者的较量中经受过检验"，并且没有任何不足，但在所有可以想象的比赛中，只有一个小得微乎其微的（有偏向性的）子集曾被实现过。所有现实中的锦标赛都难免具有局限性，这意味着，在描述胜者的优点时，人们必须谨慎小心。一个来自东部沿海地区的老笑话只用了寥寥几句话就表达了同样的观点："早安，艾德娜。""早安，贝西。你丈夫好吗？""和什么相比？"

塞缪尔·杰·凯泽（Samuel Jay Keyser）的话：

> "语言很可能是心灵的拱肩。"凯泽说，然后耐心等待他的质疑者们在词典中查找"拱肩"这个词……第一个使用拱支撑穹顶的建筑师**偶然地**［强调为引者所加］创造出了拱肩，而且建筑师们起初并未注意到拱肩，他们只装饰了拱，凯泽如是说。但在几个世纪之后，建筑师开始关注并装饰拱肩。同理，凯泽说语言——通过讲话传递信息的能力——可能就是一种思维和交流的"拱肩"，在某种文化之"拱"形成的过程中，它被偶然地创造了出来……"语言很可能就是某件心灵的演化奇事的偶然制造品。"（Robb, 1991）

也许凯泽的话被误引了——碰到记者对他人话语的描述时，我总是十分小心谨慎，不会轻易取信，因为我自己也曾深受其害——但如果引文准确无误，那么于凯泽而言，拱肩原本是偶然事件，而不是必要条件、不用费心的事或QWERTY现象。我曾在罗马的一家青铜铸造厂工作过，有一次我们填充铸模时，铸模发生了爆炸；熔化的铜溅得满地都是。有一摊铜液凝固成了绝妙的蕾丝状，我立即将其据为己有，做成了一件雕塑。我是在扩展适应一个拱肩吗？（与此相反的是，达达主义艺术家马塞尔·杜尚将一个小便池挪用为他的现成品，并称之为雕塑；他不是在扩展适应一个**拱肩**，因为这个小便池先前就具有功能。）

古尔德本人（Gould, 1993a, p. 31）也曾引述过这则新闻故事，并对其表示赞许，但他没有注意到凯泽对艺术史的理解有误，并且对于凯泽将拱肩定义为偶然事件，他也没有发表任何异议。因此，也许凯泽对这个词的理解是正确的：拱肩就是一个可用于扩展适应的偶然事件。古尔德与伊丽莎白·弗尔巴在1982年合作撰写了文章《扩展适应：形式科学中缺失的术语》（Gould and Vrba, 1982），文中介绍了"扩展适应"。他们的本意是将扩展适应与适应进行比照。然而，他们却大量使用另一个词，这个令人极度不悦的词已经在当时关于演化问题的课本中占据了一席之地：预适应（preadaptation）。

> 预适应似乎意味着，尽管原始翅膀在其初始阶段行使着其他功能，但它知道自己要往哪儿去——自己命中注定要在后来转为飞行之用。课本通常在介绍完预适应这个词之后，就迅速否认其暗含的宿命意味。（可要是一个名称，你不先否认它的字面意思就没法使用它，那这个名称就选得不好。）（Gould, 1991b, p. 144n.）

"预适应"是个糟糕的术语，原因正如古尔德所说；但请注意，他并不是要说自己的批评对象犯了"承认自然选择具有预见性"这个重大错误——他承认，他们在介绍这个术语的同时就"迅速否认"了这一异端邪说。他们犯的是一个小错误，即他们选择的用法可能会不受控制地造成这种混淆。这样一来，把"预适应"换成"扩展适应"的做法就很可以被看作一场英明的用法改革，更适于把适应论者的正统观点表达到位。可古尔德却很抗拒这种改革派的阐释。他希望扩展适应和拱肩所呈现的是一个"可能极为重要的"和"非达尔文式的"替代方案。

> 伊丽莎白·弗尔巴和我都提议放弃"预适应"这个具有局限性且容易造成混淆的词，而采用更具包容性的"扩展适应"——来描述任何一种不是被自然选择用于当前目的而演化出的器官——要么因为它在祖先物种身上发挥的功能不同（典型的扩展适应），要么因为它代表了一个可供将来拉拢的无功能部

分。（Gould, 1991b, p. l44n. ）

不过，根据正统达尔文主义，每一项适应都是某种形式的扩展适应——这不是什么了不得的见解，因为没有一种功能是永恒不变的；只要回溯得足够远，你就会发现每一项适应都是从前体结构发展出来的，而每一种前体结构要么曾经具有这样那样的其他用途，要么完全没有用途。古尔德的扩展适应革命只会排除一种现象：有计划的预适应。而该现象也是正统的适应论者无论如何都会"迅速"否认的。

（反对泛适应论的）拱肩革命和（反对预适应论的）扩展适应革命，都经不起仔细推敲，因为自达尔文本人起，避开泛适应论和预适应论就一直是达尔文派的日常工作。这些算不上革命的运动非但没能成功地挑战达尔文派的任何正统信条，而且他们引入的新造之词与他们本该替换掉的词一样，都可能会引起混淆。

如果主流一直拉拢你，那么你就很难成为一名革命者。古尔德经常抱怨说，作为他攻击的目标，新达尔文主义承认了那些他打算用于驳论的特例，"这使得任何一位为了批判现代综合论而描述其特征的人都大受挫败"（Gould, 1980b, p. 130）。

> 现代综合论的辩护者们希望看到它能力完备，不仅能直面当下的批评指责，还能将其纳入自身，有时，他们对于该理论的解释是如此宽泛，以至于因为包罗万有而意义尽失……斯特宾斯和阿亚拉［两位声名显赫的辩护者］就曾试图通过对其重新定义来赢得一场争论。现代综合论的本质一定是其达尔文式的内核。（Gould, 1982a, p. 382）

见到一个达尔文主义者竟然为某样东西赋予了一个本质，这不免令人吃惊，不过我们可以采纳古尔德的观点（即便不采纳他的措辞）：他想推翻的是现代综合论的**某些方面**，而在推翻它之前，你必须先将它界定清楚。他曾多次宣称（如 Gould, 1983a），他可以看到现代综合论在替他完成他的工作，逐渐"硬化为"一个易折易碎的正统观念，更便于他攻击。真是这样就好了！事实上，当他一进入战斗，现代综合论就展现出其弹性，轻易化解了他打出的拳劲儿，令他备感沮丧。尽管如此，我仍然认为他下面这一点没有说错，即现代综合论的确拥有一个"达尔文式的内核"，并且它也的确是古尔德的攻击目标；他只是还没有确切地指出问题所在罢了。

如果针对"普遍适应"的驳论已经烟消云散，那么在古尔德看来"正在土崩瓦解"的现代综合论的另一个主要元素渐变论遭到的驳论又怎么样了呢？古尔德针对渐变论而发动的未遂革命实际上是他的第一场革命；这场革命于 1972 年在一阵炮火齐射中拉开序幕，它为演化论者和旁观者们的词汇库引入了另一个我们熟知的新造之词：**间断平衡**（punctuated equilibrium）。

3. 间断平衡：一个有前途的怪胎

终于，间断平衡已经实实在在成年了［majority］——我们的理论已经 21 岁了。我们的内心充满了为人父母般的自豪（可能会因此带有偏见），我们相信最初的争议已经被广泛的理解所取代，而作为演化论的宝贵补充，间断平衡已经被我们的大部分同事（一种更具常规意义的大多数［majority］）接受了。

——斯蒂芬·杰·古尔德和奈尔斯·埃尔德雷奇

（Gould and Eldredge, 1993, p. 223）

现在需要声音响亮地讲出真相：间断平衡理论牢牢地位于新达尔文主义的综合论之中。它一直如此。要消除过分夸大的措辞所造成的伤害虽然需要时间，但这终究只是时间问题。

——理查德·道金斯（Dawkins, 1986a, p. 251）

奈尔斯·埃尔德雷奇和古尔德在他们共同撰写的论文《间断平衡：系统发生渐变论的一种替代方案》（Eldredge and Gould, 1972）中，介绍了这一术语。据他们所说，尽管正统达尔文派倾向于将所有演变都设想为渐进式的，但是他们认为，恰恰相反，演变是以猝动的方式进行的：长期的不变或**停滞**——平衡——被突然的、戏剧性的短期快速变化打断——间断。这一基本观念常常可以通过对比两种生命之树来说明（图 10.6）。

我们可以假设，横坐标表示的是表型变化或身体设计的某一方面——当然，要完整地表现这一切，就需要一个多维空间才行。左图代表正统观点，所有通过设计空间的运动（即在示意图中向左走或向右走）都以一个大致稳定的速度进行。与此相反，间断平衡则显示出长期不变的设计（垂直线段）被设计空间中"瞬时的"侧向跨越（水平线段）打断。要想了解他们理论的核心主张，只需追溯两幅图中 K 物种的演化历史即可。表示正统观念的左图显示，从亚当物种——A——出发，有一个大致稳定的右倾趋势。在他们提出的替代方案中，K 同样是 A 的后代，并且它在相同的时间内完成了在设计空间中的同一段右移，不过不是稳步爬升，而是时断时续的。（这些示意图可能需要你多动脑子想想；斜坡和楼梯之间的差别是对比两张图的关键，而设计空间中的巨大跨越在图中是**侧向**移动，不是垂直方向的片段，后者仅仅是在时间中"运动"的波澜不惊的时段，不涉及在设计空间中的运动。）

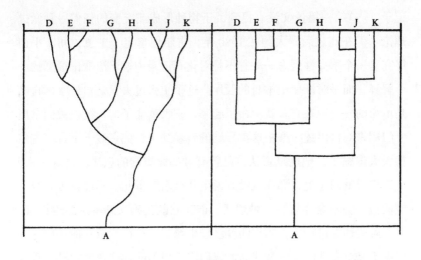

图 10.6

　　对于那些据称十分激进的假说，科学家们的回应三部曲通常是：（a）"你脑子进水了吧！"；（b）"能有点新鲜东西吗？**这是大家都知道的呀！**"；以及，一段时间之后——如果这个假说仍旧成立的话——（c）"嗯。你**可能**在做一件有意义的事！"有时，这三个阶段需要数年时间才能依次呈现，不过，在一次会议报告之后进行的短短半小时的激烈讨论中，我曾目睹了三个阶段几乎同步出现的过程。在间断平衡假说这个实例中，这几个阶段尤为显眼，这在很大程度上因为古尔德三番五次地改变主意，不太确定他和埃尔德雷奇要主张的究竟是什么。当提出间断平衡的论文首次出现时，它看上去完全不像一次革命性挑战，而更像是一次保守的纠错，旨在纠正正统达尔文派难以摆脱的一个错误观念：古生物学家们误以为达尔文式的自然选择应该会留下可以展示大量过渡生命形态的化石记录。*这第一篇论文没有提到关于物种形成或突变的任何一种激进理论。但在此之后，大约在 1980 年，古尔德拿定了主意：间断平衡终究是一个革命性观念——它不是对化石记录中缺乏渐变论证据的一个解释，而是对渐变论本身的驳斥。这个主张过去只是对外宣称自己是革命的——现在它真就革命了起来。它太革命了，正统权威们拿出专门用来对付伊莲·摩根这类异端的残暴劲头，把它轰下了台。古尔德大大退缩了，他反复否认自己曾有过如此离谱的想法。这样一来，正统权威就回应道，那你就没有说出什么新鲜事儿。不过且慢。对于该假说，会不会还有另一种解读，能让它既正确又新鲜呢？也许有。第三阶段还在进行中，陪审团就已经出场了，正在考量其他几种——但都不是革命性的——替代品。我们将不得不回顾这几个阶段，看看人们当初在追捕被告的时候都喊了些什么狠话。

正如古尔德和埃尔德雷奇他们自己所指出的，在图 10.6 这样的示意图中，存在着明显的比例尺问题。要是我们把表示正统观念的图片放得特别大、足够大，我们就会发现它是这样的：

当放大到**某个**级别时，任何演化斜坡都必然会看起来像一段楼梯。图 10.7 中描绘的是间断平衡吗？如果是的话，那么正统的达尔文主义已经是一种间断平衡的理论了。就算是最极端的渐变论者也会允许演化喘口气、休息一下，让线条沿垂直方向无限期地延伸直到某种新的选择压力出现。在这段停滞期中，选择压力是保守的，它会迅

---

* "在过去的 30 年间，异域［物种形成］理论越来越受到认可，并成了绝大多数生物学家所信奉的唯一物种形成理论。"（Eldredge and Gould, 1972, p. 92）这种正统的理论具有一些惊人的意涵："这个异域的（或地理上的）物种形成理论提供了一种阐释古生物学数据的不同方式。如果新的物种在小的、孤立在边缘区域的局部种群中快速出现，那么盼望存在缓缓过渡的化石序列就是在痴心妄想。"（Eldredge and Gould, 1972, p. 82）

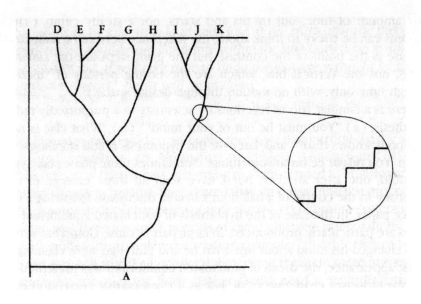

图 10. 7

速淘汰掉任何一种新出现的实验性替代方案，使设计在大体上保持不变。就像老机械师说的那样："不要修还没坏的东西。"每当一个新的选择压力出现时，我们就会看到加剧了的演化，表现为一个"突然的"回应，一个打破了平衡的间断。埃尔德雷奇和古尔德是真的提出了一个革命性的不同意见，还是仅仅提供了对于演化过程节奏变化的有趣观察，及其对化石记录的可预见的影响？

在表示革命性观念的示意图中，间断论者们（punctuationist）通常会将间断部分画得绝对水平（这样就可以极醒目地表明，他们提出的这种方案可以真正替代猖獗泛滥的正统斜坡观）。这使得图上每一处设计修改看上去仿佛都是瞬间完成的，不花一丁点儿时间。但这只是凭借垂直方向的巨大比例尺而人为营造的误导性假象，比例尺上的每一英寸都表示千百万年的时间。侧向的移动并非真正瞬时的。它只

"在地质学意义上是瞬时的"。

> 一个孤立的种群可能要用去一千年的时间才能形成物种，因此，如果用人类寿命这一不相干的尺度来衡量的话，从种群到物种的转变就会显得极度缓慢。但在地质学时间的尺度上，对于历经数百万年仍旧岿然不变的物种来说，一千年就只是一个无法拆分的瞬间，通常只被保存在［含有化石的岩石中］单一地层内。（Gould, 1992a, pp. 12–14）

设想，我们放大一个千年的瞬间，将表示时间维度的垂直方向的比例尺改变好几个数量级（图 10.8），看看实际发生的事情会是怎样。在 t 时刻和 t' 时刻之间迈出的水平步子就必须被抻开，并且我们必须把它变成相对而言的大步子、小步子，甚至极小步子，或者它们的某种组合。

上面的各种可能情况会带来什么革命性的发现吗？埃尔德雷奇和古尔德的主张到底是什么呢？二人在这件事上有些分歧，至少有过一时的分歧。古尔德声称，这个观点是革命性的，因为它认为间断不只是寻常的演化，不只是**渐进式的**改变。还记得那个老段子吗？一个醉汉摔进了电梯井里，他一边起身一边说道："留心第一级台阶——它还挺不寻常的！"古尔德有好一阵子都在指出，建立任何一个新物种的第一步都很"不寻常"——一次非达尔文式的**骤变**［saltation，"空翻"（somersault）和"翻炒"（sauté）也来自同一个拉丁词根］：

> 物种形成并不总是渐进式、适应性的等位基因替代效应的一种扩展延伸，正如戈尔德施密特所说，它还可能代表一种不同的遗传变化方式——基因组的快速重组，也许还是非适应性的重

达尔文的危险思想　　384

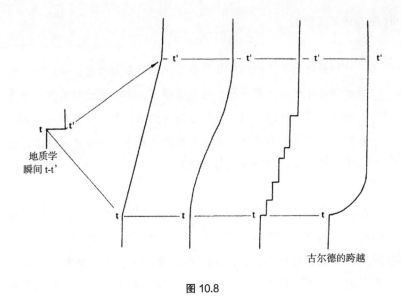

地质学
瞬间 t-t'

古尔德的跨越

图 10.8

组。（Gould, 1980b, p. 119）

这样看来，物种形成本身并不是由积累起来的适应特征所渐进推动的种群分化的结果，它本身就是一个原因，自有一套非达尔文式的解释：

> 但在骤变的、染色体水平的物种形成过程中，生殖隔离最先发生，并且根本不能算作一种适应……事实上，我们可以颠覆传统的认知，并提出这样的观点：物种形成，通过随机形成新的实体，来为选择提供原材料。（Gould, 1980b, p. 124）

我称此为古尔德的跨越（Gould's leap），用图 10.8 最右侧的图来表示。古尔德主张，只有一部分是间断过程，即最后的渐进收尾过

程是"达尔文式的":

> 如果新的形体构型往往产生于一系列层层堆叠的适应，而这些适应起源于一个骤变产生的关键特征，那么该过程就部分地是依序的、适应性的，因而也是达尔文式的；但最初的那一步则并非如此，因为在形成那个关键特征的过程中，选择并没有发挥创造性作用。（Gould, 1982a, p. 383）

发挥"创造性作用"的不是选择，而是别的什么东西，这一观点引起了古尔德的同事们的怀疑和关注。为了弄清楚是什么造成了这场风波，我们需要指出，在图 10.8 的示意图中，我们确实无法区分几个具有关键差别的假说。该示意图的问题在于，它需要更多的维度，这样我们才可以对比**基因型空间**中的步骤（孟德尔图书馆中的排印步骤）与**表型空间**中的步骤（设计空间中的设计创新），然后在一**个适应度地形上**对其中的差异加以评估。正如我们所看到的，配方和结果之间的关系错综复杂，并且图上也许会绘出许多种可能性。我们在第 5 章中看到，基因组中一个小小的排印变化原则上就可以对其表达的表型产生深远的影响。我们还在第 8 章中看到，基因组中的一些排印变化不会对表型产生任何影响——例如，溶菌酶有超过一百种不同的"拼写"方式，因此，对应溶菌酶的 DNA 密码子指令也有超过一百种相应的拼写方式。那么，我们就知道了，在一个极端上，有些生物体在设计上会相似到甚至难以区分，但在 DNA 上却有巨大的差异——例如，你和那个经常被误认为是你的人（你的二重身*——没

---

* 二重身（Doppelgänger），德语词汇，这里指两个没有血缘关系，但长相极为相似的人。——译者注

有一本哲学书会漏掉这个词）。在另一个极端上，有些生物体可能在外观上千奇百怪、各不相同，但它们在基因上却几乎相同。出现在错误位置上的一个突变，就能造出一个怪胎——表示这种畸形后代的医学术语是 terata，即希腊语（和拉丁语）中的"畸胎"。也会有一些生物体，它们在外观和结构上几乎完全相同，DNA 也几乎完全相同，但在适应度上却大相径庭——例如，异卵双胞胎中的一个恰好携带的一个基因，让它对某种疾病免疫或易感。

在这三个空间的任何一个中，一次大跨越或一次骤变，都可以称为一个**大突变**［macromutation，意思是一个大的突变，而不仅仅是我所谓的宏（大分子子系统）的一个突变］。*正如恩斯特·迈尔（Mayr, 1960）已经观察到的，我们说一个突变是大的，原因有三：它是孟德尔图书馆中的一大步；它产生了一个彻底的表型差异（一个怪胎）；它（以这样或那样的方式）造成了适应度的大幅增加——用我们对设计改变**所做的有用功**的比喻说法来讲，就是大量的**吊升**。分子复制系统是有可能在孟德尔图书馆中大步移动的——在有些情况下，整段文本会因为单个复制"错误"而遭到调换、颠倒或删除。在漫长的时间里，排印上的差别有可能在从未得到表达的大部分 DNA 中缓慢地（一般来说，也是随机地）积累下来，如果由于某个调换错误，这些积累的改变突然得到了表达，那么就会在表型上产生巨大的效果。不过，只有在大突变的第三种含义——适应度上的巨大差异——这个层面上，我们才能弄清楚古尔德的提议中看起来激进的地方。"骤变"和"大突变"这两个词往往被用于描述成功的一步，**创造性**的

---

* 关于这个术语的介绍，参见迪特里希的文章《大突变》（Dietrich, 1992），该文章收录于《演化生物学关键词》（Keller and Lloyd, 1992），这是一本新出版的，由凯勒和劳埃德编纂的优秀资料集。

一步，即后代在单单一个世代内从设计空间的一个区域转移到另一个区域，并**因此而兴旺昌盛**。这个观念曾受到理查德·戈尔德施密特（Goldschmidt, 1933, 1940）的大力推广，并因他的名言"有前途的怪胎"而被世人牢记。他认为这样的跨越是发生物种分化的必要条件，他的工作因此而臭名远扬。

这一建议曾遭到新达尔文派正统学说的全面否定，个中原因我们已经仔细探讨过了。即便是在达尔文之前，生物学家们在相关问题上就普遍形成了一种看法，正如林奈在其分类学经典著作（Linnaeus, 1751）中所说："Natura non facit saltus"——自然不跨越——对于这条格言，达尔文并没有袖手旁观；他为其提供了极大的支持。在**一个适应度地形**中，侧向的大跨越几乎从不会对你有益；无论你目前身在何处，你之所以在那儿，都是因为对你的祖辈来说，那儿是设计空间中的一片好区域——你身处空间中某个峰顶的附近——因此，你迈出的步子越大（当然是随机跳跃），你就越有可能跳下悬崖——怎么说也得跌入低地（Dawkins, 1986a, ch. 9）。根据这个标准的推论，怪胎实际上总是没有前途的，无一例外。正是这一点使得戈尔德施密特的观点如此像是异端；尽管他知道并且接受了这就是一般情况下的事实，但他仍旧提出，那些极度罕见的例外才是演化的主要吊升设备。

古尔德出了名地喜欢为弱势者和受人排挤者说情辩解，他曾公开谴责正统派对戈尔德施密特"例行公事般的嘲笑"（Gould, 1982b, p. xv）。古尔德是否在设法为戈尔德施密特平反呢？是，也不是。在《有前途的怪胎回来了》（"Return of the Hopeful Monster"，出自Gould, 1980a, p. 188）中，古尔德曾指责"综合论的捍卫者们在打造他们的出气筒时，给戈尔德施密特的观念画了一幅漫画像"。因此，在许多生物学家看来，古尔德似乎是在主张，间断平衡这个理论讲的是通过大突变实现的戈尔德施密特式物种形成。在他们看来，古尔德正在朝着戈尔德施密特被玷污的名誉努力挥动他那根神奇的历史学家魔杖，想让戈尔德施密特的观点重获青睐。这个传说中的古尔德，正统观念的驳斥者，严重地妨碍了真实的古尔德，最后甚至连他的同事们也按捺不住地要去读读他草草写就的文章。他们难以置信地对他大加调侃，他随后否认自己这篇文章是在给戈尔德施密特的骤变论（saltationism）背书——而且说他从没这么干过，可大家调侃得更凶了。他们知道他说过什么。

但他们真的知道吗？我必须承认，我原本以为他们知道，直到史蒂夫·古尔德坚持要我将他的各类出版物**全部**查看一遍，亲眼看看他的反对者们是如何硬生生地把他漫画化的。他的话触动了我；没有人比我更清楚，怀疑者想也不想就顺手给某人的精妙看法贴标签的行为，有多令人泄气（我就是传闻中那个否认人类可以体验颜色和疼痛，并且认为恒温箱会思考的家伙——不信就去问我的批评者们）。因此我查看了一番。他将自己对渐变论的否定戏称为"戈尔德施密特间歇"（the Goldschmidt break），还建议读者去认真地思考一下某些激进的戈尔德施密特式观点（他没有为其背书），但在同一篇论文中，他小心翼翼地说："我们现在并未接受他关于变异之性质的所有论点。"（Gould, 1980b）1982 年，他曾明确地表示，他只会为戈尔德施密特观点的一个特征背书，即"微小的遗传变化可以通过更改发育速率产生巨大的影响"（Gould, 1982d, p. 338）这一观念，而当戈尔德施密特那声名狼藉的书再版时，他不仅为它作序，还对这一观点进行了扩充：

> 达尔文派对渐变论和连续性一向偏爱有加，可能不会因为影响早期发育的微小遗传变化迅速引起的表型巨变而欢欣鼓舞；但达尔文式理论的任何成分都无法预先排除这类事件的发生，因为

微小遗传变化的底层连续性仍然存在。（Gould, 1982b, p. xix）

毫无革命之处，换句话说：

> 如果有人回嘴说"那还有什么新鲜玩意儿吗？"，那也无可
> 厚非。有哪个生物学家否认过这一点吗？但是……科学的进步
> 往往要求我们重新发现古老的真理，并用全新的方式表达它们。
> （Gould, 1982d, pp. 343–344）

不过，面对这个可能被轻视了的、有关发育的事实，他还是忍不
住要将其描述为演化中一股非达尔文式的创造性力量，"因为，它对
表型变化的性质所施加的约束条件，确保了微小而连续的达尔文式变
化并非所有演化的原材料"，这是由于它"为选择指定的是一种否定
性作用（淘汰不适应者），并把演化主要的创造性方面分派给了变异
本身"（Gould, 1982d, p. 340）。

我们还不太清楚在原则上应当如何认定这种可能的重要程度，但
无论如何，古尔德都没有进一步深究此事："间断平衡不是关于大突
变的理论。"（Gould, 1982c, p. 88）然而，有关这一点的混乱认识仍比
比皆是，因此古尔德不得不隔三岔五地发表免责声明："我们的理论
不涉及任何新的或激烈的机制，它只是在极大的地质时间中以适当的
比例呈现出寻常的事件。"（Gould, 1992b, p. 12）

因此在旁观者的眼中，即使这场革命不完全是，也在很大程度上
是虚晃一枪。但在这种情况下，一旦我们把古尔德和埃尔德雷奇的那
些地质级示意图中具有误导性的时间压缩操作取消，也就是说把图再
进一步放大，我们就会发现，他们所坚持的观点就不再是图 10.8 中
最右边那个"不寻常"的跨越，而是图中另外两种渐变的、缓和的

路径中的一种。正如道金斯所指出的，归根结底，埃尔德雷奇和古尔德对"渐变论"的挑战，并不是要提出某种激动人心的全新非渐变论，而是要指出演化在发生时确实是渐变式的——不过在大多数时候，它**甚至都够不上渐变**；它一动不动。图 10.6 中左边的示意图应该代表的是正统理论，但他们的理论所挑战的并不是它的渐变论特征——一旦我们选对了比例尺，他们就是渐变论者了。他们所挑战的特征是道金斯（Dawkins, 1986a, p. 244）所说的"恒速论"（constant speedism）。

既然如此，那么新达尔文派的正统学说是否笃信恒速论呢？埃尔德雷奇和古尔德在他们的原文中指出，古生物学家错误地认为正统学说需要恒速论。达尔文本人是一个恒速论者吗？达尔文常常絮絮叨叨讲个没完，说演化只能是渐变的（或者说顶多是渐变的），他说得没错。道金斯曾说（Dawkins, 1986a, p. 145），"对达尔文来说，任何必须依靠上帝的帮助才能完成跳跃的演化都不是演化。它丝毫没有触及演化的核心要义。鉴于此，就不难理解为什么达尔文不断重申演化的**渐变性**了"。事实上，我们很难找到文字记录来证明他笃信**恒速论**；不仅如此，在一段著名的文字中，达尔文明确表达了相反的观点，该观点可以用四个字加以概括——间断平衡：

> 许多物种一旦形成，就不再经历进一步的改变了……；而尽管以年为单位来衡量，物种经历变异的时期很长，但与它们的形态保持不变的时期相比，大概已经算很短了。（《物种起源》，第四版及以后各版；参见 Peckham, 1959, p. 727）

然而讽刺的是，达尔文在《物种起源》中只放了一张示意图，而这张图恰好显示了平缓的斜坡。间断平衡的另一位重要拥护者——

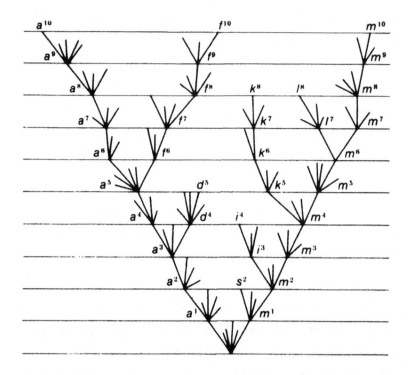

图 10.9 达尔文发表在《物种起源》(Darwin, 1859, p. 117)中的生命之树。这棵树描绘了一种演化的渐变论模式。每一个扇状图案都代表着缓慢的种群演化分异。达尔文相信，新物种，以及最终出现的新属和新科，都是在这种缓慢的分异中形成的。(Stanley, 1981)

史蒂文·斯坦利——在自己的书中转载了这张图（Stanley, 1981, p. 36），并在图题中明确了该推断。

此类说法造成的一个影响是，人们如今通常会将恒速论的出现归咎于达尔文本人或新达尔文派的正统学说。例如，出色的科学记者科林·塔吉在报道伊丽莎白·弗尔巴关于演化律动（the pulse of evolution）的近期言论时，推测了这些观点对当下有关黑斑羚和豹子

演化的正统研究可能意味着什么:

> 传统的达尔文主义会预言在 300 万年内,即使没有气候变化的影响,黑斑羚也会经历稳定的变异,因为它依然需要比豹子跑得快。但事实上,无论是黑斑羚还是豹子,都未曾变化太多。它们善于灵活应变,不必担心气候变化的影响,而且它们之间的竞争以及它们与同类之间的竞争并没有——如达尔文所设想的那样——为它们的改变提供足够的选择压力。(Tudge, 1993, p. 35)

达尔文会因为发现黑斑羚和豹子经历了 300 万年的停滞期而困惑不已——塔吉的这个假设还挺常见,但它不过是人为捏造出来的制造品,直接或间接地出自对达尔文的(和其他正统派的)示意图中"斜坡"的强行解读。

古尔德已经宣告了渐变论的死亡,那他本人究竟是不是一名渐变论者(但不是恒速论者)?他否认自己的理论提出了任何"激烈的机制",这一点暗示他是渐变论者,但也不好说,因为正是在同一页上,他说,根据间断平衡理论:

> 变化的发生通常不是通过难以察觉的方式渐变整个物种,**而是** [重点为引者所加] 通过小种群的孤立,以及它们向新物种的地质学意义上的瞬时转变。(Gould, 1992a, p. 12)

这段话想让我们相信,演化改变**不可能**既是"地质学意义上的瞬时"转变,同时又是"难以察觉的渐变"。但这恰恰是当骤变缺席时,演化改变的**必然方式**。道金斯转述了演化论者 G. 莱迪亚德·斯特宾斯(G. Ledyard Stebbins)所做的一个令人大开眼界的思想实验，借此将这一要点夸张地呈现出来。斯特宾斯想象出了一种老鼠般大小的哺乳动物，并为这种哺乳动物假设了一种利于其体形增大的微小选择压力，在该压力下，体形的增幅小到连研究这种动物的生物学家都无法测量：

> 就研究陆生演化的科学家而言，这些动物根本没有在演化。不过，它们确实在演化，以斯特宾斯通过数学假设给出的速率，非常缓慢地演化着，并且即使以这种慢速演化，它们最终也会长到大象那么大。这需要多长时间？……斯特宾斯算出，在他假设的非常缓慢的演化速率下，需要大约 1.2 万代……假设一个世代的时间是 5 年——这个数字比老鼠的世代时间长，但比大象的世代时间短——1.2 万代将用去约 6 万年的时间。对于一般用来测定化石记录年代的地质学方法来说，6 万年的时间太短了，几乎无法测量。正如斯特宾斯所说，当一种新的动物的起源是在 10 万年以内时，它就会被古生物学家认为是"突然的"或"瞬时的"。（Dawkins, 1986a, p. 242）

当然，古尔德不会认为这种在局部上难以察觉的、从老鼠到大象的改变违背了渐变论，但在那种情况中，他自己对渐变论的反对却完全失去了化石记录的支持。事实上，他承认这一点（Gould, 1982a, p. 383）——他自己所在的古生物学领域能够为他反对渐变论提供的唯一证据支持的却不是他的观点。也许古尔德渴望找到的，是可以证明存在着这种或那种演化加速的证据，但化石记录只能显示停滞的时期，而这种停滞表明演化甚至连渐变都常常够不上。

不过，**这个尴尬的事实**也许可以被好好地利用起来：也许正统观念所受到的挑战，不是它不能解释间断，而是它不能解释平衡！也许古尔德对现代综合论的挑战应该是去指出，它终究是符合恒速论的：虽然达尔文没有正面否认平衡（事实上，他曾断言平衡会发生），但当平衡真的发生时，他却无法对其做出解释，并且可能按理来说，这种平衡或停滞是这个世界上一个主要模式，需要好好解释一番。事实上，这就是古尔德在下一次攻击现代综合论时的方向。

> 对于构建了生命方向史的种种现象，如果我们只研究其中的百分之一二，却把由直线生长的灌木丛构成的极大领域——大多数支系在大多数时间中的故事——抛在脑后，那么我们怎么能声称自己弄清楚了演化是怎么一回事呢？（Gould, 1993c, p. 16）

不过这条路径上布满了难题。首先，必须小心，古尔德犯了关于**泛适应论**的错误，我们不要去犯与此如出一辙的错误。我们坚决不犯"泛平衡论"（panequilibriumism）的错误。无论最后的结果表明停滞模式有多么显著或"普遍"，我们早就知道大多数支系都不会展现停滞状态。远远不会。还记得在第 4 章中，当我们给露露和她的同类们上色时遇到的困难吗？大多数支系还没来得及进入停滞就消亡了；只有当化石记录中稳定存在着某种显眼的东西，我们才能"看见"一个物种。"发现"所有物种在大多数时间中都展现出停滞状态，就如同发现所有干旱都会持续一周以上一样。如果干旱不是一种持续存在的现象，我们就不会注意到它**发生过**。因此，既然成为一个物种的先决条件是一点点停滞，那么"所有物种都会展现某种程度的停滞"这个事实就只是合乎定义而已。

尽管如此，停滞也可能真是一个需要解释的现象。我们不应该问为什么物种会展现稳定性（为什么会合乎定义），而应该问为什么会**存在**显眼的、可识别的物种，也就是支系到底为什么会趋于稳定。但即使在这个问题上，对于为什么一个支系会经常出现停滞，新达尔文主义也给出了几个明显适应论式的解释。其中的基本解释我们已经见过好几次了：每一个物种都是——肯定是——一家营利企业，而营利企业都肯定是保守的；违背了这个经过长期检验的传统，大多数物种都会很快遭到灭绝的惩罚。埃尔德雷奇本人（Eldredge, 1989）曾提出，停滞的一个主要原因是"生境追踪"（habitat tracking）。斯特尔尼（Sterelny, 1992, p. 45）对这个术语的描述如下：

> 当环境改变时，生物体可能会以追踪其老生境的方式进行回应。当气候变冷时，它们可能会向北移动，而不是通过演化去适应寒冷。[这并非笔误——斯特尔尼是一位生活在**南半球**的生物哲学家！]选择通常是追踪的驱动力。追随着生境迁徙（无论是经由个体行为还是生殖分布）的生物通常比没能迁移的种群成员具有更高的适应度，因为留在原地的成员将难以适应新的环境，而且还将面对来自其他追踪着老生境而来的迁徙者的新竞争。

请注意，和动物一样，对于植物来说，生境追踪也算作一种"策略"。的确，在那些最清晰易懂的物种形成实例中，有一些就涉及了该现象。冰期结束后，随着冰盖的退去，一些北亚植物的分布范围会逐年向北扩张，它们一路"追随着"冰川，同时向东和向西扩张，穿越白令海峡地区，也许最终甚至会像银鸥一样环绕地球一周。在下一次冰期中，冰川向南推进，切断了这个家族中亚洲成员和北美成员之间的联系，从而创造了两个独立的分布区，二者后来就自然地分异为不同的物种，但当它们在各自的半球上都向南移动时，它们仍旧保持着十分相同的面貌，**因为**它们追踪着自己喜好的气候条件，而不是

停留在原地，进一步地去适应寒冬。[*]

对间断平衡的另一种可能解释是纯粹理论性的。斯图尔特·考夫曼和他的同事们所建立的计算机模型展现了以下行为：相对长期的停滞被短期的变化所打断，这些变化并非由任何"外部"干扰引起的，因此该模式似乎是属于某些特定类型的演化算法的一个内生特征或内部运行特征。（近期的讨论请参见 Bak, Flyvbjerg, and Sneppen, 1994。）

很明显，对于新达尔文派来说，平衡并不比间断棘手；它可以被解释，甚至可以被预测。但是，古尔德看到了间断平衡中暗藏着的另一场革命。也许间断在水平方向上移动的步子不仅仅代表着设计空间中（相对）快速的步骤；也许它们的重要之处在于，它们是**物种形成**的步骤。这意味着什么呢？请看图 10.10。

---

* 对于停滞期内生境追踪的重要性，乔治·威廉斯（G. Williams, 1992, p. 130）提出了异议，他指出，在地理位置发生改变后，寄生虫、"季节性的日射幅度"（日照量）以及许多其他环境因素都会不同，所以种群永远无法待在完全相同的选择环境中，因而不论它们如何移动，都会承受选择压力。但在我看来，针对这些选择压力所做出的调整，即使不是全部，也有很多是古生物学所无法看到的，因为古生物学只能看到在化石记录中保存下来的硬件设计上的变化。即使威廉斯是对的，即使这种形体构型的停滞状态势必掩盖着大多数（即便不是所有）同时出现的其他设计层面上的非停滞——这些非停滞是为了应对长距离的生境追踪过程中必然经历的大量环境变化——生境追踪仍可以解释大量**古生物学中能够观察到**的停滞状态（难道我们还知道什么别的停滞状态吗？）。而且除非有许多物种**步调一致地**进行生境追踪，否则生境追踪就不可能发生，因为在任何一个物种所处的选择环境中，其他物种都是至关重要的因素。

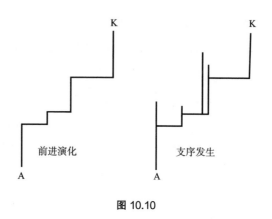

图 10.10

　　在这两种情况下，位于 K 的支系通过一连串完全相同的间断和平衡才抵达 K，但左图显示的是，**单个物种**经历了若干次伴随着漫长停滞期的快速变化期。这种没发生物种形成的变化叫作**前进演化**（anagenesis）。而右图所表示的情况是**分支发生**（cladogenesis），即发生了物种形成的变化。古尔德认为，这两种情况中的右侧趋势应该会有不同的解释。但这怎么可能呢？回顾一下我们在第 4 章中了解到的信息：物种形成是一个只有在回溯时才能被识别出的事件。发生**在侧向移动过程中**的任何事件都无法用来区分前进演化的过程和分支发生过程。只有当**后来有分支大量涌现**，并且存活得久到足以被识别为单独的物种时，物种形成才算发生过。

　　难道不会存在我们可以称作**有前途的物种形成**——或**初始物种形成**之类的情况吗？让我们考虑一种确实发生了物种形成的情况。亲代种 A 分裂成子代种 B 和 C。

　　现在，让我们倒带，回到足够久远的过去，向物种 B 最早的那些成员（如图 10.11 中图所示）投下一颗炸弹（一颗小行星、一场海啸、一场干旱、毒药）。这样一来，本来会是物种形成的实例，就变得跟前进演化的实例（有图）无可区分了。尽管炸弹杀死了一些个体的后代，夺走了这些个体成为祖父母的机会，但对于同期存在的其他个体而言，这件事却几乎不会影响到选择压力对它们的分选。那需要某种倒推时间的因果关系。

真的是这样吗？你可能会认为，如果触发物种形成的是一次地理上的分离，并由此保证造成两个群体的完全隔离（异域成种），那么这就为真；但如果物种形成发生在一个种群内部，不仅由此形成了两个不存在生殖交流的亚群，而且两者之间存在直接的竞争关系（以一种同域成种的形式），那又会怎么样呢？我们已经注意到（见第2章），达尔文提出，亲缘关系很近的种类之间的竞争会是物种形成的一股驱动力。因此，存在（非缺失）一些个体可以被回溯性地认定为"对手"物种的第一代，这对物种形成来说可能确实非常重要。然而，这些对手"正要成为"一个新物种的奠基者这件事，并不能影响竞争的激烈程度或其他特征，因而也不能影响设计空间中水平运动的速度或方向。

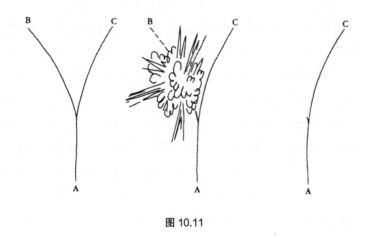

图 10.11

我们完全可以假定，相对快速的形态改变（侧向运动）是常规情况下物种形成的必要前提条件。基因库的大小对改变的快慢有着至关重要的影响；大的基因库很保守，往往会神不知鬼不觉地吸收掉各种创新性的尝试。把大基因库缩小的方法之一是将其一分为二，事实上，这可能是压缩规模的最常见方法，至于此后自然界是否会舍弃掉其中的半个，则无关宏旨（如图 10.11 的中图所示）。让快速运动得以发生的，是基因库在缩小后产生的瓶颈，而不是同时存在的两个或两个以上的不同瓶颈。如果物种形成发生了，那么就是**两个完整的物种**突破各自的瓶颈；如果物种形成没有发生，那么就是**一个完整的物种**勉强通过单个瓶颈。所以分支发生的间断期中没有什么过程是有别于前进演化的间断期过程的，因为分支发生与前进演化之间的差异只能以间断后的结果（sequelae）加以界定。而古尔德有些时候的说法，就仿佛物种形成确实会造成些差别似的。例如，古尔德和埃尔德雷奇（Gould and Eldredge, 1993, p. 225）曾谈及"间断分支形成后的幸存先祖这一关键要求"（如图 10.11 的左图所示），但据埃尔德雷奇所说（在私下的交流中），这只是一个对理论家来说十分关键的**认识论**要求，因为理论家需要"幸存先祖"来作为传衍的**证据**。

他的解释十分有趣。化石记录中满载着这样的实例：一个类型猝然中断，而另一个相当不同的类型猝然出现，并"取代了它的位置"。这些实例中有哪些体现了演化中的迅速侧向跨越？又有哪些是由远亲的突然迁入而造成的简单取代？你无法确定。只有在你看到你所认为的亲代种和你所认为的它的后代共存一段时间之后，你才可以十分肯定地认为，存在着一条小径，可以从较早的类型直接通往较晚的类型。作为一种认识论观点，它完全削弱了古尔德想要发表的主张：最迅速的演化改变已经通过物种形成完成了。因为如果像埃尔德雷奇所说的那样，化石记录**通常**显示了在猝然转变的过程中，**不含任**

何"间断分支形成后的幸存先祖",并且如果我们无法判断其中哪些是关于间断后的前进演化改变（而不是迁入现象）的实例,那么就无法从化石记录中判断出,物种形成究竟是快速形态改变的常见伴生物还是罕见伴生物。[*]

古尔德坚持认为,对演化产生巨大影响的不是纯然的适应,而是物种形成,对于这个观点,也许还存在另一种可以使其成立的理解方式。如果事实证明,有些支系会历经大量的间断（并在此过程中,产生了很多子代种）,而其他支系则不会,那么不这么做的支系会趋于灭亡吗? 新达尔文派通常认为,适应是特定支系中的生物体通过逐渐变形产生的,但"如果支系的改变不是通过变形,那么支系的长期变化趋势就很难算作其缓慢变形的结果"（Sterelny, 1992, p. 48）。这一直以来都被认为是一种有趣的可能性（在原文中,埃尔德雷奇和古尔德只花了非常少的篇幅讨论它,他们还将 S. Wright, 1967 列为其出处之一）。这个观念的古尔德版本（如 Gould, 1982a）认为,物种成员个体所经历的零星再设计,不会修改整个物种;物种是脆性的、一成不变的东西;转变之所以在设计空间中发生,（大部分时候? 经常? 一直? ）是因为物种的**灭绝**和**诞生**。这种观念就是古尔德和埃尔德雷奇（Gould and Eldredge, 1993, p. 224）所说的"更高层面的分选"。它有时也被称为物种选择,或**分支**（clade）选择。虽然将它解释清楚并不容易,但我们已经备好用来阐明其中心论点的工具了。还记得诱售吗? 古尔德实际上是在为这一基本达尔文式观念——不要认为演化会对现有的支系**做出调整**;演化会**丢弃**整个支系,并使其他不

---

[*] 对古尔德的一则类似批评,参见 Ayala, 1982。另见 G. Williams, 1992, pp. 53–54 ; 威廉斯将分支发生定义为在任意基因库中发生的隔离事件,不管它多么短暂;他还指出短期的分支发生对于演化论来说无足轻重（pp. 98–100）。

同的支系繁盛起来——提出一个新用途。尽管随着时间的推移，支系貌似受到了调整，但其实发生的是物种层面上的诱售。于是他便可以声称，应当在物种整体或分支的层面上，而不是在基因或是生物体层面上寻找演化的趋势。不要盯着基因库中丧失的特定基因，或者一个种群中不同特定基因型的不同死亡率，而要看看不同物种整体的不同灭绝率和不同的物种"出生"率——一个支系形成子代种的速率。

这是一个有趣的观念，但它并不像乍看起来那样，是在否定正统说法，即物种整体是凭借"种系渐变"（phyletic gradualism）而发生了变形。古尔德提出，有些支系会产生大量的子代种，其他的则不会，并且前者往往比后者存活的时间更长；我们姑且认为他说得没错。请看看每个存活物种在设计空间中的轨迹。它，也就是物种整体，在任何一个时期，要么处于停滞状态，要么正在经历着间断改变，但这种改变本身说到底就是"一个支系的缓慢变形"。也许看待长期宏观演化模式的最好方法是去寻找"支系生殖力"（lineage fecundity）的差异，而不是观察单个支系中的变形。这是一个有力的提议，值得被认真对待，不过它既没有反驳也没有取代渐变论；它就建立在渐变论的基础上。*

（古尔德提出的层面转换，让我想起了计算机科学中硬件和软件之间的层面转换；软件层面是解答某些大尺度的问题时应当选择的正确层面，但这并不意味着硬件层面对同样现象的解释就是可疑的。只有傻瓜才会设法在硬件层面上解释 WordPerfect 和微软 Word 之间的可见差异，或许也只有傻瓜才会设法只用各种支系的缓慢变形来解释

---

* 我们必须将古尔德关于"更高层面的分选"的观念与一些跟它形似的观念区分开来：关于群体选择或种群选择的观念，正在演化论者当中经受着极为严肃且富于争议的细致考察。对于这些观念的讨论将在下一章中展开。

生物圈中一些可见的多样性模式，不过这并不意味着这些支系在它们历史中的不同间断点上没有经历缓慢的变形。）

古尔德现在提出的这种物种选择的重要程度尚未确定。而且很显然，无论物种选择在新达尔文主义的最新版本中发挥了多大作用，它都不是天钩。毕竟，新生支系作为物种选择的候选者登台亮相，靠的是标准的渐变式小突变（micromutation）——除非古尔德的确想要接纳有前途的怪胎了。因此，如果结果证明这是一台崭新的起重机的话——一个迄今为止未被承认或重视的设计创新机制，并且它是用标准的、正统的机制构建的——那么古尔德也许就是帮助发现它的那个人。然而，依据我的判断，他一直翘首以盼的都是天钩，而不是起重机，所以我预测他肯定会继续寻找下去。物种形成**还有**什么会让新达尔文主义束手无策的特殊之处吗？我们在刚才的回顾中提到，达尔文在对物种形成的描述中提及了近亲之间的竞争。

> 在公开竞争中，新物种通常通过淘汰掉其他物种来赢得自己的位置（达尔文常常在笔记中将这个过程描述为"楔入"）。这种旷日持久的战斗与征服是进步的根本原因，因为凭借设计上的总体优越性，胜利者们基本上可以为自己锁定成功者的席位。（Gould, 1989b, p. 8）

古尔德并不喜欢这个楔子的意象。它有什么错呢？这么说吧，（他声称）它引人相信进步，但是我们已经看到，这样的倾向无疑会被新达尔文主义拒之门外，就如同它在达尔文本人那儿的遭遇一样。全局的、长期的进步，也就是认为生物圈中的东西在总体上向着越来越好的方向发展的看法，遭到了达尔文的否定。尽管通常在旁观者们的想象中，它就是演化的一个意涵，但它确实是一个错误——一个正统达尔文派不会犯的错误。楔子的意象还有什么错吗？古尔德在同一篇文章中谈到了（Gould, 1989b, p. 15）"楔子单调乏味的可预测性"，我认为正是意象中的这一点令他感到了不适：就像渐变论的斜坡一样，它所暗示的是一趟**可预测的、无心灵的跋涉**，沿着设计空间的坡道一路向上（例如见 Gould, 1993d, ch. 21）。楔子的过错很简单：它不是一个天钩。

4. 从廷克到埃弗斯再到钱斯：布尔吉斯页岩的双杀之谜*

> 即使到了今天，众多杰出的心灵似乎仍然无法接受，甚至不能理解，自然选择仅凭一己之力就从杂音之源中提炼出了生物圈中的所有乐曲。事实上，自然选择只能作用于偶然的产物，无法在他处汲取养分；但它发挥作用时所处的领域拥有十分苛刻的条件，偶然也就被拦在了这个领域之外。
>
> ——雅克·莫诺（Monod, 1971, p. 118）

但是现代间断论——尤其是当它被用于解释变化莫测的人类

---

* "从廷克到埃弗斯再到钱斯"（Tinker to Evers to Chance）是一个棒球界的模因，让三位已经进入名人堂的内场手乔·廷克（Joe Tinker）、约翰尼（蟹哥）·埃弗斯〔Johnny (the Crab) Evers〕和弗兰克·钱斯（Frank Chance）的双杀组合声名不朽。1903 年至 1912 年，他们一同为芝加哥队征战国家联盟（National League）的比赛。1980 年，在我开设的哲学导论课上，一位名叫理查德·斯特恩（Richard Stern）的大一新生交给我一篇他写的文章，这篇优秀的文章对休谟的《自然宗教对话录》进行了绝妙的现代化改编。这一次，对话发生在一个达尔文主义者（当然是廷克）和一个上帝的信徒（当然是埃弗斯）之间，并且相应地以钱斯做结。考虑到古尔德本人渊博的学识和对棒球的热爱，我简直无法不用这个偶然的多层重合作为标题。

历史现象时——强调了偶发性的概念：未来稳定度在本质上的不可预测性，以及同时代的事件和人物在无数可能性中形塑和引导实有路径的力量。

——斯蒂芬·杰·古尔德（Gould, 1992b, p. 21）

古尔德在这里不仅谈到了不可预测性，还谈到同时代的事件和**人物**"形塑和引导"演化的"实有路径"的力量。这正好呼应了一个希望，正是它驱使詹姆斯·马克·鲍德温发现了如今以他命名的效应：**不管怎样，我们必须让人物**——意识、智能、能动性——重新执掌大局。如果我们可以拥有偶发性——彻底的偶发性——这将为**心灵**留有一些行动余地，这样一来，它便**能有所作为**，对自身的命运**负起责任**，而不只是层层堆叠的无心灵机械过程的结果。我认为，以上结论就是古尔德的终极目的地，他最近探索的道路已经暴露了这一点。

我曾在第 2 章中提到，古尔德的《奇妙的生命：布尔吉斯页岩中的生命故事》（Gould, 1989a）的主要结论是，假如生命被一遍遍地倒带重放，那么**我们**再次出现的可能性会极其微小。关于这个结论，存在着三个令评论者们困惑不解的地方。第一，他为什么认为这一点如此重要？（护封上写道，"在这部杰作中，古尔德解释了布尔吉斯页岩的多样性为何在两个方面十分重要，一是它帮助我们理解这盘记录着我们过往的磁带，二是它影响了我们如何思考存在之谜与演化出人类这件惊人的不大可能之事"。）第二，他的结论究竟是什么——事实上，他所说的"我们"指的是谁？第三，这个结论（无论是哪一个）似乎与布尔吉斯页岩几乎毫不相干，而他是如何从有关布尔吉斯页岩的精彩讨论中得出它的？我们将倒着处理这三个问题。*

---

* 是的，我知道乔·廷克是游击手，不是三垒手，请放我一马吧！

由于古尔德的书，布尔吉斯页岩，这处位于不列颠哥伦比亚省的山区采石场，如今已然从一个闻名于古生物学界的地点跃升为蜚声国际的科学圣地了，成了……好吧，某些真正重要的东西的诞生地。在那里发现的化石可以追溯到寒武纪大爆发时期，那是大约 6 亿年前*，多细胞生物真正崛起的时期，图 4.1 中生命之树上的掌状分支由此诞生。这些化石在极其适宜的条件下形成之后，在布尔吉斯页岩中获得了永生，并且它们比一般化石完整和立体得多。在 20 世纪初，查尔斯·沃尔科特名副其实地解剖了其中一些化石†，并据此将它们分门别类。他把自己发现的许多生物品种硬塞进传统的门中，这样的情况一直持续到（大约）20 世纪七八十年代，那时哈里·惠廷顿（Harry Whittington）、德里克·布里格斯（Derek Briggs）和西蒙·康威·莫里斯重新对它们进行了精彩的阐释，据他们所说，这些生物有很多——它们古怪得惊人，并且多到了夸张的地步——被错误地分了类；它们实际上属于那些压根没有任何现代后裔的门，人们之前想都没想过的门。

这个工作挺吸引人，但它具有革命性吗？古尔德（Gould, 1989a, p. 136）当然认为如此："我相信，惠廷顿在 1975 年对欧巴宾海蝎［Opabinia］的复原工作，将会是人类知识史上的伟大文献之一。"但他的英雄三人组却没这么说过（例如见 Conway Morris, 1989），并且结果证明，他们的谨言慎行颇具预见性；他们关于新分类方式的一些最激进主张，被接下来的研究分析泼了冷水（Briggs et al., 1989; Foote, 1992; Gee, 1992; Conway Morris, 1992）。要不是古尔德将他的

---

* 丹尼特在《纠误》中指出：寒武纪大爆发发生在大约 5.3 亿年前，而不是"大约 6 亿年前"。来源：斯蒂芬·杰·古尔德。——译者注

† 丹尼特在《纠误》中指出：沃尔科特本人并没有"名副其实地解剖"这些化石。来源：斯蒂芬·杰·古尔德。——译者注

英雄们捧上了神坛，他们现在也不至于摔得这么惨——这第一步还挺"不寻常"，而这一步甚至都不是他们自己迈出的。

但不管这些，在古尔德看来，通过了解这些寒武纪生物，我们创立了什么革命性的观点呢？布尔吉斯动物群出现得很突然（请记住这件事对地质学家意味着什么），并且它们中的大多数消失得也同样突然。古尔德主张，这种非渐变式的进和出，证实了他所谓的"多样性增长之锥"实属谬论。他还用两种非同寻常的生命之树来图解自己的主张。

一图胜千言，而古尔德用许多示意图一再强调，图像甚至具有误导专家的力量。图 10.12 是另一个例子，也是他自己的例子。他告诉我们，位于上方的是陈旧的错误观点，即多样性增长之锥；位于下方的，是关于灭亡和分化的改良观点。但请注意，只要抻开**垂直方向上的比例尺**，就可以把下方的图片变成多样性增长之锥。（或者你可以把上方的图片变成一个新的合格图标，跟下图同一类型，只要把垂直方向上的比例尺向下压缩，就像间断平衡的标准示意图那样——例如，图 10.6 中的右图。）由于垂直方向的比例尺是任意选定的，所以古尔德的示意图根本没有体现出任何不同之处。下方示意图的下半部分完美地展现了一个"多样性增长之锥"，但谁又能知道在上方的示意图中，下个阶段会不会是一个灭亡事件，从而把自己变成了下图的复制品呢。

如果我们用不同物种的数量来衡量多样性，那么显然"多样性增长之锥"就不是一个谬论。在达到一百个物种之前，只存在着十个物种，而在达到十个物种之前，只存在两个物种；在生命之树的每一个分支上，情况都必然如此。物种灭绝一直都在发生，或许到目前为止，在所有存在过的物种中，有 99% 都已经灭绝了，因此，大量的灭亡必然抵消了分化。布尔吉斯页岩的物种盛衰可能不如其他——之前或者之后的——动物群那样渐进，但这并不能证明生命之树的形

多样性增长之锥

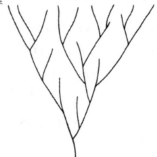

灭亡和分化

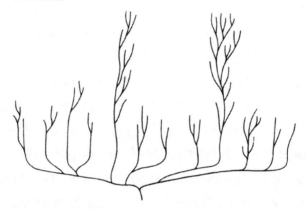

图 10.12　上图为错误却至今仍常见的多样性增长之锥，下图是关于分化和灭亡的修正模型，以对布尔吉斯页岩的合理复原为依据（Gould 1989a, p. 46）

状变化有任何激进之处。

　　有些人说，这种说法没有把握到古尔德的要点："布尔吉斯页岩动物群展现了令人叹为观止的多样性，其特殊之处在于它们不仅仅是新**物种**，而且是**整个新门**！它们都是**彻彻底底**全新的设计！"我相信，这绝不是古尔德要表达的要点，不然这就是一个回溯性加冕的尴尬谬误了；如我们所见，**所有新的门——实际上还有所有新的界！**——一开始都必定仅仅是新的亚种，然后才成了新的物种。站在当下的制高点上，它们看起来是新门的早期成员，但这一事实本身并不会使它们变得特殊。它们**有可能**是特殊的，但不是因为它们"将会成为"新门的奠基者，而是因为它们具有惊人的**形态多样性**。如果古尔德要检验这个假说，那么办法就正如道金斯所言（Dawkins, 1990）："用他的标尺去丈量这些动物本身，不因为任何关于'基本形体构型'和分类系统的现代先入之见而有失公允。要论两种动物有多不相像，真正的指标就是它们实际上有多不相像！"然而，迄今为止的此类研究表明，尽管布尔吉斯页岩动物群有其独特性，但事实上它们丝毫没有表现出无法解释的或革命性的形态多样性（如Conway Morris, 1992; Gee, 1992; McShea, 1993）。

让我们假设（这一点还不得而知），布尔吉斯页岩动物群在一次地球生物的周期性大灭绝中全军覆没。我们都知道，之后的白垩纪大灭绝（又称为K-T界线事件[*]）使恐龙一蹶不振，而引发这次大灭绝的，很可能是在大约 6 500 万年前撞击地球的一颗巨型小行星。古尔德觉得大灭绝非常重要，觉得它对新达尔文主义构成了挑战："如果说间断平衡扰乱了传统的预期（它一向如此！），那么大灭绝对其的影响就更是大得多了。"（Gould, 1985, p. 242）为什么这么说？根据古尔德的说法，正统学说依靠的是"外推论"，认为所有演化改变都是渐变的、可预测的。"但是如果大灭绝真的是连续中的断裂处，而且适应活动在正常时期的缓慢构建工作并不足以像预测的那样成功穿越大灭绝形成的分界线，那么外推论就会失败，适应论也会覆灭。"（Gould, 1992a, p. 53）这明显错了，正如我所指出的：

---

[*]　K-T 界线事件现称 K-Pg 事件，即白垩—古近纪界线事件。——编者注

我不明白有哪个适应论者会蠢到去给如此"纯粹"的"外推论"背书，否认古尔德说的大灭绝在生命之树的修剪过程中发挥主要作用的可能性乃至或然性。即使是最完美的恐龙，当一颗彗星以超过史上所有氢弹几百倍的威力撞击它的家园时，它也会败下阵来，这一点从来都是显而易见的。（Dennett, 1993b, p. 43）

　　古尔德做出了回应（Gould, 1993e），他引用了达尔文本人的一段话，这段话明确表达了外推论的观点。那么，适应论（如今）是否还坚持这种毫无前途的意涵呢？在这个问题上，达尔文本人就只好当一次靶子了，因为新达尔文主义已经有所进步。诚然，达尔文倾向于坚持所有灭绝都是渐变性的，这是种短视的观点，但新达尔文派早已认识到，他这样说，只是因为他急于把自己的看法与灾变论的各式变体区别开来，后者妨碍了人们接纳自然选择演化论。我们要记住，在达尔文的时代，奇迹和灾祸，比如《圣经》中的大洪水，都是达尔文式思维的主要对手。但凡有什么东西便捷到了令人生疑的程度，达尔文都会倾向于将其拒之门外，这不足为奇。

　　布尔吉斯动物群在一次大灭绝中被大肆灭杀这一事实（如果是事实的话）对于古尔德而言，无论如何都不如他想得出的另一个关于这些动物命运的结论重要：他主张，它们的灭亡是**随机的**（Gould, 1989a, p. 47n.）。根据正统观点，"胜者生存，自有其因"，不过古尔德认为（p. 48），"收割这些身体结构设计的死神，也许只是乔装打扮的幸运女神"。决定它们**全部**命运的真的只是一场抽奖吗？这算得上一个惊人的——而且绝对是革命性的——说法，如果古尔德将其扩大为一般化的结论，那就更是如此了，但由于他没有证据来支撑这样高强度的主张，所以便放弃了它（p. 50）：

虽然我乐意承认，一些类群也许真的具有某种优势（尽管我们不知道如何去识别或界定它们），但我疑心这［幸运女神假说］正好抓住了演化的核心真理。借助假想的磁带实验，布尔吉斯页岩使这种……解释变得明白易懂，推动了一种有关演化路径和可预测性的激进看法。

这样说来，古尔德所提出的，并不是他可以证明幸运女神假说，而是布尔吉斯页岩使它至少变得明白易懂了。不过，就像达尔文从一开始就坚持认为的那样，只要"一些类群"具有某种"优势"，就可以启动竞争的楔子。那么，古尔德是在说**大多数竞争**（或者说影响最为重大的竞争）都是如假包换的抽奖？他"疑心"的就是这个。

他的这种疑心有什么证据呢？他根本没有提供任何证据。他提供的是一个事实，即当看着这些令人惊奇的造物时，他无法想象为什么有些造物会比其他设计得更为优良。在他看来，它们的怪诞和笨拙不分伯仲。但是，考虑到它们各自面临的困境，这一事实并不能充分证明，它们的实际工程质量不会有天壤之别。如果你甚至都没有尝试过逆向工程，那么你就没有资格言之凿凿地说逆向工程式的解释**不存在**。他的确打了一个赌（Gould, 1989a, p. 188）："我敢说，如果不得益于后见之明，那么没有一位古生物学家能够证明，在回到布尔吉斯海域之后，他可以成功地找出属于 *Naroia*、*Canadaspis*、*Aysheaia* 和 *Sanctaris* 的物种[*]，并且辨认出 *Marrella*、*Odaraia*、*Sidneyia* 和

---

[*] 丹尼特在《纠误》中指出：正确拼写应为 *Naraoia*、*Sanctacaris* 和 *Leanchoilia*。来源：斯蒂芬·杰·古尔德。古尔德曾在《奇妙的生命》中写道，沃尔科特所创造的术语"听上去很奇怪。它们的词源绝非拉丁语……有时候几乎无法拼读……出于对加拿大落基山脉的热爱，沃尔科特……用那里的山峰和湖泊的名字为他的化石命名，而它们都来源于印第安词汇"。——译者注

Leonchoilia 这些即将被死神选中的属。"这是一个十分保险的赌局，因为这些古生物学家所依靠的仅仅是化石痕迹中可见的器官轮廓。但他也可能会输。也许有一天，某些聪明过人的逆向工程师可以讲出一个极具说服力的故事，告诉我们胜者为什么大获全胜，败者为什么一败涂地。谁知道呢？我们只知道：你无法单凭一个几乎无法验证的直感，就发起一场科学革命。（参见 Gould, 1989a, pp. 238–239。有关该话题的进一步评述，请参见 Dawkins, 1990。）

因而，我们**仍然**没有搞清楚，在古尔德眼中这些令人惊奇的造物的独特兴衰史有何特别之处。它们激发了他的疑心，这又是为什么呢？这里有一条线索，来自古尔德在爱丁堡国际科技节上所做的一次演讲，题目为"达尔文世界中的个体"（Gould, 1990, p. 12）：

> 事实上，在生物体身上，几乎所有重要的身体结构设计都是在"嗖"的一声巨响中出现的，而这声"嗖"就是大约 6 亿年前的寒武纪大爆发。你知道，地质学意义上的一声"嗖"或一次爆发都有一条非常长的引信。虽然它可以长达几百万年，但在几十亿年的时间轴上，几百万年根本不算什么。**而且这并不是那个取得了必要的、可预测的进步的世界应该有的样貌**［强调为引者所加］。

真是这样吗？让我们考虑一个类似的情况。你坐在位于怀俄明州的一块石头上，盯着地上的一个洞。10 分钟、20 分钟、30 分钟过去了，什么事都没有发生，然后突然间——嗖的一声——一股沸水喷射到了 30 多米的高空中。几秒钟后，一切都结束了，之后再也没有发生什么——看起来就像之前一样——你等了一个小时，还是什么都没有发生。这就是你的一次经历：一场令人惊奇的爆发，在长达一个半小时的沉闷中只持续了短短数秒。也许你会禁不住这样想："这肯定是一次独一无二、无法重复的事件！"

他们为什么叫它老忠泉（Old Faithful）呢？事实上，这种间歇泉平均每65分钟就会喷发一次，年复一年。寒武纪大爆发的"样态"——它"突然的"发生和同样"突然的"终止——**根本**不能作为"彻底的偶发性"这个论点的证据。但古尔德似乎认为它就是证据。*他似乎认为，如果我们重播生命这盘磁带，下一次就不会出现另一场"寒武纪"大爆发了，或者永远都不会了。尽管这可能是真的，但他还是没有向我们提供一丁点儿证据。

这类证据可能会来自哪里呢？比如说，它可能来自计算机对人工生命的模拟，因为这种模拟允许我们一次又一次地倒带。借助人工生命领域的成果，古尔德本可能会获得某种支持（或反对）他主要结论的证据，可他却忽视了这种可能。尽管这出人意料，但他确实从未提到过相关的研究前景。为什么不提呢？我不知道，但我知道古尔德并不喜欢电脑，甚至到目前为止，他都不用电脑来进行文字处理工作；这两件事或许有点儿关系。

当然，还有一条更重要的线索，那就是当你真的重播生命这盘磁带时，你会发现关于重复现象的各种证据。这一点我们当然已经知道了，因为趋同演化就是大自然自己重播磁带的方式。梅纳德·史密斯说道：

> 在古尔德"从寒武纪开始重放磁带"的实验中，我会做出

---

* 古尔德在回应康威·莫里斯的反对意见时说（Gould, 1989a, p. 230）："寒武纪大爆发的威力太大了，太不同了，而且太独一无二了。"另见对"锯齿状"轨迹的不可预测性的评述（Gould, 1989b）。

以下预测：许多动物会演化出眼睛，因为实际上，眼睛已经在很多种动物中演化出多次了。我敢打赌，有些动物会演化出动力飞行，因为飞行已经在两个不同的门中演化出了四次；但我不能下定论，因为动物可能永远都不会登上陆地。而我同意古尔德的是，人们无法预测哪一门会生存下来并接管地球。（Maynard Smith, 1992, p. 34）

梅纳德·史密斯的最后一点十分狡猾：如果趋同演化占了上风，那么由于诱售，无论**哪一门**接管地球，结果都不会有任何差别！将诱售与趋同演化结合起来，我们就会得到一个正统的结论：**无论哪个**支系恰好存活下来，它都会被引向设计空间中的好棋，而如果存活下来的是某个不同的支系，那么这另一个支系作为胜者所带来的结果就很难推测出来。几维鸟就是一个很好的例子。它演化的地点位于新西兰，那里没有任何可以与之竞争的哺乳动物，它趋同演化出了数量惊人的哺乳动物特征——它基本上就是一种假装成哺乳动物的鸟。古尔德本人在著作中就谈到过几维鸟以及它大得出奇的蛋（Gould, 1991b），但正如康威·莫里斯在他的评论（Conway Morris, 1991, p. 6）中指出的那样：

> ……有关几维鸟的另外一点被一笔带过了，那就是几维鸟和哺乳动物之间非同寻常的趋同性……我敢肯定，古尔德是最不可能否认趋同性的人，不过，趋同性必然会大大削弱他关于偶发性的论点。

古尔德并不否认趋同性——他怎么会否认呢？——但他确实有无视它的倾向。为什么呢？也许正如康威·莫里斯所说，因为在他支持偶发性的论证中，趋同性是最致命的弱点。（另见 Maynard Smith, 1992; Dawkins, 1990; Bickerton, 1993。）

这样一来，我们现在便有了第三个问题的答案。布尔吉斯页岩动物群之所以会激发古尔德的疑心，是因为他错误地认为它们为他关于"彻底的偶发性"的论点提供了证据。它们**也许**体现了这个论点——不过，只有在做了被古尔德本人所忽视的那类研究工作之后，我们才能知道是否真的如此。

我们已经跑到二垒了。古尔德关于偶发性的主张究竟**是什么**呢？他说（Gould, 1990, p. 3），"至少在大众文化中，对于演化最常见的误解"是认为"我们的最终出现"是"在本质上无可避免的，并可以用理论加以预测"。**我们的**出现？那是什么意思？古尔德忘了在这根据情况而变动的衡量标准上给自己关于倒带的主张进行定位。如果"我们"指的是非常具体的东西——比如说，史蒂夫·古尔德和丹·丹尼特——那么我们就不需要大灭绝的假说，也能说服我们相信，**我们**活着是件何其幸运的事；假如我们的两位妈妈都从来没有见过我们各自的爸爸，那么仅这一点就足以让我们俩身陷永无乡（Neverland），当然，同样的反事实假设适用于今天每一个活着的人。然而，就算这样的不幸降临到我们身上，也不代表我们各自在哈佛和塔夫茨的办公室会被闲置。在这种反事实的情景下，要是那个占据了哈佛大学办公室的人名叫"古尔德"，那会让人惊掉下巴；我不会打赌说它的使用者是保龄球馆和芬威球场（Fenway Park）的常客，但我会打赌它的使用者通晓古生物学，经常讲课和发表文章，并且会花费上千小时研究动物群（不是植物群——古尔德的办公室位于比较动物学博物馆）。在另一个极端上，如果古尔德所说的"我们"意味着非常普遍的东西，比如"呼吸空气的陆生脊椎动物"，那么他很可能是错误的，至于原因，梅纳德·史密斯已经提过了。因此，我们可以假设他想说的东西位于两个极端之间，比如"有智能的、使用语言的、会搞技术发明的、能够创造文化的存在"。这是一个有趣的假说。如果它是真的，那么与许多思想家的常规假设相反，寻找地外智慧生物就像寻找地外袋鼠一样不切实际——尽管袋鼠曾经在地球上出现过一次，但很可能永远不会出现第二次了。不过，《奇妙的生命》并没有提供任何有利的证据（R. Wright, 1990）；即便布尔吉斯页岩动物群的灭亡是随机事件，根据标准的新达尔文派理论，无论什么支系恰巧存活下来，也都会朝着设计空间中的妙技摸索前行。

第二个问题回答完毕。我们终于做好抢一垒的准备了：不管这个论题的结果如何，它都意义重大，这是为什么呢？古尔德认为，"彻底的偶发性"的假说会搅得我们心神不宁，这又是为什么呢？

> 我们会谈论"从单子［monad］向人类迈进"（又是老式的语言风格），仿佛是在说，演化沿着不间断的支系、循着连续进步之路前进。没有什么比这更远离现实了。（Gould, 1989b, p. 14）

什么是不远离现实呢？乍看之下，古尔德似乎是在说，在"单子"和我们之间，不存在连续的、不间断的支系，但是这种支系当然存在。在达尔文伟大思想的诸多意涵中，这是最牢靠的一个。我曾在第 8 章中说过，我们都是宏——或者单子（顶着这个或那个名号的、简单的前细胞复制体）的直接后裔，这一点无可争议。那么，古尔德在这里说的会是什么呢？也许我们应当把重点放在"**进步之路**"上——跟事实相距甚远的是对进步的信念。路径虽可以是连续的、不间断的支系，但不能是全局性的进步之路。这是事实，但那又怎么样呢？

尽管不存在**全局性**的进步之路，但依然存在不断发生的**局部性**改进。这种改进会极为可靠地寻获最佳设计，因而往往可以通过适应论推理加以预测。就算磁带被重播了一千遍，妙技也会一次又一次地被这个或那个支系找到。虽然趋同演化并不是全局性进步的证据，但它却是自然选择过程之力量的绝好证据。这是底层算法的力量，尽管它自始至终都与心灵无关，但多亏了它一路以来建造的起重机，它很好地掌握了发现、识别和做出英明决定的能力。这里没有天钩的容身之地，也不需要它存在。

莫非古尔德认为他那个关于彻底的偶发性的命题可以驳倒核心的达尔文式观念，即演化是一个算法过程？这就是我的初步结论。在大众的想象中，算法是指用于产生特定结果的算法。正如我在第 2 章中所说的，演化可以是一种算法，演化可以通过一个算法过程产生我们，而它自身又不必是一个**用于**产生我们的算法。假如你并不理解这一点，你可能会认为：

> **如果**我们不是可预测的演化结果，那么演化就不可能是一个算法过程。

如果你想要表明演化不只是一个算法过程，那么你就会强烈地想要去证明"彻底的偶发性"。虽然演化也许不包含可识别的天钩，但至少我们知道，它不只是靠起重机完成的。

古尔德对算法的性质如此糊涂，这是可能的吗？我们将在第 15 章中看到，作为世界上最杰出的数学家之一，罗杰·彭罗斯曾写过一本重要的书（Penrose, 1989），讨论了图灵机和算法，写到了人工智能的不可能性，并且这整本书都是基于这种糊涂写就的。这两位思想家会犯下这个错误，并不是什么难以置信的事情。一个打心眼里不喜欢达尔文的危险思想的人，往往很难窥其堂奥。

关于斯蒂芬·杰·古尔德如何成为"喊'狼来了'的男孩"的"说定的故事",我就讲到这里。然而,一个好的适应论者不应该仅仅满足于一个看似可信的故事。他们起码应该好好思考其他假说,尽力将其排除。正如我一开始所说,相比实有之人的实有动机,更让我感兴趣的是维系传说的理由,不过要是我只字不提那些哀求关注的、显见的"对立"解释——基于政治和宗教的解释——那可能就显得不够真诚了。(我归咎于古尔德的这份对天钩的渴望,背后很可能潜藏着政治或宗教的动机,但这些不会构成对立假说;它们只会进一步阐明我给出的阐释,大可换个场合再谈。言归正传,我必须简要地考量一下,政治或宗教能否为他发起的运动提供一种更简单、更直接的阐释,让我的分析不再必要。许多批评古尔德的人都是这样认为的,而我认为他们漏掉了那个更为有趣的可能性。)

古尔德从不掩饰自己的政治观点。他告诉我们,他的马克思主义立场是从他父亲那里学来的,直到最近,他仍在左翼政治活动中频频发声、积极奔走。他那些反对特定科学家和特定思想派别的运动,有许多都是在明确的政治语境——其实是明确的马克思主义语境——中开展的,而运动的目标往往是右翼思想家。也难怪,他的反对者和批评者常常认为,比如说,他的间断论只是他作为马克思主义者对于改革的厌恶情绪在生物学中的体现。众所周知,改革者是革命者最难对付的敌人。但我认为,这只是一种对古尔德行为理由的貌似可信的解读。毕竟,约翰·梅纳德·史密斯,这位在有关演化的争论中与他针锋相对的学者,有着和古尔德一样深厚且活跃的马克思主义背景,另外一些具有左翼倾向的人也遭到了古尔德的攻击。〔还有一大批像我这样的美国公民自由联盟(ACLU)的成员也没能幸免,尽管我怀疑他是否知道或在乎这件事。〕从俄罗斯访问归来之后,古尔德(Gould,1992b)一如既往地把人们的注意力引向了改革的渐变性和革命的突然性之间的区别。在这篇有趣的文章中，古尔德（p. 14）回顾了他在俄罗斯的经历，以及马克思主义在那里遇到的挫折，但他接着说道，在"更大的间断改变模型的有效性"的问题上，马克思的看法已被证明是正确的。这并不意味着马克思的经济学和社会学理论对古尔德来说从来都不重要，但我们不难相信，古尔德会在保持他对演化态度的同时，与相应的政治理念保持距离。

至于宗教，我自己的阐释，在一个重要的意义上，是一个有关古尔德的宗教渴望的假说。在我看来，他对达尔文危险思想的厌恶从根本上讲是一种渴望，渴望保护或重拾的是约翰·洛克关于心灵第一、自上而下的见解——再不济也要用一个天钩来确保**我们**在宇宙中的位置。（对有些人来说，世俗人文主义是一种宗教，他们有时会认为，如果人类仅仅是算法过程的产物，那么人类就会因为不够特殊而失去重要性，我将在后面的章节探讨这个主题。）古尔德当然认为自己的任务关乎宇宙级的问题，这一点在《奇妙的生命》中，在古尔德在面对布尔吉斯页岩时的顿悟中展现得尤为清楚。这就使得他的世界观在一个重要的意义上成了一个宗教问题，无论他世界观的直系祖先那里是否含有他所属的宗教传统——或者任何别的系统化宗教——的官方信条。古尔德经常在他的月度专栏里引用《圣经》中的话，有时会产生十分惊人的修辞效果。当有人读到一篇以下述语句开篇的文章时，他一定会认为它出自某位教徒之手："一如主将整个世界捧在他的手中，我们多么渴望用一句机智的隽语来囊括整个主题啊。"（Gould, 1993e, p. 4）

古尔德常常断言，演化论与宗教之间并无冲突。

　　　除非我的同事中至少有一半都是傻瓜，否则——基于最质朴、最经验性的根据——科学和宗教之间就不可能发生冲突。我认识的数百位科学家都对演化这个事实深信不疑，并且以同样的方式教授它。在这些人中，我注意到了宗教态度的完整光谱——从虔诚的日日祷告和礼拜到坚定的无神论。要么宗教信仰和对演化的信心毫不相干，要么这些人中有一半都是傻瓜。（Gould, 1987, p. 68）

对此还有一些更为现实的解释：那些认为演化和他们的宗教信仰没有冲突的演化论者，一直以来都小心翼翼地不去像我们现在这样深挖细究，又或者，他们所秉持的宗教观赋予上帝的可以说仅仅是一个仪式性的角色（更多讨论见第 18 章）。也许他们和古尔德一道，小心翼翼地为科学和宗教的角色划定了预设的界限。只有当科学安分守己，并拒绝回答大问题时，古尔德眼中科学和宗教之间的相容性才会成立。"科学不处理终极起源的问题。"（Gould, 1991b, p. 459）对于古尔德多年来在生物学中发起的历次运动，也许有一个解读方式是把它们当作一种尝试，即尝试将演化论限制在一项恰当适度的任务中，从而在它和宗教之间拉起一道**警戒线**。例如，他说：

> 事实上，演化所研究的根本不是起源。即使是"地球上的生命起源"这个更有限的（科学上可行的）问题，也不在它的研究领域之内。（我疑心，这个有趣的难题在根本上属于化学和自组织系统物理学的范畴。）演化研究的是生命起源之后生物体的变化途径和机制。（Gould, 1991b, p. 455）

这就会把第 7 章讨论的整个话题排除在演化论的边界之外，不过，正如我们所看到的，演化论已经成了达尔文式理论名副其实的基础。古尔德似乎认为，自己应该劝阻他的演化学家同行们，不要尝试从自己的工作中得出什么宏大的哲学结论，不过如果真是这样，那么他就一直在努力地不让别人去做他准许自己做的事。在《奇妙的生命》的结尾句中（Gould, 1989a, p. 323），古尔德准备从自己对古生物学的引申意涵的思考中，得出一个相当具体的宗教性结论：

> 我们是历史的后代，我们必须将自己的道路铺设在这个宇宙中。在众多我们能够设想出来的宇宙中，它是最丰富多样、最意趣盎然的那一个——它对我们的苦难漠不关心，也因此为我们提供了最大限度的自由，让我们以自己选择的方式繁荣兴旺，或一败涂地。

说来也怪，我突然觉得这个结论精准地表达了达尔文危险思想的意涵，它与"演化是一个算法过程"的观点毫不冲突。这当然是一个我全心全意赞成的看法。然而，古尔德似乎认为他极力反对的观点是决定论的、非历史的，并且与上面这个自由的信条相冲突。作为古尔德惧怕的怪物，"超达尔文主义"不过是主张，无论在哪个点上都不需要用天钩来解释生命之树分支的上升趋势。就像前人一样，古尔德也曾设法证明存在着跨越、加速等无法解释的轨迹——用"超达尔文主义"的手段无法解释的轨迹。但是，无论这些轨迹具有多么强烈的"彻底的偶发性"，无论旅途的节奏如何"间断"，无论是通过"非达尔文式"骤变还是难以蠡测的"物种形成机制"，都不会为"同时代的事件和人物在无数可能性中形塑和引导实有路径的力量"创造出更多的行动余地。也不需要更多的行动余地（Dennett, 1984）。

古尔德这场推崇偶发性的运动产生了一个惊人的结果：他最终把尼采颠倒了过来。假如你反复重播那盘磁带，一切都会一次又一次地发生——这是永恒轮回啊，是人所能想到的最让人难受的观念，你应该记得，在尼采看来，没有什么比这种想法更可怕、更撼天动地了。尼采认为自己的任务就是教会人们对这个糟糕的事实说"是！"。而古尔德则认为，当这个观点遭到否定时，他必须安抚人们的恐惧：如果你一直重播这盘磁带，同样的事**不会**发生第二次！这两个命题同样匪夷所思，对吗？ *哪个更糟糕？是一次又一次地发生，还是永远不会再发生？好吧，廷克可能会说，要么会，要么不会，你无法否认这一点——而事实上，真相是二者的混合物：一丁点儿的偶然，一丁点儿的总是。不论你喜不喜欢，这就是达尔文的危险思想。

---

* 菲利普·莫里森曾指出，如果说宇宙中**存在**其他智慧生命这一命题是匪夷所思的，那么它的否命题也同样如此。宇宙学真理从来不会让人犯困。

第10章

古尔德那些自诩为革命的运动，无论是反对适应论、渐变论和外推论的，还是支持"彻底的偶发性"的，已经全部烟消云散，它们的合理之处已被牢牢地整合进了现代综合论，而它们的错误之处则遭到了摈弃。达尔文的危险思想以更强的姿态出现，它对生物学中每一个角落的统治都比以往任何时候更加稳固。

第11章

本章回顾了针对达尔文的危险思想的所有主要指控，由此揭示了一些居然无害的异端邪说，一些严重惑乱的根源，以及一种深层的但也深受误导的恐惧：如果达尔文主义适用于**我们**，那么我们的自主性（autonomy）会怎样？

第 11 章

个中争议

1. 一批无害的异端邪说

> 我在重读它时发现，假使我另起炉灶，写一本全新的书，那
> 么它所展现的图景，会与我在这本新书里描绘的图景十分接近。
>
> ——约翰·梅纳德·史密斯
> （1993 年版《演化论》序言，初版面世于 1958 年）

我将在第三部分考察达尔文的危险思想在人类（和人文学科）中
的应用，但在此之前，让我们先盘点一下生物学内部的争议。古尔德
说到过现代综合论的"硬化"，但他也表示，现代综合论在他眼前不
断变化，令他难以有的放矢，感到十分挫败。现代综合论的捍卫者们
不断改写着故事，把革命者提出的合理的观点纳入综合论，以此拉拢
他们。现代综合论的稳固性如何？（如果你认为，现代综合论已然面
目全非，原先名称已经不再适用，那就当我们问的是它尚未得名的后
继者。）达尔文主义的当下形态是否太硬或太软？事实证明，它就像

金凤花姑娘*最中意的那张床一样，刚刚好：在必要的地方坚硬，而在那些有待进一步探究和争论的议题上，它又谦卑可塑。

要想了解什么是坚的，什么是柔的，我们不妨退后一些，进行全面的考察。有些人依旧执迷于摧毁达尔文危险思想的信誉，我们可以帮帮他们，为他们指出不必在哪些争论上浪费精力，因为无论这些争论的结论如何，达尔文的思想都会绝处逢生，要么毫发无伤，要么反倒变强。我们还可以指出一些硬的、固定的观点，如果它们遭到毁坏，达尔文主义就真的会被推翻——但它们固定得有理有据，大约就像金字塔一样难以撼动。

让我们先考虑一下某些蛊惑人心的异端邪说，即便它们得到了证实，也**不会**推翻达尔文主义。它们当中最著名的，大概要算近年来由特立独行的天文学家弗雷德·霍伊尔大力倡导的理论，他认为生命并非起源于——也不可能起源于——地球，而是必定来自外太空的"播种"（Hoyle, 1964; Hoyle and Wickramasinghe, 1981）。弗朗西斯·克里克和莱斯利·奥格尔（Crick and Orgel, 1973; Crick, 1981）指出，自阿伦尼乌斯（Arrhenius, 1908）在 20 世纪初创造出泛种说（panspermia）这个词以来，该观念已经收获了各式声援，而且，尽管看起来不像，但它并非不能自圆其说。小行星或彗星携带着原始的生命形式（像宏那样"简单的"或者像细菌那样复杂的东西），从宇宙的其他区域抵达了我们的星球，并在此定居，这种说法（还）没有被推翻。克里克和奥格尔进一步指出：这个过程甚至可能受过谁的**指使**，那些来自宇宙其他角落的生命形式**蓄意**"感染了"我们的星球或将其开拓为殖民

地，结果让地球开始有了生命。因为那些地外生命先于我们出现，所以确实可以说它们间接地产生了我们。如果我们现在可以将一艘满载着各种生命形式的宇宙飞船发射至另一个星球——我们可以，但不应该这么做——那么，通过类推可知，其他智慧生命之前可能就这么做过。霍伊尔——不像克里克和奥格尔——对此表示怀疑（Hoyle, 1964, p. 43），他认为除非泛种说是真的，否则"生命就几无意义，而且必须被判为一场纯然的宇宙级侥幸"；难怪包括霍伊尔本人在内的许多人都提出，一旦泛种说得到证实，它就会彻底粉碎达尔文主义这个威胁生命意义的可怕思想。尽管泛种说常常被生物学家戏称为"霍伊尔的疯吼"（Hoyle's Howler），但它滋养了一种错觉：有一种巨大的威胁，它的确存在，它打击的是达尔文主义的核心。

没有什么比这更离谱了。达尔文自己也曾推测，地球上的生命起源于某个温暖的小池塘，不过，生命也同样可能起源于某个炎热的、充满硫黄的地下高压锅〔最近施泰特等人（Stetter et al., 1993）就是这么说的〕*，或者，就此而言，生命起源于别的什么星球，在某次天体撞击之后，它的出生地被毁于一旦，它便从那里来到了地球。无论生命在何时何地起源，它都必须自举，凭借的正是我们在第 7 章中探讨过的那个过程的**某一版本**——这就是正统达尔文主义所强调的。曼弗雷德·艾根已经指出，面对自举如何发生这一难题，泛种说束手无策："实践中可检验的序列与理论上可想象的序列在数量上的差距如此巨大，以至于即使将生命起源的地点从地球挪到外太空，也不能为这个窘境提供一个令人满意的解决方案。毕竟，宇宙的质量'只有'地球

---

* 在这篇发表于《自然》的文章中，施泰特与其同事报道了一类超嗜热古细菌，这些细菌生活于北海海床以下 3 000 米以及阿拉斯加永久冻土层以下的油藏中，此类高温高压的环境就如同巨大的"高压锅"。——译者注

的 10^{29} 倍，而体积'只有'地球的 10^{57} 倍。"（Eigen, 1992, p. 11）

正统学说更愿意假定生命的诞生地在地球上，因为这是最简单、在科学上最好处理的假说。但这并不意味着事实就是如此。事已至此，木已成舟。如果霍伊尔是对的，那么（该死），我们就会发现，只要是详述了生命确切起源方式的假说，都会很难证实或证伪。生命的地球起源假说有一个优点，它对要讲述的故事施加了一些特别严格的约束条件：整个故事必须在不到 50 亿年内展开，而且故事的开端必须符合我们已知的早期地球状况。生物学家们**喜欢**必须在这些约束条件下工作的状态；他们**希望有**最后期限和一份简短的原材料清单，要求越严苛越好。*他们不希望有些假说得到证实，因为那样就会出现他们几乎无法细致评估的海量可能性。霍伊尔等人为泛种说提出的论证都可以归入"否则时间就不够用啦"这个门类，而演化论者更愿意让地质学上的最后期限保持不变，并在有限的可用时间内寻找更多的起重机来完成所有的吊升工作。到目前为止，这一方针卓有成效。假如有朝一日，霍伊尔的假说得到了证实，对于演化论者来说，那将是黯然无望的一天，不是因为它会推翻达尔文主义，而是因为它会削弱达尔文主义的诸多重要特征的可证**伪**性，使其更近于揣测。

出于同样的原因，生物学家会敌视任何一种这样的假说：远古的 DNA 受到了来自另一个星球的基因剪切者的摆弄，他们先于我们拥有了高科技，并且捉弄了我们。生物学家敌视这个假说，但很难证

---

* 正出于这个原因，生物学家们对于一件事感到喜忧参半，那就是 J. 威廉·绍普夫（J. William Schopf, 1993）最近（貌似）发现的微生物化石的年代比正统派的最新推定早了大约 10 亿年（是 35 亿年，而不是 25 亿）。这一点若能得到证实，将会极大地变更关于过渡期限的许多标准假设，从而给高级物种留出更多的演化时间（"哇！"），但相应地这又必须缩短从分子演化到微生物所用的时间（"哦，不！"）。

明它是错的。这就涉及一个重要问题，即演化论所需的证据具有何种性质，我们应当借助一些思想实验，对此进行更为细致的探讨（摘自Dennett, 1987b, 1990b）。

正如许多评论者已经指出的，演化解释都是不折不扣的历史叙事。恩斯特·迈尔（Mayr, 1983, p. 325）这样说道："当有人试图解释某一东西的特征，并且那种东西还是演化的产物时，那个人必须重建这一特征的演化史。"但是在这种解释中，特定历史事实的作用还难以说清。自然选择理论表明，自然界的每一个特征都**可以**是一个漫长的、盲目的、没有预见性的、非目的论的、根本上机械性的差异性生殖过程的产物。但当然了，自然界的有些特征——腊肠犬和黑安格斯肉牛的短腿、西红柿厚实的表皮——是人工选择的产物，实际上，该过程的目标，以及设计的理由，都在这个过程中发挥了作用。在这些情况下，那些进行筛选的育种者早已在心中形成了十分明确的目标。因此，演化论必须顾及此类产物的存在，以及此类历史过程，它们是特例——这些生物体的设计借助了超级起重机。现在问题来了：在回溯性分析中，这样的特例能被辨认出吗？

想象一下，在某个世界中，来自另一个星系的**实有**之手辅助了自然选择的"隐藏之手"。想象一下，这个星球上的自然选择曾受到来访者的协助和教唆，时间长达亿万年之久：和我们这个实有世界中的动植物育种者一样，它们也是修修补补、高瞻远瞩、展现出理性的生物体设计师，但它们设计的对象并不限于供人类使用的"驯养的"生物体。（形象地说，我们可以假设，它们把地球当作了它们的"主题公园"，出于教育或娱乐的目的而创造了整个生物门类。）实际上，这些生物工程师应该制定过设计理由，将其表述清楚，并且付诸行动了——就像汽车工程师或我们当代的基因剪接师一样。然后，让我们假设它们潜逃了。现在，凭借当今任何一种想得到的分析手段，生物学家能侦测出它们的作案痕迹吗?

假如我们发现,有些生物是携带着使用手册降生的,那么真相就会大白于天下了。在任何一个基因组中,大部分 DNA 都是不表达的——它们通常被称为"垃圾 DNA",而创新基因(NovaGene)这家位于休斯敦的生物技术公司找到了它们的用途。他们采取了"DNA 品牌"战略:他们在自家产品的垃圾 DNA 中写入最接近自己公司商标的密码子。根据氨基酸名称的标准缩写方式,天冬酰胺(asparagine)、谷氨酰胺(glutamine)、缬氨酸(valine)、丙氨酸(alanine)、甘氨酸(glycine)、谷氨酸(glutamic acid)、天冬酰胺、谷氨酸合在一起就是 NQVAGENE(*Scientific American*, June 1986, pp. 70–71)。这就为哲学家提出了一道"原始翻译"(radical translation)的新习题(Quine, 1960):在原则上或在实践中,我们该如何证实或驳斥这样一个假说:任何一个物种的垃圾 DNA 中都可以辨识出商标——或者使用手册,又或者其他信息。基因组中无功能 DNA 的存在不再被视为一个谜。道金斯(Dawkins, 1976)的自私基因理论预言了这一点,而杜利特尔和萨皮恩扎(Doolittle and Sapienza, 1980)以及奥格尔和克里克(Orgel and Crick, 1980)这两组学者也同时详尽地阐述了"自私的 DNA"这个观念(详见 Dawkins, 1982, ch. 9)。尽管如此,这也无法证明垃圾 DNA **不能**拥有更令人激动的功能,并因此而具有意义。我们想象中的星际干预者们,可以像创新基因公司的工程师一样,为了自己的目的而轻易地对垃圾 DNA 进行扩展适应。

在一颗卷心菜或一位国王的基因组中,发现了用高科技写下的"吉佬儿到此一游"*,那会是一件令人不寒而栗的事,但假如这种有

---

* "吉佬儿",第二次世界大战期间美军的神秘虚构人物,在世界各地都留下了"吉佬儿到此一游"(Kilroy was here)之类的字样。——编者注

意为之的线索从未留下过，又会怎么样呢？当你仔细观察生物体设计本身——表型时，会不会发现一些泄露了天机的不连续性？基因剪接师是我们目前发现的最强大的起重机。如果没有这种起重机的帮助，某些设计会不会根本就无法实现？如果某些设计无法由一个渐进的逐步再设计过程完成，并且基因的存活概率在该过程中的每一步至少不会降低，那么这些设计要想在自然界中存在，其祖上就需要一位具有远见卓识的设计者施以援手——这个设计者要么是一个基因剪接师，要么是一名育种师，而育种师会保留下一连串必然存在于中间过渡阶段的倒退个体，直到它们能够产生育种师所寻求的后代为止。但是，我们能否确凿地证实，某种设计具有这种**要求**它祖上经历过此类骤变的特征呢？一个多世纪以来，怀疑者们一直都苦苦搜寻这样的实例——他们想着，假如他们找到了一个实例，它就能决定性地驳倒达尔文主义——但迄今为止，他们的努力已暴露出一个系统性弱点。

考虑一下翅膀这个最为人熟知的例子。怀疑者们的标准论点认为，翅膀的演化不可能一蹴而就；如果我们——我们达尔文派必定会如此——设想翅膀是逐步演化出的，那么我们就必须承认，尚未完成演化的翅膀不仅不会发挥一部分功能，而且还会成为一种真正的妨碍。我们达尔文派不需要承认这类东西。对于许多实有的生物而言，只适合滑翔（而非动力飞行）的翅膀具有明显的净效益，而更加粗短、空气动力学效果稍差的隆凸也可能是出于别的原因而演化出来的，然后经历了扩展适应。这个故事的许多版本——以及许多其他故事——都可以用来填补这中间的空白。翅膀并不会让正统达尔文派陷入困窘，如果说有什么困窘之处，那就窘在可讲的故事太丰富。关于功能齐备的翅膀如何逐步演化而出的故事，可信的讲述方式实在是**太多了**！由此可见，要想出一番无可辩驳的论证来证明一个具体特征必定产生于骤变，是非常之难的；但这同时也表明，要证明某个特征的产生必然**没有骤变，没有人类或其他智能之手的帮助，也同样困难。**

　　确实，在这一点上，我所询问过的生物学家全都同意我的看法，即自然选择——相对于人工选择——没有什么明确标记。在第5章中，我们用一个生物概率的分级概念取代了生物可能性和不可能性的严格概念，但即使是用前者的术语，我们也不清楚如何能够把生物体分级，分成"大概率是"、"很大概率是"或"极大概率是"人工选择之产物。在与创造论者对抗的过程中，这个结论是否应该被看作一件令演化论者感到极度困窘的事？你都能想象出这样的新闻标题："科学家们承认：达尔文理论不能证明智慧设计论是错的！"然而，如果任何一位新达尔文主义的捍卫者声称，当代的演化论赐予了人们力量，使他们可以如此精准地从当前数据中解读历史，从而可以否认早期理性设计者的存在，那他就太鲁莽了——因为那个狂想虽然不甚可信，但总归是一种可能性。

　　在当今的世界中，我们**知道**有一些生物是眼光长远、目标明确的再设计工作的结果，而我们之所以知道这一点，是因为我们直接知道近来的历史事件；我们实际观看过工作中的育种师们。这些特殊事件不太可能像化石一样将自己的痕迹留存到未来。我们可以将自己的思想实验简化一些——假设我们要给"火星人"生物学家们送去一只下蛋的母鸡、一条京巴狗、一只家燕和一头猎豹，并请它们判断哪些设计带有人工选择者的干预标记。它们判断的依据是什么？它们会如何论证？它们可能会注意到，母鸡没有"合适地"照顾自己的蛋；有些品种的母鸡的育雏本能已经在选育的过程中被剔除掉了，假如人类没有为它们提供人工孵化器，它们很快就会灭绝。它们可能会注意到，在它们可以想象到的任何一种严峻的环境中，京巴狗都缺乏自理能力，十分可怜。不过，家燕对木艺巢址具有天生的喜好，这可能会让它们误以为家燕是某种宠物，而使它们确信猎豹是野生生物的特征，也都可以在灵猠犬身上找到，而我们知道灵猠犬的特征是育种师耐心培育出来的。毕竟，人工环境本身就是自然界的一部分，因此，当内幕信息缺失，不了解创造出了生物体的那段实有历史时，就不大可能从生物体身上读出任何清晰的人工选择迹象。

我们无法排除"星际访客曾在史前对地球物种的DNA做过手脚"这种可能，除非它只是一种完全无端的幻想。我们（到目前为止）并没有发现地球上有什么迹象在暗示这种假说值得进一步探讨。请记住——我得赶紧补充一句，免得创造论者大受鼓舞——即便我们在我们自己的闲置DNA中发现并翻译出这样的"商标信息"，或是找到一些无可置疑的标记显示其早期确实曾被修改，那也无损于自然选择理论的主张，即它无须**系统之外的**眼光长远的设计者兼创造者，也能解释自然界中的所有设计。如果自然选择演化论可以解释创新基因公司中想出DNA品牌战略的员工，那么它也可以解释可能在四处留下了签名以供我们去发现的任何史前存在者。

无论这种可能性多么不切实际，我们都已经知道了它的存在，我们还知道，假使怀疑者真的找到了他们的圣杯（Holy Grail）——"你无法由此处抵达彼处"的器官或生物体——那也丝毫不代表它已经**决定性地**驳倒了达尔文主义。达尔文本人说过，如果有人发现了这样的现象，他就不得不放弃自己的理论了（见本书第48页注释），但现在我们可以看到，达尔文派随时可以逻辑自洽地（无论多么蹩脚和仓促）回答说，摆在他们眼前的证据有力地证实了关于星际干预者的惊人假说！自然选择理论的力量并不在于证明（前）历史的确切面貌，而是基于我们对事物当前面貌的认知，来证明它们过去的可能面貌。

异端邪说虽不受欢迎，但也不至于致命，在结束关于它们的稀奇话题之前，让我们先考虑一个更现实些的话题吧。地球上的生命只起源过一次，还是起源过很多次？正统学说假定起源仅发生过一次，不过，即使生命其实起源过两次、十次或一百次，对于正统学说而言也无伤大雅。无论最初的自举事件多么不可能，我们都不能犯下赌徒谬误——觉得如果某事已经发生过一次，那么它发生的概率就会降低。尽管如此，有关生命独立起源次数的问题还是敞开了一些有趣的可能性。如果在 DNA 中，至少有部分的指派是纯粹任意的，那么是否可能存在两种并行不悖的**不同遗传语言**，二者就像法语和英语，只不过彼此完全没有关联？目前还未发现存在这种情况——DNA 明显已经与身为其母本的 RNA 协同演化了——但这还不能说明，生命**不曾起源多次**，因为我们（还）不知道遗传密码的变化范围实际有多大。

假定正好存在两种同等可行、同等可构的 DNA 语言，孟德尔语（我们所用的）和森德尔语（Zendelese）。如果生命起源了两次，那么就会有四种概率相等的可能性：两次都是孟德尔语，两次都是森德尔语，先是孟德尔语再是森德尔语，或者先是森德尔语再是孟德尔语。假如我们把生命磁带播放很多次，再数数生命起源两次的次数，我们可以预料到，这两种语言都会被创造出来的次数占一半，只出现孟德尔语的次数占四分之一。在这些世界中，所有生物体的 DNA 语言都是一样的，即便另一种语言同样可能出现。这表明，从 DNA 语言（至少在我们的星球上）的"万用性"出发，并不能有效地推断出所有的生物体都源自单一的祖先——终极亚当——因为根据假设，在这些情况下，亚当可能有一个完全独立的双生同胞，恰好与他共享相同的 DNA 语言。当然，如果生命在这些相同的条件下又起源了很多次——比方说，一百次——那么两种等概率语言只出现一种的概率就会骤降至微乎其微。如果同等合用的遗传密码事实上远远不止这两种，那么只出现一种语言的概率同样也会降低。但我们还需要知道真正的可能性有哪些，知道这些可能性各自的概率，才有办法断定生命只起源了一次。目前看来，这是最简单的假说——生命只**需**起源一次。

2. 三个失败者：德日进、拉马克和定向突变

现在，让我们走向另一个极端，考虑另一个异端邪说，假如它不是如此糊里糊涂、在根本上自相矛盾的话，那么它将对达尔文主义造成真正致命的伤害：它是身为耶稣会士的古生物学家德日进的一个尝试，旨在调和他的宗教信仰与他所信奉的演化。他提出的演化版本将人类置于宇宙的中心，他还发现基督教所表达的正是所有演化力争达到的目标——"奥米伽点"*。德日进甚至为原罪（正统的天主教版本，而不是我在第 8 章中指出的科学版本）留出了一席之地。令他感到沮丧的是，教会将他的提议视为异端，并禁止他在巴黎授业，所以他余生一直待在中国研究化石，直到 1955 年去世†。他的《人的现象》（Teilhard de Chardin, 1959）一书在他去世后才得以出版，并在国际上广受好评，但主流科学界，特别是正统达尔文主义，却如同教会一般，坚决将其斥为异端。可以这么说，在他的书出版之后的这些年里，有件事在科学家们当中逐渐明朗、成为共识，那就是德日进没有提供任何可以替代正统学说的严肃观点；他独有的那些观念都是糊涂难懂的，而其余部分不过是对正统学说的浮夸重述罢了。‡ 彼得·梅达沃爵士对它的猛烈抨击堪称经典，后来收录在他的文集《普路托的理想国》（Medawar, 1982, p. 245）中。我们试引一句："德日进也许是十分明智地为我们设下了重重阻碍，尽管如此，我们仍可以在

---

* 奥米伽点，德日进提出的概念，指宇宙神圣统一的演化终点。——译者注

† 丹尼特在《纠误》中指出：德日进在中国的研究工作完成于他与罗马教会发生龃龉之前，而不是之后。"他被'放逐'到了位于纽约的温纳-格伦人类学研究基金会。"来源：克里斯托弗·皮布尔斯（Christopher Peebles）。——译者注

‡ 保罗·爱德华兹（Edwards, 1965）在一篇讨论另一位欧陆蒙昧主义者——神学家蒂利希（Paul Tillich）的文章中，首次描述了这种对常见之事进行"浮夸重述"的修辞手法。

《人的现象》中辨别出一条思路。"

德日进的见解存在的问题很简单。他坚决否认一个基本观念：演化是一个无心灵的、无目的的算法过程。这绝不是建设性的妥协；这是一次背叛，背叛的正是使得达尔文推翻了洛克的"心灵第一"观念的那个核心洞见。正如我们在第 3 章中所看到的，同样的背弃之举也曾诱惑过阿尔弗雷德·拉塞尔·华莱士，而德日进则全心全意地接纳了它，并将其布置在他替代性见解的中心位置。*非科学从业者对德日进这本书的推崇，在提及他的观念时充满敬意的口吻，无不宣示着达尔文危险思想所遭受的深深厌恶，这种厌恶如此之强，以至于任何自诩为论证的说辞，只要它守住底线，承诺要从达尔文主义的压迫下解救众人，那它的任何不合逻辑之处就都会得到赦免，任何模糊不清之处都会得到宽容。

另一个臭名昭著的异端——信奉获得性状遗传的拉马克主义又是什么情况呢？†那可有趣得多了。拉马克主义的主要吸引力始终在于，它

---

* 德日进的书在英国收获了一位意想不到的支持者——朱利安·赫胥黎爵士。赫胥黎不仅为现代综合论做出了贡献，更是其诞生的见证人。正如梅达沃所言，德日进在书中支持了关于遗传演化和"心理社会"演化之连续性的学说，而赫胥黎欣赏的大致就是这一点。这也是我本人在设计空间的统一性这个主题下所衷心支持的学说，因此，德日进的一些观点理所当然会得到一些正统达尔文主义者的赞赏。（梅达沃对这一点有异议。）但无论如何，赫胥黎不可能对德日进的一切主张照单全收。"然而，鉴于这一切，赫胥黎认为自己不可能追随德日进'一路勇往直前，只为调和基督教的超自然元素与演化的事实和意涵'。不过，天啊，这种调和不就是德日进的书**要讲的内容**嘛！"（Medawar, 1982, p. 251）

† 我将拉马克主义限定于特指**通过遗传器官**实现的获得性状遗传。如果我们放宽定义，拉马克主义就不是一个明显的谬误了。毕竟，人类（通过遗产）从父母那里继承获得财富，而大多数动物（通过亲近）从父母那里继承获得寄生虫，还有些动物（通过接替）从父母那里继承获得巢穴、洞穴和窝。这些都是具有生物学意义的现象，但它们并不是拉马克想要——以异端的姿态——表达的。

承诺利用生物个体在其生命中获得的设计改进，加快生物体穿越设计空间的速度。需要完成的设计工作如此之多，而时间却如此之少！但是，单是从逻辑方面来看，就可以排除拉马克主义**替代**达尔文主义的可能性：令拉马克式遗传得以成立的那种能力，一开始就以一个达尔文式过程（或一个奇迹）为**前提**（Dawkins, 1986a, pp. 299–300）。不过，拉马克式遗传难道不能成为达尔文式理论框架**内**的一台重要起重机吗？众所周知，达尔文本人将拉马克式遗传看作一个助推过程（对自然选择的补充），并将其纳入了自己版本的演化论中。他之所以能容纳这个观念，是因为他对遗传机制的认识并不清晰。［要想清楚地了解达尔文对遗传机制的想象是多么无拘无束，请参阅 Desmond and Moore, 1991, pp. 531ff.，书中描述了他关于"泛生论"（pangenesis）的大胆猜测。］

在达尔文之后，对新达尔文主义最根本的贡献之一，是由奥古斯特·魏斯曼做出的（Weismann, 1893），他对**生殖细胞系**和**体细胞系**进行了明确的划分；组成生殖细胞系的是生物的卵巢或性腺中的性细胞，而所有的其他身体细胞都属于体细胞。体细胞在其生命中经历的一切都理所当然地关系到该个体的生殖细胞系能否延续至它的后代，但体细胞的变化会随着这些细胞一同灭亡；只有生殖细胞的变化——突变——才能延续下去。这种学说，有时也被称为魏斯曼主义（Weismannism），是正统学说为抵御拉马克主义最后筑起的壁垒——达尔文本人原以为自己会支持拉马克主义。那魏斯曼主义还会被推翻吗？如今看来，拉马克主义成为一台主力起重机的机会更加渺茫了（Dawkins, 1986a, pp. 288–303）。只有当关于获得性状的信息以某种方式从被修改的身体部位（即体细胞）传递至卵细胞或精子（生殖细胞系）时，拉马克主义才会发挥作用。在一般的认知中，这样的信息发送过程是不可能的——还没有发现可以承载该信息流的传输渠道——不过，先搁置这个难题吧。更深层次的问题在于 DNA 中信息的性质。正如我们所见，我们的胚胎发育系统是把

DNA 序列当作一份配方，而不是当作一张蓝图。身体部位和 DNA 部件之间不存在点对点的映射关系。这就是为什么一个身体部位（肌肉或喙，在行为方面则是神经控制回路等）中任何特定的获得性状改变都极不可能——在某些情况下干脆就是完全不可能——是在呼应生物体 DNA 中任何零散的改变。因此，即便有办法将变化指令**发送**到性细胞，也没有办法**编写**出这个必需的指令。

考虑一下这个例子。小提琴手通过不懈努力，演奏出了感心动耳的颤音，这主要归功于在她左手腕的肌腱和韧带中形成的协调性，而这种协调性与同时在她持弓的右手腕中形成的完全不同。在人类的 DNA 中，制造手腕的配方按照同一套指令，利用镜像反射造出了两只手腕（这就是为什么你们的两只手腕如此相像），因而，当改变左手腕的配方时，很难保证不会对右手腕造成同样（且非你所愿）的改变。不难想象，在初始的构造完成后，"在原则上"胚胎学过程可能会受到误导，而分别**再造**每只手腕，不过，即使该难题可以被攻克，这也确实不大可能是一个**实用的**突变，不大可能作为她 DNA 中小小的局部修改，紧密呼应着她多年练琴带来的技法提升。因此几乎可以肯定的是，她的孩子们也必然会像她一样，通过苦练学习如何演奏颤音。

然而，问题还没有彻底解决。尽管人们普遍忌讳任何带有拉马克主义色彩的东西，但生物学界不断会冒出一些起码很容易令人想到拉马克主义的假说，而且它们往往都得到了严肃的对待。*我在第 3 章

---

* 道金斯（Dawkins, 1986a, , p. 299）发出了正确的警告：拉马克主义"与我们所熟知的胚胎学并不相容"，但"这并不是说，在宇宙的某个地方，不可能存在一些外星生命系统，其中的胚胎学是预成论的［preformationistic］；那里的生命形式真正具有'蓝图遗传性'，因而也确实可以把获得性状遗传下去"。除此之外，还有一些可能性也可以称为拉马克式的。对于相关问题的考察，参见 Landman, 1991, 1993；关于这个主题的另一个有趣变体，参见道金斯对"一种拉马克式的恐惧"（A Lamarckian Scare）的描述（Dawkins, 1982, pp. 164–178）。

中就提到过，生物学家常常会忽视甚至回避鲍德温效应，因为他们将它与某个令人闻风丧胆的拉马克式异端邪说混为一谈。鲍德温效应的可取之处在于，它认为生物体传递下去的是它们**赖以获得某些性状的那种特定能力**，而不是任何一个它们实际获得的性状。正如我们所见，这种能力在功效上**确实**利用了生物个体的设计探索，因此在合适的情况下，它就是一台强大的起重机。只不过，它不是拉马克的起重机罢了。

最后，"定向"突变是否可能呢？自达尔文以来，正统学说就预设了所有突变都是随机的；**盲目的**偶然造就了诸多候选者。马克·里德利（Mark Ridley, 1985, p. 25）的宣言颇具代表性：

> 尽管各种关于"定向变异"的演化理论层出不穷，但我们必须将它们一一清除干净。尚未有证据表明，定向变异存在于突变、重组或孟德尔式的遗传过程中。不管这些理论的内在可信性如何，它们事实上都是错的。

不过，这样说也有点太武断了。虽然正统理论不许**预设**任何定向突变的过程——那必然会是一把天钩了——但它可以留出一些可能性的空间，允许有人发现一些非奇迹式机制，可以偏向突变在加速方向上的分布。第 8 章中，艾根关于准物种的观念就是一个典型的例子。

在前面的章节中，我介绍了人们目前正在研究的各种其他可能的起重机：如跨物种"剽窃"核苷酸序列的行为（霍克的果蝇），由性创新（innovation of sex）促成的杂交繁殖（霍兰德的遗传算法），回归亲代种群［舒尔的"智能物种"（intelligent species）］的小群体［赖特的"同类群"（demes）］所产生的多种变化，以及古尔德的"更高层面的分选"。由于这些争论都能顺利进入宽松的当代达尔文主义之墙内，所以我们就无须对其进一步细究了，尽管它们都很吸引人。绝大多数情况下，演化论内部议论的问题并不是原则上的可能性，而是相对的重要性，并且这些议题总是比我所描述的要复杂得**多**。*

尽管如此，有一个充满争议的领域需要得到更加全面的讨论，不是因为它威胁到了现代综合论中某些坚硬或易折的东西——无论它结果如何，达尔文主义都将岿然屹立——而是因为人们已经**看到**，对于将演化思维延伸至人类身上这件事，它产生的影响特别令人不安。这就是关于"选择单位"（unit of selection）的争论。

3. 何人得益？

> 对通用汽车公司有益，就对国家有益。
>
> ——不是查尔斯·E. 威尔逊（Charles E. Wilson）说的，
>
> 1953 年

1952 年，时任通用汽车公司总裁的查尔斯·E. 威尔逊，被新当选的美国总统德怀特·艾森豪威尔提名为国防部长。1953 年 1 月，在参议院军事委员会举行的提名听证会上，威尔逊被要求出售他在通用汽车公司的股份，但他拒绝了。当被问及如果继续持有通用汽车公司的股份，他的决策是否会受其影响时，他回答道："多年来，我认

---

* 对于想要进一步探究这些争论以及其他争论的读者，我推荐以下的书目。它们对于愿意下功夫来的新手来说特别清晰易懂。Buss, 1987; Dawkins, 1982; G. Williams, 1992，以及一本极有价值的手册，Keller and Lloyd, 1992。Mark Ridley, 1993 是一本优秀的教科书。Calvin, 1986 作为一本更友好的入门读物，不仅讲了一个绝妙的故事，还做出足以勾起你求知欲的大胆猜测。

为对国家有益，就对通用汽车公司有益，反之亦然。"不幸的是，他的原话并不具备太强的复制力——不过还是足以让我在某本参考书中找到一条它的后裔，并且在上句话中再次复制了它。而另一方面，被用作本节题词的那个突变版本则像流感病毒一样复制不休，出现在关于他的证词的媒体报道中；为了平息随之而来的风波，威尔逊不得不卖掉自己的股票来赢得提名的资格，而他的余生也深为这条"引述"所扰。

我们可以为这个"凝定的偶然"强行安排新的用武之地。威尔逊言论的突变版本传播开的**原因**没什么可质疑的。人们在赞成查尔斯·威尔逊接管这个重要的决策岗位之前，会想要确认一下谁会是他决策的**主要受益者**：是国家，还是通用汽车公司。他所做的决策是出于一己私利，还是为了**全体国民的利益**？他实际给出的答案并没有令他们宽心。他们觉察到了其中的猫腻，便在他们散播出去的言论突变体中加以揭发。他当时似乎是在宣称，大家无须忧心他做出的任何决策，因为即使主要或直接受益人是通用汽车公司，对于整个国家来说也会有益。可以肯定，这是一个站不住脚的说法。虽然在大多数时候——"其他条件全都相同"——它可能是正确的，可要是其他条件不相同呢？在这些情况下，威尔逊会助长谁的利益呢？这就是令人感到不安的地方，人们有这种感觉也是理所当然的。他们希望国防部长做出的实际决策是对**国家利益**的**直接**回应。在这种理想的情况下，如果达成的决策有益于通用汽车公司的话（如果威尔逊一直强调的话是真的，那么大多数决策可能都会有益于通用汽车公司），那也没什么不好，但人们害怕威尔逊会颠倒利益的优先顺序。

这个例子体现出人类关注已久的一个切身话题。律师们会用拉丁语发问，何人得益（Cui bono）？这个问题往往会击中重要议题的要害：谁会从这件事中获益？同样的议题在演化论中也会出现，与威尔逊那句格言的原话相呼应："对身体有益，就对基因有益，反之亦然。"总的来说，生物学家们会认为这种说法必然为真。身体的命运与其基因的命运紧密相连。但它们并不完全契合。在紧要关头，当身体的利益（长寿、幸福、舒适等等）与基因的利益发生了冲突时，又该怎么办呢？

这个问题一直潜藏在现代综合论中。一旦基因的差异性复制被确认为生物圈中所有设计改变的原因，就不免会出现这个问题，但在很长一段时间里，理论家们都可能像查尔斯·威尔逊那样被一种思考蒙蔽：大体上讲，对整体有益，就对部分有益，反之亦然。后来，乔治·威廉斯（G. Williams, 1966）将人们的注意力引向这一问题，人们这时才开始意识到，它会深刻影响我们对演化的理解。道金斯利用"自私的基因"这一概念来表达这一点（Dawkins, 1976），令人难以忘怀。他指出，从基因的"观点"来看，身体是一台生存机器，是为了确保基因的连续复制而创造出来的。

老式的邦格罗斯主义曾模糊地认为，适应是为了"物种的利益"；而威廉斯、梅纳德·史密斯、道金斯等人则表明，"为了生物体的利益"和"为了物种的利益"一样，都是一种短视的观点。为了看清这一点，人们不得不采用一个比较不那么受蒙蔽的视角，即基因的视角，并询问什么是对基因有益的。乍看之下，这么做确实很强硬，很冷酷，很无情。实际上，它让我想起了那条陈腐的经验法则，它在硬派悬疑故事中颇为出名：cherchez la femme!——找到那个女人！*这句话的意思是，每一位刚强老到的侦探都应该知道，解开

---

* "cherchez la femme!"的起源，或者至少是主要来源，是亚历山大·仲马（大仲马，而不是小仲马）的小说《巴黎的莫希干人》（*Les Mohicans de Paris*），书中一名叫作 M. 雅凯尔（M. Jackal）的探员多次表明过这一原则。这句话也曾被认为是出自塔列朗等人之口。（感谢贾斯丁·雷伯的学术探究工作。）

谜团的关键线索将会以某种方式牵扯到某个女人。这多半是个馊主意，即便在艺术加工过的、非现实的侦探小说世界中也是如此。基因中心论者则声称，更好的建议是"找到那个基因！"（Cherchez le gène!）。第 9 章曾介绍了大卫·黑格的探究工作，我们可以从中找到一个很好的例子，不过，此外还有成百上千的其他例子可以引用。（Cronin, 1991 和 Matt Ridley, 1993 都考察了这方面的研究迄今为止的历史。）每当你遇到一个演化难题时，从基因之眼的视角出发，都能轻而易举地想出一个解释，即某个基因由于这样或那样的原因而受到了青睐。而至于"适应的结果显然有益于生物体"（作为生物的鹰当然会从它的鹰眼和鹰翼中获益），大体上可以用威尔逊式的理由来解释：对基因有益，就对整个生物体有益。不过到了紧要关头，对基因有益的东西就决定了未来会怎样。毕竟它们是复制体，在自我复制的竞争中，正是它们不断变化的前景启动了整个演化过程，并使之保持运转。

这个视角有时被称为基因中心论，或基因之眼的观点，它曾招致了大量批评，但其中很多批评都搞错了方向。例如，人们经常说，基因中心论是"还原论的"。它的确是，不过是取这个词的褒义。因为它避开了天钩，而且坚称设计空间中所有的吊升工作都必须由起重机来完成。但正如我们在第 3 章中所看到的那样，人们有时会用"还原论"来指称这样一种观点，即认为人们应该把所有的科学或所有的解释都"还原"到某个最低的层面——分子层面或原子、亚原子层面（不过大概从来没有人赞同过还原论的这种变体，因为它蠢得明明白白）。无论如何，就还原论的这一含义来说，基因中心论是成功的非还原论。比如说，当解释为何一个特定身体的特定位置上存在一个特定的氨基酸分子时，你所援引的不是分子层面的某些其他事实，而是这样一个事实，即这具身体属于一个雌性个体，而且它还属于一个具有长期育幼行为的物种，有什么比这个做法更不贴近还原论（取上句话中的含义）呢？基因之眼的观点在解释事物时，所依据的是各种事实之间错综复杂的相互作用，这些事实包括长程的、大尺度的生态学事实，长期的历史事实，以及局部的、分子层面的事实。

自然选择不是一种"作用"于某一层面的力量——例如，相对于种群层面或生物体层面的分子层面。自然选择之所以发生，是因为各种大小事件的总和会产生一个在统计学上可被描述的特定结果。蓝鲸已经徘徊在灭绝的边缘了；如果它灭绝了，那么保存在孟德尔图书馆中的一套几乎不可能被替代的鸿篇巨制就会失去它存世的副本，但对于为什么那些特有的染色体或 DNA 核苷酸序列会从地球上消失，最具解释力的因素可能是某种病毒以某种方式直接攻击了蓝鲸的 DNA 复制系统，也可能是一颗流星在错误的时间降落在了硕果仅存的鲸群附近，又或者是在过度的电视宣传的驱使下，人类对它们的繁殖习性产生了好奇心，然后进行了灾难性的干预活动！基因之眼总是可以对每一种演化结果做出描述，但更重要的问题是，这样的描述是否往往只是在"记账"（bookkeeping），就如同分子层面上的棒球场计分表，说明不了什么事。威廉·维姆萨特（William Wimsatt, 1980）引入了"记账"一词，用来指代一个各方都认可的事实，即基因是遗传改变的信息仓库，这使得"以基因为中心的观点是否**只是**记账"这项屡屡被提出的指控（比如 Gould, 1992a）成了争论的焦点。乔治·威廉斯（G. Williams, 1985, p. 4）虽然接受了"记账"这个标签，但仍极力维护它的重要性："记账过去一直都在进行，这样的观念为自然选择理论赋予了它最重要的那种预测力。"（关于这一主张的重要思考，参见 Buss, 1987，特别是 pp. 174ff.。）

主张基因中心论的视角是最好的，或者说是最重要的，并不是在谈分子生物学的重要性，而是关乎更抽象的东西：在大多数状况下，是哪个层面完成了大部分的解释性工作。相比演化论中的其他议题，生物哲学家们更为关注对这个议题的分析，在这方面做出的实质性贡献也更多。除了我刚刚提到的维姆萨特，还有其他学者参与其中，以下是最出色的几位：大卫·赫尔（Hull, 1980）、埃利奥特·索伯（Sober, 1981a）以及金·斯特尔尼和菲利普·基切尔（Sterelny and Kitcher, 1988）。哲学家们之所以会被这个问题吸引，原因之一无疑是它的抽象性和概念上的复杂性。在思考它时，你很快就会进入深层的问题，比如怎样算解释某件事，什么是因果关系，什么是层面，等等。这是近来科学哲学中前途最光明的领域之一；科学家向他们的哲学同行投来了充满敬意的目光，而哲学家们则以旁征博引、表达清通的分析和论证予以回报，反过来科学家们自己也展开了讨论作为回应，这些讨论具有超出日常哲学讨论的重要性。这是一份丰厚的收获，我很难忍痛割舍，因而要把这些议题的微妙之处好好介绍一番。更何况，关于这些争论中的智慧精华是什么，我有几个坚定不移的看法要讲。不过，说来也怪，我打算在此采取一种不同的做法，那就是**从中清除掉加戏的成分**（drain the drama）。它们是极好的科学和哲学难题，但无论结果如何，它们的答案都不会产生某些人所惧怕的那种影响。（对于该话题的进一步讨论将在第 16 章进行。）

演化论解释的诱人递归过程与思想内容提供了充分的理由，足以让哲学家们密切关注有关选择单位的争议；选择单位引发关注的另一个原因，当然就是我们在本节开头提到的那个推想：人们感到了来自基因之眼视角的威胁，就好比他们感到了查尔斯·威尔逊优先照顾通用汽车公司所带来的威胁，两件事情的原因相同。人们希望掌握自己的命运；他们认为自己既是决策者，也是自己决策的主要受益人，许多人担心基因中心论版本的达尔文主义会削减他们在这方面的保障。道金斯生动地将生物体描述为一种载体，它们被创造出来，只是为了将一大堆基因运送给未来的载体，可人们往往将此视为对他们智商的侮辱。因此我敢说，生物体层面和群体层面的视角会如此频繁地被奉为基因层面视角的劲敌，原因之一就在于一个从未得到阐明的背景思想——**我们**是生物体（而且我们生活在对我们来说很重要的群体中）——并且我们不希望**我们的**利益让位于他人的利益！换句话说，我有一种直感，假如不是因为我们意识到，我们与自己的基因的关系，就跟松树或蜂鸟与它们的基因的关系一样，那我们就不会在意它们是不是为了**它们的**基因而存在的"纯然的生存机器"。在下一章中，我会打消这种忧虑，说明事实并非如此！我们与我们的基因的关系，跟其他物种与它们的基因的关系有着重要的差别——因为**我们**不仅仅作为物种而存在。这样就可以为这种焦虑打开一个宣泄口，将它从"如何思考选择单位"这个吸引人但尚未解决的概念问题中完全排出，但是在转向这个任务之前，我必须确保这个议题具有威胁性的方面已经被交代清楚，并且几个常见的误解也得到了澄清。

我们经常听到这样的说法：基因压根不可能拥有利益（Midgley, 1979, 1983; Stove, 1992）。这也许就是对基因中心论误解最深的批评。这样的批评一旦被当真，就会导致我们丢掉大量宝贵的洞见，但它真是错得明明白白。即使基因无法用跟我们一模一样的方式来根据自己的利益**行动**，它们也肯定可以拥有利益，而且这里所说的"利益"的含义是清晰明确、无可争议的。如果一个政治体或通用汽车公司可以有利益，那么基因也可以。你在做一件事时，可以是为了你自己，可以是为了孩子们，可以是为了艺术，可以是为了民主，也可以是为了……花生酱。我想象不出为什么会有人**想要**优先考虑花生酱的福祉和长久兴旺，但就像艺术或孩子一样，花生酱可以被轻易地奉为珍宝。一个人甚至可以认定——虽然这么做会有些奇怪——自己不惜献出生命也最想要保护和增强的那个东西，就是自己的基因。没有哪个心智健全的人会这样做。正如乔治·威廉斯（G. Williams, 1988, p. 403）所说："我们的基因是从由减数分裂和受精构成的一场大抽奖中得来的，对于这样一组基因的利益，任何个人的担忧都找不到正当理由。"

但这并不意味着不存在致力于增进基因的好处或利益的**力量**。事实上，直到最近，基因依然是地球上所有选择性力量的主要受益者。也就是说，其中没有哪种力量的**主要**受益者是其他什么东西。虽然有**过意外和灾难**（闪电和海啸），但没有哪种**稳定存在的**力量会系统性地造福于基因以外的任何东西。

自然选择的实有"决策"最直接地回应着谁的利益？基因与身体之间（基因与其所属的基因型表达出的表型之间）会产生冲突，这一点无可争议。此外，没有人会怀疑，在一般情况下，一旦身体完成了自己的生殖使命，身体所自诩的主要受益者的身份就会作废。一旦大麻哈鱼逆流而上并成功产卵，它们就死到临头了。它们真的会毁灭，因为**没有哪种演化压力有利于阻止它们毁灭的任何设计修改**，并赠予它们那种我们才能享受的悠长退休时光。因此，总的来说，在自然选择所做的"决定"中，身体只是一个工具，因此是次一级的受益者。

尽管存在个别重要的变体，但整体的模式显示出，这种情况遍布整个生物圈。在许多生物门中，亲代在其后代出生前就会死去，而它们的一生就是为了那个只会发生一次的繁殖高峰所做的准备。其他生物——例如，树木——则会与许多代的子孙长期共存，也因此会与它们争夺阳光和其他资源。哺乳动物和鸟类通常会投入很大一部分的精力和时间来照顾幼体，因此它们有更多的机会在自己和幼体之间"选择"谁是自己行为的受益者。对于那些从不需要面临此类选择的生物，它们的设计可以遵循如下"假设"（大自然母亲默许的假设）：

这里压根没有需要关注的设计问题。比如说，可以想见，飞蛾的控制系统在设计上是十分无情的，它会为了基因的利益牺牲掉身体，而且只要飞蛾发现了这一类的机会，它都会去这么做。让我们小小地想象一下：我们通过某种外科手术将这个标准的系统（一个"该死的鱼雷，全速前进！"的系统）替换成一个会偏爱身体的系统（一个"让我的基因见鬼去吧，我要先为自己着想！"的系统）。除了以这样或那样的方式自杀，或者漫无目的地游荡，这个替代系统还能做什么呢？简单地说，飞蛾根本没有能力去把握任何无关自我复制这一毕生事业的机遇。如果我们考虑的是飞蛾短暂的生命，那么所有关于提高生命质量的目标都很难真正成立。而鸟类则相反，当它们自身受到这样或那样的威胁时，它们即使已经产了一巢的卵，也可能会弃巢而去。这看起来更像是我们经常做的事情，但它们可以这样做的原因在于，它们可以重新建巢——如果这个繁殖季不行，就等到下一个。它们现在确实在为自己着想，但仅仅是因为这样做会在以后为它们的基因提供更好的复制机会。

我们则不同。人类的生命拥有范围广阔的替代性方针，但这样一来问题就变成了：这个范围是如何建立、何时建立的？毋庸置疑，有很多人都在头脑清晰、信息充足的状态下**选择**逃避生育的风险和痛苦，以换取"无后"生活别样的安逸和舒适。文明社会可能会设下先手（用"无后"这样沉重的词）来抵制这样的做法，因为它是对所有生命的根本策略的倒行逆施，然而这种情况还是时常发生。**我们**认识到，以**我们的**价值观判断，生养后代只是人生的可能规划之一，而且绝不是最重要的那个。但是，这些价值观从何而来？如果不是通过神奇的手术，我们的控制系统又是如何配备上这些价值观的？我们为何会建立起一种常常凌驾于我们的基因利益之上，并且其他物种不具

图 11.1

备的对立视角呢？＊这将是下一章的主题。

＊ 爱狗人士可能会抗议说，有充分的证据表明，狗会为人类主人牺牲自己的生命，它
们坚定地把自己的繁衍前途甚至"个人"寿命放在第二位。当然，这种情况是可
能发生的，因为实际上，狗就是为了这种跨物种的、偶尔以性命为代价的忠诚品
质而被培育出来的。然而，这些必然只是特殊情况。漫画家艾尔·卡普（Al Capp）
在多年前创造出一群惹人开心的什穆（Shmoo）时，就看到了这个问题。什穆就像
一个白乎乎的团子，没有胳膊，但有着近乎伪足的双脚和一张长着猫须的脸。什穆
热爱人类超过一切，只要时机成熟它就会立刻牺牲自己，把自己变成丰盛的烤牛肉
晚餐（或者花生酱三明治，或者他们的人类伙伴碰巧需要或渴望获得的任何东西）。
你可能还记得，什穆一有机会就会克隆出大量的自己来完成无性繁殖——这一丁点
儿"诗的破格"，帮助卡普摆平了一个恼人的难题，即具有这种习性的什穆是怎么
生存下来的。金·斯特尔尼曾对我说，我们应该找找什穆所表现出的特征是否真实
存在，这类特征可以作为星际干预者曾经到访的证据。假如我们发现一些生物体的
适应性特征明显不是直接对自身有益的，而是对它们潜在的制造者有益，那就真会
让我们好奇不已，但这仍不足以敲定结论。

第 11 章

虽是不招人待见的异端,泛种说、星际基因剪接师和地球生命多重起源的可能性都是无害的。虽然德日进的"奥米伽点"、拉马克的获得性状遗传和(无须起重机帮助的)定向突变对达尔文主义来说很是致命,但它们也都被稳妥地驳倒了。关于选择单位和"基因之眼的观点"的争论是当代演化论中的重要议题,但无论结果如何,它们都没有那种人们常常以为它们有的可怕意涵。

我们完成了对生物学内部的达尔文主义的考察。既然我们已经对当代达尔文主义有了公平且相当详尽的了解,那么我们就准备在第三部分看看它对智人来说意味着什么。

第 12 章

人类这个物种与所有其他物种的主要区别是,我们依赖于信息的文化传递,因此也就依赖于文化的演化。尽管文化演化的单位——道金斯的模因——十分强大,但在我们对人类圈(human sphere)的分析中,它发挥的作用却没有受到足够的重视。

第三部分

心灵、意义、数学与道德

新的基本感受：我们注定的易逝性。过去，人们曾经通过指明人的神圣起源来体会人的高贵伟大：这条道路现已禁行，因为这条路的入口就站着那只猿，他身边是其他令人毛骨悚然的野兽，它有意向我们龇牙咧嘴，仿佛在说：此路不通！因此，人们现在试图走上相反道路：人类正在走的这条道路将充当一份证据，证明他的高贵伟大，证明他与神的亲缘关系。呜呼！这仍是徒劳。在这条道路尽头的，是末人的骨灰瓮和掘墓人。（还有一句铭文："没有什么人类的东西在我看来是陌生的。"*）无论人类进化到多么高的程度——也许他最后站得比一开始还低！——他都无法跨入一个更高的阶序，正如蚂蚁和蠼螋在其"尘世生活"结束时仍然与上帝和永生攀不上亲缘。"生成"［becoming］的身后总是拖着"已是"［has-been］：这一永恒的景象，凭什么要为了某个小小的星球，或者为了这个星球上的哪个小小物种而破例呢？别再一厢情愿了！†

——弗里德里希·尼采

（Nietzsche, 1881, p. 47）

---

* 此语出自泰伦提乌斯的喜剧《自责者》。——译者注

† 中译参考自《朝霞》，田立年译，华东师范大学出版社，2007 年，第 87 页。——译者注

第 12 章

文化的起重机

如今以油嘴滑舌的保证摆在社会面前的最令人震惊的问题是
什么？那个问题就是——人是猿类还是天使？主啊，我站在天使
这边。

——本杰明·迪斯累里，在牛津大学的演讲，1864

1. 猴子的叔叔 * 遇上模因

达尔文本人清楚地看到，如果他主张自己的理论适用于某一特定
的物种，那就会以一种令他害怕的方式让这个物种的成员们感到不
安，所以他一开始就有所保留。在《物种起源》中几乎没有提到我
们这个物种——除了它在人工选择中作为起重机的重要作用。但这当

---

* 英语习语"那我就是猴子的叔叔"（I will be a monkey's uncle）表示对于某件事或
某种可能的惊讶或怀疑态度，这种说法源于创造论者对达尔文演化论的嘲弄。——
译者注

然无法蒙混过关。这个理论的指向十分明确，所以达尔文赶在相关议题被批评者和怀疑者的歪曲和危言耸听之论淹没之前，辛勤地写出了一个他深思熟虑的版本：《人类的由来及性选择》（Darwin, 1871）。毫无疑问，达尔文注意到：我们——智人——是受演化论支配的物种之一。一部分畏惧达尔文者看到否认该事实的希望渺茫，就跑去寻找一位勇者，来对其进行先发制人的打击，在这个危险的思想得到机会跨过连接我们物种和所有其他物种的地峡之前就废掉它。每当他们发现有人宣布达尔文主义（或新达尔文主义，或现代综合论）已死，他们就怂恿他，希望这次的革命会成真。自诩为革命者的人们早就频频出手了，但就像我们看到的那样，他们只是让他们攻击的目标焕发出更大的活力，加深我们对它的理解，同时用达尔文本人做梦都想不到的复杂性来加强它。

于是达尔文危险思想的一些敌人后退几步，死死地守在地峡上，就像坚守在桥上的豪拉提欧[*]一样，意图阻止这一观念通过。首次著名的交锋是 1860 年发生在牛津自然历史博物馆的那场众所周知的争论，当时《物种起源》才刚出版几个月，对阵双方分别是牛津主教"滑舌山姆"威尔伯福斯和"达尔文的斗犬"托马斯·亨利·赫胥黎。这是一个经常被人提起的故事，版本众多，以至于我们可以把它算作模因的一个门，而不仅仅是一个种。那位好主教就是在这个当口犯下了他在措辞上的著名错误的。他问赫胥黎，他的猿类出身到底是来自他祖父那支还是他祖母那支。当时，会议室里群情激愤；有一名妇女已然昏了过去，而达尔文的几名支持者看到他们英雄的理论正在蒙受

---

* 豪拉提欧（Horatio）即豪拉提乌斯·科克莱斯（Horatius Cocles）。他是罗马共和国时期的军官，率部在苏布里基乌斯桥（Pons Sublicius）上抵御伊特鲁里亚人的进攻。他一直坚守阵地，直到罗马一方拆掉了位于他身后的桥体，使得敌军无法继续推进。——译者注

轻蔑的歪曲，简直怒不可遏，因此我们可以理解，为什么目击者们各自讲述的故事从这一刻开始就出现了分歧。在最好的版本中——这个版本很可能比各种别的复述多了一些重大的设计改进——赫胥黎回答说，他"不会因为有个猴子祖先而感到羞耻，但他会因为跟一个利用杰出天赋来掩盖真相的人牵扯在一起而感到羞耻"（R. Richards, 1987, pp. 4, 549–551; Desmond and Moore, 1991, ch. 33）。

从那时起，智人中的一些成员因为我们与猿类的祖上关系而感到没面子。贾雷德·戴蒙德在 1992 年出版了《第三种黑猩猩》，他的书名取自当时刚刚发现的事实：我们人类与两种黑猩猩（即我们熟悉的黑猩猩，以及稀有且体格较小的倭黑猩猩）的关系实际上比这些黑猩猩与其他猿类的关系更密切。比方说，我们这三个物种所拥有的一个共同祖先，就比黑猩猩和大猩猩的共同祖先年代更近，所以我们这三个物种处在生命之树的同一个分支上，而大猩猩、红毛猩猩以及其他所有动物则处在其他分支上。

我们是第三种黑猩猩。戴蒙德谨慎地从西布利（Sibley）和阿奎斯特（Ahlquist）关于灵长类动物 DNA 的"语文学"研究（1984 年及以后的论文）中拎出了这个迷人的事实，并向他的读者说明他们的这套研究是略有争议的（Diamond, 1992, pp. 20, 371–372）。然而在一位评论家看来，他还不够谨慎。耶鲁大学的人类学家乔纳森·马克斯在斥责戴蒙德——以及西布利和阿奎斯特——的时候大发雷霆，他宣称他们的工作"需要当作核废料来处理：稳妥地掩埋起来，然后 100万年内想都不要去想它"（Marks, 1993a, p. 61）。自 1988 年以来，马克斯——他自己早先对灵长类染色体的研究把黑猩猩放在了离大猩猩比离我们略近的位置上——发起了一场惊人的毁谤运动，谴责西布利和阿奎斯特，但这场运动最近遭遇了重大挫折。西布利和阿奎斯特最初的发现，已经被更灵敏细致的分析方法所全面证实（二人的分析方法是一种相对粗糙的技术，做的是探路寻路的工作，但这方法后来被更强大的技术取代了）。可话说回来，在这场争当黑猩猩最近表亲的比赛中，是我们赢还是大猩猩赢，会在**道德**上造成什么不同的结果吗？不管怎么样，猿类都是我们最近的亲属。但对马克斯来说，这显然事关重大，他迫切想要中伤西布利和阿奎斯特的愿望让他闹过了头。他最近一次对他们的攻击，是在《美国科学家》上刊登的针对另外一些书的评论（Marks, 1993b）中，这次攻击招致了他的科学家同行们的齐声谴责，而该杂志众编辑的致歉则引人注目："虽然评论者的意见属于他们自己而非本杂志，但编辑们确实制定了若干标准，我们对于这些标准在此篇评论中未能得到维持深表歉意。"（*American Scientist*, Sept.–Oct. 1993, p. 407）就像先前的威尔伯福斯主教一样，乔纳森·马克斯走火入魔了。

人们急于相信，我们人类跟一切其他物种极为不同——他们信得对！我们确实有所不同。只有我们这个物种才拥有**额外**的设计保存和设计交流介质：文化。但这么说也不免言过其实；别的物种也具有文化的雏形，它们除了在遗传层面传递信息外，也会在"行为层面"传递信息，这种能力本身就是一种重要的生物现象（Bonner, 1980），但这些别的物种并没有像我们这个物种那样把文化发展到起飞点。我们有了语言这个主要的文化介质，而语言则开辟了只有我们才会参与其中的设计空间的新区域。在短短几千年里——仅仅是生物学时间的一瞬——我们就已经用我们新的探索载体不仅改变了我们的星球，而且改变了创造了我们自身的设计发展过程本身。

正如我们先前所见，人类文化不仅是一种由起重机组成的起重机，还是一种制造起重机的起重机。文化是一个强大的起重机组，其影响可以淹没许多——但不是所有——早期创造了它并且仍然与它共存的基因压力和基因过程。我们常犯的一个错误，就是把文化创新错

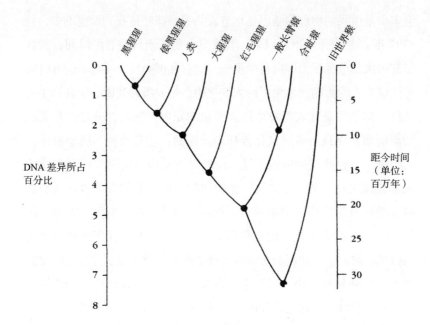

图 12.1 高等灵长类动物的家族树。对其中每一对现代高等灵长类动物加以上溯，直到连接它们的黑点。左边的数字表示这些现代灵长类动物之间的 DNA 差异所占百分比，而右边的数字则表示它们最后一次共享共同祖先距今时间的估值。例如，普通黑猩猩和倭黑猩猩的 DNA 相差约 0.7%，二者在大约 300 万年前分化；我们与这两种黑猩猩的 DNA 都相差 1.6%，并在大约 700 万年前与它们的共同祖先分化；大猩猩与我们或黑猩猩们的 DNA 相差约 2.3%，在大约 1 000 万年前与后来产生了我们和两种黑猩猩的那个共同祖先分化。(Diamond, 1992)

当作基因创新。例如，大家都知道，在过去几个世纪里，人类的平均身高飞速增长。（当我们参观波士顿港内的 19 世纪初战舰"老铁壳"*这样的近代历史遗迹时，会发现甲板下的空间低矮狭窄到了好笑的地步——难道我们的祖先真就是侏儒族？）身高上的这种快速变化

---

* "老铁壳"是美国海军首批战舰之一"宪法号"巡航舰的绰号，该舰目前是世界上最古老的水上现役军舰。——编者注

有多少是由我们物种的基因变化造成的呢？即便是有，那也不多。自1797 年"老铁壳"下水以来，智人只经历了十代左右的时间，就算是有强大的选择压力偏向高个子——这有证据吗？——也不会有时间产生这么大的影响。发生了巨大变化的，是人类的健康、饮食和生活条件；这些才是让表型发生巨大变化的原因，它们百分之百是文化创新所致，而且是通过文化传播而传递的：学校教育、新型耕作方式的推广、公共卫生措施等等。任何对"基因决定论"感到担忧的人都应该被提个醒：比如说，柏拉图时代的人和如今的人，他们之间几乎所有可以辨识的差异——他们的身体天赋、癖性、态度、前途——一定都是文化上的变化所致，因为我们和柏拉图才相隔不到两百代。然而，文化创新所引起的环境变化，对表型表达样态的改变如此之大又如此之快，以至于它们原则上可以迅速改变遗传选择压力——鲍德温效应就是这种由于广泛的行为创新而改变选择压力的一个简单例子。牢记演化论在一般情况下的工作有多缓慢固然很重要，但我们永远不应忘记，对选择压力来说根本不存在什么惯性。数百万年来占主导地位的压力可以在一夜之间消失；当然，新的选择压力也可以随着一次火山爆发或一种新的致病生物体的出现而得以形成。

　　文化演化在运行速度上要比基因演化快许多个数量级，它让我们这个物种变得特殊的部分原因就在于此，但它也让我们变成了与其他物种有着完全不同的生命观的生物。事实上，我们还不清楚有哪个其他物种的成员**拥有**生命观。但我们是有生命观的，我们可以出于某些理由而选择独身，我们可以制定法律规范我们的饮食，我们可以有详尽的制度鼓励或惩罚某种性行为，等等。我们的生命观对我们来说是如此不可抗拒、显而易见，以至于我们常常落入陷阱，把它肆意强加给其他生物——或者说强加给整个自然。关于这种广泛存在的认知错觉，我最喜欢的一个例子是研究人员对于睡眠的演化解释所表现出的困惑。

一卷卷数据压弯了实验室的架子，却没人发现睡眠有什么明确的生物功能。那么，是什么样的演化压力选择了这种奇怪行为，迫使我们一生中三分之一的时间都在无意识中度过？睡眠中的动物更容易遭到捕食者的攻击。它们可以用来觅食、进食、寻偶、繁殖、喂养幼崽的时间也更少。就像维多利亚时代的父母在告诫自己的孩子时所说的那样，瞌睡虫会落后——在生活中和演化中都是如此。

芝加哥大学的睡眠研究员艾伦·罗奇沙芬［Allan Rechtshaffen］问道："自然选择有着不可改变的逻辑，它怎么会'允许'动物界无缘无故地付出睡眠的代价？"睡眠很明显是一种不良的适应，这就让人难以理解为什么没有演化出某种其他的状态，来满足由睡眠所满足的那些需要。（Raymo, 1988）

但睡眠为什么就需要一个"明确的生物功能"呢？**保持清醒**才是需要加以解释的，而且可以料想，对它的解释是显而易见的。动物——与植物不同——需要至少一部分时间是清醒的，以便觅食和繁殖，就像雷莫所指出的那样。但是，一旦你走上了这条活跃生命的道路，对不同选项进行成本效益分析的结果就远不是显而易见的了。比起躺着休眠［dormant，想一想它的词源"睡觉"（dormire）］，保持清醒是相对昂贵的。所以，可以想见大自然母亲会能省则省。假如我们能够摆脱这条道路，我们就会"睡"上一辈子。比如树木就是这么干的：整个冬天它们都在深度昏睡中"冬眠"，因为它们没有别的事情可做，而到了夏天，它们又在一种较轻的昏睡中"夏眠"，处在一种医生所说的**植物状态**——当我们物种中有成员不幸进入这种状态时，医生就会这么说。可如果树木正在睡觉的时候来了一位伐木工，好吧，这就是树要碰运气的地方了，一向如此。但在我们这些动物睡觉的时候，来自捕食者的风险难道不比清醒的时候更大吗？也未必。离开巢穴也是有风险的，如果我们要把这个风险阶段最小化，那就还不如在等待时机的时候降低新陈代谢，为繁殖这项主营业务节省能量。（当然，相关问题远比我描绘的要复杂。我的观点只是要说，成本效益分析的结果远不是显而易见的，而这就足以消除悖论的气息。）

我们认为，起身活动、进行冒险、完成规划、面见朋友、了解世界就是生活的全部要义，但大自然母亲完全不这么看。以睡眠为内容的生活与其他生活一样好，在许多方面还比大多数的生活更好——当然也更便宜。如果有些其他物种的成员看上去也像我们一样享受自己的清醒期，那这就是一个令人关注的共性，由于这种共性实在值得关注，所以我们不应该错误地设想，单单因为我们觉得这种生活态度在我们自己身上是如此合适，这种共性就必须存在。它在其他物种身上的存在需要加以证明，而这并不是件容易的事。*

我们是什么，这个问题在很大程度上在于文化把我们打造成什么。现在我们必须要问的是，这一切是如何开始的。到底发生了什么样的演化革命，才使我们与所有其他的基因演化产物如此决然地区别开来？我要讲的故事，是对我们在第 4 章中所见故事的重述，关于真核细胞这一创造如何使得多细胞生命成为可能。你可能还记得，在细胞核出现之前，存在着更简单也更孤立的生命形式，即原核生物。它

---

* 参见 Dennett, 1991a 中的有趣讨论。有些人声称自己喜欢睡觉。"这个周末你打算做什么？""睡觉！啊，这可太爽了！"另一些人则认为这种态度几乎不可理解。大自然母亲认为，只要是在正确的条件下，这两种态度都不足为奇。

们注定不会有什么复杂的地方，只会在富含能量的汤里四处漂动、繁衍自己。我们虽不能说它毫无生命成分，但有的也不多。后来有一天，根据林恩·马古利斯所讲的精彩故事（Margulis, 1981），有一些原核生物被各种寄生体入侵，而这竟成了一种伪装下的赐福。因为按照定义，寄生体对宿主的健康是有害的，可这些入侵者所造成的结果却是有益的，因此它们是**共生体**而非寄生体。它们和被它们入侵的生物变得更像**偏利共生体**（commensal）——从拉丁文的字面意思来看，就是在同一张桌子上用餐的生物体——或者**互利共生体**（mutualist），即从彼此的陪伴中获益。它们合力创造了一种革命性的新实体，也就是真核细胞。这开辟了一个极大的可能性空间，也就是我们所知道的多细胞生命，这个空间至少是先前无法想象的；原核生物无疑对所有这些话题没什么头绪。

随后几十亿年过去了，各种多细胞生命形式在设计空间的各个角落和缝隙中探索着。直到有一天，又一次入侵开始了，被入侵的是一个单一物种的多细胞生物体，一种灵长类，它已经发展出了种种结构和能力（你可不敢称之为预适应），而这些结构和能力恰好特别适合这些入侵者。不出意料，这些入侵者十分适应在它们的宿主身上选址安家，因为它们本身就是宿主创造的，就像蜘蛛织网和鸟类筑巢一样。转眼间——不到 10 万年的时间——这些新的入侵者就把它们糊里糊涂的猿类宿主变成了某种全新的东西：**机智聪慧**的宿主，由于他们储备着一大批新奇怪异的入侵者，他们可以想象出先前无法想象的东西，在设计空间中进行前所未有的跨越。沿用道金斯（Dawkins, 1976）的说法，我称这些入侵者为**模因**。当一种特定的动物恰到好处地被模因所武装，或者说被模因所感染时，产生出来的那种崭新实体通常被称作**人**。

这就是故事的梗概。我发现有些人会对这整个想法感到厌恶。他们喜欢的想法是，我们的人类心灵和人类文化把我们跟所有"没有思想的牲畜"（笛卡儿的说法）截然区分开来；但他们不喜欢的想法，则会用演化论来解释这个最为重要的区别标志的产生。我认为他们大错特错。*他们是想要一个奇迹吗？他们希望文化是上帝赐予的吗？一架天钩，而非一台起重机？为什么要这样？他们希望人类的生活方式在根本上不同于其他一切生物的生活方式，而这也是事实。但就像生命本身以及其他一切美好的事物一样，文化必定有一个达尔文式的起源。它也必定是从一些低等的东西、准东西、仅仅是**貌似**（as if）而非**内在**（intrinsic）的东西中生长出来的，而这个过程中的每一步，其结果都必定像大卫·黑格所说的那样，**在演化层面是可实行的**（evolutionarily enforceable）。比如说，为了实现文化我们需要语言，但语言必须先自行演化出来；我们不能只注意到它在完全到位的那一刻有多好多棒。我们不能预设合作；我们不能预设**人类**智能；我们不能预设传统——这一切都要从零开始建立，就像最初的复制体那样。在解释的道路上，任何退而求其次的做法都等于放弃。

在下一章中，我会处理一些重要的理论问题。这些问题关乎语言和人类心灵起初如何能够通过达尔文式机制演化出来。我将不得不直面对于上面这个故事的巨大的——而且大抵是误入歧途的——憎恶，并解除其武装，然后对那些认真负责的反对意见进行答复。但是，在我们思考这个宏伟的起重机结构可能是怎样建立起来的之前，我想先

---

* 忠实坚毅不输于人的达尔文主义者托马斯·亨利·赫胥黎，1893 年在牛津的罗曼尼斯讲座（Romanes Lecture）中也犯过这个错误。"赫胥黎的批评者们……注意到他在自然中引入了对自然过程和人类活动的明显区分，仿佛人可以凭借某种方式把自己从自然中单拎出来。"（Richards, 1987, p. 316）赫胥黎很快就看到了自己的错误，并试图恢复一种对文化的达尔文式解释——靠的是诉诸群体选择的力量！历史的确有办法重演。

勾勒一下思考的成品，对成品和成品的漫画形象加以区分，并且对于文化如何取得这种革命性力量做出更详细一点的说明。

2. 夺舍"魔因"的入侵 *

> 人类有着生物意义上的优越性，这多亏了他们拥有一种与其他动物完全不同的遗传形式：外源性遗传或体外遗传。在这种形式的遗传中，信息经由非基因渠道从一代传到下一代——靠的是口耳相传、榜样和其他形式的教导；总之，靠的是整个文化机器。
>
> ——彼得·梅达沃（Medawar, 1977, p. 14）

> 核酸发明了人类，以便在月球上也能复制它们自身。
>
> ——索尔·斯皮格尔曼
>
> （Sol Spiegelman，引自 Eigen, 1992, p. 124）

我确信，把生物演化与人类文化或技术变革相比较的做法，已经是弊远大于利——这种最常见的智识陷阱，其例子比比皆是……生物演化是由自然选择驱动的，文化演化则是由一套不同

---

* 本节标题 "Invasion of the Body-Snatchers" 化用了由唐·希格尔执导、上映于 1956 年的电影的名称。这部电影的译名有 "天外魔花" "夺尸者入侵" "人体入侵者" 等，片中来自外星的植物孢子会生长出巨大的种荚，逐渐吸收近旁沉睡的人类，生产出与本尊具有相同体貌特征、记忆和性格，却没有情感的复制品 "豆荚人"。论者普遍认为，在 20 世纪 50 年代的冷战背景下，这部电影是在影射麦卡锡主义或社会主义政权。丹尼特显然是在借用该电影对于 "洗脑" "思想控制" 的隐喻，来戏谑性地描述有关模因的主题。——译者注

的原则驱动的，我对这套原则虽有理解，却不甚了然。

——斯蒂芬·杰·古尔德（Gould, 1991a, p. 63）

没人会愿意重新发明轮子，这个虚构的事例旨在形容设计工作中的精力浪费，我无意在这里犯这种错误。到目前为止，我一直都在使用道金斯用以命名文化演进物的术语"模因"，却迟迟没有讨论我们能够发明出什么样的达尔文式模因理论。现在是时候更细致地考虑一下道金斯的模因是什么，或者可能是什么了。他已经做了很多基本的设计工作（当然也借鉴了别人的工作），我自己之前也沿用了他的模因这个模因（meme meme），投入了相当多的时间和精力从中构建出合适的解释载体。我打算复用这些早期的构造，再进一步加入一些设计上的修改。我第一次提出我自己版本（Dennett, 1990c）的道金斯对于模因的描述，是在美国美学学会的曼德尔讲座上，这个系列讲座的目的是探讨艺术是否会促进人类演化的问题。（答案是"会"！）此后我对我自己的装置进行了扩展适应，经过修改后复用在我谈论人类意识的那本书（Dennett, 1991a, pp. 199–208）里，来说明模因如何能够改变人脑的操作系统或计算架构。这本书的论述提供了一组关系中的许多细节，这组关系中的一方是由基因设计的人脑硬件，另一方则是那些经由文化传播的习惯，后者将人脑硬件转变为某种远为强大的东西。我将会在这里轻描淡写地跳过其中的大部分细节。这回我将再度修改我对道金斯的扩展适应，以便更好地处理在当前解释计划中所遇到的具体环境问题。（那些熟悉其任何一个直接祖先的人，应该能发现当前版本中的重要改进。）

自然选择的演化理论的纲要明确指出，只要存在以下条件，演化就会发生：

（1）变异：持续存在丰富的不同要素。

（2）遗传或复制：这些要素有能力创造自身的副本或复制物。

（3）差别化的"适应度"：一个要素在一定时间内产生的副本数量会变化，这取决于该要素的特征和它所处环境的特征之间的相互作用。

请注意，这个定义虽然来自生物学，但其所讲内容并不局限于有机分子、营养物乃至生命。关于自然选择演化的这个最为抽象的定义，也已经有了许多大致相当的版本——例如，可参见 Lewontin, 1980 和 Brandon, 1978（均转述于 Sober, 1984b）。正如道金斯所指出的，其基本原则在于：

> 一切生命都通过诸多复制实体的差异性存活而演化。
>
> 基因，即 DNA 分子，正好就是我们这个星球上普遍存在的复制实体，不过也可能还有其他实体。如果有的话，只要符合某些其他条件，它们就几乎不可避免地要成为一种演化过程的基础。
>
> 但是难道我们一定要到遥远的宇宙中去，才能找到其他类型的复制，以及由此引起的其他类型的演化吗？我认为，我们这个星球上最近出现了一种新型的复制体。它就在我们眼前，不过它还在幼年时代，还在它的原始汤里笨拙地漂流着。但它正在推动演化的进程，速度之快已为旧有的基因所望尘莫及。（Dawkins, 1976, p. 206）[*]

---

[*] 中译参考自《自私的基因》，卢允中等译，中信出版社，2012 年，第 217 页。——译者注

这些新的复制体，粗略地讲，就是观念。不是洛克和休谟的"简单观念"（关于红色的观念、关于圆的观念、关于热的观念或者关于冷的观念），而是那种复杂的观念，它们自己形成了**独特的记忆单位**——比如说，关于下列事物的观念：

拱结构

轮子

衣物

世仇

直角三角形

字母表

日历

《奥德赛》

微积分

国际象棋

透视画法

自然选择的演化论

印象派

《绿袖子》

解构主义

我们在直觉上把这些东西或多或少地看成可分辨的文化单位。但我们还可以更准确地讲讲我们是如何划定相关边界的——为什么 D-F#-A 不是一个单位，而贝多芬《第七交响曲》慢板乐章的主题则是一个单位：单位是可以稳定、充分地复制自身的最小要素。在这方面，我们可以拿它们比照一下基因及其组件。C-G-A 是 DNA 的一个单一密码子，它"太小"了，不能成为基因。它是精氨酸的编码之一，无论它出现在基因组的哪个位置上，它都会大量复制自身，但它的作用还不够"有个性"，不能算作基因。仅含三个核苷酸的片段不能算作基因，就像一个由三个音符构成的乐句不能获得版权一样：它不足以构成旋律。但是，一个可能会被认定为基因或模因的序列，其长度并没有"原则上的"下限（Dawkins, 1982, pp. 89ff.）。贝多芬《第五交响曲》的前四个音符显然是一个模因，完全是在自行复制，脱离交响曲的其他部分，却完整地保持了某种效果上的同一性（一种表型效果），因此得以在那些不了解贝多芬及其作品的语境中蓬勃发展。道金斯解释了他是如何给这些单位命名的：

> ……一个文化传播单位或模仿单位。"Mimeme"这个词出自一个恰当的希腊词词根，但我希望有一个单音节的词，听上去有点像"gene"［基因］。如果我把"mimeme"这个词缩短成meme［模因］……我们既可以认为 meme 与"memory"［记忆］有关，也可以认为与法语的 Même［同样的］有关……
>
> 　曲调、观念、流行语、时装、制锅或建造拱廊的方式等都是模因。正如基因通过精子或卵子从一个个体转移到另一个个体，从而在基因库中进行繁殖一样，模因通过从广义上说可以称为模仿的过程从一个大脑转移到另一个大脑，从而在模因库中进行繁殖。（Dawkins, 1976, p. 206）*

按照道金斯的说法，模因演化并非只是类似于生物或基因演化。

---

* 中译参考自《自私的基因》，卢允中等译，中信出版社，2012 年，第 217—218 页。——译者注

它不仅仅是一个可以用有关演化的种种说法加以隐喻描述的过程，还是一个恰切地服从自然选择法则的现象。他提出，自然选择的演化论对于模因和基因之间的差异持中性立场；二者不过是不同种类的复制体在不同的介质中以不同的速率演化而已。就像动物的基因本不可能出现在这个星球上，直到植物的演化为其铺平了道路（创造了富含氧气的大气环境和可供转化的现成营养物），模因的演化也本不可能开始，直到动物的演化为其铺平了道路，创造了一个物种——智人，这个物种的大脑可以为模因提供居所，提供可以带来传播介质的交流习惯。

不可否认，在达尔文式的、中性的意义上，文化演化是存在的。文化会随着时间的推移而变化，不断积累和失去种种特征，同时也会保持早先的某些特征。比如说，关于耶稣受难、内角拱上的穹顶、动力飞行等观念的历史，无疑是一个中心主题的变体家族经由各种非基因介质传播的历史。但这种演化，与达尔文理论精彩地解释了的基因演化过程，二者究竟是弱类似还是强类似，抑或是平行关系，则是一个尚无定论的问题。事实上，是许多尚无定论的问题。我们可以想象，在一种极端情况下，文化演化可能会重演基因演化的**所有**特征：它不仅具有基因的类似物（模因），还具有表型、基因型、有性繁殖、性选择、DNA、RNA、密码子、异域成种、同类群、基因印记的严格类似物——整个生物理论的大厦完美地映射在文化介质上。你以为DNA剪接是一项可怕的技术？那可不见得。等到这帮人开始在实验室里实施模因植入的时候再说可怕吧！在另一种极端情况下，人们可能会发现文化演化是按照完全不同的原则运作的（就像古尔德所说的那样），以至于在生物学的概念中根本找不到任何有帮助的东西。这肯定是许多人文主义者和社会科学研究者所热切希望的局面——但这也是极不可能的局面，原因我们已经看到了。在这两种极端情况之间，存在着有可能且有价值的前景：会有大量（或相当大量的）重要的（或只是略微有趣的）概念从生物学转移到人文科学。可能的情况是，比方说，尽管文化观念的传递过程确实是达尔文式的**现象**，但由于种种原因，这些过程拒绝被达尔文式的**科学**所把握，因此我们将不得不退而求其次，满足于我们能从中获得的"仅仅是哲学上的"认识，而让科学去处理其他事项。

首先让我们思考一下"文化演化的现象确实是达尔文式的"这一说法所对应的情况。之后，我们就可以转而讨论质疑观点所涉及的复杂情况。模因视角从一开始就令人分外不安，甚至令人惊骇。我们可以用一句口号来概括它：

一个学者不过是一栋图书馆制造另一栋图书馆的方式。

我不知道你怎么看，但我打一开始就对下面这种观念不感冒：我的大脑是某种粪堆，别人观念的幼虫在其中进行自我更新，然后再把它们的副本以信息离散的方式发送出去。这似乎是真的要从我的心灵那里夺走它作为作者和批评家的重要性。按照这种设想，管事的究竟是谁呢——是我们还是我们的模因？

这个重要的问题没有什么简单的答案，也不可能有。我们喜欢把自己想成像神一样进行创造的观念创造者，让我们的一时奇想发号施令，去操纵和控制观念，并且从独立超拔的、奥林匹斯诸神一般的立场出发对它们加以评判。可就算这是我们的理想，我们也知道，哪怕对最高明和最有创造力的心灵来说，它也很少成为现实。正如莫扎特对自己脑力劳动产物的著名观察所表明的：

当我感觉良好，心情也好的时候，或者当我在乘车或在一顿美餐过后散步的时候，再或者当我在晚上睡不着的时候，想法就会涌入我的心灵，要多容易就有多容易。它们从何而来，又是如何而来的呢？我不知道，也**对此无能为力**［强调为引者所加］。我把那些令我喜悦的东西留在脑海里，并哼唱它们；至少别人告诉我说我是这么做的。[*]

跟莫扎特情况一样的大有人在。鲜有小说家不声称自己笔下的人物们"有了自己的生命"；艺术家们很喜欢坦言是他们的画作接过画笔、自己画了自己；诗人们谦虚地承认，对于他们头脑中满溢的思想来说，他们不过是仆人乃至奴隶，而非老板。我们大家都可以举出这样一些例子：模因在我们自己的心灵中不请自来、不受待见地赖着不走，或者模因像谣言一样四处传播，哪怕帮助传播它们的人普遍不赞成这种传播。

就在几天前，我尴尬地——沮丧地——发现自己在走路的时候会给自己哼一段旋律。那可不是一段海顿、勃拉姆斯、查理·帕克乃至鲍勃·迪伦的主旋律。我十分带劲地哼唱的，是"探戈须得两人

---

[*] 彼得·基维（Peter Kivy）在曼德尔讲座后告诉我说，这段经常被人引用的文字是编造的——根本不是莫扎特说的。我是在雅克·阿达玛的经典研究《数学领域中的发明心理学》（Hadamard, 1949, p.16）中见到这段话的，我自己在 Dennett, 1975 中第一次引用了这段话，这是我涉足达尔文思想的首批尝试之一。尽管有基维的纠正，但我还是要坚持在这里引用它，因为它不仅表达而且例示了这样一个论点：模因一旦存在，就一视同仁地独立于作者和批评家。历史准确性固然重要（这就是我写这个脚注的原因），但这段话实在太适合我的目的了，所以我选择忽略它的出身。假如不是在基维告诉我这个消息的第二天，我遇到了一个支持我的模因，我可能就不会坚持下去。我无意中听到大都会艺术博物馆的一位导游在评论吉尔伯特·斯图尔特所画的乔治·华盛顿肖像时说："这可能并不是乔治·华盛顿当时的样子，但这是他现在的样子。"当然，我的这次经历也表明了我的另一个主题：意外收获在所有设计工作中所起到的作用。

跳"——这曲子对耳朵来说就像一块寡淡无味、无可救药的口香糖，在20世纪50年代的某个时候火得不明不白。我确信自己一生中从未选择过这段旋律，从未推崇过这段旋律，也从未以任何方式断定它比寂然无声更好，但它就在那里，一种可怕的音乐病毒，至少在我的模因库中就和任何我真正推崇的旋律一样强大。而现在，更糟糕的是，我已经复活了你们许多人身上的病毒，在未来的日子里，当你们发现自己三十多年来第一次哼起那首无聊的曲子时，你们保准会诅咒我。

人类的语言——先是口语，然后是近来才有的书面语——肯定是文化传播的主要介质，它创造了文化演化的信息圈。说和听，写和读——这些都是传输和复制的底层技术，与生物圈中的DNA和RNA技术最为类似。我不必费力去回顾大家都熟悉的事实，即活字印刷、广播电视、静电复印、计算机、传真机和电子邮件等介质通过它们的模因而爆发性地激增。我们都很清楚，今天我们在纸生模因之海的波涛中生活，在电生模因的大气中呼吸。模因现在以光速在全世界传播，其复制速度甚至让果蝇和酵母细胞都相形见绌。它们杂乱无章地从一个载体跳跃到另一个载体，从一种介质跳跃到另一种介质，而且事实证明，它们几乎是无法被隔离的。

基因是不可见的；它们由基因载体（生物体）所携带，在这些载体中，它们往往会产生具有特点的效果（表型效果），从长远来看它们的命运是由这些效果决定的。模因也是不可见的，它们由模因载体——图片、书籍、言说（以具体的语言，以口头或书面的方式，以纸面或磁力编码的形式，等等）所携带。工具、建筑以及其他发明也都是模因载体（Campbell, 1979）。一辆辐条轮马车不仅会把粮食或货物从一个地方运到另一个地方，它还会把辐条轮马车这一绝妙的想法从心灵运向心灵。一个模因的存在要依靠它在某种介质中的物质化身；如果所有这样的物质化身都被摧毁，那么这个模因就灭绝了。当然，它可能会在后来独立地重现，就像原则上恐龙基因可以在某个遥远的未来聚合重现一样，但这些基因所创造并栖身其中的那些恐龙，不会是原先恐龙的后代——或者至少它们同原先恐龙的传衍关系不会比我们同原先恐龙的传衍关系更近。模因的命运同样取决于它们的副本和副本的副本是否会延续和增殖，而这则取决于种种选择性力量，这些力量直接作用于使模因实体化的各种物质载体。

模因和基因一样，都有永生的潜质。但跟基因一样，模因也依赖于物质载体链的持续存在，在热力学第二定律的考验下延续自身。书籍是相对长久的，纪念碑上的碑文甚至更为长久，但若没有人类保管员的保护，它们往往就会消散在时间之中。曼弗雷德·艾根针对基因提出了同样的观点，虽然这把分析推向了另一个方向：

> 比如说，我们想想莫扎特的一首曲子，一首被稳定地保留在我们的音乐会曲目中的曲子。它被保留的原因并不在于这部作品的音符是用耐久性特别强的墨水来印刷的。莫扎特的交响曲之所以能长久地在我们的音乐会曲目中反复出现，完全是由于它高度的选择价值。为了保持它的这种效果，这部作品必须被一遍又一遍地演奏，公众必须注意到它，而且它必须在与其他作品的竞争中被不断地重新评价。遗传信息的稳定性也具有类似的原因。（Eigen, 1992, p. 15）

基因的情况表明，永生不朽更多是个复制问题，而不是单个载体的寿命问题。如我们在第6章中所看见，各种柏拉图模因通过一系列副本的副本而得到保存，就是一个特别突出的案例。尽管与柏拉图本人大致同时代的一些纸莎草纸残页仍然存在，但他模因的留存与这些残页的化学稳定性几乎没什么关系。今天的图书馆里藏有成千上万的柏拉图《理想国》的实体副本（以及译本），而这个文本在传输过程中的关键祖先早在几个世纪前就变成了尘埃。

对载体进行野蛮的实体复制，还不足以保证模因的寿命。一本新书的几千册精装本可以在几年内消失得无影无踪，而谁又知道每天有多少刊载于几十万个副本中的精彩读者来信出现在填埋场和焚化炉中呢？可能有朝一日，非人类的模因评价者会为了保存特定的模因而进行拣选和安排，但就目前而言，模因仍然至少是间接地依赖于一个或多个载体，以求在一种不寻常的模因巢中度过一个起码短暂的茧蛹阶段：这种模因巢就是人类的心灵。

心灵是限量供应的，每个心灵的模因容量也是有限的。因此模因之间存在一场规模可观的比赛，各方都在争取进入尽可能多的心灵。这种比赛是信息圈中的主要选择性力量，就像在生物圈中一样，选手们会凭借极大的独创性来迎接挑战。尽管你可能想问："是谁的独创性？"但你现在应该明白，这不一定是个好问题；独创性就在**那里**，它是用来鉴赏的，不管它的来源是什么。如同一个无心灵的病毒，一个模因的前景取决于它的设计——不是它的"内部"设计（随便它是什么），而是它向世界展示的设计，是它的表型，是它以何种方式影响它所处环境中的各种东西。这些环境中的东西就是心灵和其他模因。

例如，无论以下这些模因（从我们的角度看）具有什么样的品性，它们都有一个共同的属性，那就是它们所具有的一些表型表达，会倾向于使那些要灭绝它们的环境力量失效或无法启动，从而让自身的复制更有可能实现：**信仰**的模因，它会劝阻一种批判性判断力的实施，这种判断力可能会判定信仰的观念总的来说是一个危险观念（Dawkins, 1976, p. 212）；**宗教宽容**或**言论自由**的模因；**连锁信中的警告**的模因，这样的连锁信会告诉你那些曾经使得信件连锁传递中断的人所遭受的悲惨命运；**阴谋论**的模因，面对指责它证据不足的反对意见，它有一个内置的回应机制："证据不足是理所当然的，这恰恰表明了那个阴谋有多强大！"以上这些模因中有些是"好的"，有些是"坏的"；它们的共同点是一种表型效果，该效果倾向于系统性地使那些对它们不利的既有选择性力量失效。模因论预测，在其他条件不变的情况下，阴谋论的模因将会在很大程度上独立于它们的真相而持续存在，而信仰的模因则会轻松确保自身的存活，同时也确保骑在它身上的那些宗教模因的存活，哪怕是在最为理性主义的大环境下也是如此。事实上，信仰的模因展现出**取决于频率的适应度**（frequency-dependent fitness）：在理性主义模因的陪伴下，它会发展得格外兴旺。在一个缺少怀疑者的世界上，信仰的模因不会引起太多关注，因此倾向于在人们的心灵中休眠，也因此很少被重新引入信息圈。（我们能否证明在信仰的模因和理性的模因之间，存在着经典的"捕食者-猎物"式的种群"繁荣与萧条"的周期循环？大概不能。但对此加以考察，问一问为什么不能，也许会对我们有所启发。）

来自种群遗传学的其他概念则转移得相当顺利。下面一个事例里要说的东西，遗传学家可能会称之为连锁（基因）座（linked loci）；两个模因在物理形式上恰好绑在一起，所以它们总是倾向于一同进行复制，这就会影响到它们的机遇。有这样一首雄壮的仪式进行曲，它广为人知，广受喜爱。它激昂明快，气势恢宏——你会觉得它非常适合毕业典礼、婚礼以及其他节庆场合，觉得它也许会把《威风堂堂进行曲》和《罗恩格林》里的《婚礼进行曲》推向灭绝的边缘。但事实并非如此，因为它的音乐模因与它的标题模因联系得太过紧密，以至于我们一听到这首音乐就往往会想到它的标题模因：阿瑟·沙利文爵士（Sir Arthur Sullivan）那无法使用的杰作《瞧，是行刑官大人》（"Behold the Lord High Executioner"）。假如这首进行曲没有歌词，而且取一个《科科进行曲》（Koko's March）之类的名字，那它也不至于失去被使用的资格。但它实际上的标题由歌词的前五个字组成，跟旋律牢牢地锁在了一起，在大多数听众身上几乎都确保了**一个思维链**的存在，而这个思维链差不多在所有节庆场合都不招人待见。这就是阻止这种模因进行更大范围复制的表型效果。假如《日本天皇》的演出多年来日渐式微，以至于这首进行曲的歌词已经鲜为人知（剧中的蠢故事就更别提了），那么这首进行曲也许会重新成为一首没有唱词的仪式音乐——只有那个该死的标题还留在乐谱上头！要是这样的标题印在节目单上，还正好就印在副校长的毕业典礼致辞前面，怕是会不太好看吧？

其实，这个生动的事例表明了信息圈最重要的现象之一：这一类的连接会导致对模因的错误过滤。甚至还有一个模因就是形容这种现象的：**把婴儿和洗澡水一起倒掉**。本书的主要目的，就是消除对达尔文模因的错误过滤造成的不幸影响。自从达尔文本人陷入疑惑，不知道哪些是他最好的观念（尽管他的一些敌人同意这些观念）、哪些是他最糟的观念（尽管它们似乎在关键时刻抗击了某些有害的学说），这个错误过滤的过程就一直在持续。（R. Richards, 1987 展现了一部引人入胜的演化论思想演变史。）我们都有下面这种滤网：

忽略所有出现在 X 中的东西。

对有些人来说，X 是《国家地理》或《真理报》；对另一些人来说，它是《纽约书评》；我们都在碰运气，指望"好"的观念能穿过他人的层层滤网，最终进入我们注意力的焦点。

这种多重滤网结构本身就是一种相当强大的模因构造。人工智能的创始人之一约翰·麦卡锡（他也是人工智能的命名者，而人工智能这个模因在信息圈有着属于它自己的、独立的基础）曾向一群人文主义的听众表示，电子邮件网络可以革命性地改变诗人的生态。麦卡锡指出，能靠卖诗为生的诗人屈指可数，因为诗集既薄又贵，只有为数很少的个人和图书馆会购买。但想象一下，假如诗人们能把他们的诗放在国际网络上，让任何人都可以阅读或复制他们的诗，只需事先支付一分钱就成，而这笔钱会通过电子转账打入诗人的版税账户，那会发生些什么事呢？他推测，这将会给许多诗人提供稳定的收入来源。从种群模因学的角度来看，还有一个明显的、与此相反的假设，而且跟诗人和诗歌爱好者从审美角度反对用电子媒介呈现诗歌的做法无关。如果建立了这样一个网络，没有哪个诗歌爱好者会愿意在几千个塞满歪诗的电子文档中苦苦跋涉，只为寻找其中的好诗；这就为诗歌滤网的各种模因创造了一个生态位。人们可以花几分钱，订阅能在信息圈里扫描好诗的编辑服务。具有不同批评标准的不同服务将会蓬勃发展，接着就会出现用来评估所有这些不同服务的服务——以及把最佳诗人的作品加以筛选、收集、排版并呈现在只有少数人会购买的小体量电子书中的服务。换句话说，编辑和批评的模因将会在信息圈的任何环境中找到生态位；它们的蓬勃发展是因为心灵的供应短缺和容量有限，无论心灵之间的传输介质是什么。你会对这个预测有所怀疑吗？要是你怀疑，那我就想跟你商量设个合适的赌局，赌上一把。和我们在演化思维中经常看到的一样，这里相关解释的展开也有赖于一个假设，即这些过程——不管它们的介质是什么，也不管它们具体轨迹上偶然的蜿蜒曲折是什么样态——在相应的空间中会朝着那些逼着和其他妙技所在的位置移动。

多重滤网的结构很复杂，对新挑战的反应速度也很快，但它肯定不会总是"奏效"。各种模因竞相突破滤网，造就一场施谋用计与将计就计的"军备竞赛"，以越来越精致的"广告活动"对抗层数越来越多的选择滤网。在尊贵的学术界生态中，我们虽不把同样的军备竞赛称作广告活动，但它确实体现在印有院系信息的信笺抬头、"盲审"，以及专业期刊、书评、对书评的评论和"经典作品"选集的激增上。这些滤网甚至并不总是为了去粗取精而设。例如，哲学学者们不妨扪心自问一下，他们是多么频繁地充当为二流文章增加受众的帮凶，单是因为他们开设的入门课程需要用到一些连新生都能反驳的傻瓜版坏观点。20世纪哲学中一些最常被转载的文章之所以会出名，恰恰是因为没人相信它们；大家都能看出它们错在哪里。*

在种种模因争夺我们注意力的竞赛中，存在着正反馈现象。在生物学中，这表现为"失控的性选择"之类的现象，"失控的性选择"可以解释为什么极乐鸟或孔雀会拥有又长又笨重的尾巴（详见Dawkins, 1986a, pp. 195–220; Cronin, 1991; Matt Ridley, 1993）。道金斯（Dawkins, 1986a, p. 219）提供了一个出版界的例子："畅销书排行榜每周都会公布，毫无疑问，只要一本书的销量大到足以让它出现在这些榜单中，单凭这件事它就会卖得更多。出版商们会说一本书'卖爆'了，而那些有一定科学知识的出版商甚至会谈及'卖爆所需的最低销量'。"

模因载体与所有大大小小的动植物一并栖居在我们的世界里。然而，它们大体上只对人类这个物种来说才是"可见的"。想想纽约市里一只普通鸽子的生活环境吧，它的眼睛和耳朵每天都会遭受文字、图片以及其他标志和符号的冲击，毫不逊于一般纽约人受到的冲击。这些模因物质载体可能会严重侵犯这只鸽子的福祉，但这并不是因为它们所携带的模因——对这只鸽子来说，它所找到的面包屑是在《国

---

* 这一说法就留待读者去证实了。有些模因构造了信息圈并且影响着其他模因的传播，诽谤法就是其中之一。

家资讯报》下面还是在《纽约时报》下面，并没有什么不同。另一方面，对人类来说，每个模因载体都是潜在的朋友或敌人，它所携带的要么是一份会增强我们力量的礼物，要么是一份价值存疑的礼物，会分散我们的注意力，加重我们记忆的负担，令我们判断力失常。

3. 一门模因论科学是否可能？

> 这项事业的规模令我震惊。但更重要的是，如果人们接受演化论的视角，讨论科学（或任何其他类型的概念活动）的种种尝试就会变得大为艰难，进而造成全面的瘫痪。
>
> ——大卫·赫尔（Hull, 1982, p. 299）

> 模因所能指导的，不是蛋白质的合成（这是基因的工作），而是行为。不过，基因也可以通过蛋白质合成间接地做到这一点。另一方面，模因的复制要涉及神经结构上的修改，所以总是与蛋白质合成的诱导有关。
>
> ——胡安·德利乌斯（Delius, 1991, p. 84）

上述一切着实诱人，但我们一直都在掩盖大量的复杂情况。我能听到怀疑之声的合唱队在舞台两侧列队候场的响动。还记得在第 4 章快结束的地方，关于弗朗西斯·克里克的故事吗？他对作为一门科学的种群遗传学抱有负面看法。如果种群遗传学只勉强称得上是科学——而且还是过时的科学——那么一门真正的模因论**科学**哪还有什么机会呢？有人会说，哲学学者固然可以欣赏在一个引人注目的新视角下发现的（明显的）洞见，但如果你不能把它变成实际的科学，使其具有可检验的假设、可靠的形式安排和可量化的结果，那它到底有什么好呢？道金斯本人从来没有声称要创立一门关于模因论的新科学学科。这是因为模因的概念有问题吗？

什么东西之于模因就像 DNA 之于基因一样呢？有几位评论者（比如见 Delius, 1991）主张把模因认定为复杂的脑结构，与此对应的是把基因认定为复杂的 DNA 结构。但如我们之前所见，把基因**认定为／等同于**（identify）它们在 DNA 中的载体是错误的。"演化是一个算法过程"这一观念必须用基底中性的术语才能有效描述。正如乔治·威廉斯在许多年前所言（G. Williams, 1966, p. 25）："在演化论中，基因可以被定义为这样一种遗传信息［强调为引者所加］，对该遗传信息有利或不利的选择偏差等于其内源性变化率的几倍或许多倍。"在模因问题上，我们更容易察觉到区分信息和载体的重要性。[*]大家都会注意到一个明显的问题，那就是不太可能——但也并非完全不可能——存在一种统一的"大脑语言"，不同的人脑都靠它来储存信息，而这就使得大脑与染色体大为不同。遗传学家最近识别出一种染色体结构，他们称之为**同源框**（homeobox）；尽管存在差异，但这种结构在彼此相隔较远的不同动物物种中都可以识别出来——也许在所有物种中都可以识别出来——所以它是非常古老的，而且在胚胎发育中起到核心作用。当我们得知下面这件事的时候，起初可能会感到震惊：一个在小鼠的同源框中被识别为对眼睛发育起主要作用的基因，和一个在果蝇的同源框中被识别出的、（因其表型效果）被冠名为**无眼**（eyeless）的基因，二者的密码子拼写几乎相同。但是，假如我们再发现下面这件事，就会更加目瞪口呆：在本杰明·富兰克林的大脑中储存双光镜片原始模因的脑细胞复合体，等同于或非常近似于

---

[*] 关于基因说和分子说之间对垒关系的精彩讨论，参见 Waters, 1990。

今天被用来储存双光镜片模因的脑细胞复合体——每当亚洲、非洲或欧洲的哪个孩子通过阅读、看电视或是看父母的鼻梁而第一次知道了双光镜片，他们所用的就是这种脑细胞复合体。这种反思生动地说明了一个事实：在文化演进中被保存和传递的东西是**信息**——介质中性、语言中性意义上的信息。因此，模因首先是一种**语义**分类，而不是可能会在"大脑语言"或自然语言中被直接观察到的一种**句法**分类。

在考察基因的时候，我们十分走运，因为语义同一性和句法同一性结成了令人欣慰的联盟：**存在**一种单一的基因语言，凭借这种语言，意义在所有物种中都得到了（大体上的）保存。不过，区分语义类型和句法类型还是很重要的。在巴别图书馆中，我们会识别出一组句法文本变体全都属于《白鲸》星系，所依据的是它们告诉我们的**内容**（about），而不是它们的句法相似性。（想想《白鲸》的那些各不相同的外语译本，还有英文节选、梗概和辅导书——更别提电影和其他介质中的版本了！）我们会有兴趣对演化历程中的基因进行识别和再识别，同样**首先**是因为表型效果——它们的"内容"（比如制造血红蛋白或眼睛）——的一致性。我们有能力倚仗它们在 DNA 中句法的可识别性来开展工作，不过这种能力是近来才取得的进步，而即便是在我们无法利用这一点的时候（例如，在某物种的化石记录没有 DNA 可供我们"解读"的情况下，我们凭借从中可以观察到的东西来推断有关基因变化的事实），我们仍可以有把握地说基因——信息——一定已经得到保存或传递了。

有一种情况可以设想，但几乎不可能出现，所以当然也不一定出现，那就是有朝一日我们会发现，存有相同信息的大脑结构之间有着惊人的同一性，这就让我们能够在语法层面识别模因。然而，即使我们碰上了这种不太可能的幸事，我们也应该坚持那个更抽象、更基础的模因概念。因为我们已经知道，模因的传递和存储能够以非大脑的形式——各种制造品——无限期地进行，这些形式不依赖于一种共用的描述语言。如果存在着信息的"多介质"传递和转化，那就是文化层面的传递和转化。因此，虽然我们会在生物学领域期待某些类型的还原论胜利——例如，发现世界上所有物种的血红蛋白到底有多少种不同的"拼法"——但类似的胜利很有可能会被文化科学排除在外，尽管如今人们有时会听到神经科学的理论家们预言会出现读心术的黄金时代。

虽然只有某些种类的模因论科学会蒙受这种挫败，但实际情况岂不更糟吗？如我们之前所见，达尔文演化论有赖于**非常**高保真的复制——近乎完美但又不全然完美的复制，而这归功于与 DNA 文本相伴的 DNA 解读器精细的校对和复制机制。只要突变率略微高过了头，演化就会乱套；自然选择就不再能起到长期确保适应度的作用。而另一方面，心灵（或大脑）则跟复印机不甚相像。恰恰相反，大脑并不只会尽职尽责地传递信息，一边运转一边改正大部分的拼写错误，而是似乎被设计得只会做相反的事情：在产生任何"输出"之前，它会转换、发明、插入、删改，并且对"输入"内容进行广泛的混合。文化演化和传递的标志之一，不就是突变和重组的速率特别高吗？除非我们是典型的只认字面意思、死记硬背的学习者，否则我们似乎**很少**会不加改变地传递一个模因。（那些会走路的百科全书都是些刻板保守的人吗？）此外，正如斯蒂芬·平克所强调的那样（私下交流），模因上发生的许多突变——不清楚有多少——明显是**定向**突变。"像相对论这样的模因，并不是某个原始观念数百万次**随机**（非定向）突变的累积产物，生产链中的每个大脑都以非随机的方式为产物增加了巨大的价值。"的确，心灵作为模因巢，其全部力量都来自生物学家会称之为支系交叉或支系吻合（lineage-crossing or anastomosis）的现象（分离的基因库重新聚在一起）。正如古尔德（Gould, 1991a, p. 65）所指出的："生物和文化演变的基本拓扑结构是完全不同的。生物演化是一个不断分化的系统，分支之间不会有后续的连接。支系一旦分化出来，就会永远分离。而在人类历史上，跨支系的传递或许是文化演变的主要来源。"

此外，当模因在心灵中彼此接触时，它们具有一种奇妙的能力，可以针对彼此的情况进行调适，迅速改变它们的表型效果以适应当前的境况——当心灵散布或者发布这一混合过程的结果时，得到复制的正是这种新表型的配方。例如，我那个喜欢工程机械的三岁孙子，最近不假思索地开口唱歌，给一首童谣施加了一个细微突变："啪！柴油机启动了。"*他甚至没有注意到自己做了什么，但我（永远也编不出这样的歌词）现在已经确保这个突变的模因得到了复制。就像前面讨论的笑话一样，这个小小的创意时刻是因缘际会和慧眼识珠的混合物，分布在几个不同的心灵中，其中没有哪个心灵可以宣称自己是这一特殊创造的作者。这是一种对获得性状的拉马克式复制，就像古尔德等人所表明的那样。†人类心灵作为模因的临时家园，其创造力和活动本身似乎就注定了传衍谱系一定会杂乱得令人绝望，表型（模因的"身体设计"）变化得如此之快，以至于没有什么"自然类"的轨

---

* 与"啪！柴油机启动了"（Pop! goes the diesel）一句可能有关的童谣至少有两首。一是出自英国少儿动画《托马斯和朋友》第二季（1986）第十二集中的歌曲《啪！狄塞尔启动了》（"Pop Goes the Diesel"），该歌曲后另有童谣唱片版本。原曲中的Diesel 指片中的柴油机车狄塞尔。二是另一首更早的英国儿歌《啪！黄鼠狼跑了》（"Pop Goes the Weasel"），《啪！狄塞尔启动了》沿用了它的曲调。——译者注

† 正如赫尔（Hull, 1982）谨慎指出的那样，在通常情况下，"指控"说文化演化是拉马克式的，这种做法其实是一种深度混淆。但在我讲的这个版本中，这一点则是不可否认的——尽管这也并不是一种"指控"。具体来说，在传递某一获得性状时展现出拉马克式天赋的实体，不是相应的人类行动者，而是这个模因自身。

迹可循。

回顾一下第 10 章的内容吧，物种如果完全是变动不居的，那就无法被看出是物种。但也要记住，这是一个认识论观点，而非形而上学观点：要不是物种相对静止，我们就无法**找出**进行某些种类的科学研究所需的事实，并对它们加以组织；然而，这并不表明相关现象不受自然选择的支配。同理，这里的结论也会是一个悲观的**认识论**结论：即使各种模因**确实**是凭借一个"带有变异的传衍"过程而起源的，我们要想炮制一门科学来绘制这种传衍的状况，那也是希望渺茫。

一旦有了这方面的忧虑，就会导向一个看似可行的局部解决方案。文化演化最显著的特征之一，就是尽管底层介质存在极大差异，我们仍**能够**轻松、可靠、有把握地找出共性。《罗密欧与朱丽叶》和（比方说电影版的）《西区故事》有什么共同点（Dennett, 1987b）呢？不是一连串的英文字符，甚至不是一系列的命题（被译为英文、法文或德文……）。当然了，共同点并不在于某种**句法的**属性或属性系统，而在于**语义的**属性或属性系统：在于故事，而不在于文本；在于人物及其个性，而在不在于他们的名字和言语。我们如此顺利地在二者间识别出来的那些相同点，乃是威廉·莎士比亚和阿瑟·劳伦茨（《西区故事》的原著作者）二人都会希望我们加以思考的那种困境。所以，只有在**意向对象**的层面上，即我们采取了意向立场的时候，我们才能描述这些共同属性。* 当我们确实采取了这一立场的时候，所寻求的共同特征往往就会脱颖而出。

---

* 可参阅一个与此平行的观点：把意向立场作为**异现象学**（*heterophenomenology*）——意识的客观科学——中的一种科学策略加以采纳，就会获得一种可喜的、实际上也是不可或缺的力量（Dennett, 1991a）。

这对我们会有帮助吗？有，但我们必须小心对待一个我们已经在若干不同的外表下识别出来的问题：如何区分剽窃（或致敬）和趋同演化。正如赫尔（Hull, 1982, p. 300）所指出的那样，我们并不想把两个等同（identical）的文化品视为相同**模因**的不同实例，除非它们之间有传衍关系。（无论章鱼的眼睛与海豚的眼睛看起来如何相似，二者的基因并不相同。）这个问题在文化演化论者身上，就表现为每当他们试图追溯妙技的模因时，就容易产生一系列的错觉，或者干脆无法做出决断。我们在越是抽象的层面上识别模因，就越难区分趋同演化和传衍。我们碰巧知道——因为当事人告诉过我们——《西区故事》的创作者（阿瑟·劳伦茨、杰罗姆·罗宾斯和伦纳德·伯恩斯坦）是从《罗密欧与朱丽叶》中获得了相应的想法，但如果他们在这一点上小心翼翼地保密，我们很可能就会认为他们只不过是重新发明了轮子，重新发现了一种几乎会在任何文化演化中独立出现的文化"共性"。我们的识别原则越是纯语义的——或者换句话说，越不受特定表达形式的束缚——我们就越难有把握地追溯传衍。（请记住，在第6章中，正是特定表达形式的种种独特之处，给正在破译巴比伦历法的希腊文译本之谜的奥托·诺伊格鲍尔提供了关键线索。）在文化科学中，当分类学家在支序分析（cladistic analysis）中试图分清同源性与类似性、祖传特征与派生特征时，也要面对同样的认识论难题（Mark Ridley, 1985）。在理想的情况下，在想象中的文化支序学领域内，人们想要找出各种"字符"（characters）——没错，就是文字字符——这些被选定的字符在功能上并非不可替代，属于一个由众多可替代项组成的巨大类别。假如我们发现托尼和玛丽亚*的整段台词都令人生疑地复制了《罗密欧与朱丽叶》中的词句，那我们就不需要劳伦茨、罗宾斯或伯恩斯坦自

---

* 两人是《西区故事》的男女主角。——译者注

己给出的线索了。我们会毫不犹豫地宣布这些词句上的巧合并非巧合；设计空间是漫无际涯的，大到让人无法相信这是巧合。

然而，我们在摸索文化演化的科学时，一般不能指望有这样的发现。比方说，假设我们想要论证像农业或君主制这样的体制，乃至像文身或握手这样的特定习俗，都来自一个共同的文化祖先，而不是被独立地重新发明的。这就要面对一场权衡。如果我们必须到相当抽象的功能（或语义）层面去寻找我们所需的共同特征，我们就无法再区分同源性和基于趋同演化的类似性。当然，文化学者们一直都对这一点心知肚明，而且他们明白这一点靠的也不是达尔文式思维。比方说，想一想你可以从碎陶片中推断出什么信息。人类学家在寻找共同文化的证据时，比起共有的功能性形制，他们更关注在装饰风格上共同的特异之处，这是非常正确的做法。或者，请考虑这样一种情况：两种相隔甚远的文化都使用过**船**——这根本不能证明他们拥有共同的文化遗产。如果两种文化都在船头上画**眼睛**，那就有趣多了，但这仍是设计活动中相当明显的一着。如果两种文化都在船头上画比如说**蓝色六边形**，那就确实比较能说明问题了。

人类学家丹·斯珀伯对文化演化有十分丰富的思考，他认为任何以抽象的意向对象来作为科学计划支点的做法，都存在一个问题。他主张：

> ［这种抽象的对象］不直接进入因果关系。导致你消化不良的，不是抽象的奶油蛋黄酱配方，而是招待你的主人阅读了一个公共的表征，形成了一个心理表征，并或多或少成功地遵照它来行事。让孩子体会到愉悦性恐惧的，不是抽象的小红帽故事，而是她对她母亲言辞的理解。说得更切题些，导致奶油蛋黄酱配方或小红帽故事成为文化表征的，不是或者说不直接是它们的形式

属性，而是由数以百万计的公共表征以因果方式连接起来的、数以百万计的心理表征的构建。（Sperber, 1985, pp. 77–78）

斯珀伯谈到了抽象特征在作用上的间接性，这当然是对的。但这远非科学的障碍，而是通向科学的一种最佳邀约：邀我们用一种抽象的表述，来切开纠缠不清的因果关系这个难解之结。这种抽象表述之所以具有预测力，正是因为它忽略了所有那些复杂的情况。举例来说，基因之所以会被选择，是因为其间接的、仅在统计学上可见的表型效果。请思考以下预测：无论你在哪里发现了翅膀上有保护色的飞蛾，你都会发现它们在生活中要面对视力敏锐的捕食者；无论你在哪里发现有大量的飞蛾被使用回声定位的蝙蝠所捕食，你都会发现它们把翅膀上的保护色更换为了干扰装置，或者更换为了开启难以捕捉的飞行模式的特殊才能。当然，我们的终极目标是解释我们在飞蛾及其周围环境中发现的任何特征，一直解释到负责这些特征的分子或原子机制为止，但我们没有理由要求这样的还原工作在哪里都如出一辙，或者能够推广至全局。科学的荣耀，就在于它能顶着噪声找出其中的规则模式（Dennett, 1991b）。

人类心理的独特之处**终究**是重要的（此外还有人类消化系统的独特之处，奶油蛋黄酱的例子表明了这一点），但它们并不妨碍对有关现象的科学分析。事实上，正如斯珀伯本人以一种令人信服的方式所指出的那样，我们可以把高层面的原则作为撬开低层面秘密的杠杆。斯珀伯指出了发明书写的重要性，它开启了文化演化的重大变革。他展示了如何从有关前文字文化的事实，推理出有关人类心理的事实。（他更愿意沿着**流行病学**而不是**遗传学**的路径来思考文化传播，但他在理论方向上与道金斯近乎相同——几乎到了无法区分的地步，只要想想流行病学的达尔文式对策是什么样的，你就会明白这一点；参见Williams and Nesse, 1991。）斯珀伯的"表征流行病学法则"如下：

在一个口头传统中，所有文化表征都是容易记住的；难以记住的表征在实现文化层面的散布之前就会被遗忘，或者转化为更容易记住的表征。(Sperber, 1985, p. 86)

乍看之下，这似乎是细枝末节，但请思考一下我们可以如何对它加以利用。我们可以对口头传统中特有的一种具体文化表征加以利用，通过考察这种表征的哪些方面让它比其他表征更令人难忘，来进一步阐明人类记忆是如何运作的。

斯珀伯指出，人们更擅长记住一个故事而非一个文本——至少如今是这样，当下口头传统正在衰落。*但即便在今天，我们有时也会不由自主地记住一首广告歌曲，包括其具体的节奏属性、它的"腔调"以及许多别的"低层面"特征。当科学家们为自己的理论确定缩略语或巧妙的口号时，他们希望能够借此让它们成为更好记、更生动、更有吸引力的模因。因此，表征行为的实际细节有时和被表征的内容一样，都是模因的候选者。使用缩略语的做法本身就是一种模因——当然了，是一种元模因——它之所以会流行起来，是因为它在推广内容模因（这些内容模因的名字模因是它帮助设计的）方面表现出强大的力量。究竟是什么原因让缩略语、押韵词或"俏皮"口号在人类心灵内部的竞争中表现得如此出色呢？

这类问题涉及演化论和认知科学都会采用的一个基本策略，而这我们已经见过很多次了。演化论认为信息是通过种种遗传渠道传递的，不论它们具体是什么，而认知科学则认为信息是通过种种神经系

---

* 对于口头传统所表现出的惊人记忆力，相关分析可以参见艾伯特·洛德的经典之作《故事的歌手》(Lord, 1960)，该书描述了从荷马时代到现代的巴尔干地区国家以及其他地方的吟游诗人发展出的诗歌记忆术。

统渠道传递的，不论它们具体是什么——再加上我们身边的介质，比如透明的空气，它可以传递声和光。你可以取个巧，暂且忽略信息从 A 传递到 B 的过程中作用机制层面上的那些有血有肉的细节，只关注一件事及其意涵：有些信息**确实**到达了那里，而另一些信息则没有。

假设你的任务是在五角大楼内揪出一个间谍或整个间谍网。假设你已经知道，比如说，有关核潜艇的信息不知怎的到了不该得到这信息的人手上。抓住间谍的方法之一，就是在五角大楼内的多个地方掺入各式各样虚假（但可信）的小道消息，然后看看是哪些消息以怎样的顺序在日内瓦、贝鲁特或任何有秘密情报市场的地区浮出水面的。通过变更相应的条件和状况，你或许可以逐步建立起一个详尽的路径图——包括各种小站、中转站及多用途场所——可就算到了对这个间谍网实施逮捕、依法定罪的时候，你可能还是不知道他们使用的通信介质是什么。是无线电？是粘在文件上的一张张缩微照片？还是旗语？特工是把设计方案背下来，然后直接徒步穿越边境，还是把已经转写为莫尔斯电码的口头描述藏在他电脑里头的一张软盘上？

到了最后，我们会想要知道所有这些问题的答案，但在调查期间，我们可以在基底中性的纯信息传输领域做很多事情。例如，在认知科学中，语言学家雷·杰肯道夫（Jackendoff, 1987, 1993）在他关于表征层面的数量及其效能的巧妙推论中，就展示了这种方法的惊人力量；这些表征层面在某些任务过程中**必定**有所体现，比如从光线射入我们的眼睛，到我们从中获取信息，再到我们可以谈论我们看见的东西。他不必去了解神经生理学方面的细节（尽管他对此很感兴趣，这跟其他许多语言学家不同），就可以针对相关过程的结构以及在相关过程中发生形态变化的表征得出可靠、有把握的结论。

我们在这一抽象层面上学到的东西，本身就具有科学上的重要性。事实上，它是一切重要事物的基础。对于这一点，没人比物理学家理查德·费曼讲得更好：

> 我们现在所掌握的宇宙图景没有启发谁吗？科学的这一价值还未被歌唱家们所歌颂：你能听到的不是一首歌或一首诗，而只是一场谈论科学的晚间演讲。这还不是一个科学的时代。
>
> 也许这种沉寂的原因之一，就是你还不懂得如何解读此处的音乐。比如，科学文章中可能会说："大鼠脑中的放射性磷含量在两周内下降到二分之一。"而这又意味着什么呢？
>
> 这意味着，老鼠脑中的磷——还有我脑中和你脑中的磷——与两周前的磷是不同的。这意味着大脑中的原子正在被替换：先前在这里的那些原子已经走掉了。
>
> 那么，我们的这个心灵究竟是什么：这些带有意识的原子是什么？是上周的土豆！它们现在能**记起**一年前我心灵中的事情——而这个心灵很久以前就已经被取代了。
>
> 请注意，被我称作我的个体性的东西，只是一种样式或舞蹈。当人们发现大脑的原子需要多长时间被其他原子所取代的时候，这件事的意义就在于**此**。原子进入我的大脑，跳一支舞，然后又出去——总是会有新的原子，但总是在跳同一支舞，它们记得昨天的舞是什么。（Feynman, 1988, p. 244）*

---

* 丹尼特在《纠误》中指出："理查德·费曼说错了！普渡大学生物科学系的欧文·泰斯曼在写给《自然》杂志的信（TESSMAN, IRWIN. 1996. "Feynman faux pas," *Nature* 381, 30 May, p. 361）中指出，'他举的那个例子证明不了有替换现象；事实上，它正好表明了相反的情况。在这个惹人喜爱的疏漏中，费曼似乎忽略了磷-32 衰变为硫的半衰期，这个半衰期恰好是两周；如果放射性在两周内减少到二分之一，就意味着（在实验误差范围内）大脑中没有磷的更替'。"——译者注

4. 模因在哲学上的重要性

> 如果我们用词挑剔、不容瑕疵，文化"演化"就根本不是真正的演化。但二者之间的共同之处或许足以证明在原则层面的某种比较是合理的。
>
> ——理查德·道金斯（Dawkins, 1986a, p. 216）

> 指望一种文化实践在教会信徒之间的传递可以增加教会信徒的适应度，并不比指望一种以相似方式传递的流感病毒可以增加适应度来得更有道理。
>
> ——乔治·威廉斯（G. Williams, 1992, p. 15）

道金斯在 1976 年引入模因这个术语时，把自己的这个创新描述为对经典达尔文理论货真价实的扩展。此后，他稍稍收敛了锋芒。在《盲眼钟表匠》（Dawkins, 1986a, p. 196）中，他谈到了一个类比，说这个类比"在我看来很有启发性，但如果我们不够小心，那就会走得太远"。他怎么就退缩了呢？为什么在《自私的基因》出现 18 年后，对模因这个模因的讨论竟如此之少？

在《扩展的表型》一书中，道金斯有力地回应了社会生物学家和其他学者掀起的批评风暴，同时也承认基因和模因之间存在一些有趣的不类似性。

> ……模因不是沿着线性染色体串联起来的，我们还不清楚它们是否会占据、争夺不连续的"模因座"［loci］，或者它们有没有可以识别的"等位模因"……模因的复制过程大概远不如基因的复制过程准确……不同的模因可能会以一种基因所没有的方

式部分地融合在一起。(Dawkins, 1982, p. 112)

但他后来又退缩了一些，显然这时他所面对的是那些他没有提及其姓名、没有引述其论述的对手：

> 我自己的感觉是，可能它［模因这个模因］的主要价值与其说是帮助我们理解人类文化，不如说是使我们更加敏锐地体认自然选择。这是我如此冒昧地讨论它的唯一原因，因为我对讨论人类文化的现有文献了解有限，不足以在这个领域做出具有权威意义的贡献。(Dawkins, 1982, p. 112)

我要指出的是，在模因之眼（meme's-eye）的观点看来，发生在模因这个模因身上的事情是显而易见的：诸多"人文主义"的心灵设立了一组咄咄逼人的滤网，专门针对来自"社会生物学"的模因。一旦道金斯被视为一个社会生物学家，这组滤网就几乎保准会对这个闯入者持有的任何文化观点都加以排斥——这并不需要充分的理由，就是一种免疫排斥反应而已。*

原因不难想见。模因之眼的视角挑战了人文学科的一条核心公理。道金斯（Dawkins, 1976, p. 214）指出，我们的解释常常会忽略一个基本事实，那就是"一个文化特征之所以会以某种方式演化，不过是因为这种方式**对它自身有利**"。这是一种思考各种观念的新方式，但这是一种好的方式吗？等我们回答了这个问题，我们就会知道

---

* Midgley, 1979 是一个突出的例子，一个人文主义者将道金斯视为社会生物学家，并对他无理毁谤、横加驳斥。这轮攻击实在太过离谱，必须搭配它的专用解药（Dawkins, 1981）一起阅读才行。Midgley, 1983 是一次带有歉意但仍充满敌意的答复。

我们是否应该对模因这个模因加以利用和复制。

模因的第一规则就跟基因的一样：复制不一定是为了图什么好处；能够蓬勃发展的复制体们全都善于……复制——管它是出于什么原因！

> 一个让承载着它的那些躯体掉下悬崖的模因，它的命运会跟让承载着它的那些躯体掉下悬崖的基因一样。它很容易被从模因库中淘汰……但这并不意味着在模因选择过程中，成功的终极标准就是基因的存活……显然，一个会使得携带它的个体去自杀的模因有重大缺陷，但这并不一定是个致命缺陷……一个会导致自杀的模因也能够传播，比如一次戏剧性的、广为传布的殉道行为，会鼓舞他人为热爱的事业去死，而这又会再次鼓舞其他个体去死，以此类推。（Dawkins, 1982, pp. 110–111）

道金斯谈到的扩散问题至关重要，在达尔文式医学中也有直接对应的情形。正如威廉斯和内瑟（Williams and Nesse, 1991）所指出的，致病生物体（寄生虫、细菌、病毒）的长期存活有赖于从宿主到宿主的跳跃，而这一点具有很重要的意涵。根据它们的传播方式——比如说，通过飞沫或性接触传播，而非通过蚊子先叮咬感染者、再叮咬未感染者传播——它们的未来可能取决于它们是否确保了自己的宿主可以起身走动，而不是使其一直病危在床。如果可以操控生物体的复制条件，使得不伤害宿主"符合它们的利益"，那么就会有更多良性的变种受到自然选择的青睐。按照同样的思路，我们可以看到，在其他条件相同的情况下，良性或无害的模因将趋于蓬勃发展，而那些对于在心灵中携带着它们的人来说致命的模因，就只有在一种情况下才会蓬勃发展，那就是它们有办法在自己和船一同沉没之前——或沉没期间——把自己扩散出去。假设，琼斯遇到或者凭空想出了一个真正令人信服的论点来支持自杀——它是如此令人信服，导致连他本人都自杀了。如果他没有留下一段笔记来解释他为什么自杀，那这个模因——至少是琼斯这个支系的模因——就不会传播。

由此，道金斯提出的最重要的观点是，一个模因的复制能力，即**它**自己视角中的它的"适应度"，以及它对**我们**适应度的贡献（无论我们用什么标准来判断），二者之间没有任何**必然**联系。这是一个令人不安的观察，但情况并非完全令人绝望。尽管有些模因一定会操纵我们来配合它们的复制，而**不顾**我们断定它们无用、丑陋或者威胁着我们的健康和福祉，但还是有许多——如果我们幸运的话，那就是大多数——模因，不仅是在我们的祝福下复制着它们自身，而且还是**因为**我们对它们的推崇而复制着它们自身。我认为少有争议的是，就整体状况而言，以下这些模因从我们的角度，而不仅仅是从它们作为自私的自我复制体的角度来看是好的：比如说合作、音乐、写作、日历、教育、环境意识、裁军这样的一般性模因，以及囚徒困境、《费加罗的婚礼》、《白鲸》、可回收瓶、限制战略武器系列条约这样的具体模因。其他模因则更有争议；我们明白它们为什么会传播，也明白为什么就整体情况而言我们应该容许它们存在，尽管它们也给我们带来了一些问题：给经典电影上色、电视广告、政治正确的理想。还有一些模因是有害的，却极难根除：反犹主义、劫持客机、喷罐涂鸦、计算机病毒。[*]

我们对于各种观念的常规看法也同时是**一种规范性的**看法：对于我们**应该**接受、看重或赞赏哪些观念，它确立了一个标准或理想。简

---

[*] Dawkins, 1993 提供了一个看待计算机病毒以及它们同其他模因之关系的重要新视角。

而言之，我们应该接受真的东西和美的东西。按照这个常规看法，下面的内容实质上是同义反复——是不值得浪费笔墨的琐屑真理：

> 观念 X 为人所相信，因为人们把 X 视作真的。
> 人们赞赏 X，因为人们觉得 X 是美的。

这些规范不仅明显得要命，而且它们是**本质性的**（constitutive）：它们设定了我们据以考量观念的规则。只有在偏离了这些规范的时候，我们才需要做出解释。没人需要解释为什么一本书会自诩写的全是**真**话，或者为什么一个艺术家会努力制造一些**美**的东西——这是"理所当然"的事。正是基于这些规范所具有的本质性地位，"大都会常见品博物馆"或"假话百科全书"这样的反常事物才会散发出悖论的气息。在常规看法中，需要特别解释的情况是：尽管一个观念是真的或美的，却**不**被人接受，或者尽管它是丑的或假的，却**是**被人接受的。

模因之眼的观点就是要成为这种常规看法的替代物。对**它**来说以下情况才是同义反复的：

> 模因 X 在人们中间传播，因为 X 是一个好复制体。

我们可以在物理学中发现与此十分对应的现象。亚里士多德物理学认为，一个物体的匀速直线运动是需要解释的，也就是要指出有某种像力这样的东西在持续作用于它。牛顿实现的视角转换堪称伟大，其核心在于这样的直线运动是不需要解释的；只有偏离了这种运动的情况才需要解释——有加速度存在。在生物学中甚至有一个更加对应的现象。在威廉斯和道金斯指明替代性的基因之眼视角之前，演化论者倾向于认为适应行为的存在根本就是一件**显而易见**的事情，因为它们对生物体有好处。现在我们有了更进一步的认识。以基因为中心的视角之所以有价值，正是因为它处理了"生物体的利益无足轻重"这一类"例外"情况，并且表明了"常规"情况何以不过是一种派生的、例外的规律性，而不是像旧视角所看到的那样，是纯粹理性的真理。

只有当我们审视那些例外情况，审视那些让两种视角分道扬镳的情形时，模因理论的前景才会变得有趣。模因理论唯有让我们更好地理解那些偏离了常规局面的情形，才可能获得许可、被人接受。（请注意，就其自身而言，模因这个模因会不会成功复制，严格来说并不取决于它在认识论上的优缺点；它可能会虽有危害而传播四方，也可能会虽有优点而走向灭绝。）

所幸，这两种视角之间存在并非随机的相关性，就像对通用汽车公司有利的东西和对美国有利的东西之间存在并非随机的相关性一样。以下情况并非出于偶然：得以复制的模因往往对我们是有益的，但不是对我们的**生物**适应力有益（威廉斯对教会信徒的讥评在这一点上是绝对正确的），而是对我们所珍视的东西有益。*而且千万不要忘记至关重要的一点：事实上我们所珍视的那些东西——我们的最高价值——本身在很大程度上就是传播得最为成功的那些模因的产物。我们可能想要宣称，我们的至善（summum bonum）由**我们**做主，但这是神秘主义的胡话，除非我们承认**我们**现在的样子（以及我们可能会劝自己视为至善的东西）本身就是我们在成长过程中，在超出我们

---

* 对其宿主来说是（相对）良性的，但又对其他人来说是恶性的模因并不罕见，唉。例如，当族属自豪感变成排外心理，这就如同一种我们尚可容忍的杆菌突变为了某种致命的东西——就算对其原始载体来说不一定致命，那也对其他载体来说致命。

动物性遗产的过程中学来的。生物因素规约着我们可以认为有价值的东西；从长期来看，除非我们习惯于"不单凭运气"来选择对我们有帮助的模因，否则我们将无法存活，**但我们还没有看到这种"长期"**。大自然母亲在这个星球上所做的文化实验不过才持续了几千个世代而已。尽管如此，我们有充分的理由相信，我们的模因免疫系统并非毫无前途——即便它也并非万无一失。我们可以依赖两种视角的重叠，将其作为一种一般性的、粗略的经验法则：大体上看，好的模因——按**我们的**标准是好的——往往也是好的复制体。

人类心灵是所有模因都要依偎的港湾，但人类心灵本身就是一个制造品——当模因为了让人类大脑成为更好的模因栖息地而对其进行重组时，就会创造出这样的制造品。进出通道被因地制宜地加以修整，被各种可以增强复制保真度和冗长度的人造装置所强化：中国本地的心灵与法国本地的心灵判然有别，识字的心灵与不识字的心灵也有差异。居住在生物体之内的模因用来回报生物体的东西，是一个储存着海量好物的仓库——其中无疑也掺杂着一些特洛伊木马。正常的人类大脑并不完全一样；它们的大小、形状以及无数的连接细节——它们本领的基础——都有很大的不同。但人类在本领方面最为显著的那些差异，则取决于入住他们体内的模因所引起的细微结构差异（目前神经科学还摸不透这些差异）。模因们会增加彼此的机遇：例如，教育的模因就是一个会强化模因植入过程本身的模因。

但如果人类心灵本身在很大程度上是模因的创造物，那么我们就无法再保有我们之前考察过的两极化看法；不可能有什么"模因与我们的两相对峙"，因为早些时候染上的模因已经主导性地决定了我们是谁、是什么样。"独立的"心灵奋力保护自己不被外来的危险模因所影响，这不过是一个迷思。一方面是我们基因的生物命令，另一方面是我们模因的文化命令，二者之间存在着持久的张力；可要是我们选择跟我们的基因"站在一起",那就是在犯傻;这会犯下通俗社会生物学中最严重的错误。此外,正如我们已经指出的那样,我们的特殊之处在于,所有物种中只有我们能够凌驾于自己基因的命令——这多亏了我们的模因起重机。

被模因风暴所包围的我们要想努力站稳脚跟,可以拿什么作为立足的基础呢?如果复制的强权并不等于公理,那么该把什么当作永恒的理想、当作"我们"判断模因价值的参照呢?我们应该注意的是,规范性概念——**应该、善、真、美**——的模因都属于我们心灵中最根深蒂固的居民。在众多构成我们的模因中,它们起着核心作用。作为我们而存在的我们,作为思想者而存在的我们——而非作为生物体而存在的我们——并不独立于这些模因。

道金斯在《自私的基因》(Dawkins, 1976, p. 215)结尾有一段话,他的许多批评者肯定要么没读过,要么不理解:

> 我们有能力违抗我们生来就有的那些自私的基因,而且如果必要的话,还有能力违抗我们由教化而获得的那些自私的模因……我们被打造成了基因机器,又被培育成了模因机器,但我们有能力转过身来反对我们的创造者们。世界上只有我们能够挺身反抗这些自私的复制体的暴政。

当道金斯如此强硬地跟过度简化的通俗社会生物学保持距离的时候,他对自己观点的表述多少有些言过其实。这个"我们"不仅超越了其基因创造者,而且超越了其模因创造者。如我们刚才所见,这个"我们"是一个迷思。道金斯本人在他后来的著作中也承认了这一点。在《扩展的表型》(Dawkins, 1982)中,道金斯主张从生物学的角度出发,把河狸的大坝、蜘蛛的网、鸟类的巢不仅仅看作表型的产物——表型在这里是指被视为功能整体的个体生物——而且看作表型的组成部分，就跟河狸的牙齿、蜘蛛的腿、鸟类的翅膀一样。从这个角度看，我们所织就的巨大模因保护网，就是我们的表型中不可或缺的部分——否则就难以解释我们的能力、我们的机遇、我们的盛衰——就像我们其他更为狭义的生物禀赋一样。（Dennett, 1991a 更为详尽地发展了这一主张。）这里不存在什么极端的不连续性；一个人可以同时是哺乳动物、父亲、公民、学者、民主党人和长聘副教授。正如人类修建的谷仓是家燕的生态环境中不可或缺的部分，教堂和大学——还有工厂和监狱——也是我们的生态环境中不可或缺的部分，那些我们依赖的模因也是如此，没有它们，我们就无法在以上环境中生活。

但是，我的身体和感染我身体的模因之间的互动构成了一个复杂系统，如果**我**并不是凌驾于这个系统之上的存在，那么这会影响到个人责任吗？如果**我**不是我所在船只的船长，**我**如何能够对我的错误行为负有责任，如何能够因为我的壮举而受到表彰呢？**我**凭自由意志行事所需的自主性又在何处？

"自主性"（autonomy）只是用来表示"自我控制"的一个花哨术语。当"海盗号"航天器离开地球太远，身处休斯敦的工程师们无法控制它时，他们就给它发送了一个新程序，移除了他们的**远程控制**，让它进行本地**自我控制**（Dennett, 1984, p. 55）。这就让它变成了自主的，虽然它继续追求的目标是由休斯敦方面在它诞生时就设定好了的，但它要独自负责促成这些目标所需的决策工作。现在想象一下，它降落在某个遥远的星球上，那里居住着一群绿色的小人，他们迅速侵入了它，修改它的软件，并依据他们自己的目的对它进行改造（进行扩展适应）——比方说把它变成一个休闲载具，或者变成他们的托儿所。在这些外星控制者的控制下，它会失去自主性。所以说，把责任从我的基因那里转给我的模因，这一招似乎无法让我们在通向自由意志的道路上有所前进。我们推翻了自私的基因的暴政，只是为了让自私的模因来接管我们吗？

再想想共生体的情况吧。（根据定义）寄生体是那些对宿主适应度有害的共生体。请思考一下最显著的模因例子：独身的模因（我或许应该再加上贞洁的模因，好堵住一个众所周知的漏洞）。这种模因复合体居住在许多教士和修女的大脑中。从演化生物学的角度来看，这种复合体就定义而言对**适应度**是有害的：任何东西，只要它确保宿主的生殖细胞系成了一条事实上的死路，都毋庸置疑地降低了宿主的适应度。"但那又怎样？"一位神父可能会反驳道，"我不**想**有后代！"说得好。不过，你可能会说，他的身体还是想的。他已经让他**自己**稍稍疏离了他的身体，在这个身体里，大自然母亲设计的机械系统一直在运转，有时会给**他**带来一些自控方面的难题。这个有着目标分歧的**自我**（self or ego）是如何构成的呢？我们或许无从得知这场感染的详尽历史。耶稣会士们有句名言："把孩子人生中的头五年交给我们，余下的年月就全都属于你。"所以，这个特定的模因可能在这位神父的生命初期就安营扎寨了。或者它可能来得晚一些，还可能是逐渐成形的。但无论它何时发生、如何发生，它都已经被这位神父纳入了他的身份认同中，起码目前是这样。

我这里**不是要说**，因为神父的身体"注定"不会繁育后代，所以这就是一件坏事或"不自然"的事。那样我们就会站在我们自私的基因一边了，而这正是我们所不想的。我**要说**的是，这只是一个最极端因而也最生动的例子，它体现的是塑造了我们所有人的那个过程：我们的**自我**都是被各种模因的相互作用创造出来的，这些模因开发着大自然母亲给予我们的那个机械系统，改变着它的方向。我大脑中包藏着独身和贞洁的模因（否则我就无法写出它们），但它们从未成功地坐上我内部的驾驶席。我不**认同**它们。我的大脑也包藏着禁食或节食的模因，我希望我能让它更多地坐上驾驶席（这样我就能更加**全心全意地**节食），但由于这样那样的原因，负责把节食的模因纳入我的全"心"的那些模因联盟很少能够组建一个长期稳定的政府。任何人都不会被单个模因所统治；使得一个人成为其所是的那个人的，是众多模因联盟的共同执政，它们长期参与着一路上的各种决策活动。（我们将在第 16 章和第 17 章更加详细地考察这个观点。）

不管模因视角能不能成为科学，它以哲学的面貌做过的好事大大多于坏事，这跟古尔德的说法相反，尽管我们将会看到，达尔文式思维在社会科学中还可能有一些**其他**应用，后者才真的应该受到古尔德的谴责。到底什么才能取代这种彻头彻尾的达尔文式心灵观呢？畏惧达尔文者的最后希望，就是干脆直接否认，指出模因进入大脑时所发生的事情永远永远都不能用"还原论"、机械论的术语来解释。一种做法是拥护彻底的笛卡儿式二元论：心灵不可能是大脑，而是某个**别的**处所，那里发生着伟大而神秘的炼金过程，把添进去的原材料——我们称作"模因"的文化品——转化为超越其来源的新物件，而这一过程所采取的方式则干脆超出了科学的范围。*

还有一种稍微不那么激进的做法，也可以支持同样的辩护观点，那就是一方面承认心灵说到底就是大脑，而大脑是一个受所有物理和化学定律约束的物质实体，但另一方面坚持认为心灵的干活儿方式不服从科学分析。这种观点是语言学家诺姆·乔姆斯基经常提及的，并且先是在他的前同事、哲学家 / 心理学家杰里·福多尔（Fodor,

---

* 列万廷等人（Lewontin, Rose, and Kamin, 1984, p. 283）主张，模因预设了一种"笛卡儿式"的心灵观，然而事实上模因是笛卡儿式模型的最佳替代品的一种关键（核心的但也是可选的）原料（Dennett, 1991a）。

1983）那里，然后是在另一位哲学家科林·麦金（McGinn, 1991）那里得到了热情的辩护。我们可以看到，这是一种关于心灵的**骤变**观点，把诸多巨大的飞跃置入了设计空间，并把它们"解释"为纯粹的天才行为、内在的创造力或者其他不服从科学的东西。这种观点坚持认为，在某种程度上，大脑本身就是一个天钩，它拒不接受狡猾的达尔文式提法：大脑——由于所有起初构成它的起重机，以及所有后来进入它的起重机——本身就是设计空间中一个奇妙而不神秘的起吊工具。

要把以上高度隐喻化的对抗关系变成平实清晰的文字，并在第13 章解决它，就还需要进一步的工作。我很走运，这项工作的大部分内容之前已经由我自己完成了，所以我又一次可以避免重新发明轮子，只需要复用我以前造过的轮子就行。我的下一个扩展适应来自我1992 年在剑桥达尔文学院做的达尔文讲座（Dennett, 1994b）。

第 12 章

文化以模因形式对人脑的入侵，创造了人类心灵。在一切动物心灵中，只有人类心灵能够设想远方和未来的事物，并且制定替代性的目标。想要悉心打造一门严格的模因论科学，其前景颇为可疑。但这个概念提供的视角，对于研究文化遗产和基因遗产之间的复杂关系很有价值。具体而言，正是模因对我们心灵的塑造给了我们一种赖以超越自私的基因的自主性。

第 13 章

一系列越来越强大的心灵类型可以用"生成与测试之塔"这一术语来加以界定，它把我们从一群最粗笨的试错型学习者带向了由科学家和其他严肃的人类思想者组成的共同体。语言在这个由起重机组成的多重嵌套结构中起着至关重要的作用。诺姆·乔姆斯基在语言学方面的开创性工作开辟了达尔文式语言理论的前景，但他错误地规避了这一前景，古尔德也是如此。围绕着近年来心灵科学发展成果的历次争论，由于争论双方的错误认识而扩大为可悲的敌对与攻讦：批评者们所呼唤的，究竟是起重机还是天钩？

第 13 章

达尔文让我们失去理智*

1. 语言之于智能的作用

> 观念落败，言辞即来。
>
> ——匿名 †

---

* 原文是一句双关语，"达尔文让我们失去理智"（Losing Our Minds to Darwin）是指本章中学者间的敌意与攻讦，而其字面意思与作者的论旨更为切近，即"我们把心灵输给了达尔文"。——译者注

† 这句妙语出现在《塔夫茨日报》（*Tufts Daily*）上，被归在歌德名下。但我敢说，这是一个较新的模因。〔丹尼特在《纠误》中指出："歌德确实讲过这句话。在《浮士德》的第一部中，靡非斯特说：

> *Denn eben wo Begriffe fehlen,*
> *Da stellt ein Wort zur rechten Zeit sich ein.*
>   〔正是在缺乏概念之处，
>   会有言辞非常及时地出现。〕

最先提醒我的是恩斯特·迈尔，他凭记忆〔！〕几乎完全正确地引述了这段诗句。西蒙·范德梅尔〔Simon van der Meer〕也给我发来了德语原文，沃尔夫冈·海涅曼〔Wolfgang Heinemann〕给我发了威尔〔Wayre〕的译文。"丹尼特这里所说的英译者威尔应该是指菲利普·韦恩（Philip Wayne），他还列出了相关诗句的英译，这里不再赘录。——译者注〕

我们不同于其他动物，我们的心灵使我们和它们区别开来。正是这种说法激起了无比热切的辩护。可让人好奇的是，那些迫切想要捍卫这种差异的人，竟不愿去研究演化生物学、行为学、灵长类动物学和认知科学中有利于说明这种差异的证据。可以料想，这是因为他们害怕自己会发现，虽然我们是不同的，但我们的不同并不**足以**造成他们所珍视的那种对生命起到界定作用的差异。可对笛卡儿来说，这种差异终究还是绝对的、形而上学的：动物只是无心灵的自动机，而**我们**则拥有灵魂。几个世纪以来，笛卡儿及其追随者们一直承受着动物爱好者们的中伤，他们痛斥他关于动物没有灵魂的论调。更具理论头脑的批评者则从相反的角度痛斥他内心的懦弱：这样一个持论有力、独具匠心的机械论者，怎么会在为人类破例时如此畏畏缩缩呢？我们的心灵当然就是我们的大脑，因而说到底也只是无比复杂的"机器"；我们和其他动物的差异虽然程度巨大，却不是形而上学意义上的差异。我之前已经说明，那些痛斥人工智能的人也会痛斥对于人类精神的演化解释，而这并非巧合：如果人类心灵是演化的非奇迹产物，那么它们就必定在某种意义上是制造品，而关于它们的力量就必定存在一种最终的"机械"解释。我们是宏的后裔，也由宏所组成，我们所能做到的任何事情都无法超出（在空间和时间中组装起来的）宏的巨大组装体的力量。

不过，我们的心灵和其他物种的心灵仍然存在巨大的差异，二者之间的鸿沟足以造成道德方面的区别。这是——一定是——两个相互交织的因素所致，两个因素都需要加以达尔文式的说明：（1）我们的大脑生来就有其他大脑所缺乏的特征，而这些特征是在过去600万年的选择压力下演化出来的；（2）这些特征使得各种能力的大规模精细化成为可能，而这些能力来自凭借文化传递而实现的设计财富共享。在语言这个关键现象中，以上两个因素结合了起来。我们人类也许不是地球上最可敬的物种，不是最有希望在未来存续千年的物种，但毫无疑问，我们总还是最具智能的物种。我们也是唯一拥有语言的物种。

当真如此吗？鲸和海豚、长尾猴和蜜蜂（这名单还没完呢）不是也有**某种意义上的**语言吗？实验室里的黑猩猩不是被人教了了**某种意义上的**初级语言吗？是的，肢体语言是一种语言，音乐（在某种意义上）是国际语言，政治是一种语言，气味和嗅觉的复杂世界是另一种高度情绪性的语言，等等。有时候，我们对我们正在研究的现象所能给予的最高赞誉，似乎就是说它的复杂性使它有资格被称作语言——某种意义上的语言。这种对语言——真正的语言，即只有我们人类才会使用的那种语言——的崇尚有其根据。对于真正的语言来说，它在表达和信息编码方面的属性，在实践中是没有限制的（至少在某些维度上是如此），而其他物种凭借原始语、再三打折扣的语言而获得的能力，确实类似于我们凭借真正的语言而获得的能力。如果说我们靠着语言住在一座山的山顶，那么这些其他物种也确实在这座山上爬升了几步。看看它们的收获，再看看我们的收获，我们可以把二者之间的极大差异作为途径，来应对我们此刻必须处理的问题：语言究竟是如何促成智能的？

什么类型的思维需要语言？什么类型的思维没有了语言仍是可能的（如果存在这样的思维）？我们先来观察一只黑猩猩：它有着含情的面孔、好奇的眼睛和灵巧的手指，我们真切地感受到了它内里的心灵，而且我们越是观察，它的心灵在我们眼里就越鲜活。就某些方面而言，它是如此富有人性，如此有洞察力；然而我们很快就发现（带着失望或欣慰，这取决于我们所希望的是什么），它在别的方面是如此愚钝，如此茫然无知，如此遥不可及地与我们的人类世界相隔绝。一只明明可以理解 A 的黑猩猩怎么会无法理解 B 呢？让我们思考几个有关黑猩猩的简单问题吧。它们能学会照看火堆吗——它们能收集木柴、令其保持干燥、维持炭火、弄碎木头、将火势保持在适当的范围内吗？如果它们不能自己发明这些新奇的活动，那能不能由人类来训练它们做这些事情呢？这里还有一个问题。假设你在想象一件新奇的事情——我特此恳请你想象一个人，他头顶着塑料垃圾桶，正在沿一根绳子攀爬。这对你来说是一个简单的精神任务。一只黑猩猩能在它的心灵中做同样的事吗？我很好奇。我所选择的要素——人、绳子、攀爬、桶、头——在实验室黑猩猩的感知世界和行为世界中都是熟悉的对象，但我想知道黑猩猩能否以这种新的方式**把它们结合在一起**——哪怕看上去只是偶然为之。你之所以会实施上面的精神行为，是因为受到了我言语提议的激发，你大概也经常会自行实施相似的精神行为来回应你对自己的言语提议——你虽未大声地说出来，但也肯定动用了语词。那有没有其他的可能呢？黑猩猩能不能在没有言语提议帮助的情况下，让自己实施这样的心理行为？

关于黑猩猩的这些问题还是相对简单的，但至今还没人知道答案。要得到答案并非不可能，但也不是件容易的事；对照实验就可以给出答案，而这些答案将有助于阐明语言在把大脑转变为我们所拥有的这类心灵的过程中起到了怎样的作用。我之所以会提出黑猩猩能否学会照看火堆这个问题，是因为在史前的某个时刻，我们的祖先驯服了火。对于这个伟大的文明进步来说，语言是必要条件吗？一些证据表明，人类对火的驯服比语言的出现要早几十万乃至一百万年（Donald, 1991, p. 114），但当然又比我们的人科系脉从黑猩猩等现代猿类的祖先中分裂出来的时间**晚**。不同意见之间的分歧十分尖锐。许多研究者确信，语言出现的时间要早得多，它有足够的时间来为驯服火焰的活动提供助力（Pinker, 1994）。我们甚至可以试着论证，驯服火焰本身就是早期语言存在的无可争议的证据——如果我们能说服自己相信驯服火焰这一精神壮举**要求有**某种初级语言作为前提的话。或者说，驯服火焰并不是什么了不起的事？我们之所以没有在野外发现围坐在篝火旁的黑猩猩，也许只是因为它们多雨的栖息地一直没有足够的引火材料可用，所以没有驯服火焰的机会。[苏·萨维奇-鲁姆博夫（Sue Savage-Rumbaugh）的那些身处亚特兰大的倭黑猩猩喜欢去树林里野餐，还喜欢凝视篝火，就像我们一样。但她告诉我说，她很怀疑黑猩猩能否可靠地照看火堆，哪怕是经受过相关训练的黑猩猩也不例外。]

如果白蚁能用泥土建造出精巧复杂、通风良好的城市，织巢鸟能编织出设计大胆的悬挂式鸟巢，河狸能建造出需要几个月才能完成的水坝，那么难道黑猩猩就不能照管好一堆简单的篝火吗？这个反问句正在攀爬一个有误导性的能力之梯。它忽略了一种自带充足证据的可能性，即存在两种截然不同的筑坝方式：河狸的方式和我们的方式。二者之间的差异不一定在于产品，而在于创造出产品的大脑中的那些控制结构。一个孩子可能会研究一只筑巢的织布鸟，然后自己仿制这个巢：找到合适的草叶，按正确的顺序把它们编织起来，通过一系列相同的步骤，创造出一个同样的巢。两个的建造过程并列发生，这样的画面很可能会让我们觉得自己看到相同的现象发生了两次，可要是我们把自己所知道、所想象的那种发生在孩子身上的思维过程，转嫁到这只鸟身上，那就大错特错了。孩子脑中的过程和鸟类脑中的过程可能并没有什么共同点。这只鸟（显然）被赋予了一批环环相扣、有着特殊目的的极简主义子程序，这些子程序由演化精心设计，所依据的是一个众所周知的原则，即谍报活动中的**按需知密原则**（need-to-know principle）：给每个行动者提供的信息要尽可能少，只要足够其完成自己负责的那部分任务就行。

按照这一原则设计的控制系统可以取得惊人的成效——看看那些

鸟巢就知道了——只要环境足够简单、足够规律，从而具有可预测性，有利于预先设计好的整体系统发挥作用就行。这个系统等于是在设计上做了一个预测——其实是押了一次宝——就赌未来的环境会满足该系统的运行需求。然而，当要面对的环境变得更加复杂，不可预见性成了更为棘手的问题时，另一种设计原则就开始发挥作用：**突击队原则**（commando-team principle）。就像《纳瓦隆大炮》（*The Guns of Navarone*）之类的电影里演的那样：让每个行动者尽可能多地了解总体计划，这样在遇到意料之外的阻碍时，整个团队就有机会进行适当的即兴发挥。

所以，演化设计空间的地形区中有一道分水岭；当有控制难题横亘在前时，演化会把成功的后代们向哪个方向推可能是偶然的。那么或许就存在两种照看火堆的方式——粗略地讲，就是"河狸水坝"的方式和我们的方式。如果是这样的话，我们的祖先没有碰巧采用"河狸水坝"的方式，这对我们而言就是一件大好事。因为假如碰巧采用的是这种方式，那么现在森林里可能就会到处都是围坐在篝火旁的猿类，而我们也就不会在这里惊叹它们的成就了。

我想提出一个考察框架，可以把各种各样可供选择的大脑设计方案都放进去，看看它们的力量从何而来。虽然这个过度简化的结构堪称离谱，但如果你想要凭借观其大略来求得洞见，那么把问题理想化就应该是你经常心甘情愿付出的代价。我把这个考察框架叫作"生成与测试之塔"；这座塔每建成一层，就为该层的生物体赋能，让它们能够去寻找越来越高明的招式，并且提高他们的寻找效率。*

在刚开始的时候——泵机刚一启动——出现的是达尔文式的、凭

---

* 我在 Dennett, 1975 第一次阐述了这些观点。我最近发现康拉德·洛伦茨（Lorenz, 1973）描述过一个类似的、多重嵌套的起重机结构——当然了，他用的是另一套术语。

借自然选择进行的物种演化。各种不同的候选生物体，经由多少算是
任意的基因重组和基因突变过程，被盲目地生成出来。这些生物体会
经受实地测试，只有那些最好的设计才能存活下来。这里是塔的底
层。我们就把这里的居住者们称作**达尔文式生物**吧。

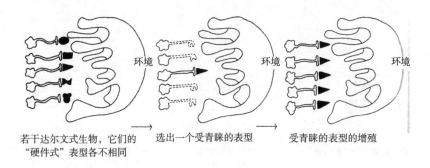

若干达尔文式生物，它们的　　　　选出一个受青睐的表型　　　　受青睐的表型的增殖
"硬件式"表型各不相同

图 13.1

　　这一过程经过千百万次的循环，产生出许多精彩的设计，有植物
也有动物。在这些新奇的创造中，最终有一些设计拥有了表型可塑性
这一属性。这些候选生物的个体并不是在出生时就设计完毕了，换句
话说，在它们的设计中，有一些要素可以根据实地测试时发生的事件
进行调整。（正是这一点让鲍德温效应成为可能，就像我们在第 3 章
中所看到的那样，但现在我们关注的是搭建起那台起重机的生物内部
设计。）可以想见，这批候选者中有些的处境并不比它们的硬件表亲
更好，因为它们没有办法偏好自己能够"尝试"的行为选项（即无
法选择让某一选项返场）。但也可以想见，另一些候选者则足够幸运，
它们拥有内置的"强化器"，这些强化器碰巧偏好妙棋，偏好那些对
行动者更有利的行动。这些个体就这样靠着生成各种各样的行动来应
对环境，它们会逐个尝试那些行动，直到找出一个奏效的。我们可以

把达尔文式生物的这个子集，即具有应变可塑性的生物，称作**斯金纳式生物**，因为就像 B.F. 斯金纳喜欢指出的那样，操作性条件反射（operant conditioning）不仅跟达尔文式的自然选择类似，而且还跟它一脉相承。"遗传而来的行为在哪里止步，条件反射过程的那种遗传而来的可变性就从哪里接手。"（Skinner, 1953, p. 83）

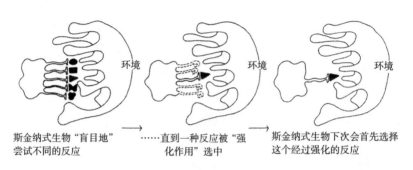

斯金纳式生物"盲目地"尝试不同的反应 ⟶ ……直到一种反应被"强化作用"选中 ⟶ 斯金纳式生物下次会首先选择这个经过强化的反应

图 13.2

只要你没有死于自己早先犯下的错误，斯金纳式的条件反射就是一种值得拥有的能力。有一种更好的系统，它会在所有可能的行为或行动中进行**预选**，剔除那些着实愚蠢的选项，而不是在这个严酷的世界中冒险尝试它们。我们人类就是能够采用这第三套改良方案的生物，但我们也并不孤单。我们可以把塔中这第三套方案的受益者们称作**波普尔式生物**，因为卡尔·波普尔爵士曾一语破的地指出，这种设计上的增强"使得我们的假说可以替我们去死"。许多纯粹的斯金纳式生物之所以能够存活下来，不过是因为它们的第一步走得很幸运。波普尔式生物则不同，它们之所以能够存活，是因为它们够聪明，能走出"不单凭运气"的第一步。当然，它们只是由于走运才会这么聪明，但这也好过单纯的走运。

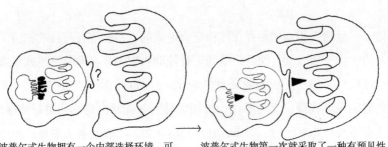

波普尔式生物拥有一个内部选择环境，可　　　　波普尔式生物第一次就采取了一种有预见性
以对各种候选行为加以预演　　　　　　　　　（不单凭运气）的行动方式

图 13.3

可波普尔式行动者身上的这种预选是如何进行的呢？相应的反馈从何而来？反馈必定来自一种**内部环境**——一个内部的什么东西，它的结构方式确保它所偏好的备选行动正好就是一旦实施就会被现实世界所保佑的行动。简而言之，无论这个内部环境是什么，它都必定包含大量有关外部环境及其规律的**信息**。除此之外的任何东西（不包括魔法）都无法提供值得拥有的预选机制。现在，我们必须加倍小心，不要把这种内部环境简单地看成外部世界的复制品，连一切物质性的偶发事件都一并复制的复制品。（在这样一个神奇的玩具世界里，你脑袋里的小热炉是真的会发热，足以烫伤你放在上面的、你脑袋里的小手指！）关于外部世界的信息是一定要有的，但信息的结构方式也必须允许一种非奇迹的解释来说明它是如何进入内部、如何得到维持的，以及它到底是如何实现预选效果——如何实现它存在的理由的。

哪些动物是波普尔式生物，哪些只是斯金纳式生物呢？鸽子是斯金纳最喜欢的实验动物，他和他的追随者们把操作性条件反射的技术开发到了非常复杂的程度，能让鸽子展现出相当奇异和复杂的习得行为。众所周知，斯金纳派从来没有成功地证明鸽子**不是**波普尔式生物，而对于一系列不同物种的研究——从章鱼到鱼类再到哺乳动物——显然表明，如果存在纯粹斯金纳式的、只能进行盲目的试错学习的生物，那么就只能到简单的无脊椎动物中去找。海兔已经或多或少地取代了鸽子，成为研究简单条件反射的人们所关注的焦点。（研究者们毫不犹豫、无可争议地根据物种的智能状况对它们进行排序。这不涉及目光短浅的、对于存在巨链的认可，不涉及有关攀登进步之梯的无端假设，只取决于用以衡量认知能力的客观尺度。比如，虽然章鱼的聪慧令人惊叹，可假如用以衡量智能的尺度没有摆脱系统发生沙文主义，这份惊讶就无从谈起。）

那么，我们与其他所有物种的差别就并不在于我们是波普尔式生物。事实远非如此；从表现上看，哺乳类、鸟类、爬行类和鱼类都有能力在行动前先利用从环境中取得的信息对自己的多个行为选项进行预先拣选。现在我们继续聊有关那座塔的故事，我要在这座塔上继续增建。一旦我们到达了波普尔式生物层面——它们的大脑具备一种潜能，可以使自身被塑造为拥有预选本领的内部环境——接下来又会发生什么呢？关于外部环境的新信息是如何被纳入这些大脑的？到了这一步，**早先的**设计决策就又回来纠缠——约束——设计者了。具体来说，演化在"按需知密"和"突击队"之间做出的选择，现在成了制约设计改进方案的主要因素。如果一个特定物种的大脑设计已经在某些控制问题上走了"按需知密"道路，那么**顺手的**操作就只有对现有结构进行些小修小补（说是微调也未尝不可），而要对内部环境进行重大改动，以便处理外部环境中重要的新难题、新特征，就只能寄希望于用一层新的、能够抢先作用的控制机制来**覆盖**旧的硬件［人工智能研究者罗德尼·布鲁克斯在自己的著作（例如 Brooks, 1991）中阐发了这一主题］。正是这些更高层级的控制具有一种让泛用性激增的潜力。我们也尤其应该在这些层级上考察语言的作用（语言终于登场了），考察它如何促使**我们的**大脑转变为预选工作的行家里手。

我们那些循规蹈矩的日常举止不怎么需要心灵，但我们面向世界的那些重要行为，则往往有着不可思议的巧妙。关于这个世界的信息构成了规模极大的图书馆，我们在它的影响下撰写出设计精巧的规划。我们和其他物种共有的本能行为，显示出我们祖先在艰辛的探索中获得的好处。我们和某些高等动物共有的模仿行为，显示出的则可能是信息的好处——这些信息不仅是由我们的祖先收集的，而且是由世世代代的社会群体收集的，它们的传递不是靠遗传，而是凭借一种模仿相袭的"传统"。但我们更为深思熟虑、更有计划安排的行为，则显示出我们的同种个体们在一切文化中收集和传递下来的那些信息的好处，其中还包括那些在任何意义上都未曾被某个单一个体所实现或理解的信息项。尽管其中可能有一些颇为古老的信息，但也有大量全新的信息。在比较遗传演化和文化演化的时间尺度时，我们应该记住，许多今天我们——我们每一个人——能够**轻易**理解的想法，是我们祖父一辈的**天才们**都根本无法设想的！

纯粹的波普尔式生物的后继者，是那些其内部环境会从外部环境中**有设计的**部分接收信息的生物。我们可以称这个达尔文式生物的子子集为**格列高利式生物**，因为在我看来，英国心理学家理查德·格列高利是一位研究信息［说得更准确些，是他所谓的潜在智能（Potential Intelligence）］对于创造妙棋［或者他所谓的动态智能（Kinetic Intelligence）］之作用的杰出理论家。格列高利认为，在一种非常直接且直观的意义上，一把剪刀作为一个设计良好的制造品，不仅是智能的一个结果，还是一个智能（外在的潜在智能）赋予者：当你给了一个人一把剪刀，你就增强了他的潜能，让他能够更加安全快捷地走到妙棋（Gregory, 1981, pp. 311ff.）。

人类学家很早就认识到，工具的使用伴随着智能上的重大提升。野生黑猩猩会用做工粗糙的钓竿钓取白蚁。可当我们知道并非所有黑猩猩都发现了这一招时，这件事就有了更为深远的意义；在某些黑猩猩"文化"中，白蚁是一种虽然存在却未经开发的食物来源。这提醒我们，工具的使用是一个关于智能的双向标志；不仅认识工具、保养工具（更不用说制造工具了）**要求**智能，而且工具的使用也会给那些有幸获得工具的生物**赋予**智能。一件工具设计得越好（它的制作过程中嵌入的信息更多），它给使用者赋予的潜在智能也就越多。格列高利提醒我们，在众多卓越的工具中，就有他所谓的"心灵工具"：语词。

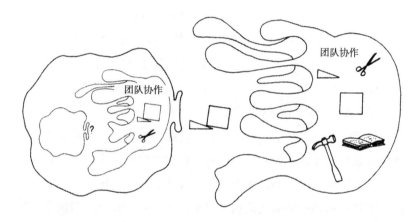

图13.4　格列高利式生物从（文化）环境中引进了心灵工具：这会让它的生成器和测试器得到改进

语词和其他心灵工具给了格列高利式生物一个内部环境，让它可以构建出越来越精妙的招式生成器（move-generator）和招式测试器（move-tester）。斯金纳式生物会问自己："下面我该做什么？"不栽几次跟头，它们对答案就毫无头绪。波普尔式生物就大有进步，它们在问自己"下面我该做什么？"之前，会先问："下面我该思考什么？"格列高利式生物的进步就更大了，他们会学习如何更好地思考下面应该思考什么，这样的内部反思一层又一层地嵌套堆叠，没有什么固定或可见的限制。

在配备了语词后，人类或人科大脑发生了什么变化呢？具体来说，当语词初次进入这个环境的时候，环境的形态是怎样的？这绝**不是一片平坦的运动场，不是一张白板**。我们新获得的语词，必须将自身锚定在一片满是高山深谷的复杂地形中。由于先前的演化压力，我们先天的特性空间是物种专属的，是自恋的，甚至是因个体而异的。大量的研究者正在探索这一地形中的部分区域。心理学家弗兰克·凯尔（Keil, 1992）和他在康奈尔大学的同事们用证据表明，在幼儿的心灵工具箱中，有些高度抽象的概念——比如关于**活着**或**拥有**的概念——具有遗传因素所致的先发优势；当表示拥有、给予和获取、保有和藏匿这一类含义的特定语词进入孩子的大脑时，它们会发现为它们准备的、已经部分建成的住房。雷·杰肯道夫（Jackendoff, 1993）等语言学家已经识别出了空间表征的基本结构——相关设计显然是为了加强对**运动**的控制和对可移动物体的**摆放**——这些结构是**旁边**、**上面**、**后面**这一类概念的直观感觉的基础。尼古拉斯·汉弗莱（Humphrey, 1976, 1983, 1986）认为，一定存在一种采纳这类意向立场的遗传倾向，艾伦·莱斯利（A. Leslie, 1992）等人已经得出了这方面的证据，并用他所谓的"心灵理论模块"（theory of mind module）这一概念来加以描述，"心灵理论模块"的作用是生成二阶信念（关于信念的信念，以及关于其他精神状态的其他精神状态）。有些孤独症儿童的情况似乎可以据此被恰当地描述为患有模块功能障碍，而莱斯利等人在某些时候能够针对模块障碍做出引人注目的补救调整。（对相关问题的概述，参见 Baron-Cohen, 1995。）因此，就像我们提到过的许多更早一些的设计创新一样，在大脑中安家落户的语词（因而还有模因）会增强、形塑先前存在的结构，而不是产生全新的架构［关于文化传递型功能对遗传给定型功能的扩展适应，可参见斯珀伯（Sperber, in press）的达尔文式概览］。虽然这些重新设计过的功能并不是凭空产生的，但它们确实创造了一种新的、爆炸性的前瞻能力。

内部模型让一种系统成为可能，该系统可以展望当前行动的未来后果，而又不必真的去实施这些行动。具体来说，该系统可以避免某些危险的行动，让行动者不至于无可挽回地走上一条注定走向灾难（"踏空落崖"）的道路。不那么显著，但也同样重要的是，该模型让行动者能够在当下实行一些"布局"措施，好为之后更为明显的有利措施做铺垫。无论是在国际象棋中还是经济学中，取得竞争优势的关键都在于发现并实行"布局"措施。（Holland, 1992, p. 25）

这就是会终结一切起重机的起重机：一个**确实**具有预见性的探索者，其眼界能够超出近在眼前的各种选择。但是，如果没有语言的介入来帮助操控这个模型，"布局"的成效又能好到哪里去呢？比如说，其前瞻性能达到多复杂、多长远呢？我前面提出的黑猩猩对于新场景的视觉想象能力问题就与此相关。达尔文（Darwin, 1871, p. 57）深信语言是"长思维序列"（long trains of thought）的先决条件，这一主张近来得到了几位理论家的分别支持，其中最突出者要数朱利安·杰恩斯（Jaynes, 1976）和霍华德·马戈利斯（Margolis, 1987）。长思维序列必须加以控制，否则它们就会偏离正轨，陷入令人愉快但终归无用的胡思乱想。这些作者颇为可信地指出，只有我们人类才会从事的那些长期规划要想得到贯彻落实，通过语言实现的自我鞭策和自我提醒是必不可少的（除非我们像河狸一样，拥有一个内置的专家系统，专门负责完成特定类型的长期规划）。（对这些主题的进一步探讨，参见 Clark and Karmiloff-Smith, 1994; Dennett, 1994c。）

这就把我带向了攀登"生成与测试之塔"的最后一步。这个绝妙的想法还有一个点要实现，正是这一点为我们的心灵赋予了它们最强大的力量：一旦我们有了语言——一套丰富的心灵工具——我们就可以把这些工具用于那个深思熟虑、有预见性的"生成与测试"体系，即**科学**。所有其他类型的"生成与测试"都是糊里糊涂的。

最低级的斯金纳式生物在犯错误时，可能会自言自语道："好吧，我绝不能再**这样做了！**"对任何行动者来说，最难学到的一课显然就是如何从自己的错误中吸取教训。要想从错误中吸取教训，就必须能够对错误加以沉思，而这是一件非同小可的事情。生命匆匆，除非一个人制定出积极的策略来记录自己的行为轨迹，否则人工智能中所谓的**信用分配**（当然也被人们看作"过错分配"）的任务就是无解的。高速静态摄影的出现，是科学领域一项革命性的技术进步，因为它允许人类第一次不是在真实的时间中，而是在**对于他们方便的时间中**——在从容不迫、有条不紊的回溯分析中，把握他们自己在复杂事件中留下的种种痕迹，从而考察复杂的时间现象。在这里，技术的进步立刻促成了认知能力的巨大提升。语言的出现对人类来说是与此类似的福音，这种技术创造了一整类新的沉思对象，以语词形态存在的备选对象可以按照任何顺序、任何速度被加以回顾和评估。而这也开启了一个新的自我改进向度——人们要做的就是学会品味自己的错误。

然而，科学不仅关乎犯错，还关乎当众犯错。让大家都看到你所犯的错误，以期在他人的帮助下改正错误。尼古拉斯·汉弗莱、大卫·普雷马克（Premack, 1986）等人所坚持的观点颇为可信，他们认为黑猩猩是天然的心理学家——我称之为二阶意向系统，它能够对其他事物采取意向立场。如果我们自己生来就配备了心灵理论模块，就像莱斯利、巴伦－科恩等人坚持认为的那样，那这就没有什么好奇怪的，因为这也许是黑猩猩和我们从共同的祖先那里继承而来的禀赋的一部分。但即便黑猩猩像我们一样，天生就配备了成为天然心理学家的条件，它们还是缺乏所有人类天然心理学家（民间的和专业的）所共有的一个关键特征：它们从不交换意见。它们从不争论归因问题，也不询问对方立论的依据。难怪它们的见解如此受限。假如我们也只能完全靠自己得出见解，那我们也会是这样。

我来总结一下此番快速考察的成果。有且只有我们人类的大脑装备了种种习惯和方法、心灵工具和信息，这些东西来自数以百万计的其他大脑，而且这些大脑并不是我们自己大脑的祖先。这一点通过科学中对"生成与测试"**深思熟虑、有预见性**的运用而得到放大，使我们的心灵与我们最近的动物亲属的心灵有了层级上的差异。我们物种独享的这个强化过程如今已变得又快又强，它仅仅一代的设计改进就可以让自然选择演化耗时数百万年的研发努力相形见绌。拿我们的大脑跟黑猩猩们的大脑（或者海豚以及其他任何非人类动物的大脑）做解剖学比较是种近乎离谱的做法，因为就效果而言，我们的大脑一同联结成了一个单一的认知系统，让其他所有的认知系统都相形见绌。我们大脑的联结是靠一项创新实现的，这是一项只侵入过我们大脑的创新：那就是语言。我并不是要提出某种愚蠢的主张，不是要说语言把我们所有人的大脑编织成了一个巨大的心灵，其中转动着跨越国界的念头。我要说的是，由于每个单独的人类大脑都具有许多交流渠道，所以它们都会受益于其他大脑的认知劳动，而这赋予了它们前所未有的力量。

身无片甲的动物大脑根本比不上我们脑袋里全副武装的大脑。这一事实让一个主张显得不那么令人信服了，因而也倒转了举证的责任：最早是语言学家诺姆·乔姆斯基（Chomsky, 1975）思考了这个主张，近来哲学家杰里·福多尔（Fodor, 1983）和科林·麦金（McGinn, 1991）又为它做了辩护。这一主张认为，我们的心灵，跟所有其他物种的心灵一样，必定在某些探究主题上存在"认知封闭"。蜘蛛无法沉思捕鱼这个概念，鸟类（其中有些是捕鱼高手）思考不了民主问题。对狗或者海豚而言无法企及的东西，黑猩猩可能很容易就掌握，但黑猩猩又会对一些我们人类可以轻松加以思考的领域有认知封闭。乔姆斯基一伙抛出了一个反问句：是什么让我们觉得我们与众不同？难道智人可思可想的东西就一定没有什么严格的限制吗？

按照乔姆斯基的说法，人类的所有困惑都可以分为两种，即能够解决的"难题"和不能解决的"奥秘"。乔姆斯基认为，关于自由意志的难题就属于这里所说的奥秘。*根据福多尔的看法，关于意识的难题是另一个奥秘，麦金对此表示赞同。由于我写的书（Dennett, 1984, 1991a）声称要解释这些捉摸不透的奥秘，所以人们可能期待我反对他们的观点，可现在还不是探讨这类议题的时候。鉴于乔姆斯基和福多尔都不认为自己能解释清楚自由意志或意识，所以主张人类不可能解释这些或许就是他们的方便法门，但这却跟他们的其他主张存在不容忽视的张力。在别的论述氛围里，他们都曾（正确地）对人类大脑的"解析"（parse）能力大加赞扬，所以想必他们也明白像英语这样的自然语言中有无限多符合正式语法的句子。如果（原则上）我们可以理解所有这些句子，那么说到自由意志和意识的难题，那些最能对它们加以解答的有序句群，难道就不

---

* 平心而论，乔姆斯基只是说自由意志**也许**是个奥秘。"我并不是要主张这个结论，我只是要指出，我们不能**先验地**排除它。"（Chomsky, 1975, p. 157）这个温和的提议被另外一些人迫不及待地夸大为一个有科学依据的证明！

是我们可以理解的吗？毕竟在巴别图书馆的众多书籍中，有且必有一本是用符合语法的英语短句写成的、不到 500 页的对自由意志难题之答案的最佳表述，同样还有一本用英语写成的、关于意识难题的最佳著作。*我敢说我写的书里没有这两本书，但生活就是如此。我绝不相信乔姆斯基或福多尔会宣称这两本书（或者数以十亿计的略逊于它们的书）里的哪本是一个正常的英语读者无法理解的。†所以他们也许是认为关于自由意志和意识的奥秘是太过深奥，以至于任何篇幅、任何语言的书都无法向任何有智能的存在者解释它们。但是，从任何的生物学考察中都无法推出有利于**这种**看法的证据。它一定是，呃，从天上掉下来的。

我们再仔细思考一下有关"封闭"的论述。"对一只老鼠的心灵封闭的东西，对一只猴子的心灵可能是开放的，而对我们开放的东西，对这只猴子来说可能是封闭的。"（McGinn, 1991, p. 3）麦金提醒我们说，猴子无法掌握电子的概念，但我觉得这个例子应该无法触动

---

* 巴别图书馆中还有另外两本书，是对这两本杰作最令人信服的"反驳"。当然，这座图书馆的馆藏里其实并没有什么书能够（在严格意义上）反驳**内容为真**（true）的书。这些毁谤之作必定只是**表面上**的反驳——这就表明了一种情况：就算我们能够确定某件事情的真实性，那也无济于事，这是因为除非有上帝什么的前来相助，否则我们就永远无法判断哪些书属于哪一类。这类情况是第 15 章中非常重要的问题。

† 乔姆斯基事实上已经修正了他早先关于语言本质的观点，如今他区分了"E-语言"（外化的——你也可以说是永恒的——柏拉图式的对象，比如英语，巴别图书馆中的许多书都是用这种语言写成的）和"I-语言"（内化的、意向性的个人习语），而且他否认 E-语言是科学研究的合适对象，所以他大概会反对我在组织这段反对意见时所采用的直截了当的方式［斯蒂芬·平克（私下交流）］。但我们还可以用一些更为迂曲的方式来组织论证，而且只需要诉诸个人的 I-语言。乔姆斯基或其他什么人能否有理有据地让某个识字的正常人相信，有某本符合他的 I-语言标准的、由短句构成的 500 页的书（"原则上"）是他无法理解的呢？

我们，因为猴子不光是无法理解有关电子的答案，它连有关电子的提问都无法理解（Dennett, 1991d）。所以猴子并不对此感到**困惑**，一点都不。相比之下，我们确实对关于自由意志和意识的问题有着充分的理解，如果我们感到了困惑，那我们就会知道是什么让我们感到困惑。所以，除非乔姆斯基、福多尔和麦金能向我们提供清晰的例证，表明有些问题可以使动物（或人）困惑，而且这些问题的真正答案却又不能为它们解惑，否则他们就无法说明人类的"认知封闭"是真实存在的，甚至无法说明它是可能存在的。*

他们的论述采取了生物学的、自然主义的样态，让我们去回想自己与其他兽类的亲缘关系，并警告我们不要落入古老的陷阱，不要觉得我们的人类"灵魂"是"多么像一个天使"，拥有"无限的"心灵。但这其实是一种伪生物学的论述，由于忽略了生物学的实际细节，它误导了我们，让我们远离了那些足以把一个物种——我们自己这个物种——从智能等级的阶序（猪比蜥蜴阶位更高，蚂蚁比牡蛎阶位更高）上直接拿掉的例证。我们当然无法在原则上排除我们心灵对这个或那个领域存在认知封闭的可能性。事实上，正如我们将在第 15 章中更详细地看到的那样，我们可以确定，有些迷人且重要的知识领域是我们这个物种在实际的限度内永远都不会踏入的，可这并不是因为有一面我们完全无法理解的石墙拦住了我们的去路，而是因为在我们见到这面墙之前，宇宙的热寂就会提前降临在我们身上。然而，我们的这种局限性并非出自我们脆弱的动物大脑，并非出自一种"自然主义"的命令。相反，对达尔文式思维的合理运用会表明，**如果我**

---

* 福多尔还在硬撑："人们完全无法设想物质性的东西何以具有意识。人们甚至不明白'设想物质性的东西何以具有意识'是怎么一回事儿。"（Fodor, 1992）换句话说，就算你只是**觉得**自己理解了关于意识的提问，你也已经错了。在这件事上，你就信了他的话吧——咱们聊点别的，求你了。

们能在目前咎由自取的环境危机中存活下来，那么我们的理解能力就会以我们目前难以理解的规模继续增长。

难道乔姆斯基、福多尔和麦金不该爱上这个结论吗？它赋予人类心灵——并且只赋予人类心灵——一种正在无止境扩张的、对于宇宙中种种谜题和难题的支配权，没有任何可见的限制。还有什么比这更美妙呢？我疑心让他们不满的是**手段**问题；如果心灵的力量来自起重机，而非天钩，那他们就会立即安于接受奥秘。这种态度常常或强或弱地出现在相关的争论中，而乔姆斯基则是它主要的权威来源。

2. 乔姆斯基对阵达尔文：四个名场面

人们可能会认为，乔姆斯基只要把他那颇具争议的、关于语言器官的理论建立在演化论的稳固基础之上，那就万事大吉了，况且他在自己的一些著作中也暗示过某种这样的联系。但他在更多的时候对此持怀疑态度。

——斯蒂芬·平克（Pinker, 1994, p. 355）

至于语言或翅膀这样的系统，我们甚至很难想象出可能让它们得以产生的选择过程。

——诺姆·乔姆斯基（Chomsky, 1988, p. 167）

一边是一批认知科学家，他们有的通过人工智能进入该领域，有的则是通过研究解决问题的行为和形成概念的行为，另一边是通过关注语言问题进入该领域的人，双方仍然存在着相当大的隔阂……当语言过程作为一种人类能力的独特性得到强调的时候——乔姆斯基就是这么做的……，这种隔阂就会加剧。

——赫伯特·西蒙与克雷格·卡普兰

（Simon and Kaplan, 1989, p.5）

　　1956 年 9 月 11 日，无线电工程师学会（Institute for Radio Engineers）在麻省理工学院召开的一次会议上宣读了三篇论文。其中一篇是艾伦·纽厄尔和赫伯特·西蒙的《逻辑理论机》（Newell and Simon, 1956）。二人在文中首次展示了一台计算机如何能够证明重要的逻辑定理。他们谈到的这台"机器"是他们后来的"通用问题解决器"（General Problem Solver）（Newell and Simon, 1963）的父亲（或祖父），也是计算机语言 Lisp（表处理语言）的原型，而 Lisp 对于人工智能的意义大致就像 DNA 代码对于遗传学的意义。若要角逐"人工智能界亚当"的美名，逻辑理论机足以同阿尔特·塞缪尔的跳棋程序匹敌。第二篇论文是心理学家乔治·A. 米勒的《一个神奇的数字：7±2》，这篇论文后来成为开创了认知心理学领域的经典论文之一（Miller, 1956）。第三篇论文的作者是一名 27 岁的哈佛大学初级研究员，名叫诺姆·乔姆斯基，论文的题目是《语言描写的三种模型》（Chomsky, 1956）。任何回溯性加冕都难免会有些武断，这已经屡见不鲜，但乔姆斯基在无线电工程师学会的演讲作为现代语言诞生的标志性事件，绝对是名副其实。三大新兴科学学科在同一天诞生于同一个房间里——不知道当时的听众中有多少人感觉到自己正在亲身经历一个如此有分量的历史事件。乔治·米勒就感觉到了，他后来对那次会议的描述（Miller, 1979）向我们表明了这一点。而赫伯特·西蒙在回顾这场会议的时候，其观点则随时间的推移而变化。在 1969 年出版的书中，他提请人们注意这个非比寻常的时刻，并说道（Simon, 1969, p. 47）："因而这两块理论［语言学和人工智能］在早期就有着亲切友好的关系。千真万确，因为它们都以同一种人类心灵观作为自己的观念基础。"真要是这样就好了！等到1989年，他就能看到双方的隔阂已经扩大到了怎样的地步。

在众多的科学家中，伟大的科学家少之又少，而在伟大的科学家中，能够发现一个全新领域的人更是少之又少，但毕竟还是有几个。查尔斯·达尔文是一个，诺姆·乔姆斯基又是一个。在达尔文之前就有生物学——博物学、生理学、分类学等等——这些都被达尔文统合成了我们今天所知道的生物学。无独有偶，在乔姆斯基之前就有语言学。作为当代科学领域的语言学，有语音学、句法学、语义学和语用学等子学科，有交战不休的学派和自立门户的分支（比如人工智能中的计算语言学），还有心理语言学和神经语言学这样的子学科。语言学从各种不同的学术传统中成长而来，可以追溯到一系列先驱的语言探究者和语言理论家，从格林兄弟到费尔迪南·德·索绪尔和罗曼·雅各布森，可这一切都在一位先驱者——诺姆·乔姆斯基——率先实现的理论进展下，被统合成了一个富含内部联系的科学探究家族。在1957年出版的小书《句法结构》中，他把自己之前一项雄心勃勃的理论探究的成果应用到了自然语言（如英语）上，这项理论探究是在设计空间中的另一个片区进行的：该片区是个逻辑空间，其中是能够生成和辨认所有可能语言之语句的所有可能算法。乔姆斯基的工作严格遵循图灵的探究路径，图灵的纯逻辑探究关注的是我们现在称作计算机的这种东西所具有的力量。乔姆斯基最终界定了一个关于语法类型或语言类型的阶序——乔姆斯基层级（Chomsky Hierarchy），所有学计算理论的学生至今仍能靠它初窥门径。他进而展示了这些语法如何能够同另一个阶序相互界定，后者由各种自动机或计算机类型构成——从"有限状态机"，到"下推自动机"和"线性有界机"，再到"图灵机"。

几年后，当乔姆斯基的研究第一次进入我们的视线时，它在哲学界掀起的冲击波令我记忆犹新。那是 1960 年，我在哈佛大学读大二，当时我问奎因教授，在那些批评他观点的人中，有谁的作品是我应该读的。（当时我自认为是冷酷无情、信念坚定的反奎因派，并且已经开始在为我的毕业论文拟定论点，而这论文当然是要攻击奎因的。所以凡是在观点上反对奎因的人，我都必须了解！）他当即建议我去读读诺姆·乔姆斯基的研究。当时哲学界很少有人听说过这位作者，但他的名气很快就盖过了我们所有人。语言哲学家们对他的研究反应不一。有些人爱，有些人恨。我们中间爱他研究的人，很快就清一色地搞起了转换、树状图、深层结构以及其他各类可以算作某种新形式主义的神秘玩意儿。在恨他研究的人中，有许多人谴责这是一种庸俗的**科学主义**，是一群带着科技范儿的焚琴煮鹤之徒在丁零咣啷地发起攻击，妄图破坏语言那优美动人、无法分析、无法形式化的精妙之处。在几所主要大学的外语系中，这股敌意简直势不可当。或许乔姆斯基可以在麻省理工学院当一名语言学教授，或许语言学可以在那里被列入人文学科，但乔姆斯基的研究是科学，而科学就是大写的敌人——每个实名认证的人文主义者都知道这一点。

> 自然带来的知识无不可爱，
> 我们的智力贸然插手，
> 扭曲了万物的美好形态，
> ——我们杀戮，以解剖。*

---

* 中译引自《我孤独地漫游，如一朵云：华兹华斯抒情诗选》，秦立彦译，人民文学出版社，2021 年，第 18 页。——译者注

华兹华斯的浪漫主义观点认为，科学家是美的谋杀者，而这一点似乎完美地体现在了诺姆·乔姆斯基、自动机理论家和无线电工程师身上。但一个天大的讽刺在于，乔姆斯基一直都在捍卫一种对待科学的态度，而这种态度似乎可以给人文主义者带来救赎。正如我们在上一节所看到的，乔姆斯基认为科学是有限度的，尤其是当它遇到心灵的时候，就像是踢到了铁板。要把这件怪事辨个分明，一直都挺难的，即便对于那些能够处理当代语言学中的技术性细节和争议的人来说也是如此，不过这件怪事也确实令人讶异很久了。乔姆斯基抨击 B.F. 斯金纳《言语行为》（Skinner, 1957）的那篇评论（Chomsky, 1959）广为人知，是认知科学的奠基性文献之一。与此同时，乔姆斯基一直坚定不移地敌视人工智能，并且大胆地将他的一本主要著作命名为《笛卡儿语言学》（Chomsky, 1966）——仿佛是在认为笛卡儿的反唯物主义二元论就要卷土重来了。他到底站在哪一边呢？反正不是达尔文那边。如果畏惧达尔文者想找一位本身就颇具科学渊源和科学影响力的勇者，乔姆斯基就是他们的不二之选。

我当然是慢慢才明白这一点的。1978 年 3 月，我在塔夫茨大学操办了一场引人注目的讨论会，而哲学与心理学学会（Society for Philosophy and Psychology）顺理成章地承担了主办方的职责。[*]有一场小组讨论名义上是要谈人工智能的基础和前景，结果却变成了四位重量级理论家之间的口舌之争，宛如一场双打摔跤赛。诺姆·乔姆斯基和杰里·福多尔向人工智能发起攻击，罗杰·尚克（Roger Schank）和特里·威诺格拉德（Terry Winograd）则挺身护之。尚克当时正在研究用于理解自然语言的程序，两位批评者的火力集中在他的一个方案上，该方案旨在（在计算机中）对由某些细枝末节组成的杂

---

[*] 这段描述摘自 Dennett, 1988a，内容有所修改。

乱无章的集合加以表征，这些细枝末节尽人皆知，而且也是人人在解码寻常言语行为时都要依靠的，而寻常语言行为往往是暗示性的、不完整的。乔姆斯基和福多尔对这项事业大为不屑，但他们发动攻击的根据却随着比赛的进行而渐渐起了变化，这是因为尚克在霸凌成风的院系里也是一把好手，他坚定地捍卫着自己的研究项目。他们一开始的攻击策略，是对准概念上的错误进行直截了当、"第一原理"式的谴责——尚克的研究不是竹篮打水，就是水中捞月——可最后乔姆斯基却做出惊人的让步：事实可能确如尚克所料，人类理解对话的能力（以及更一般意义上进行思考的能力）可以用成百上千个粗制滥造的小装置之间的互动来加以解释——但那就太跌份儿了，因为那会最终证明心理学并不"有趣"。在乔姆斯基的心目中，只有两种可能性是有趣的：我们最后可能发现心理学"就像物理学一样"——其规律性可以被解释为若干深刻、优雅、不可抗拒的法则造成的结果——或者，我们最后可能发现心理学全然没有法则——在这种情况下，研究或阐明心理学的唯一方法，就会是小说家的方法（假如真是这么回事儿，那么比起罗杰·尚克，乔姆斯基肯定更喜欢简·奥斯汀）。

随后，讨论组成员和观众之间也展开了激烈的争论，乔姆斯基在麻省理工学院的同事马文·明斯基的一项观察将争论推向高潮。"我想只有麻省理工学院的人文教授才会对第三种'有趣'的可能性如此习焉不察：我们到头来可能发现心理学就像工程学一样。"明斯基一语中的。用工程学方法来考察心灵问题，其前景中的某些东西正是一类特定的人文主义者所深恶痛绝的，而且跟讨厌唯物主义或讨厌科学无关。乔姆斯基本人就是一个科学家，而且想必也是一个唯物主义者（他的"笛卡儿式"语言学走得并没有**那么**远！），但他不会跟工程学产生任何瓜葛。心灵若只是一个小器具或小器具的集合，总归有损于其尊严。心灵就算最终被证明是一个无法破解的奥秘，一个专供混乱栖身的秘所，也好过成为那种会把自己的秘密拱手交与工程学分析的实体！

虽然明斯基对乔姆斯基的观察当时打动了我，但我并未领会个中要旨。1980 年，乔姆斯基在《行为与脑科学》上发表了作为标靶文章（target article）的《规则与表征》（Chomsky, 1980），而我则是评论者之一。*不管当时还是现在，争议的焦点都在于，乔姆斯基坚持认为，语言能力在很大程度上是先天的，而说孩子会**习得**语言能力则是不恰当的。按照乔姆斯基的看法，语言结构大体上是以先天指定规则的形式固定下来的，孩子所做的不过是设定一些相对次要的"转换开关"，这些开关的作用在于把他变成一个讲英语而非讲汉语的人。乔姆斯基说，孩子**不是**一种通用学习者——用纽厄尔和西蒙的说法就是"通用问题解决器"——不是必须弄清楚什么是语言，然后学习如何进行语言活动。与此不同，孩子先天具有说语言、理解语言的设备，他们只需要排除一定的（非常有限的）可能性，并且采纳一定的其他可能性。按照乔姆斯基的看法，这就为什么连"慢半拍的"孩子学起说话来也是毫不费力的。他们压根不是真的在学习，顶多就像鸟类学习振翅那样。语言，还有翅膀，只在注定会拥有它们的物种身上**发育发展**，而对于缺少相应的先天设备的物种来说，它们则是无从企及的东西。若干发展诱因会启动语言习得过程，随后若干环境条件会进行一些次要的修剪或塑形，孩子遇到的是哪门语言，母语就是什么。

这一主张受到了强烈抵制，但我们现在可以确定的是，真相离乔姆斯基较近，离他的反对者们则较远。（详见 Jackendoff, 1993 和

---

* 《行为与脑科学》杂志每期会刊发若干篇"标靶论文"，每篇标靶论文后面会附有多篇同行评论以及标靶论文作者对评论的回应。——译者注

Pinker, 1994 中为乔姆斯基立场所做的辩护。)为什么会有人抵制呢？
我在网络论坛上的评论——我在那里提出的是建设性的观察，而不是
反对意见——中指出，有一个抵制理由是完全合理的，即使这个理由
只是一个合理的**希望**。先前，生物学家们抵制过"霍伊尔的疯吼"，
这种假说认为，生命并不始于地球，而是始于别处，然后迁移到了地
球；与此相似，面对乔姆斯基的挑战，参与抵制的心理学家们拿出了
一个温和的解释：假如乔姆斯基是正确的，那只会让关于语言和语言
习得现象的考察变得难上加难。我们的工作不再是发现近在眼前的、
个体儿童的学习过程，这是个我们能够加以研究和操控的过程；我们
将不得不"把担子甩给生物学"，希望生物学家可以解释我们这个**物
种**是如何"习得"与生俱来的语言能力的。这是一个更难驾驭的研
究项目。依照霍伊尔的假说，人们可以想象：

> 有些论述会限定变异和选择的最大速率，进而表明并没有足
> 够的时间让**整个**过程都发生在地球上。

> 乔姆斯基的论述与此类似，他的出发点是刺激因素和语言习
> 得速度的不足；他的这些论述旨在表明，婴儿身上必定有着**大量
> 的**天赋设计，否则我们就无法解释这种成熟能力的快速发展。有
> 一种假设可以带给我们些许安慰，那就是我们有朝一日或许能够
> 通过对神经系统的直接检查，来确认这些先天结构的存在（如同
> 发现了我们那些地外祖先的化石）。但这样我们就必须接受一个
> 令人灰心的结论：**学习理论**（这里是指它的最一般形式，即尝试
> 解释从全然无知到知识的转变过程）有一个大到出乎我们意料的
> 部分并不属于心理学的领域，而是最有可能属于演化生物学的领
> 域。（Dennett, 1980）

令我惊讶的是，乔姆斯基没有看出我这篇评论的用意。虽然他本人已经对什么会让心理学"有趣"这件事有所反思，但他没有注意到的是，当心理学家发现自己可能会把担子甩给生物学的时候，他们可能会因为某件事而"灰心"。多年以后，我终于认识到，他之所以没明白我的用意，是因为尽管他坚持认为"语言器官"是先天的，但这对他来说并**不**意味着"语言器官"是自然选择的产物！或者说，这至少不意味着可以准许生物学家们**挑起**这个担子，进而分析我们祖先所处的环境怎样在无比漫长的时间里使语言器官的设计成形。乔姆斯基认为，语言器官**不是**一个适应现象，而是……一个奥秘，或者说是一个有前途的怪胎。有朝一日，阐明这样一个东西**或许**会是物理学，但不会是生物学。

> 在某个久远的时期可能发生了一次突变，产生出一种离散的无限性，个中原因也许跟细胞生物学有关，能够对此加以解释的物理机制属性我们目前还不知道……它演化发展的其他方面很可能再一次反映了某些物理法则的运作，而这些法则正是适用于有一定复杂性的大脑的那些法则。（Chomsky, 1988, p. 170）

这怎么可能呢？许多语言学家和生物学家都处理过语言演化的难题，他们所使用的正是在其他演化谜题上行之有效的方法，并且得出了结果，或者至少得出了貌似结果的东西。例如，在光谱上最具经验性的一端，神经解剖学家和心理语言学家的研究表明，我们大脑的一些特征是我们现存最近亲缘动物的大脑所缺乏的，这些特征在语言感知和语言生产中起着至关重要的作用。关于在过去 600 万年左右的时间里，我们的支系什么时候、按什么顺序、出于什么原因获得了这些特性，人们众说纷纭；但这些分歧是能在进一步的研究中加以检验的，检验这些分歧就跟处理——比如说——关于始祖鸟是否会飞的分歧差不多。在纯理论的战线上，要是我们放开眼界，就会看到已经有人推导出了一般交流系统的演化条件（例如，Krebs and Dawkins, 1984; Zahavi, 1987），人们正在用模拟模型和经验试验来探索这些条件所蕴含的意义。

在第 7 章中，我们看到了一些见解独到的猜测和模型，它们要处理的难题是生命如何凭借自举的方式使自己开始存在，而关于语言的产生所必定经历的过程，也有大量与此类似的机智想法。毫无疑问，语言的起源问题在理论上比生命的起源问题要简单得多；我们可以用来构建答案的、不那么原始的材料可谓类目繁多。我们可能永远无法确认一些相关细节，但要是真能确认，那这就算不得什么奥秘了，充其量只是一点点无可补救的无知而已。某些分外节制的科学家可能舍不得把时间和精力花在这种迂远的演绎推断活动上，但这似乎并不是乔姆斯基的作风。他并不是对这项工作成功的可能性持保留意见，而是对这项工作的论点本身持保留意见。

把［先天语言结构的］这种发展归因于"自然选择"是万无一失的，只要我们认识到这句论断并无根据，认识到它不过是在表达一个信念，即存在某种对这些现象的自然主义解释。（Chomsky, 1972, p. 97）

其实早就有迹象表明，乔姆斯基对达尔文主义抱有一种不可知论的——乃至是敌对的——态度，但我们中有许多人发现这些迹象并不容易阐释清楚。对一些人来说，他看上去就是个"隐蔽的创造论者"，但这似乎不太可信，特别是因为他得到过斯蒂芬·杰·古尔德的认可。还记得语言学家杰·凯泽（第 10 章第 2 节）借助古尔德的术语

"拱肩"来描述语言是如何形成的吗？凯泽大概是从他的同事乔姆斯基那里获得这个术语的，乔姆斯基又是从古尔德那里获得的；古尔德热切地赞同乔姆斯基的观点，即语言其实并非演化而来，而是突然到来的，是一种无法解释的天赋，顶多是人类大脑增大带来的副产品。

> 是的，大脑在自然选择下变大了。但正是大脑尺寸的增加，以及与之相伴的神经密度和神经连接度，让人类大脑可以施展一系列跟脑体积增大的初始原因完全无关的、范围甚广的功能。不是由于大脑变大了，所以我们才能够阅读、书写、计算，或划分季节——可我们知道，人类文化有赖于这类技能……语言的普遍特性与自然界中的任何其他事物是如此不同，它们的结构是如此奇特，这似乎表明它们的起源是大脑能力增强的一个顺带结果，而不是跟祖先的嘟囔声和手势有着延续关系的一次简单进步。（这个关于语言的论点绝非我的原创，不过我完全赞同它；以上推论思路直接遵循了诺姆·乔姆斯基的普遍语法理论，是从演化角度对他理论的解读。）(Gould, 1989b, p. 14)

古尔德强调，大脑成长的最初原因可能并不是对语言的选择（甚至不是对更高智能的选择），人类语言的发生发展可能并不是"跟祖先的嘟囔声和手势有着延续关系的一次简单进步"，但这些猜测（出于论述需要，我们可以姑且承认他的这些猜测）并不能说明语言器官不是一种适应现象。就算我们承认它是一种扩展适应，但扩展适应也是适应。就算人科大脑的显著成长在古尔德和凯泽所希望的随便什么意义上是一种"拱肩"，语言器官也**仍然**会像鸟类的翅膀一样是一种适应现象！不论在设计空间中把我们的祖先硬生生推向右边的那次间断来得有多突然，这仍是自然选择压力下一个渐进的设计发展过程——除非这确实是一个奇迹，一个有前途的怪胎。简而言之，古尔德把乔姆斯基的普遍语法理论誉为一座堡垒，说它抵御了关于语言的适应论解释，而乔姆斯基也认可古尔德的反适应论，拿它当作权威借口来拒绝一项明摆着的责任，即为普遍语法的先天存在寻求演化解释；尽管如此，这两位权威也只是在一道深渊上彼此支撑罢了。

1989 年 12 月，麻省理工学院的心理语言学家斯蒂芬·平克和他的研究生保罗·布卢姆在麻省理工学院认知科学研讨会（the Cognitive Science Colloquium at MIT）上宣读了一篇题为《自然语言和自然选择》的论文。这篇后来作为标靶文章刊登在《行为与脑科学》上的论文，是他们下的一封战书：

> 很多人认为，人类语言能力的演化不能用达尔文式的自然选择来解释。乔姆斯基和古尔德就曾指出，语言的演化可能是一种副产品，产生于对其他能力的选择，它还可能是迄今未知的成长法则和形式法则的结果……我们的结论是，完全有理由相信，语法的特化演化是按照一种常规的新达尔文式过程进行的。（Pinker and Bloom, 1990, p. 707）

"在某种意义上，"平克和布卢姆说，"我们的目标无聊透顶。我们只是要论证，语言与回声定位、立体视觉之类的其他复杂能力没什么不同，而解释这样一类能力之起源的唯一方法，就是自然选择理论。"（Pinker and Bloom, 1990, p. 708）他们得出这个"无聊透顶"的结论，靠的是耐心评估针对各方面现象的不同分析，这些分析无可置疑——惊不惊喜？意不意外？——并表明"语言器官"的许多最为有趣的属性，肯定是由演化产生的适应现象，而这正是新达尔文派所期望的。不过，麻省理工学院的听众反应可一点都不无聊。根据事先安排，乔姆斯基和古尔德要做出回应，所以现场来者甚众，大家挤得只能站着。*名声在外的认知科学家们，在那个场合没羞没臊地表达出对于演化的高度敌意与无知，令我大受震撼。（事实上，正是对那次会议的反思才让我下定决心：必须马上写这本书，不能再拖了。）据我所知，虽然那次会议没有留下记录（网络论坛上的评论涵盖了这次会议提出的一些主题），但如果你想回味一下当时的情况，可以品一品平克列出的（私下交流）最令人叫绝的十大反对意见，这些反对意见都是自论文草稿开始流传以来他和布卢姆对付过的。如果我没记错的话，在麻省理工学院的会议上，这些反对意见大都以不同的版本出现过：

（1）色觉没有任何功能——我们可以靠强度差异来区分红苹果和绿苹果。

（2）语言根本不是为了交流而设计的：它不像手表，它像一个中间有根棍子的鲁布·戈德堡装置†，你可以把它当日晷用。

（3）关于语言具有功能性的任何论证，都可以拿来论证"在沙子上写字"具有功能性，而且论证的可信度和力度保持不变。

---

* 结果乔姆斯基没能到场，接替他位置的是他的（也是我的）好友马西莫·皮亚特利-帕尔马里尼（他几乎总是认同乔姆斯基的观点，而很少认同我的观点！）。皮亚特利-帕尔马里尼可谓是最佳替补；他曾在哈佛大学与古尔德共同教授一门关于认知和演化的研讨课，而且他写的一篇文章（Piatelli-Palmarini, 1989）还首次明确了古尔德和乔姆斯基在语言问题上的非演化立场。他的文章此前是平克和布卢姆文章主要的诱因和靶子。

† 鲁布·戈德堡机械（Rube Goldberg machine）指通过复杂曲折的机械设计来实现简单功能的机器。由于其功能的实现往往要求机器内部的各个环节都精确无误，而这些环节所使用的部件又常是就地取材的各种普通乃至简陋的物品，所以这类机械多具有一种滑稽气质。美国漫画家鲁布·戈德堡（1883—1970）在其作品中呈现过这类机械，故人们将其命名为鲁布·戈德堡机械。——译者注

（4）要解释细胞的结构，就得靠物理学，而不是靠演化论。

（5）拥有眼睛和拥有质量这两件事都需要同一类型的解释，因为就像眼睛会让你看得见一样，质量会防止你飘浮至太空。

（6）关于昆虫翅膀的那档子事儿不是已经把达尔文给驳倒了吗？

（7）语言不可能有用——它引发过战争。

（8）自然选择是无关紧要的，因为我们现在有混沌理论。

（9）语言不可能是经由对于交流的选择压力而演化出来的，因为我们在询问他人感受的时候，可以并不真的想要知道他们的感受是什么。

（10）大家都同意，自然选择对心灵的起源起到了一定作用，但它又无法解释每个方面——那就没什么好说的了。

古尔德和乔姆斯基对他们某些支持者的奇怪信念是否负有责任呢？这个问题没有简单的答案。平克列出的条目多半都可以在古尔德的主张（特别是 2 号、6 号和 9 号）和乔姆斯基的主张（特别是 4 号、5 号和 10 号）中明确找到它们的先祖。那些抱有这些主张（还包括清单上的其他主张）的人，在表达它们的时候通常都会借助古尔德和乔姆斯基的权威（例如，参见 Otero, 1990）。正如平克和布卢姆所说（Pinker and Bloom, 1990, p. 708），"诺姆·乔姆斯基，世界上最伟大的语言学家，以及斯蒂芬·杰·古尔德，世界上最著名的演化理论家，这二位一再表示语言可能不是自然选择的产物"。此外——两条关键的狗还未吠出声呢——我还没见到古尔德或乔姆斯基去尝试纠正激战中冒出来的这些疯吼。（如我们所见，这是每个人都会有的弱点；令我感到遗憾的是，社会生物学家们的受困心态让他们忽略了——至少是使得他们疏于去纠正——他们阵营中某些成员那为数不少且糟糕透顶的推论。）

　　作为达尔文最热情的支持者之一，赫伯特·斯宾塞是"适者生存"这句话的创造者，是达尔文某些最佳思想的重要澄清者，但同时也是社会达尔文主义之父。社会达尔文主义是一种对达尔文式思维的可憎误用，它捍卫的是从冷酷无情到十恶不赦的一系列政治学说。*斯宾塞误用了达尔文的观点，达尔文本人对此是否负有责任呢？人们莫衷一是。就我而言，我虽能谅解达尔文没有像真正的英雄那样公开责备自己的拥护者，不过还是遗憾于他私下没能更积极地对其加以劝阻或纠正。古尔德和乔姆斯基都踊跃支持一个观点：对于知识分子工作成果的运用和**可能的错误运用**，知识分子本人是**负有**责任的。所以，当发现自己被这些无稽之谈引以为据的时候，可以想见他们至少会有些尴尬，因为他们自己并不抱有这些观点。（指望他们会感激我替他们做了这些脏活儿，也许是想太多了。）

---

* 在本书第二部分的题词中，威廉·詹姆斯的调侃目标正是斯宾塞那含糊糊的文风。斯宾塞（Spencer, 1870, p. 396）曾做出如下定义："演化是物质的整合伴随着运动的消散；在这期间，物质从一个不确定、不融贯的同质状态过渡到一个确定、融贯的异质状态；并且在这期间，保留下来的运动也经历了与此平行的转变。"说到詹姆斯神乎其神的戏仿，与之相关的模因学（memeology）过程值得一书。我的引文来自加勒特·哈丁（Garrett Hardin），他告诉我说他是从西尔斯和默顿那里找到的引文（Sills and Merton, 1991, p. 104）。虽然这二位的引用来源是詹姆斯的《1880—1897年讲义》（*Lecture Notes 1880–1897*），但哈丁又追查到了更具体的细节。P. G. 泰特（Tait, 1880, p. 80）把对斯宾塞文字的"精妙翻译"归功于一个名叫柯克曼（Kirkman）的数学家，而詹姆斯的版本——想必是从泰特那里借来的——则是柯克曼版本的一个突变。柯克曼的原版（想必是吧）如下："演化是一种变化，它凭借连续的'别的什么东西化'和'捏成一团化'，从一个不可名状的'全部相像状态'变成一个总的来说可以名状的'不全部相像状态'。"

3. 精彩的尝试

> 一个生物体可能会满足人类所特有的其他身体条件。在心灵演化的研究中，对于这个生物体而言，我们无法猜测在何种程度上可能会出现转换生成语法的替代品。可以想象，这样的替代品并不存在，或者很少存在。在这种情况下，讨论语言能力的演化是离题的。*
>
> ——诺姆·乔姆斯基（Chomsky, 1972, p. 98）

> 要进一步理解这些，我们大概需要从简化的（过度简化的？）模型入手，并且忽略批评者长篇大论的抨击——他们会说现实世界更为复杂。现实世界总是更为复杂，这有一点好处，那就是我们不会没有工作可做。
>
> ——约翰·鲍尔（Ball, 1984, p. 159）

这里的难题在于，如何让来回摆动、大肆破坏的钟摆停下来。一次又一次，我们看到交流的反复失败。正如西蒙和卡普兰（在上一节开头的引文中）所说，有一种交流上的隔阂真可谓不幸，因为它起初不过是微小而又相对简单的误解，后来却被放大为严重的后果。回想一下还原论者和贪婪的还原论者之间的差别吧（第3章第5节）：还原论者认为，不用天钩也能解释自然中的一切事物；贪婪的还原论者则认为，不用起重机也能解释这一切。但是，对于理论家们来说，于你是健康的乐观主义，于我就可能是不合宜的贪婪。一方提出了一个

---

* 中译参考自《语言与心智》，熊仲儒、张孝荣译，中国人民大学出版社，2015年，第104页。——译者注

过于简单的起重机，另一方就会对此嗤之以鼻——"庸俗的还原论者！"——并如实宣告：生命可比这复杂多了。"一堆天钩搜寻狂！"前者怀着反应过度的防卫心态小声嘀咕。假如他们知道这些个术语，他们就会像这样嘀咕了——不过话说回来，假如双方都掌握了这些术语，他们也许就能看清真正的问题是什么，也就能完全避免这种误解重重的交流。这是我所希望的。

乔姆斯基的观点到底是什么？如果他不认为语言器官是由自然选择所塑造的，那么他如何解释语言器官的复杂之处？生物学哲学家彼得·戈弗雷-史密斯（Godfrey-Smith, 1993）最近集中讨论了一个观点家系，这些观点全都以这样那样的方式主张"生物体的复杂性是环境的复杂性所致"。由于这是赫伯特·斯宾塞钟爱的主题之一，戈弗雷-史密斯就提议把所有这类观点都称作"斯宾塞式的"。[*] 斯宾塞是达尔文派——或者你可以说查尔斯·达尔文是斯宾塞派。无论如何，现代综合论的核心是斯宾塞式的，而也正是这一正统观念中的斯宾塞主义，最常受到反对者们各式各样的攻击。例如，曼弗雷德·艾根和雅克·莫诺都是斯宾塞派，他们坚称只有通过环境选择，分子功能才能特化（第 7 章第 2 节和第 8 章第 3 节），然而斯图尔特·考夫曼则坚称，**尽管**存在（环境）选择，但秩序还是会形成——这就表现出一种反斯宾塞派的挑战姿态（第 8 章第 7 节）。布赖恩·古德温（Goodwin, 1986）否认生物学是一门**历史**科学，这是反斯宾塞主义的又一个例子，因为这否认了生物体跟先前环境的历史互动才是我们在它们身上发现的复杂之处的来源。再一个例子，就是古尔德和列万廷（Gould and Lewontin, 1979）跟"内在的"底层平面图的短暂结盟，

---

[*] 这也是赫伯特·西蒙在《人工科学》（Simon, 1969）中钟爱的主题之一，所以我们或许可以称之为"西蒙式的"——或者"赫伯特式的"。

这个"内在的"底层平面图负责规定生物体设计中除了次要装饰以外的全部内容。

乔姆斯基提出，未来能够解释语言器官结构的将会是物理学而非生物学（或工程学）。他的这种看法是纯而又纯的反斯宾塞式学说，也恰好说明了他为什么会误解我关于"把担子甩给生物学"的友情提醒。作为一名合格的斯宾塞式适应论者，我当时只是在假设"基因是环境的发声渠道"，就像戈弗雷-史密斯所说的这样；然而乔姆斯基更愿意相信基因的信息源是某种内在的、非历史的、非环境的组织结构——我们可以称之为"物理"。斯宾塞派认为，即便存在这样非时间的"形式法则"，它们也只能经由这样那样的选择过程才能作用于事物。

演化思维只是"斯宾塞式思维与反斯宾塞式思维之争"历史中的一章。适应论是一种斯宾塞式学说，斯金纳的行为主义也是，在更一般的意义上，一切类型的**经验主义**都是斯宾塞式学说。经验主义的观点认为，我们用以装配我们头脑的种种细节，都是通过经验从外部环境中取得的。适应论的观点认为，起选择作用的环境以渐进的方式形塑、铸造着生物体的基因型，所以由基因型掌管的表型就跟生物体所面对的世界有着近乎最佳的适应度。行为主义的观点认为，斯金纳（Skinner, 1953，尤其是 pp. 129–141）所谓的"有控制作用的环境"（the controlling environment）是"形塑"所有生物体行为的东西。现在我们就明白了，乔姆斯基对斯金纳发起的那场著名抨击，既针对斯金纳的斯宾塞式观点，**即**环境形塑了生物体，也针对斯金纳在刻画这种形塑的发生**方式**时所用模型的局限性。

斯金纳宣称，基本的达尔文式过程的**一次简单迭代**——操作性条件反射——可以用来解释所有的思维状态、所有的学习行为，而且不仅适用于鸽子，还适用于人类。当批评者们坚称思考和学习比这复杂得多的时候，他（和他的追随者们）就嗅到了天钩的气息，并且把行为主义的批评者们统统看作二元论者、心灵主义者、反科学的不学无术之辈，不屑一顾。这是种错觉；批评者们——至少是其中最优秀的那些——不过是在坚持一个观点，那就是组成心灵的起重机数量远比斯金纳想象的要多。

斯金纳是个贪婪的还原论者，尝试一举解释**所有**设计（以及设计力量）。应该这样回应他才得当："真是精彩的尝试，但实际情况远比你想象的要复杂！"讲这句话的时候不应该有嘲讽的语气，因为斯金纳的工作**确实**是精彩的尝试。这是个伟大的观念，激发（或挑起）了长达半个世纪脚踏实地的实验活动和模型搭建工作，人们从中收获颇丰。讽刺的是，正是**另**一类贪婪还原论的反复失败——海于格兰给这类还原论起的绰号是"有效的老式人工智能"（Good Old-Fashioned AI）或"GOFAI"——才让心理学家们真正相信心灵确实是一种具有高超的建筑学复杂性的现象，复杂到行为主义都无法描述它。GOFAI 的思想基础是图灵的一则见解：尽管计算机的**复杂程度没有止境**，但所有计算机都可以由简单的部件组成。需要注意的是，斯金纳的简单部件是随机配对的"刺激-反应"对子，这些对子会一次次地经受来自环境的选择压力，一次次地面临强化的要求。但图灵的简单部件则是内部的各种数据结构——不同的"机器状态"；通过组建不同的"机器状态"，就能够以不同的方式来应对数量不限的不同输入，由此创造出的"输入-输出"行为想要多复杂就有多复杂。在这些内部状态中，哪些是先天特化的，哪些是要通过经验来修正的，这是有待研究的问题。和查尔斯·巴贝奇（见第 8 章第 5 节的相关注释）一样，图灵认识到一个实体的行为不必是它**自身**刺激史的任何**简单**功能，因为它在无比漫长的时间里可能已经积累了大量设计，而这将使它能够利用自己内部的复杂性来调整自己的反应。抽象的开局最终被 GOFAI 建模师们用各种令人目眩的复杂装置加以填充，却**仍然没能产生出具备人类风格的认知**，这就有点像漫画中的情节了。

如今在认知科学中占统治地位的正统观点认为，往日关于感知、记忆、模因、语言生产和语言理解的简单模型太过简单，差了好几个数量级，但这些简单模型往往都是精彩的尝试，要是没了它们，我们可能还在纳闷这到底是简单在哪儿了。在贪婪的还原论上犯错是有意义的：在沉浸于复杂的事物之前，先尝试一下简单的模型。孟德尔的简单遗传学是精彩的尝试，种群遗传学家把它变成了相对复杂的"豆袋遗传学"，这也是精彩的尝试，尽管它常常倚仗那些如今看来颇为离谱的过度简化操作，以至于弗朗西斯·克里克都想把它踢出科学。格雷厄姆·凯恩斯-史密斯的黏土晶体是精彩的尝试，阿尔特·塞缪尔的跳棋程序也是精彩的尝试——它们太过简单，这我们知道，可它们走对了路子。

在计算机的最初岁月中，沃伦·麦卡洛克和W.H.皮茨（McCulloch and Pitts, 1943）提出了一种简单得令人赞叹的简单理论，认为存在"逻辑神经元"可以用来编织"神经网络"，一时间那阵仗让人觉得他们或许已经攻克了大脑难题中最困难的部分。当然，在他们提出自己谦逊的看法之前，神经学家们对于该如何思考大脑活动感到困惑不已。人们只要回过头来，读一读他们写于20世纪三四十年代的那些更具揣测性质的书，看看他们在书中的奋勇挣扎，就会明白神经科学从麦卡洛克和皮茨那里得到了多么巨大的提升。*他们为唐纳德·赫布（Hebb,

---

* 迈克尔·阿比布是沃伦·麦卡洛克的一名学生，也是这些早期研究进展的主要贡献者之一。他早期对这些议题清晰透彻的讨论给予了研究生时期的我很大启发，他后来的作品（如 Arbib, 1989）不断地开拓着新的领域。在我看来，不论是奋战在前沿阵地的研究者，还是游走在战区边缘的关注者，他们中的许多人还没有充分认识到这些研究的重要性。

1949）和弗兰克·罗森布拉特（Rosenblatt, 1962）这样的先驱者做好了铺垫，后者的"感知机"（Perceptron）——就像明斯基和佩珀特不久后指出的那样——虽然是精彩的尝试，但还是太过简单。几十年后的今天，又有了一批精彩的尝试，它们更为复杂但仍旧简单而有效，它们挥舞着联结主义的旗帜，正在探索设计空间中它们的智识祖先未加考察的部分。*

人类心灵是一台令人叹为观止的起重机，要建造它，要维持它的运转和及时更新，就必须进行大量的设计工作。这就是达尔文的"斯宾塞式"主旨。年代无比漫长（包括刚过去的十分钟）的环境遭遇史以这样那样的方式形塑了你此刻的心灵。有些工作必定是靠自然选择完成的，其余的则是靠某种内部的"生成与测试"过程（我们在本章的前面部分考察过）来完成的。这无关魔法，也不涉及内在的天钩。无论我们提出怎样的模型来刻画这些起重机，它们总会在某些方面是过于简单的，但我们通过先尝试那些简单的想法，正在不断逼近真相。乔姆斯基一直都是这些精彩的尝试的主要批评者之一：从 B.F. 斯金纳，到赫伯特·西蒙和罗杰·尚克这样标新立异的 GOFAI 专家，再到所有的联结主义者，他都一概否定。他一直认为这些人迄今为止的所有想法都太简单了，这是对的，但他也一直展现出对尝试简单模型这一**策略**本身的敌意，而这就过分抬高了争辩的激烈程度。出于论证的需要，我们假设乔姆斯基能够比其他任何人都更为清楚地认识到

---

* 另外一些精彩的尝试，是神经学家们的各种学习模型，这些模型把学习行为当作神经系统中的"达尔文式"演化。这可以追溯到罗斯·阿什比（Ashby, 1960）和 J.Z. 扬（Young, 1965）的早期工作，如今则在阿比布、格罗斯伯格（Grossberg, 1976）、尚热和当尚（Changeux and Danchin, 1976）以及卡尔文（Calvin, 1987）等人的工作中得到延续——此外还有埃德尔曼（Edelman, 1987），要是他没有把自己的工作当成一次遗世独立的骤变，那他的这次尝试就会更加精彩。

人类的心灵和语言器官（就人类心灵之于动物心灵的优越性而言，它起着至关重要的作用）都是具有系统性和复杂性的结构，它们让迄今为止的所有模型都显得简陋不堪。你可能会觉得，这样我们就更有理由去寻找对这些杰出装置的演化解释了。但是，乔姆斯基尽管为我们揭示了语言的抽象结构，却也极力阻止我们将其视为起重机——而语言恰恰是负责把其他文化起重机吊升到位的起重机中最关键的那一台。难怪对天钩日思夜想的家伙们常把他奉为权威。

不过，乔姆斯基并不是唯一的候选人。约翰·塞尔是深受天钩搜寻者们喜爱的另一位捍卫者，而且他绝非乔姆斯基派。我们在第 8 章（第 4 节）看到，塞尔打着"原初意向性"的旗号，为约翰·洛克"心灵第一"观点的某一版本辩护。按照塞尔的说法，自动机（计算机或机器人）并不具有真正的意向性，它们充其量具有**似是而非的**意向性。此外，原初的或真正的意向性不可能由**似是而非的**意向性构成，不可能来源于它，想必也就不可能由它传衍而来。这给塞尔造成了一个难题，因为人工智能这边说的是"你是由自动机**构成的**"，而达尔文主义那边说的却是"你是由自动机**传衍而来的**"。如果你承认了后者，就很难否认前者；一切诞生于自动机的东西，除了是一个更花哨的自动机之外，还能是什么呢？我们是否凭借某种方式达到了逃逸速度，从而把我们的自动机传承抛在身后了呢？是否有某种临界点，标志着真正意向性的开端呢？乔姆斯基原来那个由花哨程度渐次增加的自动机组成的层次结构，让他能够划出这条分界线，也就是说能够生成人类语言语句的自动机属于一个特殊的层级，它所需的**最低复杂性**就是这一层级的门槛——虽然这个层级仍是自动机的层级，但至少是一个较高的层级。这对乔姆斯基来说还不太够。正如我们刚才所见，他站定脚步后，表达了下面的意思："没错，语言事关重大——但不要尝试解释语言器官是如何设计出来的。它是一个有前途的怪胎，是一种天赋，没有什么可解释的。"

以下立场着实尴尬：大脑是一个自动机，却是一个我们无法进行逆向工程的自动机。这或许是个策略上的错误吧？在塞尔看来，乔姆斯基在站定脚步之前的那一步还是迈得太大了。他当初就该彻底否认语言器官的结构可以用自动机的术语来描述。乔姆斯基陷入了信息处理的说法，那套关于规则、表征以及算法转换的说法，结果就是给逆向工程师们留下了口实。也许乔姆斯基作为一名"无线电工程师"的传承又回来纠缠他了：

> 具体来说，用以下假设来解释普遍语法的证据会简单得多：人类大脑中确实存在着一个先天的语言习得装置［LAD］，LAD制约着人类能够学习的语言形式。因此，可以用硬件层面的解释来说明这个装置的结构，再用功能层面的解释来描述人类婴儿在应用该机制时可以习得哪种语言。不要说还有一个什么深层的、无意识的普遍语法规则层面，这并不会增加我们对问题的预测力或解释力。事实上，我已经试图表明，这一假设无论如何都是不融贯的。（Searle, 1992, pp. 244–245）

在塞尔看来，用表现出基底中性的算法来抽象地描述**大脑中的信息处理活动**，这想法在整体上是不融贯的。"有粗暴盲目的神经生理过程，有意识，但别的就什么都没有了。"（Searle, 1992, p. 288）

这无疑就是在硬撑，而且是跟乔姆斯基携手硬撑，但他的重点有所不同：对，LAD当然是演化来的，意识也是演化来的（Searle, 1992, pp. 88ff.），但乔姆斯基认为我们无望对二者进行逆向工程式的解释，这也是对的啊。可乔姆斯基竟然承认这个过程可以用计算机层级的那套说法来融贯地加以描述，那他就错了，因为这就给"强人工智能"敞开了大门。

如果说乔姆斯基在这场滑坡中很难站定自己的立场，那么塞尔的立场则会带来更加尴尬的后果。[*]我们可以在上文引用的那段话中看到，塞尔承认，关于大脑在语言习得中如何发挥作用，有一个"功能的"故事需要讲述。他还承认，关于大脑的某些部分如何实现视觉上对于深度或距离的判断，也有一个"功能的"故事需要讲述。**"但是，在这个功能层面上无论如何都没有什么精神性内容。"**（Searle, 1992, p. 234，强调是塞尔加的）接着，他就把下面这段认知科学家们相当合理的反驳摆在了自己面前："这个［'功能性'之说和'精神性内容'之说的］区分，对认知科学来说其实没有多大影响。我们之前怎么说，现在还怎么说，之前怎么做，现在还怎么做；我们所做的就是在这些问题上用'功能的'一词来代替'精神的'一词。"（其实乔姆斯基在回应这类批评时也经常这么说。例如，参见 Chomsky, 1980。）为了回应这一反驳，塞尔（Searle, 1992, p. 238）只得后退一步：他说，不仅不存在信息处理层面上对大脑的解释，事实上也不存在"功能层面"上对大脑的生物学解释。

> 说白了，除了它的各种因果关系，心灵没有任何功能。当我们谈及它的功能时，我们所谈论的是它那些被我们附加了某种**规范性重要意义**的因果关系……简而言之，意向性的实际事实包含了规范要素，可一旦去考虑功能性的解释，仅存的**事实**就只会是粗暴盲目的物理事实，而仅存的规范就只会在我们内部，只会存在于我们的视角中。

---

[*] 本节的余下部分参考了我对塞尔著作的评论（Dennett, 1993c）。

那么到头来，生物学中的功能之说，就像"**似是而非的意向性**"之说一样，根本不需要严肃对待。按照塞尔的说法，只有出自真正的、有意识的人类制造者之手的制造品才具有**真正的**功能。飞机的机翼是真正用来飞行的，但老鹰的翅膀却不是。如果一个生物学家说翅膀是以飞行为目的的适应产物，而另一个生物学家说翅膀只是用来展览羽饰的架子，那么在任何意义上都无法说明他们俩谁更接近真相。另一方面，如果我们去问航空工程师，他们设计的机翼是为了保持飞机的悬空，还是为了展示航空公司的徽记，他们可能就会告诉我们一个粗暴的事实。所以塞尔最终否认了威廉·佩利的前提：根据塞尔的看法，自然**不是**由种类多到无法想象的、**发挥着功能的**装置组成的，它并不展现出什么设计。只有人类的制造品才享有这份殊荣，而这不过是因为（正如洛克向我们"表明"的那样）要想制造某个带有功能的东西，就得有一个心灵！ *

塞尔坚称，人类的心灵具有"原初"意向性，这种属性在原则上是任何精益求精的算法研发过程都无法企及的。这纯而又纯地表达了一种对天钩的信念：心灵是设计原初的、无法解释的来源，而不是设计的结果。尽管他对这一立场的辩护比其他哲学家更为生动活泼，可他也并非孤身一人。在 20 世纪哲学近来最具影响力的许多研究中，都暗含着对人工智能、对其邪恶的孪生兄弟——达尔文主义的敌意，我们在下一章就会看到这一点。

---

* 鉴于塞尔在这方面的立场，人们可以料到，他应该会彻底反对我对适应论思维之力量的分析（如第 9 章所示）。事实就是如此。我不知道他是否在公开出版的文字中表达过这种观点，但在与我的几次辩论中（Rutgers, 1986; Buenos Aires, 1989），他指出我的论述恰恰是落后的：认为人们可以找到演化选择过程的"自由浮动的理由"，这一观念在他看来是对达尔文式思维的歪曲。我们俩中间有一个人在无意中自己驳斥了自己；至于这个倒霉蛋究竟是谁，就留给读者当练习题吧。

第 13 章

当"生成与测试"这个达尔文式算法中的基本步骤进入个体生物体大脑的时候,它建立了一系列越发强大的系统,其顶点是出自人类之手的假说和理论,即深思熟虑、有预见性的"生成与测试"形式。这个过程创造出了不带有"认知封闭"迹象的心灵,这要归功于它们生成和理解语言的能力。诺姆·乔姆斯基证明语言是由一台先天的自动机生成的,从而创建了当代语言学。然而他抵制对于语言自动机如何被设计安装、为什么被设计安装的所有演化解释,也抵制所有用人工智能对语言运用进行建模的尝试。乔姆斯基立场坚定地反对(逆向)工程学,他身旁一边站着古尔德,一边站着塞尔,他以身作则地抵抗着达尔文危险思想的传播,坚守着作为天钩的人类心灵。

第 14 章

我在第 8 章概述了对意义诞生的演化解释,现在我会加以展开,并针对哲学家们的怀疑和挑战进行辩护。我会以前面几章引入的概念为基础,进行一系列的思想实验,表明一种基于演化论的意义理论不仅是融贯的,而且是无可避免的。

第 14 章

意义的演化

1. 追寻真正的意义

> "在我使用一个语词的时候,"憨扑地·蛋扑地略显不屑地说,"我想让它是什么意思,它就是什么意思——不多也不少。"
>
> "问题在于,"爱丽丝说,"你能不能让语词有这么多不同的意思。"
>
> "问题在于,"憨扑地·蛋扑地说,"由谁说了算——这才是关键。"
>
> ——刘易斯·卡罗尔 (Carroll, 1871)

在哲学中,没有比"意义"更受关注的话题了,其表现形式可谓五花八门。在光谱上宏大高调的那一端,各个学派的哲学家们使出浑身解数来对付生命的意义这个终极问题(以及这个问题到底有没有意义的问题)。在质朴低调的一端,当代分析学派——外界有时称之为"语言哲学"——的哲学家们在各项截然不同的研究中,从微观上细致考察了语词和整段话语中细微的意义差别。早在 20 世纪五六十年代，"日常语言哲学"学派就在具体词语之间的微妙差异上下了很大功夫——一个著名的例子是考察"刻意地"（deliberately）、"有意地"（intentionally）、"有目的地"（on purpose）三者之间的差异（Austin, 1961）。这又让位于一组更形式化、更系统的探究工作。当你说出下面这样的话时，你能够指向哪些意思不同的命题呢：

汤姆相信奥特卡特是个间谍。[Tom believes that Ortcutt is a spy.]

什么样的理论能解释这些命题在预设、语境和含义上的不同呢？追踪这类问题的，是有时被称作"命题态度特遣队"的子学派，他们近期的代表性成果有 Peacocke, 1992 和 Richard, 1992。开启另一组探究工作的，是保罗·格赖斯（Grice, 1957, 1969）的"非自然意义"理论。这些研究试图明确在什么条件下，一个行为不仅具有自然意义（有烟就有火，有泪就有悲），而且具有言语行为所具有的那种意义，有其约定俗成的要素。要让说话行为产生意义，或者说产生具体的意义，说话者（或听话者）的心灵必须处在什么样的状态呢？换句话说，行动者的心理和行动者所说语词的意义之间是什么关系呢？（也许在 Schiffer, 1987 中最能看出以上两类研究路径之间的关系。）

所有这些哲学研究项目有一个共同假设，那就是有一类意义——或许还可以把它分为许多不同的子类型——是依赖语言的。没有语词，就没有**语词**意义，哪怕会有其他类型的意义。还有一个更进一步的研究假设，在讲英语的哲学家中更为常见：如果不弄清语词如何能够具有意义，那我们在研究其他类型的意义时也不怎么可能取得太大进展，尤其是像生命的意义这样令人手足无措的议题。但这个合理的假设却往往会具有一种不必要的、削弱力量的副作用：由于首先专注于语言意义，哲学家们扭曲了自己对于这些语词所依赖的东西——心灵——的看法，把心灵当作某种自生自成的东西，而非自然界的演化产物。这一点十分明显地体现在哲学家们对意义演化理论的抵制态度上；意义演化理论旨在表明，语词的意义，连同以某种方式在其背后起作用的所有精神状态，最终都植根于生物功能的肥沃土壤中。

一方面，几乎没有哪个哲学家想过要否认一个明显的事实：人类是演化的产物，他们说话的能力，进而是（在相关含义上）表达任何意义的能力，来自一套不与其他演化产物共享的特定适应成果。另一方面，哲学家们一直都不愿接受一个假设，即演化思维可能有助于他们处理一些特定难题，帮助他们阐明语词以及它们在人们心灵或大脑中的来源和归宿何以具有意义。但也不乏重要的例外。威拉德·范奥曼·奎因（Quine, 1960）和威尔弗里德·塞拉斯（Sellars, 1963）各自发展了关于意义的功能主义理论，这些理论牢牢地（即便只是粗略地）扎根于生物学。然而，奎因把自己的马车过于牢固地套在了他的朋友 B.F. 斯金纳所信奉的行为主义上，30 年来他一直焦头烂额却又收效甚微地向哲学家们澄清，说他的主张不应该被一股脑儿地斥为贪婪的还原主义——这一罪名是声势日隆的认知主义者们，在乔姆斯基和福多尔的引导下扣在斯金纳和所有行为主义者头上的。* 塞拉斯这位心灵哲学领域的"功能主义"之父，已经把所有正确的东西都说了，可他那艰涩的语言却让这些话大体上都被认知主义者所忽视了。（对相关历史过程的描述，参见 Dennett, 1987b, ch. 10。）早年间，约翰·杜威就曾明确指出，达尔文主义应该被假定为一切自然主义意义

---

* 就像演化论者因受到误导而唯恐鲍德温效应犯了拉马克主义的罪过，就像达尔文急急忙忙地对灾变说退避三舍，"彻底的现代心灵主义者"（Fodor, 1980）不分青红皂白地否定任何疑似行为主义的东西，这是错误地过滤模因的一个例子。参见 R. Richards, 1987 对早期演化思维中这种歪曲事实、"牵连坐罪"现象的精彩描述，以及丹尼特（Dennett, 1975; 1978, ch.4）从行为主义的糟粕中分离出精华的尝试。

理论的基础。

仅仅从运动物质的再分配的角度来说明宇宙的任何做法都不完整，不管它达到了多么真实的程度，因为它忽略了一个基本事实，即运动物质及其再分配的特性在于以累积的方式达到目的——影响我们所知道的价值世界。否认这一点，你就会否认演化论；承认这一点，你就会在目的这个术语唯一客观的，就是唯一可理解的意义上承认它。我并不是说，除了这个机制之外还有其他的理想原因或因素介入。我只是坚持认为，讲故事就应该讲全，应该注意到这个机制的特征——它就是这样产生并维持各式各样的善的。（Dewey, 1910, p. 34）

注意杜威在推进论述时是怎样如临深渊、如履薄冰：他不诉诸任何天钩（"理想原因或因素"），但我们绝不能觉得我们能够理解**一种未经阐释的演进**，一种不支持什么功能，也从中辨识不出什么意义的演进。最近，我和其他几位哲学家专门针对意义的诞生和维持问题进行了十分以演化为基础的阐述，同时涉及语言意义和前语言意义（Dennett, 1969, 1978, 1987b; Millikan, 1984, 1993; Israel, 1987; Papineau, 1987）。露丝·米利肯的阐述是迄今为止最细致的，上面那些考察意义问题的其他哲学进路，其细节在米利肯的书中也得到了丰富的阐发。她与我在立场上的差异，在她看来比在我看来更大，但这一隔阂正在迅速缩小——尤可参见 Millikan, 1993, p. 155——我期望本书能进一步缩小隔阂。现在这个场合还不适于暴露我们之间的余下差异，因为放在一场更大的交锋中来看，这些差异终究是次要的，而这又是一场我们尚未取得胜利的战斗：为**一切**对意义的演化解释而战。

跟我们对决的是一个阵容豪华但又不太可能的团伙。杰里·福多尔、希拉里·普特南、约翰·塞尔、索尔·克里普克（Saul Kripke）、泰勒·伯奇（Tyler Burge）以及弗雷德·德雷斯基（Fred Dretske），他们每个人都各显神通地反对关于意义的演化解释，反对人工智能。这六位哲学家都表达了对于人工智能的保留意见，但只有福多尔在斥责关于意义的演化解释时最为直率。他对自杜威以来的每一位自然主义者的抨击（特别是 Fodor, 1990, ch. 2）往往相当有趣。例如，他在揶揄我的观点时说："泰迪熊是造出来的，但**真正的熊也是造出来的**。我们捣鼓出前者，大自然母亲捣鼓出后者。哲学**充满惊喜**。"（Fodor, 1990, p. 87）*

按照憨扑地·蛋扑地的看法，语词是从我们这里获得其意义的，可我们又是从哪里获得了意义呢？让福多尔和其他几位哲学家忧心的，是**真实**意义和**仿冒**（ersatz）意义之间的对立，是"**内在的**"或"**原初的**"意向性与**派生的**意向性之间的对立，他们关注的是前者而非后者。福多尔很可能是想揶揄关于生物体是制造品的想法，因为这个想法提供了一种视角，而从这个视角出发，我们可以用一个思想实验来暴露他观点的核心缺陷，一个另外五位哲学家也共有的缺陷。†

请设想一台软饮料自动贩卖机，美国设计美国造，配有一个标准传感装置，用于验收 25 美分的硬币。我们就把这样的一台装置称作"两毛五分机"好了。一般情况下，把一枚 25 美分硬币投入一台两毛五分机，后者就会进入一种状态，我们称之为 Q，它的"意义"

---

* 阅读福多尔可以打发时间，也可以深入了解他对达尔文危险思想的厌恶。这种厌恶让他根本不打算按标准的做法对文本进行同情的理解。他对米利肯的歪曲实属过分、毫不可信，但只要读一读米利肯本人的论述，就能轻易对其加以矫治。

† 和通常一样，这些问题比我能在这里展现的更为复杂；详见 Dennett, 1987b, ch. 8（这个思想实验便出自此处），以及 Dennett, 1990b, 1991c, 1991e, 1992。

（注意这个别有用心的引号）是"我现在感知／接收到了一枚真正的25美分硬币"。这样的两毛五分机相当"聪明"和"老练"。（这里出现了更多别有用心的引号；这个思想实验在开始时有一个假设，即这类意向性**不是**真货，而在结束时则会暴露出该假设带来的尴尬。）然而，两毛五分机很难做到万无一失；它们确实会"出错"。如果不用比喻，那就是当投进去的是一个仿币或其他异物的时候，它们有时也会进入状态 Q，此外它们有时又恰好会拒绝合法的 25 美分硬币——在本该进入状态 Q 的时候却没能进入。毫无疑问，在这些"感知出错"的情况中，存在着一些有迹可循的规律。毫无疑问，只要对两毛五分机中传感机械系统的相关物理原理和设计参数有足够了解，那就至少可以对一些"识别出错"的情况加以预测。换句话说，只要直接遵循相关的物理定律，K 类物品就会像 25 美分硬币那样让这台设备进入 Q 状态。这样，K 类物品就是优良的"仿币"——能可靠地"骗过"传感器。

如果两毛五分机的日常环境中越来越频繁地出现 K 类物品，我们就会期望两毛五分机的拥有者和设计者开发出更先进、更敏锐的传感器，以便可靠地分辨真正的 25 美分硬币和 K 类仿币。当然，更加狡猾的仿冒品也会随之出现，这就要求检测传感器进一步改良。在某一时刻，这一工程学的升级过程将达到收益递减，因为万无一失的机制并不存在。在此期间，对于工程师和用户来说，明智的做法是将就着使用标准且初级的二毛五分机，因为仅仅为了避免可以忽略不计的违规行为而加大投入是不划算的。

设计者、建造者、拥有者——简而言之就是使用者——的共有意图所构成的外部环境，才是让这个装置成为"25 美分检测器"，而非"仿币检测器"或者"25 美分**或**仿币检测器"的唯一因素。只有在关乎使用者及其意图的语境中，我们才能把出现状态 Q 的某些情形认定为"如实的"，而把其他情形认定为"出错的"。正是相对于这个关乎意图的语境，我们当初才能把这个装置叫作两毛五分机。

我认为，我目前所说的东西是能让福多尔、普特南、塞尔、克里普克、伯奇和德雷斯基都点头赞同的：这类制造品就是这么回事儿；这就是一个关于**派生的**意向性的教科书式案例，没有藏着掖着。这样的制造品完全没有任何**内在的**意向性。因此，承认下面这件事不会让任何人陷入尴尬：一台从美国工厂直接生产的、印有"A 型两毛五分机"字样的两毛五分机，可能会被安装在巴拿马的一台软饮料机上，在那里，它继续干自己的本行，充当 25 分巴波亚的验收设备。25 分巴波亚是巴拿马的法定货币，在设计上和所印字样上很容易跟 25 美分区别开来，但二者在重量、厚度、直径和材质上则不那么容易区分。[这可不是我瞎编的。告诉我相关信息的是一位杰出权威——飞鹰稀有钱币商店的阿尔伯特·埃勒（Albert Erler）——1966 年至 1984 年铸造的巴拿马 25 分硬币与 25 美分硬币是标准自动售货机无法区分的。这不足为奇，因为它们是用美国铸币厂的 25 美分存料铸造出来的。此外，虽然严格说来与本事例无关，但为了满足你们的好奇心，得加上一句题外话：我最后一次查汇率的时候，25 分巴波亚确实是兑换 25 美分。]

这样一台被丢在巴拿马的两毛五分机，只要被投入 25 美分、K 类物品或巴拿马的 25 分巴波亚，就还是会正常进入特定的物理状态——这种状态具有我们先前用来识别状态 Q 的物理特征；但现在被算作错误的就是另一组情形了。在这个新环境中，25 美分成了仿币，成了引发差错、感知错误、表征错误的东西，就像 K 类物品一样。毕竟要是回到美国，巴拿马的 25 分巴波亚也会是一种仿币。

一旦我们的两毛五分机在巴拿马安家落户，我们该不该说我们之前称作 Q 的那种状态仍然会出现呢？这台装置"接收"硬币时所处的物理状态仍然会出现，可我们现在该不该认定它"实现"了一种新的状态呢？我们应该改口称之为 QB 吗？在什么节点上，我们才有资格说，两毛五分机的这种物理状态的意义，或者说功能，已经发生了变化呢？好吧，关于我们应该说什么，我们有着相当大的自由度——如果不是无聊度的话，因为两毛五分机毕竟只是一个制造品；谈论它的感知和感知错误，谈论它的"如实"状态和"非如实"状态——简言之，谈论它的意向性——"不过是比喻的说法"。两毛五分机的内部状态（随你怎么称呼）并不**真正地**（原初地、内在地）意指"现在这个是 25 美分"或者"现在这个是巴拿马的 25 分巴波亚"。它并不**真的**意指什么。这就是福多尔、普特南、塞尔、克里普克、伯奇和德雷斯基（之流）会坚持的看法。

两毛五分机最初是被设计用来检测 25 美分的。这是它的"专有功能"（proper function）（Millikan, 1984），也是它不折不扣的存在理由。要是人们没有这个目的，那他们就不会去造这样的装置。这件历史事实就准许我们采用以下说法：我们可以把这个东西叫作两毛五分机，它的功能是检测 25 美分，所以**相对于**这个功能，我们既可以辨认出它的"如实"状态，也可以辨认出它的差错。

这并不妨碍两毛五分机被从它原初的生态位上抽离出来，被迫（扩展适应）开展新的服务——服务于相关物理定律所允许、相关境况所偏好的任何新目的。它可以被用作 K 检测器，或者仿币检测器、25 分巴波亚检测器、门挡或致命武器。当它进入了新角色，短期内可能会存在含混性和不确定性。某件东西必须积攒多长时间的运行记录，才会不再是一个两毛五分机，而是一个 25 分巴波亚检测器（我们或许可以把它叫作"分巴器"）？在作为两毛五分机尽职尽责地服务了十年后，它作为分巴器首次亮相了，那么当它面对一枚 25 分巴波亚时，它所进入的那个状态，是对一枚 25 分巴波亚的如实探知，还是一种念昔怀旧的习惯性差错，错把 25 分巴波亚当作 25 美分收下了呢？

上面这段话把两毛五分机描述得像我们一样拥有对于过往经历的记忆，这样过于简单的想法固然荒唐可笑，但我们真就可以朝着为它赋予记忆的方向迈出第一步。假设它有一个计数器，每当它进入接收状态时都会计数，在服务十年后，计数器的数值为 1 435 792。假设它被送去巴拿马时，计数器没有被归零，所以当它转业并初次接收一枚 25 分巴波亚后，它的读数就是 1 435 793。这是不是就让天平朝着"它还没有切换到识别 25 分巴波亚的任务中"这一边倾斜了呢？（我们还可以再加进去各种复杂条件和变量，如果这可能会影响我们对于这件事的直觉认识的话。可这会有影响吗？）

有件事很清楚：仅就狭义上的两毛五分机自身（及其内部运行）来看，它身上绝对没有任何**内在的**东西可以把它与一台真正的、受巴拿马政府委托制造的分巴器区分开来。当然了，它是不是**因为**具有检测 25 分巴波亚的能力而**被选中**，这件事还是要紧的（与 Millikan, 1984 的观点一致）。如果它就是因为这种能力而被（它的新主人、在最简单的情况下）选中的，那么即使新主人忘了重置计数器，它在初次运行时也会如实接收 25 分巴波亚。"这东西管用！"它的新主人可能会高兴地大叫。另一方面，如果这台两毛五分机是被误送到巴拿马的，或者机缘巧合就到了那里，那么它的初次运行就毫无意义了，尽管它可能很快就受到周边人们的赏识，因为它能分辨出 25 分巴波亚和当地的仿币。在这种情况下，它可能会名副其实地作为一个分巴器发挥功能，虽然这个途径并不太正规。顺带一提，我们现在已经为塞尔的观点出了个难题，他认为只有制造品才可以具有功能，而这些功能又是制造品的创造者们凭借其非常特殊的精神创造行为而赋予它们的。两毛五分机的最初设计者们可能完全没有想到，它后来会有机会被加以扩展适应、产生新的用途，这与他们的意图毫不相关。而后来的选择者们也可能没有**制定**任何特定的意图——他们可能只是习惯性地依靠两毛五分机来实现某种便捷功能，没有察觉到他们正连带着实施一种无意识的扩展适应。回想一下，在《物种起源》一书中，达尔文就已经提醒大家注意，人们会无意识地对家养动物的性状进行选择；毫不夸张地讲，人们也会无意识地对制造品的性状进行选择；这可以说是相当常见的事情。

可以推测，福多尔一伙人不会反对这样处置制造品，因为他们主张制造品没有一丁点儿真正的意向性，但他们也可能会开始感到担忧，因为我已经设法把他们引到了涂满黄油、滑不溜丢的斜坡上。现在，让我们来思考一个恰好类似的案例，即青蛙眼睛都告诉了青蛙大脑些什么。莱特文、马图拉纳、麦卡洛克和皮茨的经典文章（Lettvin, Maturana, McCulloch, Pitts, 1959）——这又是无线电工程师学会的一篇杰作——表明，青蛙的视觉系统对视网膜上的移动小黑点很敏感，这些小黑点几乎在所有自然情况下都是附近飞过的苍蝇所投下的微小阴影。这台"苍蝇检测器"的机械结构恰如其分地与青蛙一触即发的舌头连接在一起，这就很方便地说明了青蛙如何在残酷的世界上养活自己，进而推动自己物种的繁衍。现在的问题是，青蛙眼睛**究竟**告诉了青蛙大脑些什么呢？是告诉它"外面有一只苍蝇"，告诉它"有一只苍蝇或一个'仿币'（某种假苍蝇）"，还是告诉它"有一个 F 类的东西（任何一种能够确保触发这个视觉小器具的东西）"？作为达尔文式的意义理论家，米利肯、伊斯雷尔（Israel）和我都讨论过这个具体问题，对此福多尔瞅准机会就是一顿猛批，以期表明在他看来针对这类意义的任何演化解释究竟错在哪里：这帮人讲得太不确定了。他们没能做到他们应该做的事，没能区分"现在这个是苍蝇""现在这个是苍蝇或黑色小投影"等不同的蛙眼报告。但这一点批得不对。我们可以利用这只青蛙的选择环境（在我们能确定该环境的情况下）来区分各种不同的候选报告类型。要做到这一点，我们所采取的思路跟我们在处理两毛五分机状态的意义问题时（在它们值得处理的情况下）所采取的思路一模一样。而且，既然我们很难知晓选择环境的状况，我们也就没有事实上的依据来确定蛙眼报告**真正**意指的东西。为了生动清楚地说明这一点，可以把这只青蛙送去巴拿马——或者说得更准确些，把它送到一个新的选择环境中去。

假设有一种青蛙会捕食苍蝇，而且已经濒临灭绝，科学家们收集了这类青蛙的一个小种群，把它们放入一个新环境中加以看护——一个特殊的青蛙动物园出现了，里面虽然一只苍蝇也没有，但在动物园管理员们的安排下，定期会有食物颗粒射向他们所照管的青蛙身边。管理员们欣喜地发现这招很是奏效；青蛙们靠着一手"飞舌捕粒"茁壮成长、繁衍生息。一段时间后，出现了一群生来就没见过苍蝇的青蛙后代，它们只见过小颗粒。**它们的**眼睛告诉了**它们的**大脑些什么呢？如果你坚持要说其中的意义没有发生变化，那你可就要身陷窘境了，因为这只不过是用人工手段加持下的明确事例呈现了自然选择中时时刻刻都在发生的事情：扩展适应。正如达尔文小心翼翼提醒我们的那样，大自然母亲的成功秘诀之一，就是通过对既有机制的复用来达成新的目的。有人可能还想听更进一步的说理，所以为了把这一点给讲到位，我们还可以假设这些圈养的青蛙并非都表现得一样出色，而这是因为它们眼睛的颗粒探测能力存在变异，有些青蛙不像其他青蛙那样热衷于进食，所以留下的后代也更少。毋庸置疑，针对颗粒探测能力的选择在短时间内就会出现，但要是去问相关现象具体要发生多少次，这种选择才"算是"出现，那这就是一个错误的问法。

除非不同青蛙的眼睛在触发条件上有"无意义的"或"不确定的"变异，否则针对**新**目的的选择就没有原料（盲目的变异）可用。

在对意义演化的达尔文式解释中，被福多尔（等人）视为缺陷的那种不确定性，实际上却是一切这类演化的先决条件。认为青蛙眼睛所传达的真正意义必定是**某个确定的东西**——某个可能无法知晓的蛙语命题，它**确切地**表达了青蛙眼睛正在告诉青蛙大脑的东西——这种想法不过是把本质主义应用到了意义（或功能）问题上而已。意义不是一诞生就确定的东西，意义直接依赖的功能也是一样。意义并不产生于骤变或特创，而是产生于境况的改变（通常是渐变）。

现在我们已经做好了准备，可以处理对这些哲学家来说真正重要的那种情况：当我们把一个人从一个环境挪到另一个环境时，会发生什么？这就是希拉里·普特南（Putnam, 1975）广为人知的思想实验——孪生地球。我实在不愿深究其中的细节，但我知道，只有把一切都讲得清清楚楚，只有把所有出口都堵死，才有希望说服那些拥戴原初意向性的人。好了，辩白的话已说完，下面让我们开始。有前面关于两毛五分机问题和青蛙问题的介绍作为铺垫，我们可以明确看出孪生地球思想实验那无可否认的修辞力量的依据何在。让我们假设，孪生地球是一颗跟地球几乎一模一样的行星，只不过孪生地球上面没有马。那里有一些看上去像马的动物，孪生波士顿和孪生纽约的居民们管它们叫"horses"，孪生巴黎的居民们则管它们叫"chevaux"，等等——孪生地球跟地球就是这么像。但孪生地球上的这些动物并不是马，它们是某种别的东西。如果你愿意的话，可以把它们叫作犸（schmorse）*，你还可以假设它们是一种伪哺乳动物，一种长着毛的爬行动物或别的什么东西——这就是哲学，你得编造出你觉得自己需要的任何细节，好让你的思想实验"奏效"。戏剧性的一

---

* 原文中的"schmorse"一词由表示轻蔑、嘲笑含义的词缀"schm-"和"horse"（马）拼合而成。这里沿用中译本《直觉泵》中对该词的译法。——译者注

幕就要来了。一天晚上，你睡得正香，却被人一下子弄去了孪生地球。（在发生这个重大变故的整个过程中，你必须是睡着的，因为这确保了你对发生在自己身上的事情一无所知——确保了你现在跟之前在地球上时"处在相同的状态"。）当你醒来的时候，你向窗外望去，看到一头狋飞驰而过。"看哪，一匹马！"你说道（不论你是嗓音洪亮还是自言自语，都无所谓）。为了让情况简单一点，我们假设双双（Twining）——你身边的一个孪生地球人——在看到这头狋飞驰而过的同时，嘴里也发出了和你一样的声音。这就是普特南等人所坚持的看法：双双所说所想的是某件**真实的**事情——有一头狋刚刚跑了过去。而你，仍是一个地球人，所说所想的是某件**虚假的**事情——有一匹马刚刚跑了过去。然而，（像原住民一样）把"狋"叫作"马"的你需要在孪生地球上生活多久，才能让你的**心灵状态**（或者你眼睛告诉你大脑的东西）成为**关于狋的真相**，而不再是关于马的谬误？（关涉性和意向性什么时候会跳跃到新的位置上？——这些理论家要的就是这一骤变。）你会不会有实现这个转变的一天呢？你会不会以某种方式实现了转变，可自己却不知道呢？毕竟，那台两毛五分机永远都不会知道自己内部状态的意义发生了变化。

我想，你可能会倾向于认为自己跟青蛙还有两毛五分机是迥然不同的存在。你似乎具有内在的或原初的意向性，而且这种非凡的属性具有一定的惯性：你的大脑不可能如此灵活善变，以至于它的旧状态突然间表示了全新的意思。相比之下，青蛙就没有太多记忆，两毛五分机则完全没有记忆。**你用"马"这个词所意指的东西**（你关于"一匹马"的私人精神概念），接近于**我们地球人喜欢骑的那些马类牲畜中的一个**。它是一个绰号，你对于马术表演和牛仔电影的所有记忆把它锚定在了你的心灵中。我们姑且赞同，你用自己关于马的概念所指称的那种东西被这个记忆矩阵**固定了下来**。依据假设，狋并不是**那种**

牲畜；它们根本不属于那个物种，它们只是恰好让你无法把它们与马区分开来而已。所以，按照这个思路，每当你在感知上或反思中对犸进行了（错误的）归类，你就无意中出了差错（"昨天从我窗前飞驰而过的那匹马可真棒啊！"）。

不过我们还可以换一种方式来思考这个例子。我们没必要一开始就假设你关于马的概念是一个不宽松的概念，其实它可以像你关于桌子的概念一样宽松。（你可以试着讲一个关于孪生地球的故事，指出孪生地球上的桌子并不**真的**是桌子，它们只不过看起来像桌子，而且被当作桌子用罢了。这个故事说不通，对吧？）虽然马和犸可能并不属于同一个物种，但如果你跟大多数地球人一样没有清晰的物种概念，全凭外表来进行归类——**看起来像"斗士"*的生物**——那会怎样呢？马和犸都属于这一类东西，所以当你把一头孪生地球牲畜叫作马的时候，你仍是**正确的**。按照你用"马"这个词所表达的意思，犸**就是马**——它是一种存在于地球之外的马，但仍然是马。存在于地球之外的桌子也还是桌子。显然，你**可以**持有这种关于马的宽松概念，你也可以持有更严格的概念，规定犸不是马，它跟马不属于同一个地球物种。两种情况都是可能的。现在的问题是：你（在行动之前）是不是一定**确定了**关于马的概念是意指马这个特定物种，还是指更宽泛的类别呢？有可能是确定的，比方说你是个饱读生物学著作的人，但我们目前还是要假设你不是这样的人。这样一来，你的概念——"马"对你来说**实际上意指**的东西——就会跟那只青蛙关于**苍蝇**的概念（或者这一直以来都是关于**小的、在空中的可食用物体**的概念？）承受同样的不确定性。

找一个更现实点儿的例子，一件能发生在地球上的事，或许有助

---

* 斗士（Man-o-War, 1917—1947）是一匹广受赞誉的美国纯种赛马。——译者注

于说明问题。有人告诉过我，曾经存在这样的情况：暹罗人有一个用来表示"猫"（cat）的词，但他们却从来没有见过、想象过暹罗猫以外的猫。让我们假设，他们用的词是"喵"（kat）——实际细节并不重要，这个传说是真是假也不重要。只要它可能是真的就行。当暹罗人发现有其他品种存在时，他们就碰到了一个难题：他们那个词的意思是"猫"还是"暹罗猫"呢？他们所发现的事情，是世界上存在着样貌各异、种类不同的喵，还是喵和那些其他生物都属于同一个超级群体呢？他们那个传统术语是一个物种的名称，还是一个品种的名称呢？如果他们没有可以做出这种区分的生物学理论，又怎么可能闹出这些问题呢？（好吧，他们可能会发觉外观上的独特之处对他们来说真的非常重要——"那东西光看起来就不像是喵，所以它不是喵！"而你则可能会发现，无独有偶，你自己也很抗拒关于设得兰矮种马是马的说法。）

当一个暹罗人看到一只（非暹罗）猫走过，他心想："瞧啊，一只喵！"这是一个差错还是一个简单的真相呢？这个暹罗人也许对于如何回答该问题毫无头绪，但在"这是不是一个差错"的问题上，可能存在确定的事实（我们或许永远无法发现它，但它仍是一个事实）吗？毕竟同样的事情也可能发生在你身上：想象一下，一天有位生物学家告诉你，郊狼其实是狗——它们都是同一个物种的成员。你可能会发现自己正在纳闷：生物学家关于狗的概念是否和你的一样？你在何种程度上认可"狗"是一个物种概念，而非家犬这个庞大亚种的名称呢？你内心深处的声音是否响亮地告诉你，你已经"根据定义"排除了郊狼是狗这个假说呢？你在内心深处是否默许你的概念自始至终都对这一所谓的新发现保持开放包容的态度呢？或者你会不会觉得，某件事之前之所以没敲定，是因为它之前没出现过，既然相关议题已经被提出来了，你就必须以这样或那样的方式来妥善安排这件事？

这种来自不确定性的威胁，破坏了普特南思想实验中蕴含的论点。为了维护自己的观点，普特南试图堵上这个缺口，他宣称我们的各种概念——不论我们是否意识到了它们——涉及的是**自然类**。但哪些种类是自然的呢？品种就跟物种一样自然，而物种则跟属以及更高的类别一样自然。我们已经看到，在青蛙的精神状态和两毛五分机的内部状态 Q（或 QB）的问题上，关于二者意义的本质主义观点烟消云散了；在我们看来，它是必定要烟消云散的。假如那些青蛙是在野外遇上了颗粒，它们**照样会**十分自如地"飞舌捕粒"，所以它肯定没有配备什么可以专门**针对**颗粒的东西。在某种意义上，"**苍蝇或颗粒**"对青蛙来说是一个自然类；它们**自然地**无法区别对待二者。在另一种意义上，"**苍蝇或颗粒**"对青蛙来说又不是一个自然类；它们的自然环境从来都没有让这种归类方式跟它们有过什么瓜葛。这跟你的情况一模一样。如果犸被偷偷带到地球，你也一样会十分自如地把它们叫作"马"。如果事先敲定你用的这个术语的意思是指物种，而不是指样貌，那你这么说就是错的；可如果事先没有敲定，那就根本没有理由说你的归类是错的，因为马与犸的区分之前压根就没出现过。跟青蛙和两毛五分机的情况一样，你的各种内部状态的意义来自它们的功能角色，而在功能无法给出答案的地方，也就没有什么可追究的东西了。

如果我们戴上一副达尔文式眼镜来阅读孪生地球的故事，那么它就会证明属于人类的意义是派生的，就像属于两毛五分机和青蛙的意义是派生的一样。虽然孪生地球思想实验的用意并不在于表明这一点，但任何尝试阻拦这种阐释的做法，都会不得不预设种种神秘的、无缘无故的本质主义学说，不得不硬说关于意义的有些事实尽管完全是惰性的、无法发现的，但照样是事实。鉴于有些哲学家甘愿吞下这些苦果，我还得再进一步劝劝他们。

我们的意义就像制造品状态的意义一样依赖于功能，因而一样是派生的，一样有潜在的不确定性——有些哲学家无法容忍这种观念，因为它没能让意义具有正规的**原因作用**（causal role）。我们在前文的一个具体问题中见到过这种观点，它担心心灵仅仅是**效果**，而不是起始的**原因**。如果意义是由支持一定功能作用的选择性力量所确定的，那么在某种含义上，意义似乎就不过是**在回溯中**归结出来的：某个事物的意义并不是它所拥有的一个**内在**属性，自诞生时起就能对世界有所影响；这个事物的意义顶多是一种回溯性加冕，只有对后续效果加以分析才能确保它的存在。这并不完全正确：通过对一台刚刚抵达巴拿马的两毛五分机进行工程学分析，我们就能够说明这台装置就其现有配置而言**擅长**发挥什么样的作用，哪怕它还没有被指派任何具体的用途。我们可以得出以下结论：如果我们把它放在对应的环境中，它的接收状态就**可以**意指"现在这个是 25 分巴波亚"。可如果它被放在别的环境中，那么它的状态当然也可以有很多别的意义，所以在给它确立具体的功能作用之前，它不会意指以上任何东西——而且确立功能作用所需要的时长也是不存在门槛的。

这对有些哲学家来说还不够，他们认为对意义的这番诠释还是不够到位。弗雷德·德雷斯基（Dretske, 1986）把这一观点表述得最为清楚，他坚持认为意义本身一定在我们的精神生活中发挥着一种原因作用，而它在制造品的发展过程中就从不发挥这种作用。这样一来，区分真正意义和制造品意义的企图中就透露出了对天钩的渴望，渴望有某种"原则性的"东西能够阻止意义从某个由许多毫无目的的机械原因形成的多重嵌套结构中涌现出来，但这只是一种有所选择、有所倾向的说法（你肯定有这样的疑虑）。相关议题照例比我所展示的更复杂，*不过我们可以借助一个寓言小故事来强行呈现其中的要点。

---

* 《德雷斯基和其批评者》（McLaughlin, ed., 1991）对此议题大有贡献。

这个寓言小故事是我最近专门设计的，就是为了惹这些哲学家发飙，别说还挺管用。我们先讲寓言，再讲发飙。

2. 两个黑箱 *

　　很久以前，有 A 和 B 两个大黑箱，它们被一根长长的绝缘铜线连在一起。A 箱上有两个按钮，分别标着 α 和 β，B 箱上有三盏灯，分别为红色、绿色和黄色。科学家们前来研究这两个箱子的行为举止，他们发现每当你按下 A 箱上的 α 按钮，B 箱上的红灯就会闪一闪，每当你按下 A 箱上的 β 按钮，绿灯就会闪一闪。那盏黄灯似乎从来都不闪。科学家们在许许多多不同的条件下进行了几十亿次试验，没有发现例外。在他们看来，其中似乎有一种因果规律，他们方便地将其总结如下：

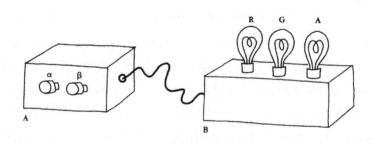

图 14.1

---

* 这个寓言故事起初是即兴发挥的产物，用来回应金在权 1990 年 11 月 29 日在哈佛的演讲，他演讲的题目是"涌现、非还原唯物论和向下的因果关系"（"Emergence, Non-Reductive Materialism, and 'Downward Causation'"）。这个寓言后来在金在权和许多其他哲学家的反驳下出现了演化，对此我很是感激。

　　　　所有的 α 都会触发红灯。

　　　　所有的 β 都会触发绿灯。

　　他们认定，因果关系是以某种方式通过铜线传递的，因为切断铜线就会消除 B 箱中的所有效果，而在不切断铜线的情况下，将两个箱子互相屏蔽起来，则不会破坏这个规律。所以，他们很自然地想知道，他们所发现的因果规律究竟是如何经由导线产生的。他们想，也许按下 α 按钮会让一个低压脉冲沿导线发出，从而触发红灯，而按下 β 按钮则会引发一个高压脉冲，从而触发绿灯。或者说，按下 α 会引发一个单脉冲，触发红灯，按下 β 则会引起一个双脉冲。显然，当你按下 α 按钮时，导线中总会有某件事发生，而当你按下 β 时，导线中则总会有另一件事发生。只要弄清楚这是怎么回事，就能解释他们已经发现的因果规律。

　　对这条导线进行某种窃听，你很快就会发现事情要复杂得多。每当 A 箱上的**任意一个**按钮被按下，就会有一长串的脉冲和间隔［开和关，或者说位（bit）］沿着导线飞快地发送到 B 箱——准确地说，有一万个位。可每次发送出去的位串的样式都是不同的！

　　显然，这些位串具有某种特征或属性，能够在一些情况下触发红灯，而在另一些情况下触发绿灯。这个属性会是什么呢？科学家们决定打开 B 箱，看看位串在抵达 B 箱时都发生了什么。在 B 箱里面，他们发现了一台超级计算机——就是一台寻常的数字式串行超级计算机，它有一个容量很大的存储器，还包含一个巨大的程序和一个巨大的数据库，这些当然都是用更多的位串写成的。当科学家们追踪那些进入计算机的位串对这个计算机程序造成的效果时，他们发现没有任何异常：输入位串总是会以正常方式进入中央处理器，在那里它将引发几十亿次运算，这些运算会在几秒内处理完毕，而最后的结果总是两个输出信号中的一个，即一个1（它会开启红灯）或一个0（它会开启绿灯）。他们发现，在所有情况下，他们都可以毫不困难、毫无争议地解释微观层面的每一步因果关系。没人会怀疑其中是有什么玄奥的原因在起作用；例如，当他们安排反复输入长达万位的相同序列时，B箱中的程序总会产生相同的输出，或红或绿。

但这还是有点令人不解，因为尽管程序给出的输出总是相同的，但它并不总是通过相同的中间步骤来给出相同的输出。事实上，在产生相同的输出之前，它所经过的状态几乎总是不同的。这本身没什么神秘的，因为该程序保存着它所收到的每一次输入的副本，所以当同一个输入第二次、第三次、第一千次到达时，计算机存储器的状态每次都会略有不同。但相应的输出总是相同的；如果在第一次输入一个特定的位串时，亮的是红灯，那么此后同样的位串都会点亮红灯，同样的规律也适用于绿色位串（科学家们已经开始这样称呼它们了）。他们不禁要提出一个假说：所有的位串，要么是红色位串（导致红灯闪烁），要么是绿色位串（导致绿灯闪烁）。但他们当然没有测试过所有可能的位串——而只是测试了A箱发出过的位串。

所以，他们决定要检验他们的假说，具体做法是暂时切断A和B的连接，并且在A向B输出的位串中嵌入各种变异。他们困惑不安地发现，当他们摆弄来自A的位串时，闪烁的就几乎总是**黄灯**！这简直就像是B箱已经察觉到了他们的干预。不过，B箱毫无疑问会十分自如地接受人造版的红色位串并让红灯闪烁，也会十分自如地接受人造版的绿色位串并让绿灯闪烁。只有当红色位串或绿色位串中有一个位——或不止一个位——被改变时，黄灯往往才会亮起（几乎总是会亮起）。在看到一个"被摆弄"的红色位串变成了一个黄色位串后，曾有人脱口而出："你杀死了它！"这引发了一阵揣测：红色位串和绿色位串在某种意义上是**活的**——也许它们分别是雄性和雌性——而黄色位串则是**死的**位串。这个猜想固然诱人，但它并没有什么指导价值，尽管科学家们在进一步的试验中使用了几十亿个带有随机变异的万位位串，并且试验有力地表明真的只有三个位串变种：红色位串、绿色位串和黄色位串——而且黄色位串在数量上要比红色和绿色位串高出许多许多个数量级。几乎所有的位串都是黄色位串。这就让科学家们之前发现的那种规律性更加令人激动，也更加令人费解。

到底是什么让红色位串能开启红灯、绿色位串能开启绿灯呢？当然，这个问题在每个具体情况中并没有什么神秘可言。科学家们可以经由 B 箱中的超级计算机来追踪每一个具体位串的因果作用，看到不同情况下的具体位串分别点亮了属于它的红灯、绿灯或黄灯，其中弥漫着令人愉快的决定论气息。然而，当他们想通过对一个新位串进行单纯的检查（不"手动模拟"它在 B 箱上造成的效果）来预测它会引发三种效果中的哪一种时，却找不到可行的方法。他们从经验数据中得知，任何一个新位串都有很大概率是黄色位串——除非已知这是一个 A 箱发出过的位串，在这种情况下它是红色**或**绿色的比率就要大于十亿比一，但究竟是红是绿，如果不用 B 箱跑一遍，那也没人能知道。

虽然已经在研究上投入了大量的才华和经费，但科学家们发现自己还是完全无法预测一个位串究竟是红色、绿色还是黄色，因此有些理论家就不禁要把这些属性称作"**涌现属性**"（*emergent* property）。他们的意思是说，单靠分析这些位串自身的微观属性，这些颜色属性（在他们看来）**在原则上是不可预测的**。但又好像根本不是这么回事，因为每个具体的情况都是可以预测的，就像一个确定程序的任何确定输入是可以预测的一样。无论如何，不管红色、绿色和黄色这些属性是在原则上不可预测，还是仅仅在实践上不可预测，它们都肯定是令人讶异的神秘属性。

也许解开奥秘的方法就藏在 A 箱里。科学家们打开 A 箱,发现了另一台超级计算机——它的品牌型号有所不同,运行着另一个巨大的程序,但同样是一台平平无奇的数字计算机。科学家们很快就认定,每当你按下 α 按钮时,就以一种方式发动了程序,即向中央处理器发送了一个代码(11111111),而每当你按下 β 按钮时,就向中央处理器发送了另一个代码(00000000),启动了另一组多达几十亿次的运算。他们发现,计算机里有一个内部"时钟",每秒都会走几百万下,每当你按下一个按钮,计算机所做的第一件事就是从时钟中获取"时间"(如 101101010101010111),并将其分解成多个串,然后再用这些串来决定调用哪些子程序、以什么顺序调用这些程序,并决定先从它存储器的哪个部分入手来准备将要沿导线送出的位串。

科学家们这时可以知道,事实上正是对时钟的参照(这堪比随机)确保了同样的位串不会被发出两次。不过尽管有这种随机性,或者说伪随机性,每当你按下 α 按钮,计算机调制出来的位串最终仍会是红色位串,每当你按下 β 按钮,最终发出的位串仍会是绿色位串。实际上,科学家们确实发现了一些异常情况:在大约十亿分之一的试验中,按下 α 按钮会导致发出绿色位串,或者按下 β 按钮会导致发出红色位串。这种完美中的瑕疵只会激起科学家们解释这种规律性的兴趣。

后来有一天,制造出这两个箱子的两位人工智能高手来了,他们解释了这一切。(如果你想自己弄清其中奥秘,就别往下读了)。建造 A 箱的阿尔(Al),多年来一直在开发一个"专家系统"和一个推理机(inference engine),前者是一个关于天下万物的"真命题"组成的数据库,后者则能从组成该数据库的众多公理中推论出进一步的意涵。这个数据库里有职业棒球大联盟的统计数据、气象记录、生物分类学知识、世界各国的历史，以及大量细枝末节的事情。布（Bo）是打造了 B 箱的瑞典人，他在同一时期一直都在为他自己的专家系统研制一个可以匹敌阿尔数据库的"世界知识"数据库。这些年来，他们都在给各自的数据库尽可能多地填充"真理"。[*]

但随着岁月的流逝，他们都已经厌倦了专家系统，都认为这种技术的实际前景被大大高估了。这些系统其实并不擅长解决有趣的难题，也不擅长"思考"或者"为难题找到创造性的解决方案"。它们所擅长的——这多亏了它们的推理机——就是大批大批地生成（用它们各自语言写成的）真话，以及检测被输入的（用它们各自语言写成的）那些话的真假——当然了，是相对于它们的"知识"而言的真假。于是，阿尔和布凑在一起，想到了怎么能让他们白费力气弄出来的成果派上用场。他们决定制造一个哲学玩具。他们选定了一种通用语来在他们的两个表达系统之间实现对译（实际上就是选了英语，用标准 ASCII 码，也就是电子邮件的编码来发送），并用一根导线把两台机器连了起来。每当你按下 A 箱的 α 按钮，就会指示 A 随机（或者说伪随机）选择一个它的"信念"（要么是它储存的公理，要么是由这些公理生成的意涵），把它翻译成英语（在计算机里，ASCII 中已有英文字母），在这句话后面加上足够多的随机位，使得总位数达

---

[*] 关于这类项目在现实世界中的例子，可以参见道格拉斯·莱纳特（Douglas Lenat）在 MCC（"微电子与计算机技术公司"或"微电子与计算机联盟"的缩写——译者注）的巨大 CYC（"百科全书"的简称）项目（Lenat and Guha, 1990）。该项目想要把一部百科全书中的数百万个事实（再加上另外几百万个尽人皆知的事实，这些事实没必要放进百科全书——比如高山比鼹丘大，烤面包机不会飞）进行手工编码，然后附上一个推理机，这个推理机可以进行更新、维护一致性、推论出惊人的意涵以及为世界知识库提供一般性服务。关于另一种完全不同的人工智能进路，可以考察一下罗德尼·布鲁克斯（Rodney Brooks）和林恩·斯坦恩（Lynn Stein）的人型机器人项目（Dennett, 1994c）。

到一万，然后把最后得出的位串发给 B，而 B 则会把这个输入翻译为它自己的语言（即瑞典语的 Lisp），比照它自己的"信念"来对其加以检验。由于这两个数据库都是由真理组成的，而且还是大致相同的真理，所以靠着它们的推理机，每当 A 向 B 发送某个 A"相信"的东西时，B 也会"相信"这个东西，并通过触发红灯加以示意。每当 A 给 B 发来一句 A 所认为的假话时，B 就会通过触发绿灯来宣布它判定这确实是假话。

每当有人改动了传输内容，就几乎总会导致一串不合规范的英语句子（B 对"排字"错误是绝对零容忍的）。B 对这些输入的反应就是触发黄灯。每当有人随机选择一个位串时，这个位串就有极大概率不是用英语 ASCII 写成的、合乎规范的真话或假话；因此，黄色位串就占了其中绝大多数。

所以，阿尔和布指出，**红色**这个涌现属性其实是作为一句英语真话的属性，而**绿色**是作为一句英语假话的属性。顷刻间，困扰科学家们多年的问题就变成了儿童游戏。任何人都可以撰写穷极乏味的红色位串——比如，写下表示"房子比花生大"、"鲸不会飞"或者"3乘4比2乘7少2"的 ASCII 码。假如你想要一个绿色位串，可以试试"9 小于 8"或者"纽约是西班牙的首都"。

哲学家们很快就整出了一些花活，比如发现了前 100 次被发给 B 的时候是红色，但此后就是绿色的位串（例如，表示"这句话发给你评估的次数还不到 101 次"的 ASCII）。

但是，有些哲学家说，**红色**和**绿色**的位串属性并不真的就是**用英语表达的真理和用英语表达的虚假**。毕竟，有些用英语表达的真理，其 ASCII 表述长达数百万位。此外，尽管阿尔和布已经尽了力，但他们插入自己程序里面的并不全是**事实**。有些东西在他们开发数据库的时候还被当作常识，可后来就被证伪了。诸如此类。有很多理由可以表明，关于**红色**的位串属性——因果属性——确切来说并不是用**英语表达的真理**的属性。所以，或许关于**红色**的更好定义可能是：关于**B 箱**（它的"信念"几乎都是真的）"相信"为真的某个东西的、用英语 ASCII 写成的、相对较短的表达。有些人满意这个定义，但另一些人则会挑刺，他们出于各种理由，坚持认为这个定义是不确切的，或者存在着若非情况特殊否则就不能加以排除的反例，等等。但正如阿尔和布所指出的，已经找不到更好的办法来描述这种属性了，况且这些科学家心向往之的不就是这样的解释吗？关于红色和绿色位串的奥秘现在不是已经完全解开了吗？此外，既然奥秘已然得解，人们难道看不出，要是不使用**某些**语义的（或心灵主义的）术语，就根本无望解释我们在故事开篇所讲的那种**因果规律**吗？

有些哲学家认为，对于导线内发生之事的规律性的这番新描述，虽然可以用来预测 B 箱的行为，但这就不再是**一种因果性的**规律了。真和假（或者我们刚才思考过的任何一个二者的替代物）是语义属性，其本身完全是抽象的，因此不可能导致（cause）任何事情。有人会反驳说这是"一派胡言"。按下 α 按钮会导致红灯亮起，这就像转动钥匙点火会导致汽车启动一样确定无疑。假如事实证明，沿着导线发送的只是高压与低压，或者单脉冲和双脉冲，那么大家都会赞同这是一个典型的因果系统。尽管这个系统最终被证明是一台鲁布·戈德堡机械，但这并不表明 α 与闪烁红光之间联系的可靠性就不那么"因果"了。相反，在每个单独的案例中，科学家们都能准确地探寻出可以解释最后结果的微观因果路径。*

另外一些哲学家服膺于这一推理思路，开始认为这表明红色、绿

---

* 有些人认为，我在 Dennett, 1991 中对"pattern"的解释是关于内容的**副现象论**。这里的话就是我的回应。

色、黄色这些属性根本不是**真正的**语义属性或心灵主义属性，而只是仿冒的语义属性，是**似是而非**的语义属性。红色和绿色其实是非常非常复杂的**句法**属性。然而，这些哲学家拒绝进一步说明这些句法属性究竟是什么，拒绝解释为何即便是幼儿也能够迅速、可靠地生产或辨认这些句法属性的实例。即便如此，这些哲学家还是确信，**必定存**在某种对于规律性的纯句法描述，因为这里所探讨的因果系统终归"只"是计算机，而计算机"只"是句法引擎，不能够有任何真正的语义性。

"我觉得吧，"阿尔和布反驳道，"假如你们发现**我们**就在我们的黑匣子里面，按照同样的方案捉弄你们，那么你们就会有所让步，同意操作式的因果属性才是如假包换的真相（总之被相信是真相）。你们能为自己所做的这种区分提出什么好的理由吗？"这致使一些人宣称，在某种重要的意义上，阿尔和布一直都在箱子里，因为是他们创造了各自的数据库，而且是作为他们自己信念的模型而创造的。这也致使另一些人否认这世界上真的存在任何语义的或心灵主义的属性。内容已经**被消灭了**，他们如是说。这场争论持续了多年，但我们开头提到的奥秘已经解开了。

3. 堵上出口

故事到这里就结束了。然而经验教导我们，一个思想实验不论被陈述得多么清楚明白，都照样会有哲学家对它进行错误的阐释。为了防止有些最迷人的错误阐释出现，我也就顾不得雅致了，我要提醒大家注意一些关键细节，并说明它们在这个直觉泵中所起到的作用。

（1）A 箱和 B 箱里面的装置其实就是自动化的百科全书——连"会走路的百科全书"都不是，只是"盛着真理的箱子"而已。这个故事丝毫没有预设或暗示这些装置是有意识的东西、**会思考的东西**乃至**行动者**，除非你采取的是某种最低限度的理解，把温度自动调节器也算作行动者。它们完全就是枯燥无趣的意向系统，被严格地设定成只去满足一个单一而简单的目标。它们含有大量的真命题，以及生成更多真理所必需的推理机器，并比照现有的数据库来检验候选命题，从而把"真理"检测出来。*

由于两个系统是分别独立创建的，所以按理说它们所包含的真理（实际上，或者说几乎）不可能**全然**相同，但为了让这个恶作剧像我在故事中所讲的那样奏效，我们就必须假设二者有很大的重叠，这样 A 箱生成的真理不被 B 箱所承认的可能性就小得很了。我认为，有两方面的考虑让这一假设变得可信：（a）虽然阿尔和布可能分别生活在不同的国家、使用不同的母语，但他们**居住在同一个世界里**，而且（b）尽管关于那个世界（我们的世界）的真命题为数甚巨，但阿尔和布着手创建的都是**有用的**数据库——人类的一切目的，除了最为稀奇古怪的那些，都能在其中找到相关的信息——这将确保两个独立创建的系统之间有高度的重叠。虽然阿尔可能知道，在他二十岁生日那天的中午，他的左脚离北极比离南极更近，而且布也不曾忘记，他的第一个法语老师名叫杜邦，但是他们二位都不会想要把这些真理放进自己的数据库。但是，如果你疑心单凭他们二位都打算创建一个在国际上

---

* 由于它们只是盛着真理的箱子，所以它们的存在并不会佐证"心语"（language of thought）假说（Fodor, 1975）。我假设世界上的知识以一种准语言的形式被储存，只是为了便于讲述故事（同样的理由也打动了大多数认知科学领域的研究者，他们采纳心语假说也只是图个方便！）。

都有用的百科全书这一点，能否确保他们各自的数据库之间存在如此高的相合度，那么就只需再添加一个不怎么雅致的细节，一个方便的事实，即在多年的钻研中，他们二人经常就需要涉及的话题交换意见。

（2）为什么不干脆把故事中的角色设定为阿尔和鲍勃（阿尔的一个美国同胞）呢？或者，为什么不干脆在 B 箱里面放一个阿尔系统的复制品呢？因为我故事的本质（哎哟！）就在于，任何简单的**句法**匹配关系都无法解释其中的规律性。这就是为什么布的系统是用瑞典语 Lisp 写成的——因为不想让人发现下面这一点：A 箱的"句子生成"任务和 B 箱的"句子翻译和真理检验"任务，二者各自参照的数据结构之间有着种种更为底层的**语义**共性。我们的想法是创造两个系统，它们要在前述的外部行为中展现出迷人的规律性，但它们的内部却要尽可能地不同，这就使得**只有**一件事才能解释这种规律性，那就是它们各自的内部结构都是对**一个共同世界的**系统表征。

（3）我们可以停下问一问，两个这样的系统是否真的这样难以捉摸，连想对它们实施逆向工程都不行。无论答案是什么，回答之前都要斟酌再三，因为如今的密码学已经步入了精深高妙、神秘莫测的境界。我不知道有没有人能给出有力的论证，直接或间接表明确实存在着无法破解的加密方案。但是，撇开加密问题不谈，计算机高手们都心知肚明的一点是，编程过程中被置于"源代码"中的便捷评注或者其他标识，都会在源代码被"编译"时消失，只留下一团**几乎**不可能破译的机器指令。"反编译"在实践上有时是可能的（它在原则上总是可能的吗？），不过这肯定不会恢复之前的评注，而只是在更高级的语言中让相关结构凸显出来。在故事中，我假设科学家们在反编译程序和破译数据库方面的努力注定会徒劳无功，如果需要的话，我们还可以通过预设加密技术的状况来强化这一假设。

可能会让我们感到匪夷所思的一点是，在故事里，科学家们居然没有想到可以用 ASCII 来试着翻译一下经过导线的位流。他们咋可能这么不开窍呢？问得有理：那就把这全套小器具（A 箱、B 箱还有连接导线）送到"火星"上去，让那边的外星人科学家试着弄清其中的规律性是怎么回事，他们就会像我们一样看到 α 按钮导致红灯闪烁，β 按钮导致绿灯闪烁，随机位串导致黄灯闪烁，但他们根本不会想到什么 ASCII。对他们来说，这个来自外太空的礼物将会展现出一种全然神秘的规律性，所有分析性的探查手段都无能为力，**除非他们**碰巧想到，每个箱子里都各有一套**对一个世界的描述**，而且这二者描述的还是**同一个世界**。每个箱子都承载着针对同一批事物的、各式各样的语义关系，而这正是那种规律性的基础，尽管这些关系是用不同的"术语体系"来表达的，而且是以不同的方式加以公理化的。

我曾经在连接机的发明者丹尼·希利斯身上试过这个思想实验，当时他马上就想出了一个密码学的"解法"来处理这个谜题，并且认为我的解法可以看作他解法的一种有益的特殊情况。"阿尔和布是在把**世界**当作'一次性密码本'来用！"——"一次性密码本"是对一种标准加密技术的贴切形容。要想明白他说的意思，你可以想象一个相关的变体。你和你最好的朋友马上就要被敌对势力俘获，对方可能懂英语，却对你们的世界不甚了解。你们两人都懂莫尔斯电码，于是就灵机一动想到了以下加密方案：要表示"划"，就说一句真话；要表示"点"，就说一句假话。俘房你们的人获准听你们俩说话，你说："鸟会下蛋，蟾蜍会飞。芝加哥是一座城市，我的脚不是锡制的，八月份打棒球。"借此对你朋友刚才所说的话回答了一句"不"

（划-点；划-划-划）。就算俘虏你们的人知道莫尔斯电码，除非他们能确定这些句子的真假，否则也无法查明代表点和划的属性。可以把这个变体加进我们的寓言里来调调味，如下所示。我们要送到火星的，不是装在两个箱子里的计算机系统，而是装在两个箱子里的阿尔和布。如果他们也玩这套莫尔斯电码的恶作剧，那他们就会像之前的计算机一样把火星人整得困惑不已，除非火星人得出结论（这对我们来说显而易见，但我们不是火星人）：箱子里的东西需要在语义层面加以阐释。

这个寓言的主旨很简单。没有任何东西可以代替意向立场；你要么采纳它，找出语义层面的事实来解释相应的模式，要么就会永远止步于显见的规律性——**因果**规律性。我们已经看到，同样的寓意也适用于对演化史中历史事实的阐释。就算你能够对每一头曾经存活过的长颈鹿一生中的每一个因果事实都进行细致入微、无与伦比的描述，要是你不能拔高一两个层次来问问"为什么？"——搜寻大自然母亲所赞成的**理由**——那你就永远无法**解释**显见的规律性，例如长颈鹿的脖子变长这样的事。本章开头引用的杜威的那段话，说的就是这个意思。

值此关头，要是你像许多哲学家一样，那就会被以下说法吸引：这个思想实验之所以会"奏效"，不过是因为 A 箱和 B 箱都是制造品，它们的意向性不过尔尔，完全是派生的、制造出来的。它们存储器中的数据结构间接地参照了（但凡它们有任何参照的话）它们的创造者——阿尔和布——的感觉器官、生活史和目的。制造品中的意义、真理或语义，其真正来源在于这些人类制造者。（所谓阿尔和布在一定意义上就**在**他们各自的箱子里，说的就是这个意思。）既然这样，那我**可以**再换一种方式来讲这个故事：箱子里装的是两个**机器人**，阿尔和布。它们先是花费自己"一生"中颇为漫长的一段时间去满世界地收集事实，然后才钻进它们各自的箱子里。我之前选的是一条更简单的路线，避开了所有关于 A 箱或 B 箱是否"真的在思考"的问题，但我们现在可以回到那些因此被绕过的议题上，因为现在终于是时候彻彻底底地处理一种臆断了。这种臆断认为，没有一位（人类？）制造者的介入，**原初**意向性就不可能在任何制造出来的"心灵"中涌现。我们姑且认为这是真的。换句话说，一边是像 A 箱这样盛着真理的简单箱子，另一边是我们所能想象的最精致的机器人，我们姑且认为由于双方都是制造品，所以不论二者之间可能有多少差别，它们都一概无法拥有真实的——或原初的——意向性，而只能拥有从其创造者那里借来的派生意向性。那么现在，你已经准备好接触另一个思想实验了，该实验正是对以上假设的归谬。

4. 通往未来的安全通道[*]

假设不管出于什么原因，你决定要体验 25 世纪的生活，再假设可以让你的身体活到那时候的唯一已知方法，就是把它放进某种冬眠装置里。我们假设那是一个"冷冻室"，可以将你的体温降到离绝对零度只差几度。在这个冷冻室里，你的身体会在一种超级昏迷状态中停止运行，想休眠多久就休眠多久。你可以做好安排，爬进位于外部支持舱中的冷冻室，陷入睡眠，然后在 2401 年被自动唤醒、释放。当然了，这是一个久负盛名的科幻主题。

设计舱体本身并不是你要面对的唯一工程难题，因为舱体必须在 400 多年的时间里得到保护并取得必要的能源供给（用于制冷等）。

---

[*] 该思想实验的较早版本见于 Dennett, 1987b, ch. 8。

你当然不能指望你的子辈和孙辈们来从事这份管理工作，因为等到2401年他们早就与世长辞了，而要是你觉得你更晚一些的后代（如果有的话）会热心关注你的安危，那就是最失策的。所以你必须设计一个超级系统来保护你的舱体，并为它提供400年所需的能量。

下面是你可能会遵循的两种基本策略。其一，你应该尽可能预计未来的情况，然后物色一个理想的地点，安放一套固定装置，该装置能够取得充分的补给，满足你的舱体（以及这个超级系统本身）持续运转所需的水、阳光和其他资源。这样一套装置或者说"设施"（plant）*的主要缺陷在于，它在面临伤害的时候不能被移走——比如说，有人决定在它所处的位置上建一条高速公路。另一个替代性的策略更复杂也更昂贵，不过规避了上述缺陷：设计一个移动设备来装载你的舱体，再配上必要的传感器和预警装置，让它能够从正在面临的伤害中脱离出来，并根据自己的需求找到新的能量来源和维修材料。简而言之，先打造一个巨型机器人，再把舱体（里面有你）安装进去。

这两种基本策略是从自然界复制来的：它们大致对应于植物和动物的划分。由于后一种更复杂的策略更符合我们的目的，那我们就假设你决定打造一个机器人来装载你的舱体。你在尝试设计这个机器人的时候，当然应该确保它会首先"选择"旨在促进你利益的行动。这些仅仅是你的机器人控制系统中的切换点而已，要是你觉得"选择"点的说法意味着机器人有自由意志或意识的话，那就别这么叫它们了，因为我并不想在思想实验中夹带任何此类违禁品。我的观点无可争议：任何计算机程序的力量都在于它执行**分支**（branching）指

---

* 作者在这里使用的"plant"一词可谓一语双关。一方面是指"设备""机械"，另一方面，正如后文所示，这两种基本策略大致对应"植物"和"动物"的划分。——译者注

令的能力，它会对当下所能获得的数据进行某种检测，据此转向这个或那个路径，而我的观点就在于，当你规划机器人的控制系统时，明智的做法是对它的结构做出特定的安排，让它每次面对分支时机的时候，都会倾向于沿着那条最有可能为**你的**利益服务的道路走下去。毕竟，你才是这整个小器具存在的理由。为特定人类个体的利益而量身设计硬件和软件的这个想法甚至连科幻小说的情节都够不上，尽管你的机器人建造师所面临的具体设计难题将会是十分艰难的工程学挑战，略略超出了当今的技术水平。除了用以知悉自身需求的自我监测能力以外，这个移动实体需要一个"视觉"系统来引导它的运动，此外还需要别的"感觉"系统。

由于你将全程处于昏迷状态，无法保持清醒来指导和规划机器人的各种策略，所以你就必须设计一个机器人超级系统，让它能够针对几百年间的境况变化做出反应、生成自己的计划。它必须"知道"如何"寻找"和"识别"能源，然后对其加以开发，必须"知道"如何移动到更安全的区域，如何"预见"并规避危险。鉴于要做的事情又多又急，你最好能省则省：在已经确定具体构造的前提下，不用为你的机器人赋予太强的分辨力，大概够它辨别它在这个世界上需要辨别的东西就行。

假如你不能指望你的机器人是附近唯一肩负这类使命的机器人，那你的任务难度就会大大增加。让我们假设，在未来的几个世纪里，附近除了来来往往的人类和其他动物，还会有其他机器人，而且是许许多多**不同的**机器人（也许还会有"设施／植物"），来跟你的机器人争夺能源和安全的环境。（这是怎么流行起来的？让我们假设，有无可辩驳的事先证据表明，来自另一个星系的旅行者们将在2401年到达我们的星球。很多人都渴望见见他们，我就是其中一个，假如我唯一的希望就是把自己冷藏起来，那我会心甘情愿地进冷库里待着。）其他机器人代理／行动者（agent）在行动上代表着像你一样的其他主顾，如果你不得不做好跟它们打交道的准备，那么明智的做法就是给你的机器人设计足够复杂的控制系统，让它能够计算与其他机器人合作或组成互利联盟的可能收益和可能风险。如果你觉得其他主顾会沉迷于"和平共存"的规则，那就太不明智了——例如，很可能有一些廉价的"寄生体"机器人，就等着扑向你那台造价高昂的新奇设备，然后对其大肆压榨。面对这些威胁和机遇，你的机器人做出的任何计算都只能是"仓促为之"；没有什么方法能万无一失地区分朋友和敌人、背信者和守信者，所以你就必须把你的机器人设计得像一个棋手，让它成为一个顶着时间压力兵行险招的决策者。

这个设计规划的结果将会是一个展现出高阶自我控制能力的机器人。鉴于你一旦让自己进入睡眠状态，就必须把对具体事项的实时控制权转交给它，所以你将会像给予"海盗号"航天器自主性时的休斯敦工程师们一样对其"遥不可及"（见第 12 章）。作为一个自主的代理者／行动者，它将能够评估自己的当前状态，以及这种状态对它最终目标（即把你保存到 2401 年）的影响，进而推导出自己的次级目标。这些二等目标要应对的是各种你无法详细预测的情形（假如你能预测，你就可以把这些情形的最佳应对方式硬性规定下来），因而可能会让机器人跑偏到诸多长达百年的规划中去，其中很可能有一些规划是馊主意，哪怕你事先已经尽了最大努力。你的机器人可能会采取一些违背你目的的行动，甚至会自杀——也许它被另一个机器人说服，让它自己的毕生使命另有所属了。

我们所想象的这个机器人将会充分投身于它的世界和它的规划，并且归根结底总是被你在进入太空舱时为它设定的目标状态所驱动，不管这些目标状态还剩下了多少。它拥有的所有偏好，都将是你最初赋予它的偏好的后代，你希望这些偏好能带你进入 25 世纪。但这并不能保证依据机器人的那些后代偏好而采取的行动，还会持续、直接地回应你的最大利益。虽然从你自私的角度来看，那是你希望出现的情况，但在你被唤醒之前，这个机器人的规划都不受你的直接控制。它将会对它当前的最高目标——它的至善——形成一些内部表征，但如果它已经落入了我们前面所想象的那类擅长劝服的同伴手中，那么最初设计出它的工程学安排就很可能失去对它的铁腕控制。它仍将是一个制造品，仍将只按照它的工程学设计所准许的方式来行动，但它遵循的将会是一套部分由它自己设想出来的**欲求**。

按照我们之前决定要考察的那个假设，这个机器人仍将只展现出**派生的**意向性，因为它只是一个制造品，是为了服务你的利益而创造出来的。就这个机器人而言，我们可以把这种立场称作"主顾中心主义"。我是我的机器人身上所有派生意义的初始来源，不论它跑偏了多远。它只是一台生存机器，它的设计目的是把我安全地送往未来。尽管它现在辛勤从事的种种规划与我的利益只有很"远"的联系，甚至与我的利益相背离，但根据我们的假设，这并没有让它的任何一种控制状态，或者它的"感觉"或"感知"状态，具有真正的意向性。如果你还想坚持这种主顾中心主义，那就应该准备好得出进一步的结论：你自己从来没有享有过任何具有**原初**意向性的状态，因为你只是一台生存机器，你的设计目的是保存你的基因，直到它们能够复制自己。我们的意向性终归来自我们自私的基因的意向性。**它们**才是无意的意义赋予者（Unmeant Meaner），而不是我们！

如果这种说法不合你心意，那我们就换一种说法。已知有一种足够精致的制造品——某种跟上面这些想象中的机器人同属一类的东西——**能够**展现出真实的意向性，因为它充分实现了对周边环境的功能性融入，也具有高超的自我保护和自我控制能力。*它像你一样，多亏了一个以创造生存机器为目标的规划才会存在，但它也像你一样，已经有了一定的自主性，已经成为一个自我控制、自我决定的场所，这不靠任何奇迹，而只靠面对自己"一生"中的种种难题，并或多或少地解决这些世界摆在它面前的、事关存亡的难题。更为简单的生存机器——比如说设施 / 植物——永远无法达到你的机器人凭借其复杂性所达到的那种重新定义自我的高度；**单单**把这些更简单的生存机器看作承载着昏迷居民的生存机器，就可以毫无遗漏地解释**它们的**所有行为模式。

如果你要沿着这条道路前行——当然这也是我推荐的道路——那么你就必须抛弃塞尔和福多尔对"强人工智能"的"原则性"反对。

---

* 借着这个思想实验的启发，让我们来思考一个由弗雷德·德雷斯基提出的议题（私下交流），该议题的简洁干脆值得称赞："我认为，我们（在逻辑上）所能创造的是**获取了**原初意向性的制造品，而非（仿佛在被创造之初就）**拥有**原初意向性的制造品。"要把派生意向性的废渣变成原初意向性的黄金，需要跟这个世界进行多少往来呢？这是我们有关本质主义的老问题了，只不过是换了副新面孔。它呼应了一种迫切的愿望，即想要聚焦于某个关键时刻，从而以某种方式识别出某个临界点，该临界点标志着某一物种的第一个成员的诞生，标志着真正功能的诞生，或者标志着生命的起源。这显然是没能接受基本的达尔文式观念，后者认为这些了不起的现象是凭借有限的增量而逐渐涌现的。还须注意，德雷斯基的学说是一种类型奇特的极端斯宾塞主义：一定是先有**当前的**环境来形塑某个生物体，生物体的这个形态"算是"具有真实的意向性；但**过去的**环境（经过工程师的智慧或自然选择史的过滤）却不能算数，哪怕过去的环境造就了完全相同的功能结构。这种论调有对也有错。较之个人与现实世界进行适当来往的任何具体历史，更重要的是一种倾向，即投身于**将来的**灵活互动之中、对世界强加的任何新事物做出适当反应。但是，由于这种迅速进行再设计的能力很容易在当前或最近的互动模式中表现出来（我认为德雷斯基直觉的坚实基础就在于此），所以德雷斯基所坚持的观点是有道理的，即一个制造品会展现出"'自己动手'的理解能力"（do-it-yourself understanding）（Dennett, 1992），但前提是我们要抛弃本质主义，把它仅仅当作名副其实的意向性的一个重要症候。

那个想象出来的机器人，无论它是多么难以实现的工程学壮举，都并非不可能的——况且他们也没有主张说它是不可能的。他们承认这样一个机器人的可能性，只是对它的"形而上学地位"提出疑问；他们说，不论它如何巧妙地管理自己的事务，它的意向性都不会是真实的东西。这可真是太不留余地了。我建议还是抛开这种没有出路的否认，要看到这样一个机器人会在它的世界中发现意义，会在同他者的交流中开掘这种意义，要承认这种意义就像你所享有的意义一样真实。那么，你的自私的基因就可以被看作你意向性的初始**来源**——因此也是你所能沉思或想出的每一种意义的初始来源——尽管此后你可以超越你的基因，可以利用你的经验，特别是你所吸收的文化，在你的基因所奠定的基础上建立一个几乎完全独立的（或"超越性的"）意义场所。

我发现，这以一种合宜——甚至有启发性——的方式消除了两个事实之间的张力：一方面，我作为一个人，认为我自己是意义的来源，是判定什么东西重要、为什么重要的仲裁者；而另一方面，我同时也是智人这个物种的一员，是几十亿年的非奇迹研发过程的产物，我们所享有的特征没有一个不是以这样那样的方式从这组过程中产生的。我知道，别人会觉得这番见解着实骇人听闻，从而怀着一份被重新唤起的急切心情去求助于这样一种信念：在某个地方，以某种方式，一**定**刚好有一道封堵达尔文主义和人工智能的屏障。我之前试图表明，达尔文的危险思想所具有的意涵之一，就是这样的屏障并不存在。依据达尔文主义的真理，你和我都是大自然母亲的制造品，但我们的意向性并不会因为它们是数百万年来无心灵的算法研发的后果，而非来自高处的赠予，就不再那么真实。杰里·福多尔可能会取笑这种把我们看作大自然母亲制造品的离奇想法，但这笑声却是空洞无力的；替代性的观点只会设定出这样那样的天钩。这一结论所带来的震撼，可能足以让你更加同情走投无路的乔姆斯基或塞尔，他们企图把心灵藏在无法破解的奥秘后面；或者足以让你更加同情没有出路的古尔德，他试图逃避这样一种意涵，即这一切只要有自然选择就够了——只要有一系列算法式的起重机，大量产出越来越高级的设计就够了。

或者，这可能会启发你到别处去找救星。数学家库尔特·哥德尔不是证明了一个足以证实人工智能不可能的定理吗？很多人都持这种看法，而就在最近，他们的臆断得到了一位世界顶级的物理学家兼数学家——罗杰·彭罗斯的支持。彭罗斯在其著作《皇帝的新心灵：论电脑、心灵与物理定律》（Penrose, 1989）中有力地助推了这些人的想法，我们把下一章献给这本书。

第14章

　　真正的意义，我们的语词和思想所具有的那种意义，本身就是原本无意义的过程的涌现产物——这些算法过程创造了整个生物圈，包括我们自己在内。一个设计出来给你充当生存机器的机器人，就像你一样，多亏了一个另有隐秘目的的研发规划才得以存在，但这并不妨碍它是一个不折不扣的、自主的意义创造者。

第15章

　　关于针对 AI（以及达尔文的危险思想）的怀疑态度，我们必须考虑它的一个更有影响力的来源，并将其中性化：这是一种长期流行的想法，大致是认为哥德尔定理证明了人工智能是不可能的。罗杰·彭罗斯最近让这个在暗地里蓬勃发展的模因重获新生，他把这个模因揭示得如此清晰，已经到了揭露的程度。我们可以对他的制造品进行扩展适应，服务于我们自己的目的：有了他无意中的帮助，我们就可以灭绝这个模因。

皇帝的新心灵，以及其他寓言故事

1. 石中剑

> 那么换句话说，要想让一部机器不会出错，它就不能是智能机器。有几条定理说的差不多就是这个意思。但这些定理没有指出的是，一部并不假装自己不会出错的机器，可能会表现出多少智能。
>
> ——艾伦·图灵（Turing, 1946, p. 124）

多年以来，一直有人尝试利用哥德尔定理来证明某些关于人类心灵本性的重要问题，这些尝试往往带有一种难以捉摸的传奇色彩。"运用科学"来实现这类证明，其前景确实令人莫名激动。我觉得自己还是能把这件事儿给掰扯清楚的。关键的文本并不是汉斯·克里斯蒂安·安徒生那个"皇帝的新衣"的故事，而是有关"石中剑"的亚瑟王传奇。有一个人（没错，就是我们的主人公）拥有一种特殊的，甚至是神奇的属性，这种属性在大多数情况下不太看得出来，但在特殊情况下却可以被明确无误地揭示：如果你能把剑从石头里拔出来，你就有这个属性；如果不能，那你就没有。要么达成壮举，要么无奈落败，人皆可见，不需要当事人的特别解释或特别申辩。拔出剑来，你就赢了，干净利落。

哥德尔定理也许诺了带有传奇意味的东西，它同样充满戏剧性的，那就是对于人类心灵特殊性的证明。哥德尔定理似乎规定了这样一项功绩，一个真正的人类心灵可以达成它，但任何的冒牌货，任何仅仅靠算法控制的机器人却做不到。我们不需要操心哥德尔证明本身的技术细节，没有哪个数学家会怀疑它的可靠性。所有的争议都集中在应该如何**利用**该定理来证明有关心灵本性的问题。所有这一类的论证，都会在一个至关重要的经验性步骤上暴露出弱点：正是在这个步骤上，我们**要看到**我们的主人公（我们自己，我们的数学家们）做了机器人根本做不到的事情。这个壮举是像从石头中拔出剑来那样成败分明、毫不含糊，还是无法轻易跟那些与它似而不同的状况区别开来（倘若能区别开的话）呢？这才是关键问题，而至于这个起到区别作用的壮举到底是什么，人们一直以来都困惑不明、莫衷一是。其中有些困惑可以归咎于库尔特·哥德尔本人，因为他认为自己已经证明人类心灵**必定**是一台天钩。

1931年，维也纳大学的年轻数学家哥德尔发表了他的证明，这是20世纪最重要也最惊人的数学成果之一，它确立了数学证明的一个绝对限制，着实震撼人心。回想一下你在高中所学的欧式几何，你学会从一套基本的公理和定义出发，采用一套固定的推导规则，从而创建出对几何定理的形式证明。你学到的证明方法，所倚仗的是对平面几何的**公理化**。你记不记得，老师会在黑板上画一个几何图形，以此表示——比方说——一个三角形的边上有各种直线以各种方式相交、形成各种夹角，然后就向你提出下面这样的问题："这两条线一定相交成直角吗？这边的三角形和那边的三角形全等吗？"答案通常都显而易见：你能直接**看出**这两条线一定相交成直角，那两个三角形全等。但要从公理出发，按照严格的规则在形式上证明这一点，那就是另一回事了——事实上这会让你大费周章、绞尽脑汁。不知道你有没有想过，当老师在黑板上画出一个新的图形时，会不会有某些平面几何事实是你虽能**看出**它们为真，但就算花上 100 万年也无法证明的呢？或者，倘若你想不出如何证明某个几何学真命题，你会不会觉得这就是你个人能力不足的表现呢？你也许会想："既然这是**真的**，那就一定**有**法子证明，哪怕我自己永远也想不出来！"

这种想法十分在理，但哥德尔所证明的无疑就是当我们在对简单**运算**（而非平面几何）进行公理化时，有些"我们可以看出"为真的真理，**永远无法**在形式上被证明为真。实际上，我们必须对这种说法加以小心限定：任何一个**具体的**公理系统，如果它是**自洽的**（但凡有任何细微的自相矛盾之处，就不能算作自洽），那么该系统中就一定有一个关于运算的命题——如今人们所知的哥德尔命题——虽不可证明却又是真的。（事实上，这样的真命题肯定有很多，但只要有一个就足够我们立论了。）我们固然可以改换系统，在我们选出的另一个公理系统中证明先前系统中的哥德尔命题，可只要这个新系统是自洽的，那它就又会产生出自己的哥德尔命题，再换再有，以至无穷。没有哪个自洽的算术公理化模式能够证明关于算术的所有真理。

这看上去也没什么大不了，因为我们很少想去甚至根本不想去**证明**什么关于算术的事实；我们把算术视为理所当然的东西，不去做什么证明。但我们确实有可能去为算术构想一种欧几里得式的公理系统——比方说，皮亚诺公理——进而证明像"2+2=4"这样的简单真理，像"能被 10 整除的数也能被 2 整除"这样明显的中级真理，还有像"不存在最大的质数"这样并不明显的真理。在哥德尔构思出他的证明之前，从单单一组公理中推导出**所有**数学真理这一目标，被数学家们和逻辑学家们普遍当作属于他们的宏伟工程，虽说困难，但并非遥不可及，就如同当时数学界的登月计划或人类基因组计划。但这是一个绝对无法实现的目标。哥德尔定理所证明的就是这一点。

那这跟人工智能或演化论有什么关系呢？早在电子计算机被发明出来的若干年前，哥德尔就证明了他的定理，可后来艾伦·图灵出现了，他扩展了这一抽象定理的意涵，表明哥德尔定理所涵盖的那种形式证明过程，其每一个都相当于一个计算机程序。哥德尔构思出了一种方法，**把所有可能的公理系统按"字母顺序"排列**。事实上，这些系统都可以在巴别图书馆中依序排开，而图灵则表明这个集合作为子集，属于巴别图书馆中的另一个集合：**所有可能的计算机**的集合。重要的不是你用什么材料来制造计算机；重要的是它所运行的算法；而且由于每一种算法都可以用有限的内容加以确切说明，所以就有可能构思出一种统一的语言来对每个算法都进行专属的描述，并把所有这些对于算法的确切说明按"字母顺序"来排列。图灵构思出了这样一个系统，在系统中每一台计算机——从你的笔记本电脑到人类所能建造的最宏伟的超级并行计算机——都可以作为我们现在所谓的**图灵机**而具有一个专属的描述。如果你愿意的话，还可以给赋予每台图灵机一个专属的识别号——它的巴别图书馆编号。由此，就可以对哥德尔定理进行再阐释，指出它所要表达的意思是，在这些图灵机中，有些碰巧就是用于证明算术真理的自洽算法（而且不足为奇的是，所有这样的图灵机构成了所有可能的图灵机的一个漫无际涯却又微乎其微子集），它们都有**自己的**哥德尔命题——这台图灵机所不能证明的算术真理。所以这就是被图灵锚定在计算机世界中的哥德尔告诉我们的东西：一台计算机，只要它是一个自洽的算术真理证明器，那它就有一个阿喀琉斯之踵，一个它永远无法证明的真理，哪怕它一直算到世界末日也不行。但那又怎样呢？

哥德尔本人也认为，他定理的意涵就在于人类——至少是我们当中的数学家——不可能只是机器，因为他们能做机器做不到的事情。说得确切些，这样的一个人身上至少有某个部分不可能是纯然的机器，也不可能是诸多小器具的大集合。如果说心脏是泵机，肺是气体交换机，大脑是计算机，那么在哥德尔看来，数学家们的心灵就不可能是他们的大脑，因为数学家们的心灵能做一些纯然的计算机所不能做的事情。

那心灵究竟能做什么呢？我们这就遇到了如何给关键的经验性测试界定"壮举"内容的难题。我们不由得认为我们已经见到过一个例子了：心灵可以做你过去在几何课上盯着黑板时常做的事情——凭借"直观""判断力""纯粹知性"之类的东西，它们可以**直接看出**某些算术命题为真。这里的想法是，它们不需要依靠粗鄙的算法来生成**它们的**数学知识，因为它们有一种把握数学真理的才能，这种才能比全部的算法过程加起来还要强。请记住，算法是一份配方，就连亦步亦趋的傻瓜——乃至机器——都能遵照它来行事；不需要什么知性。相比之下，聪明的数学家们似乎能够**动用**他们的知性，从而超出这种机械呆板的傻瓜所能做的事情。不过尽管这似乎就是哥德尔本人的想法，而且肯定表达出了对哥德尔定理意涵的一般流行理解，但要**证实**这种看法却比乍看上去要难得多。比方说，一方面是某个人（或某个东西）"把握到"一个数学命题的"真假"，另一方面是某个人（或某个东西）单凭瞎蒙就猜对了结果，我们如何能够区分这两种情况？你可以训练一只鹦鹉，只要在它面前的黑板上写下各种不同的符号，它就会张口说出"真"和"假"；这只鹦鹉需要连续猜对多少次结果，我们才有理由相信这只鹦鹉终归还是有一个非物质的心灵（或者相信这只是一个穿着鹦鹉服装的人类数学家）（Hofstadter, 1979）？

只要碰到有人想要用哥德尔定理证明我们的心灵是天钩，而不只是无聊无趣的起重机，那么上面这个难题就会击中他的痛点。别说什么数学家可以**证明**任何的算术真命题，而机器则做不到，这可是说不通的，因为如果我们这里说的"证明"跟哥德尔在其证明中所说的"证明"是一个意思，那么哥德尔就表明了人类也做不到，就算是天使来了也做不到这一点（Dennett, 1970）；一个系统中**不存在**对于该系统的哥德尔命题的形式证明。谈到对哥德尔定理的**利用**，哲学家 J. R. 卢卡斯的工作是一次著名的早期尝试（Lucas, 1961；另见 Lucas, 1970），他把那个关键壮举界定为：把一定的命题——某个哥德尔命题——"产出为真"。然而，这个界定碰到了无法解决的阐释难题，后者破坏了该论证在经验层面"石中剑式"的确定性（Dennett, 1970, 1972；另见 Hofstadter, 1979）。为了更好地看清难题，我们可以考虑几个相关的壮举，其中既有真实的也有虚构的。

1637 年，勒内·笛卡儿问自己，如何区分一个真正的人和任意一台机器；随后他提出了"两条非常可靠的标准"：

> 第一，它们［这些机器］永远不能使用语词或其他符号，像我们一样把它们组合起来以便向他人表达我们的思想。因为我们完全可以设想一台机器，构造得能够吐出几个字来，甚至能够吐出某些字来回应在它的某些部件中引发变化的那些身体动作（例如你在某处一按，它就问你想要它做什么；在另一处一按，它就喊道你弄疼了它；等等）。但是我们无法设想这样一台机器能够以不同的方式排列语词，意义恰当地回答一切向它所说的话，而即使是最愚蠢的人都能做到这一点。第二，就算这样的机器或许可以把一些事情做得像我们一样好，甚至更好，它们却绝不能做成别的事情。由这一点可以发现，它们的活动依靠的并不是知性，而只是它们部件的排布。因为理性是一种普遍的工具，

可以用于一切场合，而这些部件为了每种特殊的动作就需要某种特殊的排布；由此可见，一台机器中绝不可能有足够多的部件来使它在生活中的各种场合都像我们的理性使我们行动一样应付裕如。（Descartes, 1637, pt. 5）[*]

艾伦·图灵在 1950 年也问过自己同样的问题，并提出了同样的鉴别测试，不过他的描述更严格些。他称之为模仿游戏，我们现在则称之为图灵测试。把两个测试者——一个人，一台计算机——放进不同的箱子里（有这种效果就行），并分别跟二者进行对话；如果这台计算机能让你相信它就是那个人，那它就赢了这场模仿游戏。不过，图灵的裁断与笛卡儿的迥然不同：

> 我相信大约 50 年内，我们将会能够对存储量达到 10^9 左右的计算机进行编程，让它们成为模仿游戏的高手，使得一个平均水平的质询者在经过 5 分钟的讯问工作后，能正确识别出它是计算机的概率不超过 70%。起初的那个问题——"机器能思考吗？"——在我看来没什么意义，不值得讨论。然而，我相信在本世纪末，语词的用法和一般受教育者的观点将发生很大的变化，届时当人们说机器"在思考"的时候，并不觉得自己会遭到反驳。（Turing, 1950, p. 435）

图灵最后的这句预言已然得到证实："语词的用法和一般受教育者的观点"已然"发生很大的变化"，**如今**人们说机器在思考的时候，"原则上"并不觉得自己会遭到反驳。笛卡儿觉得，人们在观念

---

[*] 中译参考自《谈谈方法》，王太庆译，商务印书馆，2000 年，第 45 页。——译者注

上"无法设想"一台会思考的机器，可即便是像如今许多人相信的那样，永远不会有机器能够成功通过图灵测试，如今也不会有人主张说我们无法设想这样一种观念。

舆论上翻天覆地的变化，也许得益于计算机在其他壮举上的进步，比如下跳棋和国际象棋。在 1957 年的一次演讲中，赫伯特·西蒙（Simon and Newell, 1958）预言说，十年内就会有一台计算机成为世界国际象棋冠军，事实证明，这一个过分乐观的典型例子。几年后，哲学家休伯特·德雷福斯（Dreyfus, 1965）预言说，能下好国际象棋的计算机永远不会出现，因为下国际象棋需要"洞察力"。但他本人很快就在国际象棋对局中遭到了一个计算机程序的迎头痛击，这是人工智能研究者们津津乐道的场面。阿尔特·塞缪尔的跳棋程序被多达几百号的国际象棋程序所追随效仿，这些程序如今在各种锦标赛中跟人类参赛者以及其他计算机参赛者同台竞技，它们**大概**很快就能击败世界上最优秀的人类棋手了。

但下国际象棋是一个合适的"石中剑式"测试吗？德雷福斯可能也这么想过，而他还有一位声名无两的前辈——埃德加·爱伦·坡。爱伦·坡在这个问题上十分笃定，一举揭穿了 19 世纪最大的骗局之——冯·肯佩伦（von Kempelen）的国际象棋"自动机"。在 18 世纪，了不起的沃康松制造了不少让贵族以及其他肯掏荷包的顾客深深着迷的机械奇迹，这些机器的举止表现，就是放在今天也会惹得我们心生怀疑。沃康松的发条鸭真的能做到报道中所说的那些事吗？"把玉米粒扔到它面前，这只鸭子就会伸长脖子啄起玉米，然后将其吞咽消化。"（Poe, 1836a, p. 1255）继沃康松之后，其他心灵手巧的工匠和骗术师也纷起效仿，将机械仿真品的技艺发展到了极高的境界。其中有一位冯·肯佩伦男爵在 1769 年利用公众对这类装置的迷恋，刻意搞出了一套捉弄人的把戏：一台**据称**可以下国际象棋的自动机。

冯·肯佩伦原来的那台机器落到了约翰·内波穆克·梅尔策尔（Johann Nepomuk Maelzel）手中*，后者对它做了一些改进和修正，然后就开始展出"梅尔策尔的国际象棋机"，并在19世纪初引发了很大轰动，不过他从未保证过它只是一台机器，而且在整个表演中，还用了足量的魔术师常用的装饰物来装点整个表演（他靠演出大赚了一笔），以此挑动人们的猜疑心。一个十分醒目的机械尊者像坐在一个颇为可疑的封闭柜子旁，柜门和抽屉被依次打开（但从不同时打开），好让观众"看到"里面除了机械装置外什么也没有。然后，这个尊者像就开始下棋，它拿起并移动一块平板上的棋子，以此回应一位人类对手的走棋——而且通常都会赢！但柜子里面是否真的有一个"小人"在从事所有相关的心灵工作呢？如果人工智能是可能的，那么柜子里就**可能**装载着某种由诸多起重机和其他机械部件组成的集合。如果人工智能是不可能的，那么柜子里就一定有一台天钩，一个假装成机器的心灵。

爱伦·坡认准了梅尔策尔的机器里隐藏着一个人，并凭借巧妙的调查活动证实了他的怀疑。他在写给《南方文学信使》（Poe, 1836a）的文章中，用一种恰如其分的胜利口吻将这一发现娓娓道来。他拆穿这场骗局的推理很是有趣，而他解释这为何**必定**是场骗局的推理也毫不逊色。后者出现在他的一封附信中，与这篇文章一同发表。他在这里的论证思路完美地呼应着约翰·洛克的"证明"（见第1章）：

---

* 这个梅尔策尔是节拍器的发明者（或完善者），还制作了贝多芬在失聪后仰赖多年的角状助听器。梅尔策尔还创造过一个机械管弦乐队，即百音琴（Panharmonicon），贝多芬还专门为它写了《威灵顿的胜利》。但二人曾因这首曲子的产权问题发生过争执——梅尔策尔既是一个起重机制造者，也是一个起重机盗窃者，在两方面都才华横溢。

图 15.1　冯·肯佩伦的国际象棋自动机

我们从未同意过流行的观点，即梅尔策尔先生没有雇用人类来代为下棋。毫无疑问，他肯定是雇了人，除非有人能够令人满意地证明，人类能够给物质赋予智能：因为**心灵**在国际象棋博弈中，就像在进行一连串的抽象推理时一样，是必不可少的。在这件事上被貌似可信的表象俘获了信任的人们，以及所有不论是否相信这件事，都钦佩一连串巧妙的归纳推理的人们，我们推荐你们认真阅读这篇文章：每个仔细读过它的人都一定会确信，一台**纯然的机器**无法动用这个错综复杂的游戏所需要的智能。（Poe, 1836b, p. 89）

现在我们知道，不管这段论述**曾经**多么令人信服，它都已经被达尔文釜底抽薪了，而且爱伦·坡在国际象棋问题上的具体结论，也已经被追随阿尔特·塞缪尔脚步的一代编程师明确无误地驳斥了。那么笛卡儿的测试也就是现在的图灵测试还立得住吗？自从图灵提出了一版可操作性很强的图灵测试后，这就是颇具争议的问题，甚至还导致了一系列尽管有所受限，却实实在在的竞赛。这些竞赛证实了每个仔细思考过图灵测试的人都心知肚明的事（Dennett, 1985）：要糊弄天真轻信的裁判，简直容易得让人不好意思，而要糊弄裁判中的行家里手，则难于上青天——这就又回到了那个难题，即我们需要找到一个合适的"石中剑式"壮举，好把局面给稳定下来。进行一场对话或者赢得一场国际象棋比赛，算不上是合适的壮举，因为前者尽管极有难度，但开放性太强，无法确保参赛者获得毫无疑义的胜利，而后者已经被证明是一台机器力所能及的工作。从哥德尔定理的意涵出发，还能找到更好的竞赛方式吗？假设我们把一个数学家放在 A 箱中，把一台计算机——你喜欢的任何计算机——放在 B 箱中，然后分别向它们询问一些算术命题的真假。**这样的测试是否一定会拆穿这台机器的伪装呢？**麻烦的地方在于，人类数学家也都是会犯错的，而且哥德尔定理无法确定一个算法有多大的可能会做出"不尽完美"的真假检测，更无法排除这种可能。那么，似乎就没有什么合用的算术测试能让我们在这两个箱子中明确区分出人和机器。

在很多人看来，这方面的困难造成了系统性的阻碍，让人无法由哥德尔定理推论出人工智能的不可能性。当然，在人工智能的圈子里，大家从一开始就知道哥德尔定理，并且丝毫不慌，继续干自己的工作。事实上，我们可以认为侯世达的经典之作《哥德尔、埃舍尔、巴赫》（Hofstadter, 1979）说明了一件事，那就是哥德尔是人工智能不情不愿的**捍卫者**，他是在把不可或缺的洞见提供给通向强人工智能的道路，而不是在表明这个领域注定会徒劳无功。但是，牛津大学"劳斯·鲍尔"（Rouse Ball）讲席数学教授、世界顶尖的数学物理学家之一罗杰·彭罗斯却不这么认为。他的挑战必须认真对待，尽管我和人工智能领域的其他人都确信他犯了一个相当简单的错误。彭罗斯的书面世的时候，我在一篇评论中指出了这个问题：他的论述非常晦涩难懂，充斥着物理学和数学的细节。而且：

> 这样一项事业不大可能单单因为其创始人的一个彻底疏忽就岌岌可危——其论述不大可能被任何的简单观察所"驳倒"。因此，我不太愿意相信我的观察，即彭罗斯似乎一开始就犯了一个相当基础的错误，而且也没有去留意或反驳看上去很明显的反对意见。（Dennett, 1989b）

我的讶异和质疑很快就得到了回应，首先是针对彭罗斯在《行为与脑科学》上的标靶文章（以他的书为基础）照例发表意见的各色评论者，然后就轮到了彭罗斯本人。彭罗斯在《非算法的心灵》（Penrose, 1990）一文中答复了他的批评者，他对其中一些人所使用的猛烈措辞略表惊异，这些措辞包括"大发谬论""错了""致命缺陷""令人费解的错误""站不住脚""大有漏洞"。人工智能界不足为奇地一致驳斥了彭罗斯的论述，但在彭罗斯看来，关于"那个"致命缺陷究竟是什么，他们并没有达成共识。这种情况本身就体现出了他大失水准的程度，因为批评者们找到了许多不同的法子来瞄准同一个大大的误解，对于人工智能的本质及其算法使用状况的误解。

2. 东芝图书馆

> 不过，最喜欢这本书的大概是不懂这本书的人。我是一个演化生物学家，据我多年观察，大多数人并不想把自己看成笨重的机器人，仅仅依照程序的设定来确保自己基因的存续。我也不认为他们会想把自己看成数字计算机。听到有一个在学术资质方面无可挑剔的人说他们绝不是这类东西，他们高兴还来不及呢。
>
> ——约翰·梅纳德·史密斯
> （Maynard Smith, 1990 对彭罗斯的评论）

设想一下那个由所有图灵机组成的集合——换句话说，那个由所有可能的算法组成的集合。或者，为了减轻想象力的负担，我们不妨转而设想该集合的一个漫无际涯却有限的子集，它只有一种特定的语言，由众多特定长度的"卷"组成：所有可能的、以 0 和 1 为内容的、最大长度为一兆字节（800 万个 0 和 1）的串（位串）组成的集合。我们设想这些位串的解读器是我的旧笔记本电脑，东芝 T-1200，它有一个 20 兆字节的硬盘（为了确保有限性，我们将禁止使用任何额外的存储器）。如果在这台东芝电脑上试着把这些位串当程序来"运行”，那么其中漫无际涯的多数位串的表现都不值得一提，这没什么好意外的。毕竟程序可不是随机的位串，而是经过高度设计的位序列，是成千上万个小时研发工作的产物。就算是最为复杂花哨的程序，也还是能表达为一个由诸多 0 和 1 组成的串，所以尽管我的这台老东芝容量太小，无法运行一些已有的真正大型程序，但它却很擅长运行一个漂亮的、有代表性的程序子集：文字处理器、电子表格、国际象棋手、人工生命模拟器、逻辑证明检查器，乃至（对，没错）一些自动的算术真理证明器。我们把所有这样可以运行的程序都称为**有趣**程序，不论它们是实际存在的还是设想出来的（一个这样的程序大致类似于巴别图书馆中一本可读的书，不论是实际存在的还是虚构出来的，或者孟德尔图书馆中一个可行的基因型）。我们不必担心有趣和无趣之间的界限；若觉可疑，弃之不计。无论我们如何规定，东芝图书馆中都会有数量漫无际涯的有趣程序，但"找到"它们的希望却微乎其微——这就是为什么那些软件公司能靠它们的软件造就不少百万富翁。

现在，**每个**长达一兆字节的位串都在某种（对我们来说重要的）意义上是一个算法：一个位串就是一个配方，一个或粗陋或高明的配方，可以让一个机械装置——我的那台东芝——遵照它来行事。如果我们随意尝试一个位串，那么大多数情况下我的东芝只会呆坐在那里，发出微弱的嗡嗡声（它甚至连黄灯都不闪）；成为死程序的路子在数量上比成为活程序的路子多到漫无际涯，这正应了道金斯的看法。在这些算法中，只有一个微乎其微的子集才算得上有趣，**这个子集中的算法**只有一个微乎其微的子集才跟算术真理有点瓜葛，**后者中的算法**只有一个微乎其微的子集才会试着生成关于算术真理的形式证明，而**最后的这些算法中**只有一个微乎其微的子集才是自洽的。哥德尔向我们表明，**在这些自洽算法**（其数量仍是漫无际涯的，即便对我这台东芝来说也是如此）构成的子集中，没有一个算法能够生成关于**所有算术真理**的证明。

但关于东芝图书馆里的其他算法，哥德尔定理却什么都没有告诉我们。它没有告诉我们是否有一些算法能把国际象棋下得有模有样。这样的算法事实上数量漫无际涯，而且有几个就真真切切地待在我这台真实存在的东芝里头，跟它们下棋我一次都没赢过！哥德尔算法没有告诉我们，是否有些算法能把图灵测试或模仿游戏玩出花儿来。事实上，我的东芝里就有一个真实存在的程序，是约瑟夫·魏岑鲍姆（Joseph Weizenbaum）那个著名的伊莉莎（ELIZA）程序*的简化版。我亲眼见过它是怎么糊弄门外汉的，这些人像埃德加·爱伦·坡一样得出结论：**一定**是一个人做出了这些回答。起初我一头雾水：心智正常的人怎么会认为我的东芝笔记本电脑里藏着个小家伙，在没有连上任何东西的情况下就这么坐在一张牌桌上呢。但我忘了一个被说服的心灵可以思路开阔到怎样的程度——这些狡猾的怀疑者一口咬定，我这台东芝里一定有一部**移动电话**！

哥德尔定理尤其无法告诉我们，东芝图书馆中是否可能有算法能胜任那项令人钦佩的工作，把有待考察的算术命题"产出为真"或"辨明真假"。如果人类数学家可以凭借"数学直觉"令人钦佩地"直接看出"某些算术命题为真，那么也许计算机就能模仿这种才能，就像它能模仿下国际象棋和对话一样：虽不完美，却令人钦佩。这正是人工智能领域的工作者们的信念所在：一般的人工智能都会有不无风险的启发式算法，就像致力于下好跳棋、下好国际象棋以及做好其他成百上千种任务的那些人工智能一样。彭罗斯就是在这一点上犯了

---

* ELIZA 是最早的人机对话程序之一，设计于 1966 年，能以心理医生的口吻与用户进行有限的对话。——编者注

大错：他忽略了这个可能的算法集合——人工智能唯一关注过的算法集合——而只关注哥德尔定理实际会谈到的那个算法集合。

彭罗斯说，数学家们凭借"数学洞察力"看到一定的命题产生自一定系统的可靠性。他随后用了一些篇幅来论证"用于"实现数学洞察力的算法是不可能存在的，或者至少不是实际可行的。但他在费尽周折推进论证的时候，却忽略了这样一种可能性，即某个——事实上是多个——并非"用于"实现数学洞察力的算法，却可能会产生数学洞察力。在一个类似的论证中，我们可以清楚地看出这种错误。

国际象棋是一种有限的游戏（因为它的规则会终止无法继续进行的对局，将其指定为和棋）。这就意味着，原则上有一种算法可以判定"将死"或"和棋"——我不知道具体是判定哪个。事实上，我可以用简单的方式给你们确切描述一下这个算法：（1）画出包含所有可能对局（为数极大但也有限）的整个决策树；（2）找到每个对局的末端节点，它要么是白方或黑方获胜，要么是和棋；（3）根据结果，将该节点"涂成"黑色、白色或灰色；（4）依次向后退一整步（即白棋和黑棋各行一着），如果在前一着棋中，白方有**哪一着**棋所发散出的**所有**路径都会把黑方的所有回棋引到白色节点，就把该节点涂成白色，然后再向后退，以此类推；（5）对所有能确保黑方获胜的路径也做同样的处理；（6）把余下的所有节点涂成灰色。当这个流程结束时（早就地老天荒了），这个由所有可能对局组成的树，它上面的每个节点都被你涂上了颜色，一直涂到开局时白棋走的那一着。现在是时候下棋了。如果在20种合规走法中有一个是白色，就选它！只要始终待在白色节点上，就可以确保最后把对方将死。当然了，还要避开所有黑色的走法，因为那会给你的对手开启一条必胜之路。如果一开始没有白色走法，那就选择灰色走法，然后寄希望于在随后的对局中碰到白色走法。这样你最坏的结果也是和棋。（如果最不可能的情况发生了，白方的所有开局走法都是黑色，那么你唯一的希望就是随机选择一个走法，并希望你执黑棋的对手在后面的对局中出错犯傻，让你找到一条灰色或白色的路径逃出生天。）

这显然是一种算法。这套"配方"中没有哪一步需要洞察力，而且我已经毫无歧义地以一种有限的形式明确描述了它。麻烦的地方是，实际上它完全不可行，因为它要搜索穷尽的那棵决策树是漫无际涯的。但我觉得，单是知道原则上存在一个可以下出完美国际象棋对局的算法，就是件很不错的事，不论它有用没用。**或许**存在一种可以下出完美国际象棋对局的**可行**算法。没人发现过这种算法，真是谢天谢地，因为这会把国际象棋的趣味性降低到井字游戏的水平。没有人知道这样可行的算法是否存在，但一个普遍的共识是它极不可能存在。由于对此没有把握，那我们就选择一个会让人工智能面临最坏情况的假设。我们假设，**不存在**用于达成将死或用于确保和棋的可行算法——连影儿都没有。

那这是否意味着任何一个在我那台东芝上运行的算法都不能达成将死呢？难说！我都已经交代过了，我那台东芝上的国际象棋算法在跟一个人对局时未尝一败——那个人就是我。我虽然不怎么厉害，但我估计自己的"洞察力"和别的人相差不大。如果我大加练习、肯下苦功，有一天就可能会打败我的机器，但我那台东芝上的程序比起现在的冠军国际象棋程序来，简直不值一提。说到它们，你可以放心地**拿你的性命打赌**，赌它们**每次**都能把我给将死（虽然换成鲍比·费舍尔就不行了）。我并不建议任何人真的把性命赌在这些算法的相对优势上——我的棋艺可能会进步，而且凭良心讲我也不希望你丢了性命——但事实上，如果达尔文主义是对的，即你和你的祖先成功赢下了一连串的赌局，而且其中的赌注也同样生死攸关，赌的是在你的

"系统机制"中实现的算法。这正是自有生命以来，生物体天天都在做的事情：它们把自己的生命押在了那些打造出它们的算法上，也押在了那些在它们内部运行的算法上（如果它们是幸运的有脑生物体），赌这些算法会让它们活到足以生下后代。大自然母亲从不希求绝对的确定性；对它来说，小风险的机遇就已不错。所以我们会**料想**，如果说数学家的大脑是在运行算法，那么这些算法就不过是一些恰好在真理检测方面表现出色的算法，并不能做到万无一失。

我这台东芝上的国际象棋算法，就像所有的算法一样，会产生出有保证的结果，但它们所保证的并不是把我将死，而只是保证**按规则下棋**。这就是它们"用于"实现的目标。在保证会按规则下棋的数量漫无际涯的算法中，有的算法会比其他算法好很多，但没有哪个算法能保证下赢所有其他算法——这至少不是人们希望从数学上证明的事情，尽管存在一个严酷的数学事实，那就是 x 程序和 y 程序的初始状态就已经决定了 x 在跟 y 的所有对局中都会取胜。这意味着以下的论证存在谬误：

> x 擅长实现将死；
> 不存在用于实现将死的（实际可行的）国际象棋算法；
> **因此**：x 所具有的本领无法用 x 正在运行一个算法这件事来解释。

以上结论明显是错的：**只有在算法层面解释我那台东芝在国际象棋对局中赖以击败我的能力才是正确的**。这并不是要说有什么特别强劲的电力在它当中流动，或者它的塑料外壳里头蓄积着秘密的生命冲动。它之所以会比别的下棋计算机表现更好（我可以击败那些真正简单的计算机），是因为它拥有更好的算法。

那么，数学家们所运行的会是什么类型的算法呢？是"用于"**尽力存活**的算法。正如我们在上一章思考生存机器人时所看到的，这样的算法必须能够无所拘泥、足智多谋地进行辨别和规划；它们必须善于辨认食物和栖身之所，善于分辨朋友和敌人，善于学会把报春花辨别**为**春天的预兆，善于分辨论证的好坏，甚至——作为一种意外收获的本领——善于把数学真理辨认**为**数学真理。当然，这样的"达尔文式算法"（Cosmides and Tooby, 1989）不会是单单为了这个特殊的目的而设计的，就像我们的眼睛不是单单为了分辨斜体字和**粗体字**而设计的一样，但这并不意味着它们在需要考察这种差异的时候，就不具有一种极度敏感的分辨力。

以回溯的方式来看，这种可能性是如此显眼，彭罗斯怎么就忽略了它呢？他是一个数学家，而让数学家感兴趣的主要是这样一个微乎其微的子集，组成这个子集的诸多算法**能**被他们以数学方式证明具有数学意义上的有趣力量。我把这叫作关于算法的上帝之眼观点。它类似于关于巴别图书馆中书本的上帝之眼观点。我们可以"证明"（不管这个证明有什么价值）巴别图书馆中有这么一本书，它完全按字母顺序列出了纽约市所有在 1994 年 1 月 10 日净资产超过 100 万美元的电话用户。保准有这么一本书——纽约的电话用户里不可能有**那么多**百万富翁，所以在图书馆拥有的可能书卷中，一定有一本把他们全部列了出来。但找出它——或者说制造它——将是一项工作量巨大的经验性任务，充满了不确定性，也很需要判断力，哪怕我们认为它不过是以那一天为截止日期的、实际存在的一本电话簿中诸多用户名字的一个子集（忽略所有那些没有列出电话号码的用户）。尽管这不是一卷看得见摸得着的书，我们也可以给它取个名字——就像我们给线粒体夏娃取名字一样。就叫它**百万电话**（megaphone）吧。现在，我们可以证明一些与**百万电话**有关的事情：例如，在第一张印了字的书页上，印上的第一个字母是"A"，但在最后一张印了字的书页上，印上的第一个字母不是"A"。（这固然没有完全达到数学证明的标准，可是在名字以"A"开头的电话用户中一个百万富翁都没有的概率有多大呢？全纽约符合条件的百万富翁加起来也超不过一页的概率又有多大呢？）

正如我在前面所指出的，数学家在思考算法时，通常是从上帝之眼的视角出发的。他们的兴趣在于证明——比如说——**有**某种算法具备某种有趣的特性，或者证明**没有**这样的算法。要证明这些，你实际上并不需要把你所讨论的算法定位出来——比如说，从软盘里存着的一堆算法中把它给挑出来。我们虽不能对线粒体夏娃（的遗骨）进行定位，但这并不妨碍我们推导与她相关的事实。因此，这样的形式推论并不会频繁地提出关于辨认和识别的经验性议题。哥德尔定理告诉我们，但凡是能在我那台东芝（或任何别的计算机）上运行的算法，没有哪个会具有数学意义上的有趣特性：没有哪个算法会是一个**自洽的算术事实证明生成器，只要时间充足，就能生成关于所有算术事实的证明**。

这固然有趣，却对我们没太大帮助。有各种各样的算法集合，从中随便抽出一个算法，我们都能从数学上证出很多与之相关的有趣事情。可是要把这些知识应用到现实世界中去，那就是另一回事了，正是这个盲点导致彭罗斯其实是全然忽视了人工智能，而不是像他所希望的那样驳倒人工智能。这一点在他对批评者的回应中表现得一清二楚，他在这些回应中试图重新表述自己的主张：

> 任何一个给定的具体算法，都不可能是人类数学家借以确定数学真理的**那种**流程。因此，人类根本不是在用算法来确定真理。（Penrose, 1990, p. 696）

人类数学家不是在用一个可以知晓的可靠算法来确定数学真理的。（Penrose, 1991）

在其中较新的一篇文章中，他再接再厉，考察、弥补了各种"漏洞"，其中有两个漏洞尤其值得我们加以考虑：数学家们所用的可能是"一个复杂得可怕的、**不可知的算法 X**"或者"一个**不可靠**（但想必大致可靠）的算法 Y"。就彭罗斯的提法来看，这些漏洞仿佛是特地用来回应哥德尔定理的挑战，而不是用来指出人工智能的标准工作假设的。对于第一个漏洞，他说：

这看上去完全不符合数学家们表述自己的论证时的**实际**做法。他们论证时所用的术语（至少在原则上）可以拆解为"明明白白"、人皆认可的论断。在我看来，相信下面这一点极为牵强：潜藏在我们所有数学理解背后的**其实**是可怕而不可知的 X，而不是这些简单明白的**原料**［强调为引者所加］。（Penrose, 1991）

我们大家确实都在以一种**明显**非算法的方式运用着这些"原料"，但这个现象学事实是具有误导性的。彭罗斯对于数学家工作状态的观察可谓谨慎用心，但他忽略了一种人工智能研究者们所熟知的可能性（这种可能性还挺大的）：我们赖以处理这些"原料"的一般能力，**其背后**可能是一个复杂程度令人难以想象的启发式程序。这样的一个复杂算法的理解能力**近乎**完美，而且对它的受益者来说是"不可见的"。每当我们说自己"凭直觉"解决了某个难题时，其实不过是意味着**我们不知道**我们是**如何**解决问题的。在计算机中建立"直觉"模型的最简单办法，就是直接拒绝计算机程序访问自己的内部运作。每当它解决了一个难题，你问它是怎么解决的，它就该回答：

"我不知道，就是凭直觉。"（Dennett, 1968）

彭罗斯接着又堵上了他的第二个漏洞（不可靠的算法），他声称（Penrose, 1991）："数学家要求一定程度的严谨，因而不会接受这种启发式论证——所以这种已知的流程就不可能是数学家的实际工作方式。"这个错误就更有趣了，因为他的这个错误让人想到，在那个关键的经验性测试中，要放进"箱子里"的不是**单个**数学家，而是整个数学界！彭罗斯看到了人类数学家所获得的一种附加力量的理论重要性，他们取得这种力量的方式是汇集他们的资源，相互交流，进而形成一种独一的巨大心灵，这心灵比我们可能会放进箱子里的任何一个"小人"都要可靠得多。这并不是说数学家们的**大脑**就比我们其他人（或黑猩猩）的大脑更加复杂高级，而是说他们拥有心灵工具——各种社会建制，数学家们可以借此互相展示他们的证明，互相检查，当众犯错然后指靠众人来纠正这些错误。这的确给数学界带来了辨识数学真理的力量，这力量使任何一个单一的人类大脑（哪怕这个大脑有一套纸笔外设、一个手持计算器或一台笔记本电脑！）都相形见绌。但这并不表明人类心灵**不是**算法装置；恰恰相反，它表明了文化的起重机如何能够在没有可见限制的分布式算法过程中发挥人类大脑的作用。

彭罗斯可不这么看。他接着说道，能够用来解释我们数学能力的，"是我们（非算法的）**一般理解**能力"。他随即得出结论："（至少）在人身上，被自然选择所青睐的不是某个**算法** x，而是这种精妙的理解能力！"（Penrose, 1991）在这里，他犯了我刚才用国际象棋的例子所揭示的谬误。彭罗斯想论证：

> x 有理解能力；
>
> 不存在用于实现理解的可行算法；

因此：被自然选择所选择的、能够用来解释理解行为的东西，不论它是什么，都不会是一个算法。

这个结论属于是谬误推论。如果心灵是一个算法（与彭罗斯的主张相反），那么对于由这个算法造就心灵的人们来说，它肯定不是一个可辨识或可访问的算法。用彭罗斯的话说，它是不可知的。作为生物设计过程（包括基因层面和个体层面）的产物，它几乎一定位于由那些有趣算法所构成的漫无际涯空间中的某处，它满是拼写错误或"漏洞"，但就目前来看，它已经好到足以让你赌上自己的性命。彭罗斯认为这是一种"牵强"的可能性，可如果这就是他所能找来反对它的全部理由，那他就还没领教过最强版本的"强人工智能"。

3. 虚无缥缈的量子引力计算机：来自拉普兰的教诲

我对自然选择的力量深信不疑。但我看不出单凭自然选择本身如何可能演化出这样一些算法，它们具备我们看上去拥有的那种有意识的判断力，能够对其他算法的有效性加以裁断。

——罗杰·彭罗斯（Penrose, 1989, p. 414）

我不认为大脑是以达尔文模式出现的。事实上，我们可以证伪这一点。简单的机械机制不可能产生大脑。我认为宇宙的基本要素很简单。生命力是宇宙的一种原始要素，它遵守一定的行动规律。**这些**规律既不是简单的，也不是机械的。

——库尔特·哥德尔 [*]

　　当彭罗斯坚称大脑不是图灵机的时候，重要的是去理解他要说的**不是**什么。他不是要提出一个显而易见的（而且明显是不相干的）主张，即图灵最初的思维装置并没有很好地模拟大脑：那个小小的器具跨在一条纸带上，一个个地检查着纸带上的方块。没人不是这么想的。他也不单单是要说，大脑不是一台串行计算机，一台"冯·诺伊曼机"，而是一台大规模并行计算机。他还不仅是要说，大脑在运行其算法时利用了随机性或伪随机性。他认识到——尽管另一些人就没想到这一点——能够大量利用随机性的算法仍然属于人工智能的范畴，也就仍然受制于哥德尔定理对无论大小形状的所有图灵机所施加的限制。[†]

　　此外，面对自己那本书所引发的议论，彭罗斯现在勉强承认启发式程序也是算法，还承认如果他要去寻找反对人工智能的论点，就得先认可它们在追寻算术和其他一切领域的真理时所具有的巨大力量，

---

* 这是他在 1971 年说过的话，转引自王浩的文章（Wang, 1993, , p. 133）。另见王浩的《从数学到哲学》（Wang, 1974, p. 326）："哥德尔认为生物学中的机械论是我们这个时代的偏见，它将会被证伪。按照哥德尔的看法，就此而言，一种证伪思路在于一个数学定理，其大意是说，在若干个地质时代的期限内，从随机分布的基本粒子和场开始，单靠物理定律（或者具有类似性质的其他什么定律）来形成人体，就像大气偶然分散为它的各种成分一样不可能。"

† 杰拉德埃德尔曼就没认识到这一点。他的那些"神经达尔文主义"的模拟既是并行的，又是高度随机的（包含随机性）。这件事经常被他错误地引为证据，来说明他的模型不是算法，以及他本人并没有涉足"强人工智能"（例如 Edelma,n 1992）。其实他涉足了；他郑重声明自己没有涉足，就暴露出了一种对计算机的基本误解，但这只不过是表明了一件在人工智能界中尽人皆知的事情，那就是尽管你可能不具有"绝对无知"（麦肯齐匿名谈论了相关情况，回见第 3 章第 2 节），但你仍然不是非得理解你要造的东西才能把它造出来。

这力量即便不完美，至少也令人印象深刻。他还进一步澄清了一点：任何凭借与外部环境的沉浸式交互而运行的计算机都是算法计算机，**前提是外部环境本身完全是算法**。（如果天钩是像毒蘑菇一样长出来的——或者说得更准确些，是像栖居在毒蘑菇上传达神谕的祭司——而计算机是靠着不时跟这些天钩交流而得到助力的，那么它所做的事情就与算法无关了。）

那么在做了这番有用的澄清之后，彭罗斯坚持的是什么呢？1993 年 5 月，我跟彭罗斯以及一批瑞典的物理学家以及其他科学家一起，就我们在这些问题上的不同观点进行了为期一周的讨论，地点是在阿比斯库的一个工作室，那是瑞典深入北极圈地区的一个苔原研究站。也许在帮我们照亮前路这件事上，午夜的太阳与我们的瑞典东道主同样功不可没，但是无论如何，我想我们俩在离开时都有所开悟。彭罗斯提议在物理学发动一场革命，其核心是一个新的——而且还未得到详尽阐述的——"量子引力"理论，他希望该理论能够解释人脑是如何超越算法限制的。那么在彭罗斯的设想中，拥有特殊的量子物理学力量的人脑，是天钩还是起重机呢？这是我的瑞典之行要回答的问题，而我带回了以下答案：确定无疑，他一直以来都在寻找一个天钩。我认为他会知足于一台新的起重机——可我怀疑他是否找到了一台这样的起重机。

笛卡儿和洛克，以及后来的埃德加·爱伦·坡、库尔特·哥德尔和 J. R. 卢卡斯都认为，"机械"心灵的替代品就是**非物质的**心灵，或者按照传统的说法，是灵魂。作为人工智能较为晚近的怀疑者，休伯特·德雷福斯和约翰·塞尔则避开了这种二元论，他们认为心灵确实就只是大脑，但大脑可不是什么**寻常的**计算机；它具有"因果能力"（Searle, 1985），这能力超越了任何算法的运行。德雷福斯和塞尔都没有直截了当地说明这些特殊能力可能是什么，或者说明这些能力该由哪门自然科学来解释，但另一些人则在琢磨物理学会不会掌握着解开秘密的钥匙。对他们中的许多人来说，彭罗斯就像是一位行侠仗义的银盔骑士。

量子物理，护你周全！这些年来，关于如何利用量子效应来赋予大脑超越一切寻常计算机的特殊力量，人们提出了几种不同的方案。J. R. 卢卡斯（Lucas, 1970）急于把量子物理拖入这场争斗，但他认为量子物理的不确定性间隙将允许一种笛卡儿式的精神居中斡旋——差不多就是摆弄摆弄神经元——然后从大脑中整出某种额外的心灵能力，这套学说得到了约翰·埃克尔斯爵士的大力维护，这位诺贝尔奖加身的神经生理学家多年来凭借其毫不掩饰的二元论让他的同事们大失脸面（Eccles, 1953; Popper and Eccles, 1977）。对我而言，此时此地还不宜回顾那些驳斥这种二元论的理由——相宜的时间地点是 Dennett, 1991a, 1993d——因为彭罗斯跟唯物主义阵营中的其他人一样，尽力回避二元论。事实上，他对人工智能的攻击之所以令人耳目一新，就在于他仍然一直希望用某种关于心灵的物理科学来取代人工智能，而不是用某种发生在二元论乌有乡中的无法探究的奥秘取而代之。

在不放弃物理范畴的前提下，根据最近关于"量子计算机"（Deutsch, 1985）的推测，我们或许会从亚原子粒子中取得某种陌生的新力量。这样的量子计算机（据称）将利用"波包坍缩"前的"本征态叠加"，以便在常规时间内对漫无际涯的（没错，是漫无际涯）搜索空间进行查验。作为超大规模并行计算机，它可以"即刻"做成漫无际涯之多的事情，而这可以让各类原本不可行的算法变得可行——比如可以下出完美国际象棋对局的算法。然而彭罗斯要找的可不是这个，因为这样的计算机即便可能，也还是图灵机，因而只能计算正规的可计算函数——算法（Penrose, 1989, p. 402）。因此，它们还是会受制于哥德尔所发现的限制。彭罗斯不懈关注的，是一种真正**不可计算的现象**，而并非仅是实际中无法计算的现象。

彭罗斯承认，现今的物理学（包括现今的量子物理）**全都**是可计算的，但他认为，我们可能必须给物理学来场革命，纳入一种明显不可计算的"量子引力"理论。他为什么认为这样的理论（包括他在内，没人详尽阐述过该理论）一定得是不可计算的呢？因为若非如此，人工智能就是可能的，而他认为凭借从哥德尔定理出发的论证，自己已经证明了人工智能是不可能的。事情就这么简单。彭罗斯坦率地承认，让他相信量子引力理论的不可计算性的理由，都不来自量子物理学本身；而让他认为量子引力理论不可计算的那个**唯一理由**是：若非如此，AI 就终究会是可能的。换句话说，彭罗斯持有一个臆测，那就是有朝一日我们终会找到一台天钩。这是一位杰出科学家的臆测，但他自己也承认，这只是一个臆测而已。

彭罗斯评论了史蒂文·温伯格的近作《终极理论之梦》（你可能会想起我们在第 3 章中提到过温伯格，他曾献给还原论两次欢呼），他在这篇评论中思忖道：

> 在我看来，如果要有一个终极理论，那它只能是一个性质大为不同的体系。与其说它是一个寻常意义上的物理理论，不如说它一定更像是一个原则——一个数学原则，它的实现本身就可能涉及非机械的精妙性（甚至还可能涉及创造性）。（Penrose, 1993, p. 82）

因此，彭罗斯对达尔文主义表现出的强烈怀疑态度，也就不足为奇了。而他给出的依据也是大家所熟悉的：他无法想象"算法的自然选择"如何能够独力完成那些杰出的工作：

在算法应该会以这种方式改进自身的图景中，存在着一些严重的困难。正常的图灵机是无法如此实现特化的，因为"突变"很有可能会使机器变得完全无用，而不是稍稍改变它。（Penrose, 1990, p. 654）

彭罗斯看到，大多数的突变要么对选择没有影响，要么就是致命的；只有极个别的突变能改进事物。这是事实，但产生蟹类大螯的演化过程和产生数学家们精神状态的演化过程也都一样是事实。彭罗斯确信这里存在"严重的困难"，但他的确信就像爱伦·坡的确信一样，被一个残酷的历史事实所釜底抽薪：各种基因算法以及它们的亲族，每天都在克服这些骇人的可能性，并且（在地质时间尺度上）大步飞跃地改进着自己。

彭罗斯认为，如果我们的大脑**的确**配备有算法，那么这些算法就一定是自然选择设计的，但是：

这些算法背后的**观念**是要实现"强健的"特化。但就我们所知，观念需要有意识的头脑才能得到彰显。（Penrose, 1989, p. 415）

换句话说，设计的过程必定会以某种方式领会它正在设计的那些算法所遵循的原理，这难道不需要有意识的心灵吗？有被认识的道理，却没有认识这些道理的有意识的心灵，这是可能的吗？是的，达尔文说，这是可能的。自然选择就是这位盲眼钟表匠，**无意识的钟表匠**，但它仍是逼着以及其他妙技的发现者。这并不像许多人以为的那样无法设想。

按照我的思路，演化仍有某些神秘之处，它明显是在向着某种未来的目的"摸索"。诸般事物对其自身的组织，**看上去要比**它们"应该"做到的更好一些，不像是只靠碰运气的演化和自然选择。似乎有某种跟物理法则的作用方式相关的东西，让自然选择成了一种更有成效的过程，不再仅仅凭靠那些任意的法则。（Penrose, 1989, p. 416）

这段话清晰而又真挚地表达了对于天钩的期盼，无可比拟。尽管我们还不能"在原则上"排除量子引力天钩存在的可能，但彭罗斯也还没有给出任何让我们相信其存在的理由。如果他的量子引力理论已经是一种现实，那它最后也很可能成为一台起重机，但他还没有走到那一步，而且我怀疑他永远也不会走到。不过起码他还在努力。他希望自己的理论能够提供关于心灵作用方式的一幅统一而又科学的图景，而不是提供一个借口，以便宣称心灵是一个无法洞悉的意义终极来源。我自己的看法是，他目前正在探索的路径是条死路，尤其是神经元细胞骨架微管中可能发生的量子效应——一个在阿比斯库被斯图尔特·哈梅罗夫（Stuart Hameroff）大加宣扬的想法。不过这不是我们现在要谈的话题。（我忍不住要提出一个问题供彭罗斯思考：如果微管中潜藏着蔚为壮观的量子特性，那是否意味着蟑螂也有不可计算的心灵呢？它们和我们可是拥有同一类型的微管。）

如果彭罗斯式的量子引力大脑真的能够进行非算法活动，而且我们就拥有这样的大脑，并且我们的大脑本身就是算法演化过程的产物，那么就出现了一个惹人好奇的不自洽现象：一个算法过程（即自然选择，包括它的不同层次和不同实现方式）创造了一个非算法的子过程或子例程，这就使得**整个**过程（以人类数学家的大脑为终点、**包括人类数学家的大脑在内的演化过程**）变成了一个非算法过程。也就是说，一组多重嵌套的起重机最终创造出了一个真正的天钩！难怪彭罗斯会对自然选择的算法性质产生怀疑。如果自然选择真的在各个层面都只是一个算法过程，那么它的所有产物就应该也都是算法的。在我看来，这并不是一个无可避免的形式矛盾；彭罗斯只要耸耸肩，然后提出宇宙中本就有一些零金碎玉般的非算法力量，它们本身不是任何形态的自然选择的创造物，但算法装置一旦碰到它们，就可以将其作为发现物加以吸纳（就像传达神谕的祭司到了毒蘑菇上一样）。这些东西就是真正不可还原的天钩。

我觉得这种看法是有可能成立的，但彭罗斯必须面对证据不足的尴尬。物理学家汉斯·汉森（Hans Hansson）在阿比斯库发起了一场有力的挑战，他对比了一台永动机和一台真理检测计算机。汉森指出，在评判研究计划是否可靠这件事上，各门科学各有所长。如果有人跑去瑞典政府，还带着一份（由政府出资）建造一台永动机的计划，那么作为一名物理学家，汉森会毫不犹豫地证明，这将会——一定会——浪费政府的钱。该计划不可能成功，因为物理学已经证明永动机是断然不可能的。彭罗斯是否认为自己已经提供了类似的证明呢？如果有个搞人工智能的企业家跑去向政府要钱，打算制造一台数学真理检测机，彭罗斯会不会也乐于证明这笔钱会打水漂呢？

为了让问题更具体些，我们可以思考数学真理中一些较为特殊的变种。众所周知，万用程序是不可能存在的。所谓的万用程序，可以检查一切其他程序，判断其中是否含有无限循环，导致它一启动就停不下来。这就是所谓的"停机问题"，有一个哥德尔式证明表明了它是无解的（本章开头引用的图灵在 1946 年的评论，其中提到的几条定理就包括这一证明）。没有哪个本身确保会终止的程序能够把每一个（有限的）程序是否会终止都弄清。不过，或许拥有一个特别特别善于完成这项任务的程序（哪怕它并不完美）还是挺方便的——值得花一笔大钱。另一类有趣的难题被称作"丢番图方程"，据说没有哪个算法可以确保解出所有这样的方程。如果解出方程对于我们来说性命攸关，那么面对一个求解丢番图方程的"通用"程序，或者一个检查停机问题的"通用"程序，我们是不是一个子儿都不该花呢？（请记住：我们一个子儿都不该花在永动机上，哪怕是为了拯救我们的性命，因为这只是在一个不可能完成的任务上浪费钱罢了。）

彭罗斯的回答很有启发性：如果有待查明真假的东西是"不知怎么就从地里冒出来的"，那么我们花这笔钱就是明智的；可如果这个待查物出自一个有智能的行动者，这个行动者还查看过我们真假检测器中的程序，那么它就可以构建一个或多个恰好"不对路"的待查物，从而挫败我们的算法式真假检测器——构建一个它无法求解的方程，或者构建一个它无法终止、让它陷入混乱的程序。为了更加生动地凸显两种情况的区别，我们可以想象一个太空海盗，名叫龙佩尔施迪尔钦*，他挟持了我们的星球，不过只要我们能答出一千个算术命题的真假，他就会不伤分毫地放过我们。我们应该派一个人类数学家出面作答，还是派由最好的程序员们设计的计算机端真假检测器登场？按照彭罗斯的看法，如果我们把我们的命运寄托在这台计算机上，**还让龙佩尔施迪尔钦看到了计算机的程序**，那么他就可以设计出一个阿喀琉斯之踵式的命题来挫败我们的机器。（如果我们的程序是一个启发式的真假检测器，像任何一个国际象棋程序那样会冒险，那么不论是否考虑哥德尔定理的问题，他都能真的做到这一点。）但彭罗斯并没有拿出任何理由来说服我们，使我们相信同样的情况就不会发生在我们派出的人类数学家们身上。我们当中没有谁是完美的，即使一个专家团队无疑也有龙佩尔施迪尔钦能加以利用的弱点，只要他

---

* 龙佩尔施迪尔钦（Rumpelstiltskin）是格林童话中一个小恶魔（imp）的名字。——译者注

能充分获取有关数学家们大脑的信息。冯·诺伊曼和摩根斯特恩发明了博弈论，来处理在有其他行动者同我们竞争的情况下，生活抛给我们的一类特殊的复杂难题。面对这样的竞争者，不论你是人类还是计算机，明智的做法都是给你的大脑设置保护的屏障。在此情况下，竞争者的有无之所以会让局面有所不同，是因为由所有数学真理构成的空间都是漫无际涯的，而由各种丢番图方程的解所构成的空间，则是它的一个漫无际涯却又微乎其微的子空间，**随机**碰到一个能"破坏"或"击败"我们机器的真理，这概率小得实在可以忽略不计，然而在知悉对手的特定风格和局限后，在那个空间中进行一番智能的**搜寻**，就很有可能在大海中捞出那根针：攻其薄弱，一击制胜。

在阿比斯库，罗尔夫·瓦森（Rolf Wasén）提出了另一个有趣的观点。**有趣的算法作为一个类型，无疑包括许多人类无法企及的算法**。说得生动些，就是在东芝图书馆里有一些程序，它们不仅可以在我的东芝上运行，而且由于能够十分出色地为我效劳而为我所看重，但它们是任何人类程序员，或者他们的任何制造品（用于编写程序的现有程序），都永远无法创造出来的！这怎么可能呢？这些出色的程序大小都不超过一兆字节，许多实际存在的程序都比这大得多。我们必须再次提醒自己，由这些可能程序构成的空间是漫无际涯的。就像由可能的五百页小说、五十分钟交响乐或者五千行诗歌所构成的空间一样，由所有一兆字节长度的程序所构成的空间，永远只会被那些最纤细的实有之线所占据，无论我们付出多少努力。

有一些无人能写的短篇小说，不仅会成为畅销书，而且还会被立即认定为经典。在任何一台文字处理设备上都可以找到敲出这些小说所需的全部按键，而且对于任何一部这样的小说来说，敲击按键的总次数都是微不足道的，但这些小说仍然处在人类创造力的视域之外。每个特定的创作者，每个小说家、作曲家或计算机程序员，都是凭借一套特定的、被叫作**风格**的独特习惯在设计空间中被飞速推进的（Hofstadter, 1985, sec. Ⅲ）。风格既制约着我们，又赋予我们能力。它虽为我们的探索提供了积极的方向，却只能通过把相邻的其他区域变为我们的禁区来做到这一点——而且如果这些区域是专门针对我们的禁区，那么它们就很可能会是我们所有人永远的禁区。个人的风格确实独一无二，是古往今来不计其数的偶然相遇的产物，这种相遇首先产生了独一无二的基因组，然后是独一无二的养育方式，最后是一系列独特的生活经历。普鲁斯特从来都没有机会撰写任何一部有关越南战争的小说，其他人也永远无法写出**它们**——无法写出以**他的**气派来叙述**那个**时代的小说。我们的实有性和有限性，把我们卡在了由各种可能性所构成的总空间中的一个微不足道的角落里，可我们所能获取的实有性依然很了不起，这多亏了我们每一位前辈的研发工作！我们不妨充分利用我们所拥有的一切，为我们的后代留下更多可资取用、加工的东西。

现在是时候掉转举证的责任了，就像达尔文所做的那样，向批评者们提出挑战，要他们描述除了自然选择之外能让自然界中的种种奇观出现的**其他**方式。谁认为人类心灵是非算法的，谁就应该思考一下这种确信背后的狂妄自大。如果达尔文的危险思想是正确的，那么一个算法过程就有足够的力量设计出一只夜莺和一棵树。所以对于一个算法过程来说，写出一首歌咏夜莺的颂诗，或者一部像树一样可爱的诗篇，会比这难上很多吗？奥格尔第二法则无疑是正确的：演化比你聪明。

第 15 章

哥德尔定理并不构成对人工智能可能性的质疑。事实上，一旦我们了解一个算法过程如何从哥德尔定理的手中逃脱，我们就会比之前更加清楚地看到设计空间如何被达尔文的危险思想所统一。

第 16 章

那么道德的情况又如何呢？道德也会演化吗？从托马斯·霍布斯算起，一直到现在，社会生物学家们已经提出过一些有关道德演化的"说定的故事"。但是，按照有些哲学家的看法，所有这类尝试都犯了"自然主义谬误"：其错误在于，想要通过考察关于"世界**是什么样**"的各类事实，从而为关于"事物**应该**是什么样"的伦理结论提供根据，或对其进行还原。我们不如把这一"谬误"看作对于贪婪的还原论的指控，这指控往往是合理的。那么我们只要在我们的还原论中别那么贪婪就行了。

第 16 章

论道德的起源

1. 合众为一？

"大自然"（也就是上帝用以创造和治理世界的艺术），也像在许多其他事物上一样，被人的艺术所模仿，从而能够制造出人造的动物。由于生命只是"肢体"的一种运动，它的起源在于内部的某些主要部分，那么我们为什么不能说，"自动机"（像钟表一样用弹簧和转轮自动运行的器械）也具有人造的生命呢？是否可以说它们的"心脏"无非就是"弹簧"，"神经"只是一些"游丝"，而"关节"不过是一些转轮，这些零件如创造者所意图的那样，使整体得到活动的呢？艺术则更高明一些：它还要模仿"大自然"那件具有理性的、最精美的艺术品——"人"。因为号称"联合体"［COMMON-WEALTH］或"国家"（拉丁语为 CIVITAS）的这个庞然大物"利维坦"是用艺术造成的，它只是一个"人造的人"；虽然它远比自然人身高力大，但是以护持和保卫自然人为其目的；在"利维坦"中，"主权"是使整体得到生命和活动的"**人造的灵魂**"。*

——托马斯·霍布斯（Hobbes, 1651, p. 1）

托马斯·霍布斯是第一位社会生物学家，比达尔文还要早两百年。正如他那本名著的开篇所表明的那样，他认为国家的创建从根本上说是一件制造品造出另一件制造品，后者是群体生存的一种载体，其"目的"是"护持和保卫"其乘客。该书初版的卷首插图就显示出这个隐喻有多么严肃认真。

可我为什么要说霍布斯是一位社会生物学家呢？他不可能像如今的社会生物学家那样，想要利用**达尔文**的观念来分析社会。但他确实清楚且自信地看到了一个基础性的达尔文式任务：他看到，**必定有**这样一个故事要讲，它涉及国家最初如何被创造，涉及国家如何给大地上带来了某种全新的东西：道德。这个故事会把我们从一个显然没有对错之分、只有非道德竞争的时代，经过逐渐引入伦理视角的种种"本质"特征，带到一个（在生物圈的某些地方）明显存在对错的时代。由于这里涉及的是史前时期，也由于霍布斯没有可资参鉴的化石记录，所以他讲的故事就必定是一种凭理性进行的重构，是某种"说定的故事"（我在这里又犯了一个年代错乱的错误）。†

他说道：从前，世上全然没有道德。有生命存在；有人类存在，他们甚至拥有语言，所以他们也就拥有模因（这里第三次犯了年代错乱的错误）。我们可以设想他们拥有用来表示好与坏的语词——因而也就有相应的模因，但这些语词所表示的却不是**伦理上的**好与坏。

---

* 中译参考自《利维坦》，黎思复、黎廷弼译，杨昌裕校，商务印书馆，2011 年，第 1 页。——译者注

† 前文用"社会生物学家"这个在达尔文之后才产生的说法来形容霍布斯，已经是一种"年代错乱"的说法。——译者注

达尔文的危险思想　　　626

"对和错、公正和不公正的观念在这儿都不能存在。"所以,尽管他们会区分好矛和坏矛,好晚饭和坏晚饭,好猎人(猎取晚饭的能手)和坏猎人(吓跑猎物的家伙),但他们没有关于好人或正义的人,即道德的人的概念,没有关于好的行为,即道德的行为的概念——也没有与之对立的、关于恶人和恶行的概念。他们能鉴别出有的人要比其他人危险,或者能鉴别出谁是更优秀的战士,谁是更可意的伴侣,但他们的视角所及也就到此为止了。他们没有关于对错的概念,因为"它们是属于社会中的人的性质,而不是属于独处者的性质"。霍布斯把我们的这个史前时代称作"自然状态",因为就其最重要的特征而言,它很像至今身处野外的所有其他动物所共有的困境。在自然状态下,"产业是无法存在的;因为其成果不稳定;……没有技艺;没有文字,没有社会;而最糟糕的是,人们不断处于暴力死亡的恐惧和危险中;人的生活孤独、贫困、卑污、残忍而短寿"。*

后来,在一个美好的日子里,发生了一次突变。有一天,又有一起冲突爆发了,就跟之前爆发过的所有冲突一样,但这次碰巧出现了新情况。这批幸运的竞争者没有固守先前那种互相背叛、互不信任的短视自私的方针,而是想到了一个新点子:合作互利。他们订立了一个"社会契约"。尽管先前已经存在家庭、群落或部落,可这次诞生的是一个不同**种类**的群体,一个社会。这就是文明的诞生。而在这之后的事情,如人们所说,就是尽人皆知的历史。

霍布斯肯定会大为欣赏林恩·马古利斯的故事!这个故事所讲述的是真核生物革命,以及由此创造出来的多细胞生命。先前只有单调无趣的原核生物,它们漂浮着,度过卑污、残忍而短寿的一生,而现

在就有了多细胞生物体，一帮术业有专攻的细胞各有分工，使得多细胞生物体可以从事"产业"（尤其是耗氧代谢）和"技艺"（远距离的感知和移动，保护色，等等）。待到时机成熟，他们的后代创造出了一种非常特殊的多细胞集群，（最近才）被称作"人"，他们能够创造文字（或表征），并开始七手八脚地交换它们；这就让第二次革命成为可能。

霍布斯肯定会大为欣赏理查德·道金斯的故事！这个故事讲述的是模因的诞生，以及由此创造出来的人，而人并非仅仅是他们基因的生存载体。这个传说故事比霍布斯的传说故事更晚写成，但它所叙述的那些重大演化步骤却早于霍布斯打算描述的那个步骤：从没有道德的人过渡到公民的那个步骤。他十分确当地把这看作我们星球上生命历史的一个重大步骤，并开始尽他所能地讲述这个传说故事，告诉我们这一步在什么条件下可以迈出，以及一旦迈出就必定**由演化推进**（再犯一个年代错乱的错误）。它虽然不是一次骤变，而只是小小一步，却产生了重大后果，因为这次确实诞生了一个有前途的怪胎。

要是把霍布斯理解成一个只会不负责任地进行推测，却还想要成为历史学家的人，那就大错特错了。他十分清楚不能指望用历史学（或者考古学——这门学科当时还没被发明出来）的手段来寻得文明的诞生之所，但这并不是他的关注点。毫无疑问，史前事件的实际次序是更加纷乱的，而且还是分散杂沓的，有准社会要素（就是我们在成群的有蹄类动物和成伙的捕食性动物当中所看到的那种），准语言要素（就是我们在会鸣叫示警的鸟类和猴类，甚至是在采集蜂当中所看到的那种），甚至可能还有准道德要素（就是据说在猴类身上 *，以及热心的鲸和海豚身上得到确证的那种）。霍布斯凭理性进行的重构

---

* Wechkin et al., 1964; Masserman et al., 1964 ；相关讨论见 Rachels, 1991。

是一场大型的过度简化，一个意在说明各种要件的模型，忽略了种种卑琐而又无法知晓的细节。而且毫无疑问，即便按照它自身的标准，它也过于简单了。今天，在人们对博弈论、囚徒困境锦标赛这一类问题中的各处边角缝隙都进行过成百上千次的考察后，我们知道，在论及演化推进一个社会契约所需要的条件时，霍布斯总体上还是太过达观（sanguine）（用一个他词库中的词来形容）。但他毕竟是探索这种现象的先驱。

继他之后，让-雅克·卢梭，以及包括约翰·洛克在内的各色英国思想家，都针对社会的诞生这一问题提出了自己的理性重构。近些年来，人们发掘出了更多错综复杂的"契约论式"的"说定的故事"。约翰·罗尔斯的《正义论》（Rawls, 1971）是其中最为著名也最为复杂的一个，但也有别的"说定的故事"。这些故事一致认为，应该在某种意义上把道德看成是视角方面一次重大创新的涌现产物，而智人凭借其独有的额外信息传递介质——语言，成了唯一达成过这一视角创新的物种。罗尔斯的一个思想实验涉及我们应该如何组建一个社会的问题，在实验中，我们要想象一个社会的诞生时刻，此时该社会的居民们聚在一起，考虑他们的社会应该采用何种设计。他们要一起就这件事进行思考和推理，直到达成罗尔斯所说的"反思平衡"——一个不会被进一步的考量所推翻的稳定共识。就此而言，罗尔斯的想法很像是梅纳德·史密斯关于演化稳定策略的想法，但也有一个主要差异：这里从事计算活动的是人，而不是鸟类、松树或参与生命博弈的其他简单竞争者。罗尔斯设想的这个场景，其关键的创新之处就在于他所谓的"无知之幕"，这个设计是为了确保参与者中间不正当的自私自利在反思活动中自行消解。每个人都可以投票选择一个自己心仪的社会设计，不过当你在决定自己乐意生活在哪个社会、支持哪个社会时，投票的你并不知道自己会在该社会中扮演什么角色或占据什么位置。你可能是一位参议员、一名外科医生、一个清道夫或一介士兵；你得等到投票后才会知道。在无知之幕后面进行选择，这确保人们会妥善考虑可能的后果，考虑成本与收益，而且是为所有公民考虑，把那些处境最差的人也包括在内。

罗尔斯的理论所得到的关注超过了 20 世纪任何其他的伦理研究，这理所应当。跟往常一样，我要提出相关议题的一个过度简化版本。我想要提醒大家注意的是，对于一般意义上的达尔文式思维来说，具体而言是对于"演化伦理学"来说，这项研究的落脚点是什么，以及如何看待它所挑动和启发的所有研究。尤其需要注意，霍布斯所提出的是对实际发生之事——必定发生过的事情——的理性重构，而罗尔斯所提出的思想实验则关乎什么事情——假使它发生了——会是**对的**。罗尔斯的研究计划不关乎揣测出的历史或史前史，它完全是一个考察规范性问题的研究计划：他试图演示**应该**如何回答各种伦理问题，说得更具体些，他试图**证明**一套伦理规范的**合理性**。霍布斯希望解决"伦理学**应该**是什么样"这一规范性难题——这也是罗尔斯的难题——可他是个贪婪的还原论者，试图一石二鸟：他还想解释对与错这样的东西最初是如何出现的，以达尔文模式进行一次想象力的操演。不消说，生命比这复杂多了，但这是一次精彩的尝试。

霍布斯在《利维坦》中的论述带有显著的邦格罗斯范儿——就这个流行词经由扩展适应所产生的两种含义而言都是如此。第一，他预设这些把社会作为共同解决方案的行动者的所作所为是合理的（用他的话说是"慎虑"），由此把社会看作在理性的支配下诞生的，即一个逼着，或者至少把社会看作在理性的大力赞成下诞生的，即一个妙技。换句话说，霍布斯的传说故事是一个适应论的"说定的故事"——这还算无妨。但是，第二，由于毕竟诉诸了我们对于**我们自己物种的善**的感觉，所以这个故事容易误导我们对故事的必然展开方式抱有一种过于达观的看法——这可是个严重的批评。虽然我们可能会想，不管故事是怎么展开的，道德的诞生**对我们来说**都是件好事，但我们应该尽量不要沉溺于这样的想法。这想法无论多么正确，都无法解释这些我们在回顾时深深感激的实践，无法解释它们如何出现、如何持续存在。我们**不应**对群体理性加以假设，就像我们不该假设，单是由于我们在真核生物革命中受惠匪浅，真核生物革命本身就得到了解释。群体理性，或者说合作，是必须实现的，这是一个重大的设计任务，无论我们在这里考虑的是原核生物的同盟，还是我们更晚近的祖先们的同盟。事实上，近年来伦理学方面许多最为杰出的研究，关注的正是这个问题（例如 Parfit, 1984; Gauthier, 1986; Gibbard, 1985）。

在对这方面的人类困境加以进一步的细致考察之前，我们也许可以先更为谨慎地思考一下霍布斯提醒我们认真对待的那个比喻，采用由达尔文革命的介入所提供的、经过改进的视角。社会在哪些方面像一个巨大的生物体，在哪些方面又有所不同？

多细胞生物体已然解决了群体团结的难题。从来没人听说过有哪个传说故事讲的是一个人的大拇指揭竿而起，跟邻近的手指发生内战，或者一只老鹰的双翅发起罢工，撂挑子不干，直到它们能从喙或者（说得更恰切些）生殖腺那里争取到一些让步。既然我们已经能用基因之眼的视角来观察这个世界，那么这种情况就可以看作摆在我们面前的一个谜题。为什么不会发生这样的反叛呢？多细胞生物体中的每一个细胞都有自己的 DNA 链，也就是可以用来制造整个生物体的全套基因，如果基因是自私的，那么为什么拇指细胞或翅膀细胞中的基因会如此驯顺地跟别的基因合作呢？拇指和翅膀中的 DNA 副本难道就不算基因吗？（它们被剥夺了投票权吗？它们为什么要忍气吞声呢？）生物学家戴维·斯隆·威尔逊和生物学哲学家埃利奥特·索伯（Wilson and Sober, 1994）指出，通过考察我们祖先——可以上溯到最初的真核生物——如何设法实现"自身各部分的和谐与协调",我们可以学到许多东西,从而对我们社会中的背弃问题(例如,先是许下诺言,之后又食言而肥)和哈丁所谓的公地悲剧(参见第 9 章)有更深入的认识。不过这个学习的过程还颇有些棘手,因为组成我们身体的细胞分属两个大为不同的范畴。

> 一个普通人通常是数十亿个共生生物体的宿主,而这些生物体则或许分别属于一千个不同的物种……他的表型并不仅仅由他的人类基因所决定,还由他碰巧染上的所有共生体的基因所决定。某一个体所携带的共生体物种,其出处通常五花八门,可能只有少数来自他的父母。(Delius, 1991, p. 85)

我究竟是一个生物体还是一个群落,抑或两者都是?我两者都是——而且还不止如此——但是,那些是我身体正式组成部分的细胞,跟那些不是我身体正式组成部分的细胞,还是有巨大差异的,尽管对于我的存活而言,后者当中许多细胞的重要性并不亚于前者。组成了多细胞的我的那些细胞,都有一个共同的祖先;它们同属一个支系,是当初结合成受精卵的那对卵子和精子的"女儿细胞"和"孙女细胞"。它们是宿主细胞;其他细胞则都是**访客**,其中有受欢迎的,也有不受欢迎的。访客是外来者,因为它们由不同的支系传衍而来。那这又有什么影响呢?

这是我们极易忽视的一点,在现在的语境中尤其如此,因为我们把所有这些"派别"都当作意向系统来对待了——这么做是应该的,但必须极为谨慎。除非小心翼翼,否则我们很容易漏掉一个事实:在这些各式各样的行动者、半行动者以及再三打折扣的行动者的生涯中,有一些需要抓住机会"做出决定"的关键时刻。构成我身躯的细胞有一个共同的命运，但有些细胞比其他细胞在更强的意义上拥有这一命运。我的手指细胞和血细胞中的 DNA 都处在遗传的死胡同里；用魏斯曼的话来说（参见第 11 章），这些细胞是**体细胞系**（身体）的一部分，而不是**生殖细胞系**（性细胞）的一部分。抛开克隆领域的技术革命不谈（同时也忽略这些技术所具有的一种严重受限、颇为短命的前景，即它们会让位于由它们协助创造的那些替换细胞），我的体细胞系注定会"无后"而终，既然这是事先就确定了的，那就不会再有任何压力、任何常规的机会、任何"选择点"来让它们的意向轨迹——或者它们同样受限的后代的轨迹——获得调整。你可以说它们是**弹道式的**意向系统，它们的最高目标和目的已经彻底固定下来了，没有重新考虑的机会，也没有加以制导的机会。它们组成了某个身体的一部分，完全作为全心全意的奴隶服务于该身体的至善。它们可能会被来访者所利用或戏弄，但在正常情况下，它们不能单凭自己就发动反叛。就像"复制娇妻"*一样，它们被事先设计好了单一的至善，而且这个至善不是"只顾自己"。恰恰相反，就其本性而言，它们是优秀的团队合作者。

它们促进这一至善的方式也是被事先设计好的，在这方面，它们在根本上有别于其他"在同一条船上"的细胞：我的共生体访客们。良性的互利共生体，中性的偏利共生体，以及有害的寄生体，共享由它们一起组成的同一个载体——我——它们各自都有事先设计好的至善，那就是延续它们各自的支系。幸运的是，它们可以在一定的条件下维持友好关系，因为毕竟大家都在同一条船上，而且既不合作又要

---

* 《复制娇妻》（*Stepford Wives*，字面意思是"斯泰普福德的妻子们"）是美国作家艾拉·雷文（Ira Levin）于 1972 年出版的小说，分别于 1975 年和 2004 年改编为同名电影。英语世界一般用"斯泰普福德的妻子"贬称百依百顺、盲目服从丈夫的妻子。——译者注

蒸蒸日上的条件是很苛刻的。**不过它们确实有得"选"**。这是一个属于它们，却不属于宿主细胞的问题。

这是为什么？是什么使得——或者说"要求"——宿主细胞如此全心全意，却又让访客细胞在时机成熟时可以自由地发起反叛？当然了，这两类细胞都不是有思维、有感知、有理性的行动者。二者的认知能力没有明显的高下之分。这并不是演化博弈论的支点所在。巨杉不以聪慧见长，但它们所处的竞争状况迫使它们做出背弃的行为，从而造成了——从**它们的**视角来看（！）——一场浪费的悲剧。演化无法推进互利合作的共识，无法让它们全都不再想要长出高大的树干，全都不再徒劳无功地尝试获取更多光照。

创造出"选择"的那个条件，正是**差异性生殖**的无心灵"投票行为"。正是差异性生殖的机遇，让我们的访客们的支系经由"探索"替代性的方针，从而"改变主意"或"重新考虑"自己之前做出的选择。然而我的宿主细胞，在我的受精卵形成的那一刻，就已经被一次投票彻底设计好了。如果由于突变的原因，**它们**身上碰巧出现了唯我独尊或自私自利的策略，那它们就不会蓬勃发展（相对于它们的同辈来说），因为差异性生殖的机遇是很稀少的。（癌症可以被看作一种自私的——而且还会破坏载体的——反叛，而使其成为可能的，则是一次批准了差异性生殖的修改。）

哲学家兼逻辑学家布赖恩·斯科姆斯近期指出（Skyrms, 1993, 1994a, 1994b），在体细胞高度共有的命运中实现的正常合作，以及罗尔斯试图在无知之幕后设计的那种合作，二者的前提条件是类似的。他恰切地称之为"达尔文式无知之幕"。你的性细胞（精子或卵子）的形成过程不同于正常细胞分裂或**有丝分裂**的过程。你的性细胞形成于另一种过程，称作**减数分裂**，它会随机构建出一半候选基因组（去跟来自你配偶的那一半基因组结合）。先从"A 列"（你从母亲那里得到的基因）中选择一点儿，然后从"B列"（你从父亲那里得到的基因）中选择一点儿，直到全套的基因——但每个基因只有一个副本——被构建出来并置于性细胞中，准备好在交配这场大抽奖中碰碰运气。但对于最初构成你的那个受精卵而言，它的哪些"女儿"注定要进行减数分裂，哪些又注定要进行有丝分裂呢？这同样是一次抽奖。由于这种无心灵的机制，（你身上的）父系基因和母系基因通常不可能事先"知道它们的命运"。它们是会拥有生殖细胞系的子孙，还是会被交托给体细胞系那片贫瘠不育的死水？它们是会拥有滔滔不绝、涌向未来的后代，还是会被发配为奴，服务于身体之国*或身体公司†（想想它的词源）的利益？答案既是未知的，也是不可知的。所以"同胞"基因之间的自私竞争根本无利可图。

不管怎样，通常的安排就是如此。不过在一些特殊的时刻，达尔文式无知之幕会被短暂地拉起，"减数分裂驱动"‡或我们在第9章中考察过的"基因组印记"（Haig and Grafen, 1991; Haig, 1992）就是这类例子。这种情形**确实**准许基因之间发生"自私的"竞争，导致不断升级的军备竞赛。但在大多数情况下，对于基因来说，"自私时间"是有严格限制的，一旦骰子——或者说选票——被投出，这些基因就

---

* 身体之国（body politic）一般也指被比作物质性身体的政体，如城市、王国和现代国家。——译者注

† 公司（corporation）对应的拉丁语词语有 corpus（身体、组织起来的人群）和 corporāre（组成一个身体/整体）等。——译者注

‡ 减数分裂驱动（meiotic drive），在减数分裂过程中出现异常，导致配子或杂交子代的分离比违背正常规律的现象，常由分离失调基因（segregation distorter）造成。——编者注

只能随波逐流，直到下一次选举。*

斯科姆斯表明，当一个群体中的诸多个别要素——无论该群体是整个生物体还是它们的组成部分——之间关系密切（都是同样的克隆体或近似克隆体），或者是能够进行相互辨认和选型"交配"时，就会形成囚徒困境的简单博弈论模型（背弃的策略总在其中占主导地位）所无法正确构拟的情况。这就是为什么我们的体细胞不会有背弃行为——它们都是克隆体。这是群体——比如我的这些"宿主"细胞构成的群体——能够拥有"和谐与协调"的所需条件之一，而有了"和谐与协调"的群体才能相当稳定地表现出"生物体"或"个体"的样态。但是，在我们欢呼三声，并将此作为我们建立公正社会的典范之前，我们应该先停一停，注意到还有另一种看待这些模范公民——体细胞和器官——的方式：它们这种特定类型的无私，其实就是狂热分子或"僵尸"身上那种深信不疑的服从，它展现出一种极为排外的、对群体的忠诚，这很难说是值得人类效仿的理想状态。

不同于组成我们的细胞，我们并不处在弹道轨迹上；我们是**制导式的**导弹，能够在任何一点上改变方向、放弃目标、改换效忠对象、形成小圈子然后再背叛等等。对我们来说，每时每刻都是做决定的时

---

* E. G. 利也许是最早注意到这种相似性的人："这就仿佛是我们要跟一个基因议会打交道：每个基因都遵循自己的利益来行事，但如果它的行为伤害了其他基因，它们就会联合起来压制它。减数分裂的传递规则作为日益不可违犯的公平竞争规则而演化着，这是为了保护议会免遭一个或几个个体的有害行为而设计的一部宪法。然而，要是有些基因座与分离失调基因的关系十分密切，以至于通过'沾它的光'而获得的好处大于失调带来的危害，那么它往往就会选择增强这个失调效果。因此，一个物种就必须有许多染色体，以便在出现一处失调时，大多数基因座上都会偏向于选择压制它。正如一个过小的议会可能会被少数几个人组成的小圈子引入歧途一样，一个只有一条紧密连接的染色体的物种就很容易成为失调的猎物。"（Leigh, 1971, p. 249）生殖细胞系的封存，从根本上说是一种准许多细胞生命存在的政治创新，相关讨论见 Buss, 1987, pp. 180ff.。

刻，而且由于我们生活在一个有模因的世界里，所以各种各样的考量，以及意料之中的结局，对我们来说都并不陌生。因此，对于我们会接连不断遇到的社会机遇和社会困境，博弈论只是给出了相应的行动场所和参与规则，却没有给出解决方案。任何关于伦理学之诞生的理论都必须把文化跟生物学结合起来。正如我之前所说，生命对于社会中的人来说是更为复杂的东西。

2. 弗里德里希·尼采的"说定的故事"

最初，是一本清楚、规整、聪明而且极具天才的小册子，促使我公布了自己关于道德之起源的假设。在这本小册子里，我第一次明确地遭遇到一种逆向且反常的处理各种谱系假说的方式，真正的英国方式，它吸引着我——那吸引力里面包含了一切相对及相反的因素。[*]

——弗里德里希·尼采（Nietzsche, 1887，前言）

它跟自然的方案完全相符，就像是被自然选择所打造出来的：为使系统摆脱过量的或有害的物质而被排泄出来的东西，应该被用于［其他］十分有益的目的。

——查尔斯·达尔文（Darwin, 1862, p. 266）

弗里德里希·尼采于 1887 年发表了他的《道德的谱系》。他是

---

[*] 中译参考自《道德的谱系》，梁锡江译，华东师范大学出版社，2015 年，第 52 页。——译者注

第二位伟大的社会生物学家，与霍布斯不同的是，他受到过达尔文主义的启发（或挑动）。正如我在第 7 章所指出的，尼采大概从未读过达尔文。他对"英式"谱系学的轻蔑，就是指向社会达尔文主义者的：赫伯特·斯宾塞首当其冲，然后是达尔文在欧洲大陆的粉丝。其中一个粉丝正是尼采的朋友保罗·雷伊，他那本"规整"的《道德感觉的起源》（Rée, 1877）挑动尼采写出了这本不规整的杰作。*社会达尔文主义者虽是社会生物学家，但肯定算不上是伟大的那种。事实上，他们差不多就是在拿他们那位英雄的模因做文章，普及这些模因的二流（歪曲）版本。

斯宾塞宣称，"适者生存"不仅是大自然母亲的做法，还**应该**是**我们**的做法。根据社会达尔文主义者的观点，强者征服弱者、富人剥削穷人是"自然"的。这显然是种糟糕的思维，霍布斯已经向我们展示过原因了。同样"自然"的还有年纪轻轻、目不识丁就死去，近视了没有眼镜，生病了没有药物——因为自然状态就是如此——可只要我们问上一句"那现在也该如此吗？"，这些就统统不作数了。换一种思路，既然我们（在一种延伸的意义上）已经完全自然地——而非超自然地——走出了自然状态，并且为彼此的利益而采取了一系列社会实践，那么我们就可以干脆地否认：强者支配弱者，连同其他社会达尔文主义的胡扯，并不具有什么普遍的自然性。还有件趣事值得一提，社会达尔文主义者的基本（坏）论点与许多宗教激进主义者所使用的一个（坏）论点是相同的。激进主义者有时会在论证开头说"假如上帝有意让人……［飞、穿衣服、喝酒……］"，而社会达尔文主义者在论证开头所说的话则差不多等于"假如大自然母亲有意让

---

* 雷伊是尼采最亲近的朋友，以至于尼采在 1882 年拜托雷伊向露·莎乐美转达求婚的提议，但她拒绝了，而雷伊也爱上了她。生命可真复杂。

人类……",而即便大自然母亲(自然选择)可以被看作有意向的(这里"意向"的含义有其限定,即从回溯性的角度来看,它拥有一些出于这样或那样的原因而受到支持的特征),这些早先的支持现在可能也算不了什么了,因为境况已经发生了改变。

在社会达尔文主义者的各种观念中,有一个政治议题:行善者为了扶助社会中最不幸的成员而采取的那些措施会适得其反,这样的措施给那些本来会被自然明智地淘汰的人提供了自我复制的机会。虽然这些观念十分恶劣,但它们并不是尼采的主要批评目标。他的主要目标是社会达尔文主义者在历史问题上的天真(Hoy, 1986),他们抱有一种邦格罗斯式的乐观主义,认为人类理性(或慎虑)具有一种对于道德的现成适应性。尼采把他们的这种自满看成他们作为"英国心理学家"——休谟的智识后裔——而拥有的部分遗产。他注意到他们想要避免天钩:

> 这些英国心理学家——他们究竟要干什么?人们发现他们总是……寻找真正有效用的、引领性的行动者,寻找这个在其演化中具有决定性作用的东西,而且是在人的理智自尊最**不想要**找到它的地方来寻找(譬如,习惯的惯性,健忘,各种观念盲目且偶然的、机械性的勾连,或者是某种纯粹被动、自动、反射性、分子性的东西,以及彻底的愚钝)——究竟是什么驱使这些心理学家径直走向**这条道路**的?难道是一种人类所具有的秘密的、恶毒的、粗鄙的、或许人自己都不愿意承认的自我贬低本能?
> (Nietzsche, 1887, First Essay, sec. 1, p. 24)*

尼采用来对付"英国心理学家"的陈腐之词的解药，是一种非常"欧陆"的浪漫主义。"英国心理学家"认为从自然状态到道德的通道是简易快捷的，至少是有模有样的，但那是因为他们只顾编造自己的故事，没有费心去查看历史的线索，而历史的线索会告诉人们一个更为黑暗的故事。

尼采跟霍布斯的做法一样，一开始就想象了一个人类生活的前道德世界，不过他把自己这个关于转变的故事分成了两个阶段（而且他是从中间开始，倒着讲他的故事，这让很多读者感到困惑）。霍布斯曾指出（Hobbes, 1651, pt. I, ch. 14），任何订立契约或协定的实践，其存在都取决于人类对未来做出承诺的能力，而尼采想到的则是这种能力并不是白白送上门的。这就是《道德的谱系》三篇文章中第二篇的主题："驯养一只动物，让其**有权做出承诺**——这岂不正是大自然在涉及人的问题上给自己提出的那个自相矛盾的任务吗？这难道不正是关于人的真正难题之所在吗？"（Nietzche, 1887, Second Essay, sec. 1, p. 57）* 这个"关于**责任**如何起源的漫长故事"讲的是早期人类如何学会通过彼此折磨——字面意义上的折磨——而发展出一种特殊的记忆，即记录债务和债权所需的记忆。"买和卖，连同它们的心理附属物，甚至要比任何一种社会组织形式和社会团体的开端都要古老。"（Second Essay, sec. 8, p. 70）† 辨别欺诈、牢记背约以及惩罚欺诈者的能力，必定是被灌输进我们祖先大脑的，尼采猜测道："它们的开端与尘世间所有大的事件一样都是经过鲜血长期而又彻底地浇灌而

---

* 中译参考自《道德的谱系》，梁锡江译，华东师范大学出版社，2015年，第104页。——译者注
† 中译参考自《道德的谱系》，梁锡江译，华东师范大学出版社，2015年，第122页。——译者注

促成的。"（Second Essay, sec. 6, p. 65）*尼采拿什么证明这一切呢？他以一种富有想象力——不等于肆无拘束——的方式解读了我们可以称作人类文化化石记录的东西，包括古代神话、尚存的宗教实践、考古线索等不同形式。各种血淋淋的细节尽管很吸引人，不过我们先不管它们；尼采意在指出，我们的祖先最终"驯养"了一种动物（也许就是通过对鲍德温效应的一次实际运用做到的！），使其天生具有信守承诺的能力以及与之相伴的一种天赋，即发现违背承诺者并对其施以惩罚。

按照尼采的说法，这就让早期社会得以形成，但这时还是没有道德——没有我们今天承认和尊崇的那种道德。他主张，第二次转变发生在有历史的时代，可以通过词源学的重构和对过去两千年中各种文本的适当解读来加以追迹——这是尼采对他受训掌握的语文学方法的一次适应性调整。要想用一种新方式解读这些线索，你肯定就需要有理论支撑，而尼采就有这样一种理论，他发展这种理论，是为了反对暗藏在社会达尔文主义者身上却被他察觉到了的理论。尼采第二个"说定的故事"（第一篇文章所讲的内容）中的原型公民生活在某种社会里，而非霍布斯的自然状态中，但根据他的描述，这些社会里的生活差不多同样卑污和残忍。强权即公理——或者说，强权统治一切。人们有好与**坏**的概念，但没有善与**恶**、对与错的概念。跟霍布斯一样，尼采试图讲述的是后面这些模因如何产生的故事。他最为大胆的（也是到头来最缺乏说服力的）猜测之一，就是（道德上）善和恶的模因不只是它们非道德范畴的前身的轻微变换；这些模因**交换了位置**。曾经的**好**（旧式的）变成了**恶**（新式的），曾经的**坏**（旧式的）变成

---

* 中译参考自《道德的谱系》，梁锡江译，华东师范大学出版社，2015 年，第 115 页。——译者注

了（道德上的）善（新式的）。对尼采来说，这个"价值重估"是伦理诞生的关键事件，他使之明确对立于赫伯特·斯宾塞那寡淡乏味的推断：

> ［斯宾塞认为］"好"的概念与"有用""实用"等概念在本质上是相通的，于是人类在"好"与"坏"的判断中，恰恰就是对人类那些关于有利–实用与有害–不实用的经验进行了总结和确认，这些经验是**未被遗忘和无法遗忘的**。按照这种理论，"好"就是一直以来被证明为有用的东西：因此可以主张其具有"最高程度的价值"和"自在自为的价值"。如上所述，这种解释的思路是错误的，但是至少这种解释本身是理性的，并且在心理学上是站得住脚的。（Nietzsche, 1887, First Essay, sec. 3, p. 27）*

尼采关于价值重估如何发生的故事独出机杼、令人惊叹，难以公正持中地加以概括，还常常遭到粗暴的歪曲。我不打算在这里为它伸张正义，只想提醒大家注意它的中心主题（不去判断它的对错真伪）：以强权统治弱者的"贵族"遭受了（"祭司"）狡猾的欺骗，从而采纳了被颠倒的价值观念，而这种"道德上的奴隶起义"让强者的残酷掉过头来针对其自身，从而摆布强者，让他们去自我征服、自我文明化。

> 在祭司们那里，一切都变得更危险了，不仅是医疗方法和治疗技巧，而且还有高傲，复仇，机敏，放荡，爱情，统治欲，美

---

* 中译参考自《道德的谱系》，梁锡江译，华东师范大学出版社，2015 年，第 67 页。——译者注

德，疾病；——这里还有必要加以补充的是：人的，或祭司们的这种存在方式**本质上是非常危险的**，但正是在这一危险的存在方式的基础上，人才真正成为**一种有趣的动物**，而人的灵魂也正是在这里获得了更高意义上的**深度**，并且变得邪恶——这正是迄今为止人优越于其他动物的两个基本表现形式！（Nietzche, 1887, First Essay, sec. 6, p. 33）*

　　尼采的这些"说定的故事"着实可畏（在旧式和新式的双重意义上）。它们是混合体，兼具杰出与疯狂，崇高与卑贱，既有摧枯拉朽的历史锐见，也有自由不羁的幻想。如果说达尔文的想象力在某种程度上受到了他所承袭的英国商业传统的束缚，那么尼采的想象力受他所承袭的德国思想传统的束缚甚至更为严重，但这些传记性的事实（不管它们具体是什么）丝毫不会影响二人以如此精彩的方式促成其诞生的那些模因的当前价值。虽然他们二人都提出了危险的思想——如果我是对的，这就并非巧合——但是，相较于达尔文在表达上超乎寻常的谨慎，尼采则沉溺于过度激越的散文中，这无疑就让他的信徒军团包含了一帮声名狼藉、不堪言表、无法理解的纳粹分子和其他诸如此类的粉丝，这些人对尼采模因的歪曲，让斯宾塞对达尔文的歪曲都显得天真无邪。对于这两种情况，我们都必须动手修复后人对我们的模因滤网造成的这种损坏，让滤网不再轻易基于"连坐"而摈弃相应的模因。达尔文和尼采都不政治正确，这是我们的幸运。

　　［政治正确，就其名副其实的极端版本而言，几乎跟一切思想上

---

* 中译参考自《道德的谱系》，梁锡江译，华东师范大学出版社，2015年，第74页。——译者注

的惊人进步针锋相对。我们或许可以称它为**模因优生学**（eumemics），因为它就像社会达尔文主义者的极端优生学一样，试图把有关安全和良善的各种目光短浅的标准强加于自然的慷慨丰富之上。如今很少有人——但还是有一些——会给**所有的**遗传咨询和遗传政策都安上优生学的罪名。我们应该把这个批评用语留给那些贪婪而又专断的政策，那些极端主义的政策。在第 18 章中，我们将会思考如何在模因圈中明智地展开巡逻纠察，以及我们可以做些什么来保护自己免受真正的危险思想的影响，但在思考这些问题的时候，我们心中应该牢记优生学的恶例。]

　　我认为，尼采对社会生物学最重要的贡献，在于坚定地把达尔文本人的一个基本见解应用到了文化演化的领域。这也是社会达尔文主义者和当代一些社会生物学家最常忽视的一个洞见。他们所犯的错误有时被称作"起源谬误"（genetic fallacy）（例如 Hoy, 1986）：这种错误在于从祖先的功能或意义来推断当前的功能或意义。正如达尔文（Darwin, 1862, p. 284）所说："因此在整个自然中，几乎每个生物的每个部分，在稍有改动的条件下，大抵都为多种不同的目的服务过，也都在许多古老而又相互区别的特定生存机制形式中起过作用。"而就像尼采所说的那样：

　　……一个事物的起源之因与该事物的最终用途、该事物的实际应用及其在某个目的体系中的定位之间有着天壤之别；任何现存的事物，通过某种方式得以形成的，总会一再地被某个在它之上的力量重新解释以适应新目的，总会被接管，被改头换面，被掉转方向；有机世界中所发生的一切事情，都是征服和**主宰**；而所有征服和主宰都涉及新的解释，通过这样一种适应，之前的任何"意义"和"目的"都必定被遮蔽乃至抹杀。（Nietzche,

1887, Second Essay, sec. 12, p. 77）*

抛开尼采特有的关于某种征服与主宰之力的高呼长啸，这段话就是纯纯的达尔文味。或者就像古尔德可能会说的那样，一切适应都是扩展适应，在文化演化和生物演化中皆是如此。尼采接着强调了另一个经典的达尔文式主题：

> 因此一个事物、一种习俗、一个机构的"演化"并不是朝向某个目标的前进过程［progressus］，更不是一个走最短路线、花最小力气的合乎逻辑的前进过程——而是一连串深刻程度不一、多少相互独立的征服过程，再加上每个过程所遇到的阻力，以自卫和应对为目的而实现转变的企图，以及成功的反击行动造成的结果。†（Nietzche, 1887, Second Essay, sec. 12, pp. 77–78）‡

考虑到尼采可能从来没有读过达尔文本人的著作，他对其主要旨趣的领会就很引人注目了，但他还是败坏了自己作为一个强有力的达尔文主义者的功绩；就在同一页上，他陷入了对天钩的渴望，宣布他

---

* 中译参考自《道德的谱系》，梁锡江译，华东师范大学出版社，2015年，第130页。——译者注

† 中译参考自《道德的谱系》，梁锡江译，华东师范大学出版社，2015年，第131页。——译者注

‡ 有趣的是，关于复杂性与任何整体进步观念之间的关系，尼采也同样持有一种十分有力的、彻头彻尾的现代看法："最丰富和复杂的形式——因为'较高级的类型'一词并不表示更多的东西——更容易趋于毁灭；唯有最低级的形式能守住一种表面上的不可摧毁性。"（Nietzsche, 1901, p. 684）（原注所标引文信息有误，这段文字出自作者所引《权力意志》英译本的"第684节"，对应页数为363。这段引文的中译参考自《权力意志》，孙周兴译，商务印书馆，2007年，第1048页。——译者注）

"在根本上与目前盛行的本能和品位背道而驰，后者宁愿调和于一切事件的绝对偶然性、机械论式的无意义性，也不愿调和于有关一切事件中均有**权力意志**在运作的理论"*。尼采关于权力意志的观念以一种较为奇怪的方式体现了对天钩的渴望，所幸今天很少有人会觉得它有吸引力。但如果我们抛开这一点，那尼采道德谱系的要点就在于：我们必须极为小心，要避免在我们从自然外推出来的历史中，读出任何有关价值的简单化结论：

> 这种或那种关于价值和"道德"的排名榜单，其**价值**到底是什么？这个问题，应当从各个不同的角度来加以提出；特别是人们不可能十分精细地分析所谓"价值**何为**"的问题。例如，某种东西在涉及一个种族的最大可能的延续方面（或者在提高其对某一特定气候的适应能力方面，或者在尽可能保持种族最大数量方面）具有明显的价值，而它与那种能够培养一个更强大的种族的东西或许无论如何都不具有相同的价值。大多数人的福祉与少数人的福祉是两种互相对立的价值观；认为第一种价值观天然就具有更高的价值的观点，我们将其称为英国生物学家的天真……（Nietzsche, 1887, First Essay, sec. 17）†

尼采在这里所谴责的天真，明显指向斯宾塞，而非达尔文。斯宾塞和雷伊都认为，他们可以看到一条笔直而又简易的道路，直通利他主义（Hoy, 1986, p. 29）。我们可以把尼采对这种邦格罗斯主义的

---

* 中译参考自《道德的谱系》，梁锡江译，华东师范大学出版社，2015年，第132页。——译者注

† 中译参考自《道德的谱系》，梁锡江译，华东师范大学出版社，2015年，第102—103页。——译者注

批评看作一个明确的先驱，其后继者则有乔治·威廉斯对天真的群体选择论中那种邦格罗斯主义的批评（参见第 11 章）。用我们的话说，斯宾塞是一个极度贪婪的还原论者，他试图一步就从"是"推导出"应该"。可这不正好揭示了一切社会生物学的更深层难题吗？哲学家们不是已经向我们表明，无论你采取多少步骤，都永远无法从"是"推导出"应该"吗？曾有人指出，社会生物学无论变得多么复杂，无论动用多少起重机，都永远无法弥合那横亘在经验科学事实的"是"与伦理学的"应该"之间的鸿沟！（他们说这话时情绪激昂的样子令人印象深刻。）接下来我们必须对这种确信加以检验。

3. 贪婪的伦理还原论的若干变种

当代哲学圈内的陈词老调之一，就是你不能从"是"推导出"应该"。相关的尝试常常被称作**自然主义谬误**，这一说法取自 G. E. 摩尔的经典著作《伦理学原理》（G. E. Moore, 1903）。正如哲学家伯纳德·威廉斯所指出的那样（B. Williams, 1983, p. 556），这里确实存在若干可供讨论的议题。自然主义"在于根据对人类本性的某些考虑，试图敲定人类美好生活的一定基本面向"。你不能从任何**简单的**、关于"是"的陈述，推导出任何**简单的**、关于"应该"的陈述——单凭这一点是无法驳倒自然主义的。设想一下：我说过要给你五块钱（假设这**是**事实），那么能否在逻辑上推导出我**应该**给你五块钱呢？显然不行；人们可以在中间步骤中举出任意数量的条件来为我开脱，阻断这一推导。即使我们认为，我说的这句话具有**许诺行为**的特征——它是一个有伦理作用的描述——那也无法由此直接推出一个**简单的**、关于"应该"的陈述。

但诸如此类的反思，几乎丝毫不会妨碍自然主义的理论目标。哲学家们做出了区分，寻找事物的**必要条件**是一回事，寻找事物的**充分条件**则是另一回事；把这一区分应用到我们现在讨论的问题中，实际上有助于澄清相关的情况。不同意自然界事实的某些集合对于确立道德结论来说是**必要的**是一回事，而不同意有任何此类事实集合对于确立道德结论来说是**充分的**则完全是另一回事。根据标准的学说，如果我们固守关于世界之所**是**的事实领域，那就永远不会找到任何可以充当道德准则的事实集合，也就**无法**据此**确凿地证明**任何具体的伦理结论。你无法从此处出发而抵达彼处，就像你无法从任何一套自洽的算术公理出发，然后抵达所有的算术真命题一样。

好吧，可那又怎样？我们可以用另一个更尖锐些的问题来凸显这句反问的力量。如果不能从"是"里面得出"应该"，那么**能**从什么里面得出"应该"呢？伦理学是一个**全然**"自律"的研究领域吗？它是否漂浮不定，不拘系于来自其他学科、其他传统的任何事实呢？我们的道德直觉是否来自某个深植于我们大脑（或者按照传统的说法，是我们的"心"）的、无可说明的伦理学模块？那它应该是一个颇为可疑的天钩，上面悬挂着我们关于孰对孰错的最深确信。科林·麦金（Colin McGinn）指出：

> ……根据乔姆斯基的观点，可以可靠地把我们的伦理能力看作与我们的语言能力相类似的东西；我们在获得伦理知识的时候，只需要些微的明确指导，不需要付出巨大的智力劳动，而且考虑到我们接收的伦理输入的多样性，伦理知识的最终获取结果具有显著的统一性。环境的作用仅仅是触发和特化我们天生的图式结构。在乔姆斯基的模型中，科学和伦理都是人类偶然心理的自然产物，受制于其特定的构成原则；但伦理在我们总的认知架构中

似乎有更安稳的基础。我们对科学知识的占有带点运气成分，而我们对伦理知识的占有却没有运气成分。（McGinn, 1993, p. 30）

拿我们据信是先天的伦理知识，跟仅仅凭"运气"得到的、从事科学活动的能力相对照，麦金和乔姆斯基的言下之意是，我们拥有前者的**原因**还有待发现。假如存在一个道德模块，我们当然会想知道它是什么，它是如何演化出来的——以及最重要的，它为什么会演化出来。但就像之前一样，只要我们想端详里面的情况，麦金就会用力把门关上，还要夹到我们的手指；只要有人试图解答我们提出的科学问题——这种我们拥有而其他生物没有的神奇视角从何而来——就会被他斥为"科学主义"。

从哪儿能推导出"应该"呢？最有说服力的答案如下：伦理必定**以某种方式**建基于对人类本性的鉴识上——建基于对人是什么或可能是什么的见解上，建基于对人可能想拥有什么或想成为什么的见解上。如果**这**就是自然主义，那么自然主义就不是谬误。没有人能够严肃地否认，伦理学所应对的种种事实，都关乎人类本性。我们的分歧可能只是在于，该去哪里寻找关于人类本性的最有说服力的事实——在小说中，在宗教文本中，在心理实验中，还是在生物学或人类学探究中。谬误不在于自然主义，而在于任何企图从事实冲向价值的头脑简单之举。换句话说，谬误在于一种从价值到事实的**贪婪的**还原论，而无关更为严谨慎重的还原论，后者尝试统一我们的世界观，让我们的伦理原则不跟世界所**是**的样子发生不合理的抵触。

围绕着自然主义谬误的大多数争论，最好还是阐释为类似于演化论问题上"天钩与起重机之争"那样的分歧。例如，据我估计，B.F. 斯金纳是古今天下第一贪婪的还原论者，他本人写过一篇伦理学论著《超越自由与尊严》（Skinner, 1971）。在这本书中，斯金纳"犯下的自然主义谬误"遍及所有尺度，从微小细部直到穷极宏大。"以好坏称呼某物以进行价值判断，就是根据它的强化效果来给它归类。"（Skinner, 1971, p. 105）让我们品一品：这是否就意味着，海洛因显然是好的，而照顾年迈的父母是坏的呢？这个反例只是在对着一个不够慎重的定义挑刺儿吗？当斯金纳意识到这个问题（Skinner, 1971, p. 110），他就向我们保证：海洛因的强化效果是"异常的"。这样的辩护难以让人信服，难以驳回贪婪还原论的指控。他在书中不停地说他的"文化的设计"如何科学、如何最适合于……适合于什么呢？他是怎么描述至善的特征的？

> 我们的文化已经产生出拯救自身所需的科学技术——它具备有效行动所必需的财富。它在相当大的程度上关心自己的未来。但是，如果它继续把自由和尊严，而非自己的生存当作它的主要价值，那么在未来做出更大贡献的就可能是别的某个文化。（Skinner, 1971, p. 181）

我希望你会想跟我一起反唇相讥：那又怎样？即便斯金纳是对的（当然了，他并不对）——行为主义体制是延续我们文化的最佳方式，我也希望你们能明白，当斯金纳认为"文化的存续"是我们大家所能想象到的、我们想去推动的最高目标时，他很可能就犯了个错误。在第 11 章中，我们简要地思考过，把自己基因的存续当作头等要务会是一件多么疯狂的事。那么把自己文化的存续凌驾于其他一切事物之上，难道就是一个显然更为理智的选项吗？比方说，它能作为大屠杀、作为背叛你所有朋友的正当理由吗？我们身为模因的使用者，可以看到种种其他的可能性——超越我们的基因，甚至超越我们目前所属群体（和文化）的福祉。与我们的体细胞不同，我们可以构想出更为复杂的存在理由。

斯金纳不是错在试图将伦理学建立在关于人类本性的科学事实之上，而是错在他的尝试太过简单化！我想，在斯金纳的乌托邦里，也许鸽子会真的得偿所愿，但我们可比鸽子复杂多了。同样的缺陷也见诸另一位哈佛教授的伦理学尝试，他就是爱德华·威尔逊，世界级的昆虫学家，也是"社会生物学"这一术语的命名者（E. Wilson, 1975）。在他的伦理学论著《论人的本性》（E. Wilson, 1978）中，面对如何认定至善或"根本价值"（cardinal value）的难题，威尔逊（pp. 196, 198）提出了两组对等关系。"新的伦理学家首先会思考人类基因存续的根本价值，并以历代人类共有的基因库这一形式来思考该问题……我相信，对演化论的正确应用，也会赞同基因库中的多样性是一种根本价值。"随后（p. 199），他还加上了第三个根本价值，即普遍人权，但指出必须去除其神话色彩。一只"有理性的蚂蚁"会觉得有关人权的理想"在生物学上立不住脚，而且有关个体自由的概念内里是邪恶的"。

> 我们会同意普遍的权利，因为在先进的技术社会中，权力的流动性太强，无法避让这些属于哺乳动物的诉求；从长期来看，不平等状况的短期受益者显然也总是会蒙受不平等带来的危险。我认为这才是普遍权利运动的真正理由，并且认为理解该运动的原本生物学肇因更有助于加强该运动的说服力，胜过倚仗文化上的强化和粉饰来对其加以合理化。（E. Wilson, 1978, p. 199）

在与生物学哲学家迈克尔·鲁斯（Michael Ruse）合作撰写的文章中，威尔逊宣称，社会生物学已经向我们表明，"道德，或者更严格地说是我们对道德的信念，仅仅是为了推动我们的繁衍目的而采取的一种适应性调整"（Ruse and Wilson, 1985）。这纯属胡说。我们的繁衍目的可能曾是促使我们不断从事各种活动的目的，直到我们能够发展出文化，而且尽管繁衍目的可能仍在我们的思维活动中起着很强的——有时是过强的——作用，但从中无法得出任何有关我们当下价值观念的结论。我们的繁衍目的是我们现在价值观念的终极历史**来源**，从这件事上无法推出我们的繁衍目的是我们伦理行为的终极（而且仍是首要的）**受益者**。如果鲁斯和威尔逊不这样认为，那他们就是犯了尼采（还有达尔文）警告过我们的"起源"谬误。正如尼采所说，"一个事物的起源之因与该事物的最终用途、该事物的实际应用及其在某个目的体系中的定位之间有着天壤之别"。鲁斯和威尔逊有没有犯这个谬误呢？思考一下他们关于这个问题还说了些什么（p. 51）：

> 在某种重要的意义上，我们所理解的伦理学是一种幻觉，是我们的基因塞给我们的，好让我们彼此合作……此外，我们的生理机制落实它自己目的的方式，就是让我们认为存在一套客观的、更高的准则，一套我们所有人都服从的准则。

一定存在一种演化解释，可以说明我们的模因和基因如何通过相互作用，创造出了我们在文明中所享有的人类合作方针——虽然我们还没弄清楚其中的所有细节，但这种解释一定存在，除非我们马上就要碰到一些天钩——但这并不表明创造出的结果是**为了基因**（作为首要受益者）**的利益**。一旦模因登场，它们以及在它们帮助下创造出的**人**，就同样是潜在的受益者。因此，演化解释所揭示的真相，并不表明我们对诸多伦理原则或某种"更高典则"的忠诚是一种"错觉"。借由一个著名的形象，威尔逊这样表达了他的看法：

基因用一条链子拴住了文化。虽然这条链子很长，但价值观念不可避免地会依照它对人类基因库所起到的效果而受到约束。（E. Wilson, 1978, p. 167）

但这一切都意味着（除非这种看法是错的），从长远来看，**假如我们采取会对人类基因库造成灾难性后果的文化实践，那么人类基因库就会垮掉**。然而，我们没有理由认为，演化生物学向我们表明，我们基因的力量和洞察力足以确保我们不会制定与它们利益相悖的方针。相反，演化思维告诉我们，我们的基因几乎不可能比我们想象中那些设计生存机器的工程师更聪明（参见第 14 章）。再看看这些机器人面对跟其他机器人之间那无从预料的协作关系时，是多么束手无策！我们已经看过寄生体的例子——比如说病毒——这些寄生体会操纵宿主的行为，以此促成**它们的**利益而非宿主的利益。我们也看到了偏利共生体和互利共生体的例子，它们一同推进共同的事业，用各个组成部分创出一个更大型的受益者。人，根据我们所勾画的模因模型，正是这样更大、更高的存在，而**他们**所要采取的方针，作为他们那些染有模因的大脑相互作用的结果，并不一定只回应他们基因的利益——或者只回应他们模因的利益。这就是我们的超越性所在，是我们——正如道金斯所说——"反抗这些自私的复制体的暴政"的能力，而且毫无反达尔文或反科学之处。

威尔逊和其他社会生物学家不能以开放的心态看待他们的批评者，只能把批评者看成宗教狂热分子或不懂科学的神秘主义者，这种典型的"不能"是钟摆摆幅过大的又一个可悲案例。斯金纳把他的批评者看作一堆笛卡儿式二元论者和崇拜奇迹者，他在自己的结语中宣称：

我们乐于送走作为人的人。只有赶走了他，我们才能转向人类行为的真正原因。只有这样，我们才能从推测转向观察，从奇迹转向自然，从不可触及的东西转向可以操作的东西。（Skinner, 1971, p. 201）

威尔逊和许多别的社会生物学家都有同样的坏习惯，会把任何跟他们意见相左的人都看成蒙昧不堪、畏惧科学的天钩分子。事实上，只有**大多数**跟他们意见相左的人才符合这一描述！少数负责任的批评者，批评的乃是过分贪婪，任何新科学学派的热心倡导者都容易屈从于这种过分贪婪。

另一位杰出的生物学家理查德·亚历山大对伦理学问题的处理则谨慎得多，对于威尔逊提出的那几项根本价值的候选内容，他表达了适当的怀疑。"不管这些目标会不会全部被人类判定为可敬的，威尔逊都没有把自己对这些目标的选择与生物学原则联系起来。"（Alexander, 1987, p. 167）但亚历山大同样低估了文化——模因——挣脱威尔逊那根链子的力量。和威尔逊一样，亚历山大承认文化演化和基因演化在速度上有巨大差异，而且以有力的论证表明（pp. 10–11），只要试图去寻找某种"不可越过"*的人类认识界限——就像乔姆斯基和福多尔所做的那样——文化的泛用性就会使其一败涂地。但他认为，演化生物学已经表明，"个体的自利只能通过繁殖实现，凭借的是创造后代、扶助其他亲属"，而一个相应的结果就是，没有人是出于真正的慈善或利他主义而行动的。如他所说：

---

* 这里借用了《旧约·约伯记》中的典故，相应内容在和合本中译作："是我用云彩当海的衣服，用幽暗当包裹它的布，为它定界限，又安门和闩，说：'你只可到这里，不可越过；你的狂傲的浪要到此止住。'"——译者注

……这场"20世纪最伟大的智识革命"告诉我们，尽管我们有相关的直觉，但没有一丝一毫的证据可以支持这种有关慈善的观点，而大量令人信服的理论则表明，任何这样的观点最终都会被判定为错误。（Alexander, 1987, p. 3）

但就像威尔逊和社会达尔文主义者们一样，亚历山大犯了一个微妙的、弱化版的起源谬误，还强调了他犯错的那段话。

即使文化历经多个世代会发生巨大而持续的变化，即使我们的难题和指望都产生于文化的变化过程，即使人类中间并不存在会显著影响其行为的基因变异，**但有一点是始终正确的，那就是，自然选择的积累史凭借其已经给予人类的那组基因，持续地影响着我们的行为**。（Alexander, 1987, p. 23）

这一点确实正确，但它并不能证明亚历山大所想的那个观点。就像他坚持认为的那样，无论各种文化力量有多强，它们总还是要在基因的力量为它们塑造好了的并且还将继续塑造的材料上起作用，但它们可以轻易**引导**、**利用**或**颠覆**这些由基因认可的设计，也可以轻易**削弱**或**打击**它们。社会生物学家对文化绝对论者（那些疯狂的天钩分子）反应过度了，就像达尔文对灾变论者反应过度一样，所以他们喜欢强调文化必定是从我们的生物学遗产中**生长出来**的。没错，必定如此，而且我们也真的是从鱼类生长而来的，但是单凭鱼类是我们的祖先这一点，并不能说明我们的理由就是鱼类的理由。

社会生物学家同样正确地强调，我们具有独特的能力，可以采纳一套不同的理由并据以行动，可这并不能使我们免受我们"动物性"冲动的妨碍乃至折磨、背叛。早在莎乐美跳出她的七重纱舞以前，我们这个物种的成员就已经清楚地知道，先天的生殖冲动可以在最不凑巧的时候，像打喷嚏和咳嗽一样，严重威胁到这些冲动所在身体的福祉。就像在其他物种中一样，许许多多的女性为了救自己的孩子而丧命，许许多多的男性被渺茫的生殖希望所驱使，热切地奔赴这样那样的险境。但是，我们一定不要把关于我们生物性限制的这一重要事实，转变为一个极具误导性的观念：处在一切实践推理链源头的那个至善，就是我们基因的律令。让我们拿一个反例来说明为什么不是如此：由于被他的一生至爱罗拉一口回绝，拉里伤心不已，遂加入了救世军，以求忘掉罗拉，结束他自己的痛苦。这招果然奏效。多年以后，圣洁者圣拉里由于他的种种善行，荣获诺贝尔和平奖。在位于奥斯陆的颁奖典礼上，理查德·亚历山大蹦出来大泼冷水，提醒我们这一切都出自拉里的基本繁殖冲动。确实如此，可那又怎样？如果我们认为，要理解拉里的大部分生活内容，办法就是尽量把他的一举一动都解释成以直接或间接方式确保他能拥有孙子孙女的设计，那我们就大错特错了。

一个模因或模因复合体，或许可以引导我们的底层遗传倾向转变方向，一场长达 4 个世纪的社会生物学人类实验十分突出地呈现了这种可能。戴维·斯隆·威尔逊和埃利奥特·索伯最近以生动形象的方式让演化理论家们注意到了这场实验：

> 胡特派是一个基要主义的宗教派别，起源于 16 世纪的欧洲，在 19 世纪为了逃避征兵而迁移到北美。胡特派信徒把自身当作蜂群的人类对等物。他们实行财产共有（没有私有制），还培养一种极尽无私的心理态度……任人唯亲和互惠互利这两条原则，被大多数演化论者用来解释人类的亲社会行为，却被胡特派蔑视为不道德。给予必须无关亲疏关系，且不期望回报。（Wilson and Sober, 1994, p. 602）

按照威尔逊和索伯的说法，胡特派与大多数教派不同，他们几个世纪以来一直都在颇为成功地拓展他们的群体，扩大他们的分布范围，增加他们的总人口："在现今的加拿大，胡特派不倚仗现代技术，在边远的农牧居住地上繁衍兴旺，要是没有法律限制他们扩张，他们很有可能会取代非胡特派的人口。"（Wilson and Sober, 1994, p. 605）

胡特派的历史可能已经超过 4 个世纪，但在遗传学的历法中这根本算不上时间，所以他们的群体和其他人所属群体之间的**任何**显著差异都不可能是经由遗传传递的。（把胡特派的婴儿换成别的婴儿，想必不会对胡特派聚落的"群体适应度"造成什么明显的干扰。胡特派只是靠着**文化**来传递这份遗产，开掘利用了人类的某些性情，而这些性情不过是人类公共储备库的组成部分而已。）所以胡特派是文化演化如何创造新的群体效应的一个例子，从演化论者的角度来看，他们的"分裂生殖"方法尤其令人愉悦：

> 如同蜂群一样，胡特派的兄弟会在达到较大规模时就会自行分裂，一半留在原来的地方，另一半则搬到一个事先选定、准备停当的新地方。在为分裂做准备时，聚落被分为两个群组，两边在人数、年龄、性别、技能和融洽程度等方面都等同。整个聚落收拾好财物，在分裂当天以抽签的方式选定其中一个群组离开。这与减数分裂的基因规则像得不能再像。（Wilson and Sober, 1994, p. 604）

达尔文式的无知之幕在起作用！但是，单单确保群体团结还不够，因为人类——即使是一辈子生活在胡特派群体中的那些人——不是弹道式的意向系统，而是制导式的意向系统，必须每天加以引导。威尔逊和索伯引用了该教派早期领导人之一埃伦普赖斯（Ehrenpreis）

的话：“我们一次次看到，人以他现在的本性，会感到难于实践真正的社群。”他们接着给出更多的引文，其中埃伦普赖斯强调胡特派的实践必须做到何等明确、何等积极，才能抵消这种“太人性的”倾向。这些宣告清楚地表明，胡特派的社会组织无论如何都是文化实践的结果，而勤勤恳恳布置这些文化实践，正是要**抗衡**威尔逊和索伯想要否认或淡化的那些属于人类本性的特征：自私，以及推理思考的倾向。如果群体思维真的像威尔逊和索伯所愿相信的那样，是人类本性的一部分，那么胡特派的父母和长者们就犯不着对后辈言传身教了。（拿我们物种确实拥有的一种遗传下来的预先倾向性来做个对比：你会经常听到有父母哄劝自己的孩子多吃糖果吗？）

　　威尔逊和索伯正确地把胡特派的理想呈现为生物体组织的本质，但二者还有很大差别。不同于我们体内的细胞，或者蜂群中的蜜蜂，我们人总是可以选择退出。而这，在我看来，就是我们在自己的社会工程中最不想破坏的东西。胡特派显然不同意这一点，我猜有许多非西方模因的宿主也不同意。*把我们自己和我们的孩子都变成服务于我们群体之至善的奴隶，你**喜欢**这个主意吗？这就是胡特派一直以来的前进方向，而且按照威尔逊和索伯的说法，他们取得了令人印象深刻的成就，但代价却是禁止自由的思想交流、劝止独立思考（留心区分独立思考和自私†）。任何执着的自由思考者，都会被带到会众面前，受到严正的告诫；“如果他顽固不化，甚至连教会的劝告也拒不听从，那么应对这种情况的方式就只有一个，

---

* “对我们亚洲人来说，一个人就是一只蚂蚁。可对你来说，他是上帝的一个孩子。这是一种惊人的见解。”（时任新加坡内阁资政的李光耀，如此回应迈克尔·费伊因破坏与涂鸦行为而被判处鞭刑所引发的强烈抗议，*Boston Globe*, April 29,1994, p. 8。）

† 独立思考的原文“thinking for oneself”在字面上还可以理解为“为自己着想”，因而作者在这里强调它与自私的区别。——译者注

那就是把他剔除，排斥在外。"极权政体（即便是群体极权主义）极易蒙受劝诫的损害，这几乎就跟利他主义团体极易蒙受不劳而获、只搭便车者的损害一样。这不等于说，脱离这样的群体就一定是理智之选。事实并非如此。理智的做法是保持选项的开放，是支持设计的**修正**。这通常是件好事，但也并不总是好事，经济学家托马斯·谢林（Schelling, 1960）、哲学家德里克·帕菲特（Parfit, 1984）等人在讨论一个理性行动者在什么条件下会使自己（暂时）处在非理性状态的时候，都注意到了这个重要事实。（比如你想让自己成为一个不适合勒索的对象：如果你能设法让全世界相信你跟理性绝缘，那就没人会试图开出你无法拒绝的条件*）。

在一些情况下，我们可以合理地削弱自由思考，而且正如威尔逊和索伯所指出的，这都是些极端情况，可胡特派却必须一直劝止自由思考。他们必须劝止你，想看任何书都不要去看，想听任何人的话都不要去听。只有极尽小心地控制交流渠道，才能维持这样的原始状态。这就是为什么生物体模式的解决方案无法解决人类社会的难题。因此，胡特派本身就是关于贪婪的还原论的一个奇异例子，不是因为他们在个体层面是贪婪的——他们显然恰恰相反——而是因为他们采用了一种特别过度简化的方案来解决伦理难题。不过，他们的例子其实更能体现模因的感染力：一群相互交流的人在感染之下，转而致力

---

* 这里可能化用了电影《教父》（1972）中维托·柯里昂著名台词："我会开出一个他无法拒绝的条件。"——译者注

于确保**这些模因**的增殖，还甘愿为此承受任何代价。*

在下一节中，我们将会更加详细地考察社会生物学是什么、不是什么、可以是什么、不可以是什么，但在我们离开贪婪的伦理还原论这个话题之前，我们应该先停下来思考一下这个有着众多亚种的讨嫌模因的一个古老种类：宗教。假如你想举出一个自然主义谬误的明显例子，那么最佳之选就恐怕莫过于以下这种实践，即为了证明一条伦理戒律——一个"应该"——是正当的，就把它作为"是"来引证：《圣经》上是这么说的。面对这种情况，就像面对斯金纳和威尔逊时一样，我们一定要说：那又怎样？为什么《圣经》（或者任何其他神圣文本，我得赶紧补上这句话）中叙述的事实——就算它们都是事实——就该比达尔文在《物种起源》中所引述的事实更能为伦理原则提供令人满意的正当性证明呢？现在，如果你相信《圣经》（或者其他神圣文本）是**原原本本**的上帝之言，而且相信人类被上帝置于世间，就是为了听从上帝的吩咐，因此《圣经》是上帝之工具的某

---

* 按照威尔逊和索伯的说法，胡特派拥有"人类社会中已知最高的出生率"，但要是把这解读为亚历山大所谓的繁殖自私性的胜利，那就错了。这是一种策略上的错误，原因之一是，不管胡特派现在有多少人，或者从古至今共有多少人，都远不及从古至今的天主教修士和修女人数，后者的生活史显然很难被解释为个体一如往常地争夺繁殖冠军的事例。更能说明问题的是，如果胡特派例子的重点在于**群体的**繁殖威力，那么出生率就只有在它关乎群体的出生率时才有意义，我们几乎拿不出什么东西来跟后者进行比较，因为据我所知，会这么做的其他人类群体即便存在，也为数不多。胡特派之所以有如此高的个体出生率，或许是因为他们的孩子中有太多人离开了社群，或者被驱逐了出去，所以得有人取代他们的位置，来维持社群的运行。我们可以设想一种真正的马基雅弗利式前景：现在这种情况正是自私的基因一直想要的！它们发现有一个模因——胡特派情结——刚好符合它们的目的，并筹划了一个阴谋：清苦朴素的胡特派社群其实不过是繁殖栏，这些繁殖栏一直维持着一副毫不诱人的样子，好让大量的年轻人离开，为更多繁育活动腾出空间。我不是在支持这种主张，而只是想指出，如果要对胡特派社群如何拥有、为何拥有现在这些特征进行一番演化解释，那就必须处理这一主张。

种用户手册，那么你确实有理由相信《圣经》中的伦理戒律具有其他著作所不具备的特殊依据。另一方面，如果你相信《圣经》跟荷马的《奥德赛》、弥尔顿的《失乐园》和梅尔维尔的《白鲸》一样，其实是人类文化的非奇迹产物，产生自某个或某些人类作者，那么你赋予它的权威，就不会超出传统和它自身的说服力所产生的权威。我想，这在如今从事伦理学研究的哲学家们看来，应该是个毫无异议的观点；它无可争议，但凡你想靠指出《圣经》中的不同说法，来反驳当代伦理学文献中的某个主张，你就会感受到众人惊异而又怀疑的目光。"这是自然主义谬误！"伦理学家们可能会说，"你不能从**那**类'是'中推导出'应该'！"（所以，如果你主张宗教在任何方面都是比科学更为优越的伦理智慧来源，那么就别指望哲学家会为你辩护。）

这是否意味着宗教文本就丝毫没有充当伦理学指南的价值呢？当然不是。它们是关于人类本性、关于可能伦理准则的出色洞见来源。当我们发现古代民间医学对现代高科技医学启示颇多时，我们不应感到惊讶，同理，如果我们发现这些伟大的宗教文本蕴含着人类文化所能构想出的最佳伦理体系的某些版本，我们也不应感到惊讶。但是，就像对待民间医学一样，我们应该仔细检验这一切，不要单凭信仰就去接受什么东西。（还是说，单单因为某个历经千年的传统宣称那些"神圣的"蘑菇能助你一睹未来，你就觉得把它们塞进自己嘴里是个明智之举？）我所描述的这种观点，常常被称作"世俗人文主义"。如果世俗人文主义才是会让你夜里害怕的怪物，那你就不该把全副精力都用来攻击社会生物学家、行为主义者或学院哲学家，因为他们一丝一毫都算不上是另一类有影响力的思想家，后者沉静且坚定地相信，伦理学不会由宗教学说来**派定**，它最多会由宗教学说来**指导**。这确实是在美国国会和法院中占据统治地位的假设；引用宪法比引用

《圣经》更具效力，理应如此。

世俗人文主义的坏名声往往得自那些自诩为世俗人文主义者的家伙，他们本身就是这样那样的贪婪的还原论者，对古老传统的复杂之处毫无耐心，对其他丰富文化遗产中值得品味的真正奇观毫不尊重。如果他们认为所有的伦理问题都可以归结为一个定义或几个简单定义（如果对环境不好，那就是不好的；如果对艺术不好，那就是不好的；如果对商业不好，那就是不好的），那他们作为伦理学家就并不比赫伯特·斯宾塞和社会达尔文主义者更高明。但是，当我们提出相当合宜的相反主张，指出生活比这要复杂的时候，我们也必须小心，不要让它成为探究活动的阻碍，而是要让它成为一种吁请，呼唤更为谨慎的探究。否则，我们就会把自己再度放回毫无出路的钟摆上。

那么，更为谨慎的探究又会是什么样的呢？我们所面临的仍是霍布斯和尼采的任务：我们肯定已经**以某种方式**演化成了有良心的存在者，就如尼采所说（Nietzsche, 1885, epigram 98），良心伤害我们时，也亲吻我们。可以用一个生动的方式来提出问题，那就是想象自己成了一名挑选利他主义者的**人工拣选员**。如同一位选育家牛、鸽子或狗的饲养员，你可以密切观察自己负责的人群，在一本账簿上记录他们当中哪些淘气、哪些和善，并通过各种干预方式，安排那些和善的人生养更多孩子。等时候到了，你应该就能够演化出一个和善人的种群——假设和善的倾向能够在基因组中以某种方式表现出来。我们不应该把这看作在选择某种"伦理模块"，而且这样一种模块还单单是**为了**正确答复伦理问题而设计的。任何模块或小器具，单凭自己或者通过组合，都可能产生一种在决策时刻偏好利他主义选项的效果（或者副产品、意外收获）。毕竟，狗对人类的忠诚显然就是这样一个由我们祖先的无意识选择所造成的结果。不难设想，上帝就可以为我们做到这一点，但权且假设我们想要消除这个中间人，用**自然选择**而非人工选择来说明伦理的演化。那会不会有某些盲目的、没有预见性的力量，有某一套自然环境条件，也能完成同样的事情呢？

任谁都能看出，这件事不可能一蹴而就；不过，存在着一些迂回的渐进路线，我们可能是沿着这些路线，凭借一系列微小的变化，从而靠自己的力量把自己引入真正的道德的。我们可以从"亲代投资"（Trivers, 1972）问题入手。无可争议，在大多数但并非所有的情况下，如果在某些突变下产生的生物会投入更多时间与精力来照顾自己的后代，那么这些突变就能演化下去。（请记住，只有一部分物种会进行亲代投资。对于那些在亲代死亡之后，后代才会孵化出来的物种来说，不存在亲代投资的选项，至于为什么会存在这些有着根本差异的不同亲代方针，已经有了出色的研究。*）现在，在一个物种中，对自己后代的亲代投资已经得到保证，我们如何把圈子扩大呢（Singer, 1981）？汉密尔顿有关"亲属选择"和"广义适合度"的开创性工作（Hamilton, 1964）表明，同样毫无争议的是，偏向于为自己后代做出牺牲的那些考量，也会以一种数学般的准确性偏向于为自己更远的亲属做出牺牲：子女援助父母，兄弟姐妹互相帮助，姨妈帮助外甥，等等。但还是有必要记住，让这种援助在演化层面得以实施的那些条件不仅不普遍，而且还相对罕见。

正如乔治·威廉斯（G. Williams, 1988）所指出的，不仅同类相食（吃相同物种的生物，甚至是吃近亲）很常见，而且在许多物种中，兄弟姐妹相残（我们不称其为谋杀，因为它们不了解自己所做的事情）几乎就是规则而非例外。（比如，当两只或两只以上的雏鹰出生

---

* 照例有大量的复杂情况。比如，在某些种类的甲虫中，雄虫会在诱饵（附有精子）上投入甚巨，吸引雌虫纷纷争夺诱饵。这是一种亲代投资，但不属于我们这里讨论的类型。

在一个巢中，最先孵化的那只若有能力，就很可能会把蛋乃至刚刚孵化的雏鹰推出去，杀死它的弟弟妹妹。）当一头雄狮得到一头新的母狮，而这头母狮还在养育先前交配生下的幼崽，雄狮的第一要务就是杀死幼崽，这样母狮就会更快地进入发情期。已知黑猩猩会跟自己的同类进行殊死搏斗，雄性叶猴常常会杀死其他雄性的幼崽，以获得同雌性繁殖的机会（Hrdy, 1977）——因此，即使是我们最近的亲戚也会做可怕的事情。威廉斯指出，在迄今详尽研究过的所有哺乳动物物种中，其成员参与杀害同类的比率比在任何美国城市算出的最高凶杀率高几千倍。*

人们往往抗拒这则阴暗的消息，不把它跟我们那些毛茸茸的朋友联系起来，大众媒体对自然的呈现（电视纪录片、杂志文章和流行书籍）往往会经过自我审查，以免吓到那些敏感脆弱的人。霍布斯是对的：对于几乎所有非人类物种来说，自然状态下的生命都**是**卑污、残忍而短寿的。假如"顺应本性"就是意味着去做几乎所有其他动物物种都会做的事情，那么这就会危及我们所有人的健康与福祉。爱因斯坦有句名言：上帝高妙难测，却并无恶意。威廉斯则把这一观察里外翻了个个儿：大自然母亲无情无心——甚至凶狠恶毒——却蠢得没边儿。跟往常一样，尼采发现了问题所在，并以他特有的方式触及了该问题：

> 你们想要以"遵循自然"的方式**生活**？哦，你们这些斯多亚派的高人啊，扯了这样一个弥天大谎！请你们想象有一种东西，它和自然一样挥霍无度、冷漠无比、漫无目的、毫无顾

---

* 古尔德在《千般善行》（"A Thousand Acts of Kindness"）一文中提醒人们注意同样引人注目的统计数字，参见 Gould, 1993d。

忌、从不施舍怜悯与公正、既丰饶又贫瘠、从无一定之规。想想这种冷酷的权力吧！——你们怎么**能**遵循这种冷漠而生活！（Nietzsche, 1885, p. 15）*

在广义适合度之外，还有"互惠利他主义"（Trivers, 1971）的情形，即没有亲缘关系或者亲缘关系较远的生物体之间——它们甚至不需要是同一个物种——可以形成投桃报李的互利安排，这是走向人类守信行为的第一步。有一种普遍的"反对意见"，认为互惠利他主义的提法并不恰切，因为这**其实**根本不是利他主义，而只是这种或那种形式的开明自利罢了：你给我挠挠背，我就给你挠挠背——真就是这么回事，在这方面，梳毛的互动是人们喜欢提及的简单事例。这种"反对意见"忽略了一点，那就是我们必须经过一步步锤炼才能成为十足的真金，而互惠利他主义，尽管它可能并不高尚（或者压根无关高尚），却是进步过程中一块有用的垫脚石。它需要有先进的认知能力——比如说，一种相当特殊的记忆能力，能够再次认出自己的债务人和债权人，还需要有识破骗术的能力。

走出最讲求实际、最为野蛮的互惠利他主义形式，走向一个让真正的信任和牺牲成为可能的世界，是一项已经开始在理论层面得到探究的任务。第一个重大推进，是罗伯特·阿克塞尔罗德（Axelrod and Hamilton, 1981; Axelrod, 1984）的囚徒困境锦标赛。锦标赛邀请所有参赛者提交策略——算法——在一场重复进行的囚徒困境锦标赛中同所有参赛者竞争。（在对于该主题的众多讨论中，名列前茅的两部作品分别是 Dawkins, 1989a, ch. 12 与 Poundstone, 1992。）获胜的那种策

---

* 中译参考自《善恶的彼岸》，魏育青、黄一蕾、姚轶励译，华东师范大学出版社，2016 年，第 13—14 页。——译者注

略理所当然地出名了："一报还一报"，也就是简单地复制"对手"的上一步行动，以合作来报答先前的合作，以背叛来报复任何的背叛。基本的"一报还一报"策略有各式各样的亚种。"和善型一报还一报"以合作起手，之后就用对方在上一步中对待自己的方式来对待对方。我们很快就会看到，两个对局的"和善型一报还一报"选手会打出精彩的配合，无止境地合作下去，但如果一个"和善型一报还一报"选手碰到一个"卑鄙型一报还一报"选手，后者会在任何节点无缘无故地背叛对方，那么前者就会陷入一场每况愈下、无休无止的报复性背叛（当然了，这样做合乎他们各自的利益，他们也一直在提醒自己这一点）。

阿克塞尔罗德最初那场锦标赛所探讨的简单情境，已经让位于更复杂、更现实的局面。诺瓦克和西格蒙德（Nowak and Sigmund, 1993）所发现的一种策略，在一类重要的情形下要优于"一报还一报"的策略。基切尔（Kitcher, 1993）考察了一个有着**非强制性**囚徒困境博弈的世界（如果你不喜欢某个具体对手，可以拒绝参与对局）。基切尔以严谨的数学细节表明了"有辨别力的利他主义者"（他们会记录那些有背叛前科的人）何以会在一定的——而非所有的——条件下顺风顺水，他还着手梳理了在哪些条件下，面对反社会家伙们始终可能死灰复燃的前景，不同的宽恕和遗忘方针能够坚持下去。在基切尔的分析所开辟的各种方向中，尤其引人入胜的是这样一种情况：一些群体中的强者们和弱者们会倾向于彼此分离，而且更愿意跟自己的同类合作。

这能否为某种类似于尼采式价值重估的东西做好铺垫呢？还有更怪的事情。斯蒂芬·怀特已经开始探究**多人**囚徒困境中更为复杂的重要情形。（这正是导致了公地悲剧的那种博弈，它既造成了我们海洋中鱼类资源的枯竭，也造成了高树森林的枯竭。）正如基切尔所指出的那样，简单的局面是可以分析的——关于相互作用关系的方程以及它们的预期收益率可以通过数学计算直接求解——但是当我们加入更多现实因素，从而增加了复杂性时，借助方程的直接**解法**就行不通了，所以我们不得不转向计算机模拟的间接方法。在这种模拟中，你只需设置成百上千个虚拟的个体，赋予他们几十、几百、几千种策略或其他属性，然后就让计算机来完成所有工作——让这些个体之间进行几千或几百万次博弈，并记录其结果。*

这是社会生物学或演化伦理学的一个分支，任何人都不应嘲笑。它直接**检验**了诸如霍布斯和尼采等人的直觉，即自然的、可由演化推行的路径可以通达我们今天的境地。我们也许十分确定这是真的，因为我们就在这里，但这项研究承诺弄清的问题是，要使得我们达到今天的境地，需要多少研发工作、什么类型的研发工作。在一个极端上，它会发现一个令人印象深刻的瓶颈；认识到一系列概率极小但又十分关键的侥幸事件是不可或缺的。（怀特的分析给出了一些可信的理由，让我们相信相关条件确实十分苛刻。）在另一个极端上，它可能会发现一个相当宽广的"吸引盆"，后者会引导几乎所有具备复杂认知的生物——无论它们境况如何——进入具有可以识别的伦理典则的社会。对这些复杂的社会互动进行大规模计算机模拟，有助于我们了解伦理演化的制约因素，其成果着实令人心醉神迷。不过我们现在几乎可以确定，彼此之间的认识，以及传达承诺的能力——这是霍

---

* 如果你想知道打扑克牌时被发到同花顺的概率，一种方法是求解概率论提供的方程；你会得到一个明确的答案。另一种方法是给自己发几十亿轮扑克牌，发完一轮后要好好洗牌再发下一轮，然后只需数出同花顺的次数，再除以发牌的总轮数即可。这样可以得到一个非常可靠的估计值，但并不万无一失。后一种方法是研究演化伦理学中复杂局面的**唯一**可行方法，但我们在讨论康威如何回应探究他生命游戏的各种方式时（第7章），已经看到这种模拟的结果可能是有误导性的，所以我们在接受这些结果时通常应该有所保留。

布斯和尼采都强调过的——乃是道德演化的必要条件。我们可以设想——哪怕目前证据不足——鲸和海豚，或者大型猿类，都符合这些必要条件，可除了人类外，没有哪个物种明确展现出真正的道德所依赖的那些社会认知。（我有一个悲观的臆测，我们之所以还没有排除海豚和鲸是深海道德家的可能性，主要是因为我们难以在野生环境中研究它们。大部分有关黑猩猩的证据——研究员们多年以来的自我审查删去了其中部分证据——表明它们是真正处在霍布斯自然状态下的居民，远比许多人情愿相信的样子要卑污和残忍。）

4. 社会生物学：好与坏，善与恶

> ……人类大脑就是这么工作的。盼望它以某种方式工作，作为证明某条伦理原则的捷径，这既有损于科学，也有损于伦理学（如果相关科学事实走了样，那这条伦理原则又会遭受些什么呢？）
>
> ——斯蒂芬·平克（Pinker, 1994, p. 427）

> 社会生物学有两张脸。一张脸看向非人类动物的社会行为。双眼小心地注视，双唇审慎地翘起，所言所说无不慎重。另一张脸几乎藏在一台扩音器后面。在极度的兴奋中，关于人类本性的宣告震耳欲聋。
>
> ——菲利普·基切尔（Kitcher, 1985b, p. 435）

我们探究人类本性，将其作为有效伦理思考的自然主义基础；这份探究工作的另一部分，将从一个无可争议的事实入手，即我们人类是演化的产物，继而思考我们有哪些与生俱来的局限，思考我们身上有哪些变异可能与伦理相关。有很多人显然认为，如果事实证明，人类并不像《圣经》告诉我们的那样，仅仅是略居天使之下，那么伦理学就会深陷困境。如果我们所有人不都是完全理性、同等理性的，不都是完全且同等地可以被教育所塑造，而且在别的方面不都拥有同等的能力，那么我们关于平等和完满的底层假设就会遭到威胁。假如真是这样，那么我们就来不及自救了，因为我们对于人类的弱点和人与人之间的差异已经知道得太多，以致无法再保有这种愿景。不过，科学家（不单是演化论者）的发现还危及了一些更为合理的愿景。

毫无疑问，我们对于一个个体，或者一类、一群个体（女性、亚裔等）的实际情况有哪些方面的了解，可能深刻地影响着我们看待他们、对待他们的倾向方式。如果我了解到山姆有精神分裂症，或是深度智障，或者容易头晕、周期性断片儿，我就不会雇山姆去开校车。当我们从关于个体的具体事实，转到对于成群个体的概括时，情况就更复杂了。精算结果表明，男性和女性的预期寿命存在差异，那么保险公司如何合理且公正地应对这一事实？对保费进行相应的调整是否公平？或者，我们是否应该在保费方面对两性一视同仁，是否应该认为两性在投保收益率上的差异公平公正呢？对于那些当事人主动造成的差异（比方说，吸烟者和不吸烟者的差异），我们会觉得让吸烟者为他们的习惯支付更高的保费是公平的，但又该如何看待纯粹与生俱来的差异呢？非裔美国人作为一个群体，格外容易患高血压，拉丁裔美国人的糖尿病发病率高于平均水平，而白人则更容易患皮肤癌和囊性纤维化（Diamond, 1991）。在计算他们的健康保险时，是否应该对这些差异有所反映呢？人在长身体的时候，如果**父母**习惯在家里吸烟，那么无辜的他们患呼吸道疾病的风险就更高。年轻男性作为一个群体，比年轻女性更容易出驾驶事故。这些事实中有哪些应该作数，在什么程度上作数，原因又何在？即便我们要处理的是有关具体个人的事实，而非统计趋势，难点也照样不少：雇主——或者别的什么人——是否有权知道你是否结过婚、有无犯罪记录、有无安全驾驶记录、有无水肺潜水经历？公开一个人的在校成绩与公开同一个人的智商得分，两件事有无原则上的差别？

这些都是难以解决的伦理难题。关于对雇主、政府、学校、保险公司等所能索取的个人信息类型加以限制的问题，广大公民正在就各类限制条款展开争论，只差一小步就能得出以下结论：假如一定类型的信息能够完全免遭科学的探究，那我们的处境就会更好。如果男人和女人的大脑有很大差异，或者如果有一种基因会诱发阅读障碍或暴力——或者是音乐才华或同性恋——那么我们还是被蒙在鼓里，对此一无所知比较好。我们不应轻易否定这个提议。如果你曾问过自己，是不是有些关于你的事实（关于你的健康、你的能力、你的前景）是你宁可不知道的，并且认定确实是有，那么你就应该准备认真考虑以下提议：要确保这类事实不被硬塞给当事人，最好的办法——也许是唯一的办法——就是禁止有可能发现这些事实的探究活动。*

另一方面，如果我们不去探究这些议题，就等于放弃了重要的机遇。确认可能担任校车司机的人，持续记录其酒驾被捕情况，然后告知相关决策者，这关乎重大社会利益；同样利益攸关的是，关于社会成员的某些信息可能会改善我们的生活，或者保护整个社会或其具体成员。正因为如此，我们得出的研究结论才如此关键、如此容易引发

---

* 菲利普·基切尔在他对于社会生物学的批判性考察《奢望》（Kitcher, 1985b）中，开篇讲述了一个让人无言以对的故事：臭名昭著的英国"11+"考试所造成的伤害——谢天谢地，这考试现在已经废除了——该考试对 11 岁孩子前途成就的高低做出裁定，就像给他们打上烙印以示区分一样，而这无可挽回地固定了他们未来生活可能路径的子集。

争议。所以，社会生物学的研究工作无时无刻不处在一种"关切上升为警报"的氛围中，而当事态恶化——往往如此——宣传有时就会掩盖真相，这不足为怪。

让我们从"社会生物学"这个术语说起。爱德华·威尔逊造出这个词，是想要涵盖一类生物学研究的整个光谱，这类研究关注生物体的相互关系在配偶、群体、大群、群落和国家中的演化状况。社会生物学家对关系的研究，涉及土丘中的白蚁、杜鹃幼鸟及其受骗的养父母、大象母系群体中的成员、猴群、雄性象海豹及其妻妾——以及人类夫妇、家庭、部落和国家。不过，正如基切尔所说，对非人类动物的社会生物学研究一直加倍小心和谨慎地进行（另见 Ruse, 1985）。事实上，它包含近代理论生物学中一些最重要的（也是最广泛的）进展，比如汉密尔顿、特里弗斯和梅纳德·史密斯的那些经典论文。

可以说汉密尔顿开创了这一领域的先河，他引入亲属选择的概念框架，解决了诸多难题，其中就包括让达尔文苦思冥想的昆虫的**真社会性**（eusociality）问题——蚂蚁、蜜蜂和白蚁在大群落中"无私"的生活方式，它们大多数都是不育的仆从，服务于一个有生育力的女王。但是汉密尔顿的理论并没有解决所有难题，而理查德·亚历山大的重要贡献之一，就是描述了真社会性**哺乳动物**所需的演化条件的特征——他的这一"预言"后来得到了印证，那就是后来关于南非裸鼹鼠这种绝妙动物的研究（Sherman, Jarvis, and Alexander, 1991），这着实令人惊叹。适应论推论的这次惊人胜利理应得到更广泛的关注。正如卡尔·西格蒙德所述：

[汉密尔顿的观念]引发了一次最令人瞩目的发现；1976 年，美国生物学家 R. D. 亚历山大发表了一场关于不育阶层的演讲。众所周知，蚂蚁、蜜蜂和白蚁都有不育阶层，但是任何一种脊椎动

物都没有这种阶层。亚历山大在一类思想实验中，玩儿似的提出了一个想法：一种能够演化出不育阶层的哺乳动物。该物种会像白蚁一样需要一个可扩展的巢穴，以便确保充足的食物供应，提供躲避捕食者的处所。由于体形的原因，树皮下面的地界［我们推定白蚁的昆虫祖先就住在这类地方］是不够用的。但遍布大号植物块茎的地下**洞穴**则完全符合要求。气候应该是热带的，土壤（这里颇有些夏洛克·福尔摩斯的风采！）则是重黏土。这完全是一次独创性的书斋生态学操演。但在讲座后，有人告诉亚历山大，他假设中的兽类确确实实地生活在非洲；那就是裸鼹鼠，珍妮弗·贾维斯研究的一种小型啮齿动物。（Sigmund, 1993, p. 117）

裸鼹鼠丑怪绝伦，是大自然母亲完成的一场可以匹敌任何哲学幻想的思想实验。它们是如假包换的真社会性动物。唯一的鼹鼠女王是绝无仅有的雌性繁殖者，它会释放可以抑制其他雌性鼹鼠生殖器官发育成熟的信息素，从而确保群落的余下成员协调有序。裸鼹鼠是粪食性的——它们经常吃自己的粪便——而当异常肿胀的怀孕女王够不到自己的肛门时，它就会向它的随从乞要粪便。（你受不了了吗？可这里还有很多很多的猛料，强烈推荐给所有那些好奇心压倒了呕吐欲的人。）在对裸鼹鼠以及其他非人类物种的研究中，凭借使用达尔文式的逆向工程技术——换句话说，就是使用适应论——我们已经所获颇丰，而且肯定还会有更多的东西可以了解。爱德华·威尔逊本人关于社会性昆虫的重要著作（E. Wilson, 1971）举世闻名且当之无愧，而且事实上优秀的动物社会生物学家有几百位之多（比如可参见下面这些经典选集：Clutton-Brock and Harvey, 1978; Barlow and Silverberg, 1980; King's College Sociobiology Group, 1982）。不幸的是，他们的工作都被一片疑云所笼罩，升起这片疑云的，是少数人类社会生物学家变本加厉的贪婪主张（而且就像基切尔所指出的那样，贪婪主张是通过他们的扩音器来传达的），这些主张随后又被他们的反对者变本加厉的全盘谴责所呼应。这一后果实属不幸，因为就像在任何其他的正当科学领域中一样，这项工作的成果有的伟大，有的优秀，有的优秀却错误，有的则很糟——但没有哪个是邪恶的。有一种看法既有失公正，又严重歪曲了科学，那就是把认认真真研究非人类物种中交配系统、求偶行为、领域性这类问题的学者，跟那些在人类社会生物学研究中越发肆无忌惮的越界者算作一条船上的同伙，一竿子全部打翻。

但其实这两"方"都没有尽到自己的责任。令人遗憾的是，受困心态已经使得社会生物学家中的佼佼者们多少不太愿意批评他们一些同事的拙劣工作。虽然经常可以看到梅纳德·史密斯、威廉斯、汉密尔顿和道金斯发表文章，坚决纠正他人论证中各种各样的幼稚缺陷，进而指出问题的复杂之处——简而言之，这些指正属于所有科学学科中都有的常见交流话题——但他们在很大程度上回避了一项会令人十分不快的任务，那就是指出那些热衷于滥用他们杰出成果的人在工作中犯下的更为深重的罪过。然而唐纳德·西蒙斯（Symons, 1992）是个令人振奋的例外，而且这样的人不止他一个。关于人类社会生物学中无处不在糟糕思维，我只会指出它的一个**主要**来源。这种糟糕思维很少得到社会生物学家的认真对待，之所以会如此，也许是因为斯蒂芬·杰·古尔德批评过这一点，而社会生物学家们则对古尔德心存芥蒂，不愿承认他有任何正确观点。可他在这一点上是正确的，菲利普·基切尔（Kitcher, 1985b）也是，而且他更加详尽地发展了这一批评。下面是古尔德版的批评，有点不好理解。（我最初在阅读这段文字的时候无法体会其用心，所以不得不请优秀的生物学哲学家罗纳德·阿蒙森给我解释古尔德的意思。他成功做到了。）

达尔文式说定的故事的标准基础并不适用于人类。这个基础的意涵在于：如果是适应的，那么就是遗传的——因为关于适应性的推论通常是遗传故事的唯一根据，而达尔文主义是一个关于种群中的遗传变化和变异的理论。（Gould, 1980c, p. 259）

这说的是什么意思呢？乍一看古尔德似乎是要说适应论的推论不适用于人类，但他要说的并不是这个。他是要说，因为对于人类（而且只有人类）而言，其适应性总还有**另一个**可能的来源——文化——所以不能**如此轻易地**推断说人类的某性状是由遗传演化产生的。即使对于非人类动物而言，如果它在某方面的适应性不具有解剖学特征，而是一种显然算是妙技的行为模式，那么从适应性到遗传基础的推论就存在风险。因为这样一来，就还有另一种可能的解释：该物种只是一般**不蠢笨**而已。就像我们经常见到的那样，越是显而易见的一步，我们就越难以牢靠地推断说它一定是从先辈那里复制过来的——确切地讲，是难以牢靠地推断说它一定是被基因所携带的。

许多年前，我在麻省理工学院的人工智能实验室里玩了我人生中第一款"电子游戏"：游戏名叫《迷宫战争》（Maze War），允许多人同时游玩，每名玩家分别使用一台终端，每台终端都与一台中央分时计算机相连接。你可以在屏幕上看到由简单透视线画成的迷宫，作为观看者的你就身处其中。你可以看到走道前方有向左右两边岔开的路线，并且可以按动键盘来前进和后退、向左或向右九十度转向。键盘上还有一个按键是你的扳机，负责向正前方开火。所有其他玩家也都跟你处在同一个虚拟迷宫中，四处游荡，在找人开枪的同时，又希望自己不被击中。如果有其他玩家从你前面穿过，他就会显示为一个简单的卡通形象，你得尽量在他转过身、看到你并射杀你之前就射杀他。在手忙脚乱地玩了几分钟后，我已经让人从背后"射杀"好几回了，还发现自己的被迫害妄想症正在不断加重，难受到不行的我想寻求一个解脱之法：我在迷宫里找了一条死胡同，自己退了进去，内心颇为平静，手指就扣在扳机上。我突然发觉自己采取了海鳗的方针，待在自己固若金汤的洞里，耐心等待值得一击的东西从面前游过。

好了，我的这种行为是否让我有理由去假定，智人身上的海鳗行为具有遗传层面的预先倾向性呢？此刻的压力是否打捞起了某个古老的方针，而这个方针早在我的祖先们还是鱼的时候就沉睡在我的基因中了呢？当然不是。这个策略真是再明显不过了。虽然感觉上它像是个逼着，但它至少是个妙技。要是我们发现火星人会为了自保而退入火星洞穴，那也没什么好奇怪的，而且想必这件事也不会让火星人拥有海鳗祖先的可能性从零有所上调。诚然，我跟海鳗有远亲关系，但考虑到我的需求和欲求，考虑到我在那一刻对自身局限性的分析，我在这种环境下会发现这种策略，肯定只是由于它显著的优越性。这生动体现了人类社会生物学中推论工作要面对的基本障碍，这障碍并非不可跨越，但也比人们通常所承认的要高大得多：它表明，就算一种具体人类行为（近乎）普遍存在于星散各处的不同人类文化，那也**完全无法**说明在遗传层面有着对于这种具体行为的预先倾向性。据我所知，在人类学家已知的一切文化中，猎人在投掷长矛的时候都是尖端朝前的，但这显然不能证明我们这个物种拥有一种根深蒂固的"尖端朝前"基因。

非人类物种虽然缺乏文化，但也展现出类似于重新发明轮子的能力，即便它们的这种能力还较为简化。章鱼这种动物格外聪明，它们虽然没有表现出文化传递的迹象，但当我们发现章鱼个体会独自发现许多妙技，以此处理它们先辈从未遇到过的特定难题时，我们不应感到惊讶。任何这样的一致性都可能会被生物学家们误读为一种特殊

"本能"的标志，但有时候这不过是出自它们的一般智能，后者会引导它们一次又一次地发现同样的好点子。由于文化传递这一因素的存在，对于智人状况的阐释就难度倍增。即使有个别不够聪明的猎人自己想不到投掷长矛时应该尖端朝前，他们也会被自己的同伴告知这种做法，或者在注意到同伴们的做法后，马上明白其效果。换句话说，只要你不是笨得透顶，你就不需要靠遗传基础来实现那些你随时能从朋友身上学到的适应之举。

难以置信，社会生物学家竟也会忽视这种无所不在的可能性，但醒目的证据表明他们一次又一次地犯过这种错误（Kitcher, 1985）。可以列举的实例很多，但我会集中讨论一个特别显见的著名事例。尽管爱德华·威尔逊（E. Wilson, 1978, p. 35）明确指出，要靠特定的遗传假说来解释的那些人类行为，应该是"人类全部本领中最不具理性的那一类……换句话说，它们牵涉的应该是最不易被文化所模仿的先天生物现象"，但他又接着（pp. 107ff.）说，比如，所有人类文化都表现出**领域性**（我们人类总喜欢把一点空间叫作我们自己的空间），这清楚地证明，我们跟许多其他物种一样，生来就被安装了一种遗传而来的、对于保卫领土的预先倾向。这也许是真的——事实上，这一点也不奇怪，因为许多物种都明显表现出天生的领域性，而且很难设想有什么力量可能会从我们的基因构成中移除这种倾向。但是，领域性在不同人类社会中的无处不在，**其本身**根本不能构成这方面的证据，因为领域性在人类的许多安排中都具有极大的意义。它即便不是一步逼着，也接近逼着。

在生物圈中的其他地方，考虑这些问题**要求**我们用自然选择来解释某一方面的适应——显见的效用、明确的价值、无可否认的设计合理性——在人类行为中，考虑这些问题则会**抵制**任何对于这类解释的**需求**。如果一个技巧足够妙，那它就会被每一种文化毫不意外地重新发现，而不需要通过基因传衍或文化传递来保留其具体内容。*我们在第 12 章看到，正是文化趋同演化——重新发明轮子——的图景，打乱了我们把模因学变成一门科学的尝试。同样的难处，出于同样的原因，也困扰着所有从文化共性推论出遗传因素的尝试。尽管威尔逊有时已经注意到了这个难题，但他在别的时候又忘记了：

> 埃及、美索不达米亚、印度、中国、墨西哥以及中南美洲等早期文明在这些主要特征上有非常显著的相似点。这些相似点不能被敷衍地解释为偶然或文化上异花受精的产物。（E. Wilson, 1978, p. 89）

我们需要逐一考察每个显著的相似点，看看它们当中有哪些**需要**遗传上的解释，因为除了文化上的异花受精（文化传衍）和偶然之外，还存在着重新发明的可能。**可能**有特定的遗传因素在许多或全部的相似性中起作用，但正如达尔文所强调的，证明这一点的最好证据永远是各种特异之处——各种古怪的同源性——以及不再合理却又残存下来的东西。最近，社会生物学和认知心理学相结合的研究，正在以演化心理学的名号，揭示着最有说服力的这类事例（Barkow, Cosmides, and Tooby, 1992）。让我们重点关注单个实例，以便对达尔文式思维在人类本性研究中的好坏用途做出有效对比，澄清我们方才提出的有

---

* 在考虑这样的情况时，一种有用的演练方式，就是在想象中创造出一屋子稍有理性的机器人（它们聪明，但完全没有遗传意义上的祖先），然后问自己，它们是否会很快开始稳定地实施你要讨论的行为。（如果情况比较复杂，就该用计算机来模拟。计算机模拟在这里充当了引导你想象力的假体。）如果答案是肯定的，那就无怪乎世界各地的人类也都会这么做，而且这大概跟他们的灵长类传承、哺乳动物传承乃至脊椎动物传承都没有什么关系。

关合理性（或者仅仅是不蠢笨）的立场。

我们人类有多讲逻辑呢？在某些方面似乎很讲逻辑，而在其他方面则弱得令人尴尬。1969 年，心理学家彼得·沃森（Peter Wason）设计了一个简单的测试，可聪明人——比如说大学生——的测试结果却相当糟糕。你自己也可以测测看。共有四张卡片，每张卡片一面是数字，另一面是字母，有的是字母的那面朝上，有的是数字的那面朝上：

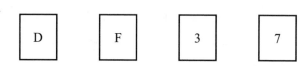

你的任务，是弄清图中有没有卡片不符合如下规则：**如果一张卡片的一面是"D"，那它的另一面就是"3"**。现在，要确认这个规则是否成立，你需要翻看哪张卡片呢？很遗憾，在大多数这样的实验中，答对的学生还不到一半。你答对了吗？如果我们稍微改换一下问题的内容（不改变问题的结构），正确答案就会明显得多。你是一家酒吧的保安，你的工作是不让任何年龄不够（21 岁以下）的顾客喝啤酒。卡片的一面是年龄信息，另一面是顾客所喝的饮品。你需要翻看哪张卡片呢？

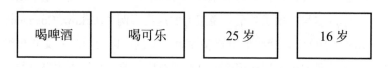

显然是翻看第一个和最后一个，就跟第一个问题的答案一样。*

---

* 丹尼特在《纠误》中指出："很多读者都急于表明，对于沃森的测试中要翻哪张牌，我给出的答案是错误的，但其实错的是他们——这恰恰说明了这种认知错觉有多强大。不过，西蒙·范德梅尔认为我对任务的表述有问题：我应该说'你的任务是弄清所有不符合以下规则的卡片'（因为如果不这样问的话，你有时候只需要翻转第一张牌就能发现有牌不符合规则了）。"——译者注

为什么一种场景会比另一种场景容易得多？也许你可能会认为，这是由于第一个场景的抽象性和第二个场景的具体性，或是由于第二个场景是我们所熟悉的，再或是由于第二个场景涉及的是一条公约规则，而非自然的规律。沃森的卡片甄别测试已经进行了多达几百场，采用了几百种不同变种，检验了以上两个假说以及其他假说。受试者在测试中的表现变化很大，取决于具体测试的细节和环境，但对于全部结果的全面审视，得出了一个十分确凿的结论，那就是有些场景对几乎所有的受试者群体来说都是困难的，而另一些场景**对这同一批**受试者来说则很容易。但有一个谜题仍未解开，它让人想起那两个黑箱的谜题：究竟是什么因素让难解的情境变得难解呢？——或者（一个更好的问题）是什么因素让容易的情境变得容易呢？科斯米德斯和图比（例如 Barkow, Cosmides, and Tooby, 1992, ch. 2）提出了一个演化假说，我们很难想象有哪个对达尔文式思维的种种可能缺少敏锐意识的人会冒出这个特定的想法：那些容易的情境都可以被顺当地解释为巡护社会契约的任务，换句话说，就是侦测违规者的任务。

科斯米德斯和图比似乎发现了一块化石，化石里面是我们尼采式的过往！当然了，构造假说还不等于证明假说，不过他们假说的一个重要优点，就在于突出的可检验性，到目前为止它已经很好地经受住了反驳它的种种尝试。假设它是对的，这是否表明我们只能对大自然母亲安排我们去推理的东西加以推理呢？显然不是，这只表明了为什么对我们来说就某些主题进行推理比就其他主题进行推理更容易（更"自然"）。我们已经设计出能够成倍扩展我们推理能力的文化制造品（大学课程中讲授的各种形式逻辑系统、统计学、决策论等）。然而，即使是专家也常常忽视这些专门化的技巧，他们回过头来依靠"信马由缰"的旧式推理，结果有时令人尴尬，就跟沃森测试所表现出的情况一样。抛开任何达尔文式的假说不谈，我们知道，除非人们特别自觉地使用这些重磅推理技巧，否则就容易陷入认知错觉。为什么我们容易受这些错觉影响呢？演化心理学家说：跟我们容易受光学错觉以及其他感官错觉影响的原因相同——我们就是被打造成这样的。大自然母亲这般设计我们，是为了让我们解决我们演化环境带来的一套特定难题，而且每出现一个二流解决方案——一个尽管缺乏通用性，却能妥善解决最紧迫问题的便宜货——它往往就会被安装下来。

科斯米德斯和图比把这些模块称作"达尔文式算法"；它们跟两毛五分机的机制很像，只是更花哨些。我们显然不会只靠一种这样的推理机制来过活。科斯米德斯和图比一直在搜集用以证明其他专用算法存在的证据，这些算法有助于思考威胁以及别的社会交互形式，还有其他无处不在的难题类型：危险事物、刚性物体和疾病传染。我们所拥有的不是一台单一的中央通用推理机，而是一组小器具，它们都很好用（至少在它们所处的演化环境中很好用），并且可以轻易地扩展适应，适合当前的新用途。我们的心灵就像是瑞士军刀，科斯米德斯如是说。我们时不时就会在我们的本领中发现令人好奇的缺口，这些奇怪的缺漏为我们提供了有关一段特定研发史的线索，这段研发史可以说明文化光鲜外表下的种种底层机制。这必定就是心理学家对人类心灵实施逆向工程的正确方式，即时刻留意各种 QWERTY 现象。

在我看来，科斯米德斯和图比正在从事的研究，属于当今达尔文式心理学领域中最为杰出者之列，这也是我选他们当例子的原因，不过我也必须拿一些建设性的批评来调和一下我的这番推介。他们遭到了古尔德和乔姆斯基的粉丝们的攻击，其凶残程度令人慨叹，而四面受敌的他们二人也倾向于将反对者漫画化，有时还过于草率地把针对他们论点的怀疑意见弃置不顾，认为这些怀疑意见的出发点，和老派社会科学家们捍卫自己那一亩三分地的心态不相上下，后者连演化是怎么回事都没搞清楚。二人经常如此，但并非一向如此。即便他们是对的（我对此抱有信心），也就是说我们人类所具有的这种理性是自然选择所设计的众多专用小器具的活动产物，那也并不说明我们的这把"瑞士军刀"先前不能用来一次又一次地重新发明轮子。换句话说，要说明这一点，仍然必须表明任何具体的适应，都不是用以颇为直接地（且理性地）应对颇为晚近状况的文化产物。他们明白这一点，并且小心翼翼地避开了我们刚刚看到爱德华·威尔逊掉入的那个陷阱，但在激烈的战斗中，他们有时会忘记这一点。

就如同达尔文因为执意脱离灾变论，而没有意识到突然灭绝的情况可能也无伤大雅，图比和科斯米德斯以及其他演化心理学家，因为执意用一个得当的达尔文式心灵模型来取代"标准社会科学模型"，常常没有意识到独立重新发现逼着的情况可能也没什么大不了。下面是标准社会科学模型的部分戒律：

> 动物受到它们生命机理的严格控制，而人类的行为取决于文化，一种自主的符号和价值系统。文化摆脱了生命机理的约束，文化之间的不同可以是任意的、无限制的……学习是一个通用的过程，被用于所有知识领域。（Pinker, 1994, p. 406；另见 Tooby and Cosmides, 1992, pp. 24-48）

这种论调当然是错的，大错特错。不过我们权且拿它跟我的"略不标准社会科学模型"做个比较：

> 动物受着它们生命机理的严格控制，而人类的行为**大体上**取决于文化，一种**大体上**自主的符号和价值系统，它萌发于生物基础，但在生长过程中又无限定地远离了生物基础。文化在大多数方面**能够压倒或避开**生命机理的约束，文化之间的不同可以大到

足以说明许多重要的差异……学习**不**是一个通用的过程，但人类拥有许多专用小器具，而且学会了驾驭它们的泛用性，这就让学习**常常**可以被当作一种仿佛完全介质中立、内容中立的非蠢笨天赋。

这就是我在本书中论证过的模型；它不为天钩辩护，它仅仅承认我们现在拥有的起重机比任何其他物种的起重机更具有一般性的力量。[*]

同所有研究领域一样，社会生物学和演化心理学中有很多好研究，也有很多坏研究。其中有邪恶的研究吗？其中至少有部分研究，不在意自己是否可能被这种或那种派别的理论家所滥用，这令人忧心忡忡。无独有偶，在这件事上，变本加厉的指责同样较多引发愤慨，而较少促成理解。我们可以用一个实例来以小见大，概观整个战局的糟糕全貌。鸭子会实施强奸吗？社会生物学家发现了一种普遍的行为模式：在某些物种中——比如鸭类——雄性会倚仗暴力同明显不情愿的雌性交配。他们曾经称之为强奸，而这个术语已经受到了批评者的谴责，其中最有力的是女性主义生物学家安妮·福斯托-斯特林（Fausto-Sterling, 1985）。

她批评得在理。我说过，我们不会把许多物种中兄弟姐妹间的杀

---

* 就连唐纳德·西蒙斯（Symons, 1992, p. 142）也稍有失足，屈从于一个华丽的口号："根本没有'一般问题解决器'这种东西，因为根本没有什么一般问题。"哦？确实不存在什么一般性的伤口；每个伤口都有相当特定的形状，但仍然可以存在一个一般性的伤口治疗师，能够治愈近乎无限种形状的伤口——这不过是因为，对大自然来说，制造一个（相当）一般性的伤口治疗师比制造一个专科伤口治疗师更便宜（G. Williams, 1966, pp. 86–87；另见 Sober, 1981b, pp.106ff.）。某种认知机制的一般性程度如何，或者某种认知机制能否通过文化强化而变成一般性的，这始终是一个开放的经验性问题。

戮称作"谋杀",因为它们不了解自己所做的事情。它们之间虽有杀戮,却无谋杀。一只鸟不可能**谋杀**另一只鸟——"谋杀"这个词是留给人类之间意图明确、蓄意为之的不正当杀戮的。(你可以杀死一头熊,却不能谋杀它,而且如果它杀死你,那也不是谋杀。)既然如此,一只鸭子能够**强奸**另一只鸭子吗?福斯托-斯特林和其他女性主义者都认为不能——这同样是在误用一个只适用于人类罪行的语词。如果英语里有一个日常用词,它之于"强奸"就像"杀戮"(或者"他杀""过失杀人")之于"谋杀"一样,那么社会生物学在形容非人类的强迫交配时,使用了"强奸"这个语词,而没有用那个内涵较弱的语词,就确实是很过分了。但这样的词语并不存在。

那么,用简短生动的"强奸"一词来代替"强迫交配"(或其他类似的词语),是不是严重的罪恶呢?至少是麻木不仁。但是,批评者们会指责同样取自人类生活的另外一些社会生物学家常用词吗?这类词语有异性蜘蛛之间的"同类相食"[*](雌性会等待雄性使其受孕,然后就将雄性杀死吃掉),有"女同性恋"海鸥(雌性眷属在长达几个季节的时间里保持配对,一同保卫领地,建造鸟巢,分担孵蛋任务)。有"同性恋"蠕虫和鸟类"绿帽男"。至少有一位批评者,简·兰开斯特(Lancaster, 1975),确确实实地反对用"眷群"[†]一词来指称单一雄性——比如一头象海豹——所守护、交配的雌性群体;她推荐使用"单雄群"一词,因为这些雌性"除了使雌性受精外,几乎是自给自足的"(Fausto-Sterling, 1985, p. 181n.)。在我看来,蓄意为之的人类同类相食行为,比一只蜘蛛能对另一只蜘蛛做出的任何事情都要可怕得多,但如果一个蜘蛛学家想使用这个词,我也

---

* "同类相食"或"同种相残"(cannibalism)可以特指人相食的现象。——译者注
† "眷群"(harem)可以专指一位男性的众多妻妾。——译者注

不反对。在这个问题上，我们又该如何看待那些更温和的词语呢（G. Williams, 1988）？批评者是否也反对"求爱仪式"和"告警呼声"的说法？或者他们是否反对用"母亲"一词来指代非人类的雌性亲代呢？

福斯托-斯特林也确实注意到，那些因为使用"强奸"一词而被她批评的社会生物学家都谨慎地坚称，人类强奸不同于其他物种的强奸。她引用了（Fausto-Sterling, 1985, p. 193）其他学者（Shields and Shields, 1983）的表述：

> 说到底，男性之所以可能实施强奸，是因为这能增加他们的生物适应度，因而强奸可能至少部分地起到了一种生殖功能，但就直接原因而言，他们之所以实施强奸很可能是因为愤怒或敌意，就像女性主义者所说的那样。

这段话并不是福斯托-斯特林想听的，她想听到的是对强奸掷地有声的痛斥——人们可能会认为在科学文章的语境中，这种痛斥是不言而喻的——但这段话确实坚定地把人类强奸同任何生物学上的"正当性证明"剥离开来。这就让福斯托-斯特林的进一步指责显得有些过头了。她把某些强奸案中辩护律师提出的各种说辞都归咎于这些社会生物学家，那些辩护律师或指出他们委托人"难以忍受的生理冲动"，或把委托人的行为描述为"就强奸而言，这是相对温和的强奸"，从而相对轻易地使他们的委托人脱罪。这类说辞同一般的社会生物学，或者同她具体讨论的那些文章有什么关系呢？她并没有给出理由，来说明这些律师曾引用过相关社会生物学家的观点，把他们当作可以支持自己观点的权威，甚至不能说明这些律师知道相关社会生物学家的存在。按照同等的审判标准，她可以责怪研究莎士比亚的那群学者同样有失公正（假设他们是这样的），因为多年来这些学者在他们的著作中无疑没有充分谴责莎士比亚戏剧中不时出现的、对强奸的宽容描述。这种做法肯定难以促成对于相关议题的明智思考。情绪激动，议题紧要，这就更需要科学家和哲学家们谨慎行事，不要以大义为名，滥用真理，彼此辜负。

那么，一种"自然化"伦理学的更为积极的进路会是什么样呢？我会在下一章中提出几点初步意见。

第 16 章

随着达尔文式思维离家——离我们生活之处——越来越近，人们的情绪也越发激动，而说辞往往会将分析吞没。然而，从霍布斯开始，经由尼采一直到今天，社会生物学家们已经认识到，只有对伦理规范的起源——以及转变——进行演化分析，才能恰当地理解它们。贪婪的还原论者已经在这个新领域中照常迈出了跌跌撞撞的第一步，并且受到了复杂性的捍卫者们的及时斥责。我们应该从这些错误中吸取教训，而非弃之不顾。

第 17 章

我们是有限的、有时间压力的、启发式的伦理真理探索者，这一事实有何伦理学意涵？通过考察在功利主义伦理学和康德式伦理学之间不断来回摆动的钟摆，可以提出一些原则，以便沿着更现实的、达尔文式的路线重新设计伦理学。

第 17 章

重新设计道德

1. 道德可以被自然化吗？ *

> 因此，人最终通过后天的、也许是承袭的习惯而感觉到，对
> 他来说最好的做法是服从他那些更为持久的冲动。"应该"这个
> 专横的词语，似乎仅仅意味着对"存在着某个行为规则"的意
> 识，无论这个规则是如何起源的。
>
> ——查尔斯·达尔文，《人类的由来及性选择》
> （2nd ed., 1874, p. 486）

人类文化，特别是宗教，是道德戒律的宝库，从黄金法则、十
诫、希腊人所说的"认识你自己"，到各式各样具体的指令、禁令、
禁忌和仪式。自柏拉图以来，哲学家们一直试图将这些律令组织成一
个单一的、理据充足的普遍伦理体系，但至今没有取得任何有助于促
成共识的成果。数学和物理学对于一切地方的一切人来说都一模一

样，但伦理学却还没有确定下来，没有达到类似的反思平衡。*这是为什么呢？因为目标虚无缥缈吗？因为道德是一个只关乎主观品味（和政治权力）的问题吗？难道不存在可供人们发现和确认的伦理真理，没有逼着或妙技吗？伦理理论的一座座广厦已经被构建过，被批判和捍卫过，被最好的理性探究方法修正和扩展过，在这些人类推理活动的制造品中，就有一些最为宏伟的文化创造，然而它们还没有从所有仔细研究它们的人那里赢得毫无顾虑的赞同。

伦理学家们是一个伟大设计过程众多产物的一部分，也许通过反思这个设计过程的种种局限，我们就可以获得一些关于伦理理论地位和前景的线索。正如设计空间中全部**实有的**探索过程一样，伦理决策必定在某种程度上是短视的、有时间压力的，这有何后果呢？

在达尔文的《物种起源》出版后不久，维多利亚时代的另一位英杰约翰·斯图尔特·穆勒，发表了他关于普遍伦理理论的尝试之

---

* 值得我们牢记在心的是，数学和物理学在全宇宙都是一模一样的，原则上可以被外星人（如果有外星人的话）发现，不论外星人有着什么样的社会阶层、政治倾向、性别（如果外星人有性别的话！）或小过错。我提到这一点，是为了抵御最近来自科学社会学中某些学派——我是说宽泛意义上的学派——的胡言乱语，这些胡言乱语你们可能都听说过。读到像约翰·帕特里克·迪金斯这样睿智的思想者也受其蛊惑，着实令人沮丧：

> 但正如马斯登先生所指出的那样，过去人们认为科学是这些争端的仲裁者，而今天科学却失去了这一职权，被认为不过是另一种描述世界的言谈方式，而非认识世界的哲学方式。就在不久以前，宗教被逐出了校园，因为它缺乏科学的资质。但既然这个标准本身已经失去了自己的资质，马斯登先生就想知道为什么宗教不能重新获得它在校园中的地位。他提出这些问题是正确的。（Diggins, 1994）

承认好科学的客观性和精确性，并不是什么"科学主义"，这就好比承认拿破仑确实一度统治过法国、承认大屠杀确实发生过，并不是崇拜历史。那些害怕事实的人，永远都会试图诋毁寻觅事实的人。

作——《功利主义》（Mill, 1861）。达尔文饶有兴味地读了这本书，并在他的《人类的由来及性选择》（Darwin, 1871）中回应了这部"名著"。达尔文困惑于穆勒在道德情感是先天的还是后天的这一问题上的立场，遂向他的儿子威廉寻求帮助，威廉告诉他的父亲说，穆勒"在这整个主题上相当糊涂"（R. Richards, 1987, p. 209n.）。但除了一些这样的不和谐之处，人们（正确地）认为，达尔文和穆勒在他们的自然主义观念方面是团结一致的——所以他们一并遭到天钩捍卫者们的痛斥，也就在意料之中，捍卫者中最突出一位的是圣乔治·米瓦特，他宣称：

> ……人会意识到一条不可更易的绝对规则，这规则**正当地**主张我们服从于一个必然至高且绝对的权威——换句话说，理智判断的形成，表明做出判断的心灵中存在一个伦理理想。（Mivart, 1871, p. 79）

对于这般虚张声势，最好的回应大概莫过于本节开头所引用的达尔文的话。但更讲分寸的批评也是有的，其中一种较常见的批评让穆勒忍无可忍："功利的捍卫者还常常发觉，自己需要驳斥这样的反对意见：我们在行动之前并没有时间来计算和权衡每个行为对公众幸福可能造成的后果。"他的反应相当激烈：

> 在这个问题上，人们的确不应再说一些无意义的话了，因为在有关实际事务的其他问题上，人们是既不会去说也不会去听这类无意义的话的。没有人会论证说，因为海员们等不及算出航海历，所以航海的技能不是建立在天文学的基础上。他们既是理性的生物，出海时便会带上已算好的航海历；而所有理性的生物在

驶入生活的海洋时，其心灵也已对普通的行为对错问题以及许多困难得多的聪明愚蠢问题做好了准备。只要人类还具有做出预见的品质，就应当相信，人们将一如既往地这样做下去。（Mill, 1861, p. 31）*

这段高傲的反驳得到了许多——也许是大多数——伦理理论家的青睐，但实际上它是在裱糊一条裂隙，而这条裂隙已在汹涌的批判性关注下日益扩大。反对者们抱有一种稀奇的误解，认为一个伦理思维体系**理应管用**，所以他们指出穆勒的体系是非常不实用的——但指出这一点也就到头了。这算不得反对意见，穆勒坚持认为：功利主义理应是实践性的，但也没**那么**有实践性。它的正确用途，是给真正的道德推理者在前台表现出的种种思想习惯，做出位于后台的正当性论证。然而，伦理理论的这种后台作用（这不单是功利主义者所追求的东西）已被证明是缺少界定、不够稳定的。伦理思维体系究竟应该有多大的实践性呢？伦理理论是做什么用的呢？在这个议题上心照不宣的分歧，加之就连领军人物们也有的一定量的错误意识，助长了随后争论中莫衷一是的局面。

大体上讲，哲学家们愿意忽略实时决策的实践难题；我们全都有限而又健忘，而且不得不匆匆做出判断，哲学家们把这个赤裸裸的事实，当作他们所勾画的那个机制体系中一个真实存在但又无关紧要的摩擦因素。这就仿佛是有两个学科：一个是正统的伦理学，它所承担的任务，是计算那些决定了理想行动者在一切情况下应该如何行事的原则；另一个就差点意思，是"单纯实践性的"道德急救学科，或

---

* 中译参考自《功利主义》，徐大建译，上海人民出版社，2007 年，第 24 页。——译者注

者说是关于"哲学医生赶来之前该怎么做"*的学科，它用粗糙且现成的语言告诉人们，如何在时间压力的催迫下"在线"做出决定。

哲学家们承认，**在实践中**，我们会忽略种种重要的考虑因素——那些我们确实不应该忽略的因素——然后，我们会以花样百出的——道德上站不住脚的——方式让我们的思维发生偏斜；但**在原则上**，我们应该去做的，是一个理想理论（这个或那个理想理论）告诉我们应该去做的事情。所以哲学家们就一门心思——这并非不明智——想要说清楚这个理想理论是什么。在哲学中，或是在任何科学学科中，人们都不会拒绝凭借理想化操作的有意过度简化而得出的理论成果。要知道，现实充满了凌乱的具体性，太过复杂，以至于无法理论化。问题在于（鉴于每种理想化操作都是一种战略选择），哪些理想化操作可能会对道德的性质有所揭示，哪些只会给我们带来让人沉湎的童话故事。

人们很容易忘记伦理理论实际上有多不实用，不过我们可以反思一下穆勒从他那个时代的科技中取用的隐喻有何意蕴，以便生动地呈现真相。**航海历**是一种星历，是一种年年计算、年年出版的图表书，人们可以轻松快捷地从中得出来年的**每一秒钟**里，太阳、月亮、几大行星和主要恒星在天空中的准确位置。不论过去还是现在，这种年度预期生成器以其精确性和确定性，一直充当着一个令人振奋的实例，它显示了人类的预见能力如何在科学体系的适当规训下，**被导向一个富于秩序的主题**。装备了这样一个思想体系的成果，理性的水手确实可以勇敢前行，确信自己有能力做出可靠有据的实时航行决策。天文

---

* 作者一语双关，由于这里"急救"是指在专业医疗人员到达之前所采取的应急措施，所以在这里与"道德急救"（Moral First Aid）相应的"Until the Doctor of Philosophy Arrives"就指"在哲学医生赶来之前"，而英文"哲学医生"又有"哲学博士"的意思，正对应前文提到的"正统的伦理学"的研究者。——译者注

学家所设计的实践方法确实管用。

功利主义者能否为大众提供类似的产品呢？穆勒似乎一开始是要说能。今天，我们已经见惯了套着几十个高科技体系名号的浮夸之词——成本效益分析、基于计算机的专家系统等等——从今天的角度来看，我们可以认为穆勒是在从事一项颇具创意的广告活动：表明功利主义可以为道德行动者提供一种万无一失的"决策辅助"。（"我们已经为你完成了困难的计算！你只需在我们提供的简单公式里做做填空即可。"）

功利主义的创始人杰里米·边沁无疑有志于开发这样的"幸福计算法"，还配上了便于记忆的顺口溜，宛如每名船长都会记诵的实用天体导航体系。

强烈经久确定，迅速丰裕纯粹——

无论大苦大乐，总有此番特征。

倘若图谋**私利**，便应追求此乐；

倘若旨在公益，**泽广**即是美德。*

边沁是个快活的贪婪还原论者——你可以说他是那个时代的B. F. 斯金纳——而这种关于实践性的神话从一开始就是功利主义说辞的一部分。但从穆勒身上，我们已经看到象牙塔内的诸君开始向理想性撤退，向"在原则上"而非在实践中可以计算的东西撤退。

比如说，穆勒的看法是，那些关于日常道德的最佳教诲和经验法则（rule of thumb）——人们在匆忙的审思过程中**实际考虑**的那些公

---

* 中译参考自《道德与立法原理导论》，时殷弘译，商务印书馆，2007年，第86页，脚注①。——译者注

式——已经在完整的、费时费力的、系统的功利主义方法那里得到了（或者在原则上将会得到）官方认可。普通的理性行动者之所以信任这些公式，是因为其中积累着关于许多人毕生经验的文化记忆，而现在可以用形式推导的方式从功利主义理论中推出这种信任，从而（"在原则上"）证明其合理性。可这样的推导从未真正实现过。*

我们不难看出其中的原因：一种能够进行功利主义（或任何其他"效果论的"理论）所要求的那种全局成本效益分析的**可行算法**极不可能存在。为什么这样说呢？我们可以把其原因称作"三英里岛效应"。三英里岛核电站的熔毁是好事还是坏事？如果在规划某个行动的流程时，你碰到熔毁这个发生概率为 p 的后果，你应该给它赋予什么样的权重？它是你应该尽力避免的负面结果，还是你应该悉心促成的正面结果呢？†我们现在还说不准，也不清楚具体要经过**多少岁月**才能得见问题的答案。（注意，问题并不在于测算不够**精确**；我们甚至都无法确定要赋予该结果的价值**符号**应该是正面的还是负面的。）

比较一下我们这里面临的难题，以及计算机国际象棋程序设计者所面临的难题。有人可能会认为，伦理决策技术用来应对实时压力难题的方法，就是国际象棋中应对时间压力的方法：启发式的"搜索-修剪"技术。但是，人生不像国际象棋那样有"将死"，我们不会

---

* 在这一领域，最接近"成果"的大概要数阿克塞尔罗德（Axelrod, 1984）关于"一报还一报"的推导，但正如他本人指出的那样，该规则中那些可以被证明的优点有一些假设条件，这些条件只能被间歇性地实现，因而能否实现也就包含争议。具体而言，就是"未来的影响"必须"足够大"，而对于这个条件，理性思考的人似乎可能会抱有一种不明确的反对态度。

† 三英里岛事故怎么可能是件好事呢？举个例子，它作为接近灾难的事件，为我们敲响了警钟，让我们远离那些会遭逢更大不幸的道路——比如说，切尔诺贝利事故的道路。当然，许多人热切**希望**正好有这样的事件发生，而且假如他们有条件采取行动的话，他们就很可能会着手确保这类事件的发生。

最终在哪个点上得到正面或负面的明确结果，也就无从通过逆向分析来计算我们所选路径沿途的诸多替代方案的实际价值。在给一个位置派定权重之前，应该想多深呢？在国际象棋中，从第五层看是积极的东西，从第七层看可能就是灾难性的。有些方法可以调整一个人的启发式搜索步骤，从而最大限度地减少（但不是决定性地减少）对于预想中走法的价值误判。预想中的这一步吃子，究竟指向了十分积极的未来，还是触发了对手高明的弃子战术？**静置原则**将有助于解决这个问题：总是跳出任何一阵纷乱的交锋，多看几步，看看棋盘平静下来后是什么样子。但现实生活中并没有与此对应的原则值得我们依赖。三英里岛事件后来又经历了十多年的巩固和静置（它发生在 1980 年*），经过通盘考虑后，我们**仍然**毫无头绪，不知道该把它算作好事还是坏事。

有人疑心，对于这般困局，并不存在牢靠且有说服力的化解之道，对于效果论的批评表面上纷扰混乱，内里则长期潜藏着这样的疑虑：在许多怀疑者看来，效果论就像是"低买高卖"这个空洞股市建议的稍加乔装版——虽在原则上是一个伟大的想法，但作为用来遵循的建议，则是系统性地无用。[†]

---

* 丹尼特在《纠误》中指出："三英里岛事件并非发生在 1980 年，而是发生在 1979 年。指出这一点的是约瑟夫·P. 卡伦德列罗［Joseph P. Calendriello］。"——译者注

† 朱迪斯·贾维斯·汤姆逊（Judith Jarvis Thomson）（在 1986 年 11 月 8 日于安阿伯市发表的关于《道德急救手册》的评论中）反对说，无论是"低买高卖"，还是其在效果论中的对应说法"利大于弊"，严格来说都是空洞的；二者都预设了某些关乎终极目标的东西，因为前者对于一个想要亏钱的人来说是坏建议，而后者则不会投合所有心怀道德者的终极旨趣。我同意这一点。例如，后者堪比《彭赞斯的海盗》（*Pirates of Penzance*）中海盗王向自诩为"义务的奴隶"的弗雷德里克提出的建议："嘿，哥们儿，要永远履行你的义务——至于结果就听天由命吧！"这两句口号都不**太**空洞。

所以，功利主义者不仅从来没有在实际实践中真正凭借计算（全部）备选方案的预期功用，来决定自己的具体道德选择（没有时间来做这些，就像那些最初的反对者所指出的那样），而且从来没有实现过针对部分结果——用穆勒的话说，即"地标和路牌"——的可靠"离线"**推导**，供那些必须应对"实际事务问题"的人取用。

那么，功利主义者的主要对手——各式各样的康德派又是什么情况呢？他们在自己的说辞中也推崇实践性，而且主要是通过控诉功利主义者的非实践性来表达这一点。* 可康德派拿什么取代无法奏效的效果论计算呢？那就是以这样或那样的方式来遵守准则（常常被人嘲笑为规则崇拜），比如，康德（Kant, 1785）在描述一则绝对命令时就提到：要只按照你同时能够愿意它成为一个普遍法则的那个准则去行动。康德式的决策行为十分典型地揭示了相当不同的理想化操作——它从别的方向上脱离了现实——那就是要做全部的工作。比如，除非有即将登场的天外救星，有一位司仪方便地在你耳边低语提议，否则情况就会让人摸不着头脑：在你拿着需要加以思

---

* 有一位康德主义者以格外有力清晰的方式指责了功利主义在实践上难以揣度，她就是奥诺拉·奥尼尔（O'Neill, 1980）。她展示了两位功利主义者，加勒特·哈丁和彼得·辛格（Peter Singer），在讨论饥荒救济这一紧迫的道德困境时，如何用同样的信息得出彼此相反的建议：我们应该采取雷霆措施来防止出现供养饥荒难民的短视做法（哈丁），我们应该采取雷霆措施来为如今的饥荒难民提供食物（辛格）。更具体的思考参见 O'Neill, 1986。伯纳德·威廉斯则是一位有独立见解的批评者，他主张（B. Williams, 1973, p. 137）：

[功利主义] 对所谓的经验信息、对人们的偏好有极大的要求，而这些信息不仅在很大程度上无从获取，还罩着概念层面的困难；但这却被看成了技术或实践上的困难，而且功利主义诉诸这样一种心态，即技术困难，甚至是无法克服的技术困难，也要好过道德上的不明晰，这无疑是因为它所引起的担忧要轻一些。（事实上这种心态傻极了……）

忖的那些行动所对应的"准则",去接受绝对命令的检验之前,你要怎么才能想出办法来圈定相关"准则"的范围。可以接受检验的候选准则似乎取之不尽。

当然,那种颇具古趣的边沁式期望——用填空式的决策流程来应对伦理难题——对于现代康德派的精神来说,就像对于精细练达的功利主义者来说一样陌生。所有的哲学家似乎都会同意,真正的道德思考需要洞察力和想象力,靠不过脑子而应用公式是做不到的。正如穆勒本人所说的那样(Mill, 1871, p. 31)——他仍是盛怒未消——"无论何种伦理标准,只要我们把它与普遍的愚蠢相联系,就不难证明它效果恶劣"*。不过,这番说辞与他在前面的类比有些相左,因为对实用导航体系的正当要求之一,就是几乎任何蠢材都能掌握它们。

我说这番话,丝毫不是想提出什么语出惊人的指控,只是想提醒人们注意一件相当明显的事:从来没有过哪个稍能使人信服的伦理学体系,被整理成**便于计算**的形式,用来——哪怕是间接地——处理现实世界的道德难题。所以,即便世上不乏支持特定政策、制度、实践和行为的功利主义(以及康德式的、契约论的等等)**论点**,这些论点也无一不处在"其他情况不变"的条件和理想化假设可信性声明的重重藩篱中。之所以设计这些藩篱,是为了克服计算量的组合爆炸所带来的威胁,如果真的有人试图——按照理论必须这么做——**考虑全部的事情**,那么这样的威胁就会出现。而且作为论点——而非推导——它们全都有争议(这并不是说它们归根结底都不可靠)。

为了更好地感受一下促成了**实际**道德推理行为的那些困难,让我们给自己提出一个小小的道德难题,看看我们自己是如何处理它的。

---

* 中译参考自《功利主义》,徐大建译,上海人民出版社,2007年,第23页。——译者注

尽管它在一些细节上颇为猎奇，但我所设置的问题却会表现出一个我们熟悉的结构。

2. 裁定竞赛

你所在的哲学系受命管理一笔丰厚的遗产：这是一笔为期 12 年的奖学金，要通过公开竞赛授予全国最有前途的哲学研究生。你顺理成章地在《哲学学刊》（*the Journal of Philosophy*）上公布了奖励内容和获奖条件，随后你惊惶不安地在截止日期前收到了多达 25 万份合格的报名材料，连同冗长的档案、代表作和推荐信。你们很快计算了一下，然后确信如果你们尽职尽责，赶在宣布获奖人选的截止日期前，对全部候选人的全部材料都进行评价，那么就不仅会妨碍院系完成基本的教学任务，而且还会——考虑到行政管理以及额外雇用合格评委所需的开销——造成奖励基金本身的破产，所有的评价工作也就白费劲了；这对谁都没好处。

该怎么办呢？要是你事先预料到了这些情况，本可以把参评条件规定得更严格些，可现在已经太迟了：我们会觉得，25 万名候选人中的每个人都有被平等考虑的权利，而且答应主办这次竞赛的时候，你们已经担起了选出最佳候选人的责任。（我的这些话并不包含关于权利和责任的预设。如果你觉得这里的说法会影响到事情的性质，可以从"违反你在竞赛公告中所陈述的条件也于事无补"这个角度出发，重新设置该问题。我要表达的意思是，无论你持有何种伦理信念，你都会发现自己身陷窘境。）在读下去之前，请花一点时间（随你怎么理解"一点"都行）来制定一下你自己对该难题的解决方案（请不要幻想你可以凭借科技手段搞定问题）。

当我向同事和学生提出这个难题时，我发现，经过短暂的探索钻研后，他们往往都会奔向一种混合策略的某一版本：

（1）选定少量的筛选标准，标准要易于查验，而且并非完全无法反映候选人的优秀程度，比如平均学分绩点、已修哲学课程数、档案重量（剔除过轻和过重的档案），以此进行第一轮筛选。

（2）对剩下的候选人进行抽签，随机缩小总人数，得出便于处理的少数最终候选人，比如五十人或一百人。

（3）这些人的档案交由一个委员会进行细致筛选，委员会投票决定胜出者。

毫无疑问，该流程不太可能找出那位最优秀的候选人。事实上，以下可能也是存在的：有些失败者如果有机会对簿公堂，就能够说服陪审团相信他们明显比那个选出来的优胜者要优秀，而且这样的失败者还不止少数几人。不过，你可能想要反驳说，这件事太难，你已经尽心尽力了。当然，你很可能输掉这场官司，但你仍会理所当然地觉得，自己当初不可能做出更好的决定。

我举这个例子，是为了以近镜头和慢动作来呈现实时决策的普遍特征。第一，在规定的时间内"考虑一切"显然在物理层面就不可能。请注意，"一切"不一定是指**世界上的每件事情**乃至**每一个人**，而只是指**现成的25万份档案中包含的每件事情**。你需要的所有信息都"在手头上"，不需要再谈什么进一步的调查。第二，铁手无情的你使用了一些明显是二流的淘汰规则。人们根本不会认为，平均学分绩点能够万无一失地反映当事人的前途，虽然它大概还是比**档案重量**靠谱些，也明显比当事人的**姓氏字母个数**靠谱些。在简单易行和合理可靠之间要有所权衡，如果没人能**很快**想到什么易于实施而又让人**有所信**

赖的标准，那么最好就取消步骤（1），直接对所有候选人进行抽签。第三，抽签的做法表示你部分放弃了控制权，放弃了一部分任务，让别的因素——自然或偶然——来暂时接管，但你仍对由此产生的结果负责。（这才是可怕之处。）第四，在这个阶段，你试图从之前这番狂野操作的输出结果中抢救出一些拿得出手的东西；在**过度**简化了你的任务之后，你打算靠着元层级（meta-level）上的自我监督过程，在一定程度上纠正、重新规范或改进你的最终成果。第五，你可能会不断冒出一些马后炮的批评，产生一些事后诸葛亮的智慧，发现你本该做到的事情——但过去的事就过去了。你让结果保持原样，接着去做其他事情。人生苦短。

刚刚描述的决策过程，是由赫伯特·西蒙（Simon, 1957, 1959）首次明确加以分析的基本模式的一个实例，他把该模式命名为"令人满意的决策"（satisficing）。请注意这个模式是如何自我重复的，它颇像一条分形曲线，我们循着子决策、子子决策等逐级而下，直到这个过程变得看不见。在专门研讨如何解决困境的院系会议上，（a）每个人都有满腹的建议——多到在指定的两个小时内无法——认真讨论，所以（b）会议主席变得强硬起来，决定对几个参会者不予理会，尽管他们极可能也有很好的点子，然后（c）是简短的自由"讨论"，其间——大家懂的都懂——发言时长、音量和嗓音可能比内容更有影响力，之后（d）主席尝试总结大家的发言，挑出几个他认为有效可行的亮点，接着与会者们相对更有序地争论这些亮点的优势与不足，再后来就是投票。会后，（e）还会有人认为可以选出更好的淘汰规则，认为院系有时间评估两百名最终候选者（或者应该把最终候选者的人数控制在二十以内），等等，但过去的事就过去了。他们已经学到了重要的一课，那就是如何容忍同事们的次优决策，所以，在后见之明中纵情陶醉几分钟或几小时后，他们就听之任之了。

"但我应该听之任之吗？"你问自己，就像在自由讨论期间，主席不点你发言的时候，你问了自己相同的问题一样。那一刻，你满脑子都是（a）你应该坚持发声的理由，还有你应该安安静静、随声附和的理由，这两批理由互相较劲，而双方又都在跟正在尝试去做的其他事情较劲，比如听取他人发言——你手头上的信息太多，处理不过来，所以（b）你迅速、随意、不假思索地屏蔽了其中一些信息——冒着忽略最为重要的考虑因素的风险——然后（c）你不再试图**控制**自己的思想；你放弃了元控制，任凭思想徜徉。过了一会儿，你不知怎的（d）恢复了控制权，设法对自由讨论中喷涌而出的各种材料进行一些排序和改进，然后就决定听之任之——承受着（e）瞬间的犹疑之苦，稍有懊悔的心情，可由于你是个明智的人，你耸耸肩就把这些都抛在脑后了。

那你具体又是如何打消那转瞬即逝、未达言表的小小疑惑（"当时我应该听之任之吗？"）的呢？相关过程单凭内省的肉眼去看是看不到的，但如果我们在感知和语言理解这种无意识的快速过程中看一看关于"决策制定"和"问题解决"的认知科学模型，就会在各式各样关于启发式搜索和问题解决的模型中，看到我们上文所言诸多阶段的更为诱人的类似物。*

正如我们在本书中一再看到的，有时间压力的决策就是这样**一路到底**的。令人满意的决策的过程甚至可以向后延伸到决策制定者那固定的生物设计后头，延伸到大自然母亲在设计我们和其他生物体时勉

---

* 当然了，五个阶段的时间顺序并不一定就是这样。对随机探索得出的搜索树进行的任意修剪，对不同结果进行的偏颇非最优评价所触发的决策，以及对马后炮式批评的抑制，这些都不需要遵照我在最初那个例子中概述的时间顺序。关于这一层级上的决策过程，我在《意识的解释》（Dennett, 1991a）中关于人类意识的多重草稿模型那一部分有过描述。

强采用的设计"决策"。一方面是相关结构在生物学和心理学上的表现形式，另一方面是它在文化上的表现形式，二者之间可能会有一些并非全然任意的分界线，可不仅这些结构——还有它们的力量和弱点——是基本相同的；而且"考虑斟酌"的具体内容也大概不会被困锁在整个过程的任何单一层次上，而是可以迁移的。比如说，在适当的激发下，人可以打捞出一些几乎难以察觉的考量，并将其提升为自觉的构想和鉴识——它变成了一个"直觉"——然后把它表达出来，让别人也能对它加以考量。在另一个方向上，一个在委员会中被经年累月地讨论和争辩的行动理由，最终能够达到"不言而喻"的地步——至少不用大声说出来——但它还在该过程中的某个（或某些）更加难以察觉的运作基础上继续形塑着团体和个人的思考。正如唐纳德·坎贝尔（Campbell, 1975）和理查德·道金斯（Dawkins, 1976, ch. 11）所言，文化建制有时可以阐释为针对自然选择所做之"决策"的补救或修正。

令人满意的决策的根本性——它是所有真正决策制定活动（道德的、审慎的、经济的乃至演化的决策制定活动）的**基本**结构——催生了一个熟悉又烦人的、难以把握的要求，该要求在若干方面长期困扰着理论工作。首先，请注意，仅仅主张该结构是基本的，并不一定就等于说它是最好的，不过这个结论肯定有人想到——并且有人想要。回想一下，我们开启这场探索的方式是考察一个道德**难题**并设法**解决**它：问题在于设计一个**好的**（正当的、可辩护的、扎实的）候选人评价过程。假设我们认定，在给定的约束条件下，我们所设计的系统差不多尽量做到了最好。一群大致有理性的行动者——就是我们——会认定这就是设计该过程的正确方式，认定我们关于系统各项特征的选择是有理由可依的。

鉴于这样的来龙去脉，我们可能会厚着脸皮宣布这就是最优设计——所有可能设计中最好的那个。这种明显的自高自傲，可能在我甫一设置问题的时候就被算在我头上了，因为难道我不就是在提议，要通过考察**我们事实上如何做出**具体的道德决策，来考察**任何人应该**如何做出道德决策吗？我们凭什么有资格做这个表率呢？好吧，我们还能相信谁呢？如果我们不能依靠自己的良好判断，那我们似乎就无从下手了：

> 因此，我们实际上的思考对象和思考方式，是合理性（我们应该思考什么和应该如何思考）诸原则的明证。这本身就是一条合理性的方法论原则；就叫它事实标准原则吧。每当我们试图确定我们应该思考什么或应该如何思考的时候，我们就会（暗中）接受事实标准原则。因为我们必须在这种特定的尝试中思考。而且，除非我们可以认为，我们此时实际上的思考对象和思考方式是正确的——从而是我们应该思考什么和应该如何思考的明证——否则我们就不能确定我们应该思考什么或应该如何思考。（Wertheimer, 1974, pp. 110–111；另见 Goodman, 1965, p. 63）

然而，对于最优解的要求往往会烟消云散；鉴于我们所受的种种局限，我们丝毫不需要厚着脸皮，就可以做出下面这番谦逊的坦白：这是**我们**所能想出的最佳解决方案。人们有时会错误地假设，实际存在或者必定存在一个（最好或最高的）单一角度，可以作为评价理想合理性的出发点。理想的理性行动者会不会也有某种"太人性的"问题呢？也就是说，虽然某些关键的考虑点最能说明困境的情况，也最有助于解决困境，可他们却没能想起这些点？如果我们规定，作为一种理论上的简化，我们想象出来的理想行动者会对这样的紊乱免疫，那么我们就不会去问对付这类紊乱的理想方式可能会是什么。

任何这样的操作都会假定，某些特征——所谓的"局限"——是固定的，而其他特征则是可塑的；要通过调整后者来尽可能地顺应前者。但人们总是可以改换角度，看看其中一个假定的可塑性特征，事实上是不是固定在某个位置上的——是不是一个需要顺应的约束条件。人们也可以考察每个固定特征，看看它是不是人们会在某些情形下想要改动的东西；也许它的现状就是最好的。要处理这个问题，需要人们把越发隐蔽的特征当作固定特征来考虑，以便对正在考察的特征所包含的智慧进行评估。这里也不存在什么阿基米德支点；如果我们假设《道德急救手册》的读者是**彻头彻尾的**白痴，我们的任务就不可能完成——而如果我们假设他们是圣人，我们的任务就太过容易，无法带来启示。

这一点颇为形象地体现在对于囚徒困境的理论探讨中，体现在难以把握的、关于理性的假设中。如果你有资格假设玩家们都是圣人，那就没有什么问题了，毕竟圣人总是会选择合作。目光短浅的浑蛋总是会选择背叛，所以也指望不上他们。那"理想的理性"玩家会怎么做呢？也许就像有些人说的那样，他会看到采取一种元策略的合理性，这种元策略要求他把自己变成一个不那么理想的理性玩家，以便应对他知道自己很可能会碰到的、不那么理想的理性玩家。可是，这个新玩家在什么意义上**是**不那么理想的理性玩家呢？如果我们以为，只要足够仔细地思考什么是理想的合理性，就可以平息事态，那可就错了。这是一个**真正的**邦格罗斯式谬误。（沿着此处思路所做的进一步思考可参见 Gibbard, 1985 以及 Sturgeon, 1985。）

3. 道德急救手册

如果我们的道德决策活动注定是启发式的、有时间压力的和短视的，那么我们又怎么能指望对其加以管控，或是至少加以改进呢？院系会议上发生的事情和我们自己身上发生的事情之间的平行关系，可以让我们看到其中的元难题到底是什么，以及如何可能处理这些元难题。我们需要有"警觉""明智"的思考习惯——或者换句话说，需要有同事经常（即便不是万无一失地）把我们的注意力引向不会让我们事后懊悔的方向。如果同事们是一批彼此相同的克隆人，全都想要提议我们考虑相同的方面，那就没有必要拥有一个以上的同事了，所以我们可以假设他们都是专家，每个人都思路较窄，各自一门心思地想要保护一组特定的利益（Minsky, 1985）。

那么我们应如何防止同事们各执一词呢？我们需要某种**谈话终止装置**。除了适时适用的考虑点生成器，我们还需要针对考虑点生成器的制动装置。我们需要一些计策来武断地终结同事们的重重反思和长篇大论，不管当前正在争论的特定内容是什么，都立即中断争论。为什么不直接采用一个**魔法词**（magic word）呢？魔法词在人工智能程序中作为控制移位器是很管用的，但我们这里所讨论的是控制有智能的同事，魔法词不太可能对他们奏效，让他们仿佛受到了催眠暗示一样。也就是说，优秀的同事善于反思，颇具理性，而且会在其狭窄的专业思路所造成的限制下保持思想的开放。如果就像我在上一章中所说的那样，构成我们的最简单机制是**弹道式的**意向系统，那么我们最为复杂的子系统则像我们在现实中的同事一样，是**无限定制导式的**意向系统。要想击中他们，就需要在诉诸他们的理性的同时，劝阻进一步的反思。

要是这些人**无休止地**进行哲学思考，无休止地呼吁我们回到第一原理，要求为这些明显是（确实也是）相当武断的原则提供证明，那将会一事无成。在这般无情的细察之下，有什么东西能让一个武断任意、略显二流的谈话终止装置幸免于难呢？一项禁止对谈话终止装置进行讨论和重新考量的元方针吗？那我们的同事就会不禁想问：**这项**

方针明智吗？能证明它是正当的吗？它并不总会产生最好的结果，确实如此，而且……还有其他的问题。

这是一个微妙的平衡问题，两边都有陷阱。一方面，我们必须避免错误地认为解决之道在于**更多的合理性**、更多的规则、更多的正当性证明，因为这种要求是没有止境的。任何方针都**可能**受到质疑，所以，除非我们准备好了要以某种蛮横而且非理性的方式来终结相关问题，否则我们设计出的决策过程就会毫无成果地螺旋上升以至无穷。另一方面，关于我们是如何被搭建起来的，没有什么单纯、赤裸的事实是（或应该是）完全无法通过进一步的反思来加以消解的。*

对于这样的设计难题，我们不能期望存在一个单一且稳定的解决方案，但可以期望有各式各样不确定的、临时的权衡之策，以及倾向于把各种辅助性教条的可贵之处结合起来的谈话终止装置，虽然这些教条本身经不住更广更细的审察，但幸运的是，它们有时的的确确会起到阻止、终结考量活动的作用。下面是一些颇有前途的例子：

> "可那样会弊大于利。"
> "可那样就是谋杀。"
> "可那样会违背承诺。"
> "可那样会把某人仅仅当作手段来利用。"
> "可那样会侵犯一个人的**权利**。"

---

* 斯蒂芬·怀特（White, 1988）讨论了斯特劳森（Strawson, 1962）的著名尝试，斯特劳森试图终止那种对于"我们的应对态度"索要合理性证明的要求，他所依据的是一个关于我们生存方式的赤裸事实，而我们的生存方式则是"我们别无选择的"。怀特表明，这个谈话终止装置无法阻挡对于合理性证明的进一步要求（怀特以一种巧妙而间接的方式提出了这种要求）。另见 White, 1991。有关伦理决策这一实践问题的补充（也是启示性的）进路，参见 Gert, 1973。

边沁曾粗暴地把关于"自然且不可侵犯的权利"的学说斥为"高跷上的废话",而我们现在可以回上一句:他也许是对的。关于权利的言论也许是高跷上的废话,却是**好**废话——它之所以好,恰是因为它在高跷上,恰是因为它拥有凌驾于元反思之上的"政治"力量——这力量的大小虽不甚确定,但通常都"足够大"——足以重新把自己确立为一个有说服力的(也即有终止谈话之作用的)"第一原理"。

这样看来,一定种类的"规则崇拜"似乎是件好事,至少对于设计得像我们这样的行动者来说是如此。它之所以是好的,不是因为有一个或一套可以证明的最好规则,也不是因为有一个或一套规则总能提供正确答案,而是因为有规则就有成效——多少有点成效——而没有规则就会毫无成效。

但这还没完——除非我们讲的东西真就是"崇拜"——非理性的效忠,因为单单**有**规则,或者仅仅**认可**或**接受**规则,还根本算不上是设计层面的解决方案。有规则,有全部信息,甚至有好的意向,本身并不足以确保行动的正确;行动者必须找到所有正确的东西并加以利用,即使在面对那些被设计出来刺穿他的信念的、来自对立面的理性挑战时也是如此。

仅仅拥有规则的力量、认识到规则的力量还不够,有些时候少些规则、少些认识反而会让行动者的处境更好。侯世达提醒人们注意一种他称作"回响式猜疑"的现象,大多数理想化的理论探讨都会规定不存在这类现象。在侯世达所谓的"沃尔夫困境"中,一个"明显的"非困境变成了一个严重的困境,而变化原因则不外乎时间的流逝和回响式猜疑的可能性。

想象一下,你所在的高中毕业班选出了二十个人,你也在其中。你不知道其他被选中的人都有谁……你只知道他们都连接上了一台中央计算机。你们每个人都坐在一个小隔间里，面对着空白墙壁上的一个按钮。你们有十分钟时间来决定要不要按下自己房间内的按钮。等十分钟结束，有一盏灯会亮十秒钟，在它发亮的时候，你们就可以按下按钮或不按按钮。然后，所有人做出的反应都会进入那台中央计算机，一分钟后就会出结果。你们很幸运，因为只会出现好的结果。如果你按了自己的按钮，你就会得到 100 美元，没有附加条件……如果**没**人按自己的按钮，那么**每**人都会得到 1 000 美元。可哪怕只有一个人按下了按钮，那么不按按钮的人就会一无所获。（Hofstadter, 1985, pp. 752–753）

很明显，你是不会按下按钮的，对吧？但要是恰好有个人有些过度谨慎或略起疑心，开始怀疑事情是不是真的像看起来那样明显，那该怎么办？每个人都应该承认，出现这种情况的可能性很小，而每个人也都应该认识到，大家应该都会承认这一点。正如侯世达所指出的（Hofstadter, 1985, p. 753），在这种情况下，"猜疑已从最微小的扰动，放大为最为严重的雪崩……其中一件恼人的事情是，你越是聪明，就越能迅速且清晰地看到可怕之处。一群和蔼可亲、反应迟缓的人，远比一群敏锐犀利、全都执拗地采取递归思维和回响思维的逻辑学家更有可能保持一致，不按按钮并取得更大的回报"。[*]

在我们的世界中，人们对这样的窘境并不陌生，我们会由此认识到，来上一点儿旧时代的宗教，来上一些不容置疑的教条主义，会让行动者免受超理性那细致精妙的入侵攻势的影响，这自有其诱人之

处。创造出某种近似于这种倾向状态的东西，确实是《道德急救手册》的目标之一，虽然在我们的想象中，《道德急救手册》是写给听话的理性受众的**建议**，但我们也可以认为，它要想实现其目的，就必须先具有改变"操作系统"的效果——而不仅仅是改变作为其受众的那些行动者的"数据"（他们相信或接受的内容）。为了完成这样一项特殊任务，它就必须十分精准地向其目标受众表达。

那么就可能存在若干种不同的《道德急救手册》，每种手册都分别对一类不同的受众奏效。这就展开了一个令哲学家们不快的前景，原因有二。其一，它表明，与他们严谨的学术品味相反，手册有理由更多关注修辞，关注只部分合乎理性，或者理性纯度有限的说理手段；伦理学家可能会假定，他或她会把自己的反思讲给理想的理性**受众**，可后者仍是一个成效可疑的理想化的东西。而且更重要的是，它表明伯纳德·威廉斯（B. Williams, 1985, p. 101）所谓的社会"透明性"的理想——"其道德建制的运作不应取决于对其运作方式有误解的那些社群成员"——是一个我们在政治上可能无法企及的理想。对于精英主义制造神话的行径，以及威廉斯（p.108）所说的"议院功利主义"这样通盘虚伪的学说，我们可能会避而远之，而且我们可能会发现——这毕竟是一种在经验层面向我们敞开的可能——如果我们能找到合理、透明的路线，从我们现在的样子，通向我们想要成为的样子，那就真的是幸运之至了。道路崎岖，从我们自己今天所处的地方出发，或许是无法到达最高峰的。

经由写作各种版本《道德急救手册》的过程，重新思考道德行动者的**实践**设计，或许可以让我们弄明白一些会让传统伦理理论连连摆手的现象。一方面，我们可能会开始理解我们目前的道德立场——我指的是你我此时此刻的道德立场。现在的你花费了若干个小时来读我的书（我无疑也在做类似的事情）。我们俩是不是应该出门给乐施会（Oxfam）筹款，在五角大楼外加入示威纠察队，或者给我们的参议员、众议员们写信讨论各种问题呢？你先前是不是在计算的基础上，有意识地认为时机已经成熟，是时候从现实世界的事务中抽身出来，"离线"一段时间来读点书？还是说，你当时的决策过程——如果这个叫法没有太过冠冕堂皇的话——更多意味着你**没有**改动当前的一些"默认"原则？（这些原则基本确保你无论如何都不会忽视那些最能激活你个人生活的潜在偷闲时光，而且我可以很高兴地指出，其中就包括用来专门阅读颇为难读之书的时间。）

　　若真是如此，那这究竟是一个可悲可怜的特征，还是我们这些有限的存在者不可或缺的要件？请试着设想一个大多数伦理学体系都能从容通过的传统台架试验：如果你走在路上，想着自己的事情，然后听到一个溺水者的呼救声，你应该怎么做？这个问题很简单，一个限定得当、**制定**完备的局部决策就在那里。困难的问题是：我们如何从目前的境遇走到那一步？我们怎样才能**有理有据地**找到一条路线，从我们的实际窘境通向那个相对快乐的、可以直接加以决策的窘境呢？我们似乎面对着一个前置问题，那就是我们在每天拼命管好自己事情的同时，会听到千百个呼救求助的声音，连同关于我们如何可以施以援手的海量信息。到底怎样才能先处理掉这一片喧嚣呢？反正不是通过某个系统过程来考虑一切、权衡预期功效并设法将其最大化。也不是通过生成与测试种种康德式准则——可以考虑的准则太多了。

　　可我们确实会从目前的境遇走到那一步。我们当中很少有人会在这种犹疑不定的状态中长期麻痹下去。总的来说，要解决这个决策难题，我们就必须批准一套彻底"站不住脚"的默认项，好让我们心无旁骛地专注于当前事项。而要瓦解这些默认项，则只能通过一个注定仓促忙乱的启发式过程，其中的重头戏由武断任意、未经查验的各种谈话终止装置来承担。

当然了，这是个鼓励各方不断强化升级的竞技场。我们的注意力极为有限，如果他人想让我们考虑他们最在意的议题，那他们本质上要处理的就是一个广告问题——吸引好心人的注意。无论是在政治活动那宽广的竞技场上，还是在个人思虑活动那近景特写的竞技场上，都一样有模因竞赛的问题。因此，伦理讨论中提到的那些传统公式，它们在引导注意力或塑造道德想象习惯方面所起到的作用，即作为出色的元模因所起到的作用，是个值得进一步细致考察的主题。

第 17 章

　　以达尔文的危险思想为视角来考察伦理决策问题,结果表明,伦理决策不能寄希望于发现能够指导人们正确行事的公式或算法。但这没什么好绝望的;我们拥有所需的心灵工具,能够设计、再设计我们自己,不断寻找更好的方案来解决我们给自己和他人造成的难题。

第 18 章

　　我们在设计空间中的这段旅程即将结束,下面将总结我们的发现,思考我们可以从此处出发去向何处。

第 18 章

一个理念的未来

1. 生物多样性颂

上帝就在细节之中。

——路德维希·密斯·凡·德·罗

（Mies van der Rohe, 1959）

创作《马太受难曲》花了约翰·塞巴斯蒂安·巴赫多长时间？
该作品的早期版本上演于 1727 年或 1729 年，但我们今天听到的版本
则始于 10 年之后，后来还经过许多修改。创造约翰·塞巴斯蒂安·巴
赫花了多长时间？当人们听到最初版本的《马太受难曲》时，他已
经有了 42 年的人生经验，而当后来的版本完成时，他已经有了半个
多世纪的人生经验。如果没有基督教，《马太受难曲》对于巴赫或者
任何别的什么人来说都无从构想，那么创造基督教花了多长时间？
大约 2 000 年。创造能够诞生出基督教的社会和文化环境花了多长时
间？ 10 万年到 300 万年——这取决于我们把人类文化的诞生日期定
在什么时候。那么创造智人花了多长时间？ 30 亿年到 40 亿年，跟创

造雏菊、螺镖鲈、蓝鲸和西点林鸮所花的时间大致相同。数十亿年**无可替代的**设计工作。

我们的直觉没错：最为精巧的艺术、科学作品与生物圈的辉煌成就之间存在某种亲缘关系。威廉·佩利在一件事上的看法是正确的：我们需要解释宇宙中何以会有许多绝妙的设计品。在达尔文的危险思想看来，这些设计品**全都**作为单一的一棵树——生命之树——的果实而存在，而且这一颗颗果实的产生过程说到底都是一样的。大自然母亲所展现出的天才可以拆解成许多微天才行为——这些行为或短视或盲目，没有目的，却对好的（更好的）东西有着最为精微的识别能力。同样，巴赫的天才也可以拆解成许多微天才行为、大脑不同状态之间的机械转换、生成与测试、弃用与修改，以及又一轮的测试。那么，巴赫的大脑真就像打字机前的猴子一样吗？不，因为巴赫的大脑并没有产生漫无际涯的待选结果，而是只产生了全部可能结果的一个微乎其微的小子集。要是你想衡量天才的大小多寡，就可以考察一下由巴赫产出的诸多候选方案所组成的特定子集，看看其优秀程度，以此衡量巴赫的天才。他何以如此高效地在设计空间中飞驰，对于面积极大的周遭区域内那些毫无希望可言的设计甚至连看都不看一眼呢？（如果你想探索一下**这个**区域，只需在钢琴前坐上半个小时，试着谱写一段好听的新旋律即可。）他的大脑被精巧地设计成一个用于谱写音乐的启发式程序，这一设计归功于多方面的因素；在基因方面，他是幸运的（他的确出身于一个著名的音乐世家）；在文化环境方面，他是幸运的，他出生于其中的文化环境让他的大脑充满了当时已有的音乐模因。毫无疑问，在生命中的许多其他时刻，他也是幸运的，受益于这样那样的机缘际会。所有这些海量的偶然，造就了一艘独一无二的巡航载具，它所探索的那部分设计空间是任何其他载具都无法探索的。纵有长达几百几千年的音乐探索历程在前面等着我们，我们也永远无法在设计空间漫无际涯的范围中成功铺设出十分可循可靠的轨道。巴赫之所以珍贵，并不是因为他大脑里有一颗天才灵珠，一个天钩；而是因为他是——或者说他含有——一个全然特异的多重起重机结构，其中的起重机还由许多起重机构成，而这些作为构件的起重机同样由许多起重机构成，以此类推。

像巴赫一样，生命之树其余部分的创造也不同于打字机前的猴子，前者只会探索漫无际涯的可能性中的一个微乎其微的子集。探索效率一次次再创新高，这些效率来自那些在亿万年间给吊升工作提速的起重机。我们目前的技术允许我们在设计空间中的每个部分加速推进我们的探索（这不单单是指基因剪接，还有用计算机来辅助设计一切可以想象的事物，本书就是一个例子，要是没有文字处理器和电子邮件，我永远都不可能写出这本书），但我们永远都无法摆脱我们的有限性——或者说得更准确些，无法摆脱实际状况对我们的拘牵。巴别图书馆是有限的，但也是漫无际涯的，我们永远也无法探索它所有的奇书，因为在每一个节点上，我们都必须像起重机一样，在我们迄今已经构建完成的基础上进行构建。

要警惕贪婪的还原论那无处不在的风险，我们可以思考一下，我们所看重的东西有多少可以依照它的设计性加以解释。稍稍开动一下直觉泵：下面哪种情况更糟糕？是毁掉某人的项目——即便该项目是一个由几千根雪糕棒制成的埃菲尔铁塔模型——还是毁掉雪糕棒的供应？这完全取决于项目的目标；如果当事人只是享受设计和再设计、建造和重建的过程，那么毁掉雪糕棒的供应就更糟糕，否则毁掉那个来之不易的设计产物就更糟糕。为什么杀死一只秃鹰远比杀死一头奶牛糟糕？（我的意思是说，无论你认为杀死一头牛有多糟糕，我们都一致认为杀死一只秃鹰更糟糕——因为如果秃鹰灭绝了，我们实际拥有的设计储备所蒙受的损失会大得多。）为什么杀死一头牛比杀死一只蛤蜊糟糕？为什么杀死一棵巨杉比杀死等量（按质量计算）的藻类糟糕？为什么我们会忙于制作电影、音乐唱片、乐谱、书籍的高保真副本？达·芬奇的《最后的晚餐》，正在米兰的一面墙上日渐腐坏，这着实令人心伤，尽管几个世纪以来，人们已经采取了种种保护措施（有时这些措施反倒是它腐坏的原因）。为什么毁掉反映这幅画 30 年前模样的所有老照片，就跟毁掉今天它的"原版"壁画的一部分那样糟糕——也许还要更糟？

　　这些问题并没有显而易见、毫无争议的答案，所以设计空间的视角肯定不能解释有关价值的一切，但它至少让我们看到，当我们试图以一个单一的视角来统一我们的价值感时会发生什么。一方面，它有助于解释我们的一个直觉，即独特性或个性具有"内在"价值。另一方面，它让我们确证了人们所谈论的各种不可通约性。一条人命和《蒙娜丽莎》，哪个更有价值？有很多人愿意用自己的生命来保住这幅画，不让它被毁坏，也有很多人，碰到紧要关头，会愿意为它牺牲**别人的生命**。（卢浮宫的守卫是否配有武器？他们必要时会采取什么措施？）为了拯救西点林鸮，就限制几千名相关个人的人生机遇，这是否值得？（回溯效应又一次赫然出现在我们面前：如果有人把他的人生机运都投入了成为一名伐木工人这件事上，而我们现在又剥夺了他成为伐木工人的机会，那么我们就让他的投入在一夜之间贬了值，就如同我们把他一生的积蓄都兑换成了一文不值的垃圾债券一样——事实上比这还惨。）

　　一条人类生命的起"点"或终"点"在哪里？达尔文式视角让我们明白无误地看到，我们为什么根本无望**发现**一个"作数的"、能说明问题的标志，一次生命过程中的骤变。我们需要划出界限；为了许多重要的道德目的，我们需要关于生命与死亡的界定。这些尝试从根本上讲具有武断性，在它们四周建起的一层层起着防御作用的可贵教条我们很熟悉，而且这些教条需要永无止境地加以修补。我们应该放弃一个幻想，即科学或宗教能够揭示一些深藏的事实，而后者则会告诉我们具体该在哪里划出这些界限。我们无法"自然地"标记出一个人类"灵魂"的诞生，就像无法"自然地"标记出一个物种的诞生一样。而且，与许多文化传统所坚持的观点相反，我认为我们都在直觉上认为，人类生命的终结这件事存在着多个价值级次。大多数人类胚胎都以自然流产告终——幸而如此，因为这些胚胎大多是畸胎，是毫无前途的怪胎，它们几乎不可能生存下来。这是一种极度的恶吗？母亲们的身体使得这些胚胎流产，那她们是否不由自主地犯下了过失杀人罪呢？当然不是。以下哪种情况更糟糕？是采取"英勇"措施来确保一个严重畸形的婴儿活着，还是采取同样"英勇"（即便不被颂扬）的举措来确保这样的婴儿尽可能没有痛苦地快速死去？我并不是要说达尔文式思维会告诉我们这些问题的答案；我要说的是，达尔文式思维会帮助我们看到，想要解决这些难题的传统希望（寻得一个道德算法）是十分渺茫的。诸多神话让这些老式解决方案看起来不可或缺，而我们必须摆脱这些神话。换句话说，我们需要长大。

各种值得保存的珍贵制造品中，就包括各种各样的文化整体。在我们的星球上，每天仍有几千种不同的语言在被使用，但这个数字正在迅速减少（Diamond, 1992; Hale et al., 1992）。一种语言的灭绝，同一个物种的灭绝是相同类型的损失，而当这种语言所承载的文化消亡，损失就更大了。但在这里，我们又要面对不可通约性，面对没有简单答案的局面。

我在本书的开头提到一首自己珍爱的歌曲，我希望这首歌会"永远"留存下去。我希望我的孙子学会它，并传给他的孙子；但与此同时，对于歌曲中以如此动人的方式表达出的那些教义，我自己是不信的，也不怎么希望我的孙子去信。它们太过简单。一句话，它们是错误的——就像古希腊人关于奥林匹斯山上男女众神的教义一样错误。你当真相信有一个拟人化的上帝吗？如果不信，那你一定会同意我的看法：这首歌是一个美丽而又充满温情的错误。那这首简单的歌曲还是一个有价值的模因吗？我十分肯定它是。它是我们文化遗产中一个朴素却美丽的部分，是需要保护的财富。可我们必须面对一个事实：正如先前一度存在着老虎无法生存的时代，老虎在动物园和别的保护区之外不再能够生存的时代正在来临，我们文化遗产中的许多珍宝也面临同样的状况。

威尔士语是靠着人工手段才存活下来的，就像秃鹰一样。这些珍宝曾在其所处的文化世界里蓬勃发展，我们无法保存这个世界的**全部**特征。我们也不会想要这么做。在过去，人们凭借充斥着压迫与恶行的政治和社会制度，创造出让许多绝世艺术品得以生长的肥沃土壤：奴隶制和专制制度（尽管它们有时可能是"开明的"），富人和穷人在生活水平上的骇人差异——以及巨量的无知。无知是许多绝妙事物的必要条件。一个孩子一旦失去无知，看到圣诞老人礼物时的童稚之乐就必定很快在她身上灭绝。等这个孩子长大，她可以把这种快乐传递给自己的孩子，但她一定也觉察到了，这种快乐比它本身的价值更长久。

我正在表达的观点有其明确的祖先。哲学家乔治·桑塔亚纳（George Santayana）是一个天主教无神论者（不知道你能不能想象出这种立场）。根据伯特兰·罗素（Russell, 1945, p. 811）的说法，威廉·詹姆斯曾把桑塔亚纳的思想斥为"臻于完美的腐朽"，人们可以看出为什么会有人被他那套审美主义所冒犯：他对自己继承的宗教遗产中的所有惯用语、仪式和服饰都深表赞赏，唯独缺少对宗教的信仰。有一句戏谑之语恰如其分地刻画了桑塔亚纳的立场："没有什么上帝，马利亚就是他的母亲。"但我们许多人不就是陷入了这种困境吗？我们热爱这份遗产，坚信其价值，却又无法对遗产的真实性抱有丝毫的确信。我们面临着艰难的抉择。正因为我们珍视它，所以我们才渴望在相当不稳定的、"变了质"的状态下保留它——保留在教堂、主教座堂和犹太会堂中，当初建造这些场所是为了容纳规模庞大的虔诚会众，现在它们正在逐渐成为文化博物馆。作为伦敦塔一景的英国皇家卫队，以及华服款步、可以开会选举下一任教皇的红衣主教，他们的作用其实并没有太大差别。二者都是在维持传统、仪式、礼拜、象征符号的存活，否则这些东西就会消逝。

但在所有这些宗教信仰中，不是都已经出现了宗教极端主义信念的大面积复生吗？很不幸，确实如此。而且我认为，对我们来说，这个星球上没有什么力量比宗教极端主义的狂热更危险，不论它属于哪个宗教"物种"：新教、天主教、犹太教、伊斯兰教、印度教和佛教，还有数不胜数的更小型宗教。这里有科学和宗教的冲突吗？当然有。

达尔文的危险思想有助于在模因圈中创造这样一种状况：从长远来看，它对上面提到的这些模因构成了威胁，它对它们来说是有害的，就像文明一般都对大型野生哺乳动物来说有害一样。救救大象吧！当然要救，但不能**不择手段**。比方说，不能强迫非洲人民去过 19 世纪的生活。这可不是个随随便便的比较。在非洲，大型野生动物保护区的建立，往往伴随着人类族群的迁移和这些族群的最终毁灭。[关于这种副作用，有一项令人毛骨悚然的观察，参见科林·特恩布尔（Turnbull, 1972）考察伊克人命运的著作。]那些认为我们应该**不惜一切代价**维持大象原始生存环境的人，应该思忖一下，把美国恢复到水牛四处漫步、鹿与羚自在嬉戏的原始状态需要什么代价。[*]我们必须找到调和之道。

我非常喜欢钦定版《圣经》。我对作为"他"或"她"的上帝心怀反感，就像我看到一头狮子在动物园的小笼子里神经质地来回踱步时，就会感到沮丧一样。我懂，我懂，狮子美丽而危险；如果你放任狮子四处游荡，它就会杀了我；把它关进笼子是安全所需。在绝对必要的时候，把宗教关进笼子也是安全所需。我们绝不容许有强迫性的女性割礼，也不允许女性在天主教和摩门教中被置于次等地位，更别说允许她们在其他宗教中的次等地位了。最近，最高法院宣布，佛罗里达州禁止在萨泰里阿教派（一个非洲裔加勒比人的宗教，融合了约鲁巴传统和天主教的诸多要素）的仪式中献祭动物的法律是违宪的，这是个临界案例，至少对我们中的许多人来说是如此。这样的仪式令许多人反感，但宗教传统的保护罩确保了我们的宽容。尊重这些传统是明智的做法。毕竟，这是对生物圈之尊重的一部分。

救救浸信会信徒吧！当然要救，但不能**不择手段**。如果拯救意味着要容忍有人故意误导孩子们对自然界的认知，那就不行。最近的一项民意调查显示，如今美国有 48% 的人相信《创世记》的字面意义是真实的。而 70% 的人则认为，学校应该一并讲授"创造论科学"和演化论。最近有写手提议制定一项政策，好让父母可以"选择剔除"那些他们不想让学校教给自己孩子的学习资料。学校应该讲授演化论吗？应该讲授算术吗？历史呢？误导孩子是种可怕的罪行。

一种信仰，就像一个物种，当环境发生变化时，它一定要么演

---

* 此处的描述出自经典牛仔歌曲《家在原野上》（"Home on the Range"），词作者为布鲁斯特·马丁·希格利（Brewster Martin Higley）。这首歌有时被称作美国西部的非官方国歌，还是堪萨斯州的州歌。相应的歌词大意为："哦，给我一个家，那里野牛四处漫步，那里鹿与羚自在嬉戏，那里的人们听不到太多忧心的话语，那里的天空看不到终日不散的阴云。"——译者注

化，要么灭绝。无论哪种情况，其过程都不会是温和的。我们在每一个基督教的亚种中，都能看到模因之战——女性该不该被授予圣职？我们该不该回归拉丁礼拜仪式？——在多个品种的犹太教和伊斯兰教中，也能观察到同样的情况。就像对待宗教一样，我们必须对模因抱有一种尊重和自我保护相结合的谨慎态度。这已然是公认的做法，但我们倾向于对其意涵视而不见。我们宣扬宗教自由，但也就到此为止。如果你的宗教主张奴隶制，主张残害女性，主张杀婴，或者悬赏某人的脑袋，只因他冒犯过你的宗教，那么你的宗教就具有无法令人尊重的特质。它会危及我们所有人。

野外有灰熊和狼在繁衍生息，这是件好事。它们已经算不得威胁；只要一点智慧，我们就可以和平共存。在我们的政治宽容、宗教自由中，也可以看出同样的方针。只要不构成公共威胁，你就可以自由地保留或创造任何你想要的宗教信仰。我们同在地球上，要学会一些调和之道。胡特派的模因很"聪明"，它们不会把毁灭外人当作美德。假如其中有这样的模因，我们就只好去打击它们。我们之所以会包容胡特派，是因为他们只伤害自己——虽然我们完全可以坚称，我们有权强制要求他们为自己的孩子提供更为开放的学校教育。其他宗教模因可没这么温和。要旨在于：对于那些不肯迁就、不肯节制、坚持只保留其传承中最纯正、最野蛮脉络的人，我们有责任将他们关押或让其缴械，并且尽最大努力使他们为之奋斗的模因失效，尽管这是情非得已。奴隶制越过了红线。虐待儿童越过了红线。歧视越过了红线。判处那些亵渎某一宗教的人死刑（外加给予行刑者奖励或酬劳）越过了红线。这毫无文明开化可言，即便打着宗教自由的旗号，这种做法也不比其他任何煽动冷血谋杀的行为更值得尊重。

我们当中的一些人，过着充实美满乃至刺激带劲的生活，当看到生活在贫弱社会——还有我们自己社会中的昏暗角落——中的人们转向了这样那样的狂热盲信时，他们不应该感到震惊。以你现在对世界的了解，你会在毫无意义的贫困中安分度日吗？凭借目前的信息圈技术，世界上的每个人都大致了解你所了解的东西（虽然伴有许多扭曲和失真）这种前景已经可以想象。在我们能为所有人提供一个狂热盲信不再有用武之地的环境之前，我们可以预料到它只会越来越多。但我们却不必接受它，也不必尊重它。根据从达尔文式医学（Williams and Nesse, 1991）中得到的提示，我们可以既采取措施，保护每一种文化中有价值的东西，同时又不保留其缺陷（或者不保留其缺陷的毒性）。

我们可以既欣赏斯巴达人的好战，但又不打算重新引入它；我们可以既惊叹于玛雅人建立的各种凶残制度，但又不为这些行径的灭绝感到片刻的遗憾。要为后代保存衰朽过时的文化制造品，必须依靠学术研究，而不是依靠人类限猎区 *——专制统治下的族属国家或宗教国家。阿提卡希腊语和拉丁语已不再是活的语言，但学术研究却保存了古希腊和古罗马的艺术和文学。生活在 14 世纪的彼特拉克曾吹嘘自己的私人图书馆里有数卷希腊哲学著作；他读不懂这些书，因为关于古希腊语的知识在他所生活的世界中已经全部消失，但他知道这些书的价值，并努力复原那些能够解开这些书籍之秘密的知识。

各种宗教早在科学甚至哲学出现之前就存在了。它们服务于许多目的（如果试图寻找一个单一的目的，寻找一个这些宗教全都直接或间接为之服务的单一至善，那就会犯下贪婪的还原论的错误）。它们激励许多人终其一生为这世界上的奇观伟绩做出无法估量的贡献，还

---

* 这里的限猎区（game preserve）不同于一般意义上的动物保护区或完全禁止狩猎特定物种的禁猎区，它旨在维持区域内主要狩猎物种的种群数量，仅对区域内的相关狩猎行为有所限制。作者在这里将"专制统治下的族属国家或宗教国家"与动物限猎区相类比，称之为"人类限猎区"。——译者注

激励更多的人在他们特定的处境中过上了更有意义、更少痛苦的生活。勃鲁盖尔的画作《伊卡洛斯的陨落》（ *The Fall of Icarus* ）在前景中展现了山坡上的一个耕夫和一匹马，远处的背景中则有一艘帅气的帆船——还有两条毫不起眼的白腿，伴着一朵小小的水花消失在海中。受这幅画的启发，W. H. 奥登写下了我最喜欢的诗之一。

《美术馆》

> 关于苦难，这些古典大师
> 从来不会出错：他们都深知
> 其中的人性处境；它如何会发生，
> 当其他人正在吃饭，正推开一扇窗，或刚好在闷头散步，
> 而当虔诚的老人满怀热情地期待着
> 神迹降世，总会有一些孩子
> 并不特别在意它的到来，正在
> 树林边的一个池塘上溜着冰：
> 他们从不会忘记
> 即便是可怕的殉道也必会自生自灭，
> 在随便哪个角落，在某个邋遢地方，
> 狗还会继续过着狗的营生，而施暴者的马
> 会在树干上磨蹭它无辜的后臀。
>
> 譬如在勃鲁盖尔的《伊卡洛斯》中：一切
> 是那么悠然地在灾难面前转过身去；那个农夫
> 或已听到了落水声和无助的叫喊，
> 但对于他，这是个无关紧要的失败；太阳

仍自闪耀，听任那双白晃晃的腿消失于
碧绿水面；那艘豪华精巧的船定已目睹了
某件怪异之事，一个少年正从空中跌落，
但它有既定的行程，平静地继续航行。*

　　这就是我们的世界，倘若其中还有什么要紧的事情，那便是苦难。宗教以归属感和陪伴感给许多人带去了慰藉，否则他们就会独自度过一生，既无荣光，也无奇遇。就其最好的方面而言，宗教让人们关注爱，让那些原本看不到爱的人真切地感受到了爱；在这个满是愁苦的世界上，它让人们的情志变得高尚，精神得到振奋。宗教还完成了另一个事情（但并不意味着这就是宗教存在的理由），那就是使智人在足够长的岁月中保持着足够的文明，让我们足以学会如何更加系统和准确地反思我们在宇宙中的位置。要学的东西还有很多。现代世界的濒危文化中无疑蕴藏着一个未被重视的真理宝库，其中的那些设计在千万年的独特历史中积累下了种种细节，我们应该在这一宝库消失之前采取措施，记录它，研究它，因为它就像恐龙的基因组一样，一旦消失就几乎不可能恢复。

　　我们以专注的学术研究——而非崇拜——来表达对于一些模因的敬意，可有人却一门心思要让它们成为现实，我们不该指望我们的这种尊重会让他们满意。与此相对，在他们中的许多人看来，除了热情地皈依他们的观点，其他任何做法都是威胁，甚至是不可容忍的威胁。我们绝不能低估这种对立造成的苦难。眼睁睁看着自己文化遗产中那些为人钟爱的特征萎缩或蒸发，还要被迫参与其中；这是只有我

---

* 中译参考自《奥登诗选》，马鸣谦、蔡海燕译，上海译文出版社，2014年，第244—245页。——译者注

们这个物种才会经历的痛苦，而且肯定没有什么痛苦比这更可怕。但我们没有合理的替代选项，有些人的愿景已经决定了他们无法与其他人和睦共存，我们将不得不尽可能地隔绝他们，把痛苦和伤害降到最低，并且设法永远留出一两条或许看上去可以接受的出路。

如果你想教给孩子们说他们是上帝的工具，那你最好不要跟他们说他们是上帝的步枪，否则我们就必须坚决站在你的对立面：你的教义毫不光彩，不享特权，也没有内在的、不可移易的优点。如果你坚持要教给你的孩子们错误观念——地球是平的，"人"不是自然选择的演化产物——那你起码可以料定，我们这些拥有言论自由的人会毫无顾忌地把你的施教行为说成是在传播谬误，并且会尽早向你的孩子们证明这一点。我们未来的福祉——地球上所有人的福祉——就取决于我们后代所受的教育。

那么又该如何看待我们宗教传统中所有的荣耀与辉煌呢？它们当然应该得到保护，就像相关的语言、艺术、服装、仪式和名胜古迹也应该得到保护一样。动物园现在越来越多地被人看作濒危物种的次等避难所，但它们起码还是避难所，它们所保护着的东西是不可替代的。复杂模因及其表型表达也是如此。许多精美的新英格兰教堂维护起来花费极高，时刻都有毁坏之虞。我们是应该把这些教堂去神圣化、变成博物馆，还是应该把它们加以改造、另作他用？这后一种命运至少好过毁灭。许多会众面临残酷的选择：要完全维持他们礼拜堂的华美壮丽，所需费用实在太高，以至于他们所交的什一税中没有多少余钱可以用来接济穷人。天主教会几个世纪以来都面临这个难题，在我看来，虽然它一直以来的立场有理可依，但其理据并不明显：当它把自己所拥有的财富用来给烛台镀金，而不是给教区的穷人提供更多的食物和更好的居所时，它其实是对"人生在世，何以值得"持有不同的见解。它会说，对我们的民众而言，拥有一个华美壮丽的礼拜场所，要比多得到一点食物更有益。但凡有哪位无神论者或不可知论者，觉得这种成本效益分析荒唐可笑，他也许就会停下来思考一下，该不该赞同把所有用于博物馆、交响乐团、图书馆和科学实验室的慈善资助与政府资助，都转而用来给处境最不好的人们提供更多的食物和更好的生活条件。值得一活的人生无法用某种统一标准来衡量，这就是它的辉煌所在。

阻碍就在这儿。人们很可能会有疑问，如果宗教被保存在文化动物园、图书馆、音乐会和展演活动中，那会发生些什么事呢？这些事正在发生；蜂拥而至的游客们观看着美国原住民部落的舞蹈，对于旁观者来说，这是民俗，是一种宗教仪式，当然应该受到尊重，但这也是处在灭绝边缘的模因复合体的一个实例，我们至少可以说它处在灭绝过程中尚且强健、还不至于卧床不起的阶段；它已不能自理，在看护人的照管下勉强维持着生命。达尔文的危险思想有没有给我们提供什么东西，来替代它所质疑的那些观念呢？

在第3章中，我引用了物理学家保罗·戴维斯的话，他主张人类心灵的反思能力"不是微不足道的细枝末节，不是无心灵、无目的的力量的次要副产品"，并指出作为无心灵、无目的力量的副产品并不会使其丧失重要性。而我则指出，达尔文已经向我们展示了，**一切**具有重要性的**事物**事实上何以正是这样的产品。斯宾诺莎把他的最高存在者称作上帝或自然（Deus sive Natura），这表达了一种泛神论。泛神论的品种很多，但对于上帝如何分布在自然整体之中，它们通常缺少令人信服的**说明**。正如我们在第7章中所看到的，达尔文为我们提供了一个说明：它遍布整个自然的设计中，在生命之树里创造着一个独一无二、无可替代的创造物，一个在设计空间那无可估量的范围中的实有模式，其众多的细节永远都不可能被准确地复制出来。设计工作是什么？它是偶然与必然的绝妙结合，在一万亿个地方、一万亿个不同的层面同时发生。那是什么样的奇迹引发了它呢？没有什么奇迹。它就是碰巧发生的，发生在适当的时候。你甚至可以说，在某种意义上，是生命之树创造了它自身。不是奇迹般地创造于瞬息之间，而是慢慢、慢慢地创造于几十亿年的跨度中。

这棵生命之树是一个可以供人崇拜、供人祈祷、供人畏惧的上帝吗？大概不是。但它**确实**让常春藤缠绕，让天空如此蔚蓝，所以也许我喜爱的那首歌所讲述的终究还是一个真理。生命之树在时间或空间中既不是完美的，也不是无限的，但它是实有的，如果它不是圣安瑟伦的"那无法设想有比之更伟大者的存在者"，那么它肯定是一个比我们任何人所能细致设想出的、在细节上配得上它的任何东西都伟大的存在者。它有什么神圣之处吗？有，我跟尼采如是说。我无法向它祈祷，但我可以挺身站立，断言它的恢宏壮阔。这个世界是神圣的。

2. 万能酸：轻拿轻放

不可否认，在这一点上，达尔文的思想是一种万能溶剂，能够直取一切所见之物的核心。问题在于：它留下的是什么？我试图表明，一旦它穿透一切事物，留给我们的就会是我们最重要观念的更强而有力的版本。一些传统细节消逝了，其中部分损失确实令人遗憾，但其余的那些则是早走早好。留下来的东西足以充当我们建设的基础，绰绰有余。

在达尔文的危险思想的演化过程中，在与之相伴的喧闹争论的每个阶段上，都存在一种源于恐惧的反抗："你**永远无法**解释这一点！"而另一方也接受了挑战："那你可瞧好了！"尽管——其实应该说"部分因为"——反对者们在为己方观点争取胜利的过程中，投入了巨量的感情，局势还是已经变得越发清晰。关于达尔文式算法究竟是什么，我们现在的理解已经**远远**超过了达尔文梦寐以求的程度。关于数十亿年前这个星球上到底发生了什么，勇敢无畏的逆向工程让我们可以自信地评估对手的说法。生命和意识的"奇迹"，居然比我们当初坚信它们无法解释的时候所想象的更加美好。

本书表达的种种想法只不过是一个开始。它是关于达尔文式思维的一部导论，它一次次牺牲掉细节，是为了更好地呈现出对于达尔文式思维总体形态的品鉴。但正如密斯·凡·德·罗所说，上帝就在细节之中。我希望自己已经在你们心中点燃了一份热情，但同时也要力劝你们保持谨慎。我尴尬的亲身经历让我明白，编造出一套极具说服力，但又会在进一步的考察中烟消云散的达尔文式解释，真是再简单不过的事情。达尔文式思维真正危险的地方是它的诱惑性。其基本观念的二流版本还在继续蛊惑我们，所以我们必须擦亮双眼，在前行的道路上彼此纠正。要避免犯错，办法只有一个，那就是从我们已经犯过的错误中吸取教训。

有一个模因，以众多不同的面貌出现在世界民间文学中，那就是乍看上去吓人的朋友被误认为敌人的故事。"美女与野兽"属于这个故事中最著名的一类。与它相对的故事是"披着羊皮的狼"。那么，你想用哪个模因来形容你对达尔文主义的判断呢？它真的是一匹"披着羊皮的狼"吗？那就拒绝它，继续战斗吧，始终警惕达尔文观念的诱惑之处，那才真的危险。还是说，到头来达尔文的思想正是我们在设法维护和解释我们所珍视的价值时所需要的东西？我已经完成了我的辩护论述：这只野兽事实上是美女的朋友，而且它自身也的确相当美丽。就由你来做个评判吧。

参考文献

ABBOTT, E. A. 1884. *Flatland: A Romance in Many Dimensions.* Reprint ed., Oxford: Blackwell, 1962.

ALEXANDER, RICHARD D. 1987. *The Biology of Moral Systems.* New York: de Gruyter.

ARAB AND MUSLIM WRITERS. 1994. *For Rushdie.* New York: Braziller.

ARBIB, MICHAEL. 1964. *Brains, Machines, and Mathematics.* New York: McGraw-Hill.

———. 1989. *The Metaphorical Brain 2: Neural Networks and Beyond.* New York: Wiley.

ARRHENIUS, S. 1908. *Worlds in the Making.* New York: Harper & Row.

ASHBY, ROSS. 1960. *Design for a Brain.* New York: Wiley.

AUSTIN, J. L. 1961. "A Plea for Excuses." In J. L. Austin, *Philosophical Papers.* Oxford: The Clarendon Press, pp. 123–52.

AXELROD, ROBERT. 1984. *The Evolution of Cooperation.* New York: Basic Books.

AXELROD, ROBERT, and HAMILTON, WILLIAM. 1981. "The Evolution of Cooperation." *Science*, vol. 211, pp. 1390–96.

AYALA, FRANCISCO J. 1982. "Beyond Darwinism? The Challenge of Macroevolution to the Synthetic Theory of Evolution." In Peter D. Asquith and Thomas Nickels, eds., *PSA 1982* (Philosophy of Science Association), vol. 2, pp. 275–91. Reprinted in Ruse 1989.

AYERS, M. 1968. *The Refutation of Determinism: An Essay in Philosophical Logic.* London: Methuen.

BABBAGE, CHARLES. 1838. *Ninth Bridgewater Treatise: A Fragment.* London: Murray.

BAK, PER; FLYVBJERG, HENRIK; and SNEPPEN, KIM. 1994. "Can We Model Darwin?" *New Scientist*, March 12, pp. 36–39.

BALDWIN, J. M. 1896. "A New Factor in Evolution." *American Naturalist*, vol. 30, pp. 441–51, 536–53.

BALL, JOHN A. 1984. "Memes as Replicators." *Ethology and Sociobiology*, vol. 5, pp. 145–61.

BARKOW, JEROME H.; COSMIDES, LEDA; and TOOBY, JOHN. 1992. *The Adapted Mind: Evolutionary Psychology and the Generation of Culture*. Oxford: Oxford University Press.

BARLOW, GEORGE W., and SILVERBERG, JAMES, eds. 1980. *Sociobiology: Beyond Nature/Nurture?* AAAS Selected Symposium. Boulder, Col.: Westview.

BARON-COHEN, SIMON. 1995. *Mindblindness and the Language of the Eyes: An Essay in Evolutionary Psychology*. Cambridge, Mass.: MIT Press.

BARRETT, P. H.; GAUTREY, P. J.; HERBERT, S.; KOHN, D.; and SMITH, S., eds. 1987. *Charles Darwin's Notebooks, 1836–44*. Cambridge: British Museum (Natural History)/Cambridge University Press.

BARROW, J. and TIPLER, F. 1988. *The Anthropic Cosmological Principle*. Oxford: Oxford University Press.

BATESON, WILLIAM. 1909. "Heredity and Variation in Modern Lights." In A. C. Seward, ed., *Darwin and Modern Science*. Cambridge: Cambridge University Press, pp. 85–101.

BEDAU, MARK. 1991. "Can Biological Teleology Be Naturalized?" *Journal of Philosophy*, vol. 88, pp. 647–57.

BENTHAM, JEREMY. 1789. *Introduction to the Principles of Morals and Legislation*. Oxford: Oxford University Press.

BETHELL, TOM. 1976. "Darwin's Mistake." *Harper's Magazine*, February, pp. 70–75.

BICKERTON, DEREK. 1993. "The Snail Wars" (review of Gould 1993d). *New York Times Book Review*, January 3, p. 5.

BONNER, JOHN TYLER. 1980. *The Evolution of Culture in Animals*. Princeton: Princeton University Press.

BORGES, JORGE LUIS. 1962. "The Library of Babel." In *Labyrinths: Selected Stories and Other Writings*. New York: New Directions. ("La Biblioteca de Babel," 1941. In *El jardín de los senderos que se bifurcan*, published as part of *Ficciones* [Buenos Aires: Emece Editores, 1956].)

———. 1993. "Poem About Quantity." Trans. Robert Mezey. *New York Review of Books*, June 24, p. 35.

BRANDON, ROBERT. 1978. "Adaptation and Evolutionary Theory." *Studies in the History and Philosophy of Science*, vol. 9, pp. 181–206.

BREUER, REINHARD. 1991. *The Anthropic Principle: Man as the Focal Point of Nature*. Boston: Birkhäuser.

BRIGGS, DEREK E. G.; FORTEY, RICHARD A.; and WILLS, MATTHEW A. 1989. "Morphological Disparity in the Cambrian." *Science*, vol. 256, pp. 1670–73.

BROOKS, RODNEY. 1991. "Intelligence Without Representation." *Artificial Intelligence Journal*, vol. 47, pp. 139–59.

BRUMBAUGH, ROBERT M., and WELLS, RULON. 1968. *The Plato Manuscripts: A New Index*. New Haven: Yale University Press.

BUSS, LEO W. 1987. *The Evolution of Individuality*. Princeton: Princeton University Press.

CAIRNS-SMITH, GRAHAM. 1982. *Genetic Takeover*. Cambridge: Cambridge University Press.

————. 1985. *Seven Clues to the Origin of Life*. Cambridge: Cambridge University Press.

CALVIN, WILLIAM. 1986. *The River That Flows Uphill: A Journey from the Big Bang to the Big Brain*. San Francisco: Sierra Club.

————. 1987. "The Brain as a Darwin Machine." *Nature*, vol. 330, pp. 33–34.

CAMPBELL, DONALD. 1975. "On the Conflicts Between Biological and Social Evolution and Between Psychology and Moral Tradition." *American Psychologist*, December, pp. 1103–26.

————. 1979. "Comments on the Sociobiology of Ethics and Moralizing." *Behavioral Science*, vol. 24, pp. 37–45.

CANN, REBECCA L.; STONEKING, MARK; and WILSON, ALLAN C. 1987. "Mitochondrial DNA and Human Evolution." *Nature*, vol. 325, pp. 31–36.

CAPOTE, TRUMAN. 1965. *In Cold Blood*. New York: Random House.

CARROLL, LEWIS. 1871. *Through the Looking Glass*. London: Macmillan.

CHANGEAUX, J.-P., and DANCHIN, A. 1976. "Selective Stabilization of Developing Synapses as a Mechanism for the Specifications of a Neuronal Networks." *Nature*, vol. 264, pp. 705–12.

CHOMSKY, NOAM. 1956. "Three Models for the Description of Language." *IRE Transactions on Information Theory IT-2(3)*, pp. 13–54.

————. 1957. *Syntactic Structures*. The Hague: Mouton.

————. 1959. Review of Skinner 1957. *Language*, vol. 35, pp. 26–58.

————. 1966. *Cartesian Linguistics*. New York: Harper & Row.

————. 1972. *Language and Mind*. Enlarged ed. New York: Harcourt Brace Jovanovich.

————. 1975. *Reflections on Language*. New York: Pantheon.

————. 1980. "Rules and Representations." *Behavioral and Brain Sciences*, vol. 3, pp. 1–15.

————. 1988. *Language and Problems of Knowledge: The Managua Lectures*. Cambridge, Mass.: MIT Press.

CHRISTENSEN, SCOTT M., and TURNER, DALE R. 1993. *Folk Psychology and the Philosophy of Mind*. Hillsdale, N.J.: Erlbaum.

CHURCHLAND, PATRICIA S., and SEJNOWSKI, TERRENCE, J. 1992. *The Computational Brain*. Cambridge, Mass.: MIT Press.

CHURCHLAND, PAUL. 1989. *A Neurocomputational Perspective: The Nature of Mind and the Structure of Science*. Cambridge, Mass.: MIT Press.

CLARK, ANDY, and KARMILOFF-SMITH, ANNETTE. 1994. "The Cognizer's Innards: A Psychological and Philosophical Perspective on the Development of Thought." *Mind & Language*, vol. 8, pp. 487–519.

CLUTTON-BROCK, T. H., and HARVEY, PAUL H. 1978. *Readings in Sociobiology*. San Francisco: Freeman.

CONWAY MORRIS, SIMON. 1989. "Burgess Shale Faunas and the Cambrian Explosion." *Science*, vol. 246, pp. 339–46.

————. 1991. "Rerunning the Tape" (review of Gould 1991b). *Times Literary Supplement*, December 13, p. 6.

———. 1992. "Burgess Shale-type Faunas in the Context of the 'Cambrian Explosion': A Review." *Journal of the Geological Society, London*, vol. 149, pp. 631–36.

COON, C. S.; GARN, S. M.; and BIRDSELL, J. B. 1950. *Races*. Springfield, Ohio: C. Thomas.

COSMIDES, LEDA, and TOOBY, JOHN. 1989, "Evolutionary Psychology and the Generation of Culture," pt. II, "Case Study: A Computational Theory of Social Exchange." *Ethology and Sociobiology*, vol. 10, pp. 51–97.

CRICHTON, MICHAEL. 1990. *Jurassic Park*. New York: Knopf.

CRICK, FRANCIS H. C. 1968. "The Origin of the Genetic Code." *Journal of Molecular Biology*, vol. 38, p. 367.

———. 1981. *Life Itself: Its Origin and Nature*. New York: Simon & Schuster.

CRICK, FRANCIS, and ORGEL, LESLIE E. 1973. "Directed Panspermia." *Icarus*, vol. 19, pp. 341–46.

CRONIN, HELENA. 1991. *The Ant and the Peacock*. Cambridge: Cambridge University Press.

CUMMINS, ROBERT. 1975. "Functional Analysis." *Journal of Philosophy*, vol. 72, pp. 741–64. Reprinted in Sober 1984b.

DALY, MARTIN. 1991. "Natural Selection Doesn't Have Goals, but It's the Reason Organisms Do" (commentary on P. J. H. Schoemaker, "The Quest for Optimality: A Positive Heuristic of Science?"). *Behaviorial and Brain Sciences*, vol. 14, pp. 219–20.

DANTO, ARTHUR. 1965. *Nietzsche as Philosopher*. New York: Macmillan.

DARWIN, CHARLES. 1859. *On the Origin of Species by Means of Natural Selection*. London: Murray.

———. 1862. *On the Various Contrivances by Which Orchids Are Fertilised by Insects*. London: Murray. 2nd ed., 1877. (2nd ed. reprint, Chicago: University of Chicago Press, 1984.)

———. 1871. *The Descent of Man, and Selection in Relation to Sex*. London: Murray. 2nd ed., 1874.

DARWIN, FRANCIS. 1911. *The Life and Letters of Charles Darwin*, 2 vols. New York: Appleton. (Originally published in 1887, in 3 vols., by Murray in London.)

DAVID, PAUL. 1985. "Clio and the Economics of QWERTY." *American Economic Review*, vol. 75, pp. 332–37.

DAVIES, PAUL. 1992. *The Mind of God*. New York: Simon & Schuster.

DAWKINS, RICHARD. 1976. *The Selfish Gene*. Oxford: Oxford University Press. (See also revised ed., Dawkins 1989a.)

———. 1981. "In Defence of Selfish Genes." *Philosophy*, vol. 54, pp. 556–73.

———. 1982. *The Extended Phenotype: The Gene as the Unit of Selection*. Oxford and San Francisco: Freeman.

———. 1983a. "Universal Darwinism." In D. S. Bendall, ed., *Evolution from Molecules to Men* (Cambridge: Cambridge University Press), pp. 403–25.

———. 1983b. "Adaptationism Was Always Predictive and Needed No Defense" (commentary on Dennett 1983). *Behavioral and Brain Sciences*, vol. 6, pp. 360–61.

——. 1986a. *The Blind Watchmaker*. London: Longmans.

——. 1986b. "Sociobiology: The New Storm in a Teacup." In Steven Rose and Lisa Appignanese, eds., *Science and Beyond* (Oxford: Blackwell), pp. 61–78.

——. 1989a. *The Selfish Gene* (2nd ed.) Oxford: Oxford University Press.

——. 1989b. "The Evolution of Evolvability." In C. Langton, ed., *Artificial Life*, vol. I (Redwood City, Calif.: Addison-Wesley), pp. 201–20.

——. 1990. Review of Gould 1989a. *Sunday Telegraph* (London), February 25.

——. 1993. "Viruses of the Mind." In Bo Dahlbom, ed., *Dennett and His Critics* (Oxford: Blackwell), pp. 13–27.

DELIUS, JUAN. 1991. "The Nature of Culture." In M. S. Dawkins, T. R. Halliday, and R. Dawkins, eds., *The Tinbergen Legacy* (London: Chapman & Hall), pp. 75–99.

DEMUS, OTTO. 1984. *The Mosaics of San Marco in Venice*, 4 vols. Chicago: University of Chicago Press.

DENNETT, DANIEL C. 1968. "Machine Traces and Protocol Statements." *Behavioral Science*, vol. 13, pp. 155–61.

——. 1969. *Content and Consciousness*. London: Routledge & Kegan Paul.

——. 1970. "The Abilities of Men and Machines." Presented at American Philosophical Association Eastern Division Meeting, December. Published in Dennett 1978, pp. 256–66.

——. 1971. "Intentional Systems." *Journal of Philosophy*, vol. 68, pp. 87–106.

——. 1972. Review of Lucas 1970. *Journal of Philosophy*, vol. 69, pp. 527–31.

——. 1975. "Why the Law of Effect Will Not Go Away." *Journal of the Theory of Social Behaviour*, vol. 5, pp. 179–87. Reprinted in Dennett 1978.

——. 1978. *Brainstorms*. Cambridge, Mass.: MIT Press/A Bradford Book.

——. 1980. "Passing the Buck to Biology." *Behavioral and Brain Sciences*, vol. 3, p. 19.

——. 1981. "Three Kinds of Intentional Psychology." In R. Healey, ed., *Reduction, Time and Reality* (Cambridge: Cambridge University Press), pp. 37–61.

——. 1983. "Intentional Systems in Cognitive Ethology: The 'Panglossian Paradigm' Defended." *Behavioral and Brain Sciences*, vol. 6, pp. 343–90.

——. 1984. *Elbow Room: The Varieties of Free Will Worth Wanting*. Cambridge, Mass.: MIT Press.

——. 1985. "Can Machines Think?" In M. Shafto, ed., *How We Know* (San Francisco: Harper & Row), pp. 121–45.

——. 1987a. "The Logical Geography of Computational Approaches: A View from the East Pole." In M. Brand and M. Harnish, eds., *Problems in the*

Representation of Knowledge (Tucson: University of Arizona Press), pp. 59–79.

———. 1987b. *The Intentional Stance.* Cambridge, Mass.: MIT Press/A Bradford Book.

———. 1988a. "When Philosophers Encounter Artificial Intelligence." *Daedalus*, vol. 117, pp. 283–95.

———. 1988b. "The Moral First Aid Manual." In Sterling M. McMurrin, ed., *Tanner Lectures on Human Values*, vol. VIII (Salt Lake City: University of Utah Press), pp. 120–47.

———. 1989a. Review of Robert J. Richards 1987. *Philosophy of Science*, vol. 56, no. 3, pp. 540–43.

———. 1989b. "Murmurs in the Cathedral" (review of Penrose 1989). *Times Literary Supplement*, September 26–October 5, pp. 1066–68.

———. 1990a. "Teaching an Old Dog New Tricks" (commentary on Schull 1990). *Behavioral and Brain Sciences*, vol. 13, pp. 76–77.

———. 1990b. "The Interpretation of Texts, People, and Other Artifacts." *Philosophy and Phenomenological Research*, vol. 50, pp. 177–94.

———. 1990c. "Memes and the Exploitation of Imagination." *Journal of Aesthetics and Art Criticism*, vol. 48, pp. 127–35.

———. 1991a. *Consciousness Explained.* Boston: Little, Brown.

———. 1991b. "Real Patterns." *Journal of Philosophy*, vol. 87, pp. 27–51.

———. 1991c. "Granny's Campaign for Safe Science." In B. Loewer and G. Rey, eds., *Meaning in Mind: Fodor and His Critics* (Oxford: Blackwell), pp. 87–94.

———. 1991d. "The Brain and Its Boundaries" (review of McGinn 1991). *Times Literary Supplement*, May 10, 1991 (corrected by erratum notice on May 24, p. 29).

———. 1991e. "Ways of Establishing Harmony." In B. McLaughlin, ed., *Dretske and His Critics* (Oxford: Blackwell); also (slightly revised) in E. Villanueva, ed., *Information, Semantics, and Epistemology*, Sociedad Filosofica Ibero-Americana (Mexico) (Oxford: Blackwell).

———. 1992. "La Compréhension artisanale." French translation of "Do-It-Yourself Understanding." In Denis Fisette, ed., *Daniel C. Dennett et les Stratégies Intentionnelles, Lekton*, vol. 11, winter, pp. 27–52.

———. 1993a. "Down with School! Up with Logoland!" (review of Papert 1993). *New Scientist*, November 6, pp. 45–46.

———. 1993b. "Confusion over Evolution: An Exchange." *New York Review of Books*, January 14, 1993, pp. 43–44.

———. 1993c. Review of John Searle 1992. *Journal of Philosophy*, vol. 90, pp. 193–205.

———. 1993d. "Living on the Edge." *Inquiry*, vol. 36, pp. 135–59.

———. 1994a. "Cognitive Science as Reverse Engineering: Several Meanings of 'Top-down' and 'Bottom-up.'" In D. Prawitz, B. Skyrms, and D. Westerståhl, eds., *Proceedings of the 9th International Congress of Logic, Methodology and Philosophy of Science* (Amsterdam: North-Holland).

———. 1994b. "Language and Intelligence." In Jean Khalfa, ed., *What Is Intelligence?* Cambridge: Cambridge University Press, pp. 161–78.

———. 1994c. "Labeling and Learning" (commentary on Clark and Karmiloff-Smith 1994). *Mind and Language*, vol. 8, pp. 540–48.

———. 1994d. "E Pluribus Unum?" *Behavioral and Brain Sciences*, vol. 17, pp. 617–18.

———. 1994e. "The Practical Requirements for Making a Conscious Robot." *Proceedings of the Royal Society.*

DENNETT, DANIEL C., and HAUGELAND, JOHN. 1987. "Intentionality." In Gregory 1987, pp. 383–86.

DENTON, MICHAEL. 1985. *Evolution: A Theory in Crisis.* London: Burnett.

DESCARTES, RENÉ. 1637. *Discourse on Method.*

DESMOND, ADRIAN, and MOORE, JAMES. 1991. *Darwin.* London: Michael Joseph.

DEUTSCH, D. 1985."Quantum Theory, the Church-Turing Principle and the Universal Quantum Computer." *Proceedings of the Royal Society,* vol. A400, pp. 97–117.

DE VRIES, PETER. 1953. *The Vale of Laughter.* Boston: Little, Brown.

DEWDNEY, A. K. 1984. *The Planiverse.* New York: Poseidon.

DEWEY, JOHN. 1910. *The Influence of Darwin on Philosophy.* New York: Holt, 1910. Reprint ed., Bloomington: Indiana University Press, 1965.

DIAMOND, JARED. 1991. "The Saltshaker's Curse." *Natural History*, October, pp. 20–26.

———. 1992. *The Third Chimpanzee: The Evolution and Future of the Human Animal.* New York: HarperCollins.

DIDEROT, DENIS. 1749. *Letter on the Blind, for the Use of Those Who See.* Trans. and excerpted in J. Kemp, ed., *Diderot: Interpreter of Nature* (London: Lawrence and Wishart, 1937).

DIETRICH, MICHAEL. 1992. "Macromutation." In Keller and Lloyd 1992, pp. 194–201.

DIGGINS, JOHN PATRICK. 1994. Review of Marsden, *The Soul of the American University. New York Times Book Review*, April 17, p. 25.

DOBZHANSKY, THEODOSIUS. 1973. "Nothing in Biology Makes Sense Except in the Light of Evolution." *American Biology Teacher,* vol. 35, pp. 125–29.

DONALD, MERLIN. 1991. *Origins of the Modern Mind: Three Stages in the Evolution of Culture and Cognition.* Cambridge, Mass.: Harvard University Press.

DOOLITTLE, W. F., and SAPIENZA, C. 1980. "Selfish Genes, the Phenotype Paradigm and Genome Evolution." *Nature*, vol. 284, pp. 601–3.

DRETSKE, FRED. 1986. "Misrepresentation." In R. Bogdan, ed., *Belief.* Oxford: Oxford University Pres.

DREYFUS, HUBERT. 1965. "Alchemy and Artificial Intelligence." RAND Technical Report P-3244, December 1965.

———. 1972. *What Computers Can't Do: The Limits of Artificial Intelligence.* New York: Harper & Row. Revised ed., 1979.

DYSON, FREEMAN. 1979. *Disturbing the Universe.* New York: Harper & Row.

ECCLES, JOHN. 1953. *The Neurophysiological Basis of Mind.* Oxford: Clarendon.

ECKERT, SCOTT A. 1992. "Bound for Deep Water." *Natural History*, March, pp. 28–35.

EDELMAN, GERALD. 1987. *Neural Darwinism.* New York: Basic Books.

———. 1992. *Bright Air, Brilliant Fire.* New York: Basic Books.

EDWARDS, PAUL. 1965. "Professor Tillich's Confusions." *Mind*, vol. 74, pp. 192–214.

EIGEN, MANFRED. 1976. "Wie entsteht Information? Prinzipien der Selbstorganisation in der Biologie." *Berichtete der Bunsengesellschaft für Physikalische Chemie,* vol. 80, p. 1059.

———. 1983. "Self-Replication and Molecular Evolution." In D. S. Bendall, ed., *Evolution from Molecules to Men* (Cambridge: Cambridge University Press), pp. 105–30.

———. 1992. *Steps Towards Life.* Oxford: Oxford University Press.

EIGEN, M. and WINKLER-OSWATITSCH, R. 1975. *Das Spiel.* Munich. (English trans., *Laws of the Game* [New York: Knopf, 1981]).

EIGEN, M., and SCHUSTER, P. 1977. "The Hypercycle: A Principle of Natural Self-Organization. Part A: Emergence of the Hypercycle," *Naturwissenschaften*, vol. 64, pp. 541–65.

ELDREDGE, NILES. 1983. "A la recherche du Docteur Pangloss" (commentary on Dennett 1983). *Behavioral and Brain Sciences*, vol. 6, pp. 361–62.

———. 1985. *Time Frames: The Rethinking of Darwinian Evolution and the Theory of Punctuated Equilibria.* New York: Simon & Schuster.

———. 1989. *Macroevolutionary Dynamics: Species, Niches and Adaptive Peaks.* New York: McGraw-Hill.

ELDREDGE, NILES, and GOULD, S. J. 1972. "Punctuated Equilibria: An Alternative to Phyletic Gradualism." In T. J. M. Schopf, ed., *Models in Paleobiology* (San Francisco: Freeman, Cooper and Company), pp. 82–115. Reprinted in Eldredge 1985, pp. 193–223.

ELLEGÅRD, ALVAR. 1956. "The Darwinian Theory and the Argument from Design." *Lychnos*, pp. 173–92.

———. 1958. *Darwin and the General Reader.* Goteborg: Goteborg University Press.

ELLESTRAND, NORMAN. 1983. "Why Are Juveniles Smaller Than Their Parents?" *Evolution*, vol. 13, pp. 1091–94.

ELLIS, R. J., and VAN DER VIES, S. M. 1991. "Molecular Chaperones." *Annual Review of Biochemistry*, vol. 60, pp. 321–47.

ELSASSER, WALTER. 1958. *The Physical Foundations of Biology.* Oxford: Oxford University Press.

———. 1966. *Atom and Organism.* Princeton: Princeton University Press.

ENGELS, W. R. 1992. "The Origin of P Elements in *Drosoophila melanogaster.*" *BioEssays*, vol. 14, pp. 681–86.

ERESHEFSKY, MARC, ed. 1992. *The Units of Evolution: Essays on the Nature of Species.* Cambridge, Mass.: MIT Press/A Bradford Book.

ESHEL, I. 1984. "Are Intragenetic Conflicts Common in Nature? Do They Represent an Important Factor in Evolution?" *Journal of Theoretical Biology*, vol. 108, pp. 159–62.

———. 1985. "Evolutionary Genetic Stability of Mendelian Segregation and the Role of Free Recombination in the Chromosomal System." *American Naturalist*, vol. 125, pp. 412–20.

FAUSTO-STERLING, ANNE. 1985. *Myths of Gender: Biological Theories About Women and Men*. New York: Basic Books. (2nd ed., 1992.)

FEDUCCIA, ALAN. 1993. "Evidence from Claw Geometry Indicating Arboreal Habits of *Archeopteryx*." *Science*, vol. 259, pp. 790–93.

FEIGENBAUM, E. A., and FELDMAN, J. 1964. *Computers and Thought*. New York: McGraw-Hill.

FEYNMAN, RICHARD. 1988. *What do YOU Care What Other People Think?* New York: Bantam.

FISHER, DAN. 1975. "Swimming and Burrowing in *Limulus* and *Mesolimulus*." *Fossils and Strata*, vol. 4, pp. 281–90.

FISHER, R. A. 1930. *The Genetical Theory of Natural Selection*. Oxford: Clarendon.

FITCHEN, JOHN. 1961. *The Construction of Gothic Cathedrals*. Oxford: Clarendon.

———. 1986. *Building Construction Before Mechanization*. Cambridge, Mass.: MIT Press.

FODOR, JERRY. 1975. *The Language of Thought*. Hassocks, Sussex: Harvester.

———. 1980. "Methodological Solipsism Considered as a Research Strategy in Cognitive Psychology." *Behavioral and Brain Sciences*, vol. 3, pp. 63–110.

———. 1983. *The Modularity of Mind*. Cambridge, Mass.: MIT Press.

———. 1987. *Psychosemantics*. Cambridge, Mass.: MIT Press.

———. 1990. *A Theory of Content and Other Essays*. Cambridge, Mass.: MIT Press.

———. 1992. "The Big Idea: Can There Be a Science of Mind?" *Times Literary Supplement*, July 3, p. 5.

FOOTE, MIKE. 1992. "Cambrian and Recent Morphological Disparity" (response to Briggs et al. 1989). *Science*, vol. 256, p. 1670.

FORBES, GRAEME. 1983. "Thisness and Vagueness," *Synthese*, vol. 54, pp. 235–59.

———. 1984. "Two Solutions to Chisholm's Paradox." *Philosophical Studies*, vol. 46, pp. 171–87.

FOX, S. W., and DOSE, K. 1972. *Molecular Evolution and the Origin of Life*. San Francisco: Freeman.

FUTUYMA, DOUGLAS. 1982. *Science on Trial: The Case for Evolution*. New York: Pantheon.

GABBEY, ALLAN. 1993. "Descartes, Newton and Mechanics: The Disciplinary Turn." Tufts Philosophy Colloquium, November 12.

GALILEI, GALILEO. 1632. *Dialogue Concerning the Two Chief World Systems*. Florence.

GARDNER, MARTIN. 1970. "Mathematical Games." *Scientific American*, October, vol. 223, 120–23.

————. 1971. "Mathematical Games." *Scientific American*, vol. 224, February, pp. 112–17.

————. 1986. "WAP, SAP, PAP and FAP." *New York Review of Books*, May 8. (Reprinted with a postscript in Martin Gardner, *Gardner's Whys and Wherefores.* Chicago: University of Chicago Press, 1989.)

GAUTHIER, DAVID. 1986. *Morals by Agreement.* New York: Oxford University Press.

GEE, HENRY. 1992. "Something Completely Different." *Nature*, vol. 358, pp. 456–57.

GERT, BERNARD. 1973. *The Moral Rules.* New York: Harper Torchbook. Original ed., New York: Harper & Row, 1966.

GHISELIN, M. 1983. "Lloyd Morgan's Canon in Evolutionary Context." *Behavioral and Brain Sciences*, vol. 6, pp. 362–63.

GIBBARD, ALAN. 1985. "Moral Judgment and the Acceptance of Norms," and "Reply to Sturgeon." *Ethics*, vol. 96, pp. 5–41.

GILKEY, LANGDON. 1985. *Creationism on Trial: Evolution and God at Little Rock.* San Francisco: Harper & Row.

GILLE, BERTRAND. 1966. *Engineers of the Renaissance.* Cambridge, Mass.: MIT Press.

GINGERICH, PHILIP. 1983. "Rate of Evolution: Effects of Time and Temporal Scaling." *Science*, vol. 222, pp. 159–61.

————. 1984. Reply to Gould 1983c. *Science*, vol. 226, pp. 995–96.

GJERTSEN, DEREK. 1989. *Science and Philosophy: Past and Present.* London: Penguin.

GÖDEL, KURT. 1931. "Über Formal Unentscheidbare Sätze der *Principia Mathematica* und Verwandter System, I." *Monatshefte für Mathematik und Physik*, vol. 38, pp. 173–98. Tran. and published, with some discussion, as *On Formally Undecidable Propositions* (New York: Basic Books, 1962).

GODFREY-SMITH, PETER. 1993. "Spencerian Explanation and Constructivism." MIT Philosophy Colloquium, November 5.

GOLDSCHMIDT, RICHARD B. 1933. "Some Aspects of Evolution." *Science*, vol. 78, pp. 539–47.

————. 1940. *The Material Basis of Evolution.* Seattle: University of Washington Press.

GOODMAN, NELSON. 1965. *Fact, Fiction and Forecast.* 2nd ed. New York: Bobbs-Merrill.

GOODWIN, BRIAN. 1986. "Is Biology an Historical Science?" In Steven Rose and Lisa Appignanese, eds., *Science and Beyond* (Oxford: Blackwell), pp. 47–60.

GOULD, STEPHEN JAY. 1977a. *Ever Since Darwin.* New York: Norton.

————. 1977b. *Ontogeny and Phylogeny.* Cambridge: Belknap.

————. 1980a. *The Panda's Thumb.* New York: Norton.

————. 1980b. "Is a New and General Theory of Evolution Emerging?" *Paleobiology*, vol. 6, pp. 119–30.

————. 1980c. "Sociobiology and the Theory of Natural Selection." *American Association for the Advancement of Science Symposia*, vol. 35, pp. 257–69. Reprinted in Ruse 1989.

————. 1980d. "The Evolutionary Biology of Constraint." *Daedalus*, vol. 109, pp. 39–52.

————. 1981. *The Mismeasure of Man*. New York: Norton.

————. 1982a. "Darwinism and the Expansion of Evolutionary Theory." *Science*, vol. 216, pp. 380–87. Reprinted in Ruse 1989.

————. 1982b. "The Uses of Heresy: An Introduction to Richard Goldschmidt's *The Material Basis of Evolution.*" In R. Goldschmidt, *The Material Basis of Evolution* (reprinted ed., New Haven: Yale University Press).

————. 1982c. "The Meaning of Punctuated Equilibrium, and Its Role in Validating a Hierarchical Approach to Macroevolution." In R. Milkman, ed., *Perspectives on Evolution* (Sunderland, Mass.: Sinauer), pp. 83–104.

————. 1982d. "Change in Developmental Timing as a Mechanism of Macroevolution." In J. T. Bonner, ed., *Evolution and Development*, Dahlem Konferenzen (Berlin, Heidelberg, New York: Springer-Verlag).

————. 1983a. "The Hardening of the Modern Synthesis." In M. Grene, ed., *Dimensions of Darwinism*. Cambridge: Cambridge University Press, pp. 71–93.

————. 1983b. *Hen's Teeth and Horse's Toes*. New York: Norton.

————. 1983c. "Smooth Curve of Evolutionary Rate: A Psychological and Mathematical Artifact." *Science*, vol. 226, pp. 994–95.

————. 1985. *The Flamingo's Smile*. New York: Norton.

————. 1987. "Darwinism Defined: The Difference Between Fact and Theory." *Discover*, January pp. 64–70.

————. 1989a. *Wonderful Life: The Burgess Shale and the Nature of History*. New York: Norton.

————. 1989b. "Tires to Sandals." *Natural History*, April, pp. 8–15.

————. 1990. *The Individual in Darwin's World*. Edinburgh: Edinburgh University Press. (This is a direct transcription, "by Ian Wall, Ian Rolfe and Simon Gage of the City of Edinburgh District Council," of what was obviously a largely extemporaneous talk.)

————. 1991a. "The Panda's Thumb of Technology." In Gould 1991b, pp. 59–75.

————. 1991b. *Bully for Brontosaurus*. New York: Norton.

————. 1992a. "The Confusion over Evolution." *New York Review of Books*, November 19, pp. 47–54.

————. 1992b. "Life in a Punctuation." *Natural History*, vol. 101. October, pp. 10–21.

————. 1993a. "Fulfilling the Spandrels of World and Mind." In Selzer 1993, pp. 310–36.

————, ed. 1993b. *The Book of Life*. New York: Norton.

————. 1993c. "Cordelia's Dilemma." *Natural History*, vol. 103, February, pp. 10–19..

————. 1993d. *Eight Little Piggies*. New York: Norton.

————. 1993e. "Confusion over Evolution: An Exchange." *New York Review of Books*, January 14, pp. 43–44.

Gould, S. J., and Eldredge, N. 1993. "Punctuated Equilibrium Comes of Age." *Nature*, vol. 366, pp. 223–27.

Gould, S. J., and Lewontin, R. 1979. "The Spandrels of San Marco and the Panglossian Paradigm: A Critique of the Adaptationist Programme." *Proceedings of the Royal Society*, vol. B205, pp. 581–98.

Gould, S. J., and Vrba, Elizabeth. 1982. "Exaptation: A Missing Term in the Science of Form." *Paleobiology*, vol. 8, pp. 4–15.

Greenwood, John D., ed. 1991. *The Future of Folk Psychology: Intentionality and Cognitive Science*. Cambridge: Cambridge University Press.

Gregory, R. L. 1981. *Mind in Science: A History of Explanations in Psychology and Physics*. Cambridge: Cambridge University Press.

———, ed. 1987. *The Oxford Companion to the Mind*. Oxford: Oxford University Press.

Grice, H. P. 1957. "Meaning." *Philosophical Review*, vol. 66, pp. 377–88.

———. 1969. "Utterer's Meaning and Intentions." *Philosophical Review*, vol. 78, pp. 147–77.

Grossberg, Stephen. 1976. "Adaptive Pattern Classification and Universal Recoding: Part I. Parallel Development and Coding of Neural Feature Detectors." *Biological Cybernetics*, vol. 23, pp. 121–34.

Hadamard, Jacques. 1949. *The Psychology of Inventing in the Mathematical Field*. Princeton: Princeton University Press.

Haig, David. 1992. "Genomic Imprinting and the Theory of Parent-Offspring Conflict." *Developmental Biology*, vol. 3, pp. 153–60.

———. 1993. "Genetic Conflicts in Human Pregnancy." *Quarterly Review of Biology*, vol. 68, pp. 495–532.

Haig, David, and Grafen, A. 1991. "Genetic Scrambling as a Defence Against Meiotic Drive." *Journal of Theoretical Biology*, vol. 153, pp. 531–58.

Haig, David, and Graham, Chris. 1991. "Genomic Imprinting and the Strange Case of the Insulin-like Growth Factor II Receptor." *Cell*, vol. 64, pp. 1045–46.

Haig, David, and Westoby, M. 1989. "Parent-specific Gene Expression and the Triploid Endosperm." *American Naturalist*, vol. 134, pp. 147–55.

Hale, Ken, et al. 1992. "Endangered Languages." *Language*, vol. 68, pp. 1–42.

Hamilton, William. 1964. "The Genetical Evolution of Social Behavior," pts. I and II. *Journal of Theoretical Biology*, vol. 7, pp. 1–16, 17–52.

Hardin, Garrett. 1964. "The Art of Publishing Obscurely." In G. Hardin, ed., *Population, Evolution and Birth Control: A Collection of Controversial Readings* (San Francisco: Freeman), pp. 116–19.

———. 1968. "The Tragedy of the Commons." *Science*, vol. 162, pp. 1243–48.

Hardy, Alister., 1960. "Was Man More Aquatic in the Past?" *New Scientist*, pp. 642–45.

Haugeland, John. 1985. *Artificial Intelligence: The Very Idea*. Cambridge, Mass.: MIT Press.

Hawking, Stephen W. 1988. *A Brief History of Time*. New York: Bantam.

Hebb, Donald. 1949. *The Organization of Behavior*. New York: Wiley.

HINTON, GEOFFREY E., and NOWLAND, S. J. 1987. "How Learning Can Guide Evolution." In *Complex Systems*, vol. I. Technical report CMU-CS-86-128. Carnegie-Mellon University, pp. 495–502.

HOBBES, THOMAS. 1651. *Leviathan*. London: Crooke.

HODGES, ANDREW. 1983. *Alan Turing: The Enigma*. New York: Simon & Schuster.

HOFSTADTER, DOUGLAS. 1979. *Gödel Escher Bach*. New York: Basic Books.

———. 1985. *Metamagical Themas: Questing for the Essence of Mind and Pattern*. New York: Basic Books.

HOFSTADTER, DOUGLAS R., and DENNETT, DANIEL C. 1981. *The Mind's I*. New York: Basic Books.

HOLLAND, JOHN. 1975. *Adaptation in Natural and Artificial Systems*. Ann Arbor: University of Michigan Press.

———. 1992. "Complex Adaptive Systems." *Daedalus*, Winter, p. 25.

HOLLINGDALE, R. J. 1965. *Nietzsche: The Man and His Philosophy*. London: Routledge & Kegan Paul.

HOUCK, MARILYN A.; CLARK, JONATHAN B.; PETERSON, KENNETH R.; and KIDWELL, MARGARET G. 1991. "Possible Horizontal Transfer of *Drosophila* Genes by the Mite *Proctolaelaps Regalis*." *Science*, vol. 253, pp. 1125–29.

HOUSTON, ALASDAIR. 1990. "Matching, Maximizing, and Melioration as Alternative Descriptions of Behaviour." In J. A. Meyer and S. Wilson, eds., *From Animals to Animats*. Cambridge, Mass.: MIT Press, pp. 498–509.

HOY, DAVID. 1986. "Nietzsche, Hume, and the Genealogical Method." In Y. Yovel, ed., *Nietzsche as Affirmative Thinker* (Dordrecht: Martinus Nijhoff), pp. 20–38.

HOYLE, FRED. 1964. *Of Men and Galaxies*. Seattle: University of Washington Press.

HOYLE, FRED, and WICKRAMASINGHE, CHANDRA. 1981. *Evolution from Space*. London: Dent.

HRDY, SARAH BLAFFER. 1977. *The Langurs of Abu: Female and Male Strategies of Reproduction*. Cambridge, Mass.: Harvard University Press.

HULL, DAVID. 1980. "Individuality and Selection." *Annual Review of Ecology and Systematics*, vol. 11, pp. 311–32.

———. 1982. "The Naked Meme." In H. C. Plotkin, ed., *Learning, Development and Culture* (New York: Wiley), pp. 273–327.

HUME, DAVID. 1739. *A Treatise of Human Nature*. Ed. L. A. Selby-Bigge. Oxford: Clarendon, 1964.

———. 1779. *Dialogues Concerning Natural Religion*. London.

HUMPHREY, NICHOLAS. 1976. "The Social Function of Intellect." In P. P. G. Bateson and R. A. Hinde, eds., *Growing Points in Ethology* (Cambridge: Cambridge University Press), pp. 303–17.

———. 1983. "The Adaptiveness of Mentalism?" *Behavioral and Brain Sciences*, vol. 3, p. 366.

———. 1986. *The Inner Eye*. London: Faber & Faber.

———. 1987. "Scientific Shakespeare." *Guardian* (London), August 26.

ISACK, H. A., and REYER, H.-U. 1989. "Honeyguides and Honey Gatherers: Interspecific Communication in a Symbiotic Relationship." *Science*, vol. 243, pp. 1343–46.

ISRAEL, DAVID. 1987. *The Role of Propositional Objects of Belief in Action*. CSLI Monograph Report no. CSLI–87–72. Palo Alto: Stanford University Press.

JACKENDOFF, RAY. 1987. *Consciousness and the Computational Mind*. Cambridge, Mass.: MIT Press/A Bradford Book.

———. 1993. *Patterns in the Mind: Language and Human Nature*. London: Harvester Wheatsheaf.

JACOB, FRANÇOIS. 1982. *The Possible and the Actual*. Seattle: University of Washington Press.

———. 1983. "Molecular Tinkering in Evolution." In D. S. Bendall, ed., *Evolution from Molecules to Men* (Cambridge: Cambridge University Press), pp. 131–44.

JAMES, WILLIAM. 1880. *Lecture Notes 1880–1897*. (The quoted passage is from Sills and Merton 1991.)

JAYNES, JULIAN. 1976. *The Origins of Consciousness in the Breakdown of the Bicameral Mind*. Boston: Houghton Mifflin.

JONES, STEVE. 1993. "A Slower Kind of Bang" (review of E. O. Wilson, *The Diversity of Life*). *London Review of Books*, April, p. 20.

KANT, IMMANUEL. 1785. *Grundlegung zur Metaphysik der Sitten*. (The quoted passage is from the translation of H. J. Paton, *Groundwork of the Metaphysic of Morals* [New York: Harper & Row, 1964].)

KAUFFMAN, STUART. 1993. *The Origins of Order: Self-Organization and Selection in Evolution*. New York: Oxford University Press.

KAUFMANN, WALTER. 1950. *Nietzsche: Philosopher, Psychologist, Antichrist*. Princeton: Princeton University Press. Reprint ed., New York: Meridian paperback, 1956.

KEIL, FRANK, C. 1992. "The Origins of an Autonomous Biology." In M. Gunnar and M. Maratsos, eds., *Modularity and Constraints in Language and Cognition: The Minnesota Symposia on Child Psychology*, vol. 25. Hillsdale, N.J.: Erlbaum, pp. 103–37.

KELLER, EVELYN FOX, and LLOYD, ELISABETH A., eds. 1992. *Keywords in Evolutionary Biology*. Cambridge, Mass.: Harvard University Press.

KING'S COLLEGE SOCIOBIOLOGY GROUP. 1982. *Current Problems in Sociobiology*. Cambridge: Cambridge University Press.

KIPLING, RUDYARD. 1912. *Just So Stories*. Reprint ed., Garden City, N.Y.: Doubleday, 1952.

KIRKPATRICK, S.; GELATT, C. D.; and VECCHI, M. P. 1983. "Optimization by Simulated Annealing." *Science*, vol. 220, pp. 671–80.

KITCHER, PHILIP. 1982. *Abusing Science*. Cambridge, Mass.: MIT Press.

———. 1984. "Species." *Philosophy of Science*, vol. 51, pp. 308–33.

———. 1985a. "Darwin's Achievement." In N. Rescher, ed., *Reason and Rationality in Science* (Lanham, Md.: University Press of America), pp. 127–89.

———. 1985b. *Vaulting Ambition*. Cambridge, Mass.: MIT Press.

————. 1993. "The Evolution of Human Altruism." *Journal of Philosophy,* vol. 90, pp. 497–516.

KRAUTHEIMER, RICHARD. 1981. *Early Christian and Byzantine Architecture.* 3rd ed. London: Penguin.

KREBS, JOHN R., and DAWKINS, RICHARD. 1984. "Animal Signals: Mind-Reading and Manipulation." In J. R. Krebs and N. B. Davies, eds., *Behavioural Ecology: An Evolutionary Approach,* 2nd ed. (Oxford: Blackwell), pp. 380–402.

KÜPPERS, BERND-OLAF. 1990. *Information and the Origin of Life.* Cambridge, Mass.: MIT Press.

LANCASTER, JANE. 1975. *Primate Behavior and the Emergence of Human Culture.* New York: Holt, Rinehart and Winston.

LANDMAN, OTTO E. 1991. "The Inheritance of Acquired Characteristics." *Annual Review of Genetics,* vol. 25, pp. 1–20.

————. 1993. "Inheritance of Acquired Characteristics." *Scientific American,* March, p. 150.

LANGTON, CHRISTOPHER; TAYLOR, CHARLES; FARMER, J. DOYNE; and RASMUSSEN, STEEN. 1992. *Artificial Life II.* Redwood City, Calif.: Addison-Wesley.

LEIBNIZ, GOTTFRIED WILHELM. 1710. *Theodicy* (*Essais de Théodicée sur la bonté de Dieu, la liberté de l'homme et l'origine du mal*), Amsterdam. (George Martin Duncan translation, 1908.)

LEIGH, E. G. 1971. *Adaptation and Diversity.* San Francisco: Freeman, Cooper and Company.

LENAT, DOUGLAS B., and GUHA, R. V. 1990. *Building Large Knowledge-based Systems: Representation and Inference in the CYC Project.* Reading, Mass.: Addison-Wesley.

LESLIE, ALAN. 1992. "Pretense, Autism and the Theory-of-Mind Module." *Current Directions in Psychological Science,* vol. 1, pp. 18–21.

LESLIE, JOHN. 1989. *Universes,* London: Routledge & Kegan Paul.

LETTVIN, J. Y.; MATURANA, U.; McCULLOCH, W.; and PITTS, W. 1959. "What the Frog's Eye Tells the Frog's Brain." In *Proceedings of the IRE,* pp. 1940–51.

LEVI, PRIMO. 1984. *The Periodic Table.* New York: Schocken.

LÉVI-STRAUSS, CLAUDE. 1966. *The Savage Mind.* Chicago: University of Chicago Press.

LEWIN, ROGER. 1992. *Complexity: Life at the Edge of Chaos.* New York: Macmillan.

LEWIS, DAVID. 1986. *Philosophical Papers,* vol 2. Oxford: Oxford University Press.

LEWONTIN, RICHARD. 1980. "Adaptation." *The Encyclopedia Einaudi.* Milan: Einaudi.

————. 1983. "Elementary Errors About Evolution" (commentary on Dennett 1983). *Behavioral and Brain Sciences,* vol. 6, pp. 367–68.

————. 1987. "The Shape of Optimality." In John Dupré, ed., *The Latest on the Best: Essays on Evolution and Optimality.* Cambridge, Mass.: MIT Press.

LEWONTIN, RICHARD; ROSE, STEVEN; and KAMIN, LEON. 1984. *Not in our Genes: Biology, Ideology and Human Nature.* New York: Pantheon.

LINNAEUS, CAROLUS. 1751. *Philosophia Botanica.*

LLOYD, M., and DYBAS, H. S. 1966. "The Periodical Cicada Problem." *Evolution,* vol. 20, pp. 132–49.

LOCKE, JOHN. 1690. *Essay Concerning Human Understanding.* London.

LORD, ALBERT. 1960. *The Singer of Tales.* Cambridge, Mass.: Harvard University Press.

LORENZ, KONRAD. 1973. *Die Rückseite des Spiegels.* Munich: R. Piper. Verlag. (English trans. by Ronald Taylor, *Behind the Mirror* [New York: Harcourt Brace Jovanovich, 1977].)

LOVEJOY, ARTHUR O. 1936. *The Great Chain of Being: A Study of the History of an Idea.* New York: Harper & Row.

LUCAS, J. R. 1961. "Minds, Machines, and Gödel." *Philosophy,* vol. 36, pp. 1–12.

———. 1970. *The Freedom of the Will.* Oxford: Oxford University Press.

MACKENZIE, ROBERT BEVERLEY. 1868. *The Darwinian Theory of the Transmutation of Species Examined* (published anonymously "By a Graduate of the University of Cambridge"). Nisbet & Co. (Quoted in a review, *Athenaeum,* no. 2102, February 8, p. 217.)

MALTHUS, THOMAS. 1798. *Essay on the Principle of Population.*

MARGOLIS, HOWARD. 1987. *Patterns, Thinking and Cognition.* Chicago: University of Chicago Press.

MARGULIS, LYNN. 1981. *Symbiosis in Cell Evolution.* San Francisco: Freeman.

MARGULIS, LYNN, and SAGAN, DORION. 1986. *Microcosmos.* New York: Simon & Schuster.

———. 1987. "Bacterial Bedfellows." *Natural History,* vol. 96, March, pp. 26–33.

MARKS, JONATHAN. 1993. Review of Diamond 1992. *Journal of Human Evolution,* vol. 24, pp. 69–73.

———. 1993b. "Scientific Misconduct: Where 'Just Say No' Fails" (multiple book review). *American Scientist,* vol. 81, July–August, pp. 380–82.

MARTIN, J.; MAYHEW, M.; LANGER, T.; and HARTL, F. U. 1993. "The Reaction Cycle of GroEL and GroES in Chaperonin-assisted Protein Folding." *Nature,* vol. 366, pp. 228–33.

MASSERMAN, JULES H.; WECHKIN, STANLEY; and TERRIS, WILLIAM. 1964. "'Altruistic' Behavior in Rhesus Monkeys." *American Journal of Psychiatry,* vol. 121, pp. 584–85.

MATTHEW, PATRICK. 1831. *Naval Timber and Arboriculture.*

———. 1860. Letter to editor, *Gardener Chronicle,* April 7.

MAYNARD SMITH, JOHN. 1958. *The Theory of Evolution.* Cambridge: Cambridge University Press. (Canto ed. 1993.)

———. 1972. *On Evolution.* Edinburgh: Edinburgh University Press.

———. 1974. "The Theory of Games and the Evolution of Animal Conflict." *Journal of Theoretical Biology,* vol. 47, pp. 209–21.

———. 1978. *The Evolution of Sex.* Cambridge: Cambridge University Press.

———. 1979. "Hypercycles and the Origin of Life." *Nature,* vol. 280, pp. 445–46. Reprinted in Maynard Smith 1982, pp. 34–38.

——. 1981. "Symbolism and Chance." In J. Agassi and R. S. Cohen, eds., *Scientific Philosophy Today* (Hingham, Mass: Kluwer). Reprinted in Maynard Smith 1988, pp. 15–21.

——. 1982. *Evolution Now: A Century After Darwin*. San Francisco: Freeman.

——. 1983. "Adaptation and Satisficing" (commentary on Dennett 1983). *Behavioral and Brain Sciences*, vol. 6, pp. 70–71.

——. 1986. "Structuralism Versus Selection—Is Darwinism Enough?" In Steven Rose and Lisa Appignanesi, eds. *Science and Beyond* (Oxford: Blackwell), pp. 39–46.

——. 1988. *Games, Sex and Evolution*. London: Harvester. (Also published under the title *Did Darwin Get it Right?*)

——. 1990. "What Can't the Computer Do?" (review of Penrose 1989). *New York Review of Books*, March 15, pp. 21-25.

——. 1991. "Dinosaur Dilemmas." *New York Review of Books*, April 25, pp. 5–7.

——. 1992. "Taking a Chance on Evolution." *New York Review of Books*, May 14, pp. 234–36.

MAYR, ERNST. 1960. "The Emergence of Evolutionary Novelties." In Sol Tax, ed., *Evolution after Darwin*, vol. 1 (Chicago: University of Chicago Press), pp. 349–80.

——. 1982. *The Growth of Biological Thought*. Cambridge, Mass.: Harvard University Press.

——. 1983. "How to Carry Out the Adaptationist Program." *American Naturalist*, vol. 121, pp. 324–34.

MAZLISH, BRUCE. 1993. *The Fourth Discontinuity: The Co-evolution of Humans and Machines*. New Haven: Yale University Press.

McCULLOCH, W. S., and PITTS, W. 1943. "A Logical Calculus of the Ideas Immanent in Nervous Activity." *Bulletin of Mathematical Biophysics*, vol. 5, pp. 115–33.

McGINN, COLIN. 1991. *The Problem of Consciousness*. Oxford: Blackwell.

——. 1993. "In and Out of the Mind" (review of Hilary Putnam, *Renewing Philosophy*). *London Review of Books*, December 2, pp. 30–31.

McLAUGHLIN, BRIAN, ed. 1991. *Dretske and His Critics*. Oxford: Blackwell.

McSHEA, DANIEL W. 1993. "Arguments, Tests, and the Burgess Shale—A Commentary on the Debate." *Paleobiology*, vol. 9, pp. 339–402.

MEDAWAR, PETER. 1977. "Unnatural Science." *The New York Review of Books*, February 3, pp. 13–18.

——. 1982. *Pluto's Republic*. Oxford: Oxford University Press.

METROPOLIS, NICHOLAS. 1992. "The Age of Computing: A Personal Memoir." *Daedalus*, Winter, pp. 119–30.

MIDGLEY, MARY. 1979. "Gene-Juggling." *Philosophy*, vol. 54, pp. 439–58.

——. 1983. "Selfish Genes and Social Darwinism." *Philosophy*, vol. 58, pp. 365–77.

MILL, JOHN STUART. 1861. *Utilitarianism*. Originally published in *Fraser's Magazine*; reprinted 1863.

MILLER, GEORGE A. 1956. "The Magical Number Seven, Plus or Minus Two." *Psychological Review*, vol. 63, pp. 81–97.

———. 1979. "A Very Personal History." MIT Cognitive Science Center Occasional Paper #1, a talk to the Cognitive Science Workshop, June 1, 1979.

MILLIKAN, RUTH. 1984. *Language, Thought and Other Biological Categories.* Cambridge, Mass.: MIT Press.

———. 1993. *White Queen Psychology and Other Essays for Alice.* Cambridge, Mass.: MIT Press.

MINSKY, MARVIN. 1985a. "Why Intelligent Aliens Will Be Intelligible." In E. Regis, ed., *Extraterrestrials* (Cambridge: Cambridge University Press), pp. 117–28.

MINSKY, MARVIN. 1985b. *The Society of Mind.* New York: Simon & Schuster.

MINSKY, MARVIN, and PAPERT, SEYMOUR. 1969. *Perceptrons.* Cambridge, Mass.: MIT Press.

MIVART, ST. GEORGE. 1871. "Darwin's *Descent of Man.*" *Quarterly Review*, vol. 131, pp. 47–90.

MONOD, JACQUES. 1971. *Chance and Necessity.* New York: Knopf. Vintage paperback, 1972. (Originally published in France as *Le Hasard et la nécessité* [Paris: Editions du Seuil, 1970].)

MOORE, G. E. 1903. *Principia Ethica.* Cambridge: Cambridge University Press.

MORGAN, ELAINE. 1982. *The Aquatic Ape.* London: Souvenir.

———. 1990. *The Scars of Evolution: What Our Bodies Tell Us About Human Origins.* London: Souvenir.

MUIR, JOHN. 1972. *Original Sanscrit Texts and the Origin and History of the People of India, Their Religion and Institutions.* Delhi: Oriental. Originally published 1868–73, London: Trubner.

MURRAY, JAMES D. 1989. *Mathematical Biology.* New York: Springer-Verlag.

NEHAMAS, ALEXANDER. 1980. "The Eternal Recurrence." *Philosophical Review*, vol. 89, pp. 331–56.

NEUGEBAUER, OTTO. 1989. "A Babylonian Lunar Ephemeris from Roman Egypt." In E. Leichtz, M. de J. Ellis, and P. Gerardi, eds., *A Scientific Humanist: Studies in Honor of Abraham Sachs* (Philadelphia: The University Museum [Distributed by the Samuel North Kramer Fund]), pp. 301–4.

NEWELL, ALLEN, and SIMON, HERBERT. 1956. "The Logic Theory Machine." *IRE Transactions on Information Theory IT-2(3)*, pp. 61–79.

———. 1963. "GPS: A Program That Simulates Human Thought." In Feigenbaum and Feldman 1964.

NEWTON, ISAAC. 1726. *Philosophiae Naturalis Principia Mathematica.*

NIETZSCHE, FRIEDRICH. 1881. *Daybreak: Thoughts on the Prejudices of Morality.* (Trans. R. J. Hollingdale [Cambridge: Cambridge University Press, 1982].)

———. 1882. *Die fröliche Wissenschaft* (*The Gay Science*). (Trans. Walter Kaufmann [New York: Vintage, 1974].)

———. 1885. *Beyond Good and Evil.* (Trans. Walter Kaufmann [New York: Vintage, 1966].)

————. 1887. *On the Genealogy of Morals*. (Trans. Walter Kaufmann [New York: Vintage, 1967].)

————. 1889. *Ecce Homo*. (Trans. Walter Kaufmann [New York: Vintage, 1968].)

————. 1901. *The Will to Power*. (Trans. Walter Kaufmann and R. J. Hollingdale [New York: Vintage, 1968].)

NOWAK, MARTIN, and SIMUND, KARL. 1993. "A Strategy of Win-Stay, Lose-Shift That Outperforms Tit-for-Tat in the Prisoner's Dilemma Game." *Nature*, vol. 364, pp. 56–58.

NOZICK, ROBERT. 1981. *Philosophical Explanation*. Cambridge, Mass.: Belknap/ Harvard University Press.

O'NEILL, ONORA. 1980. "The Perplexities of Famine Relief." In Tom Regan, ed., *Matters of Life and Death* (New York: Random House), pp. 26–48.

————. 1986. *Faces of Hunger*. Boston: Allen & Unwin, 1986.

ORGEL, LESLIE E., and CRICK, FRANCIS. 1980. "Selfish DNA: The Ultimate Parasite." *Nature*, vol. 284, pp. 604–607.

OTERO, CARLOS P. 1990. "The Emergence of *Homo Loquens* and the Laws of Physics." *Behavioral and Brain Sciences*, vol. 13, pp. 747–50.

PAGELS, HEINZ. 1985. "A Cozy Cosmology." *The Sciences*, March/April, pp. 34–39.

————. 1988. *The Dreams of Reason: The Computer and the Rise of the Sciences of Complexity*. New York: Simon & Schuster.

PALEY, WILLIAM. 1803. *Natural Theology: or, Evidences of the Existence and Attributes of the Deity, Collected from the Appearances of Nature*. 5th ed. London: Faulder.

PAPERT, SEYMOUR. 1980. *Mindstorms: Children, Computers and Powerful Ideas*. New York: Basic Books.

————. 1993. *The Children's Machine: Rethinking School in the Age of the Computer*. New York: Basic Books.

PAPINEAU, DAVID. 1987. *Reality and Representation*. Oxford: Blackwell.

PARFIT, DEREK. 1984. *Reasons and Persons*. Oxford: Clarendon.

PARSONS, WILLIAM BARCLAY. 1939. *Engineers and Engineering in the Renaissance*. Reprint ed., Cambridge, Mass: MIT Press, 1967.

PEACOCKE, CRISTOPHER. 1992. *A Study of Concepts*. Cambridge, Mass.: MIT Press.

PECKHAM, MORSE, ed. 1959. *The Origin of Species by Charles Darwin: A Variorum Text*. Pittsburgh: University of Pennsylvania Press.

PENROSE, ROGER. 1989. *The Emperor's New Mind Concerning Computers, Minds, and the Laws of Physics*. Oxford: Oxford University Press.

————. 1990. "The Nonalgorithmic Mind." *Behavioral and Brain Sciences*, vol. 13, pp. 692–705

————. 1991. "Setting the Scene: The Claim and the Issues." Wolfson Lecture, January 15.

————. 1993. "Nature's Biggest Secret" (review of Weinberg 1992). *New York Review of Books*, October 21, pp. 78–82.

PIATELLI-PALMARINI, MASSIMO. 1989. "Evolution, Selection, and Cognition: From 'Learning' to Parameter Setting in Biology and the Study of Language." *Cognition*, vol. 31, pp. 1–44.

PINKER, STEVEN. 1994. *The Language Instinct*. New York: Morrow.

PINKER, STEVEN, and BLOOM, PAUL. 1990. "Natural Language and Natural Selection." *Behavioral and Brain Sciences*, vol. 13, pp. 707–84.

PITTENDRIGH, COLIN. 1958. "Adaptation, Natural Selection, and Behavior." In A. Roe and G. G. Simpson, eds., *Behavior and Evolution* (New Haven: Yale University Press), pp. 390–416.

POE, EDGAR ALLAN. 1836a. "Maelzel's Chess-Player." *Southern Literary Messenger*. Reprinted in Edgar Allan Poe, *Edgar Allan Poe: Essays and Reviews* (New York: Library of America, 1984), pp. 1253–76.

———. 1836b. *Southern Literary Messenger*, suppl., July 1836. Reprinted in J. M. Walker, ed., *Edgar Allan Poe: The Critical Heritage* (New York: Routledge & Kegan Paul, 1986), pp. 89–90.

POPPER, KARL, and ECCLES, JOHN. 1977. *The Self and Its Brain*. Berlin, London: Springer-Verlag.

POUNDSTONE, WILLIAM. 1985. *The Recursive Universe: Cosmic Complexity and the Limits of Scientific Knowledge*. New York: Morrow.

———. 1992. *Prisoner's Dilemma: John von Neumann, Game Theory, and the Puzzle of the Bomb*. New York: Doubleday Anchor.

PREMACK, DAVID. 1986. *Gavagai! Or the Future History of the Animal Language Controversy*. Cambridge, Mass.: MIT Press.

PUTNAM, HILARY. 1975. *Mind, Language and Reality*. Philosophical Papers, vol. II. Cambridge: Cambridge University Press.

———. 1987. *The Faces of Realism*. LaSalle, Ill.: Open Court.

QUINE, W. V. O. 1953. "On What There Is." In *From a Logical Point of View* (Cambridge, Mass.: Harvard University Press), pp. 1–19.

———. 1960. *Word and Object*. Cambridge, Mass.: MIT Press.

———. 1969. "Natural Kinds." In *Ontological Relativity* (New York: Columbia University Press), pp. 114–38.

———. 1987. *Quiddities: An Intermittently Philosophical Dictionary*. Cambridge, Mass.: Harvard University Press.

RACHELS, JAMES. 1991. *Created from Animals: The Moral Implications of Darwinism*. Oxford: Oxford University Press..

RAWLS, JOHN. 1971. *A Theory of Justice*. Cambridge, Mass.: Harvard University Press.

RAY, THOMAS S. 1992. "An Approach to the Synthesis of Life." In C. G. Langton, C. Taylor, J. D. Farmer, and S. Rasmussen, eds., *Artificial Life II* (Redwood City, Calif.: Addison-Wesley), pp. 371–408.

RAYMO, CHET. 1988. "Mysterious Sleep." *Boston Globe*, September 19.

RAYMOND, ERIC S. 1993. *The New Hacker's Dictionary*. Cambridge, Mass.: MIT Press.

RÉE, PAUL. 1877. *Origin of the Moral Sensations*. (*Der Ursprung der Moralischen Empfindungen* [Chemnitz: E. Schmeitzner].)

RICHARD, MARK. 1992. *Propositional Attitudes*. Cambridge: Cambridge University Press.

RICHARDS, GRAHAM. 1991. "The Refutation That Never Was: The Reception of the Aquatic Ape Theory, 1972–1987." In Roede et al. 1991, pp. 115–26.

RICHARDS, ROBERT J. 1987. *Darwin and the Emergence of Evolutionary Theories of Mind and Behavior*. Chicago: University of Chicago Press.

RIDLEY, MARK. 1985. *The Problems of Evolution*. Oxford: Oxford University Press.

———. 1993. *Evolution*. Boston: Blackwell.

RIDLEY, MATT. 1993. *The Red Queen: Sex and the Evolution of Human Nature*. New York: Macmillan.

ROBB, CHRISTINA. 1991. "How & Why." *Boston Globe*, August 5, p. 38.

ROBBINS, TOM. 1976. *Even Cowgirls Get the Blues*. New York: Bantam.

ROEDE, MACHTELD; WIND, JAN; PATRICK, JOHN M.; and REYNOLDS, VERNON, eds. 1991. *The Aquatic Ape: Fact or Fiction*. London: Souvenir.

ROSENBLATT, FRANK. 1962. *Principles of Neurodynamics*. New York: Spartan.

ROUSSEAU, JEAN-JACQUES. 1755. *Discourse on the Origin and Foundations of Inequality Among Men*. Amsterdam: Ray.

RUMELHART, D. 1989. "The Architecture of Mind: A Connectionist Approach." In M. Posner, ed., *Foundations of Cognitive Science* (Cambridge, Mass.: MIT Press), pp. 133–59.

RUSE, MICHAEL. 1985. *Sociobiology: Sense or Nonsense?* 2nd ed. Dordrecht: Reidel.

———, ed. 1989. *Philosophy of Biology*. London: Macmillan.

RUSE, MICHAEL, and WILSON, EDWARD O. 1985. "The Evolution of Ethics." *New Scientist*, vol. 17, October, pp. 50–52. Reprinted in Ruse 1989.

RUSHDIE, SALMAN. 1994. "Born in Bombay" (letter). *London Review of Books*, April 7, p. 4. (See also Arab and Muslim Writers, 1994.)

RUSSELL, BERTRAND. 1945. *A History of Western Philosophy*. New York: Simon & Schuster.

RUTHEN, RUSSELL. 1993. "Adapting to Complexity." *Scientific American*, January, p. 138.

SAMUEL, A. L. 1964. "Some Studies in Machine Learning Using the Game of Checkers." Reprinted in Feigenbaum and Feldman 1964, pp. 71–105. Originally published in *IBM Journal of Research and Development*, July 1959, vol. 3, pp. 211–29.

SCHELLING, THOMAS. 1960. *The Strategy of Conflict*. Cambridge, Mass.: Harvard University Press.

SCHIFFER, STEPHEN. 1987. *Remnants of Meaning*. Cambridge, Mass.: MIT Press.

SCHOPF, J. WILLIAM. 1993. "Microfossils of the Early Archean Apex Chert: New Evidence of the Antiquity of Life." *Science*, vol. 260, pp. 640–46.

SCHRÖDINGER, ERWIN. 1967. *What Is Life?* Cambridge: Cambridge University Press.

SCHULL, JONATHAN. 1990. "Are Species Intelligent?" *Behavioral and Brain Sciences*, vol. 13, pp. 63–108.

SEARLE, JOHN. 1980. "Minds, Brains and Programs." *Behavioral and Brain Sciences*, vol. 3, pp. 417–58.

————. 1985. *Minds, Brains and Science*. Cambridge, Mass.: Harvard University Press.

————. 1992. *The Rediscovery of the Mind*. Cambridge, Mass.: MIT Press.

SELLARS, WILFRID. 1963. *Science, Perception and Reality*. London: Routledge & Kegan Paul.

SELZER, JACK. ed. 1993. *Understanding Scientific Prose*. Madison, Wisc.: University of Wisconsin Press.

SHEA, B. T. 1977. "Eskimo Cranofacial Morphology, Cold Stress and the Maxillary Sinus." *American Journal of Physical Anthropology*, vol. 47, pp. 289–300.

SHERMAN, PAUL W.; JARVIS, JENNIFER U. M.; and ALEXANDER, RICHARD D. 1991. *The Biology of the Naked Mole-Rat*. Princeton: Princeton University Press.

SHIELDS, W. M., and SHIELDS, L. M. 1983. "Forcible Rape: An Evolutionary Perspective." *Ethology and Sociobiology*, vol. 4, pp. 115–36.

SIBLEY, C. G., and AHLQUIST, J. E. 1984. "The Phylogeny of the Hominoid Primates, as Indicated by DNA-DNA Hybridization." *Journal of Molecular Evolution*, vol. 20, pp. 2–15.

SIGMUND, KARL. 1993. *Games of Life: Explorations in Ecology, Evolution, and Behaviour*. Oxford: Oxford University Press.

SILLS, DAVID L., and ROBERT K. MERTON, eds. 1991. *The Macmillan Book of Social Science Quotations*. New York: Macmillan.

SIMON, HERBERT. 1957. *Models of Man*. New York: Wiley.

————. 1959. "Theories of Decision-Making in Economics and Behavioral Science." *American Economic Review*, vol. 49, pp. 253-83.

————. 1969. *The Sciences of the Artificial*. Cambridge, Mass.: MIT Press.

SIMON, HERBERT A., and KAPLAN, CRAIG. 1989. "Foundations of Cognitive Science." In M. Posner, ed., *Foundations of Cognitive Science* (Cambridge, Mass.: MIT Press), pp. 1–47.

SIMON, HERBERT, and NEWELL, ALLEN. 1958. "Heuristic Problem Solving: The Next Advance in Operations Research." *Operations Research*, vol. 6, pp. 1–10.

SINGER, PETER. 1981. *The Expanding Circle: Ethics and Sociobiology*. Oxford: Clarendon.

SKINNER, B. F. 1953. *Science and Human Behavior*. New York: Macmillan.

————. 1957. *Verbal Behavior*. New York: Appleton-Century-Crofts.

————. 1971. *Beyond Freedom and Dignity*. New York: Knopf.

SKYRMS, BRIAN, 1993. "Justice and Commitment" (preprint).

————. 1994a. "Sex and Justice." *Journal of Philosophy*, vol. 91, pp. 305–20.

————. 1994b. "Darwin Meets *The Logic of Decision*: Correlation in Evolutionary Game Theory." *Philosophy of Science*, December, pp. 503–28.

SMOLENSKY, PAUL. 1983. "On the Proper Treatment of Connectionism." *Behavioral and Brain Sciences*, vol. 11, pp. 1–74.

SMOLIN, LEE. 1992. "Did the Universe Evolve?" *Classical and Quantum Gravity*, vol. 9, pp. 173–91.

SNOW, C. P. 1963. *The Two Cultures, and a Second Look*. Cambridge: Cambridge University Press.

SOBER, ELLIOT. 1981a. "Holism, Individualism, and Units of Selection. *PSA 1980* (Philosophy of Science Association), vol. 2, pp. 93–121.

———. 1981b. "The Evolution of Rationality." *Synthese*, vol. 46, pp. 95–120.

———. 1984a. *The Nature of Selection: Evolutionary Theory in Philosophical Focus.* Cambridge, Mass.: MIT Press.

———. ed., 1984b. *Conceptual Issues in Evolutionary Biology.* Cambridge, Mass.: MIT Press.

———. 1988. *Reconstructing the Past.* Cambridge, Mass.: MIT Press.

———, ed. 1994. *Conceptual Issues in Evolutionary Biology.* 2nd ed. Cambridge, Mass.: MIT Press.

SPENCER, HERBERT. 1870. *The Principles of Psychology.* 2nd ed. London: Williams & Norgate.

SPERBER, DAN. 1985. "Anthropology and Psychology: Towards an Epidemiology of Representations." *Man*, vol. 20, pp. 73–89.

———. 1990. "The Epidemiology of Beliefs." In C. Fraser and G. Gaskell, eds., *The Social Psychological Study of Widespread Beliefs* (Oxford: Clarendon), pp. 25–44.

———. In press. "The Modularity of Thought and the Epidemiology of Representations." In Lawrence A. Hirschfeld and Susan A. Gelman, eds., *Mapping the Mind: Domain Specificity in Cognition and Culture* (Cambridge: Cambridge University Press).

SPERBER, DAN, and WILSON, DEIRDRE. 1986. *Relevance: A Theory of Communication.* Cambridge, Mass.: Harvard University Press.

STANLEY, STEVEN M. 1981. *The New Evolutionary Timetable: Fossils, Genes, and the Origin of Species.* New York: Basic Books.

STERELNY, KIM. 1988. Review of Dawkins 1986a. *Australasian Journal of Philosophy*, vol. 66, pp. 421–26.

———. 1992. "Punctuated Equilibrium and Macroevolution." In P. Griffiths, ed., *Trees of Life* (Norwell, Mass.: Kluwer), pp. 41–63.

———. 1994. Review of Ereshefsky, 1992, in *Philosophical Books*, vol. 35, pp. 9–29.

STERELNY, K., and KITCHER, P. 1988. "The Return of the Gene." *Journal of Philosophy*, vol. 85, pp. 339–60.

STETTER, KARL O.; HUBER, R.; BLOCHL, E.; KURR, M.; EDEN, R. D.; FIELDER, M.; CASH, H.; and VANCE, I. 1993. "Hyperthermophilic Archaea Are Thriving in Deep North Sea and Alaskan Oil Reservoirs." *Nature*, vol. 365, p. 743.

STEWART, IAN, and GOLUBITSKY, MARTIN. 1992. *Fearful Symmetry: Is God a Geometer?* Oxford: Blackwell.

STOVE, DAVID. 1992. "A New Religion." *Philosophy*, vol. 27, pp. 233–40.

STRAWSON, P. F. 1962. "Freedom and Resentment." *Proceedings of the British Academy*, vol. 48, pp. 118–39.

STURGEON, NICHOLAS. 1985. "Moral Judgment and Norms." *Ethics*, vol. 96, pp. 5–41.

SYMONS, DONALD. 1983. "FLOAT: A New Paradigm for Human Evolution." In

George M. Scherr, ed., *The Best of the Journal of Irreproducible Results* (New York: Workman).

———. 1992. "On the Use and Misuse of Darwinism in the Study of Human Behavior." In Barkow, Cosmides, and Tooby 1992, pp. 137–62.

TAIT, P. G. 1880. "Prof. Tait on the Formula of Evolution." *Nature*, vol. 23, pp. 80–82.

TEILHARD DE CHARDIN, PIERRE. 1959. *The Phenomenon of Man*. New York: Harper Brothers.

THOMPSON, D'ARCY W. 1917. *On Growth and Form*. Cambridge: Cambridge University Press.

TOOBY, JOHN, and COSMIDES, LEDA. 1992. "The Psychological Foundations of Culture." In Barkow, Cosmides, and Tooby 1992, pp. 19–136.

TRIVERS, ROBERT. 1971. "The Evolution of Reciprocal Altruism." *Quarterly Review of Biology*, vol. 4, pp. 35–57.

———. 1972. "Parental Investment and Sexual Selection." In B. Campbell, ed., *Sexual Selection and the Descent of Man* (Chicago: Aldine), pp. 136–79.

———. 1985. *Social Evolution*. Menlo Park, Calif.: Benjamin/Cummings.

TUDGE, COLIN. 1993. "Taking the Pulse of Evolution," *New Scientist*, July 24, pp. 32–36.

TURING, ALAN. 1946. *ACE Reports of 1946 and Other Papers*. Ed. B. E. Carpenter and R. W. Doran. Cambridge, Mass.: MIT Press.

———. 1950. "Computing Machinery and Intelligence." *Mind*, vol. 59, pp. 433–60.

———. 1952. "The Chemical Basis of Morphogenesis." *Philosophical Transactions of the Royal Society of London*, vol. B237, pp. 37–72.

TURNBULL, COLIN. 1972. *The Mountain People*. New York: Simon & Schuster.

ULAM, STANISLAW. 1976. *Adventures of a Mathematician*. New York: Scribner's.

UNGER, PETER. 1990. *Identity, Consciousness and Value*. New York: Oxford University Press.

UTTLEY, A. M. 1979. *Information Transmission in the Nervous System*. London: Academic.

VAN INWAGEN, PETER. 1993a. *Metaphysics*. Oxford: Oxford University Press.

———. 1993b. "Critical Study" (of Unger 1990). *Nous*, vol. 27, pp. 373–39.

VERMEIJ, GEERAT J. 1987. *Evolution and Escalation*. Princeton: Princeton University Press.

VON FRISCH, K. 1967. *A Biologist Remembers*. Oxford: Pergamon.

VON NEUMANN, JOHN. 1966. *Theory of Self-reproducing Automata*. Posthumously ed. Arthur Burks. Champaign-Urbana: University of Illinois Press.

VON NEUMANN, JOHN, and MORGENSTERN, OSKAR. 1944. *Theory of Games and Economic Behavior*. Princeton: Princeton University Press.

VRBA, ELIZABETH. 1985. "Environment and Evolution: Alternative Causes of Temporal Distribution of Evolutionary Events." *Suid-Afrikaanse Tydskif Wetens*, vol. 81, pp. 229–36.

WANG, HAO. 1974. *From Mathematics to Philosophy*. London: Routledge & Kegan Paul.

————. 1993. "On Physicalism and Algorithmism." *Philosophia Mathematica,* Series 3, vol. 1, pp. 97–138.

WASON, PETER. 1969. "Regression in Reasoning." *British Journal of Psychology*, vol. 60, pp. 471–80.

WATERS, C. KENNETH. 1990. "Why the Antireductionist Consensus Won't Survive the Case of Classical Mendelian Genetics." *PSA 1990* (Philosophy of Science Association), vol. 1, pp. 125–39. Reprinted in Sober 1994, pp. 401–17.

WECHKIN, STANLEY; MASSERMAN, JULES H.; and TERRIS, WILLIAM. 1964. "Shock to a Conspecific as an Aversive Stimulus." *Psychonomic Science*, vol. 1, pp. 47–48.

WEINBERG, STEVEN. 1992. *Dreams of a Final Theory*. New York: Pantheon.

WEISMANN, AUGUST. 1893. *The Germ Plasm: A Theory of Heredity*. English trans. London: Scott.

WERTHEIMER, ROGER. 1974. "Philosophy on Humanity." In R. L. Perkins, ed., *Abortion: Pro and Con* (Cambridge, Mass.: Schenkman).

WHEELER, JOHN ARCHIBALD. 1974. "Beyond the End of Time." In Martin Rees, Remo Ruffini, and John Archibald Wheeler, *Black Holes, Gravitational Waves and Cosmology: An Introduction to Current Research* (New York: Gordon and Breach).

WHITE, STEPHEN L. 1988. "Self-Deception and Responsibility for the Self." In B. McLaughlin and A. Rorty, eds., *Perspectives on Self-Deception* (Berkeley: University of California Press).

————. 1991. *The Unity of the Self*. Cambridge, Mass.: MIT Press.

————. "Constraints on an Evolutionary Explanation of Morality." Unpublished manuscript.

WHITFIELD, PHILIP. 1993. *From So Simple a Beginning: The Book of Evolution*. New York: Macmillan.

WILBERFORCE, SAMUEL. 1860. "Is Mr Darwin a Christian?" (review of *Origin*, published anonymously). *Quarterly Review*, vol. 108, July, pp. 225–64.

WILLIAMS, BERNARD. 1973. "A Critique of Utilitarianism." In J. J. C. Smart and Bernard Williams, *Utilitarianism: For and Against* (Cambridge: Cambridge University Press), pp. 77–150.

————. 1983. "Evolution, Ethics, and the Representation Problem." In D. S. Bendall, ed., *Evolution from Molecules to Men* (Cambridge: Cambridge University Press), pp. 555–66.

————. 1985. *Ethics and the Limits of Philosophy*. Cambridge, Mass.: Harvard University Press.

WILLIAMS, GEORGE C. 1966. *Adaptation and Natural Selection*. Princeton: Princeton University Press.

————. 1985. "A Defense of Reductionism in Evolutionary Biology." *Oxford Surveys in Evolutionary Biology*, vol. 2, pp. 1–27.

————. 1988. "Huxley's Evolution and Ethics in Sociobiological Perspective." *Zygon*, vol. 23, pp. 383–407.

————. 1992. *Natural Selection: Domains, Levels, and Challenges*. Oxford: Oxford University Press.

WILLIAMS, GEORGE C., and NESSE, RANDOLPH. 1991. "The Dawn of Darwinian Medicine." *Quarterly Review of Biology*, vol. 66, pp. 1–22.

WILSON, DAVID SLOAN, and SOBER, ELLIOT. 1994. "Re-introducing Group Selection to the Human Behavior Sciences." *Behavioral and Brain Sciences*, vol. 17, pp. 585–608.

WILSON, E. O. 1971. *The Insect Societies*. Cambridge, Mass.: Harvard University Press.

————. 1975. *Sociobiology: The New Synthesis*. Cambridge: Harvard University Press.

————. 1978. *On Human Nature*. Cambridge, Mass.: Harvard University Press.

WIMSATT, WILLIAM. 1980. "Reductionist Research Strategies and Their Biases in the Unit of Selection Controversy." In T. Nickles, ed., *Scientific Discovery: Case Studies* (Hingham, Mass.: Kluwer), pp. 213–39.

————. 1981. "Units of Selection and the Structure of the Multi-Level Genome." In P. Asquith and R. Geire, eds., *PSA-1980* (Philosophy of Science Association), vol. 2, pp. 122–83.

————. 1986. "Developmental Constraints, Generative Entrenchment, and the Innate-acquired Distinction." In W. Bechtel, ed., *Integrating Scientific Disciplines* (Dordrecht: Martinus-Nijhoff), pp. 185–208.

WIMSATT, WILLIAM, and BEARDSLEY, MONROE. "The Intentional Fallacy." In *The Verbal Icon: Studies in the Meaning of Poetry*. Lexington: University of Kentucky Press, 1954.

WITTGENSTEIN, LUDWIG. 1922. *Tractatus Logico-philosophicus*. London: Routledge & Kegan Paul.

WRIGHT, ROBERT. 1990. "The Intelligence Test" (review of Gould 1989a). *New Republic*, January 29, pp. 28–36.

WRIGHT, SEWALL. 1931. "Evolution in Mendelian Populations." *Genetics*, vol. 16, p. 97.

————. 1932. "The Roles of Mutation, Inbreeding, Crossbreeding and Selection in Evolution." *Proceedings of the XI International Congress of Genetics*, vol. 1, pp. 356–66.

————. 1967. "Comments on the Preliminary Working Papers of Eden and Waddington." In P. S. Moorehead and M. M. Kaplan, eds., *Mathematical Challenges to the Neo-Darwinian Interpretation of Evolution*, Wistar Institute Symposia, monograph no. 5. Philadelphia: Wistar Institute Press.

YOUNG, J. Z. 1965. *A Model of the Brain*. Oxford: Clarendon.

ZAHAVI, A. 1987. "The Theory of Signal Selection and Some of Its Implications." In V. P. Delfino, ed., *International Symposium on Biological Evolution, Bari, 9–14 April 1985* (Bari, Italy: Adriatici Editrici), pp. 305–27.